“十二五”职业教育国家规划教材
经全国职业教育教材审定委员会审定
2011年度普通高等教育精品教材
全国高职高专教育土建类专业教学指导委员会规划推荐教材

建筑结构

（第三版）

（土建类专业适用）

本教材编审委员会组织编写
胡兴福 编著
熊 峰 主审

中国建筑工业出版社

图书在版编目（CIP）数据

建筑结构/胡兴福编著．—3版．—北京：中国建筑工业出版社，2014.5

“十二五”职业教育国家规划教材．经全国职业教育教材审定委员会审定．2011年度普通高等教育精品教材．全国高职高专教育土建类专业教学指导委员会规划推荐教材（土建类专业适用）

ISBN 978-7-112-16436-3

Ⅰ．①建… Ⅱ．①胡… Ⅲ．①建筑结构-高等学校-教材 Ⅳ．①TU3

中国版本图书馆CIP数据核字（2014）第030561号

本书是“十二五”职业教育国家规划教材和普通高等教育精品教材。全书分为9个教学单元，即：绪论、建筑结构计算基本原则、混凝土基本构件、钢筋混凝土梁板结构、多层及高层钢筋混凝土房屋、钢筋混凝土单层工业厂房、砌体结构、钢结构、结构施工图。

本书主要用作高职高专建筑工程技术、工程监理等专业建筑结构课程教材，也可用作工程造价、建筑工程管理等专业相关课程教材、有关培训教材和有关工程技术人员参考资料。

如需课件请发邮件至 lm_bj@126.com，QQ：12328362。

* * *

责任编辑：朱首明 李 明
装帧设计：京点设计
责任设计：陈 旭
责任校对：姜小莲 刘梦然

“十二五”职业教育国家规划教材
经全国职业教育教材审定委员会审定
2011年度普通高等教育精品教材
全国高职高专教育土建类专业教学指导委员会规划推荐教材
建筑结构（第三版）
（土建类专业适用）
本教材编审委员会组织编写
胡兴福 编著
熊 峰 主审

*

中国建筑工业出版社出版、发行（北京西郊百万庄）
各地新华书店、建筑书店经销
霸州市顺浩图文科技发展有限公司制版
北京云浩印刷有限责任公司印刷

*

开本：787×1092毫米 1/16 印张：27½ 字数：635千字
2014年8月第三版 2014年8月第十次印刷
定价：**49.00**元（赠课件）
ISBN 978-7-112-16436-3
（25263）

PREFACE

修订版前言

本书在前版基础上，根据2010年以后颁布的最新标准、规范和《混凝土结构施工图平面整体表示方法制图规则和构造详图》11G101系列图集修编而成，同时对版式做了全新设计。

本书分为9个教学单元，即：绪论、建筑结构计算基本原则、混凝土基本构件、钢筋混凝土梁板结构、多层及高层钢筋混凝土房屋、钢筋混凝土单层工业厂房、砌体结构、钢结构、结构施工图。

根据专业人才培养目标定位重构课程教学内容，是本书最显著的特色。建筑工程技术、工程监理等专业的培养目标是建筑施工一线的技术与管理人才。因此，建筑结构课程的教学目标，是使学生具备建筑结构基本概念和结构构造知识，能正确进行结构基本构件设计计算和结构施工图识读。基于这一认识，本书删除了钢筋混凝土楼盖、多高层钢筋混凝土结构、钢筋混凝土楼梯、砌体结构房屋以及钢屋盖设计计算等内容，加强了结构基本概念、结构构造、基本构件计算以及结构受力特点分析等内容；在钢结构部分，重点介绍了轻型钢屋盖、门式刚架轻型房屋钢结构的构造和施工图；单独编写了教学单元9“结构施工图识读”，对钢筋混凝土结构施工图、砌体结构施工图、钢结构施工图的图示方法和识读方法做了全面介绍，并附有丰富的例图。钢筋混凝土结构施工图以平法施工图为主，包括混凝土梁、柱、剪力墙、楼（屋）面板、楼梯、基础平法施工图。

由编者主讲的建筑结构课程是2013年度国家级精品资源共享课程，其课程网站（网址：http://www.icourses.cn）建立了丰富的、开放式的助学、助教资源。同时，本书附有多媒体课件，需要者可同出版社联系。

为了适应不同院校的教学需求，本书增加了“现浇钢筋混凝土单向板肋形楼盖设计”，并附设计实例，供有关院校选学。

本书由四川建筑职业技术学院胡兴福教授编著。四川大学建筑与环境学院教授熊峰博士担任本书主审，四川建筑职业技术学院黄陆海老师、王珊老师对书稿进行了校对，四川建筑职业技术学院王武齐老师提供了附图，编者谨此表示衷心感谢。

限于编者水平，书中错漏难免，恳请读者批评指正。

前 言

PREFACE

本书是普通高等教育“十一五”国家级规划教材，根据高职高专建筑工程技术、工程监理等专业建筑结构课程的教学要求编写。

根据专业人才培养目标定位重构课程教学内容是本书最显著的特色。建筑工程技术、工程监理等专业的培养目标是建筑施工一线的技术与管理人才，因此，建筑结构课程的教学目标是使学生具备建筑结构基本概念和结构构造知识，能正确进行结构基本构件设计计算和结构施工图识读。基于这一认识，本书删除了钢筋混凝土楼盖、多高层钢筋混凝土结构、钢筋混凝土楼梯、砌体结构房屋以及钢屋盖设计计算等内容，加强了结构基本概念、结构构造、基本构件计算以及结构受力特点分析等内容；在钢结构部分，重点介绍了轻型钢屋盖、门式刚架轻型房屋钢结构的构造和施工图；单独编写了“结构施工图识读”一章，对钢筋混凝土结构施工图、砌体结构施工图、钢结构施工图的图示方法和识读方法作了全面介绍，并附有丰富的例图。钢筋混凝土结构施工图以平法施工图为主，包括混凝土梁、柱、剪力墙、楼梯、基础、楼（屋）面板平法施工图。

由编者主讲的建筑结构课程是2006年度国家精品课程，其课程网站（网址：http://www.scac.edu.cn/course/openkc/06jzjg/）提供了开放式的助学、助教资源。本书附有多媒体课件，其中包括钢筋混凝土结构、砌体结构、钢结构施工图各1套。

本书由四川建筑职业技术学院胡兴福教授编著。四川大学建筑与环境学院教授熊峰博士担任本书主审，四川建筑职业技术学院黄陆海老师对书稿进行了校对。他们对本书进行了认真的审阅，提出了不少建设性意见，编者表示衷心感谢。

限于编者水平，书中错漏难免，恳请读者批评指正。

CONTENTS

目 录

目录

目 录

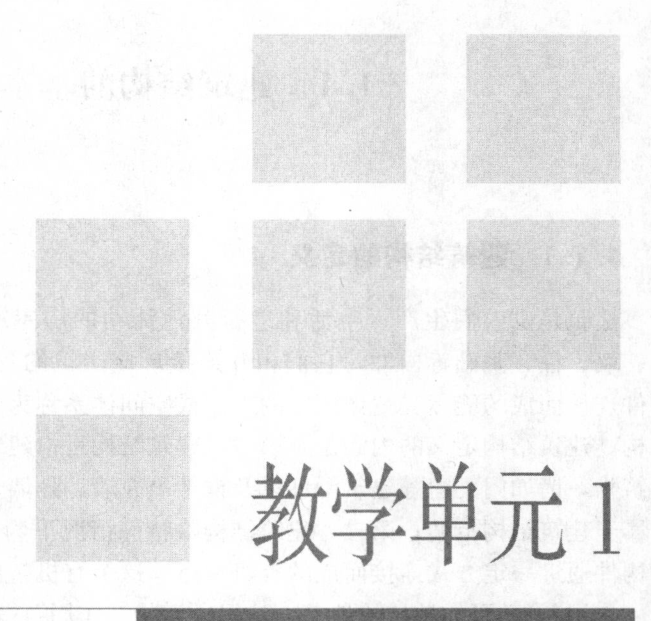

教学单元 1

绪 论

【教学目标】通过本单元教学，使学生理解建筑结构的组成、类型及特点。

1.1 建筑结构的基本概念

1.1.1 建筑结构的定义

建筑是供人们生产、生活和进行其他活动的房屋或场所。各类建筑都离不开梁、板、墙、柱、基础等构件，它们相互连接形成建筑的骨架（图 1-1）。建筑物中由若干构件连接而成的能承受“作用”的平面或空间体系称为建筑结构，在不致混淆时可简称结构。建筑结构定义的内涵是：第一，建筑结构是指建筑物的承重骨架部分，不等同于建筑物，诸如门、窗等建筑配件以及框架填充墙、隔墙、屋面、楼地面、装饰面层等都不属于建筑结构范畴；第二，建筑结构除特殊情况下为单个构件（如独立柱），是由若干构件通过一定方式连接而成的有机整体，这个有机整体能够承受作用在建筑物上的各种“作用”，并可靠地传给地基。这里所说的“作用”，是使结构产生内力和变形的各种原因的统称，包括各种形式的荷载和地基变形、温度变化、地震作用等。关于“作用”的概念将在教学单元 2 中 2.1 作进一步介绍。

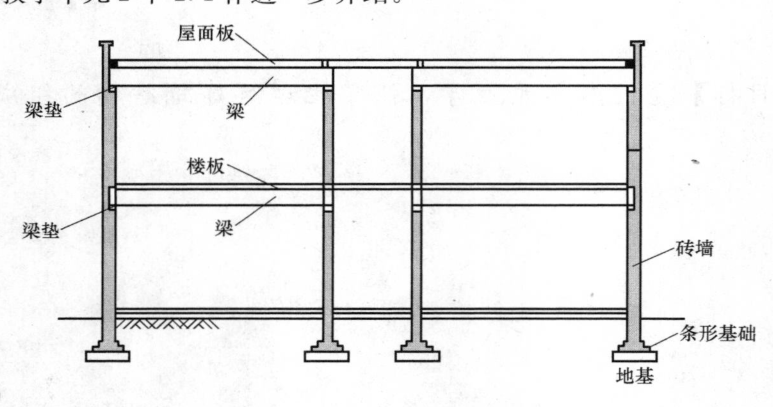

图 1-1　建筑结构的组成

1.1.2 建筑结构的组成

如前所述，建筑结构是由若干构件通过一定方式连接而成的。但是，由于建筑功能要求的不同，建筑结构的组成形式也有多种多样。相应地，组成建筑结构的构件的类型和形式也不一样。但它们基本上都可以分为以下三类：

（1）水平构件。包括板、梁、桁架、网架等，其主要作用是承受竖向荷载。

（2）竖向构件。包括柱、墙、框架等，主要用以支承水平构件或承受水平荷载。

（3）基础。基础是上部建筑物与地基相联系的部分，用以将建筑物承受的荷载传至地基。

建筑结构还可分为上部结构和下部结构。上部结构通常是指天然地坪或±0.000以上的部分，以下部分则称为下部结构。上部结构又包括水平结构体系和竖向结构体系两部分。

在学习和计算上，可以将组成结构的各种构件按照受力特点的不同，归结为几类不同的受力构件，称为建筑结构基本构件，简称基本构件。建筑结构基本构件主要有以下几类：

（1）受弯构件。截面受有弯矩作用的构件称为受弯构件。需要注意的是，受弯构件的截面上一般情况下还有剪力作用。梁、板是工程结构中典型的受弯构件。

（2）受压构件。截面上受有压力作用的构件称为受压构件，如柱、承重墙、屋架中的压杆等。受压构件有时还有剪力作用。

（3）受拉构件。截面上受有拉力作用的构件称为受拉构件，如屋架中的拉杆。受拉构件有时也伴有剪力作用。

（4）受扭构件。凡是在构件截面中有扭矩作用的构件统称受扭构件，如雨篷梁、框架结构中的边梁等。单纯受扭矩作用的构件（称为纯扭构件）很少，一般情况下都同时作用有弯矩和剪力。

（5）受剪构件。以剪力作用为主的构件称为受剪构件，如无拉杆的拱支座截面处。实际工程中，受剪构件的应用较少。

1.1.3 建筑结构的类型、特点及应用

建筑结构可按不同方法分类。按照所用的材料不同，建筑结构主要有混凝土结构、砌体结构、钢结构、木结构四种类型。

1. 混凝土结构

以混凝土为主制作的结构称为混凝土结构，包括素混凝土结构、钢筋混凝土结构和预应力混凝土结构。

（1）素混凝土结构

素混凝土结构是指由无筋或不配置受力钢筋的混凝土结构。

在建筑工程中一般只用作基础垫层或室外地坪。

（2）钢筋混凝土结构

钢筋混凝土结构是指配置受力普通钢筋的混凝土结构（图1-2）。混凝土的抗压强度较高，而抗拉强度很低，不宜用来受拉和受弯。钢筋的抗拉和抗压强度都很高，但单独用来受压时容易失稳，且钢材易腐蚀。二者

图1-2 钢筋混凝土结构（施工中）举例

结合在一起工作，混凝土主要承受压力，钢筋主要承受拉力，这样就可以有效地利用各自材料性能的长处，更合理地满足工程结构的要求。在混凝土内配置受力钢筋，能明显提高结构或构件的承载能力和变形性能。

钢筋混凝土结构的主要特点是：

1）就地取材。钢筋混凝土的主要材料砂和石一般都可由建筑工地附近提供，水泥和钢材的产地在我国分布也较广。

2）耐久性好。钢筋混凝土结构中，钢筋被混凝土紧紧包裹而不致锈蚀，即使在侵蚀性介质条件下，也可采用特殊工艺制成耐腐蚀的混凝土，从而保证了结构的耐久性。

3）整体性好。钢筋混凝土结构特别是现浇结构有很好的整体性，这对于有抗震设防要求的建筑具有重要意义，另外对抵抗暴风及爆炸和冲击荷载也有较强的能力。

4）可模性好。新拌合的混凝土是可塑的，可根据工程需要制成各种形状的构件，这给合理选择结构形式及构件断面提供了方便。

5）耐火性好。混凝土是不良传热体，钢筋又有足够的保护层，火灾发生时钢筋不致很快达到软化温度而造成结构瞬间破坏。

6）刚度大，承载力较高。

7）自重大。一般混凝土自重为 22～24kN/m^3，重混凝土达 25kN/m^3 以上，钢筋混凝土为 25kN/m^3。结构自重大对抗震不利，也使钢筋混凝土在大跨度结构和高层结构中的应用受到限制。

8）抗裂性能差，隔声隔热性能差。

9）费工费模板，现浇结构尤为突出。

钢筋混凝土结构是混凝土结构中应用最多的一种，也是应用最广泛的建筑结构形式之一。在一般混合结构房屋中，预制或现浇钢筋混凝土结构被广泛用作楼盖和屋盖；在工业厂房中，大量采用钢筋混凝土结构，而且，在很大程度上可以利用钢筋混凝土结构代替钢柱、钢屋架和钢吊车梁；在多层与高层建筑中，多采用钢筋混凝土结构，在高200m 以内的绝大部分房屋可采用钢筋混凝土结构。

（3）预应力混凝土结构

由于混凝土的抗拉强度和抗拉极限应变很小，钢筋混凝土结构在正常使用荷载下一般是带裂缝工作的。这是钢筋混凝土结构最主要的缺点。为了克服这一缺点，可在结构承受荷载之前，在使用荷载作用下可能开裂的部位，预先人为地施加压应力，以抵消或减少外荷载产生的拉应力，从而达到使构件在正常的使用荷载下不开裂，或者延迟开裂、减小裂缝宽度的目的。这种配置受力的预应力钢筋通过张拉或其他方法建立预应力的混凝土结构称为预应力混凝土结构。

同钢筋混凝土结构比较，预应力混凝土结构可延缓开裂，提高构件的抗裂性能和刚度，并可节约钢筋，减轻自重，但其构造、计算和施工均较复杂，且延性①差。

① 结构、构件或截面的延性是指从钢筋屈服开始直至达到最大承载能力（或达到最大承载能力以后但承载能力没有显著下降）期间的变形能力。延性差的结构、构件或截面，其后期变形能力小，在达到最大承载能力后会突然脆性破坏。因此，结构、构件或截面应具有一定的延性。

预应力混凝土结构目前在国内外应用非常广泛，特别是在大跨度或承受动力荷载结构，以及不允许开裂的结构中得到了广泛的应用。在房屋建筑工程中，预应力混凝土不仅用于屋架、屋面板、楼板、檩条、吊车梁、柱、墙板、基础等构配件，而且在大跨度、高层房屋的现浇结构中也得到应用。预应力混凝土结构还广泛应用于公路、铁路桥梁、立交桥、塔桅结构、飞机跑道、蓄液池、压力管道、预应力混凝土船体结构，以及原子能反应堆容器和海洋工程结构等方面。

2. 砌体结构

由块体（砖、砌块、石材）和砂浆砌筑的墙、柱作为建筑物主要受力构件的结构称为砌体结构，它是砖砌体结构、石砌体结构和砌块砌体结构的统称。

砌体的抗压强度较高，而抗弯、抗拉强度很低，因此砌体结构很少单独用来作为整体承重结构。实际工程中，砌体结构主要用于房屋结构中以受压为主的竖向承重构件，如墙、柱等，而水平承重构件（如梁、板等）则采用钢筋混凝土结构、钢结构或木结构等（图 1-3）。这种由两种及两种以上材料构件组成的结构称为混合结构[①]。

图 1-3 砌体结构（施工中）举例

砌体结构具有以下特点：

（1）取材方便，造价低廉。砌体结构所需用的原材料如黏土、砂子、天然石材等几乎到处都有，因而比钢筋混凝土结构更为经济，并能节约水泥、钢材和木材。砌块砌体还可节约土地，使建筑向绿色建筑、环保建筑方向发展。

（2）具有良好的耐火性及耐久性。一般情况下，砌体能耐受 400℃的高温。砌体的耐腐蚀性能良好，完全能满足预期的耐久年限要求。

（3）具有良好的保温、隔热、隔声性能，节能效果好。

（4）施工简单，技术容易掌握和普及，也不需要特殊的设备。

---

① 混合结构的含义较广泛。实际工程中有砌体-混凝土结构、砌体-钢结构、砌体-木结构等形式，其中最常见的是由砖墙（柱）和钢筋混凝土楼（屋）盖组成的砖混结构。高层混合结构一般是钢-混凝土结构，即由钢框架或型钢混凝土框架与钢筋混凝土筒体所组成的共同承受竖向和水平作用的结构。

（5）自重大，砌筑工作繁重，整体性差。在一幢砖混结构住宅建筑中，砖墙自重约占建筑物总重的1/2。

（6）普通黏土砖砌体的黏土用量大，要占用农田，影响农业生产。为了保护土地资源，国家已对黏土砖的使用作出明确限制。

砌体结构在多层建筑中应用非常广泛，特别是在多层民用建筑中，砌体结构占绝大多数，并且经久不衰。一般五六层以下的民用房屋大多采用砌体墙承重和围护。目前国内在非地震区的砖混房屋已建到九层以上，国外已建成二十层以上的砖墙承重房屋。砌体结构还被用来建造烟囱、料仓、地沟，以及对防水要求不高的水池等。随着硅酸盐砌块、工业废料（炉渣、矿渣、粉煤灰等）砌块、轻质混凝土砌块，以及配筋砌体、组合砌体的应用，砌体结构必将得到进一步发展。

3. 钢结构

钢结构系指以钢材为主制作的结构（图1-4）。

(a)

(b)

图1-4 钢结构（施工中）举例

钢结构具有以下主要特点：

（1）材料强度高，塑性与韧性好。钢材和其他建筑材料相比，强度要高得多，而且塑性、韧性也好。强度高，可以减小构件截面，减轻结构自重（当屋架的跨度和承受荷载相同时，钢屋架的重量仅为钢筋混凝土屋架的 1/4～1/3），也有利于运输吊装和抗震；塑性好，结构在一般条件下不会因超载而突然断裂；韧性好，结构则对动荷载的适应性强。

（2）材质均匀，各向同性。钢材的内部组织比较接近于匀质和各向同性体，当应力小于比例极限时，几乎是完全弹性的，和力学计算的假定比较符合。这对计算准确和保证质量提供了可靠的条件。

（3）便于工厂生产和机械化施工，便于拆卸。钢结构的可焊性好，制造简便，并能用机械操作，精确度较高。构件常在金属结构厂制作，在工地拼装，可以缩短工期。

（4）具有优越的抗震性能。

（5）无污染、可再生、节能、安全，符合建筑可持续发展的原则。

（6）易腐蚀，因而维护费用较高。

（7）耐火性差。钢材长期经受 100℃辐射热时，强度不会发生大的变化。但当温度达到 250℃时，钢结构的材质将会发生较大变化；当温度达到 500℃时，结构会瞬间崩溃，完全丧失承载能力。

随着我国经济实力的增强和钢产量的增加，钢结构的应用正日益增多，尤其是在高层建筑及大跨度结构（如屋架、网架、悬索等结构）中。

4. 木结构

木结构是指全部或大部分用木材制作的结构（图 1-5、图 1-6）。木结构易于就地取材，制作简单，对环境污染小，同时木材具有材质轻、强度较高、可再生、可回收等优点，所以很早就已经被广泛地用来建造房屋和桥梁。但由于木材资源短缺，木材使用受到国家严格限制，加之木材易燃、易腐蚀、变形大，因此现在已很少采用。

图 1-5 传统木结构

图 1-6　现代木结构

1.2　建筑结构的发展概况

1.2.1　建筑结构的发展历史

建筑结构有着悠久的历史。我国的万里长城、埃及的金字塔（建于公元前 2700 年～前 2600 年）都是世界结构发展史上的辉煌之作。

砌体结构应用历史悠久。约在 8000 年以前，人类已开始用晒干的砖坯、木材建造房屋。我国在 3000 多年前的西周时期已开始生产和使用烧结砖，在秦、汉时期，砖瓦已广泛应用于房屋结构。目前，高层砌体结构已开始应用，我国已建成 12 层的砌体结构房屋。

木结构也具有悠久的历史。新石器时代，我国黄河中游的民族部落，在利用黄土层为壁体的土穴上，用人字木架和草泥建造简单的浅穴居，首创了木结构房屋。位于山西省应县的释迦木塔（俗称应县木塔），建于辽清宁二年（公元 1056 年），是我国现存最高最古的一座木构塔式建筑（图 1-7）。木塔建造在 4m 高的台基上，塔高 67.31m，底层直径 30.27m。整个木塔共用红松木料 3000m^3，2600 多吨重。

钢结构用于建造桥梁已有约 2000 年历史。公元 50～70 年建造的兰津铁悬索桥是世界上最古老的铁桥。钢结构开始大量用于房屋建筑则始于 19 世纪末至 20 世纪初。钢结构应用于高层建筑，始于美国芝加哥家庭保险大楼，铸铁框架，高 11 层，1883 年建成。目前，世界上最高的钢结构房屋——马来西亚吉隆坡石油大厦的高度达 450m。

2008 年北京奥运会主体育场——中国国家体育场——鸟巢（图 1-8），不仅为 2008 年奥运会树立一座独特的历史性的标志性建筑，而且在世界建筑发展史上也将具有开创性意义。“鸟巢”工程总造价 22.67 亿元，建筑顶面呈鞍形，长轴为 332.3m，短轴为 296.4m，最高点高度为 68.5m，最低点高度为 42.8m。外形结构主要由巨大的门式钢架组成，共有 24 根桁架柱。建筑面积 25.8 万 m^2，座席数 91000 个。

图 1-7　应县木塔

钢筋混凝土结构是 19 世纪后期，随着水泥和钢铁工业的发展而发展起来的。1824 年，英国泥瓦工约瑟夫・阿斯普丁（Joseph・Aspadin）发明了波兰特水泥并获得专利，随后混凝土问世。1850 年，法国人郎波特（L. Lambot）制成了铁丝网水泥砂浆的小船。1861 年，法国人莫尼埃（Joseph. Monier）获得了制造钢筋混凝土构件的专利。20 世纪 30 年代预应力混凝土结构的出现，是混凝土结构发展的一次飞跃。它使混凝土结构的性能得以改善，应用范围大大扩展。目前，世界上最高的钢筋混凝土结构房屋为朝鲜平壤柳京饭店，高度达 305.4m。

图 1-8　鸟巢

1.2.2　建筑结构的发展趋势

1. 理论方面

目前有学者提出全过程可靠度理论，将可靠度理论应用到工程结构设计、施工与使用的全过程中，以保证结构的安全可靠。随着模糊数学的发展，模糊可靠度的概念正在建立。随着计算机的发展，工程结构计算正向精确化方向发展，结构的非线性分析是发展趋势。随着研究的不断深入、统计资料的不断积累，结构设计方法将会发展至全概率极限状态设计方法。

2. 材料方面

混凝土结构的材料将向轻质、高强、新型、复合方向发展。目前美国已制成 C200 的混凝土，我国已制成 C100 的混凝土。不久的将来，混凝土强度将普遍达到 100N/mm^2，特殊工程可达 400N/mm^2。强度达 400～600N/mm^2 的高强钢筋已开始应用，今后将会出现强度超过 1000N/mm^2 的钢筋。随着高强度钢筋、高强度高性能混凝土以及高性能外加剂和混合材料的研制使用，纤维混凝土和聚合物混凝土的研究和应用有了很大发展。轻质混凝土、加气混凝土、陶粒混凝土以及利用工业废渣的“绿色混凝土”，不但改善了混凝土的性能，对节能和保护环境也有重要意义。轻质混凝土的强度目前一般只能达到 5～20N/mm^2，开发高强度的轻质混凝土是今后的方向。除此之外，防射线、耐磨、耐腐蚀、防渗透、保温等满足特殊需要的混凝土以及智能型混凝土及其结构也在研究中。

砌体结构材料向轻质高强的方向发展。途径之一是发展空心砖。国外空心砖的抗压强度普遍可达 30～60N/mm^2，甚至高达 100N/mm^2 以上，孔洞率也达 40%以上。

钢结构材料向高效能方向发展。

3. 结构方面

大跨度结构向空间钢网架、悬索结构、薄壳结构方向发展。空间钢网架最大跨度已超过 100m。

高层砌体结构开始应用。为克服传统体系砌体结构水平承载力低的缺点，一个途径是使墙体只承受竖向荷载，将所有的水平荷载由钢筋混凝土内核芯筒承受，形成砖墙-筒体体系，另一个途径就是在其孔洞内或槽口内放置预应力钢筋，并施加预应力，形成预应力砌体，以提高砌体的抗裂性能或满足变形的要求（图 1-9）。

组合结构成为结构发展的方向。目前劲性钢筋混凝土（图 1-10）、钢管混凝土、钢与混凝土组合式楼盖（图 1-11）等组合结构已广泛应用，在超高层建筑结构中还采用钢框架与内核芯筒共同受力的组合体系，能充分利用材料优势。劲性钢筋混凝土结构又称型钢混凝土结构或钢骨混凝土结构，是指采用劲性钢筋（由各种型钢或者型钢与钢筋焊成的骨架）作为配筋的钢筋混凝土结构。由于劲性钢筋本身刚度大，施工时模板及混凝土的重量可由劲性钢筋自身承担，可加速和简化支模工作。

4. 高层结构不断发展

现代高层建筑是随着社会生产的发展和人们生活的需要而发展起来的，是建筑科技发展的集中体现。1883 年，美国芝加哥建成世界上第一幢现代高层建筑——高11 层的家庭保险大楼（铸铁框架）。其后的短短 100 余年时间里，高层建筑得到了迅猛的发展。例如 1931 年建成的纽约帝国大厦，102 层，高 381m；1973 年建成的芝加哥西尔斯大厦，109 层，高 443m；正在建造中的迪拜第一高楼高达 807m。拟建中的日本“X-

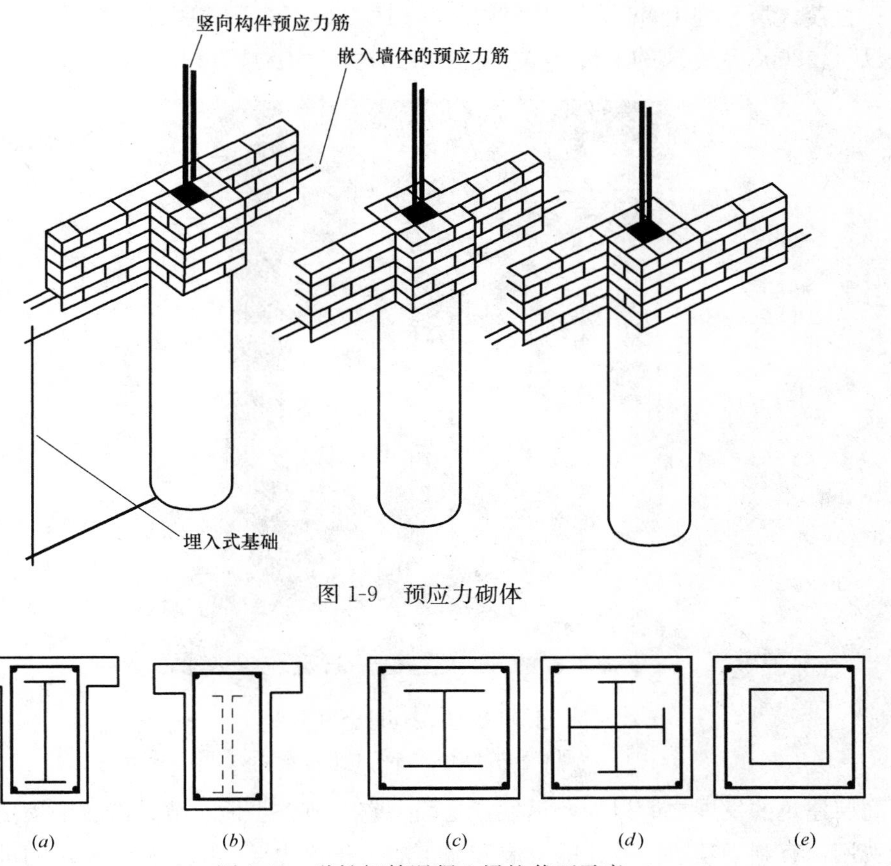

图 1-9　预应力砌体

图 1-10　劲性钢筋混凝土梁柱截面示意

(a)、(b) 梁截面；(c)、(d)、(e) 柱截面

seed4000” 摩天巨塔，由日本大成建筑公司设计。根据设计，该建筑共 800 层，高 4000m（比富士山高出 213m），底座面积 6km^2，可住 100 万人，造价 3000～9000 亿美元，将成为东京的城中城①。

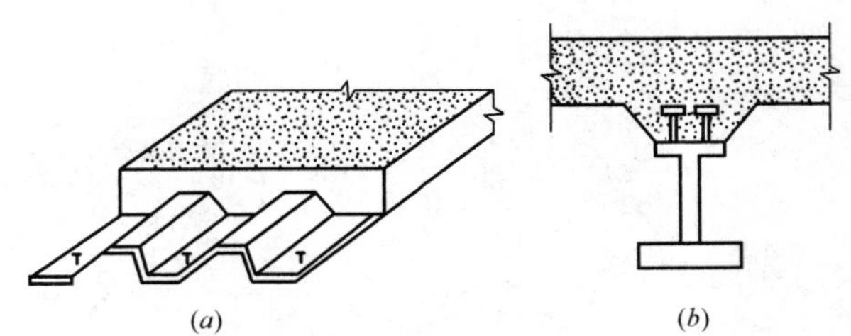

图 1-11　压型钢板叠合梁

(a) 压型钢板-混凝土组合楼板；(b) 钢梁-混凝土组合楼盖

我国高层建筑虽然起步较晚，但发展很快。20 世纪 80 年代我国最高的建筑是深圳国际贸易中心（高 160m、50 层）。1997 年上海建成了我国大陆当时最高的超高层建

① 据 2007 年 8 月 28 日《华西都市报》。

筑——金茂大厦，地上88层，地下3层，高达420.5m，建筑面积29万m^2，总用钢量24.5万t。2008年建成的上海环球金融中心高达101层492m（图1-12）。

图1-12　上海环球金融中心
注：中间建筑为环球金融中心，右边为金茂大厦。

高层建筑的发展之所以如此迅猛，是因为它有节省土地、节约市政工程费用，减少拆迁费用，有利于建筑工业化的发展和城市的美化等优点，同时科学技术的进步，轻质高强材料的涌现，以及机械化、电气化、计算机在建筑中的广泛应用，为高层建筑的发展提供了物质和技术条件。但房屋过高和过分集中会带来一系列问题，不仅会使房屋的结构、供水、供电、空调、防火等费用大幅度提高，还给人们的工作、生活带来诸多不便和压力。

1.3　建筑结构课程概述

1.3.1　建筑结构课程的内容与学习目标

建筑结构课程是建筑工程技术、工程监理、建筑工程管理等专业的主干课程。作为建筑结构课程的教材，本书内容按性质大体可分为三部分：结构基本构件、结构设计和结构施工图。结构基本构件部分包括材料的力学性能、结构设计方法、结构基本构件设计计算方法和构造要求，具体包括混凝土结构、砌体结构和钢结构的基本构件。结构设计又分为非抗震设计和抗震设计，同样也包括混凝土结构、砌体结构和钢结构三种结构。根据专业培养目标定位，本书结构设计部分不介绍结构设计计算方法，只介绍基本概念和构造要求。

本课程的学习目标是，通过该课程的学习，能了解建筑结构计算的基本原则，掌握钢筋混凝土结构、砌体结构和钢结构基本构件的设计计算方法，理解结构构件的构造要求，能正确识读结构施工图，并能理解建筑施工中的一般结构问题。

1.3.2　建筑结构课程的学习方法

要学好本课程，除应像学习其他课程那样，做到勤看、勤思、勤记、勤练、勤问之外，还应注意以下问题：

（1）要理论联系实际。本课程的理论本身就来源于生产实践，它是前人大量工程实践的经验总结，属于半理论半经验范畴。因此，学习本课程时，应通过实习、参观等各种渠道向工程实践学习，加强练习、课程设计等，真正做到理论联系实际。

（2）要注意同力学课的联系和区别。本课程所研究的对象，除钢结构外都不符合匀质弹性材料的条件，因此力学公式多数不能直接应用，但从通过几何、物理和平衡关系来建立基本方程来说，二者是相同的。所以，在应用力学原理和方法时，必须考虑材料性能上的特点，切不可照搬照抄。

（3）要注意培养自己综合分析问题的能力。结构问题的答案往往不是唯一的，即使是同一构件在给定荷载作用下，其截面形式、截面尺寸、配筋方式和数量都可以有多种答案。这时往往需要综合考虑适用、材料、造价、施工等多方面因素，才能作出合理选择。

（4）要重视各种构造措施。现行结构实用计算方法一般只考虑了荷载作用，其他影响如混凝土收缩、温度影响以及地基不均匀沉降等，难以用计算公式表达。规范根据长期工程实践经验，总结出了一些构造措施来考虑这些因素的影响。所谓构造措施，就是对结构计算中未能详细考虑或难以定量计算的因素所采取的技术措施，它与结构计算是结构设计中相辅相成的两个方面。因此，学习时不但要重视各种计算，还要重视构造措施，设计时必须满足各项构造要求。但除常识性构造规定外，不能死记硬背，而应该着眼于理解。

（5）要加强识图能力的培养。识图能力是工科学生的基本能力。对建筑工程技术、工程监理、建筑工程管理等专业学生则更是举足轻重。识读结构施工图则是本课程的落脚点。为了达到这一目的，一方面要注意掌握基本的结构概念，另一方面应理解和熟悉有关结构构造要求，这是识图的基础。读者应能识读几套不同结构类型的施工图，包括相关的通用图、标准图，因为它是结构施工图的组成部分。

（6）要注意学习有关工程建设标准①。本书主要涉及的是工程建设标准的结构设计

---

①　工程建设标准是指建设工程设计、施工方法和安全保护的统一的技术要求及有关工程建设的技术术语、符号、代号、制图方法的一般原则。标准的种类很多，按其约束性划分，有强制性标准、推荐性标准；按其内容划分，有设计标准、施工及验收标准、建设定额；按其属性划分，有技术标准、管理标准、工作标准；按其级别划分，有国家标准、行业标准、地方标准、企业标准。标准的具体表现形式包括标准、规范、规程。

标准（含标准规范、规程），它们是国家颁布的关于结构设计计算和构造要求的技术规定和标准，设计、施工等工程技术人员都应遵循。我国标准条文有以下四种不同情况：

1）强制性条文。强制性条文虽是技术标准中的技术要求，但已具有某些法律性质，将来有可能演变成“建筑法规”，一旦违反，不论是否引起事故，都将被严厉惩罚，故必须严格执行。

2）要严格遵守的条文。规范中正面词用“必须”，反面词用“严禁”，表示非这样做不可，但不具有强制性。

3）应该遵守的条文。规范中正面词用“应”，反面词用“不应”或“不得”，表示在正常情况下均应这样做。

4）允许稍有选择或允许有选择的条文。表示允许稍有选择，在条件许可时首先应这样做，正面词用“宜”，反面词用“不宜”；表示有选择，在一定条件可以这样做的，采用“可”表示。

本书涉及的标准、规范、规程较多，主要有：

《建筑结构可靠度设计统一标准》GB 50068—2001，本书简称《统一标准》；

《建筑工程抗震设防分类标准》GB 50223—2008，本书简称《抗震设防分类标准》；

《建筑结构荷载规范》GB 50009—2012，本书简称《荷载规范》；

《混凝土结构设计规范》GB 50010—2010，本书简称《混凝土规范》；

《高层建筑混凝土结构技术规程》JGJ 3—2010，本书简称《高规》；

《砌体结构设计规范》GB 50003—2011，本书简称《砌体规范》；

《钢结构设计规范》GB 50017—2003，本书简称《钢结构规范》；

《建筑抗震规范》GB 50011—2010，本书简称《抗震规范》；

《建筑结构制图标准》GB/T 50105—2010，本书简称《结构制图标准》；

《房屋建筑制图统一标准》GB 50001—2010，本书简称《制图统一标准》。

除上述标准、规范、规程外，还涉及国家建筑标准设计图集《混凝土结构施工图平面整体表示方法制图规则和构造详图》G101 系列图集，该图集事实上具有某些制图标准的性质，包括：

（1）11 G101-1《混凝土结构施工图平面整体表示方法制图规则和构造详图》（现浇混凝土框架、剪力墙、梁、板），本书简称《G101-1 图集》；

（2）11 G101-2《混凝土结构施工图平面整体表示方法制图规则和构造详图》（现浇混凝土板式楼梯），本书简称《G101-2 图集》；

（3）11 G101-3《混凝土结构施工图平面整体表示方法制图规则和构造详图》（独立基础、条形基础、筏形基础及桩基承台），本书简称《G101-3 图集》。

学习中应自觉结合课程内容查阅有关标准和标准图集，以达到逐步熟悉并正确应用之目的。

思考题

1. 什么是建筑结构？由哪几部分组成？
2. 按照所用材料的不同，建筑结构可以分为哪几类？各有何特点？
3. 建筑结构基本构件有哪几种？

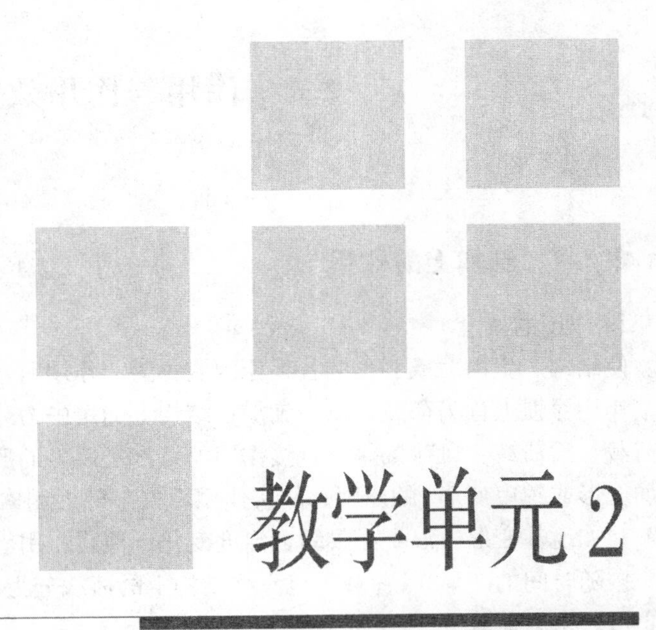

教学单元2

建筑结构计算基本原则

【教学目标】通过本单元教学，使学生掌握荷载的分类，结构的功能要求，结构功能极限状态；理解荷载代表值，极限状态实用表达式，建筑抗震设防，抗震概念设计的基本要求；具有确定永久荷载、可变荷载代表值的能力。

2.1 作用与作用效应

2.1.1 结构上的作用

1. 作用的概念

使结构产生内力或变形的各种原因统称为“作用”，分为直接作用和间接作用两种。直接作用习惯上称为荷载，系指施加在结构上的集中力或分布力系，如结构的自重、楼面荷载、雪荷载、风荷载等。直接作用的特点是以力的形式出现。间接作用指引起结构外加变形或约束变形①的原因。间接作用不仅与外界因素有关，而且与结构本身的特性有关，如地基变形、混凝土收缩、温度变化、地震作用等。本书主要讨论荷载。

按随时间的变异，《荷载规范》将结构上的荷载分为以下三类：

（1）永久荷载

永久荷载又称恒荷载，是指在结构使用期间其值不随时间变化，或者其变化与平均值相比可忽略不计的荷载，如结构自重、土压力、预应力等。

（2）可变荷载

可变荷载也称为活荷载，是指在结构使用期间其值随时间变化，且其变化值与平均值相比不可忽略的荷载，如楼面活荷载、屋面活荷载、风荷载、雪荷载、吊车荷载等。

（3）偶然荷载

在结构使用期间不一定出现，而一旦出现，其量值很大且持续时间很短的荷载称为偶然荷载，如爆炸力、撞击力等。

2. 荷载代表值

荷载是随机变量，任何一种荷载的大小都有一定的变异性。例如，对于结构自重等永久荷载，虽可事先根据结构的设计尺寸和材料单位重量计算出来，但施工时的尺寸偏差、材料单位重量的变异性等原因，致使结构的实际自重并不完全与计算结果相吻合。至于可变荷载的大小，其不定因素则更多。因此，结构设计时，对于不同的荷载和不同的设计情况，应赋予荷载不同的量值，该量值即荷载代表值。

本书仅介绍永久荷载和可变荷载的代表值。

（1）永久荷载的代表值

《荷载规范》规定，永久荷载采用标准值作为代表值。所谓荷载标准值，是指结构

---

① 由温度变化、材料胀缩等引起的受约束结构或构件中潜在的变形称为约束变形，由地面运动、地基不均匀变形等引起的结构或构件的变形称为外加变形。

在设计基准期内可能发现的最大荷载值，它是荷载的基本代表值。这里所说的设计基准期，是为确定可变荷载代表值而选定的时间参数，一般取为 50 年，即取为普通房屋和构筑物的设计使用年限。

永久荷载主要是结构自重及粉刷、装修、固定设备的重量。由于结构或非承重构件的自重的变异性不大，一般以其平均值作为荷载标准值，即可按结构构件的设计尺寸和材料或结构构件单位体积（或面积）的自重标准值确定。对于自重变异性较大的材料，在设计中应根据其对结构有利或不利的情况，分别取其自重的下限值或上限值。

常用材料和构件的自重见《荷载规范》。现将几种常用材料单位体积的自重摘录于表 2-1。

部分常用材料和构件的自重　　表 2-1

序号	名　称	单位	自重	备　注
1	混凝土	kN/m^3	22～24	振捣或不振捣
2	钢筋混凝土	kN/m^3	24～25	
3	水泥砂浆	kN/m^3	20	
4	石灰砂浆、混合砂浆	kN/m^3	17	
5	普通砖	kN/m^3	18	
6	普通砖(机器制)	kN/m^3	19	
7	浆砌普通砖砌体	kN/m^3	18	
8	浆砌机砖砌体	kN/m^3	19	
9	钢	kN/m^3	72.5	
10	水磨石地面	kN/m^2	0.65	10mm 面层，20mm 水泥砂浆打底
11	硬木地板	kN/m^2	0.2	厚 25mm，不包括搁栅自重
12	木框玻璃窗	kN/m^2	0.2～0.3	
13	钢框玻璃窗、钢铁门	kN/m^2	0.4～0.45	
14	木门	kN/m^2	0.1～0.2	
15	贴瓷砖墙面	kN/m^2	0.5	包括水泥砂浆打底，共厚 25mm
16	水泥粉刷墙面	kN/m^2	0.36	20mm 厚，水泥粗砂
17	石灰粉刷墙面	kN/m^2	0.34	20mm 厚

根据构件的设计尺寸和材料或结构构件单位自重即可计算出自重标准值。例如，已知某钢筋混凝土矩形截面梁的截面尺寸为 $200mm\times500mm$，若取钢筋混凝土单位体积自重标准值为 $25kN/m^3$，则其自重标准值为 $0.2\times0.5\times25=2.5kN/m$。

（2）可变荷载的代表值

《荷载规范》规定，可变荷载的代表值有四种，即标准值、组合值、频遇值、准永久值。其中，可变荷载标准值是基本代表值，组合值、频遇值、准永久值都是以标准值乘以相应系数得出。

1）可变荷载标准值

可变荷载的变异性较永久荷载大，其标准值不能采用永久荷载的方法计算。《统一标准》规定，可变荷载的标准值应根据荷载在设计基准期间可能出现的最大荷载概率分布并满足保证率来确定。但目前对最大荷载的概率分布能作出估计的荷载不多，因此，

《荷载规范》规定的可变荷载标准值主要是根据历史经验确定的。《荷载规范》给出了各种可变荷载的标准值，设计时可直接查用。现将民用建筑楼面、屋面均布荷载标准值摘录于表 2-2 和表 2-3。需要说明的是，无论何种形式的屋面，屋面均布活荷载均系水平投影面上的荷载值。

民用建筑楼面均布活荷载　　表 2-2

项次	类　别	标准值（kN/m²）	组合值系数 ψ_c	频遇值系数 ψ_f	准永久值系数 ψ_q
1	(1)住宅、宿舍、旅馆、办公楼、医院病房、托儿所、幼儿园 (2)试验室、阅览室、会议室、医院门诊室	2.0	0.7	0.5 0.6	0.4 0.5
2	教室、食堂、餐厅、一般资料档案室	2.5	0.7	0.6	0.5
3	(1)礼堂、剧场、影院、有固定座位的看台 (2)公共洗衣房	3.0 3.0	0.7 0.7	0.5 0.6	0.3 0.5
4	(1)商店、展览厅、车站、港口、机场大厅及其旅客等候室 (2)无固定座位的看台	3.5 3.5	0.7 0.7	0.6 0.5	0.5 0.3
5	(1)健身房、演出舞台 (2)舞厅、运动场	4.0 4.0	0.7 0.7	0.6 0.6	0.5 0.3
6	(1)书库、档案库、储藏室 (2)密集柜书库	5.0 12.0	0.9	0.9	0.8
7	通风机房、电梯机房	7.0	0.9	0.9	0.8
8	汽车通道及停车库 (1)单向板楼盖(板跨不小于 2m)和双向板楼盖(板跨不小于 3m×3m) 客车 消防车 (2)双向板楼盖(板跨不小于 6m×6m)和无梁楼盖(柱网尺寸不小于 6m×6m) 客车 消防车	 4.0 35.0 2.5 20.0	 0.7 0.7 0.7 0.7	 0.7 0.5 0.7 0.5	 0.6 0.0 0.6 0.0
9	厨房(1)餐厅 (2)其他	4.0 2.0	0.7 0.7	0.7 0.6	0.7 0.5
10	浴室、卫生间、盥洗室	2.5	0.7	0.6	0.5
11	走廊、门厅： (1)宿舍、旅馆、医院病房、托儿所、幼儿园、住宅 (2)办公楼、餐厅、医院门诊部 (3)教学楼及其他人员可能密集的情况	 2.0 2.5 3.5	 0.7 0.7 0.7	 0.5 0.6 0.5	 0.4 0.5 0.3
12	楼梯： (1)多层住宅 (2)其他	 2.0 3.5	 0.7 0.7	 0.5 0.5	 0.4 0.3
13	阳台： (1)人员可能出现密集的情况 (2)其他	3.5 2.5	0.7	0.6	0.5

注：1. 本表所列各项活荷载适用于一般使用条件，当使用荷载大、情况特殊或有专门要求时，应按实际情况采用。

2. 本表各项荷载不包括隔墙自重和二次装修荷载。

屋面均布活荷载　　表 2-3

项次	类别	标准值(kN/m²)	组合值系数 ψ_c	频遇值系数 ψ_f	准永久值系数 ψ_q
1	不上人的屋面	0.5	0.7	0.5	0
2	上人的屋面	2.0	0.7	0.5	0.4
3	屋顶花园	3.0	0.7	0.6	0.5
4	屋顶运动场	3.0	0.7	0.6	0.4

注：1. 不上人的屋面，当施工或维修荷载较大时，应按实际情况采用；
2. 上人的屋面，当兼作其他用途时，应按相应楼面活荷载采用；
3. 对于因屋面排水不畅、堵塞等引起的积水荷载，应采取构造措施加以防止；必要时，应按积水的可能深度确定屋面活荷载；
4. 屋顶花园活荷载不包括花圃土石等材料自重。

由于构件的负荷面积越大，楼面每 1m² 面积上活荷载在同一时刻都达到其标准值的可能性越小，因此，《荷载规范》规定，设计楼面梁、墙、柱及基础时，表 2-2 中的楼面活荷载标准值在下列情况下应乘以规定的折减系数：

• 设计楼面梁时的折减系数：

① 第 1（1）项当楼面梁从属面积超过 25m² 时应取 0.9；

② 第 1（2）～7 项当楼面梁从属面积超过 50m² 时应取 0.9；

③ 第 8 项对 3 向板楼盖的次梁和槽形板的纵肋应取 0.8；对单向板楼盖的主梁应取 0.6；对双向板楼盖的梁应取 0.8。

④ 第 9～13 项应采用与所属房屋类别相同的折减系数。

• 设计墙、柱和基础时的折减系数：

① 第 1（1）项应按表 2-4 规定采用；

② 第 1（2）～7 项采用与其楼面梁相同的折减系数；

③ 第 8 项的客车，对单向板楼盖取 0.5；对双向板楼盖和无梁楼盖取 0.8；

④ 第 9～12 项采用与所属房屋类别相同的折减系数。

活荷载按楼层的折减系数　　表 2-4

墙、柱、基础计算截面以上的层数	1	2～3	4～5	6～8	9～20	>20
计算截面以上各楼层活荷载总和的折减系数	1.00(0.9)	0.85	0.70	0.65	0.60	0.55

注：当楼面梁的从属面积超过 25m² 时，采用括号内的系数。

上面提及的楼面的从属面积，是指向梁两侧各延伸 1/2 梁间距的范围内实际面积。

2）可变荷载准永久值

可变荷载在设计基准期内会随时间而发生变化，并且不同可变荷载在结构上的变化情况不一样。如住宅楼面活荷载，人群荷载的流动性较大，而家具荷载的流动性则相对较小。可变荷载准永久值就是在设计基准期内经常达到或超过的那部分荷载值。它对结构的影响类似于永久荷载。

可变荷载准永久值可表示为 $\psi_q Q_k$，其中 Q_k 为可变荷载标准值，ψ_q 为可变荷载准永久值系数。ψ_q 的值按表 2-2、表 2-3 取用。

3）可变荷载组合值

两种或两种以上可变荷载同时作用于结构上时，所有可变荷载同时达到其单独出现时可能达到的最大值的概率极小，因此，除主导荷载（产生最大效应的荷载）仍可以其标准值为代表值外，其他伴随荷载均应以小于标准值的荷载值为代表值，此即可变荷载组合值。

可变荷载组合值可表示为 $\psi_c Q_k$。其中 ψ_c 为可变荷载组合值系数，其值按表 2-2、表 2-3 取用。

4）可变荷载频遇值

对可变荷载，在设计基准期内，其超越的总时间为规定的较小比率或超越频率为规定频率的荷载值称为可变荷载频遇值。换言之，可变荷载频遇值是指在设计基准期内被超越的总时间仅为设计基准期一小部分的荷载值。

可变荷载频遇值可表示为 $\psi_f Q_k$。其中 ψ_f 为可变荷载频遇值系数，其值按表 2-2、表 2-3 取用。

例如，由表 2-2 查得住宅的楼面活荷载标准值为 $2kN/m^2$，准永久值系数 $\psi_q=0.4$，组合值系数 $\psi_c=0.7$，频遇值系数 $\psi_f=0.5$，则活荷载准永久值为 $2\times0.4=0.8kN/m^2$，组合值为 $2\times0.7=1.4kN/m^2$，频遇值 $2\times0.5=1.0kN/m^2$。

2.1.2 作用效应

作用效应是指结构上的各种作用对结构产生的效应的总称，包括内力（轴力、弯矩、剪力、扭矩等）和变形（如挠度、转角、裂缝等），用 S 表示。

由直接作用产生的效应，通常称为荷载效应。本书只介绍荷载效应。

在建筑力学课程里，我们已学习了各种结构内力和挠度的计算方法，例如计算跨度为 l_0、净跨度为 l_n 的简支梁，在均布荷载 q 作用下的跨中最大弯矩$M=\frac{1}{8}ql_0^2$,支座边缘截面的剪力 $V=\frac{1}{2}ql_n$，跨中最大挠度 $f=\frac{5}{384}\frac{ql_0^4}{EI}$，这也就是荷载效应的计算方法。

2.2 建筑结构概率极限状态设计法

2.2.1 结构的设计使用年限

结构设计的目的是要使所设计的结构在规定的设计使用年限内能完成预期的全部功能要求。所谓设计使用年限，是指设计规定的结构或结构构件不需进行大修即可按其预定目的使用的时期。换言之，设计使用年限就是房屋建筑在正常设计、正常施工、正常使用和维护下所应达到的持久年限。结构的设计使用年限应按表 2-5 采用。

2.2.2 结构的功能要求

在规定的设计使用年限内，建筑结构应满足安全性、适用性和耐久性三项功能要求。

结构的设计使用年限分类 表 2-5

类别	设计使用年限(年)	示 例
1	5	临时性结构
2	25	易于替换的结构构件
3	50	普通房屋和构筑物
4	100	纪念性建筑和特别重要的建筑结构

安全性指结构在正常施工和正常使用的条件下，能承受可能出现的各种作用；在设计规定的偶然事件（如强烈地震、爆炸、车辆撞击等）发生时和发生后，仍能保持必需的整体稳定性，即结构仅产生局部的损坏而不致发生连续倒塌。

适用性指结构在正常使用时具有良好的工作性能。例如，不会出现影响正常使用的过大变形或振动；不会产生使使用者感到不安的裂缝等。

耐久性指结构在正常维护条件下具有足够的耐久性能，即在正常维护条件下结构能够正常使用到规定的设计使用年限。例如，结构材料不致出现影响功能的损坏，钢筋混凝土构件的钢筋不致因保护层过薄或裂缝过宽而锈蚀等。

结构的安全性、适用性和耐久性是结构可靠的标志，总称为结构的可靠性。结构可靠性的定义是，结构在规定时间内，在规定条件下，完成预定功能的能力。但在各种随机因素的影响下，结构完成的能力不能事先确定，只能用概率来描述。为此，我们引入结构可靠度的概念，其定义是：结构在规定时间内，在规定条件下，完成预定功能的概率。结构的可靠度是结构可靠性的概率度量，即对结构可靠性的定量描述。上述定义中，“规定时间”指设计使用年限；“规定条件”指正常设计、正常施工、正常使用和正常维护，不包括错误设计、错误施工和违反原来规定的使用情况；“预定功能”指结构的安全性、适用性和耐久性。

结构可靠度与结构使用年限长短有关。《统一标准》以结构的设计使用年限为计算结构可靠度的时间基准。应当注意，结构的设计使用年限虽与结构使用寿命有联系，但不等同。当结构的使用年限超过设计使用年限后，并不意味着结构就要报废，但其可靠度将逐渐降低。

2.2.3 结构功能极限状态

1. 极限状态的定义及分类

结构能满足功能要求，称结构“可靠”或“有效”，否则称结构“不可靠”或“失效”。区分结构工作状态“可靠”与“失效”的界限是“极限状态”。因此，结构的极限状态可定义为：整个结构或结构的一部分，超过某一特定状态就不能满足设计规定的某一功能（安全性、适用性、耐久性）要求，该特定状态称为该功能的极限状态。

结构极限状态分为承载能力极限状态和正常使用极限状态两类。

承载能力极限状态对应于结构或结构构件达到最大承载力、出现疲劳破坏、发生不适于继续承载的变形或因局部破坏而发生连续倒塌；结构或结构构件的疲劳破坏。承载能力极限状态主要考虑关于结构安全性的功能。超过这一状态，便不能满足安全性的功能。当结构或结构构件出现下列状态之一时，即认为超过了承载能力极限状态：结构构件或连接因材料强度不够而破坏；整个结构或结构的一部分作为刚体失去平衡（如倾覆等）；结构转变为机动体系；结构或结构构件丧失稳定（如柱子被压曲等）；结构因局部破坏而发生连续倒塌；结构或结构构件的疲劳破坏。

正常使用极限状态对应于结构或结构构件达到正常使用的某项规定限值或耐久性能的某种规定状态。超过这一状态，便不能满足适用性或耐久性的功能。当结构或结构构件出现下列状态之一时，即认为超过了正常使用极限状态：影响正常使用或外观的变形；影响正常使用或耐久性能的局部损坏（包括裂缝）；影响正常使用的振动；影响正常使用的其他特定状态等。

结构或结构构件一旦超过承载能力极限状态，将造成结构全部或部分破坏或倒塌，导致人员伤亡或重大经济损失，因此，在设计中对所有结构和构件都必须按承载力极限状态进行计算，并保证具有足够的可靠度。结构或结构构件超过正常使用极限状态的后果一般不如超过承载能力极限状态那样严重，但也不可忽视。例如过大的变形会造成房屋内粉刷层剥落，门窗变形，屋面积水等后果；水池和油罐等结构开裂会引起渗漏等等。工程设计时，一般先按承载力极限状态设计结构构件，必要时再按正常使用极限状态验算。

对极限能力极限状态：一般是以结构的内力超过其承载能力为依据；对正常使用极限状态，一般是以结构的变形、裂缝、振动参数超过设计允许的限值为依据，有时也通过结构应力的控制来保证结构满足正常使用的要求。

2. 极限状态方程

结构的工作性能取决于作用效应和结构或构件承受作用效应的能力。后者称为结构抗力，如构件的承载力、刚度、抗裂度等，用 R 表示。结构抗力是结构内部固有的，其大小主要取决于材料性能、构件几何参数及计算模式的精确性等。

现引入结构的功能函数：

$$Z=g(R,S)=R-S \tag{2-1}$$

实际工程中，可能出现以下三种情况：

（1）$Z>0$，即 $R>S$，此时结构处于可靠状态；

（2）$Z<0$，即 $R<S$，此时结构处于失效状态；

（3）$Z=0$，即 $R=S$，此时结构处于极限状态。

可见，结构可靠工作的条件为 $R\geqslant S$。

关系式 $Z=g(R,S)=R-S=0$ 称为极限状态方程。

2.2.4 结构的安全等级

建筑物的重要程度是根据其用途决定的。不同用途的建筑物，发生破坏后产生的后果（危及人的生命、造成经济损失、产生社会影响等）是不一样的。《统一标准》根据破坏后果的严重程度，将建筑结构划分为一级、二级、三级三个安全等级（表 2-6）。影剧院、体育馆和高层建筑等重要的工业与民用建筑的安全等级为一级，大量的一般工业与民用建筑的安全等级为二级，次要建筑的安全等级为三级。纪念性建筑及其他有特殊要求的建筑，其安全等级可根据具体情况另行确定。

建筑结构的安全等级　　表 2-6

安全等级	一级	二级	三级
破坏后果	很严重	严重	不严重
建筑物类型	重要的房屋	一般的房屋	次要的房屋

2.2.5　实用设计表达式

现行规范采用以概率理论为基础的极限状态设计方法，用分项系数的设计表达式进行计算。

1. 按承载能力极限状态设计的实用表达式

结构构件的承载力设计应采用下列极限状态设计表达式：

$$S_d \leqslant R_d \tag{2-2}$$

式中　R_d——结构构件的承载力设计值，即抗力设计值；

S_d——荷载组合的效应设计值。

对所考虑的极限状态，在确定其荷载效应时，应对所有可能同时出现的诸荷载作用加以组合，求得组合后在结构中的总效应。考虑荷载出现的变化性质，包括出现与否和不同的方向，这种组合可以多种多样，因此还必须在所有可能组合中，取其中最不利的一组作为该极限状态的设计依据。

《统一标准》规定，对于承载能力极限状态的荷载效应组合，对持久和短暂设计状况应采用基本组合，对偶然设计状况应采用偶然组合。荷载的基本组合，是指承载能力极限状态计算时，永久荷载和可变荷载的组合；而荷载的偶然组合则是永久荷载、可变荷载和一个偶然荷载的组合。

下面介绍荷载基本组合的效应设计值的表达式，对于荷载偶然组合的效应设计值可参阅有关文献。

《荷载规范》规定，荷载基本组合的效应设计值 S 应取下列二式中的最不利值：

由可变荷载效应控制的组合

$$S_d = \gamma_0(\sum_{j=1}^{m}\gamma_{Gj}S_{Gjk} + \gamma_{Q1}\gamma_{L1}S_{Q1k} + \sum_{i=2}^{n}\gamma_{Qi}\gamma_{Li}\psi_{ci}S_{Qik}) \tag{2-3}$$

由永久荷载效应控制的组合

$$S_d = \gamma_0(\sum_{j=1}^{m}\gamma_{Gj}S_{Gjk} + \sum_{i=1}^{n}\gamma_{Qi}\gamma_{Li}\psi_{ci}S_{Qik}) \tag{2-4}$$

式中　γ_0——结构构件的重要性系数，对安全等级为一级或设计使用年限为 100 年及以上的结构构件，不应小于 1.1；对安全等级为二级或设计使用年限为 50 年的结构构件，不应小于 1.0；对安全等级为三级或设计使用年限为 5 年及以下的结构构件，不应小于 0.9；在抗震设计中，不考虑结构构件的重要性系数；

γ_{L1}、γ_{Li}——第一个、第 i 个可变荷载考虑设计使用年限的调整系数。设计使用年限为 5 年、50 年、100 年时分别为 0.9、1.0、1.1，设计使用年限不为上述值时采用直线内插确定；

γ_{Gj}——第 j 个永久荷载分项系数，按表 2-7 采用；

S_{Gjk}——按第 j 个永久荷载标准值 G_{jk} 计算的荷载效应值；

γ_{Qi}——第 i 个可变荷载的分项系数，按表 2-7 采用；

S_{Qik}——按第 i 个可变荷载标准值 Q_{ik} 计算的荷载效应值，其中 S_{Q1k} 为诸可变荷载效应中最大值①；

ψ_{ci}——可变荷载 Q_i 的组合值系数，民用建筑楼面均布活荷载、屋面均布活荷载的组合值系数按表 2-2、表 2-3 采用；

m、n——参与组合的永久荷载数、可变荷载数。

应用式（2-3）、式（2-4）时应注意以下问题：

（1）当考虑以竖向的永久荷载效应控制的组合时，参与组合的可变荷载仅限于竖向荷载。

荷载分项系数的取值 **表 2-7**

荷载特性			荷载分项系数
永久荷载	永久荷载效应对结构不利	由可变荷载效应控制的组合	1.2
		由永久荷载效应控制的组合	1.35
	永久荷载效应对结构有利		1.0
可变荷载	一般情况		1.4
	对标准值大于 $4kN/m^2$ 的工业房屋楼面结构的活荷载		1.3

（2）式中 $\gamma_G S_{Gk}$ 为永久荷载效应设计值，$\gamma_{Q1} S_{Q1k}$ 和 $\gamma_{Qi}\psi_{ci}S_{Qik}$ 为可变荷载效应设计值。相应地，$\gamma_G G_k$ 称为永久荷载的设计值，$\gamma_{Q1}Q_{1k}$ 和 $\gamma_{Qi}\psi_{ci}Q_{ik}$ 分别为第一可变荷载和第 i 个可变荷载的设计值。可见，荷载设计值是荷载代表值与荷载分项系数的乘积。通常，集中永久荷载、均布永久荷载设计值分别用 G 和 g 表示，集中活荷载、均布活荷载设计值分别用 Q 和 q 表示。

（3）当采用内力形式表达时，S_d 即为内力（轴力、弯矩、剪力、扭矩）设计值，本书中分别用 N、M、V、T 表达。

【例 2-1】 某办公楼钢筋混凝土矩形截面简支梁，安全等级为二级，设计使用年限为 50 年，计算跨度 $l_0=5m$，净跨度 $l_n=4.86m$。承受均布线荷载：活荷载标准值 6kN/m，永久荷载标准值 10kN/m（包括自重）。试计算荷载基本组合时的跨中弯矩设计值和支座边缘截面剪力设计值。

① 当对 S_{Q1k} 无法明显判断其效应设计值为诸可变荷载效应设计值中最大者，可依次以各可变荷载效应为 S_{Q1k}，选其中最不利的荷载效应组合。

【解】 由表 2-2 查得办公楼活荷载组合值系数 $\psi_c=0.7$。安全等级为二级，则 $\gamma_0=1.0$。设计使用年限为 50 年，则 $\gamma_L=1.0$。

永久荷载产生的跨中弯矩标准值和支座边缘截面剪力标准值分别为：

$$M_{gk}=\frac{1}{8}g_k l_0^2=\frac{1}{8}\times10\times5^2=31.25\text{kN}\cdot\text{m}$$

$$V_{gk}=\frac{1}{2}g_k l_n=\frac{1}{2}\times10\times4.86=24.30\text{kN}$$

活荷载产生的跨中弯矩标准值和支座边缘截面剪力标准值分别为：

$$M_{qk}=\frac{1}{8}q_k l_0^2=\frac{1}{8}\times6\times5^2=18.75\text{kN}\cdot\text{m}$$

$$V_{qk}=\frac{1}{2}q_k l_n=\frac{1}{2}\times6\times4.86=14.58\text{kN}$$

本例只有一个活荷载，即为第一可变荷载。故计算由活载控制的跨中弯矩设计值时，$\gamma_G=1.2$，$\gamma_Q=\gamma_{Q1}=1.4$。

由活荷载控制的跨中弯矩设计值和支座边缘截面剪力设计值分别为：

$$\gamma_0(\gamma_G M_{gk}+\gamma_Q\gamma_L M_{qk})=1.0\times(1.2\times31.25+1.4\times1.0\times18.75)=63.750\text{kN}\cdot\text{m}$$

$$\gamma_0(\gamma_G V_{gk}+\gamma_Q\gamma_L V_{qk})=1.0\times(1.2\times24.30+1.4\times1.0\times14.58)=49.572\text{kN}$$

计算由永久荷载控制的跨中弯矩设计值时，$\gamma_G=1.35$，$\gamma_Q=1.4$，$\psi_c=0.7$。由永久荷载控制的跨中弯矩设计值和支座边缘截面剪力标准值分别为：

$$\gamma_0(\gamma_G M_{gk}+\psi_c\gamma_Q\gamma_L M_{qk})=1.0\times(1.35\times31.25+0.7\times1.4\times1.0\times18.75)=60.563\text{kN}\cdot\text{m}$$

$$\gamma_0(\gamma_G V_{gk}+\psi_c\gamma_Q\gamma_L V_{qk})=1.0\times(1.35\times24.30+0.7\times1.4\times1.0\times14.58)=47.093\text{kN}$$

取较大值得跨中弯矩设计值 $M=63.750\text{kN}\cdot\text{m}$，支座边缘截面剪力设计值 $V=49.572\text{kN}$。

2. 按正常使用极限状态设计的实用表达式

（1）实用表达式

对于正常使用极限状态，应根据不同的设计要求采用荷载效应标准值、组合值、频遇值或准永久值，按下列设计表达式进行设计：

$$S_d\leqslant C \tag{2-5}$$

式中　S_d——正常使用极限状态荷载组合的效应设计值，如挠度、裂缝宽度等；

C——结构构件达到正常使用要求所规定的限值，如变形、裂缝宽度、应力和自振频率等的限值。

结构设计计算中，混凝土结构的正常使用极限状态主要是验算构件的变形、抗裂度或裂缝宽度，使其不超过相应的规定限值；钢结构通过构件的变形（刚度）验算保证；而砌体结构一般情况下可不做验算，由相应的构造措施保证。

（2）荷载组合的效应设计值 S_d

结构或结构构件超过正常使用极限状态时虽会影响结构正常使用，但对生命财产的危害程度较超过承载能力极限状态要小得多，因此，可适当降低对可靠度的要求。为了简化计算，正常使用极限状态设计表达式中，荷载取用代表值，不考虑分项系数，也不考虑结构重要性系数 γ_0。

1）对于标准组合，其荷载效应组合的表达式为

$$S_d = \sum_{j=1}^{m} S_{Gjk} + S_{Q1k} + \sum_{i=2}^{n} \psi_{ci} S_{Qik} \tag{2-6}$$

式中 ψ_{ci}——可变荷载 Q_1 的组合值系数。

2）对于频遇组合，其荷载效应组合的表达式为

$$S_d = \sum_{j=1}^{m} S_{Gjk} + \psi_{f1} S_{Q1k} + \sum_{i=2}^{n} \psi_{qi} S_{Qik} \tag{2-7}$$

式中 ψ_{f1}——可变荷载 Q_1 的频遇值系数；

ψ_{qi}——可变荷载 Q_i 的准永久值系数。

3）对于准永久组合，荷载效应组合的表达式为

$$S_d = \sum_{j=1}^{m} S_{Gjk} + \sum_{i=1}^{n} \psi_{qi} S_{Qik} \tag{2-8}$$

式中符号含义同前。

2.3 建筑抗震设计基本原则

2.3.1 地震的基本概念

1. 地震定义及分类

按产生的原因，地震主要可分为火山地震、陷落地震、人工诱发地震和构造地震。火山地震是因为火山爆发所导致的地面振动；陷落地震是由于溶洞或采空区等塌陷所引起的地面振动；人工诱发地震则是由于水库蓄水、注液、地下抽液、采矿、工业爆破、核爆炸等人类活动引起的地面振动；构造地震是由于地壳构造运动使岩层发生断裂、错动而引起的地面振动。构造地震发生频率高，破坏性大，约占破坏性地震总量的 90% 以上。在建筑抗震设计中，仅考虑构造地震作用下的结构设防问题。

根据地震发生的部位，可将其划分为浅源地震（震源深度小于 60km）、中源地震（震源深度为 60～300km）和深源地震（震源深度大于 300km）。震源深度越小，地震对地面造成的破坏性越大。我国发生的地震绝大多数震源深度在 10～20km 左右，属于浅源地震。

2. 地震的破坏作用

地震是一种危害极大的自然灾害。而我国是一个多地震的国家，地震基本烈度 6 度区以上的面积占全国总面积的 60％以上。2008 年“5.12”汶川地震造成 6.9 万多人死亡和 1.8 万多人失踪，直接经济损失 8451.4 亿元。

地震的破坏作用可归纳为以下三个方面：

（1）地表破坏

强烈地震发生后，在地震区常可看到地裂缝、冒水喷砂以及滑坡、崩塌、沉陷等震害现象。这种现象往往导致房屋的墙体和基础断裂错动，使建筑物下沉、倾斜等，严重时造成房屋倒塌。

（2）建筑结构破坏

地震时，由于建筑物的惯性作用，可使建筑物遭到不同程度的破坏，从而导致人员的伤亡和财产的损失。图 2-1 是“5.12”汶川地震中，四川德阳绵竹市汉旺镇某砖混结构房屋的破坏情况。

图 2-1　某砖混结构房屋的破坏情况

建筑结构的破坏原因可归纳为三个方面：

1）主要承重结构的承载力不够

在地震作用下，不仅结构构件的内力突然加大许多，而且其受力方式也会发生改变。如果结构设计时没有考虑地震的这种影响，或结构抗震设防不足，构件就会因承载力不足而破坏，例如承重砖墙产生交叉裂缝，钢筋混凝土柱被剪断、压酥等。

2）结构整体性丧失

房屋建筑一般都是由许多不同的构件所组成，房屋的整体性好坏主要取决于它们之间的连接。当构件间连接薄弱时，在地震作用下，各部分构件本身并不一定破坏，却往往由于局部的节点强度不足，延性不好或锚固连接太差而破坏，导致整个房屋的倒塌。

3）地基失效

在地震的强烈作用下，地基承载力可能下降甚至丧失，或者由于地基的饱和砂层液化而造成房屋的沉降、倾斜或破坏。

（3）地震次生灾害

地震次生灾害是指地震时间接产生的灾害，例如火灾、水灾、污染、瘟疫、海啸等灾害。由次生灾害造成的损失有时比地震直接产生的灾害造成的损失还要大。例如，由 2004 年 12 月 26 日印度尼西亚苏门答腊岛西海岸外海发生的 8.9 级地震引发的海啸，以大约 700～800km/h 的速度向外扩展，很快扩展到斯里兰卡、印度、孟加拉国等国，再往西一直到了东非的海岸索马里一带，波及了 7 个国家，遇难人数近 30 万。又如，2011 年 3 月 11 日日本本州岛仙台港东 130 公里处发生 9.0 级地震，引发约 10m 高海啸，导致 11000 余人死亡、16000 余人失踪，更严重的次生灾害是引发福岛第一核电站爆炸，核泄漏给日本造成了巨大的灾难。据新华社东京 2011 年 9 月 30 日电，日本文部科学省日前公布核泄漏事故中放射性铯的最新分布地图，显示铯污染地区在西南方向呈带状分布，虽然污染程度随距离渐远而减弱，但污染范围已扩大到“首都圈”。

3. 常用地震术语

如图 2-2 所示，地震发生时岩层断裂或错动产生振动的部位，称为震源；震源至地面的垂直距离称为震源深度；震源在地表的垂直投影点称为震中；地震发生时震动和破坏最大的地区称为震中区；受地震影响地区至震中的距离称为震中距；在同一地震中，具有相同地震烈度地点的连线称为等震线。

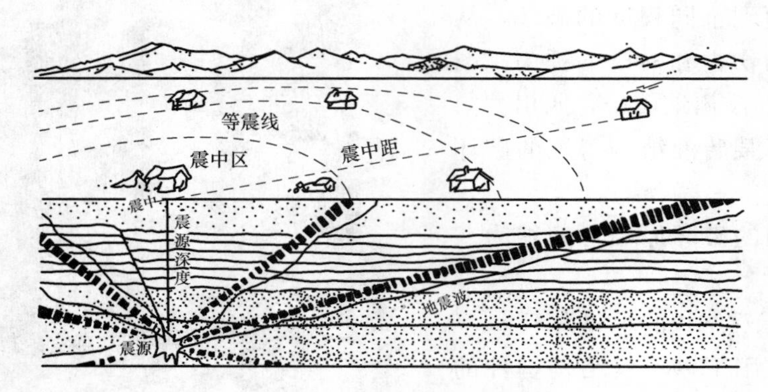

图 2-2 常用地震术语图示

4. 震级与烈度

地震的震级是衡量一次地震大小的等级。它是以地震仪测定的地震活动释放的能量多少来确定的，用符号 M 表示。由于该震级的定义是里克特（C. F. Richter）于 1935 年给出的，因此习惯称之为里氏震级。实际测量中，震级是根据地震仪对地震波所作的记录计算出来的。我国目前使用国际上通用的里氏分级表，共分 9 个等级。震级每相差 1 级，地震释放的能量约差 32 倍。2008 年 5 月 12 日发生在我国的汶川地震为 8.0 级。

一般说来，$M<2$ 的地震人们感觉不到，称为微震；$M=2\sim4$ 的地震称为有感地震；$M>5$ 的地震称为破坏性地震，建筑物有不同程度的破坏；$M=7\sim8$ 的地震称为强烈地震或大地震；$M>8$ 的地震称为特大地震。

地震烈度是指地震时某一地点震动的强烈程度。影响地震烈度的因素有地震震级、距震源的距离、地面状况和地层构造等。实际测量中，地震烈度是根据地震时人的感觉和器物的反应、地表及建筑物破坏程度等各方面情况，从宏观角度来评定的。我国使用的是 12 度烈度表（表 2-8）。

中国地震烈度表 表 2-8

烈度	在地面上人的感觉	房屋震害现象	其他震害现象
Ⅰ	无感		
Ⅱ	室内个别静止中人有感觉		
Ⅲ	室内少数静止中人有感觉	门、窗微作响	悬挂物微动
Ⅳ	室内多数人、室外少数人有感觉，少数人梦中惊醒	门、窗作响	挂物明显摆动，器皿作响
Ⅴ	室内普遍、室外多数人有感觉，多数人在梦中惊醒	门窗、屋顶、屋架颤动作响，灰土掉落，抹灰出现微细裂缝，有檐瓦掉落，个别屋顶烟囱掉砖	不稳定器物摇动或翻倒
Ⅵ	多数人站立不稳，少数人惊逃户外	损坏——墙体出现裂缝，檐瓦掉落，少数屋顶烟囱裂缝、掉落	河岸和松土出现裂缝，饱和砂层出现喷砂冒水；有的独立砖烟囱裂缝
Ⅶ	大多数人惊逃户外，骑自行车的人有感觉，行驶中的汽车驾乘人员有感觉	轻度破坏——局部破坏，开裂，小修或不需要修理可继续使用	河岸出现塌方；饱和砂层常见喷砂冒水，松软土地上地裂缝较多；大多数独立砖烟囱中等破坏
Ⅷ	多数人摇晃颠簸，行走困难	中等破坏——结构破坏，需要修复才能使用	干硬土上亦出现裂缝；大多数独立砖烟囱严重破坏；树梢折断；房屋破坏导致人畜伤亡
Ⅸ	行走的人摔倒	严重破坏——结构严重破坏，局部倒塌，修复困难	干硬土上许多地方出现裂缝；基岩可能出现裂缝、错动；滑坡塌方常见；许多独立砖烟囱倒塌
Ⅹ	骑自行车的人会摔倒，处不稳状态的人会摔离原地，有抛起感	大多数倒塌	山崩和地震断裂出现；基岩上拱桥破坏；大多数独立砖烟囱从根部破坏或倒毁
Ⅺ		普遍倒塌	地震断裂延续很大；大量山崩滑坡
Ⅻ			地面剧烈变化，山河改观

对于一次地震，震级只有一个，但它对不同的地点影响程度是不一样的，也就是说，在一次地震中，不同地点的地震烈度可能是不相同的。一般而言，离震中愈远，受地震的影响就愈小，烈度也就愈低；震中区的烈度（称为震中烈度）最大。对于一次地震的影响，随震中距的不同，可以划分为不同的烈度区。对于震源深度为 15～20km 的地震，地震震级与震中烈度间存在表 2-9 的关系。

地震震级与震中烈度的对应关系 表 2-9

震级	2	3	4	5	6	7	8	>8
震中烈度	1～2	3	4～5	6～7	7～8	9～10	11	12

2.3.2 建筑抗震设防

1. 抗震设防烈度

作为一个地区抗震设防依据的烈度称为抗震设防烈度。抗震设防烈度必须按国家规定的权限审批、颁发的文件（图件）确定。一般情况下，抗震设防烈度取50年内超越概率为10%的地震烈度。《抗震规范》附录A规定了我国主要城镇抗震设防烈度。

2. 抗震设防目标

《抗震规范》提出了“三水准”的抗震设防目标。

第一水准：当遭受到低于本地区设防烈度的多遇地震影响时，主体结构不受损坏或不需修理仍能继续使用，即能保障人的生产、生活、经济活动正常进行。

第二水准：当遭受到相当于本地区抗震设防烈度的设防地震影响时，可能发生损坏，经一般性修理仍可继续使用，即能保障人身安全，减少经济损失。

第三水准：当遭受到高于本地区设防烈度的罕遇地震影响时，不致倒塌或发生危及生命的严重损坏，即能保障人身安全。

第一水准的烈度称为多遇地震，俗称小震，其重现期为50年，50年内的超越概率为63%；第二水准的烈度称为设防地震，俗称中震，其重现期为475年，50年内的超越概率为10%；第三水准的烈度称为罕遇地震，俗称大震，其重现期为1600～2400年，50年内的超越概率为2%～3%。因此，上述设防目标，概括起来就是：小震不坏，中震可修，大震不倒。

3. 抗震设防分类

在进行建筑设计时，应根据建筑物的重要性不同，采取不同的抗震设防标准。《抗震设防分类标准》将建筑物按其重要程度不同分为四类：

特殊设防类建筑（简称甲类建筑） 指使用上有特殊设施，涉及国家公共安全的重大建筑工程和地震时可能发生严重次生灾害等特别重大灾害后果，需要进行特殊设防的建筑。如国家和区域的电力调度中心，三级医院中承担特别重要医疗任务的门诊、住院用房等，存放具有高放射性物品的建筑；

重点设防类建筑（简称乙类建筑） 指地震时使用功能不能中断或需尽快恢复的生命线相关建筑，以及地震时可能导致大量人员伤亡等重大灾害后果，需要提高设防标准的建筑。如省、自治区、直辖市的电力调度中心，大型电影院，幼儿园、小学、中学的教学用房以及学生宿舍和食堂等；

标准设防类建筑（简称丙类建筑） 除甲、乙、丁类以外按标准要求进行设防的建筑。如居住建筑等；

适度设防类建筑（简称丁类建筑） 指使用上人员稀少且震损不致产生次生灾害，允许在一定条件下适度降低要求的建筑。如一般的储存物品的价值低、人员活动少、无次生灾害的单层仓库等。

4. 抗震设防标准

《抗震规范》规定，抗震设防烈度为6度及以上地区的建筑，必须进行抗震设计。对于建筑抗震能力要求的高低，既取决于抗震设防烈度，又取决于建筑使用功能的重要性。抗震设防标准就是衡量建筑抗震能力要求高低的综合尺度。

《抗震设防分类标准》规定，各类建筑的抗震措施[①]应符合以下要求：

标准设防类，应按本地区抗震设防烈度确定其抗震措施和地震作用，达到在遭遇高于当地抗震设防烈度的预估罕遇地震影响时不致倒塌或发生危及生命安全的严重破坏的抗震设防目标；

重点设防类，应按高于本地区抗震设防烈度一度的要求加强其抗震措施；但抗震设防烈度为 9 度时应按比 9 度更高的要求采取抗震措施；地基基础的抗震措施，应符合有关规定。同时，应按本地区抗震设防烈度确定其地震作用；

特殊设防类，应按高于本地区抗震设防烈度一度的要求加强其抗震措施；但抗震设防烈度为 9 度时应按比 9 度更高的要求采取抗震措施。同时，应按批准的地震安全性评价的结果且高于本地区抗震设防烈度的要求确定其地震作用；

适度设防类，允许比本地区抗震设防烈度的要求适当降低其抗震措施，但抗震设防烈度为 6 度时不应降低。一般情况下，仍应按本地区抗震设防烈度确定其地震作用。

2.3.3 建筑场地分类

场地指建筑物所在的区域，其范围大体相当于厂区、居民小区和自然村的区域，范围不应太小，在平坦地区面积一般不小于 1km×1km。

场地条件不同，结构的地震反应（因地震而产生的结构加速度、速度、位移、内力、变形等）和震害不同，相应地，结构受到的地震作用和所采取的抗震措施也不同。因此，抗震设计中需要划分场地的类别。

场地的类别，根据场地土的剪切波速（分层土采用等效剪切波速）和场地覆盖层厚度划分。

场地土是指场地范围内深度在 20m 左右的地基土。其类型根据剪切波速划分。剪切波速越大，场地土性质越好。土层剪切波速根据现场实测而得。当无实测剪切波速时，对丁类建筑层数不超过 10 层、高度不超过 24m 的丙类建筑，可根据岩土名称和性状按表 2-10 划分土的类型，并根据当地经验估计剪切波速。

土的类型划分和剪切波速范围 **表 2-10**

土的类型	岩土名称和性状	土层剪切波速范围(m/s)
岩石	坚硬、较硬且完整的岩石	$v_s>800$
坚硬土或软质岩石	破碎和较破碎的岩石或软和较软的岩石，密实的碎石土	$800\geqslant v_{se}>500$
中硬土	中密、稍密的碎石土，密实、中密的砾、粗、中砂，$f_{ak}>150$ 的黏性土和粉土，坚硬黄土	$500\geqslant v_{se}>250$
中软土	稍密的砾、粗、中砂，除松散外的细、粉砂，$f_{ak}\leqslant150$ 的黏性土和粉土，$f_{ak}>130$ 的填土，可塑新黄土	$250\geqslant v_{se}>150$
软弱土	淤泥和淤泥质土，松散的砂，新近沉积的黏性土和粉土，$f_{ak}\leqslant130$ 的填土，新近堆积黄土和流塑黄土	$v_{se}\leqslant150$

注：f_{ak}为由载荷试验等方法得到的地基承载力特征值（kPa）。

① 抗震措施是指除地震作用计算和抗力计算以外的抗震设计内容，包括抗震计算时的内力调整措施和各种抗震构造措施。抗震构造措施系指根据抗震概念设计原则，一般不需计算而对结构和非结构各部分必须采取的各种细部要求。

等效剪切波速 v_{se} 是规范规定的计算深度 d_0 范围内的一个假想波速。以 v_{se} 穿透深度 d_0 所需时间，与波在各分层土中以不同波速穿过 d_0 所需时间相同。v_{se} 计算方法参见有关文献。

覆盖层厚度，一般指地面至剪切波速大于 500m/s 且其下卧各层岩土的剪切波速均不小于 500m/s 的土层顶面的距离。覆盖层厚度越小，场地性质越好。各类建筑场地的覆盖层厚度 d_0 如表 2-11。

根据土层等效剪切波速和场地覆盖层厚度，建筑的场地类别分为Ⅰ、Ⅱ、Ⅲ、Ⅳ类，其中Ⅰ类分为 I_0、I_1 两个亚类，见表 2-11。

建筑场地类别的划分 **表 2-11**

岩石的剪切波速 v_s 或土的等效剪切波速 v_{se}(m/s) ＼ 覆盖层厚度 d_0(m) ＼ 场地类别	I_0	I_1	Ⅱ	Ⅲ	Ⅳ
$v_s>800$	0				
$800\geqslant v_s>500$		0			
$500\geqslant v_{se}>250$		<5	≥5		
$250\geqslant v_{se}>150$		<3	3～50	>50	
$v_{se}\leqslant 150$		<3	3～15	15～80	>80

2.3.4 抗震概念设计的基本要求

由于地震是随机的，具有不确定性和复杂性，同时结构体系本身也具有随机性。因此，要准确预测建筑物所遭遇的地震反应尚有困难，单靠“计算设计”很难有效地控制结构的抗震性能。因此，需要根据地震灾害和工程经验等所形成的基本设计原则和设计思想，进行建筑和结构总体布置，并确定细部构造，以达到合理抗震设计的目的，这一过程称为“概念设计”。

1. 场地选择

地震造成建筑的破坏，除地震动直接引起结构破坏外，还有场地条件的原因，如地基土的不均匀沉陷、液化等，因此在具有不同工程地质条件的场地上，建筑物在地震中的破坏程度是不同的。为减轻震害，必须选择对抗震有利的场地。《抗震规范》将场地分为有利、一般、不利和危险地段四类（表 2-12）。抗震有利地段的地震反应往往较不利地段和危险地段小而预测的把握较大；抗震不利地段的地震反应往往较有利地段更强烈更复杂，也不易预测；抗震危险地段主要是在地震时可能对建筑物产生灾难性震害的地段。

《抗震规范》规定，在抗震设防区选择建筑场地时，宜选择抗震有利地段，应避开不利地段，当无法避开时应采取有效措施。对危险地段，严禁建造甲、乙类的建筑，不应建造丙类的建筑。同时，按照《住宅设计规范》GB 50096 规定，严禁在危险地段建造住宅。

有利、不利和危险地段的划分　　表 2-12

地段类别	地质、地貌、地形
有利地段	稳定基岩，坚硬土或开阔平坦、密实均匀的中硬土等
一般地段	不属于有利、不利和危险的地段
不利地段	软弱土，液化土，条状突出的山嘴，高耸的山丘，陡坡，陡坎，河岸和边坡的边缘，平面分布上成因、岩性、状态明显不均匀的土层(含故河道、疏松的断层破碎带、暗埋的塘浜沟谷和半填半挖地基)，高含水量的可塑黄土，地表存在结构性裂缝等
危险地段	在地震时可能发生滑坡、崩塌、地陷、地裂、泥石流等的部位，地震断裂带上可能发生地表错位的部位

2. 地基和基础设计

同一结构单元不宜设置在性质截然不同的地基土上，也不宜部分采用天然地基、部分采用桩基。当采用不同基础类型或基础埋深显著不同时，应在基础、上部结构的相关部位采取相应措施。

地基为软弱黏性土、液化土、新近填土或严重不均匀土时，宜加强基础的整体性和刚性，以防止地震引起的动态和永久的不均匀变形。

3. 建筑和结构的规则性

规则的建筑结构抗震性能好，震害轻。建筑和结构规则性的具体要求是：

(1) 建筑设计宜采用平面和竖向规则的设计方案，不宜采用不规则的设计方案。采用不规则的建筑方案应按规定采取加强措施；特别不规则的建筑方案应进行专门研究和论证，采取特别的加强措施；不应采用严重不规则的设计方案。

(2) 建筑及其抗侧力结构的平面布置宜规则、对称，并应具有良好的整体性。

(3) 建筑的立面和竖向剖面宜规则，结构的侧向刚度宜均匀变化，竖向抗侧力构件的截面尺寸和材料强度宜自下而上逐渐减小，避免抗侧力结构的侧向刚度和承载力突变。

(4) 对体型复杂、平立面特别不规则的建筑结构，可按实际需要在适当部位设置防震缝，形成若干较规则的抗侧力结构单元。

4. 结构体系

结构体系应根据建筑的抗震设防类别、抗震设防烈度、建筑高度、场地条件、地基、结构材料和施工等因素，经技术、经济和使用条件综合比较确定。

抗震结构构件的选择应符合下列要求：

(1) 砌体结构应按规定设置钢筋混凝土圈梁和构造柱、芯柱，或采用约束砌体、配筋砌体等，以改善变形能力。

(2) 混凝土结构构件应控制截面尺寸和纵向受力钢筋与箍筋的设置，防止剪切破坏先于弯曲破坏、混凝土的压溃先于钢筋的屈服、钢筋的锚固粘结破坏先于钢筋破坏。

(3) 预应力混凝土的构件，应配有足够的非预应力钢筋。

(4) 钢结构构件的尺寸应合理控制，避免局部失稳或整个构件失稳。

(5) 多、高层的混凝土楼、屋盖宜优先采用现浇混凝土板。当采用混凝土预制装配式楼、屋盖时，应从楼盖体系和构造上采取措施确保各预制板之间连接的整体性。

结构各构件之间的连接，应符合下列要求：

（1）构件节点的破坏，不应先于其连接的构件。

（2）预埋件的锚固破坏，不应先于连接件。

（3）装配式结构构件的连接，应能保证结构的整体性。

（4）预应力混凝土构件的预应力钢筋，宜在节点核心区以外锚固。

5. 非结构构件

非结构构件处理不好，地震时倒塌可能会倒塌伤人、砸坏设备、损坏主体结构。因此，附着于楼、屋面结构上的非结构构件，以及楼梯间的非承重墙体，应与主体结构有可靠的连接或锚固；对幕墙、装饰贴面等，应同主体结构可靠连接；对框架结构的围护墙和隔墙等非结构墙体，应避免不合理的设置而导致主体结构的破坏，如填充墙不到顶而使这些柱子形成短柱，地震时短柱极易发生脆性破坏。

6. 结构材料与施工

结构材料的性能应符合以下要求：

（1）砌体结构

普通砖和多孔砖的强度等级不应低于MU10，其砌筑砂浆强度等级不应低于M5。

混凝土小型空心砌块的强度等级不应低于MU7.5，其砌筑砂浆强度等级不应低于Mb7.5。

（2）混凝土结构

混凝土的强度等级，框支梁、框支柱及抗震等级为一级的框架梁、柱、节点核心区不应低于C30，构造柱、芯柱、圈梁及其他构件不应低于C20。由于高强混凝土具有脆性，且随混凝土强度等级提高而增加，因此混凝土的强度等级，抗震墙不宜超过C60；其他构件，9度时不宜超过C60，8度时不宜超过C70。

普通钢筋宜优先采用延性、韧性和焊接性较好的钢筋。普通钢筋的强度等级，纵向受力钢筋宜选用符合抗震性能指标[①]的不低于HRB400级的热轧钢筋，也可采用符合抗震性能指标的HRB335级热轧钢筋；箍筋宜选用符合抗震性能指标的不低于HRB335级的热轧钢筋，也可选用HPB300级热轧钢筋。

（3）钢结构

钢结构用钢材宜采用Q235等级B、C、D的碳素结构钢及Q345等级B、C、D、E的低合金高强度结构钢。

抗震结构的施工应符合下列要求：

（1）钢筋混凝土结构需要以强度等级较高的钢筋替代原设计中的纵向受力钢筋时，应按钢筋受拉承载力设计值相等的原则换算，并应满足最小配筋率要求；

（2）钢筋混凝土构造柱和底部框架-抗震墙砖房中的砌体抗震墙，其施工应先砌墙后浇构造柱和框架梁柱；

---

① 凡钢筋产品标准中带E编号的钢筋，均属符合抗震性能指标的钢筋。

（3）混凝土墙体、框架柱的水平施工缝，应采取措施加强混凝土的结合性能。

思　考　题

1. 什么是建筑结构上的作用？“作用”与“荷载”的关系是什么？
2. 什么是永久荷载、可变荷载和偶然荷载？
3. 什么是荷载代表值？永久荷载、可变荷载的代表值分别是什么？如何确定？
4. 什么是建筑结构的设计使用年限？与设计基准期有何区别？设计使用年限分为哪几类？
5. 建筑结构应满足哪些功能要求？其中最重要的一项是什么？
6. 结构的可靠性和可靠度的定义分别是什么？二者间有何联系和区别？
7. 什么是结构功能的极限状态？承载能力极限状态和正常使用极限状态的含义分别是什么？
8. 永久荷载、可变荷载的荷载分项系数分别为多少？
9. 什么是地震烈度？它和地震震级有哪些区别？
10. 建筑抗震设防分哪几类？
11. 什么是抗震设防烈度？
12. 抗震设防的目标是什么？
13. 什么是抗震概念设计？其基本要求有哪些？

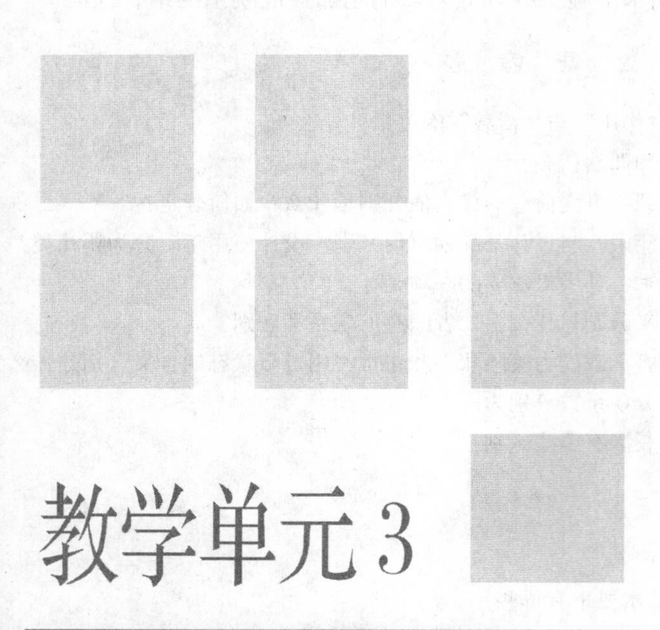

教学单元3

混凝土基本构件

【教学目标】通过本单元教学，使学生掌握钢筋和混凝土共同工作的原因；理解混凝土基本构件的构造要求，方法；具有受弯构件正截面承载力、斜截面承载力、挠度及裂缝宽度计算和受压构件正截面承载力计算的能力。

3.1 混凝土结构材料

3.1.1 钢筋

1. 钢筋的品种和规格

钢筋的品种众多。目前，用于混凝土结构的钢筋主要有热轧钢筋、余热处理钢筋、中强度预应力钢丝、预应力螺纹钢筋、消除应力钢丝和钢绞线等几类。热轧钢筋、余热处理钢筋主要用作钢筋混凝土结构的钢筋和预应力混凝土中的非预应力钢筋，即普通钢筋；其余钢筋则主要用作预应力混凝土构件中施加预应力的钢筋，即预应力钢筋。

（1）热轧钢筋

热轧钢筋是由低碳钢或低合金钢直接热轧而成的，包括热轧光圆钢筋（即 HPB 系列钢筋）、普通热轧钢筋（即 HRB 系列钢筋）、细晶粒热轧钢筋（即 HRBF 系列钢筋）、余热处理钢筋（即 RRB 系列钢筋），其强度等级分为 300MPa、335MPa、400MPa、500MPa 四级。300MPa 级的牌号为 HPB300，335MPa 级包括 HRB335、HRBF335 两种牌号，400MPa 级包括 HRB400、HRBF400 两种牌号，500MPa 级包括 HRB500、HRBF500 两种牌号。

HPB 系列钢筋的牌号为 HPB300。这种钢筋的延性、可焊性和机械连接性能较好，但强度低，且锚固性能差，实际工程中只用作板、基础和荷载不大的梁、柱的受力主筋、箍筋以及其他构造钢筋。

HRB 系列钢筋包括 HRB335、HRB400、HRB500 三种牌号。HRBF 系列钢筋系在热轧过程中，经过控轧和控冷工艺形成的细晶粒钢筋，包括 HRBF335、HRBF400、HRBF500 三种牌号。这两种系列钢筋的延性、可焊性、机械连接性能和锚固性能均较好，且其 400MPa、500MPa 级钢筋的强度高，因此 HRB400、HRB500、HRBF400、HRBF500 钢筋是混凝土结构的主导钢筋，实际工程中主要用作结构构件中的受力主筋、箍筋等。

（2）余热处理钢筋

余热处理钢筋系热轧后利用热处理原理进行表面控制冷却，并利用芯部余热自身完成回火处理所得的成品钢筋，其牌号为 RRB400。这种钢筋强度高，但延性、可焊性、机械连接性能及施工适应性均降低，一般可用于对变形性能及加工性能要求不高的构件中，如基础、大体积混凝土、楼板、墙体以及次要的中小结构构件。

普通钢筋的公称直径和符号见表 3-1。

（3）中强度预应力钢丝

中强度预应力钢丝系由钢丝经冷加工或冷加工后热处理制成，按表面形状分为光面钢丝和变形钢丝两种，强度标准值 800～1370N/mm^2，直径 4～9mm，以盘园形式供应，省去焊接，有利施工。

普通钢筋的公称直径 表 3-1

项次	系列	牌号	符号	公称直径范围（mm）	推荐直径（mmm）
1	HPB 系列	HPB300	Φ	6～22	6、8、10、12、16、20
2	HRB 系列	HRB335 HRB400 HRB500	Φ Φ Φ	6～50	6、8、10、12、16、20、25、32、40、50
3	HRBF 系列	HRBF335 HRBF400 HRBF500	Φ^F Φ^F Φ^F		
4	RRB 系列	RRB400	Φ^R	6～50	8、10、12、16、20、25、32、40

（4）预应力螺纹钢筋

预应力螺纹钢筋也称精轧螺纹钢筋，采用热轧、轧后余热处理或热处理等工艺制成，表面形状为螺旋纹，公称直径 18～50mm，强度标准值 785～1080 N/mm^2，以直条形式供货，可以采用机械连接。

（5）消除应力钢丝

消除应力钢丝包括光面（Φ^P）、螺旋肋（Φ^H）、三面刻痕（Φ^I）。消除应力钢丝，是用高碳镇静钢轧制而成的光圆盘条钢筋，经冷拔而成的光圆钢丝，经回火处理消除残余应力而成的，其强度高（强度标准值 1570～1770N/mm^2）、塑性好、低松弛。

（6）钢绞线

钢绞线是以一根直径较粗的钢丝为芯，用 3 股或 7 股消除应力钢丝用绞盘绞结而成的，外径 8.6～15.2mm，强度高（强度标准值 1570～1860N/mm^2）、低松弛、伸直性好，比较柔软，盘弯方便，粘结性好。

混凝土结构中使用的钢筋可以分为劲性钢筋和柔性钢筋。劲性钢筋是指用于混凝土结构配筋的各种型钢。配置劲性钢筋的混凝土结构称为劲性钢筋混凝土结构。柔性钢筋就是通常所指的钢筋。在不加特别说明时，钢筋就是指柔性钢筋。其外形有光圆和带肋两种（图 3-1）。带肋钢筋又分为等高肋和月牙肋。HPB300 钢筋为光圆钢筋，HRB、HRBF 和 RRB 系列钢筋的外形均为月牙纹。钢丝的外形通常为光圆，也有在表面刻痕的。

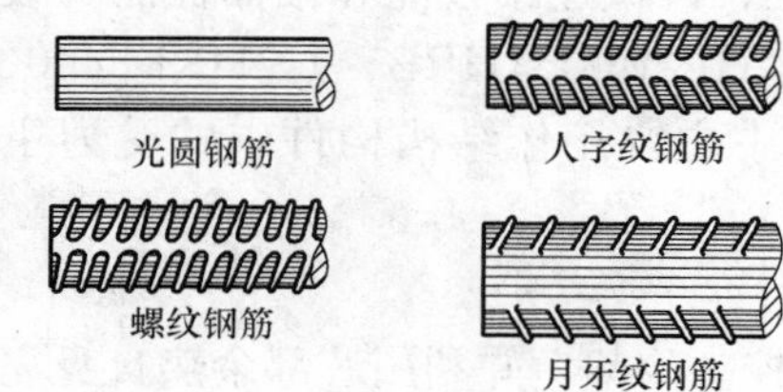

图 3-1 钢筋的外形

各种直径钢筋的公称面积、公称截面面积及理论重量见表 3-2、表 3-3。

2. 钢筋的选用

用于混凝土结构的钢筋，应具有较高的强度和良好的塑性，便于加工和焊接，并应与混凝土之间具有足够的粘结力。特别是用于预应力混凝土结构的预应力钢筋应具有很高的强度，只有如此，才能建立起较高的张拉应力，从而获得较好的预压效果。对于预应力钢筋，尚应具有低松弛特性。

钢筋的公称直径、公称截面面积及理论重量 表 3-2

公称直径(mm)	不同钢筋根数时的计算截面面积(mm²)									单根钢筋理论重量(kg/m)
	1	2	3	4	5	6	7	8	9	
6	28.3	57	85	113	141	170	198	226	255	0.222
8	50.3	101	151	201	252	302	352	402	453	0.395
10	78.5	157	236	314	393	471	550	628	707	0.617
12	113.1	226	339	452	565	678	791	904	1017	0.888
14	153.9	308	461	615	769	923	1077	1231	1385	1.210
16	201.1	402	603	804	1005	1206	1407	1608	1809	1.580
18	254.5	509	763	1017	1272	1527	1781	2036	2290	2.000(2.110)
19	283.5	567	851	1134	1418	1701	1985	2268	2552	2.230
20	314.2	628	942	1256	1570	1884	2199	2513	2827	2.470
22	380.1	760	1140	1520	1900	2281	2661	3041	3421	2.980
25	490.9	982	1473	1964	2454	2945	3436	3927	4418	3.850(4.100)
28	615.8	1232	1847	2463	3079	3695	4310	4926	5542	4.830
32	804.2	1609	2413	3217	4021	4826	5630	6434	7238	6.310(6.650)
36	1017.9	2036	3054	4072	5089	6107	7125	8143	9161	7.990
40	1256.6	2513	3770	5027	6283	7540	8796	10053	11310	9.870(10.340)
50	1964	3928	5892	7856	9820	11784	13748	15712	17676	15.430(16.280)

注：括号内为预应力螺纹钢筋的数值。

各种钢筋间距时每米板宽内的钢筋截面面积 表 3-3

钢筋间距(mm)	当钢筋直径(单位为 mm)为下列数值时的钢筋截面面积(mm²)													
	3	4	5	6	6/8	8	8/10	10	10/12	12	12/14	14	14/16	16
70	101.0	179	281	404	561	719	920	1121	1369	1616	1908	2199	2536	2872
75	94.3	167	262	377	524	371	859	1047	1277	1508	1780	2053	2367	2681
80	88.4	157	245	354	491	629	805	981	1198	1414	1669	1924	2218	2513
85	83.2	148	231	333	462	592	758	924	1127	1331	1571	1811	2088	2365
90	78.5	140	218	314	437	559	716	872	1064	1257	1484	1710	1992	2234
95	74.5	132	207	298	414	529	678	826	1008	1190	1405	1620	1868	2116
100	70.6	126	196	283	393	503	644	785	958	1131	1335	1539	1775	2011
110	64.2	114.0	178	257	357	457	585	714	871	1028	1214	1399	1614	1828
120	58.9	105.0	163	236	327	419	537	654	798	942	1112	1283	1480	1676
125	56.5	100.6	157	226	314	402	515	628	766	905	1068	1232	1420	1608
130	54.4	96.6	151	218	302	387	495	604	737	870	1027	1184	1366	1547
140	50.5	89.7	140	202	281	359	460	561	684	808	954	1100	1268	1463
150	47.1	83.8	131	189	262	335	429	523	639	754	890	1026	1183	1340
160	44.1	78.5	123	177	246	314	403	491	599	707	834	962	1110	1257
170	41.5	73.9	115	166	231	296	379	462	564	665	786	906	1044	1183
180	39.2	69.8	109	157	218	279	358	436	532	628	742	855	985	1117
190	37.2	66.1	103	149	207	265	339	413	504	595	702	810	934	1058
200	35.3	62.8	98.2	141	196	251	322	393	479	565	668	770	888	1005

续表

钢筋间距(mm)	当钢筋直径(单位为 mm)为下列数值时的钢筋截面面积(mm^2)													
	3	4	5	6	6/8	8	8/10	10	10/12	12	12/14	14	14/16	16
220	32.1	57.1	89.3	129	178	228	292	357	436	514	607	700	807	914
240	29.4	52.4	81.9	118	164	209	268	327	399	471	556	641	740	838
250	28.3	50.2	78.5	113	157	201	258	314	383	452	534	616	710	804
260	27.2	48.3	75.5	109	151	193	248	302	368	435	514	592	682	773
280	25.2	44.9	70.1	101	140	180	230	281	342	404	477	550	634	718
300	23.6	41.9	65.5	94	131	168	215	262	320	377	445	513	592	670
320	22.1	39.2	61.4	88	123	157	201	245	299	353	417	481	554	628

《混凝土规范》规定，纵向受力普通钢筋（即用于钢筋混凝土结构中的钢筋和预应力混凝土结构中的非预应力钢筋）宜采用 HRB400、HRB500、HRBF400、HRBF500 钢筋，也可采用 HPB300、HRB335、HRBF335 和 RRB400 钢筋；梁、柱纵向受力普通钢筋应采用 HRB400、HRB500、HRBF400、HRBF500 钢筋；预应力钢筋宜采用预应力钢丝、钢绞线和预应力螺纹钢筋。

3. 钢筋的设计参数

(1) 钢筋强度标准值

材料的强度具有变异性。对于钢筋，按同一标准生产的钢筋，不同时生产的各批钢筋之间的强度不会完全相同；即使同一炉钢轧制的钢筋，其强度也会有差异。对于混凝土，强度变异性更大。按同一标准生产的混凝土各批强度会不同，即使同一次搅拌的混凝土其强度也有差异。因此，在结构设计中采用正常情况下可能出现的最小材料强度值作为基本代表值，该值称为材料强度标准值。《统一标准》规定，材料强度标准值应具有不小于 95%的保证率。

对于钢材，国家标准中已规定了每一种钢材的废品限值。抽样检查中若发现某炉钢材的屈服强度达不到废品限值，即作为废品处理。抽样检查所得的统计资料表明，热轧钢筋的废品限值的保证率均高于 95%，如 HPB300 钢筋大约为 97.73%，因此规范取国家标准规定的屈服强度废品限值作为钢筋强度的标准值，以使结构设计时采用的钢筋强度与国家规定的钢筋出厂检验强度一致。

普通钢筋的强度标准值见表 3-4，预应力钢筋的直径及强度标准值见表 3-5。

(2) 钢筋强度设计值

材料强度设计值等于材料强度标准值除以材料分项系数。材料分项系数大于 1，考虑了材料强度的变异等不利影响。延性较好的热轧钢筋的材料分项系数取 1.10，但 500MPa 级钢筋取 1.15，混凝土的材料分项系数为 1.4。

普通钢筋的强度设计值见表 3-4。

(3) 钢筋的弹性模量

钢筋的弹性模量是指在比例极限范围内应力与应变的比值，用 E_s 表示，其值见表 3-4。

普通钢筋的设计参数（N/mm²）　　表 3-4

牌号	强度标准值		强度设计值		弹性模量 E_s
	屈服强度标准值 f_{yk}	极限强度标准值 f_{stk}	f_y	f'_y	
HPB300	300	420	270	270	2.1×10^5
HRB335、HRBF335	335	455	300	300	2.0×10^5
HRB400、HRBF400、RRB400	400	540	360	360	
HRB500、HRBF500	500	630	435	410	

预应力钢筋的直径及强度标准值　　表 3-5

种类		符号	公称直径 d（mm）	屈服强度标准值 f_{pyk}（N/mm²）	极限强度标准值 f_{ptk}（N/mm²）
钢绞线	1×3（三股）	Φ^s	8.6、10.8、12.9	—	1570
				—	1860
				—	1960
	1×7（七股）		9.5、12.7、15.2、17.8	—	1720
				—	1860
				—	1960
			21.6	—	1860
消除应力钢丝	光面螺旋肋	Φ^P Φ^H	5	—	1570
				—	1860
			7	—	1570
			9	—	1470
				—	1570
			5、7		1570
预应力螺纹钢筋	螺纹	Φ^T	18、25、32、40、50	785	980
				930	1080
				1080	1230
中强度预应力钢丝	光面螺旋肋	Φ^{PM} Φ^{HM}	5、7、9	620	800
				780	970
				980	1270

3.1.2 混凝土

1. 混凝土的强度

混凝土是混凝土结构中的主要受力材料，对混凝土结构的性能有重大影响。在工程中常用的混凝土强度有立方抗压强度、轴心抗压强度、轴心抗拉强度等。其中立方抗压强度是衡量混凝土强度大小的基本指标。

(1) 混凝土的立方抗压强度 f_{cu}

《混凝土规范》规定，用边长为 150mm 的标准立方体试件，在标准养护条件下（温度 20±3℃，相对湿度不小于 90%）养护 28d 后，按照标准试验方法（试件的承压面不涂润滑剂，加荷速度约每秒 0.15～0.3N/mm²）测得的具有 95%保证率的抗压强度，作为混凝土的立方抗压强度标准值，用符号 $f_{cu,k}$ 表示。

根据立方体抗压强度标准值 $f_{cu,k}$ 的大小，混凝土强度等级分 C15、C20、C25、C30、C35、C40、C45、C50、C55、C60、C65、C70、C75、C80 共 14 级。

(2) 混凝土的轴心抗压强度 f_c

轴心抗压强度是构件承载力计算的强度指标。我国采用 150mm×150mm×300mm 棱柱体试件测得的强度作为混凝土的轴心抗压强度。

《混凝土规范》中混凝土的轴心抗压强度标准值按下式计算：

$$f_{c,k}=0.88\alpha_1\alpha_2 f_{cu,k} \tag{3-1}$$

式中 α_1——棱柱强度与立方强度之比，对 C50 及以下取 $\alpha_1=0.76$，对 C80 取 $\alpha_1=0.82$，中间按线形规律变化；

α_2——考虑 C40 以上混凝土脆性的折减系数，对 C40 取 $\alpha_2=1.0$，对 C80 取 $\alpha_2=0.87$，中间按线形规律变化。

(3) 轴心抗拉强度 f_t

混凝土的抗拉强度可采用尺寸为 100mm×100mm×500mm 的柱体试件进行直接轴心受拉试验，但其准确性较差。故《普通混凝土力学性能试验标准》（GB/T 50081—2002）采用边长为 150mm 立方体试件的劈裂试验来间接测定。

《混凝土规范》中混凝土轴心抗拉强度标准值按下式计算：

$$f_{t,k}=0.88\times0.395 f_{cu,k}^{0.55}(1-1.645\delta)^{0.45}\alpha_2 \tag{3-2}$$

式中 δ——混凝土立方强度变异系数，当 $f_{cu,k}>60\text{N/mm}^2$ 时，取 $\delta=0.1$。

2. 混凝土的变形

混凝土的变形有两类。一类是受力变形。混凝土在一次短期荷载、多次重复荷载和长期荷载作用下都将产生变形。另一类是非受力变形，包括收缩、膨胀和温度变形。这里只介绍混凝土的徐变和收缩。

(1) 混凝土的徐变

混凝土在长期不变荷载作用下，应变随时间继续增长的现象，叫做混凝土的徐变。

混凝土的徐变将增大混凝土构件的变形，在预应力混凝土构件中还会引起预应力损失等。

混凝土的徐变除与构件截面的应力大小和时间长短有关外，还与混凝土所处环境条件和混凝土的组成有关。养护条件越好，周围环境的湿度越大，徐变越小；构件加载前混凝土的强度越高，徐变越小；水泥用量越小，徐变越小；混凝土越密实，徐变越小；集料含量越大，集料刚度越大，徐变越小。

(2) 混凝土的收缩

混凝土在空气中结硬时体积会减小，而在水中结硬时体积会增大。前者称为收缩，后者称为膨胀。

混凝土的收缩变形可延续 2 年以上，但主要发生在初期：2 周可完成全部收缩量的 25%，1 个月约完成 50%。

由于混凝土的收缩，当构件受到约束时，混凝土的收缩就会使构件中产生收缩应力，收缩应力过大，就会使构件产生裂缝，以致影响结构的正常使用；在预应力混凝土构件中混凝土收缩将引起钢筋预应力值损失，等等。

混凝土的收缩主要与下列因素有关：水泥用量愈多，水灰比愈大，收缩愈大；强度等级越高的水泥制成的混凝土收缩越大；集料的弹性模量大，收缩小；在结硬过程中，周围温度、湿度大，收缩小；混凝土越密实，收缩越小；使用环境温度、湿度大，收缩小。

3. 混凝土的选用

《混凝土规范》规定，素混凝土结构的混凝土强度等级不应低于 C15；钢筋混凝土结构的混凝土强度等级不应低于 C20；采用强度等级 400MPa 及以上的钢筋时，混凝土强度等级不应低于 C25。预应力混凝土结构强度等级不宜低于 C40，且不应低于 C30。承受重复荷载的钢筋混凝土构件，混凝土强度等级不应低于 C30。

目前，混凝土构件常用混凝土强度等级为：受弯构件 C25～ C40，受压构件 C30～C50，高层建筑底层柱 C50 或以上。

4. 混凝土的设计参数

(1) 强度标准值和强度设计值

各种强度等级的混凝土强度标准值、强度设计值按表 3-6 采用。

混凝土的设计参数（N/mm^2） 表 3-6

设计指标		混凝土强度等级													
		C15	C20	C25	C30	C35	C40	C45	C50	C55	C60	C65	C70	C75	C80
强度标准值	$f_{c,k}$	10.0	13.4	16.7	20.1	23.4	26.8	29.6	32.4	35.5	38.5	41.5	44.5	47.4	50.2
	$f_{t,k}$	1.27	1.54	1.78	2.01	2.20	2.39	2.51	2.64	2.74	2.85	2.93	2.99	3.05	3.11
强度设计值	f_c	7.2	9.6	11.9	14.3	16.7	19.1	21.1	23.1	25.3	27.5	29.7	31.8	33.8	35.9
	f_t	0.91	1.1	1.27	1.43	1.57	1.71	1.80	1.89	1.96	2.04	2.09	2.14	2.18	2.22
弹性模量	E_c	2.20×10^4	2.55×10^4	2.80×10^4	3.00×10^4	3.15×10^4	3.25×10^4	3.35×10^4	3.45×10^4	3.55×10^4	3.60×10^4	3.65×10^4	3.70×10^4	3.75×10^4	3.80×10^4

(2) 弹性模量

混凝土的弹性模量指混凝土的原点切线模量。但是，混凝土不是弹性材料，其应力和应变不呈线性关系，在不同应力阶段的变形模量（应力与应变之比）不同，原点切线很难准确地作出。实用中，采用应力上限为 $(0.4\sim0.5)f_c$ 循环5～10次后的应力-应变曲线，应力为 $(0.4\sim0.5)f_c$ 时的割线模量作为混凝土的弹性模量的近似值。

按照上述方法，《混凝土规范》经统计分析得到混凝土的受拉或受压弹性模量 E_c（N/mm^2）的经验计算公式：

$$E_c=\frac{10^5}{2.2+\frac{34.7}{f_{cu,k}}} \tag{3-3}$$

式中　$f_{cu,k}$——混凝土的立方抗压强度标准值（N/mm^2）。

按式（3-3）计算的混凝土弹性模量列于表 3-6。

5. 结构耐久性对混凝土质量的要求

混凝土结构应符合有关耐久性规定，以保证其在化学的、生物的以及其他使结构材料性能恶化的各种侵蚀的作用下，达到预期的耐久年限。耐久性极限状态表现为：钢筋混凝土构件表面出现锈胀裂缝；预应力筋开始锈蚀；结构表面混凝土出现可见的耐久性损伤（酥裂、粉化等）。材料劣化进一步发展还可能引起构件承载力问题，甚至发生破坏。

结构的使用环境是影响混凝土结构耐久性的最重要的因素，属于外因。使用环境类别是指混凝土暴露表面所处的环境条件，按表 3-7 划分。其中，室内潮湿环境是指构件表面经常处于结露或湿润状态的环境；干湿交替主要指室内潮湿、室外露天、地下水浸润、水位变动的环境，由于水和氧的反复作用，容易引起钢筋锈蚀和混凝土材料劣化。非严寒和非寒冷地区与严寒和寒冷地区的区别主要在于有无冰冻及冻融循环现象。

影响混凝土结构耐久性的另一重要因素是混凝土材料的质量，属于内因。它主要包括混凝土的水胶比（即水与胶凝材料总量的比值）、强度等级、氯离子和碱含量等因素。混凝土的强度反映了其密实度而影响耐久性。

耐久性对混凝土质量的主要要求如下：

（1）设计使用年限为 50 年的结构混凝土

对于设计使用年限为 50 年的混凝土结构，其混凝土材料的质量宜符合表 3-8 的规定。

混凝土结构的使用环境类别　　**表 3-7**

环境类别		说　明
一		室内干燥环境；无侵蚀性静水浸没环境、无高温高湿影响、不与土壤直接接触的环境
二	a	室内潮湿环境；非严寒和非寒冷地区的露天环境；非严寒和非寒冷地区与无侵蚀性的水或土壤直接接触的环境；严寒和寒冷地区的冰冻线以下与无侵蚀性的水或土壤直接接触的环境
	b	干湿交替环境；水位频繁变动环境；严寒和寒冷地区的露天环境；严寒和寒冷地区的冰冻线以上与无侵蚀性的水或土壤直接接触的环境
三	a	严寒和寒冷地区冬季水位变动的环境；受除冰盐影响环境；海风环境
	b	盐渍土环境；受除冰盐作用环境；海岸环境
四		海水环境
五		受人为或自然的侵蚀性物质影响的环境

注：严寒地区指最冷月平均温度≤－10℃，日平均温度不高于 5℃的天数≥145d 的地区；寒冷地区指最冷月平均温度－10～0℃，日平均温度不高于 5℃的天数为 90～145d 的地区。

结构混凝土耐久性的基本要求 表 3-8

环境类别		最大水胶比	混凝土强度等级不小于	氯离子含量不大于(%)	碱含量不大于(kg/m^3)
一		0.60	C20	0.3	不限制
二	a	0.55	C25	0.2	3.0
	b	0.50(0.55)	C30(C25)	0.15	3.0
三	a	0.45(0.50)	C35(C30)	0.15	3.0
	b	0.40	C40	0.10	3.0

注：1. 氯离子含量系指其占胶凝材料总量的百分比。
2. 预应力混凝土构件中的最大氯离子含量为0.06%；最低混凝土强度等级宜按表中规定提高两个等级。
3. 素混凝土构件的最小水胶比及最低混凝土强度等级的要求可适当放松。
4. 处于严寒和寒冷地区二b、三a环境中的混凝土应使用引气剂，并可采用括号中的有关参数。
5. 当有可靠工程经验时，二类环境中的最低混凝土强度等级可降低一个等级。
6. 当使用非碱活性骨料时，对混凝土中的碱性含量可不作限制。

(2) 设计使用年限为100年的结构混凝土

一类环境中，设计使用年限为100年的结构混凝土应符合下列规定：

1) 钢筋混凝土结构的最低混凝土强度等级为C30；预应力混凝土结构的最低强度等级为C40。

2) 混凝土中的最大氯离子含量为0.06%。

3) 宜使用非碱活性骨料；当使用碱活性骨料时，混凝土中的碱含量不得超过3.0kg/m^3。

4) 当采取有效的表面防护措施时，混凝土保护层厚度可适当减少。

5) 在使用过程中应有定期维护措施。

对于设计使用年限为100年且处于二类和三类环境中的混凝土结构应采取专门有效的措施。

(3) 临时性结构混凝土

对临时性混凝土结构，可不考虑混凝土的耐久性要求。

(4) 其他要求

四类和五类环境中的混凝土结构，其耐久性要求应符合有关标准的规定。

3.2 钢筋与混凝土共同工作

3.2.1 钢筋与混凝土共同工作的原因

钢筋和混凝土是两种物理力学性质不同的材料，在钢筋混凝土结构中之所以能够共同工作，主要有以下三方面原因：

(1) 钢筋表面与混凝土之间存在粘结作用。这种粘结作用由三部分组成：一是混凝土结硬时体积收缩，将钢筋紧紧握住而产生的摩擦力；二是由于钢筋表面凹凸不平而产生的机械咬合力；三是混凝土与钢筋接触表面间的胶结力。其中机械咬合力约占50%；

(2) 钢筋和混凝土的温度线膨胀系数几乎相同（钢筋为 1.2×10^{-5}/℃，混凝土为 $1.0\times10^{-5}\sim1.5\times10^{-5}$/℃），在温度变化时，二者的变形基本相等，不致破坏钢筋混凝土结构的整体性；

(3) 钢筋被混凝土包裹着，从而使钢筋不会因大气的侵蚀而生锈变质。

上述三个原因中，钢筋表面与混凝土之间存在粘结作用是最主要的原因。因此，钢筋混凝土构件配筋的基本要求，就是要保证二者共同受力，共同变形。

3.2.2 钢筋的弯钩、锚固与连接

(1) 钢筋的弯钩

为了增加钢筋在混凝土内的抗滑移能力和钢筋端部的锚固作用，绑扎钢筋骨架中的受拉光面钢筋末端应做弯钩。半圆弯钩的构造要求如图 3-2 所示。

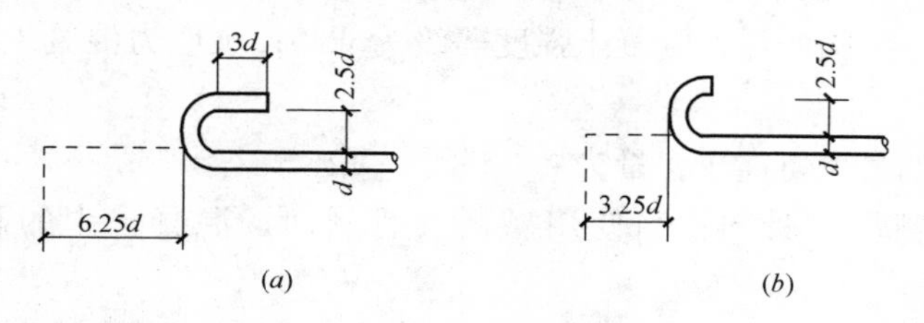

图 3-2 半圆弯钩

(a) 手工弯半圆弯钩；(b) 机器弯半圆弯钩

(2) 钢筋的锚固

受力钢筋依靠其表面与混凝土的粘结作用或端部构造的挤压作用而达到设计承受应力所需的长度，称为锚固长度。钢筋的锚固长度取决于钢筋强度及混凝土强度，并与钢筋外形有关。

1) 受拉锚固长度

当计算中充分利用钢筋的抗拉强度时，受拉普通钢筋的锚固长度按下式计算：

$$l_a=\zeta_a l_{ab} \tag{3-4}$$

$$l_{ab}=\alpha\frac{f_y}{f_t}d \tag{3-5}$$

式中 l_a——受拉普通钢筋的锚固长度，当 $l_a<200$mm 时，取 $l_a=200$mm；

l_{ab}——受拉普通钢筋的基本锚固长度；

f_y——钢筋的抗拉强度设计值，按表 3-4 采用；

f_t——混凝土轴心抗拉强度设计值，按表 3-6 采用。当混凝土强度等级高于 C60 时，按 C60 取值；

d——钢筋的公称直径；

α——锚固钢筋的外形系数，按表 3-9 采用；

ζ_a——锚固长度修正值。当带肋钢筋的公称直径大于 25mm 时，取 $\zeta_a=1.10$；对环氧树脂涂层带肋钢筋，取 $\zeta_a=1.25$；对施工中易受扰动（如滑模施工）的钢筋，取 $\zeta_a=1.10$；当纵向受力钢筋的实际配筋面积 A_s^0 大于其设计计算面积 A_s 时，取 $\zeta_a=A_s/A_s^0$，但对有抗震设防要求和直接承受动力荷载的结构构件不考虑此项修正；锚固钢筋的保护层厚度为 $3d$ 时取 $\zeta_a=0.80$，保护层厚度为 $5d$ 时取 $\zeta_a=0.70$，保护层厚度为 $3d$ ～$5d$ 时 ζ_a 按内插取值，此处 d 为锚固钢筋的直径。当上述修正系数多于一项时，可按连乘计算，但 ζ_a 不应小于 0.6。

锚固钢筋的外形系数 α　　表 3-9

钢筋类型	光圆钢筋	带肋钢筋	螺旋肋钢丝	三股钢绞线	七股钢绞线
α	0.16	0.14	0.13	0.16	0.17

注：光圆钢筋末端应做 180°弯钩，弯后平直段长度不应小于 $3d$，但作受压钢筋时可不作弯钩。

在钢筋末端配置弯钩和机械锚固是减小锚固长度的有效方式，其原理是利用受力钢筋端部锚头（弯钩、贴焊锚筋、焊接锚板或螺栓锚头）对混凝土的局部挤压作用加大锚固承载力。因此，当纵向受拉普通钢筋末端采用弯钩或机械锚固措施（图 3-3）时，包括弯钩或锚固端头在内的锚固长度（投影长度）可取为按式（3-5）计算的基本锚固长度 l_{ab} 的 60%。弯钩和机械锚固的形式（图 3-3）和技术要求应符合表 3-10 的规定。

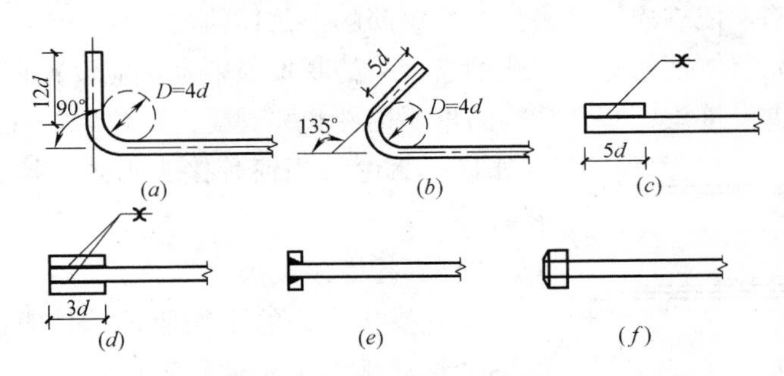

图 3-3　钢筋弯钩和机械锚固的形式和技术要求

（*a*）90°弯钩；（*b*）135°弯钩；（*c*）一侧贴焊锚筋；（*d*）两侧贴焊锚筋；（*e*）穿孔塞焊锚板；（*f*）螺栓锚头

钢筋弯钩和机械锚固的形式和技术要求　　表 3-10

锚 固 形 式	技 术 要 求
90°弯钩	末端 90°弯钩，弯钩内径 $4d$，弯后直段长度 $12d$
135°弯钩	末端 135°弯钩，弯钩内径 $4d$，弯后直段长度 $5d$
一侧贴焊锚筋	末端一侧贴焊长 $5d$ 同直径钢筋
两侧贴焊锚筋	末端两侧贴焊长 $3d$ 同直径钢筋
焊端锚板	末端与厚度 d 的锚板穿孔塞焊
螺栓锚头	末端旋入螺栓锚头

注：1. 焊缝和螺纹长度应满足承载力要求；
2. 螺栓锚头和焊接锚板的承压净面积不应小于锚固钢筋截面积的 4 倍；
3. 螺栓锚头的规格应符合相关标准的要求；
4. 螺栓锚头和焊接锚板的钢筋净间距不宜小于 $4d$，否则应考虑群锚效应的不利影响；
5. 截面角部的弯钩和一侧贴焊锚筋的布筋方向宜向截面内侧偏置。

为防止保护层混凝土劈裂时钢筋突然失锚，《混凝土规范》规定，当锚固钢筋的保护层厚度不大于 $5d$ 时，锚固长度范围内应配置横向构造钢筋，其直径不应小于最大锚固钢筋直径的 1/4；其间距，梁、柱、斜撑等构件不应大于最小锚固钢筋直径的 5 倍，板、墙等平面构件不应大于最小锚固钢筋直径的 10 倍，且均不应大于 100mm。

2）受压锚固长度

混凝土结构中的纵向受压钢筋，当计算中充分利用其抗压强度时，其锚固长度不应小于按式（3-4）计算的锚固长度的 70%。

受压钢筋不应采用末端弯钩和一侧贴焊锚筋的锚固措施。

（3）钢筋的连接

1）连接形式

在施工中，钢筋连接的情况是难以避免的。钢筋的连接形式有绑扎搭接、焊接和机械连接。绑扎搭接受力性能差，浪费钢材，而且会影响混凝土的浇灌。绑扎搭接接头不得用于轴心受拉及小偏心受拉杆件（如桁架和拱的拉杆）的纵向受力钢筋，也不宜用于其他构件中直径大于 25mm 的受拉钢筋及直径大于 28mm 的受压钢筋。焊接能保证接头质量，也能节省钢材，但连接时有明火，且焊接时局部受热会影响焊口处钢筋的性能。机械连接接头性能可靠，节省钢材，操作简单，连接时无明火，不受天气影响，并可用于不同材质钢筋的连接。钢筋连接宜优先采用机械连接接头或焊接接头。

有连接的钢筋，依靠连接接头将一根钢筋的力传递给另一根钢筋。由于钢筋通过连接接头传力总不如整体钢筋好，因此钢筋接头的基本原则是：应设置在受力较小处同一根钢筋上应尽量少设接头；避开结构的重要构件和关键受力部位，如柱端、梁端的箍筋加密区；无论采用何种接头形式，接头位置都宜相互错开。

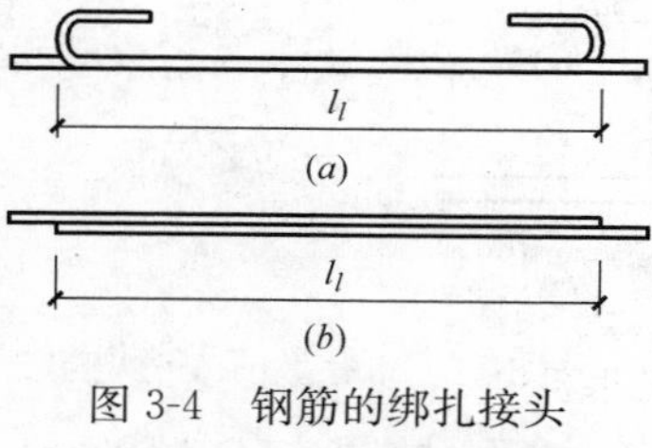

图 3-4　钢筋的绑扎接头

（*a*）光圆钢筋；（*b*）带肋钢筋

2）绑扎搭接接头

绑扎搭接接头的工作原理，是通过钢筋与混凝土之间的粘结强度来传递钢筋的内力。因此，绑扎接头必须保证足够的搭接长度，而且光圆钢筋的端部还需做弯钩（图 3-4）。

纵向受拉钢筋绑扎搭接接头的搭接长度 l_l 按下式计算，且在任何情况下均不应小于 300mm：

$$l_l = \zeta_l l_a \tag{3-6}$$

式中　l_a——受拉钢筋的锚固长度；

ζ_l——纵向受拉钢筋搭接长度修正系数，按表 3-11 采用。

受拉钢筋搭接长度修正系数　　表 3-11

同一连接区段搭接钢筋面积百分率(%)	≤25	50	100
搭接长度修正系数 ζ_l	1.2	1.4	1.6

纵向受压钢筋采用搭接连接时，其受压搭接长度不应小于按式（3-6）计算的受拉

搭接长度的 70%，且在任何情况下均不应小于 200mm。

钢筋绑扎搭接接头连接区段的长度为 1.3 倍搭接长度，凡搭接接头中点位于该长度范围内的搭接接头均属同一连接区段（图 3-5）。位于同一连接区段内的受拉钢筋搭接接头面积百分率，梁和板不宜大于 25%，柱类构件不宜大于 50%。

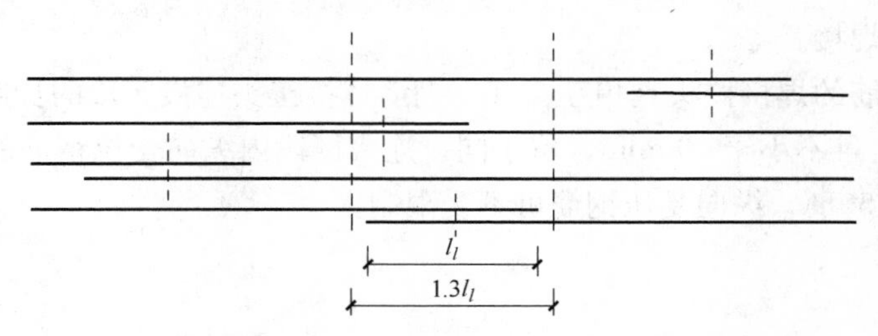

图 3-5 同一连接区段内的纵向受拉钢筋绑扎搭接接头

并筋采用绑扎搭接连接时，应按每根单筋错开搭接的方式连接。接头面积百分率应按同一连接区段内所有的单根钢筋计算。并筋中钢筋的搭接长度应按单筋分别计算。

在梁、柱类构件的纵向受力钢筋搭接长度范围内应配置箍筋等横向构造钢筋，其直径不应小于搭接钢筋较大直径的 1/4。横向构造钢筋的间距，对梁、柱、斜撑等构件不应大于搭接钢筋较小直径的 5 倍，且不应大于 100mm（图 3-6）；对板、墙等平面构件不应大于搭接钢筋较小直径的 10 倍，且不应大于 100mm。当受压钢筋直径大于 25mm 时，还应在搭接接头两个端面外 100mm 范围内各设置 2 个箍筋。

3）机械连接接头

机械连接接头的工作原理是，通过连接间的直接或间接的机械咬合作用或钢筋端面的承压作用，将一根钢筋的力传递给另一根钢筋。目前我国常用的机械连接方法是带肋钢筋套筒径向挤压接头和钢筋锥螺纹接头（图 3-7）。

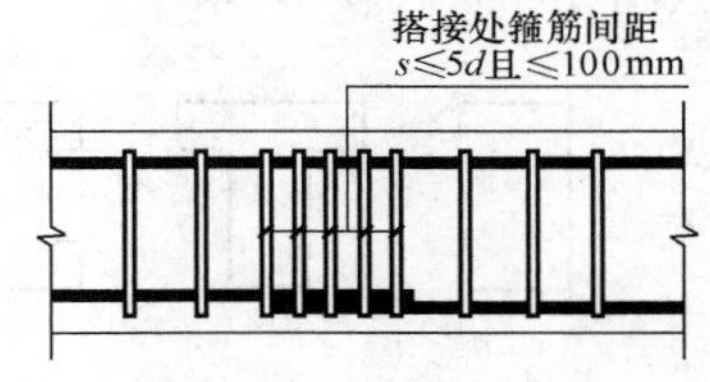

图 3-6 受拉钢筋搭接处箍筋设置

（图中 d 为纵向受拉钢筋较小直径）

纵向受力钢筋的机械连接接头宜互相错开。钢筋机械连接接头连接区段的长度为连接钢筋较小直径的 35 倍。位于同一连接区段内纵向受拉钢筋机械连接接头面积百分率不宜大于 50%，纵向受压钢筋可不受限制；在直接承受动力荷载的结构构件中不应大于 50%。

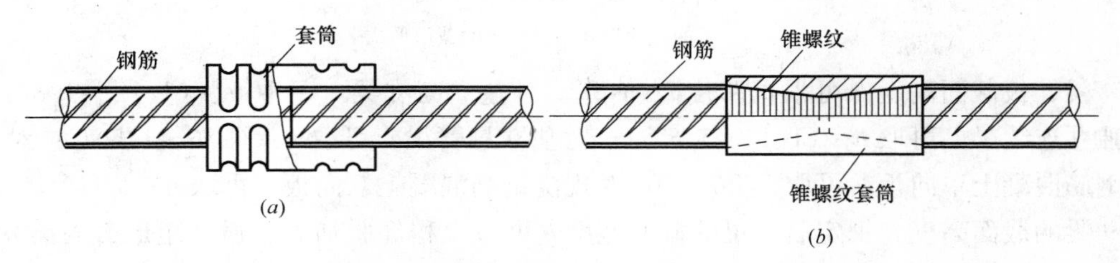

图 3-7 套筒径向挤压接头和锥螺纹接头

（a）套筒径向挤压接头；（b）锥螺纹接头

4）焊接接头

钢筋焊接接头可分为电阻点焊、闪光对焊、电弧焊、电渣压力焊、气压焊、埋弧压力焊等。

细晶粒热轧带肋钢筋以及直径大于 28mm 的带肋钢筋，其焊接应经试验确定；余热处理钢筋不宜焊接。

纵向受力钢筋的焊接接头宜相互错开。钢筋焊接接头连接区段的长度为连接钢筋较小直径的 35 倍，且不小于 500mm。位于同一连接区段内纵向受拉钢筋的焊接接头面积百分率不宜大于 50%，纵向受压钢筋可不受限制。

3.3 钢筋混凝土受弯构件

受弯构件是建筑结构中最常见的构件，梁和板如楼（屋）面梁、楼（屋）面板、雨篷板、挑檐板、挑梁等是建筑工程中典型的受弯构件。

3.3.1 构造要求

1. 截面形式及尺寸

梁的截面形式主要有矩形、T 形、倒 T 形、L 形、I 形、十字形、花篮形等（图 3-8*a*），其中矩形、T 形截面应用最广泛。板的截面形式一般为矩形、槽形板、空心板等（图 3-8*b*）。

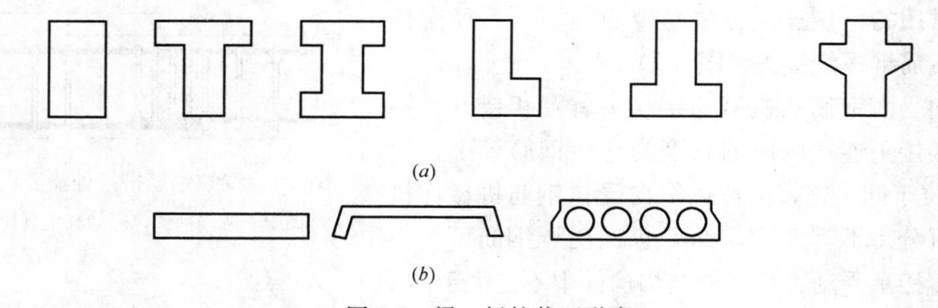

图 3-8 梁、板的截面形式

（*a*）梁的截面形式；（*b*）板的截面形式

梁、板截面高度 h 可根据跨度 l_0 估算。对独立简支梁，可取 $h=(1/12\sim1/8)l_0$；对独立连续梁，可取 $h=(1/14\sim1/8)l_0$；对独立悬臂梁，可取 $h=(1/6\sim1/5)l_0$；对现浇钢筋混凝土单向板，可取 $h\geqslant l_0/30$；对现浇钢筋混凝土双向板，可取 $h\geqslant l_0/40$。

梁的截面高度 h 拟定后，梁的截面宽度 b 可按工程经验估算。通常矩形截面梁 $b=(1/3.5\sim1/2)h$，T 形截面梁 $b=(1/4\sim1/2.5)h$。

为了统一模板尺寸，方便施工，梁的截面高度 $h\leqslant800$mm 时以 50mm 为模数，$h>$

800mm 时以 100mm 为模数。矩形梁的截面宽度和 T 形截面的肋宽 b 宜采用 100、120、150、180、200、220、250mm，大于 250mm 时以 50mm 为模数。

现浇板的厚度一般以 10mm 为模数，且不应小于表 3-12 所列数值。工程中现浇板的常用厚度为 60、70、80、100、120mm。

现浇板的最小厚度（mm）　　表 3-12

单向板				双向板	密肋楼盖		悬臂板(根部)		无梁楼板	现浇空心楼盖
屋面板	民用建筑楼板	工业建筑楼板	行车道下楼板		面板	肋高	悬臂长度≤500mm	悬臂长度1200mm		
60	60	70	80	80	50	250	60	100	150	200

2. 配筋构造

（1）梁

梁中通常配置纵向受拉钢筋、弯起钢筋、箍筋、架立钢筋等（图 3-9）。截面高度较大的梁，尚需设置纵向构造钢筋及相应的拉筋。这些钢筋相互联系形成空间骨架。

(a)

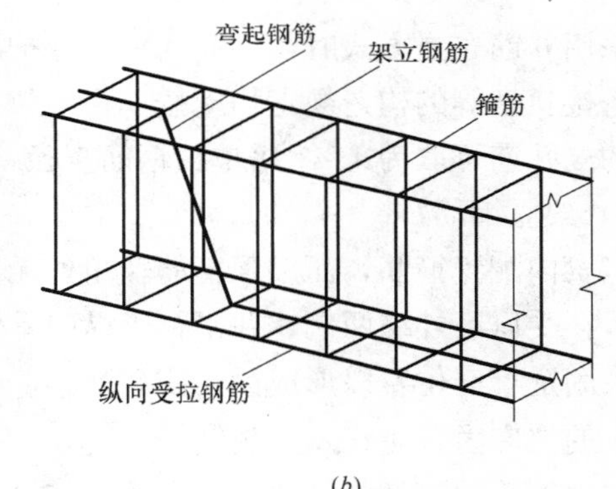

(b)

图 3-9　梁的配筋

1）纵向受拉钢筋

纵向受拉钢筋配置在受拉区，主要用来承受由弯矩在梁内产生的拉力。

梁纵向受力钢筋应采用 HRB400、HRB500、HRBF400、HRBF500 钢筋。梁纵向受拉钢筋的常用直径 $d=12\sim25$mm，一般不宜超过 28mm。当 $h<300$mm 时，$d\geqslant$ 8mm；当 $h\geqslant300$mm 时，$d\geqslant10$mm；当 $h\geqslant500$mm 时，$d\geqslant12$mm。一根梁中同一种受力钢筋最好为同一种直径；当有两种直径时，其直径相差不应小于 2mm，以便施工时肉眼辨别。梁中受拉钢筋的根数不应少于 2 根，最好不少于 3～4 根。纵向受力钢筋应尽量布置成一层。当一层排不下时，可布置成两层，但应尽量避免出现两层以上的受力钢筋。

为保证钢筋周围的混凝土浇筑密实，梁的纵向受力钢筋间必须留有足够的净间距（图 3-10）。当梁的下部纵向受力钢筋配置多于两层时，两层以上钢筋水平方向的中距应比下面两层的中距增大一倍。

为解决粗钢筋及配筋密集引起设计、施工的困难，在梁的配筋密集区域宜采用并筋（钢筋束）的配筋形式。直径 28mm 及以下的钢筋并筋数量不应超过 3 根；直径 32mm 的钢筋并筋数量宜为 2 根；直径 36mm 及以上的钢筋不应采用并筋。

并筋的布置方式，二并筋可按纵向或横向布置，三并筋宜按品字形布置（图 3-10）。

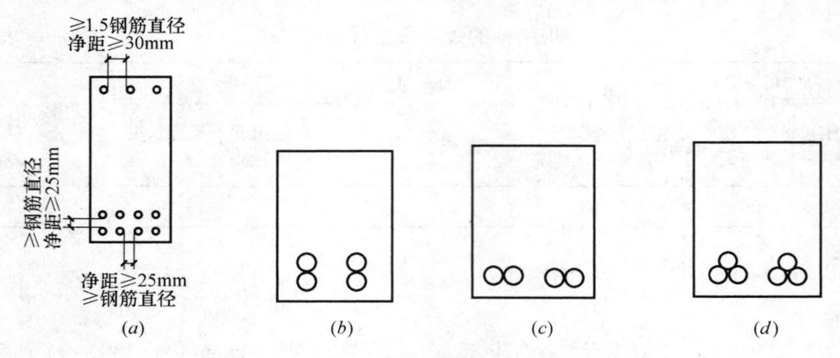

图 3-10 受力钢筋的排列

（a）单根钢筋的排列；（b）并筋纵向布置；（c）并筋横向布置；（d）并筋品字形布置

采用并筋布置方式时，钢筋间距、保护层厚度、钢筋锚固长度、搭接接头面积百分率及搭接长度等的构造规定均应按单根等效钢筋进行计算。等效钢筋的等效直径，相同直径的二并筋可取为 1.41 倍单根钢筋直径，三并筋可取为 1.73 倍单根钢筋直径。

2）架立钢筋

当梁内配置箍筋，而梁顶箍筋转角处无纵向受力钢筋时，应设置架立钢筋。架立钢筋设置在受压区外缘两侧，并平行于纵向受力钢筋。架立钢筋主要有两方面作用。一方面用来固定箍筋位置以形成梁的钢筋骨架，另一方面用来承受因温度变化和混凝土收缩而产生的拉应力，防止发生裂缝。

架立钢筋的直径与梁的跨度有关，其最小直径不宜小于表 3-13 所列数值。

架立钢筋需要与受力钢筋搭接时，其搭接长度，当架立钢筋直径＜10mm 时为 100mm，当架立钢筋直径≥10mm 时为 150mm。

架立钢筋的最小直径（mm） **表 3-13**

梁跨(m)	＜4	4～6	＞6
架立钢筋最小直径(mm)	8	10	12

3）弯起钢筋

弯起钢筋在跨中是纵向受力钢筋的一部分，在靠近支座的弯起段弯矩较小处则用来承受弯矩和剪力共同产生的主拉应力，即作为受剪钢筋的一部分。

钢筋的弯起角度一般为 45°，梁高 h＞800mm 时可采用 60°。

4）箍筋

箍筋主要用来承受由剪力和弯矩在梁内引起的主拉应力，并通过绑扎或焊接把其他钢筋联系在一起，形成空间骨架。

箍筋应根据计算确定。按承载力计算不需要箍筋的梁，当梁的截面高度 h＞300mm

时，应沿梁全长按构造配置箍筋；当 h＝150～300mm 时，可仅在梁的端部各 1/4 跨度范围内设置箍筋，但当梁的中部 1/2 跨度范围内有集中荷载作用时，仍应沿梁的全长设置箍筋；若 h＜150mm，可不设箍筋。

梁内箍筋宜采用 HRB400、HRBF400、HPB300、HRB500、HRBF500 钢筋，也可采用 HRB335、HRBF335 钢筋。箍筋直径，当梁截面高度 h≤800mm 时，不宜小于 6mm；当 h＞800mm 时，不宜小于 8mm。当梁中配有计算需要的纵向受压钢筋时，箍筋直径还不应小于纵向受压钢筋最大直径的 1/4。为了便于加工，箍筋直径一般不宜大于 12mm。

箍筋的形式可分为开口式和封闭式两种。开口箍不利于纵向钢筋的定位，且不能约束芯部混凝土。故除小过梁以外，一般均采用末端带有弯钩的封闭式箍筋。当梁中配有按计算需要的纵向受压钢筋时，应采用封闭式箍筋。箍筋的肢数（图 3-11）应符合下列规定：当梁的宽度 b≤150mm 时，可采用单肢；当 b≤400mm，且一层内的纵向受压钢筋不多于 4 根时，可采用双肢箍筋；当 b＞400mm，且一层内的纵向受压钢筋多于 3 根，或当梁的宽度不大于 400mm 但一层内的纵向受压钢筋多于 4 根时，应设置复合箍筋。在箍筋弯钩的末端应加平直段，其长度不应小于箍筋直径的 5 倍，对抗震结构不应小于箍筋直径的 10 倍（图 3-11）。

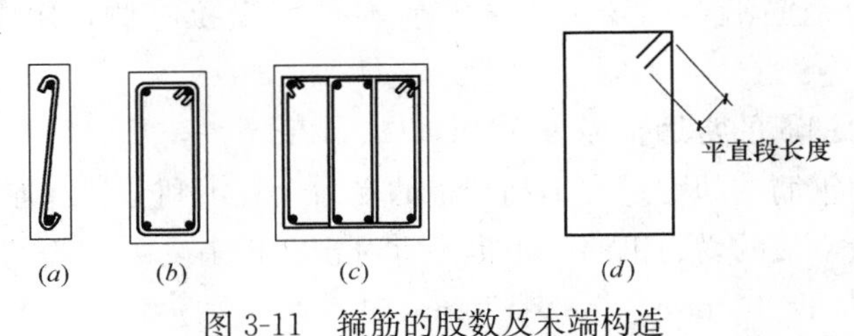

图 3-11 箍筋的肢数及末端构造

（a）单肢箍；（b）双肢箍；（c）四肢箍；（d）箍筋末端

5）纵向构造钢筋及拉筋

当梁的腹板高度 h_w≥450mm 时，应在梁的两个侧面沿高度配置纵向构造钢筋（亦称腰筋），并用拉筋固定（图 3-12）。纵向构造钢筋的作用是，防止在梁的侧面产生垂直于梁轴线的收缩裂缝，同时也为了增强钢筋骨架的刚度，增强梁的抗扭作用。纵向构造钢筋端部一般不必做弯钩。

每侧纵向构造钢筋（不包括梁的受力钢筋和架立钢筋）的截面面积不应小于腹板截面面积 bh_w 的 0.1%，且其间距不宜大于 200mm。此处 h_w 的取值为：矩形截面取截面有效高度，T 形截面取有效高度减去翼缘高度，I 形截面取腹板净高。纵向构造钢筋的直径可按表 3-14 选用。拉筋直径一般与箍筋相同，间距常取为箍筋间距的两倍。

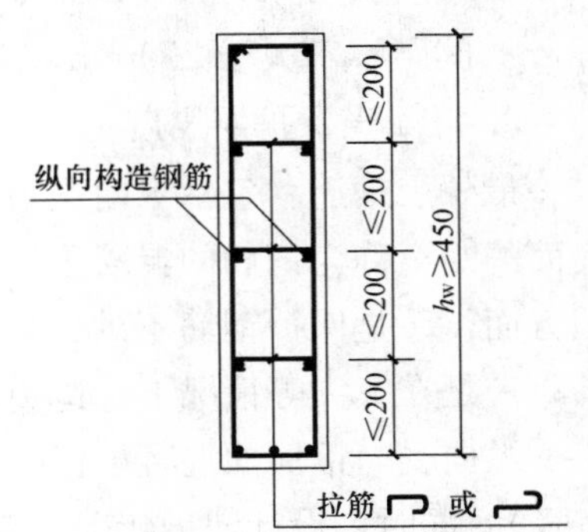

图 3-12 腰筋及拉筋

（2）板

板主要配置两种钢筋：纵向受力钢筋和分布钢

筋（图 3-13）。

梁侧纵向构造钢筋直径　　表 3-14

梁宽 b(mm)	$b\leqslant250$	$250<b\leqslant350$	$350<b\leqslant550$	$550<b\leqslant750$
纵向构造钢筋最小直径(mm)	8	10	12	14

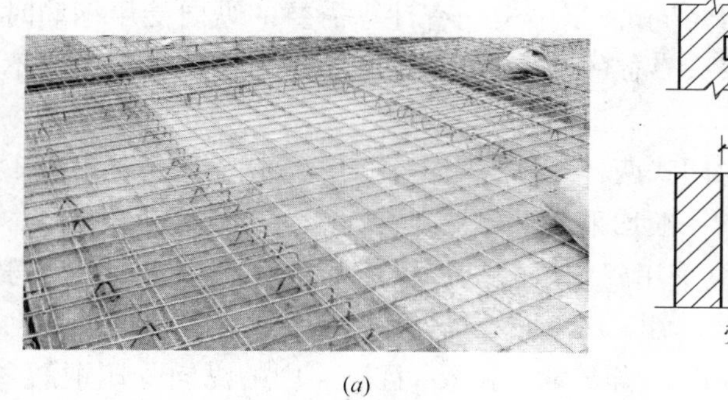

(*a*)

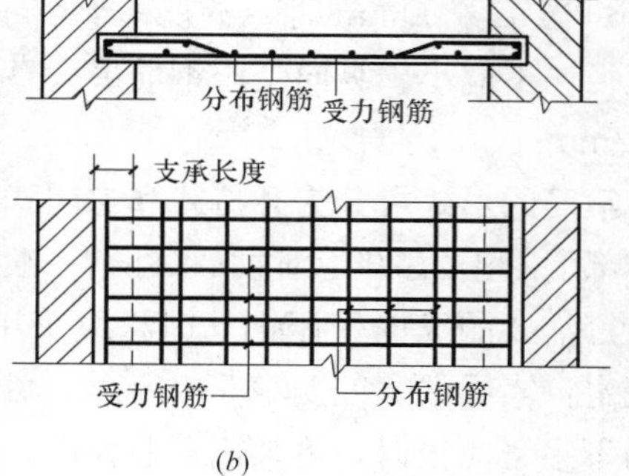

(*b*)

图 3-13　板的配筋

1）受力钢筋

梁式板的受力钢筋沿板的传力方向布置在截面受拉一侧，用来承受弯矩产生的拉力。

板的纵向受力钢筋的常用直径为 6、8、10、12mm。

板的纵向受力钢筋的间距过大不利于板的受力，且不利于裂缝控制。但为了绑扎方便和保证浇捣质量，板的受力钢筋间距也不宜过密。板中受力钢筋的间距，当板厚 $h\leqslant$ 150mm 时，不宜大于 200mm；当 $h>$150mm 时，不宜大于 1.5h，且不宜大于 250mm。板中受力钢筋的间距一般不小于 70mm。

2）分布钢筋

分布钢筋垂直于板的受力钢筋方向，在受力钢筋内侧按构造要求配置。分布钢筋的作用主要有三个：固定受力钢筋的位置，形成钢筋网；将板上荷载有效地传到受力钢筋上去；防止温度或混凝土收缩等原因沿跨度方向的裂缝。

分布钢筋可采用 HPB300、HRB335 钢筋，直径不宜小于 6mm，常用直径为 6、8mm；间距不宜大于 250mm，当有较大集中荷载时，间距不宜大于 200mm。

3. 混凝土保护层厚度

最外层钢筋（包括纵向受力钢筋、箍筋、分布筋、构造筋等）外边缘至近侧混凝土表面的距离称为钢筋的混凝土保护层厚度，简称保护层厚度（图 3-14）。其主要作用有三方面，一是保护钢筋不致锈蚀，保证结构的耐久性；二是保证钢筋与混凝土间的粘结；三是在火灾等情况下，避免钢筋过早软化。

纵向受力钢筋的混凝土保护层不应小于钢筋的直径（单筋的公称直径或并筋的等效直径）。同时，设计使用年限为 50 年的混凝土结构，最外层钢筋的保护层厚度应符合表 3-15 的规定；设计使用年限为 100 年的混凝土结构，最外层钢筋的保护层厚度不应小

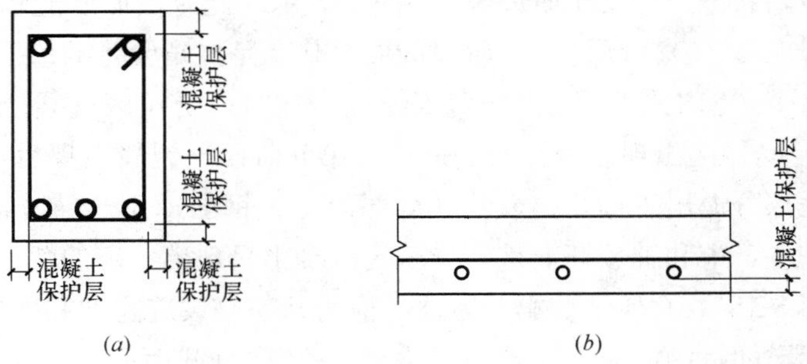

(a)　　(b)

图 3-14　混凝土保护层厚度

(a) 梁；(b) 板

于表 3-15 中数值的 1.4 倍。实际工程中，一类环境中梁、板的混凝土保护层厚度一般可取为：混凝土强度等级≤C25 时，梁 25mm，板 20mm；混凝土强度等级＞C25 时，梁 20mm，板 15mm。

混凝土保护层最小厚度　　**表 3-15**

环境类别	板、墙、壳	梁、柱、杆
一	15	20
二 a	20	25
二 b	25	35
三 a	30	45
三 b	40	50

注：1. 混凝土强度等级不大于 C25 时，表中保护层厚度数值应增加 5mm；

2. 钢筋混凝土基础宜设置混凝土垫层，基础中钢筋的混凝土保护层厚度应从垫层顶面算起，且不应小于 40mm。

3.3.2　正截面承载力计算

钢筋混凝土受弯构件通常承受弯矩和剪力共同作用，其破坏有两种可能：一种是由弯矩引起的，破坏截面与构件的纵轴线垂直，称为沿正截面破坏；另一种是由弯矩和剪力共同作用引起的，破坏截面是与纵轴线斜交的，称为沿斜截面破坏。所以，设计受弯构件时，需进行正截面承载力和斜截面承载力计算。

1. 单筋矩形截面

(1) 梁正截面受弯的三个阶段

对于配有适量纵向受拉钢筋的梁，从开始加载到完全破坏，其应力变化经历了三个阶段，如图 3-15 所示。

第Ⅰ阶段（弹性工作阶段）：荷载很小时，混凝土的压应力及拉应力都很小，应力和应变几乎成直线关系，如图 3-15 (a) 所示。

当弯矩增大时，受拉区混凝土表现出明显的塑性特征，应力和应变不再呈直线关系，应力分布呈曲线。当受拉边缘纤维的应变达到混凝土的极限拉应变 ε_{tu} 时，截面处于将裂未裂的极限状态，即第Ⅰ阶段末，用I_a表示，此时截面所能承担的弯矩称抗裂弯矩M_{cr}，如图3-15（*b*）所示。I_a阶段的应力状态是抗裂验算的依据。

第Ⅱ阶段（带裂缝工作阶段）：当弯矩继续增加时，受拉区混凝土的拉应变超过其极限拉应变ε_{tu}，受拉区出现裂缝，截面即进入第Ⅱ阶段。裂缝出现后，在裂缝截面处，受拉区混凝土大部分退出工作，拉力几乎全部由受拉钢筋承担。随着弯矩的不断增加，裂缝逐渐向上扩展，中和轴逐渐上移，受压区混凝土呈现出一定的塑性特征，应力图形呈曲线形，如图3-15（*c*）所示。第Ⅱ阶段的应力状态是裂缝宽度和变形验算的依据。

当弯矩继续增加，钢筋应力达到屈服强度f_y，这时截面所能承担的弯矩称为屈服弯矩M_y。它标志截面进入第Ⅱ阶段末，以II_a表示，如图3-15（*d*）所示。

第Ⅲ阶段（破坏阶段）：弯矩继续增加，受拉钢筋的应力保持屈服强度不变，钢筋的应变迅速增大，促使受拉区混凝土的裂缝迅速向上扩展，受压区混凝土的塑性特征表现得更加充分，压应力呈显著曲线分布，如图3-15（*e*）。到本阶段末（即III_a阶段），受压边缘混凝土压应变达到极限压应变，受压区混凝土产生近乎水平的裂缝，混凝土被压碎，甚至崩脱，截面宣告破坏，此时截面所承担的弯矩即为破坏弯矩M_u。III_a阶段的应力状态作为构件承载力计算的依据（图3-15*f*）。

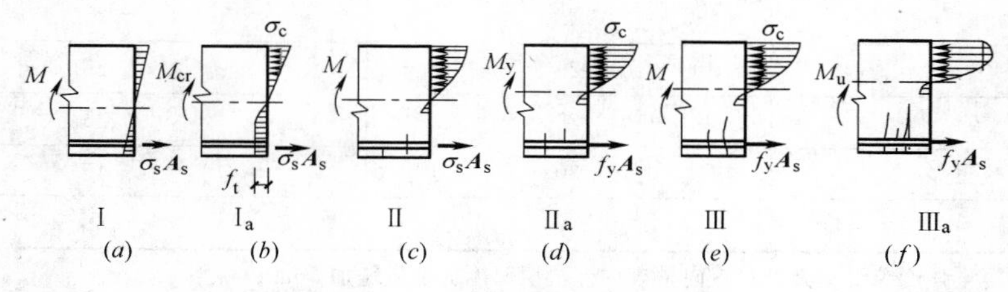

图3-15　适筋梁工作的三个阶段

（2）单筋截面受弯构件正截面破坏形态

实验研究表明，梁正截面的破坏形式与配筋率以及钢筋和混凝土强度有关。当材料品种选定以后，其破坏形式主要根据纵向钢筋配筋率不同而不同。这里所说的纵向受拉钢筋配筋率，是指纵向受拉钢筋的截面面积与梁正截面的有效面积的比值，用ρ表示。

$$\rho=\frac{A_s}{bh_0} \tag{3-7}$$

式中　A_s——受拉钢筋截面面积；

b——梁的截面宽度；

h_0——梁的截面有效高度。

根据梁纵向受拉钢筋配筋率的不同，单筋截面受弯构件正截面受弯破坏形态有适筋破坏、超筋破坏和少筋破坏三种。与这三种破坏形态相对应的梁分别称为适筋梁、超筋梁和少筋梁，分别指纵向受力钢筋配置适量、过多和过少的梁。

1）适筋破坏

适筋破坏始于受拉区。当弯矩达到一定值时，纵向受拉钢筋的应力先达到屈服强度f_y。之后，受拉钢筋的应力保持屈服强度不变，而应变迅速增大，直到受压边缘混凝土的压应变达到极限压应变，受压区混凝土被压碎而破坏（图 3-16*a*）。

适筋破坏从受拉钢筋屈服到受压区混凝土被压碎，需要经历较长过程。由于钢筋屈服后产生很大塑性变形，使裂缝急剧开展，挠度急剧增大，给人以明显的破坏预兆，这种破坏称为延性破坏。适筋破坏时材料强度能得到充分发挥。

2）超筋破坏

超筋破坏始于受压区混凝土被压碎。由于纵向钢筋配置过多，当受压区混凝土达到极限压应变被压碎而宣告梁破坏时，纵向钢筋尚未屈服（图 3-16*b*）。这种单纯因混凝土被压碎而引起的破坏，发生得非常突然，没有明显的预兆，属于脆性破坏。

3）少筋破坏

这种破坏一旦出现裂缝，钢筋的应力就会迅速超过屈服强度而进入强化阶段，甚至被拉断（图 3-16*c*）。少筋破坏也属脆性破坏。

实际工程中不应采用超筋梁和少筋梁，而应采用适筋梁。

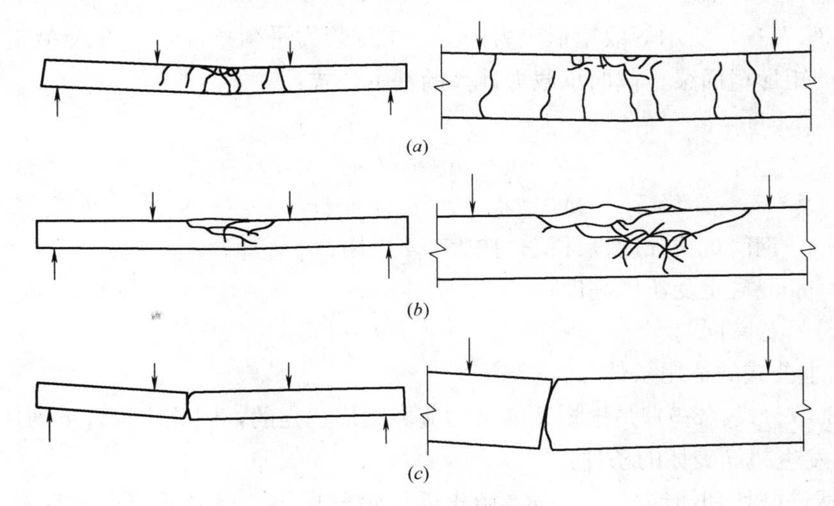

图 3-16　梁的正截面破坏

（*a*）适筋破坏；（*b*）超筋破坏；（*c*）少筋破坏

（3）基本公式及其适用条件

1）基本公式

如前所述，受弯构件正截面受弯承载力计算，以适筋梁Ⅲ$_a$ 阶段的应力状态为依据。为简化计算，按照混凝土压应力的合力大小相等、受压区合力作用点不变的原则，将其简化为图 3-17（*c*）所示的等效矩形应力图形。图中，x 为等效矩形应力图形的混凝土受压区高度，f_c为混凝土轴心抗压强度设计值，按表 3-6 采用；α_1为受压区混凝土等效矩形应力图的应力值与混凝土轴心抗压强度设计值的比值，α_1的值见表 3-16。

β_1、α_1值　　**表 3-16**

混凝土强度等级	≤C50	C55	C60	C65	C70	C75	C80
β_1	0.8	0.79	0.78	0.77	0.76	0.75	0.74
α_1	1.0	0.99	0.98	0.97	0.96	0.95	0.94

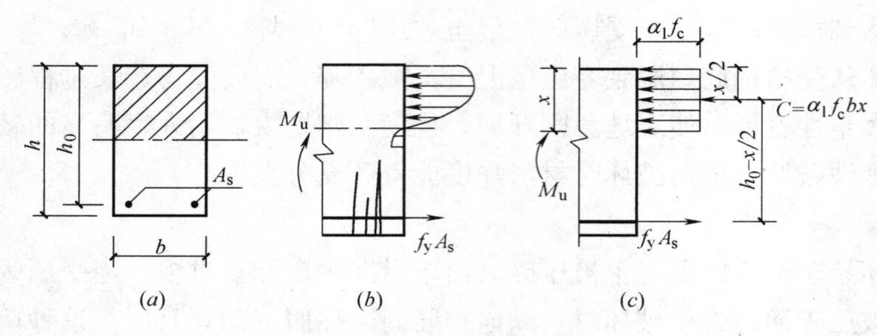

图 3-17　适筋梁的应力图形

(a) 截面示意图；(b) Ⅲa 阶段的实际应力图；(c) 等效矩形应力图形

单元 2 中 2.2 已述及，承载能力极限状态应满足 $S \leqslant R$。对受弯构件正截面受弯承载力计算而言，$S=M$，$R=M_u$，即应满足 $M \leqslant M_u$。其中 M 为弯矩设计值，M_u 为正截面受弯承载力设计值。

由图 3-17 (c) 所示等效矩形应力图形，根据静力平衡条件，并引入 $M \leqslant M_u$ 条件，可得出单筋矩形截面梁正截面承载力计算的基本公式：

$$\alpha_1 f_c bx = f_y A_s \tag{3-8}$$

$$M \leqslant M_u = \alpha_1 f_c bx (h_0 - x/2) \tag{3-9}$$

或

$$M \leqslant M_u = A_s f_y (h_0 - x/2) \tag{3-10}$$

式中　f_y——钢筋抗拉强度设计值，按表 3-4 采用；

x——混凝土受压区高度；

其余符号意义同前。

2）基本公式的适用条件

式 (3-7)～式 (3-9) 是根据适筋梁的应力图形建立的，因此应符合下列使用条件。

① 不发生超筋破坏的条件：

比较适筋破坏和超筋破坏，前者始于受拉钢筋屈服，后者始于受压区混凝土被压碎。理论上，二者间存在一种界限状态，即所谓界限破坏。这种状态下，受拉钢筋达到屈服强度和受压区混凝土边缘达到极限压应变是同时发生的。我们将受弯构件等效矩形应力图形的混凝土受压区高度 x 与截面有效高度 h_0 之比称为相对受压区高度，用 ξ 表示，$\xi = x/h_0$；适筋梁界限破坏时等效受压区高度与截面有效高度之比称为相对界限受压区高度，用 ξ_b 表示。

ξ_b 值是用来衡量构件破坏时钢筋强度能否充分利用的一个特征值。若 $\xi > \xi_b$，构件破坏时受拉钢筋不能屈服，表明构件的破坏为超筋破坏；若 $\xi \leqslant \xi_b$，构件破坏时受拉钢筋已经达到屈服强度，表明发生的破坏为适筋破坏或少筋破坏。因此，为防止超筋破坏，应满足

$$\xi \leqslant \xi_b \tag{3-11a}$$

或

$$x \leqslant \xi_b h_0 \tag{3-11b}$$

或

$$\rho \leqslant \rho_b = \xi_b \frac{\alpha_1 f_c}{f_y} \tag{3-11c}$$

式中 ρ_b——界限状态的配筋率。

对配有有屈服点钢筋的钢筋混凝土构件，ξ_b按下式计算：

$$\xi_b=\frac{\beta_1}{1+\frac{f_y}{E_s\varepsilon_{cu}}} \tag{3-12}$$

式中 β_1——等效矩形应力图受压区高度与中和轴高度的比值，按表 3-16 采用；

E_s——钢筋的弹性模量，按表 3-4 采用；

ε_{cu}——非均匀受压时混凝土极限压应变，$\varepsilon_{cu}=0.0033-(f_{cu,k}-50)\times10^{-5}$，其中 $f_{cu,k}$为混凝土立方体抗压强度标准值。当混凝土强度等级不大于 C50 时，$\varepsilon_{cu}=0.0033$。

根据式（3-12）计算的 ξ_b见表 3-17。

相对界限受压区高度 ξ_b值 表 3-17

钢筋牌号	ξ_b						
	≤C50	C55	C60	C65	C70	C75	C80
HPB300	0.576	—	—	—	—	—	—
HRB335 HRBF335	0.550	0.541	0.531	0.522	0.512	0.503	0.493
HRB400 HRBF400 RRB400	0.518	0.508	0.499	0.490	0.481	0.472	0.463
HRB500 HRBF500	0.482	0.473	0.464	0.455	0.447	0.438	0.429

注：表中空格表示高强度混凝土不宜配置低强度钢筋。

② 不发生少筋破坏的条件：

为防止发生少筋破坏，应满足

$$\rho\geqslant\rho_{min} \tag{3-13a}$$

或

$$A_s\geqslant A_{s,min}=\rho_{min}bh \tag{3-13b}$$

式中 ρ_{min}——梁的纵向受力钢筋的最小配筋率；

$A_{s,min}$——梁的纵向受力钢筋的最小截面面积。

理论上讲，最小配筋率的确定原则是：配筋率为 ρ_{min}的钢筋混凝土受弯构件，按Ⅲ$_a$阶段计算的正截面受弯承载力应等于同截面素混凝土梁所能承受的弯矩 M_{cr}（M_{cr}为按Ⅰ$_a$阶段计算的开裂弯矩）。当构件按适筋梁计算所得的配筋率小于 ρ_{min}时，理论上讲，梁可以不配受力钢筋，作用在梁上的弯矩仅素混凝土梁就足以承受，但考虑到混凝土强度的离散性，加之少筋破坏属于脆性破坏，以及收缩等因素，《混凝土规范》规定梁的配筋率不得小于 ρ_{min}。实用上的 ρ_{min}往往是根据经验得出的，见表 3-18。

至此，我们可以对适筋梁、超筋梁、少筋梁下一个量化的定义：$\rho_{min}\leqslant\rho\leqslant\rho_b$ 的梁为适筋梁，$\rho>\rho_b$ 的梁为超筋梁，$\rho<\rho_{min}$的梁为少筋梁。

钢筋混凝土结构构件中纵向受力钢筋的最小配筋百分率（%）　　表 3-18

受力类型			最小配筋百分率
受压构件	全部纵向钢筋	强度等级 500MPa	0.50
		强度等级 400MPa	0.55
		强度等级 300MPa、335MPa	0.60
	一侧纵向钢筋		0.20
受弯构件、偏心受拉、轴心受拉构件一侧的受拉钢筋			0.20 和 $45f_t/f_y$ 中的较大值

注：1. 受压构件全部纵向钢筋最小配筋百分率，当采用 C60 以上强度等级混凝土时，应按表中规定增大 0.10；
2. 板类受弯构件（不包括悬臂板）的受拉钢筋，当采用强度等级 400MPa、500MPa 的钢筋时，其最小配筋百分率应允许采用 0.15 和 $45f_t/f_y$ 中的较大值；
3. 偏心受拉构件中的受压钢筋，应按受压构件一侧纵向钢筋考虑；
4. 受压构件全部纵向钢筋和一侧纵向钢筋的配筋率以及轴心受拉构件和小偏心受拉构件一侧受拉钢筋的配筋率均应按构件的全截面面积计算；
5. 受弯构件、大偏心受拉构件一侧受拉钢筋的配筋率应按全截面面积扣除受压翼缘面积 $(b_f'-b)h_f'$ 后的截面面积计算；
6. 当钢筋沿构件截面周边布置时，“一侧纵向钢筋”系指沿受力方向两个对边中的一边布置的纵向钢筋。

（4）正截面承载力计算的步骤

单筋矩形截面受弯构件正截面承载力计算，可以分为有两类问题：一是截面设计，二是复核已知截面的承载力。

1）截面设计

已知：弯矩设计值 M，混凝土强度等级，钢筋级别，构件截面尺寸 b、h

求：所需受拉钢筋截面面积 A_s

计算步骤如下：

① 估算截面有效高度 h_0：

$$h_0=h-a_s \tag{3-14}$$

式中　h——梁的截面高度；

a_s——受拉钢筋合力点到截面受拉边缘的距离。

在正截面承载力设计中，由于钢筋数量和布置情况都是未知的，a_s 需要预先估计。因此，h_0 事实上也是估计值。一类环境下的梁、板，a_s 可近似按表 3-19 采用。

一类环境下的梁、板 a_s 的估算值（mm）　　表 3-19

构件种类	纵向受力钢筋层数	混凝土强度等级	
		≤C25	>C25
梁	一层	45	40
	二层	70	65
板	一层	25	20

需要提醒注意的是，初学者易将 a_s 与保护层厚度混淆。其实，这是两个完全不同的概念，而且数值相差也很大。

② 计算混凝土受压区高度 x，并判断是否属超筋梁

$$x=h_0-\sqrt{h_0^2-\frac{2M}{\alpha_1 f_c b}} \tag{3-15}$$

若 $x \leqslant \xi_b h_0$，则不属超筋梁。否则为超筋梁，应加大截面尺寸，或提高混凝土强度等级，或改用双筋截面。

③ 计算钢筋截面面积 A_s，并判断是否属少筋梁：

$$A_s=\alpha_1 f_c bx/f_y \tag{3-16}$$

若 $A_s \geqslant \rho_{\min} bh$，则不属少筋梁。否则为少筋梁，应取 $A_s=\rho_{\min} bh$。

④ 选配钢筋

根据求出的 A_s 选配钢筋。所选用的钢筋应满足以下要求：

a. 理论上讲，实际选用的钢筋截面面积与计算所需 A_s 之间，相差应在±5%以内。但实际工程中，若实际选用的钢筋截面面积大于计算所需 A_s 时，可以超过 5%。

b. 实际的 a_s 值与假定的值应大致相符，相差太大时应重新计算。

c. 截面上钢筋的布置应满足混凝土保护层厚度、钢筋净距等要求。

2）截面复核

已知：构件截面尺寸 b、h，钢筋截面面积 A_s，混凝土强度等级，钢筋级别，弯矩设计值 M

求：复核截面是否安全

计算步骤如下：

① 确定截面有效高度 h_0

对截面复核问题，钢筋数量和布置情况都是已知的，a_s 可按下式求出：

$$a_s=\frac{\sum A_{si} a_{si}}{\sum A_{si}} \tag{3-17}$$

式中 A_{si}——纵向受拉钢筋 i 的截面面积；

a_{si}——纵向受拉钢筋 i 的中心至构件受拉边缘的距离。

a_s 求出后，可按式（3-14）计算 h_0。

② 判断梁的类型

$$x=\frac{A_s f_y}{\alpha_1 f_c b} \tag{3-18}$$

若 $A_s \geqslant \rho_{\min} bh$，且 $x \leqslant \xi_b h_0$，为适筋梁；

若 $x > \xi_b h_0$，为超筋梁；

若 $A_s < \rho_{\min} bh$，为少筋梁。

③ 计算截面受弯承载力 M_u

适筋梁 $$M_u=A_s f_y (h_0-x/2) \tag{3-19}$$

超筋梁 $$M_u=M_{u,\max}=\alpha_1 f_c b h_0^2 \xi_b (1-0.5\xi_b) \tag{3-20}$$

式（3-20）即为单筋受弯构件的最大受弯承载力（即能承受的最大弯矩）。

对少筋梁，应将其受弯承载力降低使用（已建成工程）或修改设计。

④ 判断截面是否安全

若$M \leqslant M_u$，则截面安全。但当M较M_u小很多时，截面不经济。

【例 3-1】 某钢筋混凝土矩形截面简支梁，跨中弯矩设计值$M=100kN \cdot m$，环境类别为一类。梁的截面尺寸$b \times h=200mm \times 450mm$，采用C25级混凝土，HRB400钢筋。试确定跨中截面纵向受拉钢筋的数量。

【解】 查表得$f_c=11.9N/mm^2$，$f_t=1.27N/mm^2$，$f_y=300N/mm^2$，$\alpha_1=1.0$，$\xi_b=0.518$

(1) 确定截面有效高度h_0

假设纵向受拉钢筋排一层，则$h_0=h-45=450-45=405mm$

(2) 计算x，并判断是否为超筋梁

$$x=h_0-\sqrt{h_0^2-\frac{2M}{\alpha_1 f_c b}}=405-\sqrt{405^2-\frac{2\times100\times10^6}{1.0\times11.9\times200}}$$

$$=122.17mm<\xi_b h_0=0.518\times405=209.79mm$$

不属超筋梁。

(3) 计算A_s，并判断是否为少筋梁

$$A_s=\alpha_1 f_c bx/f_y=1.0\times11.9\times200\times122.17/360=808mm^2$$

$0.45f_t/f_y=0.45\times1.27/360=0.16\%<0.2\%$，取$\rho_{min}=0.2\%$

$$A_{s,min}=0.2\%\times200\times450=180mm^2<A_s=808mm^2$$

不属少筋梁。

(4) 选配钢筋

初步选配4Φ16（$A_s=804mm^2$，小于计算截面面积$808mm^2$，但显然在-5%以内，可以），排成一排。

4Φ16钢筋排成一排所需最小梁截面宽度$b_{min}=2\times25+2\times10+3\times25+4\times16=209mm>b=200mm$，一排排不下。

重新选配2Φ18+1Φ20（$A_s=509+314.2=823.2mm^2$）。2Φ18+1Φ20钢筋排成一排所需最小梁截面宽度$b_{min}=2\times25+2\times10+2\times25+2\times18+1\times20=176mm<b=200mm$，可以排一排。钢筋布置如图3-18。

【例 3-2】 某教学楼现浇钢筋混凝土走道板，板厚度$h=80mm$，板面做20mm水泥砂浆面层（图3-19），计算跨度$l_0=2m$。环境类别为一类，安全等级为二级，采用C25级混凝土，HPB300级钢筋。试确定纵向受力钢筋的数量。

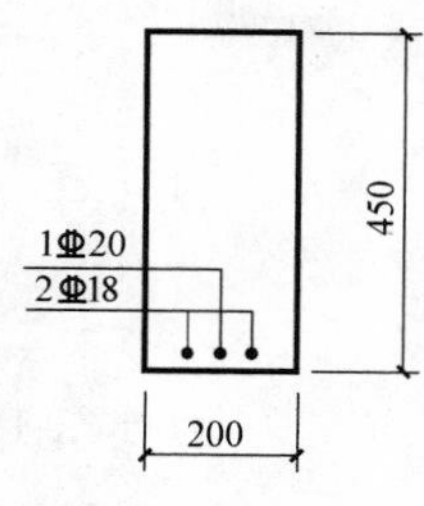

图3-18 例3-1图

【解】 查表得楼面均布活荷载$q_k=2.5kN/m^2$，$f_c=11.9N/mm^2$，$f_t=1.27N/mm^2$，$f_y=270N/mm^2$，$\xi_b=0.576$，$\alpha_1=1.0$，结构重要性系数$\gamma_0=1.0$，可变荷载组合值系数$\Psi_c=0.7$

(1) 计算跨中弯矩设计值M

钢筋混凝土和水泥砂浆重度分别为$25kN/m^3$和$20kN/m^3$，故作用在板上的恒荷载标准值为

80mm厚钢筋混凝土板　　　　$0.08\times25=2kN/m^2$

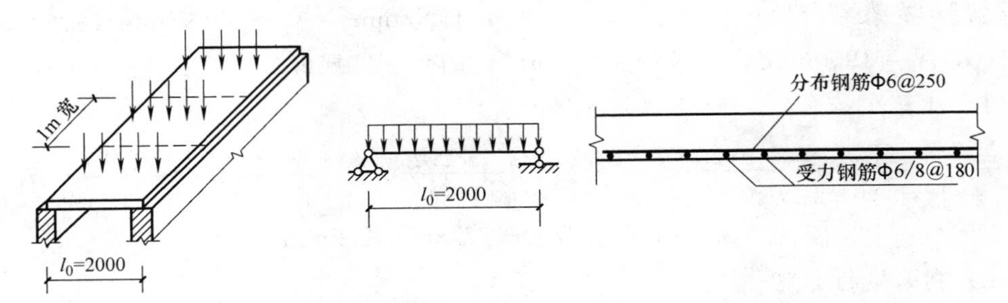

图 3-19 例 3-2 图

20mm 水泥砂浆面层 $0.02\times20=0.04\text{kN/m}^2$

$g_k=2.04\text{kN/m}^2$

取 1m 板宽作为计算单元，即 $b=1000\text{mm}$，则 $g_k=2.04\text{kN/m}$，$q_k=2.5\text{kN/m}$

$$\gamma_0(1.2g_k+1.4q_k)=1.0\times(1.2\times2.04+1.4\times2.5)=5.948\text{kN/m}$$

$$\gamma_0(1.35g_k+1.4\Psi_c q_k)=1.0\times(1.35\times2.04+1.4\times0.7\times2.5)=5.204\text{kN/m}$$

取较大值得板上荷载设计值 $q=5.948\text{kN/m}$

板跨中弯矩设计值为

$$M=\frac{1}{8}ql_0{}^2=\frac{1}{8}\times5.948\times2^2=2.974\text{kN}\cdot\text{m}$$

(2) 计算纵向受力钢筋的数量

$$h_0=h-25=80-25=55\text{mm}$$

$$x=h_0-\sqrt{h_0^2-\frac{2M}{\alpha_1 f_c b}}=55-\sqrt{55^2-\frac{2\times2.974\times10^6}{1.0\times11.9\times1000}}=4.75\text{mm}$$

$$<\xi_b h_0=0.576\times55=31.68\text{mm}$$

不属超筋梁。

$$A_s=\alpha_1 f_c bx/f_y=1.0\times11.9\times1000\times4.75/270=209\text{mm}^2$$

$$0.45f_t/f_y=0.45\times1.27/270=0.21\%>0.2\%\text{，取 }\rho_{min}=0.21\%$$

$$\rho_{min}bh=0.21\%\times1000\times80=169\text{mm}^2<A_s=209\text{mm}^2$$

不属少筋梁。

受力钢筋选用Φ6/8@180 ($A_s=218\text{mm}^2$)，分布钢筋按构造要求选用Φ6@250，如图 3-19。

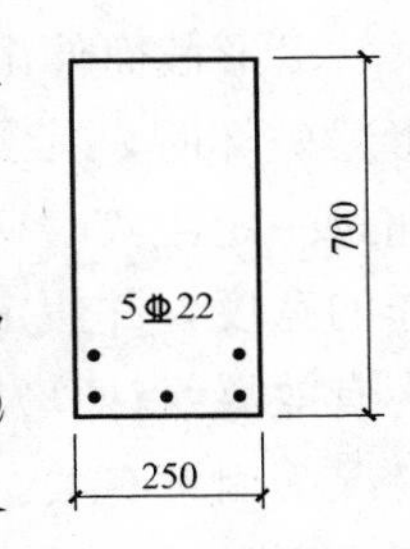

图 3-20 例 3-3 图

【例 3-3】 某钢筋混凝土矩形截面梁，截面尺寸 $b\times h=250\text{mm}\times700\text{mm}$，环境类别为一类，安全等级为二级，采用 C30 级混凝土和 HRB400 钢筋。已知纵向受拉钢筋为 5Φ22 (图 3-20)，箍筋为Φ8@150，混凝土保护层厚度 20mm，两排钢筋间的净距 25mm，承受最大弯矩设计值 $M=350\text{kN}\cdot\text{m}$。试复核该梁截面是否安全。

【解】 查表得 $f_c=14.3\text{N/mm}^2$，$f_t=1.43\text{N/mm}^2$，$f_y=360\text{N/mm}^2$，$\xi_b=0.518$，$\alpha_1=1.0$，$A_s=1900\text{mm}^2$，单根钢筋截面面积 $A_{s1}=380.1\text{mm}^2$

(1) 计算 h_0

$$a_s=\frac{\sum A_{si}a_i}{\sum A_{si}}=\frac{3\times380.1\times(20+8+22/2)+2\times380.1\times(20+8+22+25+22/2)}{5\times380.1}=57.8\text{mm}$$

$$h_0=h-a_s=700-57.8=642.2\text{mm}$$

(2) 判断梁的类型

$$x=\frac{A_s f_y}{\alpha_1 f_c b}=\frac{1900\times360}{1.0\times14.3\times250}=191.33\text{mm}<\xi_b h_0=0.518\times642.2=332.66\text{mm}$$

$$0.45f_t/f_y=0.45\times1.43/360=0.18\%<0.2\%，取\ \rho_{\min}=0.2\%$$

$$\rho_{\min}bh=0.2\%\times200\times500=200\text{mm}^2<A_s=1900\text{mm}^2$$

故该梁属适筋梁。

(3) 求截面受弯承载力 M_u，并判断是否安全

已判明该梁为适筋梁，故

$$M_u=f_yA_s(h_0-x/2)=360\times1900\times(642.2-191.33/2)$$
$$=373.83\times10^6\text{N}\cdot\text{mm}=373.83\text{kN}\cdot\text{m}>M=350\text{kN}\cdot\text{m}$$

该梁截面安全。

2. 单筋T形截面

在工程实际中，T形截面受弯构件应用较为广泛。除独立T形梁外，槽形板、空心板以及现浇肋形梁的跨中截面（图 3-21）也按T形梁计算。但应注意，对于翼缘位于受拉区的倒T形截面梁，由于受拉区开裂后翼缘就不起作用了，因此其受弯承载力应按矩形截面计算（图 3-21*d* 中Ⅱ-Ⅱ截面）。

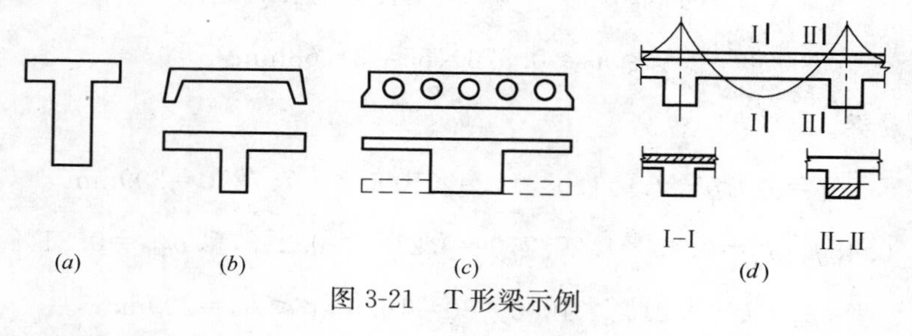

图 3-21　T形梁示例

(1) 有效翼缘计算宽度

T形截面伸出部分称为翼缘，中间部分称为腹板或肋。试验和理论分析表明，T形梁破坏时，其翼缘上的压应力分布是不均匀的，越接近肋部的地方压应力越大，超过一定距离时应力几乎为零。为方便计算，取一定范围的翼缘作为与腹板共同工作的宽度，并假定在此范围内压应力均匀分布，该范围以外压应力为零，该宽度称为有效翼缘计算宽度，用 b'_f 表示。b'_f 与翼缘高度 h'_f、梁的计算跨度 l_0 以及梁的构造情况等因素有关。《混凝土规范》规定，b'_f 取表 3-20 三项中的最小值，并不超过实际翼缘宽度。

T形、I形及倒L形截面受弯构件受压区有效翼缘计算宽度 b'_f　　表 3-20

项次	考虑情况	T形截面、I形截面		倒L形截面
		肋形梁、肋形板	独立梁	肋形梁、肋形板
1	按计算跨度 l_0 考虑	$l_0/3$	$l_0/3$	$l_0/6$
2	按梁（纵肋）净距 s_n 考虑	$b+s_n$	—	$b+s_n/2$
3	按翼缘高度 h'_f 考虑	$b+12h'_f$	b	$b+5h'_f$

注：表中 b 为梁的腹板宽度。

(2) 基本公式及其适用条件

根据截面破坏时中性轴的位置，T形截面可分为两类：中性轴通过翼缘（$x \leqslant h'_f$）者为第一类T形截面（图 3-22），中性轴通过肋部（$x > h'_f$）者称为第二类T形截面（图 3-23）。其中，x 为混凝土受压区高度。当符合下列条件时，为第一类T形截面，否则为第二类T形截面：

$$M \leqslant \alpha_1 f_c b'_f h'_f (h_0 - h'_f/2) \tag{3-21}$$

或

$$f_y A_s \leqslant \alpha_1 f_c b'_f h'_f \tag{3-22}$$

上述判别条件，式（3-21）用于截面设计，式（3-22）用于截面复核。

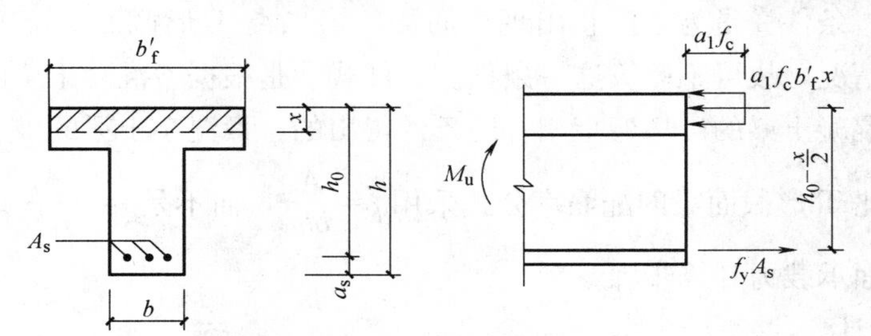

图 3-22　第一类T形截面

1）第一类T形截面

由图 3-22 可知，第一类T形截面的受压区为矩形，面积为 $b'_f x$。由于梁截面承载力与受拉区形状无关，因此，第一类T形截面承载力与截面为 $b'_f h$ 的矩形截面完全相同，故其基本公式可表示为：

$$\alpha_1 f_c b'_f x = f_y A_s \tag{3-23}$$

$$M \leqslant \alpha_1 f_c b'_f x \left(h_0 - \frac{x}{2}\right) \tag{3-24}$$

2）第二类T形截面

第二类T形截面的等效矩形应力图形如图 3-23。根据平衡条件得：

$$\alpha_1 f_c h'_f (b'_f - b) + \alpha_1 f_c b x = f_y A_s \tag{3-25}$$

$$M \leqslant \alpha_1 f_c h'_f (b'_f - b)\left(h_0 - \frac{h'_f}{2}\right) + \alpha_1 f_c b x \left(h_0 - \frac{x}{2}\right) \tag{3-26}$$

3）基本公式的适用条件

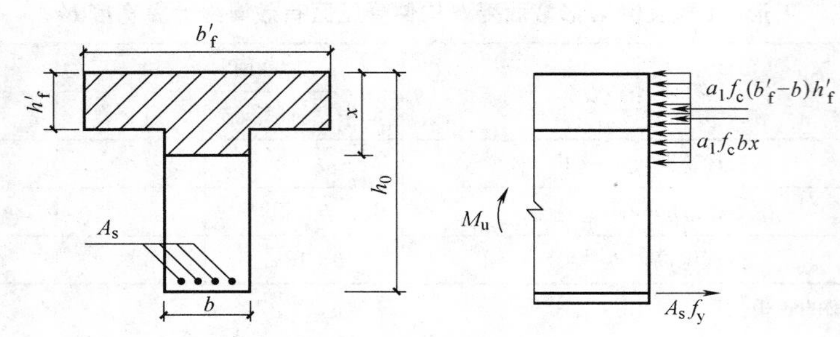

图 3-23　第二类 T 形截面

上述基本公式应满足下列适用条件：

① $$x \leqslant \xi_b h_0 \tag{3-27}$$

② $$A_s \geqslant \rho_{min} bh \tag{3-28a}$$

或 $$\rho = \frac{A_s}{bh_0} \geqslant \rho_{min} \tag{3-28b}$$

式中　b——T 形截面梁的肋宽。

条件①是为了防止出现超筋梁。但第一类 T 形截面一般不会超筋，故计算时可不验算这个条件。条件②是为了防止出现少筋梁。第二类 T 形截面的配筋较多，一般不会出现少筋的情况，故可不验算这一条件。条件式②是根据素混凝土梁的破坏弯矩与相同截面的钢筋混凝土梁的破坏弯矩相等的条件得出的，素混凝土梁的破坏弯矩与腹板宽度 b 有关，因此 T 形截面梁的配筋率公式采用 $\rho = \frac{A_s}{bh_0}$，而不是 $\rho = \frac{A_s}{b'_f h_0}$。

（3）正截面承载力计算步骤

1）截面设计

已知：弯矩设计值 M，混凝土强度等级，钢筋级别，截面尺寸

求：受拉钢筋截面面积 A_s

计算步骤如图 3-24。

2）截面承载力复核

已知：混凝土强度等级，钢筋级别，截面尺寸，受拉钢筋截面面积 A_s，弯矩设计值 M

求：截面是否安全

计算步骤：

① 判别 T 形截面的类型

若 $f_y A_s \leqslant \alpha_1 f_c b'_f h'_f$，为第一类 T 形截面，否则为第二类 T 形截面。

② 计算受弯承载力 M_u，并判断是否安全

a. 第一类 T 形截面

$$M_u = \alpha_1 f_c b'_f x\left(h_0 - \frac{x}{2}\right) \tag{3-29}$$

b. 第二类 T 形截面

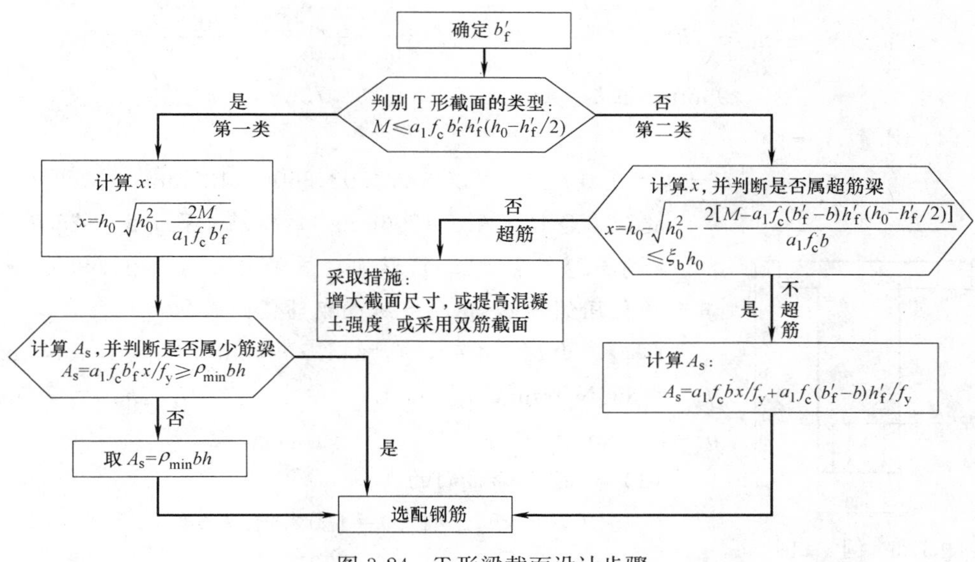

图 3-24 T形梁截面设计步骤

由式（3-25）得

$$x = \frac{f_y A_s - \alpha_1 f_c (b'_f - b) h'_f}{\alpha_1 f_c b} \tag{3-30}$$

若 $x \leqslant \xi_b h_0$，则由式（3-26）得

$$M_u = \alpha_1 f_c (b'_f - b) h'_f (h_0 - h'_f/2) + \alpha_1 f_c bx (h_0 - x/2) \tag{3-31}$$

若 $x > \xi_b h_0$，则取 $x = \xi_b h_0$，并代入式（3-26）得

$$M_u = \alpha_1 f_c (b'_f - b) h'_f (h_0 - h'_f/2) + \alpha_1 f_c b h_0^2 \xi_b (1 - 0.5\xi_b) \tag{3-32}$$

【例 3-4】 某独立T形梁，截面尺寸如图3-25所示，计算跨度7m，安全等级为二级，环境类别为一类，承受弯矩设计值280kN·m，采用C30级混凝土和HRB400钢筋，试确定纵向钢筋截面面积。

【解】 查表得 $f_c = 14.3\text{N/mm}^2$，$f_t = 1.43\text{N/mm}^2$，$f_y = 360\text{N/mm}^2$，$\alpha_1 = 1.0$，$\xi_b = 0.518$

假设纵向钢筋排两排，则 $h_0 = 800 - 65 = 735\text{mm}$

（1）确定 b'_f

按计算跨度 l_0 考虑：$b'_f = l_0/3 = 7000/3 = 2333.33\text{mm}$

按翼缘高度考虑：$b'_f = b = 300\text{mm}$

实际翼缘宽度600mm，故取 $b'_f = 300\text{mm}$。

（2）判别T形截面的类型

$$\begin{aligned}\alpha_1 f_c b'_f h'_f (h_0 - h'_f/2) &= 1.0 \times 14.3 \times 300 \times 100 \times (735 - 100/2) \\ &= 293.87 \times 10^6 \text{N·mm} > M = 280\text{kN·m}\end{aligned}$$

为第一类T形截面。

（3）计算 x

$$x=h_0-\sqrt{h_0^2-\frac{2M}{\alpha_1 f_c b_f'}}=735-\sqrt{735^2-\frac{2\times280\times10^6}{1.0\times14.3\times300}}$$

$$=94.93\text{mm}<\xi_b h_0=0.518\times735=380.73\text{mm}$$

(4) 计算 A_s

$$A_s=\alpha_1 f_c b_f' x/f_y=1.0\times14.3\times300\times94.93/360=1131\text{mm}^2$$

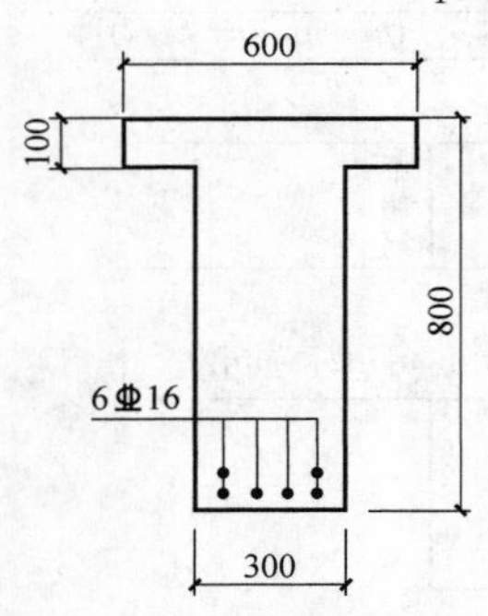

图 3-25 例 3-4 图

选配 6 Φ 16（$A_s=1206\text{mm}^2$），钢筋布置如图 3-25 所示。

【例 3-5】 某独立 T 形梁，承受弯矩设计值 695kN·m，其余条件同例 3-4，试确定纵向钢筋截面面积。

【解】 由例 3-4 知，$f_c=14.3\text{N/mm}^2$，$f_t=1.43\text{N/mm}^2$，$f_y=360\text{N/mm}^2$，$\alpha_1=1.0$，$\xi_b=0.518$，$h_0=735\text{mm}$，$b_f'=300\text{mm}$

(1) 判别 T 形截面的类型

$$\alpha_1 f_c b_f' h_f'(h_0-h_f'/2)=1.0\times14.3\times300\times100\times(735-100/2)$$
$$=293.87\times10^6\text{N}\cdot\text{mm}<M=695\text{kN}\cdot\text{m}$$

为第二类 T 形截面。

(2) 计算 x

$$x=h_0-\sqrt{h_0^2-\frac{2[M-\alpha_1 f_c(b_f'-b)h_f'(h_0-h_f'/2)]}{\alpha_1 f_c b}}$$

$$=735-\sqrt{735^2-\frac{2[695\times10^6-1.0\times14.3\times(300-300)]\times100\times(735-100/2)}{1.0\times14.3\times300}}$$

$$=270.01\text{mm}<\xi_b h_0=0.518\times735=380.73\text{mm}$$

(3) 计算 A_s

$$A_s=\alpha_1 f_c b x/f_y+\alpha_1 f_c(b_f'-b)h_f'/f_y$$
$$=1.0\times14.3\times300\times270.01/360+1.0\times14.3\times(300-300)\times100/360$$
$$=3218\text{mm}^2$$

选配 4 Φ 25+4 Φ 22（$A_s=1964+1532=3496\text{mm}^2$），钢筋布置如图 3-26 所示。

3. 双筋矩形截面

(1) 双筋截面受弯构件的概念及应用范围

在受拉区配置纵向受拉钢筋的同时，在受压区也按计算配置一定数量的受压钢筋 A_s'，以协助受压区混凝土承担一部分压力的截面，称为双筋截面梁（图 3-27）。

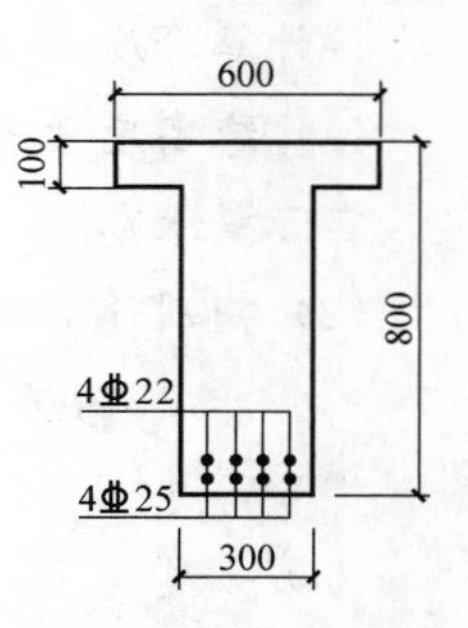

图 3-26 例 3-5 图

由于双筋截面梁利用钢筋承受压力，不经济。因此，一般只用于下列情况：

1) 当构件所承受的弯矩较大，而截面尺寸又受到限制，以

致 $x>\xi_b h_0$，用单筋梁无法满足设计要求时，需采用双筋截面；

2）当构件在同一截面承受变号弯矩作用，截面的上下两侧都需要配置受力钢筋时；

3）由于构造需要，在截面受压区已配置有受力钢筋时，也应按双筋截面计算，以节约钢筋用量。

（2）双筋矩形截面受弯构件的基本公式及使用条件

试验表明，双筋矩形截面受弯构件正截面破坏时的受力特点与单筋矩形截面受弯构件相类似，也是受拉钢筋的应力先达到屈服强度，然后受压区边缘纤维的混凝土压应变达到极限压应变。不同的只是在受压区增加了纵向受压钢筋的压力。试验研究表明，当构件在一定保证条件下进入破坏阶段时，受压钢筋应力也可达到屈服强度 f'_y。

同单筋截面一样，受压区混凝土仍然采用等效矩形应力图形，则双筋矩形截面受弯构件到达承载力极限状态时的计算应力图形如图 3-27 所示。

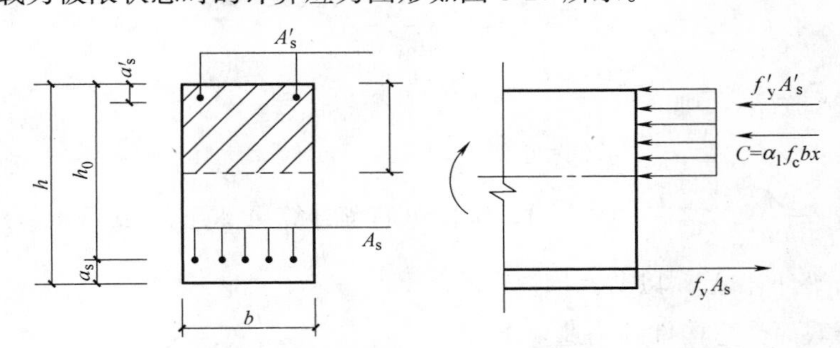

图 3-27 双筋矩形截面受弯承载力计算应力图形

根据静力平衡条件，可得出下列基本公式：

$$\alpha_1 f_c bx + f'_y A'_s = f_y A_s \tag{3-33}$$

$$M_u = \alpha_1 f_c bx\left(h_0 - \frac{x}{2}\right) + f'_y A'_s (h_0 - a'_s) \tag{3-34}$$

式中 f'_y——钢筋抗压强度设计值，按表 3-4 采用；

A'_s——纵向受压钢筋截面面积；

a'_s——纵向受压钢筋合力点到截面受压边缘的距离，截面设计时可视表 3-19 中相应情况的 a_s 计算。

式（3-33）、式（3-34）的适用条件是：

① $$x \leqslant \xi_b h_0 \tag{3-35}$$

② $$x \geqslant 2a'_s \tag{3-36}$$

（3）计算方法

双筋截面受弯构件正截面承载力计算也有截面设计和截面承载力复核两类问题。这里只简要介绍截面设计问题。

1）情况 1

已知：截面尺寸，材料强度，弯矩设计值

求：受压钢筋截面面积 A'_s和受拉钢筋截面面积 A_s

$$A'_s=\frac{M-\alpha_1 bh_0\xi_b(1-0.5\xi_b)}{f'_y(h_0-a'_s)} \tag{3-37}$$

$$A_s=(A'_s f'_y+\alpha_1\xi_b f_c bh_0)/f_y \tag{3-38}$$

2）情况 2

已知：截面尺寸，材料强度，弯矩设计值，受压钢筋截面面积

求：受拉钢筋截面面积 A_s

$$x=h_0-\sqrt{h_0^2-\frac{2[M-A'_s f'_y(h_0-a'_s)]}{\alpha_1 f_c b}} \tag{3-39}$$

若 $x>\xi_b h_0$，按情况 1（即 A'_s未知）计算 A_s、A'_s；

若 $x<2a'_s$，则

$$A_s=\frac{M}{f_y(h_0-a'_s)} \tag{3-40}$$

若 $2a'_s\leqslant x\leqslant\xi_b h_0$，则

$$A_s=(A'_s f'_y+\alpha_1 f_c bx)/f_y \tag{3-41}$$

此外，若$\frac{M}{\alpha_1 f_c bh_0^2}<2\frac{a'_s}{h_0}\left(1-\frac{a'_s}{h_0}\right)$，则按单筋梁计算 A_s将比按式（3-40）求出的小，此时应按单筋梁计算 A_s，以节约钢筋。

（4）双筋截面受弯构件的构造要求

为了防止受压钢筋在纵向压力作用下压屈外凸，引起混凝土保护层崩裂，使受压钢筋的强度得以充分利用，要求箍筋应做成封闭式，箍筋的间距不应大于 $15d$，同时不应大于 400mm；当一层内纵向受压钢筋多于 5 根且直径大于 18mm 时，箍筋间距不应大于 $10d$，且箍筋直径不应小于纵向受压钢筋最大直径 1/4 倍。

当梁的宽度大于 400mm 且一层内纵向受压钢筋多于 3 根时，或当梁的宽度不大于 400mm 但一层内纵向受压钢筋多于 4 根时，应设置复合箍筋。

3.3.3 斜截面承载力计算

一般来说，板的跨高比较大，具有足够的斜截面承载能力，故受弯构件斜截面承载力计算主要是对梁和厚板而言。

梁的斜截面承载能力包括斜截面受剪承载力和斜截面受弯承载力。在实际工程设计中，斜截面受剪承载力通过计算配置腹筋（箍筋和弯起钢筋）来保证，而斜截面受弯承载力则通过构造措施来保证。

1. 受弯构件斜截面受剪破坏形态

受弯构件斜截面受剪破坏形态主要取决于箍筋数量和剪跨比 λ。

$$\lambda=a/h_0 \tag{3-42}$$

式中 a 为剪跨，即集中荷载作用点至支座的距离。

根据箍筋数量和剪跨比的不同，受弯构件斜截面受剪破坏主要有斜拉破坏、剪压破

坏和斜压破坏三种形态。

（1）斜拉破坏

当箍筋配置过少，且剪跨比较大（$\lambda>3$）时，常发生斜拉破坏。其特点是一旦出现斜裂缝，与斜裂缝相交的箍筋应力立即达到屈服强度，使构件斜向拉裂为两部分而破坏（图 3-28*a*）。斜拉破坏的破坏过程急骤，具有很明显的脆性。

（2）剪压破坏

构件的箍筋适量，且剪跨比适中（$\lambda=1\sim3$）时将发生剪压破坏。临近破坏时在剪弯段受拉区出现一条临界斜裂缝（即延伸较长和开展较大的斜裂缝），与临界斜裂缝相交的箍筋应力达到屈服强度，最后剪压区混凝土在正应力和剪应力共同作用下达到极限状态而压碎（图 3-28*b*）。剪压破坏没有明显预兆，属于脆性破坏。

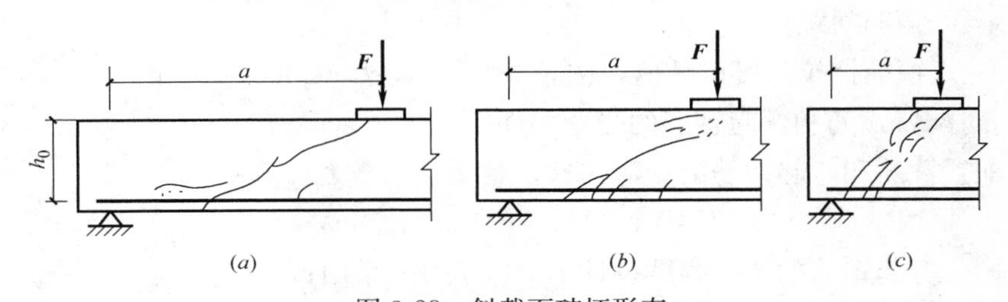

图 3-28　斜截面破坏形态
（*a*）斜拉破坏；（*b*）剪压破坏；（*c*）斜压破坏

（3）斜压破坏

当梁的箍筋配置过多过密或者梁的剪跨比较小（$\lambda<1$）时，将主要发生斜压破坏。这种破坏是因梁的剪弯段腹部混凝土被一系列近乎平行的斜裂缝分割成许多倾斜的受压柱体，在正应力和剪应力共同作用下混凝土被压碎而导致的，破坏时箍筋应力尚未达到屈服强度（图 3-28*c*）。斜压破坏属脆性破坏。

上述三种破坏形态，在实际工程中都应设法避免。剪压破坏通过计算避免，斜压破坏和斜拉破坏分别通过限制截面尺寸和最小配箍率避免。剪压破坏的应力状态是建立斜截面受剪承载力计算公式的依据。

2. 斜截面受剪承载力计算的基本公式

影响受弯构件斜截面受剪承载力的因素很多，除剪跨比 λ、配箍率 ρ_{sv} 外，混凝土强度、纵向钢筋配筋率、截面形状、荷载种类和作用方式等都有影响，精确计算比较困难，现行计算公式带有经验性质。

（1）基本公式

斜截面受剪承载力的计算简图如图 3-29 所示。

1）仅配箍筋的受弯构件

当仅配箍筋时，矩形、T 形及 I 形截面受弯构件的斜截面受剪承载力计算基本公式为：

$$V\leqslant V_{cs}=\alpha_{cv}f_tbh_0+f_{yv}\frac{A_{sv}}{s}h_0 \tag{3-43}$$

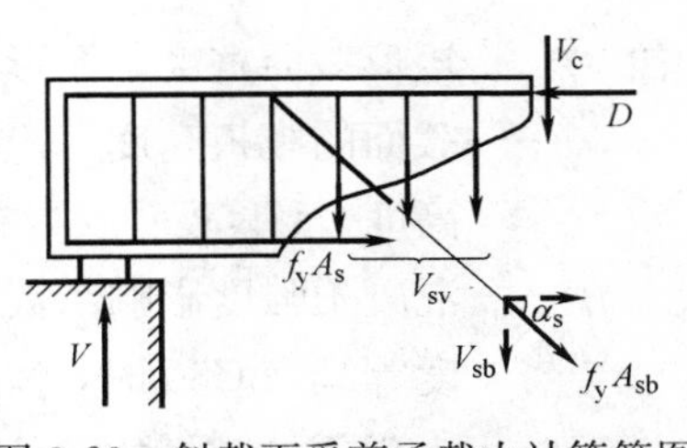

图 3-29　斜截面受剪承载力计算简图

式中 V_{cs}——构件斜截面上混凝土和箍筋的受剪承载力设计值；

α_{cv}——斜截面混凝土受剪承载力系数，对于一般受弯构件取 0.7；对集中荷载作用下（包括作用有多种荷载，其中集中荷载对支座截面或节点边缘所产生的剪力值占总剪力的75%以上的情况）的独立梁，取 $\alpha_{cv}=\frac{1.75}{\lambda+1.0}$，$\lambda$ 为计算截面的剪跨比，$\lambda=a/h_0$，当 $\lambda<1.5$ 时，取 $\lambda=1.5$；当 $\lambda>3$ 时，取 $\lambda=3$，a 取集中荷载作用点至支座截面或节点边缘的距离；

f_t——混凝土轴心抗拉强度设计值，按表 3-6 采用；

A_{sv}——配置在同一截面内箍筋各肢的全部截面面积：$A_{sv}=nA_{sv1}$，其中 n 为在同一截面内箍筋的肢数，A_{sv1} 为单肢箍筋的截面面积；

s——箍筋间距；

f_{yv}——箍筋抗拉强度设计值，按表 3-4 采用，$f_{yv}\leqslant 360\text{N/mm}^2$。

2）同时配置箍筋和弯起钢筋的受弯构件

同时配置箍筋和弯起钢筋的受弯构件，其受剪承载力计算基本公式为

$$V\leqslant V_u=V_{cs}+0.8f_y A_{sb}\sin\alpha_s \tag{3-44}$$

式中 f_y——弯起钢筋的抗拉强度设计值，按表 3-4 采用；

A_{sb}——同一弯起平面内的弯起钢筋的截面面积。

其余符号意义同前。

（2）基本公式适用条件

1）防止出现斜压破坏的条件——最小截面尺寸的限制

试验表明，当截面尺寸过小时，即使箍筋配置很多，也不能完全发挥作用。所以为了防止斜压破坏，必须限制截面最小尺寸。对矩形、T形及I形截面受弯构件，其截面尺寸应符合下列要求：

当 $h_w/b\leqslant 4.0$（称为厚腹梁或一般梁）时

$$V\leqslant 0.25\beta_c f_c b h_0 \tag{3-45}$$

对T形和I形截面的简支受弯构件，当有实践经验时，可按下式验算：

$$V\leqslant 0.3\beta_c f_c b h_0 \tag{3-46}$$

当 $h_w/b\geqslant 6.0$（称为薄腹梁）时

$$V\leqslant 0.2\beta_c f_c b h_0 \tag{3-47}$$

当 $4.0<h_w/b<6.0$ 时

$$V\leqslant 0.025\beta_c(14-h_w/b)f_c b h_0 \tag{3-48}$$

式中 b——矩形截面宽度，T形和I形截面的腹板宽度；

h_w——截面的腹板高度。矩形截面取有效高度 h_0，T形截面取有效高度减去翼缘高度，I形截面取腹板净高；

β_c——混凝土强度影响系数，当混凝土强度等级≤C50 时，$\beta_c=1.0$；当混凝土强度等级为 C80 时，$\beta_c=0.8$；其间按直线内插法取用。

2）防止出现斜拉破坏的条件——最小配箍率的限制

为了避免出现斜拉破坏，当$V \geqslant 0.7f_t bh_0$时，构件配箍率应满足

$$\rho_{sv}=\frac{A_{sv}}{bs}=\frac{nA_{sv1}}{bs} \geqslant \rho_{sv,\min}=0.24f_t/f_{yv} \tag{3-49}$$

式中 A_{sv}——配置在同一截面内箍筋各肢的全部截面面积：$A_{sv}=nA_{sv1}$，其中n为箍筋肢数，A_{sv1}为单肢箍筋的截面面积；

s——箍筋间距。

3. 斜截面受剪承载力的计算位置

1）支座边缘处的斜截面，见图3-30截面1—1；

2）弯起钢筋弯起点处的斜截面，见图3-30截面2—2；

3）受拉区箍筋截面面积或间距改变处的斜截面，见图3-30截面3—3；

4）腹板宽度改变处的截面，见图3-30截面4—4。

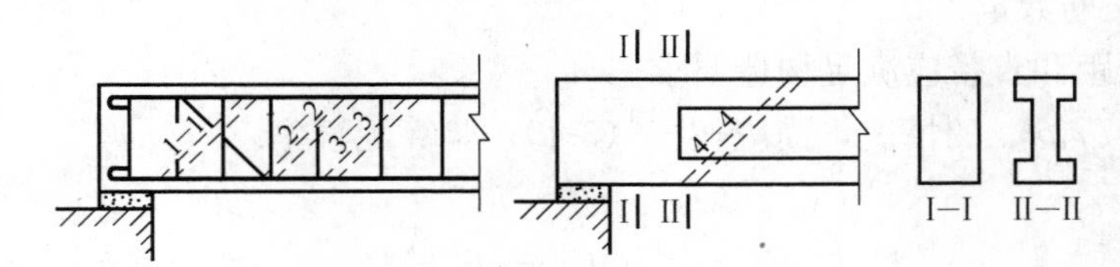

图3-30 斜截面受剪承载力计算位置

4. 斜截面受剪承载力计算步骤

已知：剪力设计值V，截面尺寸，混凝土强度等级，箍筋级别，纵向受力钢筋的级别和数量

求：腹筋数量

计算步骤如下：

（1）复核截面尺寸

梁的截面尺寸应满足式（3-45）～式（3-48）的要求，否则，应加大截面尺寸或提高混凝土强度等级。

（2）确定是否需按计算配置箍筋

当满足下式条件时，可按构造配置箍筋，否则，需按计算配置箍筋：

$$V \leqslant \alpha_{cv} f_t bh_0 \tag{3-50}$$

按构造配置箍筋时，箍筋的直径、肢数、间距均按构造要求确定。其中，箍筋间距按表3-21中$V \leqslant 0.7f_t bh_0$一栏确定。

梁中箍筋和弯起钢筋的最大间距s_{max}（mm） **表3-21**

梁高h(mm)	$V>0.7f_t bh_0$	$V \leqslant 0.7f_t bh_0$
$150<h \leqslant 300$	150	200
$300<h \leqslant 500$	200	300
$500<h \leqslant 800$	250	350
$h>800$	300	400

（3）确定腹筋数量

腹筋有两种配置方案。一是仅配箍筋，一是同时配置箍筋和弯起钢筋。前者是常用的方案，后者一般只用于剪力较大且纵向受拉钢筋较多的情况。

1）仅配箍筋时：

$$\frac{A_{sv}}{s} \geqslant \frac{V-\alpha_{cv} f_t b h_0}{f_{yv} h_0} \tag{3-51}$$

求出$\frac{A_{sv}}{s}$的值后，即可根据构造要求选定箍筋肢数 n 和直径 d，然后求出间距 s，或者根据构造要求选定 n、s，然后求出 d。箍筋的间距和直径应满足构造要求。

对 $V>0.7f_t bh_0$ 的情况，尚应按式（3-49）验算配箍率。

2）同时配置箍筋和弯起钢筋时：

① 选定箍筋数量：

箍筋的间距和直径应满足构造要求。

对 $V>0.7f_t bh_0$ 的情况，尚应按式（3-49）验算配箍率。

② 计算 V_{cs}

$$V_{cs}=\alpha_{cv} f c b h_0+f_{yv}\frac{A_{sv}}{s}h_0 \tag{3-52}$$

③ 计算弯起钢筋截面面积：

$$A_{sb}=\frac{V-V_{cs}}{0.8f_y \sin\alpha_s} \tag{3-53}$$

计算弯起钢筋时，剪力设计值 V 按下列规定采用：计算第一排（对支座而言）弯起钢筋时，取支座边缘处的剪力；计算以后每排弯起钢筋时，取前排（对支座而言）弯起钢筋弯起点处的剪力。

【例 3-6】 某办公楼矩形截面简支梁，截面尺寸 250mm×460mm，h_0=460mm，承受均布荷载作用，已求得支座边缘剪力设计值为 185kN。混凝土为 C25 级，箍筋采用 HRB335 级钢筋。试确定箍筋数量。

【解】 查表得 $f_c=11.9\text{N/mm}^2$，$f_t=1.27\text{N/mm}^2$，$f_{yv}=300\text{N/mm}^2$，$\beta_c=1.0$

（1）复核截面尺寸

$$h_w/b=h_0/b=465/250=1.86<4.0$$

应按式（3-47）复核截面尺寸。

$$0.25\beta_c f_c b h_0=0.25\times1.0\times11.9\times250\times465=345843.75\text{N}>V=185\text{kN}$$

截面尺寸满足要求。

（2）确定是否需按计算配置箍筋

$$0.7f_t b h_0=0.7\times1.27\times250\times465=103346.25\text{N}<V=185\text{kN}$$

需按计算配置箍筋。

（3）确定箍筋数量

$$\frac{A_{sv}}{s}\geqslant\frac{V-\alpha_{cv} f_t b h_0}{f_{yv} h_0}=\frac{185\times10^3-103346.25}{300\times460}=0.592\text{mm}^2/\text{mm}$$

按构造要求，箍筋直径不宜小于 6mm，现选用Φ8 双肢箍筋（$A_{sv1}=50.3\text{mm}^2$），

则箍筋间距为

$$s \leqslant \frac{A_{sv}}{0.592} = \frac{nA_{sv1}}{0.592} = \frac{2 \times 50.3}{0.592} = 170\text{mm}$$

查表 3-21 得 $s_{max} = 200\text{mm}$，取 $s = 160\text{mm}$。

(4) 验算配箍率

$$\rho_{sv} = \frac{nA_{sv1}}{bs} = \frac{2 \times 50.3}{250 \times 150} = 0.27\%$$

$$\rho_{sv,min} = 0.24 f_t / f_{yv} = 0.24 \times 1.27/300 = 0.10\% < \rho_{sv} = 0.25\%$$

配箍率满足要求。

所以箍筋选用Φ8@150，沿梁长均匀布置。

【例 3-7】 图 3-31 所示钢筋混凝土矩形截面简支梁，安全等级为二级，环境类别为一类，截面尺寸 $b \times h = 200\text{mm} \times 600\text{mm}$，$h_0 = 530\text{mm}$，采用 C25 级混凝土，箍筋采用 HPB300 钢筋，承受均布荷载设计值 $q = 3.6\text{kN/m}$ 和集中荷载设计值 $Q = 85\text{kN}$。试计算箍筋数量。

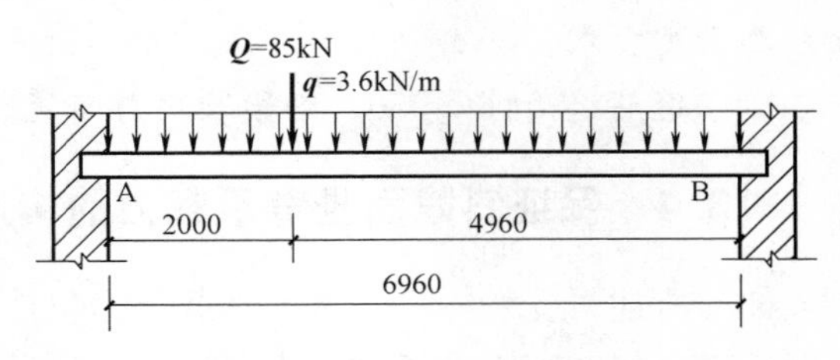

图 3-31 例 3-7 图

【解】 查得 $f_c = 11.9\text{N/mm}^2$，$f_t = 1.27\text{N/mm}^2$，$f_{yv} = 270\text{N/mm}^2$

(1) 计算支座边缘截面的剪力

由图 3-31 可知，A 支座边缘截面为控制截面。

均布荷载 q 在 A 支座边缘截面产生的剪力设计值

$$V_q = \frac{1}{2} q l_n = \frac{1}{2} \times 3.6 \times 6.96 = 12.528\text{kN}$$

荷载 q 在 A 支座边缘截面产生的剪力设计值

$$V_Q = \frac{4.96}{6.96} Q = \frac{4.96}{6.96} \times 85 = 60.575\text{kN}$$

A 支座边缘截面总剪力设计值 $V = V_q + V_Q = 12.528 + 60.575 = 73.103\text{kN}$

(2) 验算截面尺寸

$$h_w / b = h_0 / b = 530/200 = 2.65 < 4$$

$$0.25 \beta_c f_c b h_0 = 0.25 \times 1.0 \times 11.9 \times 200 \times 530 = 315000\text{N} > V = 73.103\text{kN}$$

截面尺寸满足要求。

(3) 判断是否可按构造要求配置箍筋

集中荷载在支座边缘截面产生的剪力占支座边缘截面总剪力的 82.9%，大于 75%，应按以承受集中荷载为主的构件计算。

$$\lambda = a / h_0 = 2000/530 = 3.77 > 3\text{，取 } \lambda = 3$$

$$\alpha_{cv} = \frac{1.75}{\lambda + 1.0} = \frac{1.75}{3 + 1.0} = 0.438$$

$$\alpha_{cv} f_t b h_0 = 0.438 \times 1.27 \times 200 \times 530 = 58963.56\text{N} < V = 73.103\text{kN}$$

需按计算配置箍筋。

（4）计算箍筋数量

$$\frac{A_{sv}}{s} \geqslant \frac{V-\alpha_{cv}f_t bh_0}{f_{yv}h_0}=\frac{73.103\times10^3-58963.56}{270\times530}=0.099\text{mm}^2/\text{mm}$$

按构造要求选用Φ6 双肢箍，$n=2$，$A_{sv1}=28.3\text{mm}^2$，$A_{sv}=nA_{sv1}=2\times28.3=56.6\text{mm}^2$

$$s\leqslant A_{sv}/0.099=56.6/0.099=571\text{mm}>s_{max}=250\text{mm}，取\ s=250\text{mm}$$

$$\rho_{sv}=\frac{A_{sv}}{bs}=\frac{56.6}{200\times250}=0.11\%$$

$$\rho_{sv,min}=0.24f_t/f_{yv}=0.24\times1.27/270=0.11\%=\rho_{sv}$$

配箍率满足要求。

所以箍筋选用Φ6@250，沿梁长均匀布置。

3.3.4 保证斜截面受弯承载力的构造措施

如前所述，受弯构件斜截面承载能力包括斜截面受剪承载能力和斜截面受弯承载能力两方面。斜截面受剪承载能力通过前面的计算来保证，而斜截面受弯承载力则是通过构造措施来保证的。这些措施包括纵向钢筋的锚固、简支梁下部纵筋伸入支座的锚固长度、支座截面负弯矩纵筋截断时伸出长度、弯起钢筋弯终点外的锚固要求、箍筋的间距与肢距等。其中部分已在前面介绍，下面补充介绍其他措施。

1. 正截面受弯承载能力图

按构件实际配置的钢筋所绘出的各正截面所能承受的弯矩图形称为正截面受弯承载能力图，也叫抵抗弯矩图或材料图。

（1）正截面受弯承载能力图的绘制方法

1）绘制梁的设计弯矩图

按一定比例绘出梁的设计弯矩图（即 M 图）。

2）计算截面抵抗弯矩 M_u 及每根钢筋的抵抗弯矩 M_{ui}

设梁截面所配钢筋总截面积为 A_s，第 i 根钢筋截面积为 A_{si}，则截面抵抗弯矩 M_u 及第 i 根钢筋的抵抗弯矩 M_{ui} 可分别表示为

$$M_u=A_s f_y\left(h_0-\frac{f_y A_s}{2\alpha_1 f_c b}\right) \tag{3-54}$$

$$M_{ui}=\frac{A_{si}}{A_s}M_u \tag{3-55}$$

3）绘制抵抗弯矩图

以与设计弯矩图相同的比例，将每根钢筋在各正截面上的抵抗弯矩绘在设计弯矩图上，便可得到抵抗弯矩图。

（2）正截面受弯承载能力图的特点

图 3-32 为某承受均布荷载简支梁的抵抗弯矩图。在纵向受力钢筋既不弯起又不截断的区段内，抵抗弯矩图是一条平行于梁纵轴线的直线，图 3-32 中 gf 段，在纵向受力

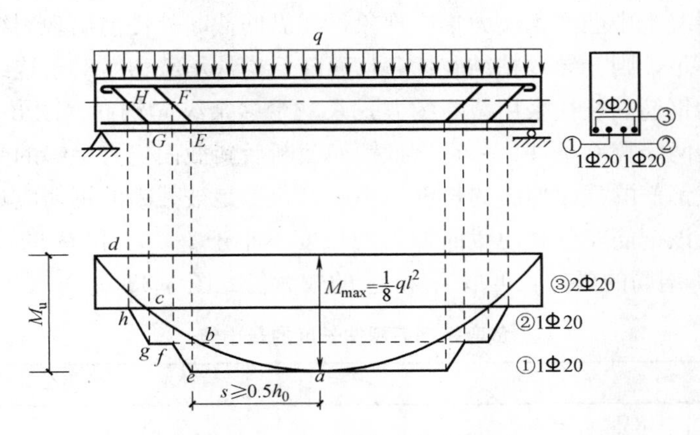

图 3-32 简支梁的抵抗弯矩图

钢筋弯起的范围内，抵抗弯矩图为一条斜直线段，该斜线段始于钢筋弯起点，终于弯起钢筋与梁纵轴线的交点，如图3-32中 *fe* 段。

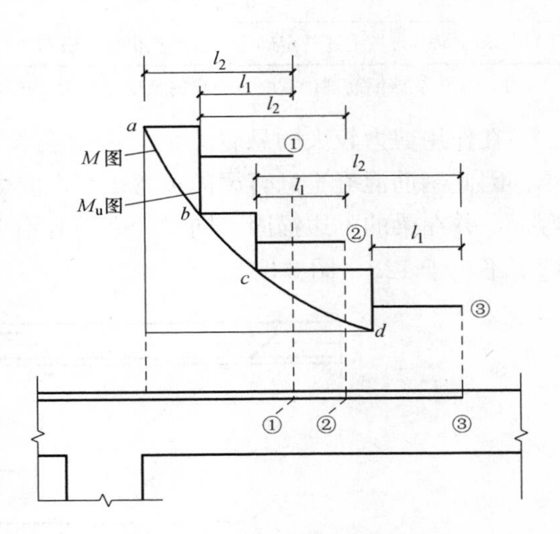

图 3-33 纵向钢筋截断的构造

图 3-33 为某连续梁支座负弯矩段的抵抗弯矩图。可见，当纵向受力钢筋截断[①]时，其抵抗弯矩图将发生突变，突变的截面就是钢筋理论切断点所在截面。钢筋的理论截断点，又称不需要点，是从正截面承载力来看不需要，理论上可以截断的截面，图 3-33 中 *b* 点就是①号钢筋的理论截断点，这一截面的弯矩设计值恰好等于②号钢筋的抵抗弯矩，也就是说在这一截面，②号钢筋的承载力得到了充分发挥，所以 *b* 点又是②号钢筋的充分利用点。同样，图中 *c* 点是②号钢筋的理论截断点，而同时又是③号钢筋的充分利用点。

设计时，为了保证沿梁长各个截面均有足够的正截面受弯承载能力，必须使抵抗弯矩图包住设计弯矩图。抵抗弯矩图越接近设计弯矩图，则说明设计越经济。

2. 保证斜截面受弯承载力的构造措施

(1) 纵向受拉钢筋截断时的构造

梁的正、负纵向钢筋都是根据跨中或支座最大弯矩值计算配置的。从经济角度，当截面弯矩减小时，纵向受力钢筋的数量也应随之减小。对于正弯矩区段内的纵向钢筋，通常采用弯向支座（用来抗剪或承受负弯矩）的方式来减少多余钢筋，而不应将梁底部承受正弯矩的钢筋在受拉区截断。这是因为纵向受拉钢筋在跨间截断时，钢筋截面面积

---

① 简支梁的纵向受拉钢筋不应在受拉区截断，此处仅为说明抵抗弯矩图的绘制方法。

会发生突变，混凝土中会产生应力集中现象，在纵筋截断处提前出现裂缝。如果截断钢筋的锚固长度不足，则会导致粘结破坏，从而降低构件承载力。对于连续梁和框架梁承受支座负弯矩的钢筋则往往采用截断的方式来减少多余纵向钢筋（图 3-34），但其截断点的位置应满足两个控制条件：一是该批钢筋截断后斜截面仍有足够的受弯承载力，即保证从不需要该钢筋的截面伸出的长度不小于 l_1；二是被截断的钢筋应具有必要的锚固长度，即保证从该钢筋充分利用截面伸出的长度不小于 l_2。l_1 和 l_2 的值根据剪力大小按表 3-22 取用。钢筋的延伸长度取 l_1 和 l_2 的较大值（图 3-33）。

负弯矩钢筋延伸长度的最小值 **表 3-22**

截 面 条 件	l_1	l_2
$V \leqslant 0.7f_tbh_0$	$20d$	$1.2l_a$
$V > 0.7f_tbh_0$	$\max(20d, h_0)$	$1.2l_a + h_0$
$V > 0.7f_tbh_0$，且按上述规定确定的截断点仍位于负弯矩受拉区内	$\max(20d, 1.3h_0)$	$1.2l_a + 1.7h_0$

注：l_1 为从该钢筋理论截断点伸出的长度，l_2 为从该钢筋强度充分利用截面伸出的长度。

在作用剪力较大的悬臂梁内，因梁全长受负弯矩作用，临界斜裂缝的倾角明显较小，因此钢筋混凝土悬臂梁的负弯矩纵向受力钢筋不应截断，而应根据弯矩图分批向下弯折，并在梁的下边锚固。同时，必须有不少于 2 根上部钢筋伸至悬臂梁外端，并向下弯折不小于 $12d$（图 3-34）。

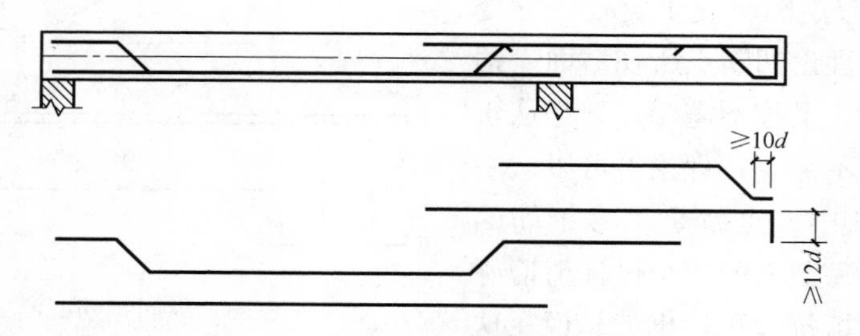

图 3-34　梁内钢筋的弯起与截断

（2）纵向受拉钢筋弯起时的构造

梁底层钢筋中的角部钢筋不应弯起，顶层钢筋中的角部钢筋不应弯下。

在混凝土梁的受拉区中，弯起钢筋的弯起点可设在按正截面受弯承载力计算不需要该钢筋的截面之前，但弯起钢筋与梁中心线的交点应位于不需要该钢筋的截面之外；同时弯起点与按计算充分利用该钢筋的截面之间的距离不应小于 $h_0/2$（图 3-32）。

弯起钢筋在弯终点外应有一直线段的锚固长度，以保证在斜截面处发挥其强度。《混凝土规范》规定，当直线段位于受拉区时，其长度不小于 $20d$，位于受压区时不小于 $10d$（d 为弯起钢筋的直径）。光圆钢筋的末端应设弯钩。为了防止弯折处混凝土挤压力过于集中，弯折半径应不小于 $10d$（图 3-35）。

当纵向受力钢筋不能在需要的地方弯起或弯起钢筋不足以承受剪力时，可单独为抗剪设置弯起钢筋。此时，弯起钢筋应采用“鸭筋”形式，严禁采用“浮筋”（图 3-36）。“鸭筋”的构造与弯起钢筋基本相同。

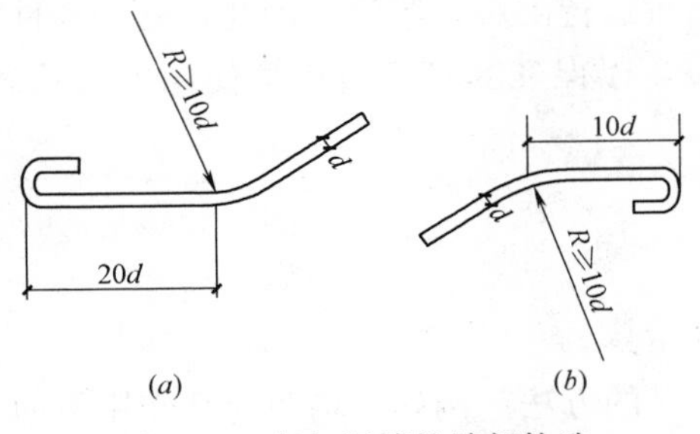

图 3-35 弯起钢筋的端部构造

(a) 受拉区；(b) 受压区

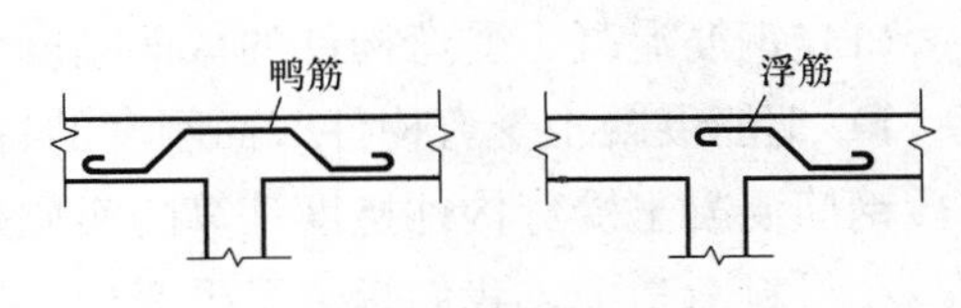

图 3-36 鸭筋与浮筋

(3) 纵向受力钢筋在支座内的锚固

伸入钢筋混凝土梁支座范围内锚固的纵向受力钢筋的数量不应少于 2 根。

钢筋混凝土简支梁和连续梁简支端的下部纵向受力钢筋伸入支座内的锚固长度 l_{as} 的数值不应小于表 3-23 的规定。因条件限制不能满足时，可采取弯钩或机械锚固措施，但弯钩和机械锚固的形式和技术要求应符合表 3-10 的要求。

简支支座的钢筋锚固长度 l_{as}　　表 3-23

锚固条件		$V \leqslant 0.7 f_t b h_0$	$V > 0.7 f_t b h_0$
钢筋类型	光圆钢筋(带弯钩)	5d	15d
	带肋钢筋		12d
	C25 及以下混凝土，跨边有集中力作用		15d

注：1. d 为纵向受力钢筋的最大直径；

2. 跨边有集中力作用，是指混凝土梁的简支支座跨边 1.5h 范围内有集中力作用，且其对支座截面所产生的剪力占总剪力值的 75%以上。

支承在砌体结构上的钢筋混凝土独立梁，在纵向受力钢筋的锚固长度范围内应配置不少于 2 个箍筋，其直径不宜小于 $d/4$，d 为纵向受力钢筋的最大直径；间距不宜大于 10d，当采取机械锚固措施时箍筋间距尚不宜大于 5d，d 为纵向受力钢筋的最小直径。

简支板或连续板简支端下部纵向受力钢筋伸入支座的锚固长度 $l_{as} \geqslant 5d$（d 为受力钢筋直径）。伸入支座的下部钢筋的数量，当采用弯起式配筋时其间距不应大于 400mm，截面面积不应小于跨中受力钢筋截面面积的 1/3；当采用分离式配筋时，跨中受力钢筋应全部伸入支座。

3.3.5 受弯构件挠度及裂缝宽度验算

1. 挠度验算

钢筋混凝土受弯构件在荷载作用下会产生挠曲。过大的挠度会影响结构的正常使用。例如，楼盖的挠度超过正常使用的某一限值时，一方面会在使用中发生有感觉的震颤，给人们一种不舒服和不安全的感觉，另一方面将造成楼层地面不平或使上部的楼面及下部的抹灰开裂，影响结构的功能；屋面构件挠度过大会妨碍屋面排水；吊车梁挠度过大会加剧吊车运行时的冲击和振动，甚至使吊车运行困难，等等。因此，受弯构件除应满足承载力要求外，必要时还需进行挠度验算，以保证其不超过正常使用极限状态，确保结构构件的正常使用。

（1）钢筋混凝土受弯构件的截面刚度

1）钢筋混凝土受弯构件截面刚度的特点

钢筋混凝土受弯构件挠度计算的实质是刚度验算。

在材料力学中，我们学习了受弯构件挠度计算的方法。例如，均布荷载作用下简支梁的跨中最大挠度为 $f=\frac{5ql_0^4}{384EI}=\frac{5Ml_0^2}{48EI}$，其中 EI 为截面弯曲刚度，它是一常量。材料力学公式不能直接用来计算钢筋混凝土受弯构件的挠度。原因是，材料力学公式是假想梁为理想的匀质弹性体建立起来的，而钢筋混凝土既非匀质材料，又非弹性材料（仅在混凝土开裂前呈弹性性质），并且由于钢筋混凝土受弯构件在使用阶段一般已开裂，这些裂缝把构件的受拉区混凝土沿梁纵轴线分成许多短段，使受拉区混凝土成为非连续体。可见，钢筋混凝土受弯构件不符合材料力学的假定，因此挠度计算公式不能直接应用。

研究表明，钢筋混凝土构件的截面刚度为一变量，其特点可归纳为：

① 随弯矩的增大而减小。这意味着，某一根梁的某一截面，当荷载变化而导致弯矩不同时，其弯曲刚度会随之变化，并且，即使在同一荷载作用下的等截面梁中，由于各个截面的弯矩不同，其弯曲刚度也会不同；

② 随纵向受拉钢筋配筋率的减小而减小；

③ 荷载长期作用下，由于混凝土徐变的影响，梁的某个截面的刚度将随时间增长而降低。

影响受弯构件刚度的因素有弯矩、纵筋配筋率与弹性模量、截面形状和尺寸、混凝土强度等级等，在长期荷载作用下刚度还随时间而降低。在上述因素中，梁的截面高度 h 影响最大。

2）刚度计算公式

① 短期刚度 B_s：

钢筋混凝土受弯构件出现裂缝后，在荷载短期作用下的截面弯曲刚度称为短期刚度，用 B_s 表示。计算短期刚度时采用荷载的准永久组合。根据理论分析和试验研究的结果，矩形、T形、倒T形、I形截面钢筋混凝土受弯构件的短期刚度表达式为：

$$B_s=\frac{E_sA_sh_0^2}{1.15\psi+0.2+\frac{6\alpha_E\rho}{1+3.5\gamma_f'}} \tag{3-56}$$

式中 E_s——受拉纵筋的弹性模量，按表 3-4 采用；

A_s——受拉纵筋的截面面积；

h_0——受弯构件截面有效高度；

ψ——裂缝间纵向受拉钢筋应变不均匀系数，其物理意义是：反映裂缝间混凝

土协助钢筋抗拉作用的程度。ψ 按下式计算

$$\psi=1.1-0.65\frac{f_{tk}}{\rho_{te}\sigma_{sk}} \tag{3-57}$$

当计算出的 $\psi<0.2$ 时，取 $\psi=0.2$；当 $\psi>1.0$ 时，取 $\psi=1.0$；

式中 f_{tk}——混凝土轴心抗拉强度标准值，按表 3-6 采用；

ρ_{te}——按截面的“有效受拉混凝土截面面积” A_{te} 计算的纵向受拉钢筋配筋率：

$$\rho_{te}=A_s/A_{te} \tag{3-58}$$

对受弯构件，A_{te} 按下式计算（图 3-37）：

$$A_{te}=0.5bh+(b_f-b)h_f \tag{3-59}$$

当计算出的 $\rho_{te}<0.01$ 时，取 $\rho_{te}=0.01$。

σ_{sq}——按荷载准永久组合计算的钢筋混凝土构件纵向受拉钢筋的应力：

$$\sigma_{sq}=\frac{M_q}{0.87h_0A_s} \tag{3-60}$$

M_q——按荷载效应准永久组合计算的弯矩；

α_E——钢筋弹性模量 E_s 与混凝土弹性模量 E_c 的比值，即 $\alpha_E=E_s/E_c$；

ρ——纵向受拉钢筋配筋率；

γ'_f——受压翼缘截面面积与腹板有效截面面积的比值：

$$\gamma'_f=\frac{(b'_f-b)h'_f}{bh_0} \tag{3-61}$$

当 $h'_f>0.2h_0$ 时，取 $h'_f=0.2h_0$。当截面受压区为矩形时，$\gamma'_f=0$。

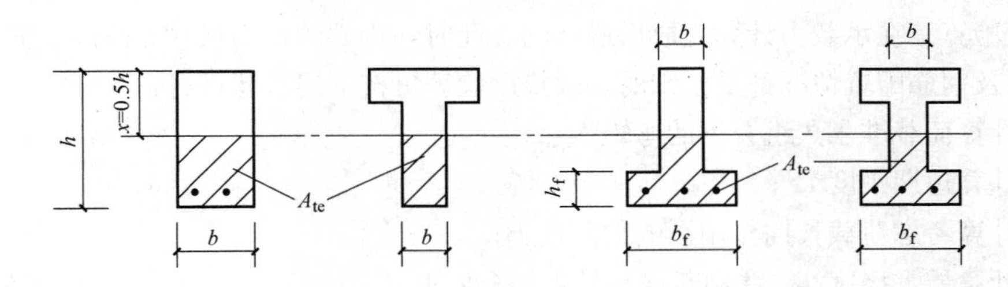

图 3-37 “有效受拉混凝土面积” A_{te} 计算图

② 考虑荷载长期作用影响的刚度 B：

前面已述及，在载荷长期作用下，构件截面弯曲刚度将随时间增长而降低。而实际工程中，总是有部分荷载长期作用在构件上，因此计算挠度时必须采用按荷载准永久组合并考虑荷载长期作用影响的刚度，以 B 表示。

$$B=\frac{B_s}{\theta} \tag{3-62}$$

式中 θ——考虑荷载长期作用对挠度增大的影响系数。对钢筋混凝土受弯构件，$\theta=2.0-0.4\rho'/\rho$。此处 ρ 为纵向受拉钢筋的配筋率，$\rho=\frac{A_s}{6h_0}$；ρ' 为纵向受压钢筋的配筋率，$\rho'=\frac{A'_s}{bh_0}$。

对于翼缘位于受拉区的倒 T 形截面，θ 值应增大 20%。

考虑荷载长期作用影响的刚度实质上是考虑荷载长期作用部分使刚度降低的因素后，对短期刚度 B_s 进行的修正。

(2) 钢筋混凝土受弯构件的挠度计算

如前所述，钢筋混凝土受弯构件开裂后，其截面弯曲刚度是随弯矩增大而降低的，因此，较准确的计算方法应该将构件按弯曲刚度大小分段计算挠度。但这样计算将会显得很繁琐。为简化计算，可取同号弯矩区段内弯矩最大截面的弯曲刚度作为该区段的弯曲刚度，即在简支梁中取最大正弯矩截面的刚度为全梁的弯曲刚度，而在外伸梁、连续梁或框架梁中，则分别取最大正弯矩截面和最大负弯矩截面的刚度作为相应正、负弯矩区段的弯曲刚度。很明显，按这种处理方法所算出的弯曲刚度值最小，所以我们称这种处理原则为“最小刚度原则”。

梁的弯曲刚度确定后，就可以根据材料力学公式计算其挠度。但需注意，公式中的弯曲刚度 EI 应以 B 代替，公式中的荷载应按荷载准永久组合取值，即

$$f=\beta_f\frac{M_q l_0^2}{B} \tag{3-63}$$

式中 f——按“最小刚度原则”并采用长期刚度计算的挠度；

β_f——与荷载形式和支承条件有关的系数。例如，简支梁承受均布荷载作用时 $\beta_f=5/48$，简支梁承受跨中集中荷载作用时 $\beta_f=1/12$，悬臂梁受杆端集中荷载作用时 $\beta_f=1/3$，悬臂梁承受均布荷载作用时 $\beta_f=1/4\theta$。

(3) 挠度验算的步骤

挠度验算是在承载力计算完成后进行的。此时，构件的截面尺寸、跨度、荷载、材料强度以及钢筋配置情况都是已知的，故挠度验算可按下述步骤进行：

1) 计算荷载准永久组合下的弯矩 M_q；

2) 计算短期刚度 B_s；

3) 计算考虑荷载长期作用影响的刚度 B；

4) 计算最大挠度 f，并判断挠度是否符合要求。

钢筋混凝土受弯构件的挠度应满足

$$f\leqslant f_{lim} \tag{3-64}$$

式中 f_{lim}——钢筋混凝土受弯构件的挠度限值，按表 3-24 采用。

当不能满足式 (3-64) 时，说明受弯构件的弯曲刚度不足，应采取措施后重新验算。理论上讲，提高混凝土强度等级，增加纵向钢筋的数量，选用合理的截面形状（如 T 形、I 形等）都能提高梁的弯曲刚度，但其效果并不明显，最有效的措施是增加梁截面的有效高度。

【例 3-8】 某办公楼矩形截面简支楼面梁，计算跨度 $l_0=6.0$m，截面尺寸 $b\times h=200\text{mm}\times450\text{mm}$，承受恒载标准值 $g_k=16.55$kN/m（含自重），活荷载标准值 $q_k=2.7$kN/m，纵向受拉钢筋为 3 Φ 25，混凝土强度等级为 C25，混凝土保护层厚度 25mm，箍筋直径 6mm，挠度限值为 $l_0/200$，试验算其挠度。

【解】 $A_s=1473mm^2$，$f_{tk}=1.78N/mm^2$，$E_c=2.8\times10^4N/mm^2$，$E_s=2\times10^5N/mm^2$，活荷载准永久值系数 $\psi_q=0.5$，$\gamma_0=1.0$

纵向受力钢筋排一排，$h_0=450-25-6-25/2=406.5mm$

受弯构件的挠度限值 表 3-24

构件类型		挠度限值
吊车梁	手动吊车	$l_0/500$
	电动吊车	$l_0/600$
屋盖、楼盖及楼梯构件	$l_0<7m$	$l_0/200(l_0/250)$
	$7m\leqslant l_0\leqslant9m$	$l_0/250(l_0/300)$
	$l_0>9m$	$l_0/300(l_0/400)$

注：1. 表中 l_0 为构件的计算跨度。计算悬臂构件的挠度限值时，l_0 按实际悬臂长度的 2 倍取用；
2. 如果构件制作时预先起拱，且使用上也允许，则在验算挠度时，可将计算所得的挠度值减去起拱值；
3. 表中括号内的数值适用于使用对挠度有较高要求的构件；
4. 构件制作时的起拱值和预加力所产生的反拱值，不宜超过构件在相应荷载组合作用下的计算挠度值。

(1) 计算荷载效应

永久荷载标准值的弯矩 $M_{gk}=\frac{1}{8}g_kl_0^2=\frac{1}{8}\times16.55\times6^2=74.475kN\cdot m$

可变荷载标准值的弯矩 $M_{qk}=\frac{1}{8}q_kl_0^2=\frac{1}{8}\times2.7\times6^2=12.15kN\cdot m$

荷载准永久组合下的弯矩 $M_q=M_{gk}+\psi_qM_{qk}=74.475+0.5\times12.15=80.55kN\cdot m$

(2) 计算短期刚度 B_s

$$A_{te}=0.5bh=0.5\times200\times450=45000mm^2$$

$$\rho_{te}=A_s/A_{te}=1473/4500=0.033$$

$$\rho=\frac{A_s}{bh_0}=\frac{1473}{200\times406.5}=1.81\%$$

$$\rho'=0$$

$$\sigma_{sq}=\frac{M_q}{0.87h_0A_s}=\frac{80.55\times10^6}{0.87\times406.5\times1473}=154.6N/mm^2$$

$$\psi=1.1-0.65\frac{f_{tk}}{\rho_{te}\sigma_{sq}}=1.1-0.65\times\frac{1.78}{0.033\times154.6}=0.873$$

$$\alpha_E=E_s/E_c=2\times10^5/2.8\times10^4=7.143$$

由于是矩形截面，则 $\gamma_f'=0$

$$B_s=\frac{E_sA_sh_0^2}{1.15\psi+0.2+\frac{6\alpha_E\rho}{1+3.5\gamma_f'}}=\frac{2\times10^5\times1473\times406.5^2}{1.15\times0.873+0.2+\frac{6\times7.143\times1.81\%}{1+3.5\times0}}$$

$$=2.459\times10^{13}N\cdot mm^2$$

(3) 计算考虑荷载长期作用影响的刚度 B

由于 $\rho'=0$，故 $\theta=2$

$$B=\frac{B_s}{\theta}=\frac{2.459\times10^{13}}{2}=1.230\times10^{13}\text{N}\cdot\text{mm}^2$$

（4）计算最大挠度 f，并判断挠度是否符合要求

梁的跨中最大挠度

$$f=\frac{5}{48}\frac{M_q l_0^2}{B}=\frac{5}{48}\frac{80.55\times10^6\times6000^2}{1.274\times10^{13}}$$

$$=24.6\text{mm}<[f_{\text{lim}}]=l_0/200=6000/200=30\text{mm}$$

故该梁满足刚度要求。

2. 裂缝宽度验算

（1）受弯构件裂缝的基本概念

钢筋混凝土受弯构件产生裂缝的原因可分为两大类：一种是由荷载引起的裂缝，另一种则是由诸如混凝土收缩、温度变化、钢筋锈蚀、水泥水化热等非荷载原因引起的裂缝。对于后一种裂缝，主要是采取控制混凝土浇筑质量，改善水泥性能，选择集料成分，改进结构形式，设置伸缩缝等措施解决，不需进行裂缝宽度计算。以下所说的裂缝均指由荷载引起的裂缝，并且仅指横向裂缝。至于斜裂缝宽度，当受弯构件配置受剪承载力所需的腹筋后，使用阶段的裂缝宽度一般均能满足裂缝宽度限值，不必验算。

混凝土的抗拉强度很低。当受拉区外边缘混凝土在构件抗弯最薄弱的截面达到其极限拉应变时，就会在垂直于拉应力方向形成第一批（一条或若干条）裂缝。构件受拉区开裂时，荷载还较小，因此我们说钢筋混凝土受弯构件基本上是带裂缝工作的。但裂缝过大时，会使钢筋锈蚀，从而降低结构的耐久性，并且裂缝的出现和扩展还会降低构件的刚度，从而使挠度增大，甚至影响正常使用。控制裂缝的目的也就在于：防护钢筋锈蚀，提高构件的耐久性；使结构具有正常的外观，不致使使用者在心理上造成不安全和不舒适的感觉。

影响裂缝宽度的主要因素如下：

1）纵筋的直径。当构件内受拉纵筋截面相同时，采用细而密的钢筋，则会增大钢筋表面积，因而使粘结力增大，裂缝宽度变小；

2）纵筋表面形状。带肋钢筋的粘结强度较光圆钢筋大得多，可减小裂度宽度；

3）纵向钢筋的应力。裂缝宽度与钢筋应力近似呈线性关系；

4）纵筋配筋率。构件受拉区混凝土截面的纵筋配筋率越大，裂缝宽度越小；

5）保护层厚度。保护层越厚，裂缝宽度越大。

由于上述第1）、2）两个原因，施工中用粗钢筋代替细钢筋，光面钢筋代替带肋钢筋时，应重新验算裂缝宽度。

需要注意的是，沿裂缝深度，裂缝的宽度是不相同的。钢筋表面处的裂缝宽度大约只有构件混凝土表面裂缝宽度的1/5～1/3。我们所要验算的裂缝宽度是指受拉钢筋重心水平处构件侧表面上混凝土的裂缝宽度（图3-38）。

（2）裂缝宽度计算的实用方法

1）影响裂缝宽度的主要因素

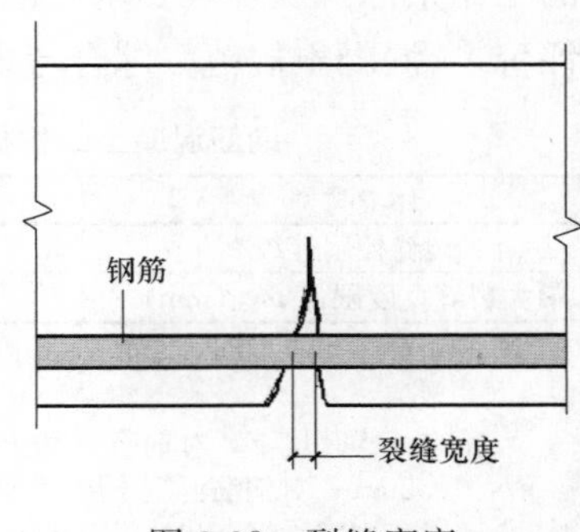

图 3-38 裂缝宽度

① 纵向钢筋的应力。裂缝宽度与钢筋应力近似呈线性关系；

② 纵筋的直径。当构件内受拉纵筋截面相同时，采用细而密的钢筋，则会增大钢筋表面积，因而使粘结力增大，裂缝宽度变小；

③ 纵筋表面形状。带肋钢筋的粘结强度较光面钢筋大得多，可减小裂度宽度；

④ 纵筋配筋率。构件受拉区混凝土截面的纵筋配筋率越大，裂缝宽度越小；

⑤ 保护层厚度。保护层越厚，裂缝宽度越大。

2）裂缝宽度计算公式

钢筋混凝土受弯构件在荷载长期效应组合作用下的最大裂缝宽度计算公式为：

$$w_{max}=1.9\psi\frac{\sigma_{sq}}{E_s}\left(1.9c_s+0.08\frac{d_{eq}}{\rho_{te}}\right) \quad (3\text{-}65)$$

$$d_{eq}=\frac{\sum n_i d_i^2}{\sum n_i \nu_i d_i} \quad (3\text{-}66)$$

式中 c_s——最外层纵向受拉钢筋外缘至受拉区底边的距离，当 $c_s<20$mm 时，取 $c_s=20$mm；当 $c_s>65$mm 时，取 $c_s=65$mm；

d_{eq}——受拉区纵向钢筋的等效直径，当受拉区纵向钢筋为一种直径时，$d_{eq}=d_i$；

ν_i——受拉区第 i 种钢筋的相对粘结特性系数，对带肋钢筋，取 $\nu_i=1.0$；对光面钢筋，取 $\nu_i=0.7$；对环氧树脂涂层的钢筋，ν_i 按前述数值的 80％采用；

n_i——受拉区第 i 种钢筋的根数；

d_i——受拉区第 i 种钢筋的公称直径。

其余符号意义同前。

对于直接承受吊车荷载但不需做疲劳验算的吊车梁，因吊车满载的可能性很小，计算出的最大裂缝宽度可乘以系数 0.85。

注意，最外层纵向受拉钢筋外边缘经受拉区底边的距离 c_s、混凝土保护层厚度 c、受拉钢筋合力点至截面受拉区边缘的距离 a_s 是三个不同的概念。

3）裂缝宽度验算步骤

① 计算 d_{eq}；

② 计算 ρ_{te}、σ_{sq}、ψ；

③ 计算 w_{max}，并判断裂缝是否满足要求。

最大裂缝宽度应满足

$$w_{max}\leqslant w_{lim} \quad (3\text{-}67)$$

式中 w_{lim}——最大裂缝宽度限值。

最大裂缝宽度限值 w_{lim} 的确定，主要考虑两个方面的因素：一是耐久性要求，二是外观要求，以前者为主。耐久性所要求的裂缝宽度限值，应着重考虑环境条件及结构构件的工作条件。从外观要求考虑，裂缝过宽将给人以不安全感，同时也影响对结构质量的评价。《混凝土规范》综合考虑两方面要求，规定的最大裂缝宽度限值见表 3-25。

钢筋混凝土结构构件的裂缝控制等级及最大裂缝宽度限值 w_{lim} **表 3-25**

环境类别	一	二 a、二 b	三 a、三 b
裂缝控制等级	三	三	三
最大裂缝宽度限值 w_{lim}(mm)	0.3(0.4)	0.2	0.2

注：1. 对处于年平均相对湿度小于 60%地区的一类环境下的受弯构件，其最大裂缝宽度限值可采用括号内的数值；
2. 在一类环境下，对钢筋混凝土屋架、托架及需作疲劳验算的吊车梁，其最大裂缝宽度限值应取为 0.2mm；对钢筋混凝土屋面梁和托架，其最大裂缝宽度限值应取为 0.3mm；
3. 对于烟囱、筒仓和处于液体压力下的结构构件，其裂缝控制要求应符合专门标准的有关规定；
4. 对处于四、五类环境下的结构构件，其裂缝控制要求应符合专门标准的有关规定；
5. 表中的最大裂缝宽度限值用于验算荷载作用引起的最大裂缝宽度。

当最大裂缝宽度不满足式（3-67）时，应采取措施后重新验算。减小裂缝宽度的措施包括：①增大钢筋截面面积；②在钢筋截面面积不变的情况下，采用较小直径的钢筋；③采用变形钢筋；④提高混凝土强度等级；⑤增大构件截面尺寸；⑥减小混凝土保护层厚度。其中，减小钢筋直径是最有效的也是常用的措施，必要时可增大钢筋截面面积，其他措施的效果都不明显。需要注意的是，混凝土保护层厚度应同时考虑耐久性和减小裂缝宽度的要求。除结构对耐久性没有要求，而对表面裂缝造成的观瞻有严格要求外，不得为满足裂缝控制要求而减小混凝土保护层厚度。

【例 3-9】 某简支梁条件同例 3-8，裂缝宽度限值为 0.3mm，试验算裂缝宽度。

【解】 $E_s = 2\times10^5 N/mm^2$

（1）计算 d_{eq}

受力钢筋为同一种直径，故 $d_{eq} = d_i = 25mm$。

（2）计算 ρ_{te}、σ_{sq}、ψ

例 3-8 中已求得：$\rho_{te} = 0.033$，$\sigma_{sq} = 154.6N/mm^2$，$\psi = 0.873$

（3）计算 w_{max}，并判断裂缝是否符合要求

由混凝土保护层厚度 25mm，箍筋直径 6mm 得 $c_s = 25+6 = 31mm$

$$w_{max} = 1.9\psi\frac{\sigma_{sq}}{E_s}\left(1.9c_s + 0.08\frac{d_{eq}}{\rho_{te}}\right)$$

$$= 1.9\times0.873\times\frac{154.6}{2\times10^5}\times\left(1.9\times31 + 0.08\times\frac{25}{0.033}\right)$$

$$= 0.15mm < w_{lim} = 0.3mm$$

裂缝宽度满足要求。

3.4 钢筋混凝土受压构件

钢筋混凝土受压构件是建筑工程中应用最广泛的构件之一，常见的例子就是柱。如

图3-39所示，受压构件包括轴心受压构件和偏心受压构件，偏心受压构件又可分为单向偏心受压构件和双向偏心受压构件。实际工程中由于构件制作、运输、安装等原因，真正的轴心受压构件是不存在，但为计算方便，偏心不大时可以简化为轴心受压构件。本节只介绍轴心受压构件和单向偏心受压构件。

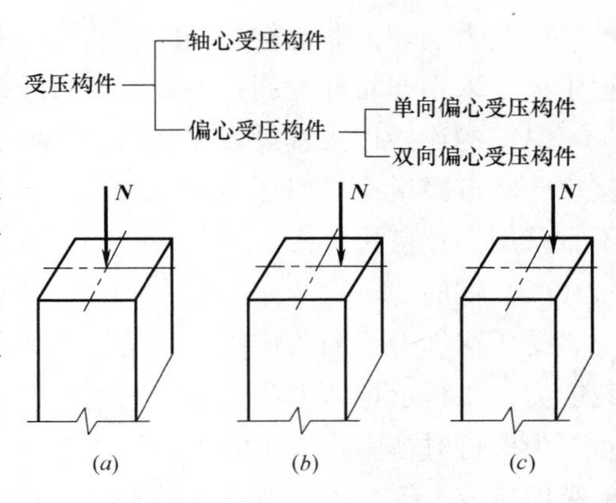

图3-39 受压构件的类型
(*a*) 轴心受压构件；(*b*) 单向偏心受压构件；(*c*) 双向偏心受压构件

3.4.1 构造要求

1. 截面形式及尺寸要求

钢筋混凝土受压构件通常采用方形或矩形截面。一般轴心受压柱以方形为主，偏心受压柱以矩形为主。有特殊要求时，轴心受压柱可采用圆形、多边形等，偏心受压柱还可采用I形、T形等。

柱截面尺寸不宜过小，一般应符合 $l_0/h \leqslant 25$ 及 $l_0/b \leqslant 30$（l_0为柱的计算长度，h 和 b 分别为截面的高度和宽度），且不宜小于250mm×250mm。为了便于模板尺寸模数化，柱截面边长在800mm以下者，宜以50mm为模数；在800mm以上者，以100mm为模数。

2. 配筋构造

（1）纵向受力钢筋

轴心受压构件的荷载主要由混凝土承担，设置纵向受力钢筋的目的有三：一是协助混凝土承受压力，以减小构件尺寸；二是承受可能的弯矩，以及混凝土收缩和温度变形引起的拉应力；三是防止构件突然的脆性破坏。偏心受力构件的纵向受力钢筋，除前述作用外，主要用来承受由弯矩在柱内产生的拉力和压力。

轴心受压柱的纵向受力钢筋应沿截面四周均匀对称布置，偏心受压柱的纵向受力钢筋放置在弯矩作用方向的两对边，圆柱中纵向受力钢筋宜沿周边均匀布置。

柱纵向受力钢筋应采用HRB400、HRB500、HRBF400、HRBF500钢筋。纵向受力钢筋直径 d 不宜小于12mm，通常采用12～32mm。为保证骨架的刚度，宜采用直径较粗的钢筋。方形和矩形截面柱中纵向受力钢筋不少于4根；圆柱中不宜少于8根且不应少于6根，并宜沿周边均匀布置。纵向受力钢筋的净距不应小于50mm，且不宜大于300mm；偏心受压柱中垂直于弯矩作用平面的侧面上的纵向受力钢筋及轴心受压柱中各边的纵向受力钢筋的中距不宜大于300mm。对水平浇筑的预制柱，其纵向钢筋的最小净距可按梁的有关规定采用。

偏心受压构件的纵向钢筋配置方式有两种。一种是在柱弯矩作用方向的两对边对称配置相同的纵向受力钢筋，这种方式称为对称配筋。对称配筋构造简单，施工方便，不易出错，但用钢量较大。另一种是非对称配筋，即在柱弯矩作用方向的两对边配置不同的纵向受力钢筋。非对称配筋的优缺点与对称配筋相反。为了设计、施工方便，实际工程中极少采用非对称配筋，因此本书只介绍对称配筋。

纵筋的连接接头宜设置在受力较小处。接头形式可采用机械连接接头，也可采用焊接接头和搭接接头。对于直径大于 25mm 的受拉钢筋和直径大于 28mm 的受压钢筋，不宜采用绑扎搭接接头。

（2）箍筋

受压构件中箍筋的作用，一是架立纵向钢筋，防止纵向钢筋压屈，从而提高柱的承载能力；二是承担剪力和扭矩；三是与纵筋一起形成对芯部混凝土的围箍约束。

为保持对柱中混凝土的围箍约束作用，受压构件中的周边箍筋应做成封闭式。箍筋末端应做成 135°弯钩。弯钩末端平直段长度不应小于箍筋直径的 5 倍，当柱中全部纵向受力钢筋的配筋率超过 3%时和对抗震结构不应小于箍筋直径的 10 倍。对圆柱中的箍筋，搭接长度不应小于锚固长度 l_a，且末端应做成 135°弯钩，弯钩末端平直段长度不应小于箍筋直径的 5 倍。

箍筋直径不应小于 $d/4$（d 为纵向钢筋的最大直径），且不应小于 6mm。箍筋间距不应大于 400mm 及构件截面的短边尺寸，且不应大于 $15d$（d 为纵向受力钢筋的最小直径）。当柱中全部纵向受力钢筋的配筋率超过 3%时，箍筋直径不应小于 8mm，间距不应大于 $10d$（d 为纵向受力钢筋的最小直径），且不应大于 200mm。

在纵筋搭接长度范围内，箍筋的直径不宜小于搭接钢筋直径的 1/4。箍筋间距不应大于 $5d$（d 为受力钢筋中最小直径），且不应大于 100mm。当搭接受压钢筋直径大于 25mm 时，应在搭接接头两个端面外 100mm 范围内各设置 2 道箍筋。

当柱截面短边尺寸大于 400mm 且各边纵向受力钢筋多于 3 根时，或当柱截面短边尺寸不大于 400mm 但各边纵向钢筋多于 4 根时，应设置复合箍筋，以防止中间钢筋被压屈（图 3-40）。复合箍筋的直径、间距与前述箍筋相同。

对于截面形状复杂的构件，不应采用具有内折角的箍筋（图 3-41），以免内折角处混凝土保护层崩裂。

（3）纵向构造钢筋

当偏心受压柱的截面高度 $h \geqslant 600$mm 时，在柱的侧面上应设置直径为不小于 10mm 的纵向构造钢筋，并相应设置复合箍筋或拉筋（图 3-40b）。

3.4.2 轴心受压构件承载力计算

按照箍筋配置方式不同，钢筋混凝土轴心受压柱可分为两种（图 3-42）：一种是配置纵向钢筋和普通箍筋的柱，称为普通箍筋柱；一种是配置纵向钢筋和螺旋筋或焊接环筋的柱，称为螺旋箍筋柱或间接箍筋柱。

1. 轴心受压构件的破坏特征

按照长细比 l_0/b 的大小，轴心受压柱可分为短柱和长柱两类。对方形和矩形柱，当 $l_0/b \leqslant 8$ 时属于短柱，否则为长柱。其中 l_0 为柱的计算长度，b 为矩形截面的短边尺寸。

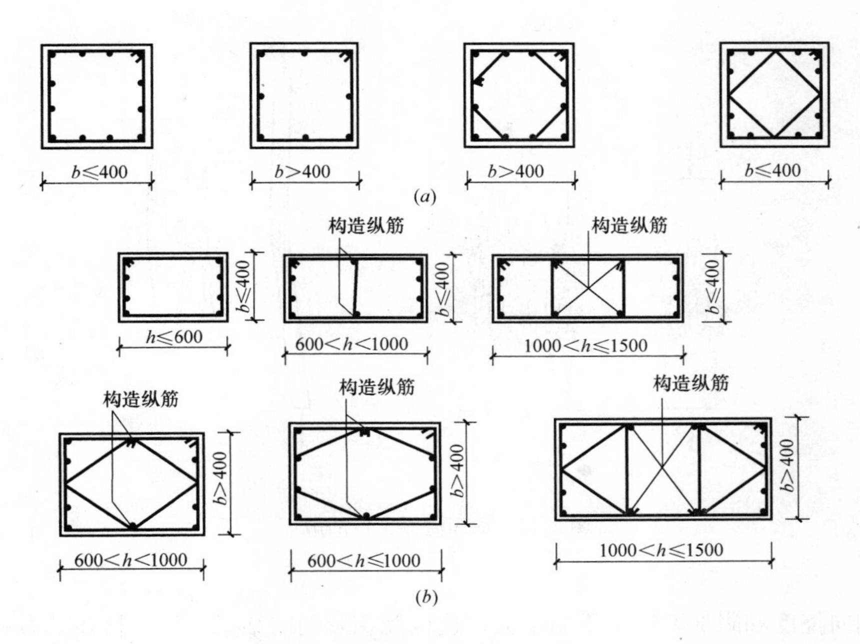

图3-40 受压构件的箍筋

(a) 轴心受压构件；(b) 偏心受压构件

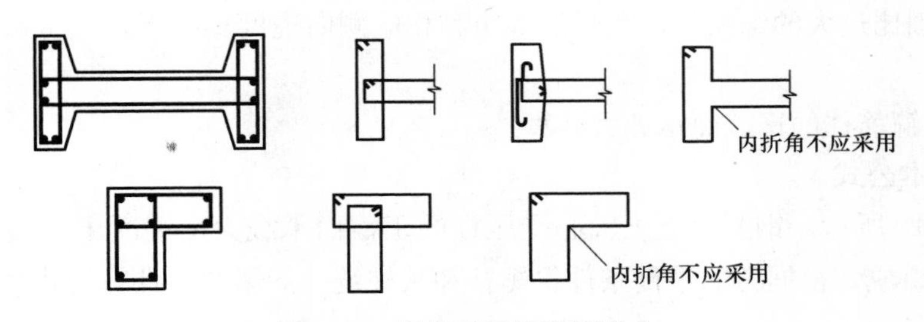

图3-41 复杂截面的箍筋形式

配有普通箍筋的矩形截面短柱，在轴向压力 N 作用下整个截面的应变基本上是均匀分布的。当柱中所配置的纵向受力钢筋的强度不是很高时，随着荷载的增大，钢筋将先达到其屈服强度，此后增加的荷载全部由混凝土来承受。临近破坏时，柱子表面出现纵向裂缝，混凝土保护层开始剥落，最后，箍筋之间的纵向钢筋压屈而向外凸出，混凝土被压碎崩裂而破坏（图3-43*a*）。

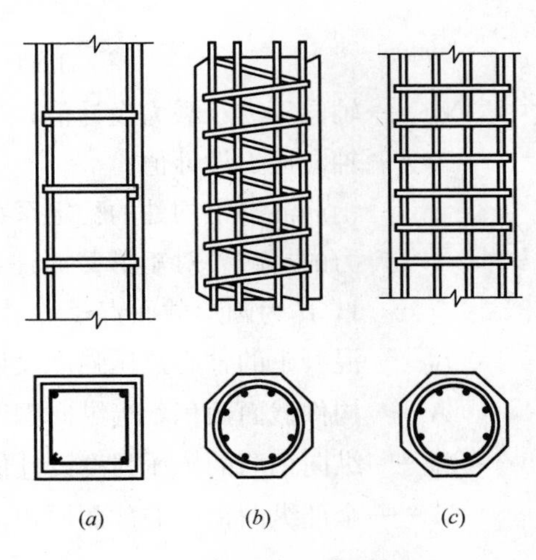

图3-42 轴心受压柱

(a) 普通箍筋柱；(b)、(c) 螺旋箍筋柱

对于钢筋混凝土长柱，初始偏心距的影响不可忽略。长柱在初始偏心距引起的附加弯矩作用下将产生不可忽略的侧向挠度，而侧向挠度又加大了初始偏心距。随着荷载的

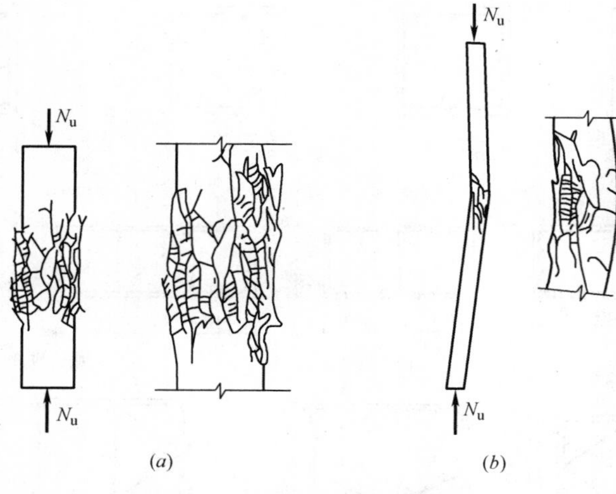

图 3-43 钢筋混凝土柱的破坏

(a) 短柱；(b) 长柱

增加，侧向挠度和附加弯矩将不断增大，这样互相影响的结果，使长柱在轴力和弯矩的共同作用下破坏。破坏时首先在凹边出现纵向裂缝，接着混凝土被压碎，纵向钢筋被压弯向外凸出，侧向挠度急速发展，最终柱子失去平衡并将凸边混凝土拉裂而破坏（图 3-43*b*）。长细比过大的细长柱，在附加弯矩和相应侧向挠度影响下，甚至可能发生失稳破坏。

2. 普通箍筋柱的正截面承载力计算

(1) 基本公式

如图 3-44 所示，钢筋混凝土轴心受压柱的正截面承载力由混凝土承载力及钢筋承载力两部分组成。根据力的平衡条件得短柱和长柱统一的承载力计算公式为：

$$N \leqslant N_u = 0.9\varphi(f_c A + f'_y A'_s) \tag{3-68}$$

$$\varphi = \frac{1}{1+0.002(l_0/b-8)^2} \tag{3-69}$$

式中 N_u——轴向压力承载力设计值；

N——轴向压力设计值；

φ——钢筋混凝土构件的稳定系数[①]，反映了长柱由于纵向弯曲而引起的承载能力的折减。对矩形截面柱当 $l_0/b \leqslant 8$ 时和圆形截面柱当 $l_0/d \leqslant 7$ 时，$\varphi = 1$，d 为圆形截面直径；

f_c——混凝土的轴心抗压强度设计值；

A——构件截面面积，当纵向钢筋配筋率大于 3%时，A 应改为 $A_c = A - A'_s$；

f'_y——纵向钢筋的抗压强度设计值按表 3-4 采用；

A'_s——全部纵向钢筋的截面面积；

① φ 值也可以根据 l_0/b 查表，参见有关文献。

l_0——柱的计算长度；

b——矩形截面的短边尺寸，圆形截面可取 $b=\frac{\sqrt{3}d}{2}$（d 为截面直径），对任意截面可取 $b=\sqrt{12}i$（i 为截面最小回转半径）。

（2）计算方法

实际工程中，轴心受压构件的承载力计算问题可归纳为截面设计和截面复核两大类。

1）截面设计

已知：构件截面尺寸 $b\times h$，轴向力设计值，构件的计算长度，材料强度等级

求：纵向钢筋截面面积 A'_s

计算步骤如图3-45所示。

受压构件纵向钢筋的最小配筋率应符合表3-18的规定。

若构件截面尺寸 $b\times h$ 为未知，则可先根据构造要求并参照同类工程假定柱截面尺寸 $b\times h$，然后按上述步骤计算 A'_s。也可先假定 φ 和 ρ' 的值（常可假定 $\varphi=1$，$\rho'=1\%$），由下式计算出构件截面面积，进而得出 $b\times h$：

$$A=\frac{N}{0.9\varphi(f_c+\rho'f'_y)} \tag{3-70}$$

纵向钢筋配筋率宜在0.5%～2%之间。若配筋率 ρ' 过大，则表明截面尺寸偏小；反之，若配筋率 ρ' 过小，则表明截面尺寸偏大。此时，应调整 b、h，重新计算 A'_s。

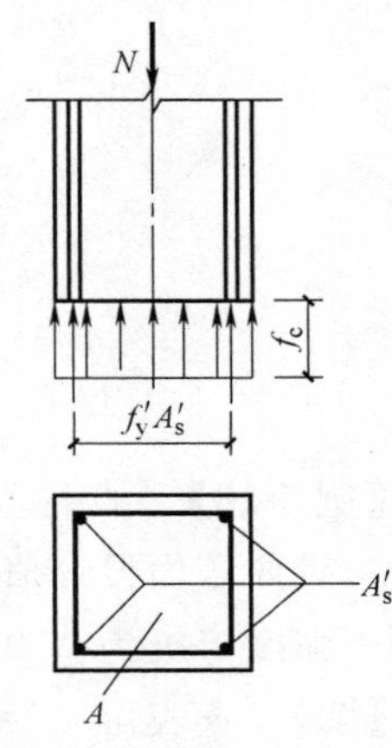

图3-44 普通箍筋柱正截面承载力计算简图

2）截面承载力复核

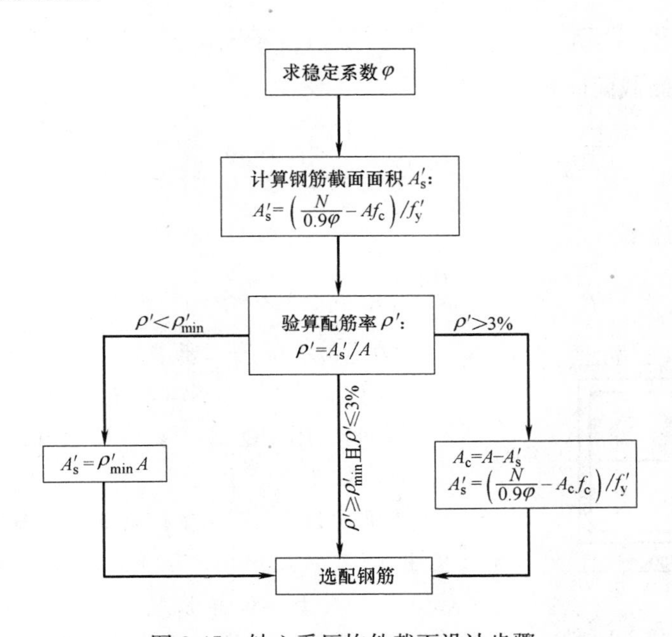

图3-45 轴心受压构件截面设计步骤

已知：柱截面尺寸 $b \times h$，计算长度 l_0，纵筋数量及级别，混凝土强度等级
求：柱的受压承载力 N_u，或已知轴向力设计值 N，判断截面是否安全
计算步骤如图 3-46 所示。

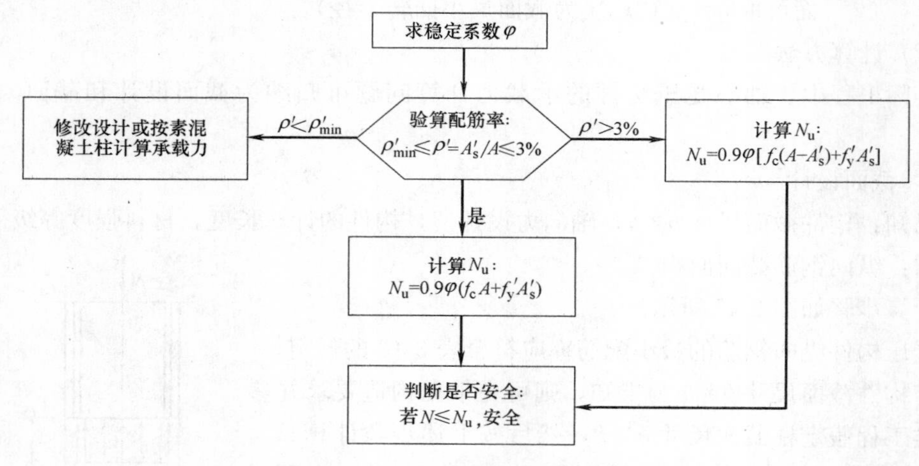

图 3-46 轴心受压构件截面复核步骤

【例 3-10】 某钢筋混凝土轴心受压柱，截面尺寸为 300mm×300mm，安全等级为二级，轴向压力设计值 $N=1550\text{kN}$，计算长度 $l_0=5\text{m}$，纵向钢筋采用 HRB400 钢筋，混凝土强度等级为 C30。求纵筋截面面积。

【解】 查表得 $f_c=14.3\text{N/mm}^2$，$f'_y=360\text{N/mm}^2$，$\gamma_0=1.0$，$\rho_{min}=0.6\%$

（1）计算稳定系数 φ

$$l_0/b=5000/300=16.7$$

$$\varphi=\frac{1}{1+0.002(l_0/b-8)^2}=\frac{1}{1+0.002(16.7-8)^2}=0.869$$

（2）计算钢筋截面面积 A'_s

$$A'_s=\frac{\dfrac{N}{0.9\varphi}-f_cA}{f'_y}=\frac{\dfrac{1550\times10^3}{0.9\times0.869}-14.3\times300^2}{360}=1930\text{mm}^2$$

（3）验算配筋率

$$\rho'=\frac{A'_s}{A}=\frac{1930}{300\times300}=2.14\%>\rho'_{min}=0.6\%$$

满足最小配筋率要求。

并且 $\rho'<3\%$，不需重算。

纵筋选用 4⌀25（$A'_s=1964\text{mm}^2$），箍筋配置Φ8@300，如图 3-47 所示。

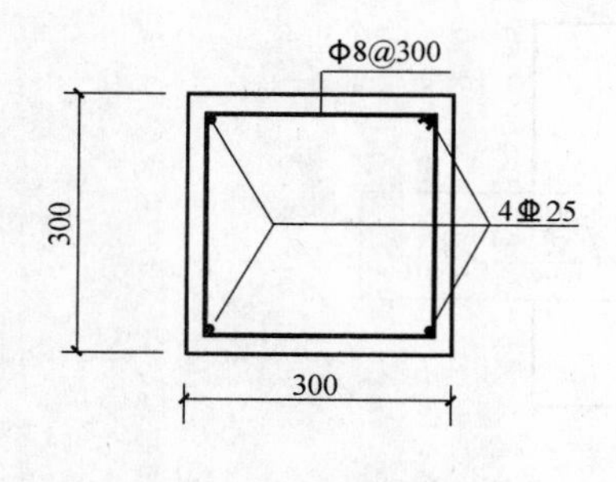

图 3-47 例 3-10 图

【例 3-11】 某现浇钢筋混凝土轴心受压柱，截面尺寸 $b\times h=300\text{mm}\times300\text{mm}$，纵向钢筋为 4⌀F20、C30 级混凝土，计算长度 $l_0=4.5\text{m}$，承受轴向力设计值 1330kN，试校核此柱是否安全。

【解】 查表得 $f'_y=360N/mm^2$，$f_c=14.3N/mm^2$，$A'_s=1256mm^2$，$\rho'_{min}=0.6\%$

(1) 确定稳定系数 φ

$$l_0/b=4500/300=15$$

$$\varphi=\frac{1}{1+0.002(l_0/b-8)^2}=\frac{1}{1+0.002\times(15-8)^2}=0.911$$

(2) 验算配筋率

$$\rho'=\frac{A'_s}{A}=\frac{1256}{9000}=1.4\%>\rho'_{min}=0.6\%，且 \rho'<3\%$$

(3) 确定柱截面承载力

$$N_u=0.9\varphi(f_cA+f'_yA'_s)=0.9\times0.911\times(14.3\times300\times300+360\times1256)$$
$$=1425.94\times10^3N=1425.94kN>N=1330kN$$

此柱截面安全。

3. 螺旋箍筋柱简介

如前所述，在普通箍筋柱中箍筋是构造钢筋。柱破坏时，混凝土处于单向受压状态。而螺旋箍筋柱则不相同，其箍筋既是构造钢筋又是受力钢筋。由于螺旋筋或焊接环筋的套箍作用可约束核心混凝土（螺旋筋或焊接环筋所包围的混凝土）的横向变形，使得核心混凝土处于三向受压状态，从而间接地提高混凝土的纵向抗压强度。当混凝土纵向压缩产生横向膨胀时，将受到密排螺旋筋或焊接环筋的约束，在箍筋中产生拉力而在混凝土中产生侧向压力。当构件的压应变超过无约束混凝土的极限应变后，尽管箍筋以外的表层混凝土会开裂甚至剥落而退出工作，但核心混凝土尚能继续承担更大的压力，直至箍筋屈服。混凝土抗压强度的提高程度与箍筋的约束力的大小有关。为了使箍筋对混凝土有足够大的约束力，箍筋应为圆形，当为圆环时应焊接。由于螺旋筋或焊接环筋间接地起到了纵向受压钢筋的作用，因此又称为间接钢筋。

螺旋箍筋柱可以提高构件承载力，但施工复杂，用钢量较多，一般仅用于轴力很大，截面尺寸又受限制，采用普通箍筋柱会使纵筋配筋率过高，而混凝土强度等级又不宜再提高的情况。

螺旋箍筋柱的截面形状一般为圆形或正八边形。箍筋为螺旋环或焊接圆环，其间距不应大于 80mm 及 $0.2d_{cor}$（d_{cor}为构件核心截面直径，即螺旋环或焊接圆环的内皮直径），且不宜小于 40mm。间接钢筋的直径应符合柱中箍筋直径的规定。

3.4.3 单向偏心受压构件正截面受压承载力计算

1. 偏心受压构件破坏特征

按照轴向力的偏心距和配筋情况的不同，偏心受压构件的破坏可分为受拉破坏和受压破坏两种情况。

(1) 受拉破坏

当轴向压力偏心距 e_0 较大，且受拉钢筋配置不太多时，构件发生受拉破坏。这种构件受轴向压力 N 后，离 N 较远一侧的截面受拉，另一侧截面受压。其破坏特征是，远离纵向力一侧的受拉钢筋先达到屈服强度，然后另一侧截面外边缘混凝土达到极限压应变被压碎而导致构件破坏（图 3-48）。此时，受压钢筋一般也能屈服。由于受拉破坏通常在轴向压力偏心距 e_0 较大时发生，故习惯上也称为大偏心受压破坏。受拉破坏有明显预兆，属于延性破坏。

（2）受压破坏

当构件的轴向压力的偏心距 e_0 较小，或偏心距 e_0 虽然较大但配置的受拉钢筋过多时，将发生受压破坏。这种构件加荷后截面全部受压或大部分受压，靠近轴向压力 N 一侧的混凝土压应力较高，远离轴向压力一侧压应力较小甚至受拉。这种构件的破坏特征是，靠近纵向力 N 一侧的外边缘混凝土达到极限压应变被压碎，同时该侧的受压钢筋 A'_s 的应力也达到屈服强度，而远离 N 一侧的钢筋 A_s 可能受压，也可能受拉，但都未达到屈服强度（图 3-49）。由于受压破坏通常在轴向压力偏心距 e_0 较小发生，故习惯上也称为小偏心受压破坏。受压破坏无明显预兆，属脆性破坏。

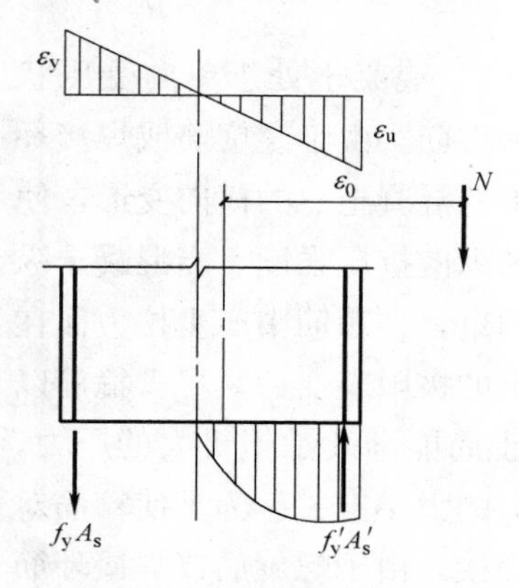

图 3-48　受拉破坏

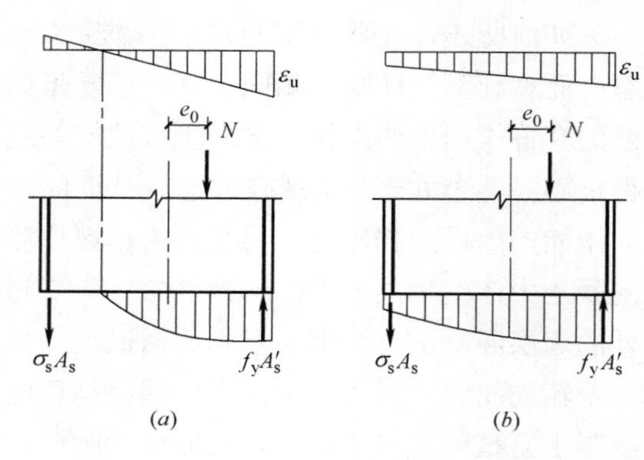

图 3-49　受压破坏

（3）受拉破坏与受压破坏的界限

综上可知，受拉破坏和受压破坏不同之处在于截面破坏的起因不同，即截面受拉部分和受压部分谁先发生破坏，前者是受拉钢筋先屈服而后受压混凝土被压碎，后者是受压混凝土先发生破坏。受拉破坏与受弯构件正截面适筋破坏类似，而受压破坏类似于受弯构件正截面的超筋破坏，故受拉破坏与受压破坏也用相对界限受压区高度 ξ_b 作为界限，即：

当 $\xi \leqslant \xi_b$ 时属大偏心受压破坏；

当 $\xi > \xi_b$ 时属小偏心受压破坏。

其中 ξ_b 按表 3-17 采用。

2. 对称配筋矩形截面偏心受压构件正截面承载力计算基本公式

（1）大偏心受压（$\xi \leqslant \xi_b$）

为简化计算，将图 3-48 所示的应力图简化为图 3-50（b）所示的等效矩形图。由静力平衡条件可得出大偏心受压的基本公式：

$$N = \alpha_1 f_c bx + f'_y A'_s - f_y A_s \tag{3-71}$$

$$Ne=\alpha_1 f_c bx\left(h_0-\frac{x}{2}\right)+A'_s f'_y(h_0-a'_s) \tag{3-72}$$

式中 N——轴向压力设计值；

x——混凝土受压区高度；

e——轴向压力作用点至纵向受拉钢筋合力点之间的距离；

$$e=e_i+h/2-a_s \tag{3-73}$$

$$e_i=e_0+e_a \tag{3-74}$$

e_i——初始偏心距；

e_0——轴向压力 N 对截面重心的偏心距，$e_0=\dfrac{M}{N}$，当需要考虑二阶效应时，M 为考虑二阶效应影响后的弯矩设计值；

e_a——附加偏心距，取 20mm 和偏心方向截面最大尺寸 h 的 1/30 两者中的较大值；

a_s、a'_s——分别为纵向受拉钢筋、纵向受压钢筋合力作用点至截面近边缘的距离，截面设计时可近似按下列数值采用：混凝土强度等级≤C25 时取 45mm，否则取 40mm。

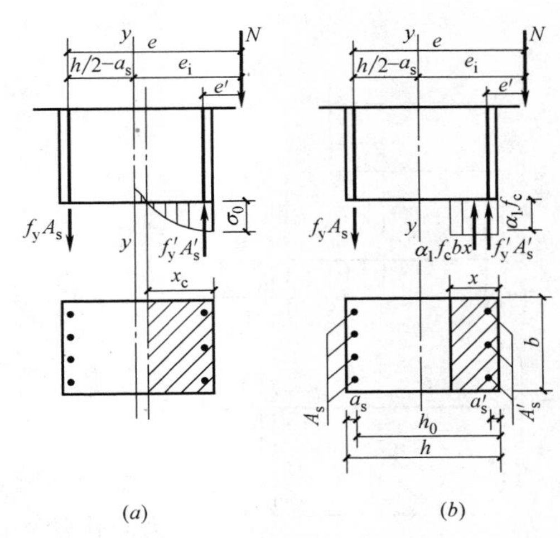

图 3-50 矩形截面大偏心受压构件破坏时的应力分布

(a) 应力分布图；(b) 等效矩形图

上述附加偏心距，实质上是考虑施工误差、计算误差等的综合影响系数。实际工程中，由于实际存在着荷载作用位置的不定性、混凝土质量的不均匀性及施工的偏差等因素，都可能产生附加偏心距。

上述基本公式的适用条件如下：

$$\xi\leqslant\xi_b \tag{3-75}$$

$$x\geqslant 2a'_s \tag{3-76}$$

式（3-75）是为了保证构件在破坏时，受拉钢筋应力能达到抗拉强度设计值 f_y；式（3-76）是为了保证构件在破坏时，受压钢筋应力能达到抗压强度设计值 f'_y。

当 $x<2a'_s$时，受压钢筋的应力可能达不到 f'_y，此时，近似取 $x=2a'_s$，构件正截面承载力按下式计算：

$$Ne'=f_y A_s(h_0-a'_s) \tag{3-77}$$

式中 e'——轴向压力作用点至纵向受压钢筋合力点之间的距离：

$$e'=e_i-\frac{h}{2}+a'_s \tag{3-78}$$

（2）小偏心受压（$\xi>\xi_b$）

根据如图 3-51 所示等效矩形应力图，由静力平衡条件可得出小偏心受压构件承载力计算基本公式：

$$N=\alpha_1 f_c bx+f'_y A'_s-\sigma_s A_s \tag{3-79}$$

$$Ne=\alpha_1 f_c bx\left(h_0-\frac{x}{2}\right)+f'_y A'_s(h_0-a'_s) \tag{3-80}$$

$$\sigma_s=\frac{f_y}{\xi_b-\beta_1}(\xi-\beta_1) \tag{3-81}$$

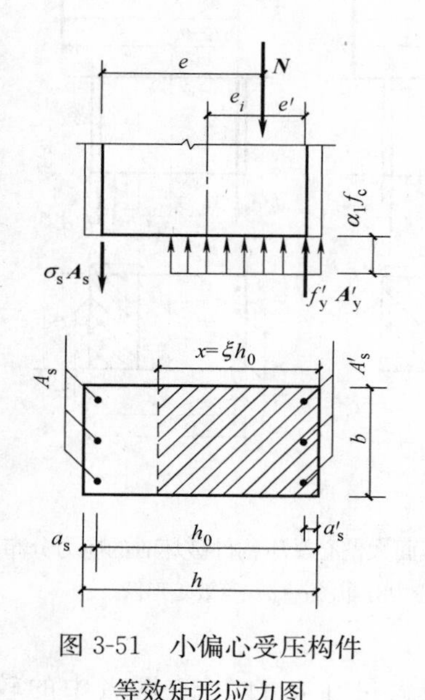

图 3-51　小偏心受压构件等效矩形应力图

式中　σ_s——远离纵向力一侧钢筋的应力，$\sigma_s<f_y$或$<f'_y$；

β_1——等效矩形应力图受压区高度与中和轴高度的比值，当混凝土强度等级≤C50 时，$\beta_1=0.8$。

其余符号意义同前。

当应用式（3-79）、式（3-80）及式（3-81）求解对称配筋小偏心受压构件承载力时，将出现 ξ 的三次方程。为简化计算，《混凝土规范》给出了 ξ 的近似计算公式：

ξ 可近似按下式计算：

$$\xi=\frac{N-\alpha_1 f_c bh_0\xi_b}{\dfrac{Ne-0.43\alpha_1 f_c bh_0^2}{(\beta_1-\xi_b)(h_0-a'_s)}+\alpha_1 f_c bh_0}+\xi_b \tag{3-82}$$

（3）考虑二阶效应影响的弯矩计算方法

轴向压力在挠曲杆件中产生的二阶效应（$P-\delta$ 效应）是偏压杆件中由轴向压力在产生了挠曲变形的杆件内引起的曲率和弯矩增量。如图 3-52 所示，在偏心力作用下，钢筋混凝土受压构件将产生纵向弯曲变形，即会产生侧向挠度，从而导致截面的初始偏心距增大。如 1/2 柱高处的初始偏心距将由 e_i 增大为 e_i+f，截面最大弯矩也将由 Ne_i 增大为 $N(e_i+f)$。f 随着荷载的增大而不断加大，因而弯矩的增长也就越来越快，结果致使柱的承载力降低。截面弯矩中的 Ne_i 称为一阶弯矩，Nf 称为二阶弯矩或附加弯矩。研究表明，对于反弯点位于柱高中部的偏压构件，$P-\delta$ 效应通常不会对构件截面的偏心受压承载能力产生不利影响。但是，对反弯点不在杆件高度范围内（即沿杆件长度均为同号弯矩）的偏压构件，$P-\delta$ 效应有可能对构件截面的偏心受压承载能力产生不利影响。

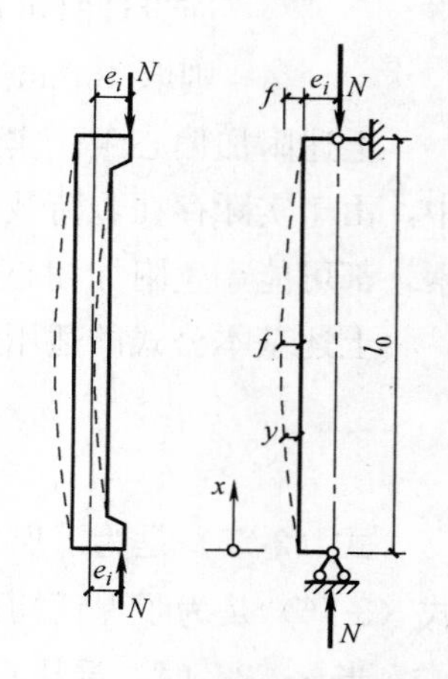

图 3-52　偏心受压柱的侧向挠曲

《混凝土规范》规定，弯矩作用平面内截面对称的偏心受压构件，当同一主轴方向的杆端弯矩比 $M_1/M_2\leqslant0.9$ 且轴压比 $\lambda_N=\dfrac{N}{Af_c}\leqslant0.9$ 时，若构件的长细比满足下式要求，可不考虑附加弯矩影响：

$$l_c/i\leqslant34-12(M_1/M_2) \tag{3-83}$$

式中　M_1、M_2——分别为已考虑侧移影响的偏心受压构件两端截面按结构弹性分析确定的对同一主轴的组合弯矩设计值，绝对值较大端为 M_2，绝对值较小端为 M_1，当构件按单曲率弯曲（即两端弯矩使柱同侧受拉）

时，M_1/M_2 取正值，否则取负值；

l_c——构件的计算长度，可近似取偏心受压构件相应主轴方向上下支点之间的距离；

i——偏心方向的截面回转半径。

当不满足式（3-83）要求时，需要考虑附加弯矩影响。此时，考虑轴向压力的二阶效应后控制截面的弯矩设计值 M 按下列公式计算：

$$M=C_m\eta_{ns}M_2 \tag{3-84}$$

$$C_m=0.7+0.3\frac{M_1}{M_2} \tag{3-85}$$

$$\eta_{ns}=1+\frac{1}{1300(M_2/N+e_a)h_0}\left(\frac{l_c}{h}\right)^2\zeta_c \tag{3-86}$$

$$\zeta_c=\frac{0.5f_cA}{N} \tag{3-87}$$

式中 C_m——构件端截面偏心距调节系数，小于 0.7 时取 0.7；

η_{ns}——弯矩增大系数；

N——与弯矩设计值 M_2 相应的轴向压力设计值；

h——矩形截面的高度；

h_0——截面的有效高度；

ζ_c——截面曲率修正系数，当 $\zeta_c>1.0$ 时，取 $\zeta_c=1.0$；

A——构件的截面面积。

当 $C_m\eta_{ns}<1$ 时，取 $C_m\eta_{ns}=1$。

3. 对称配筋矩形截面偏心受压构件截面设计

已知：构件截面尺寸 b、h，计算长度 l_0，材料强度，考虑轴向压力的二阶效应后控制截面的弯矩设计值 M，轴向压力设计值 N

求：纵向钢筋截面面积

计算步骤见图 3-53。

需要注意的是：

（1）若已知弯矩为未考虑轴向压力的二阶效应的柱端弯矩 M_1、M_2，则应先计算考虑轴向压力的二阶效应后控制截面的弯矩设计值 M。其方法是，先按式（3-83）判断是否需要考虑附加弯矩影响，若满足式（3-83），则不需要考虑附加弯矩影响，取 $M=M_2$；若不满足式（3-83），则需要考虑附加弯矩影响，应按式（3-84）计算 M；

（2）轴向压力 N 较大且弯矩平面内的偏心距 e_i 较小，若垂直于弯矩平面的长细比 l_0/b 较大时，则有可能由垂直于弯矩作用平面的轴向压力起控制作用。因此，偏心受压构件除应计算弯矩作用平面的受压承载力外，还应验算垂直于弯矩作用平面的轴心受压承载力。垂直于弯矩作用平面的受压承载力按轴心受压构件计算，此时，式（3-69）中的 A'_s 应以 A'_s+A_s 代替。

【例 3-12】 某偏心受压柱，截面尺寸 $b\times h=300\text{mm}\times500\text{mm}$，采用 C30 混凝土，

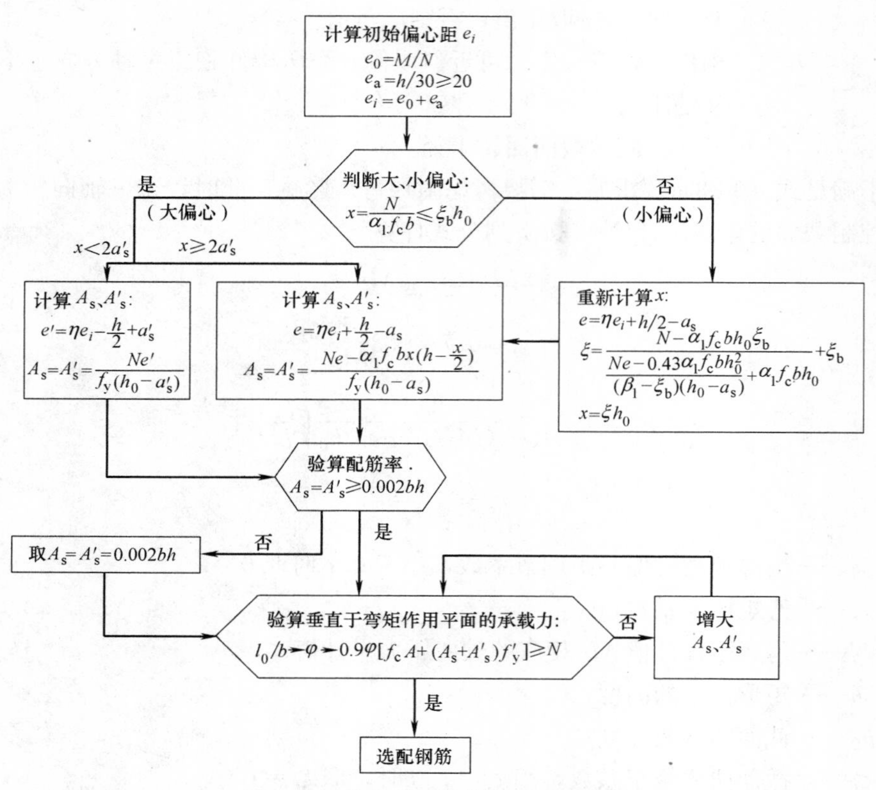

图 3-53 偏心受压构件截面设计步骤

HRB400 钢筋，柱子计算长度 $l_0=7200\text{mm}$，考虑轴向压力的二阶效应后控制截面的弯矩设计值 $M=220\text{kN}\cdot\text{m}$，轴向压力设计值 $N=500\text{kN}$，$a_s=a'_s=40\text{mm}$，采用对称配筋。求纵向受力钢筋的截面面积 $A_s=A'_s$。

【解】 $f_c=14.3\text{N/mm}^2$，$\alpha_1=1.0$，$f_y=f'_y=360\text{N/mm}^2$，$\xi_b=0.518$

(1) 求初始偏心距 e_i

$$e_0=\frac{M}{N}=\frac{220\times 10^6}{500\times 10^3}=440\text{mm}$$

$h/30=400/30<20\text{mm}$，取 $e_a=20\text{mm}$

$$e_i=e_0+e_a=440+20=460\text{mm}$$

(2) 判断大小偏心受压

$$x=\frac{N}{\alpha_1 f_c b}=\frac{500\times 10^3}{1.0\times 14.3\times 300}=116.6\text{mm}<\xi_b h_0=0.518\times 460=238.3\text{mm}$$

属大偏心受压。

(3) 求 $A_s=A'_s$

$$x=116.6\text{mm}>2a'_s=2\times 40=80\text{mm}$$
$$e=e_i+h/2-a_s=460+500/2-40=670\text{mm}$$

$$A'_s=A_s=\frac{Ne-\alpha_1 f_c bx\left(h_0-\frac{x}{2}\right)}{f'_y(h_0-a'_s)}$$

$$=\frac{500\times10^3\times670-1.0\times14.3\times300\times116.6\times(460-116.6/2)}{360\times(460-40)}$$

$$=887\text{mm}^2>0.2\%bh=0.2\%\times300\times500=300\text{mm}^2$$

配筋率满足要求。

(4) 验算垂直弯矩作用平面的承载力

$$l_0/b=7200/300=24>8$$

$$\varphi=\frac{1}{1+0.002\times(l_0/b-8)^2}$$

$$=\frac{1}{1+0.002\times(7200/300-8)^2}=0.661$$

$$\begin{aligned}N_u&=0.9\varphi[f_cA+f'_y(A_s+A'_s)]\\&=0.9\times0.661\times[14.3\times300\times500+360\times(887+887)]\\&=165598\text{N}>N=500\text{kN}\end{aligned}$$

垂直弯矩作用平面的承载力满足要求。

(5) 选配钢筋

每侧纵向钢筋选配 3Φ20 ($A_s=A'_s=942\text{mm}^2$)，箍筋选用Φ6@300，钢筋布置如图 3-54 所示。

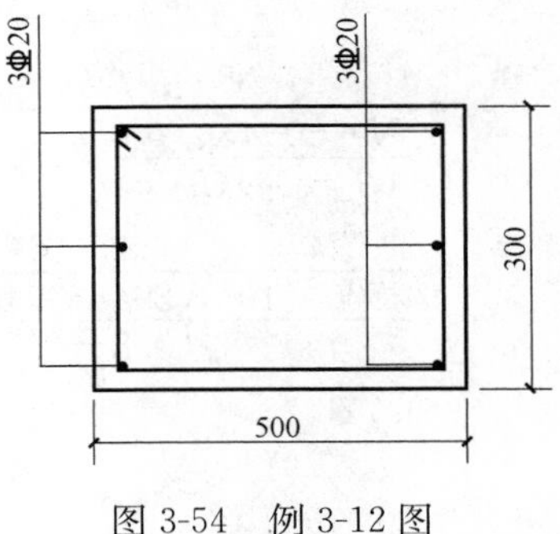

图 3-54　例 3-12 图

【例 3-13】 某框架结构边柱，截面尺寸 $b\times h=400\times500\text{mm}$，采用 C30 混凝土，HRB400 钢筋，柱子计算长度 $l_0=7500\text{mm}$。最不利荷载组合下，按结构弹性分析得到的柱端截面内力设计值为：柱顶截面 $M=160\text{kN}\cdot\text{m}$ (柱外侧受拉)，柱底截面 $M=110\text{kN}\cdot\text{m}$ (柱内侧受拉)，轴向压力设计值 $N=2500\text{kN}$。$a_s=a'_s=40\text{mm}$，采用对称配筋。求纵向受力钢筋的截面面积 $A_s=A'_s$。

【解】 $f_c=14.3\text{N/mm}^2$，$\alpha_1=1.0$，$f_y=f'_y=360\text{N/mm}^2$，$\xi_b=0.518$，$h_0=500-40=460\text{mm}$

(1) 计算考虑二阶效应后的弯矩

$$M_1/M_2=110/160=0.689<0.9$$

$$\lambda_N=\frac{N}{Af_c}=\frac{2500\times10^3}{400\times500\times14.3}=0.874<0.9$$

$$i=\sqrt{\frac{I}{A}}=h/\sqrt{12}=500/\sqrt{12}=144.33\text{mm}$$

$$l_c/i=7500/144.33=51.96$$

$$34-12(M_1/M_2)=34-12(-0.689)=42.268<l_c/i$$

需考虑二阶弯矩影响。

$h/30=500/30<20\text{mm}$，取 $e_a=20\text{mm}$

$$C_m=0.7+0.3\frac{M_1}{M_2}=0.7+0.3\times(-0.689)=0.493<0.7,\text{取 }C_m=0.7$$

$$\zeta_c=\frac{0.5f_cA}{N}=\frac{0.5\times14.3\times400\times500}{2500\times10^3}=0.572$$

$$\eta_{ns}=1+\frac{1}{1300(M_2/N+e_a)h_0}\left(\frac{l_c}{h}\right)^2\zeta_c$$

$$=1+\frac{1}{1300\times(160\times10^6/2500\times10^3+20)\times460}\left(\frac{7500}{500}\right)^2\times0.572=1.0$$

$C_m\eta_{ns}=0.7\times1.0=0.7<1$，取 $C_m\eta_{ns}=1.0$

$$M=C_m\eta_{ns}M_2=1.0\times160=160\text{kN}\cdot\text{m}$$

(2) 求初始偏心距 e_i

$$e_0=\frac{M}{N}=\frac{160\times10^6}{2500\times10^3}=64\text{mm}$$

$$e_i=e_0+e_a=64+20=84\text{mm}$$

(3) 判断大小偏心受压

$$x=\frac{N}{\alpha_1f_cb}=\frac{2500\times10^3}{1.0\times14.3\times400}=437.1\text{mm}>\xi_bh_0=0.518\times460=238.3\text{mm}$$

属小偏心受压。

(4) 计算真实的 x

$$e=e_i+h/2-a_s=84+500/2-40=294\text{mm}$$

$$\xi=\frac{N-\alpha_1f_cbh_0\xi_b}{\dfrac{Ne-0.43\alpha_1f_cbh_0{}^2}{(\beta_1-\xi_b)(h_0-a_s')}+\alpha_1f_cbh_0}+\xi_b$$

$$=\frac{2500\times10^3-1.0\times14.3\times400\times460\times0.518}{\dfrac{2500\times10^3\times294-0.43\times1.0\times14.3\times300\times460^2}{(0.8-0.518)\ (460-40)}+1.0\times14.3\times400\times460}+0.518$$

$=0.723$

$$x=\xi h_0=0.723\times460=332.6\text{mm}$$

(5) 求 $A_s=A_s'$

$$A_s'=A_s=\frac{Ne-\alpha_1f_cbx\left(h_0-\dfrac{x}{2}\right)}{f_y'(h_0-a_s)}$$

$$=\frac{2500\times10^3\times294-1.0\times14.3\times400\times332.6\times(460-332.6/2)}{360\times(460-40)}$$

$$=1166\text{mm}^2>0.2\%bh=0.2\%\times400\times500=400\text{mm}^2$$

配筋率满足要求。

(6) 验算垂直弯矩作用平面的承载力

$$l_0/b=7500/400=18.75>8$$

$$\varphi=\frac{1}{1+0.002(l_0/b-8)^2}$$

$$=\frac{1}{1+0.002(18.75-8)^2}=0.812$$

$$N_u=0.9\varphi[f_cA+f_y'(A_s+A_s')]$$

$$=0.9\times0.812[14.3\times400\times500+360\times(1166+1166)]$$

$=2703609\text{N}>N=2500\text{kN}$

垂直弯矩作用平面的承载力满足要求。

(7) 选配钢筋

每侧纵向钢筋选配3Φ22 ($A_s=A'_s=1140\text{mm}^2$，比计算截面面积小1.4%，可以)，钢筋布置如图3-55。

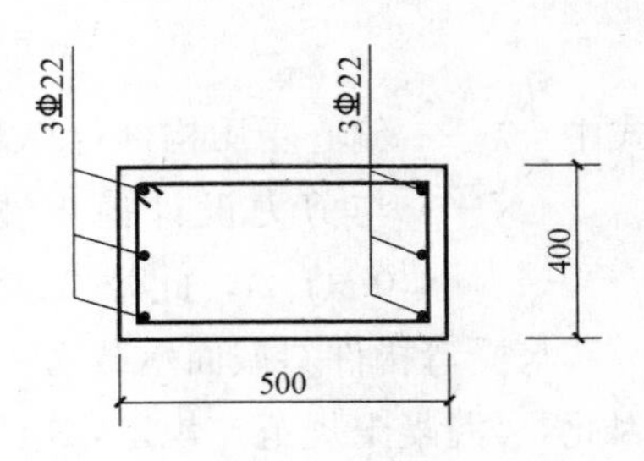

图3-55 例3-13图

(8) 截面复核

已知：构件截面尺寸 b、h，钢筋截面面积 A_s、A'_s，构件计算长度 l_0，材料强度，轴向压力对截面重心的偏心距 e_0

求：构件正截面承载力设计值 N_u，或已知 N，复核截面正截面承载力是否安全

对这类问题，可先按大偏心受压计算 ξ:

$$\xi=1-\frac{e}{h_0}+\sqrt{\left(1-\frac{e}{h_0}\right)^2+\frac{2(f_yA_se-f'_yA'_se')}{\alpha_1 f_c bh_0^2}} \tag{3-88}$$

若 $\xi\leqslant\xi_b$，表明为大偏心受压，可按下述方法计算 N_u。

当 $\frac{2a'_s}{h_0}\leqslant\xi\leqslant\xi_b$ 时

$$N_u=\alpha_1 f_c bh_0\xi \tag{3-89}$$

当 $\xi<\frac{2a'_s}{h_0}$ 时

$$N_u=\frac{f_yA_s(h_0-a'_s)}{e'} \tag{3-90}$$

若 $\xi>\xi_b$，表明为小偏心受压，可由下面二式联立求解 ξ 和 N_u:

$$N=\alpha_1 f_c bh_0\xi+f'_yA'_s-\frac{\xi-\beta_1}{\xi_b-\beta_1}f_yA_s \tag{3-91}$$

$$N_ue=\alpha_1 f_c bh_0^2\xi(1-0.5\xi)+f'_yA'_s(h_0-a'_s) \tag{3-92}$$

需要注意的是，进行偏心受压构件承载力复核时，仍需验算垂直于弯矩作用平面的承载力，方法与截面设计相同。

3.4.4 偏心受压构件斜截面受剪承载力计算简介

偏心受压构件除承受轴向压力和弯矩作用外，通常还承受剪力作用。当剪力值相对较小，可不进行斜截面承载力的计算。但对于剪力值较大的构件，如有较大水平力作用的框架柱以及有横向力作用的桁架上弦压杆等，则必须计算其斜截面受剪承载力。

试验表明，由于轴向压力 N 的存在，延缓了斜裂缝的出现和开展，增加了混凝土剪压高度，从而提高了受剪承载力。但当 N 超过 $0.3f_cA$ (A 为构件截面面积) 后，承载力的提高不明显；当 N 超过 $0.5f_cA$ 后，承载力呈下降趋势。

矩形、T形和I形截面钢筋混凝土偏心受压构件，其斜截面受剪承载力计算公式为:

$$V \leqslant V_{cs} = \frac{1.75}{\lambda + 1.0} f_t b h_0 + f_{yv} \frac{A_{sv}}{s} h_0 + 0.07N \quad (3\text{-}93)$$

式中 λ——偏心受压构件计算截面的剪跨比，取 $\lambda = M/(Vh_0)$；

N——与剪力设计值 V 相应的轴向压力设计值，当 $N > 0.3 f_c A$ 时，取 $N = 0.3 f_c A$，此处 A 为构件的截面面积。

与受弯构件斜截面承载力一样，当配箍率过大时，箍筋强度将不能充分发挥作用，因此，《混凝土规范》规定，矩形截面偏心受压构件的截面尺寸应满足

$$V \leqslant 0.25 \beta_c f_c b h_0 \quad (3\text{-}94)$$

若满足下式条件，则可不进行斜截面受剪承载力计算，而仅需按构造要求配置箍筋：

$$V \leqslant \frac{1.75}{\lambda + 1.0} f_t b h_0 + 0.07N \quad (3\text{-}95)$$

3.4.5 偏心受压构件裂缝宽度计算

偏心受压构件轴向压力偏心距较大时，截面一侧的混凝土将会因受拉而开裂。试验表明，当 $e_0 > 0.55h_0$ 时，裂缝宽度可能超过限值。因此，《混凝土规范》规定，对于 $e_0 > 0.55h_0$ 的钢筋混凝土大偏心受压构件需进行裂缝宽度计算。计算方法与受弯构件相似，具体可参见有关文献。

3.5 钢筋混凝土受拉构件

与受压构件相似，按照轴向拉力在截面上作用位置的不同，受拉构件分为轴心受拉构件和偏心受拉构件，而偏心受拉构件又可分为单向偏心受拉构件和双向偏心受拉构件。

3.5.1 受拉构件受力特点

1. 轴心受拉构件

轴心受拉构件开裂前，拉力由混凝土和钢筋共同承担。但由于混凝土抗拉强度很低，轴向拉力还很小时，构件即已裂通，混凝土退出工作，所有外力全部由钢筋承担。最后，因受拉钢筋屈服而导致构件破坏。

2. 偏心受拉构件

按照轴向拉力 N 作用在截面上位置的不同，偏心受拉构件有两种破坏形态：小偏心受拉破坏和大偏心受拉破坏。

当 N 作用在纵向钢筋 A_s 和 A'_s 之间（$e_0 \leqslant h/2 - a_s$）时属小偏心受拉，此时构件全

截面受拉。构件临破坏前，截面已全部裂通，混凝土退出工作。最后，钢筋达到屈服，构件破坏（图 3-56*a*）。

当 N 作用在纵向钢筋 A_s 和 A'_s之外（$e_0>h/2-a_s$）时属大偏心受拉，此时构件截面部分受拉，部分受压。随着 N 的不断增加，受拉区混凝土首先开裂，然后，受拉钢筋 A_s 达到屈服，最后受压区混凝土被压碎，同时受压钢筋 A'_s屈服，构件破坏（图 3-56*b*）。

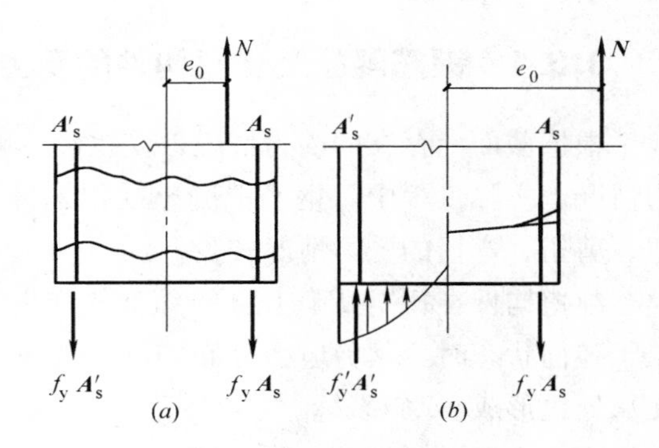

图 3-56　偏心受拉构件

（*a*）小偏心受拉；（*b*）大偏心受拉

3.5.2　构造要求

与偏心受压构件一样，偏心受拉构件的配筋方式也有对称配筋和非对称配筋两种，常用对称配筋形式。受力钢筋沿截面周边均匀对称布置，并宜优先选择直径较小的钢筋。

箍筋直径一般为 4～6mm，间距不宜大于 200mm（屋架腹杆不宜超过 150mm）。

轴心受拉及小偏心受拉构件的纵向受力钢筋不得采用绑扎搭接接头；大偏心受拉构件中，直径大于 25mm 的受拉钢筋和直径大于 28mm 的受压钢筋不宜采用绑扎搭接接头。

3.6　钢筋混凝土受扭构件

建筑工程中，钢筋混凝土雨篷梁、平面曲梁或折梁、现浇框架边梁、吊车梁、螺旋楼梯等是常见的受扭构件（图 3-57）。

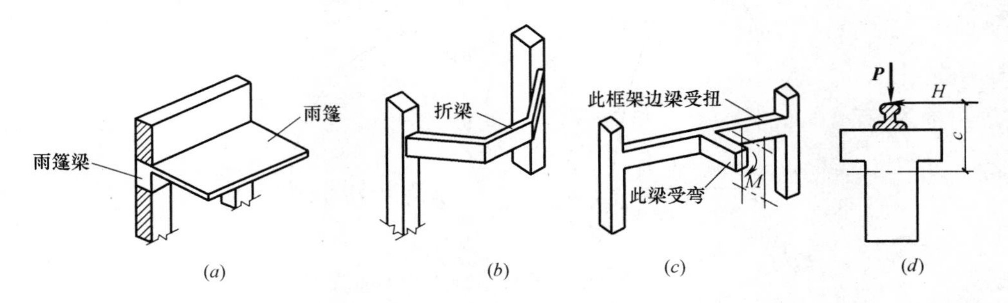

图 3-57　受扭构件示例

（*a*）雨篷梁；（*b*）平面折梁；（*c*）框架边梁；（*d*）吊车梁

3.6.1 钢筋混凝土受扭构件的受力特点

根据截面上存在的内力情况，受扭构件可分为纯扭、剪扭、弯扭、弯剪扭等多种受力情况。实际工程中，钢筋混凝土受扭构件几乎都同时受弯矩、剪力、扭矩作用，纯扭、剪扭、弯扭的受力情况较少。

纯扭构件在扭矩 T 作用下，截面将产生剪应力 τ，其剪应力分布是不均匀，当材料处于弹性状态时，其剪应力分布如图 3-58 所示，长边中点剪应力最大，所以破坏时首先从长边形成 45°斜裂缝。

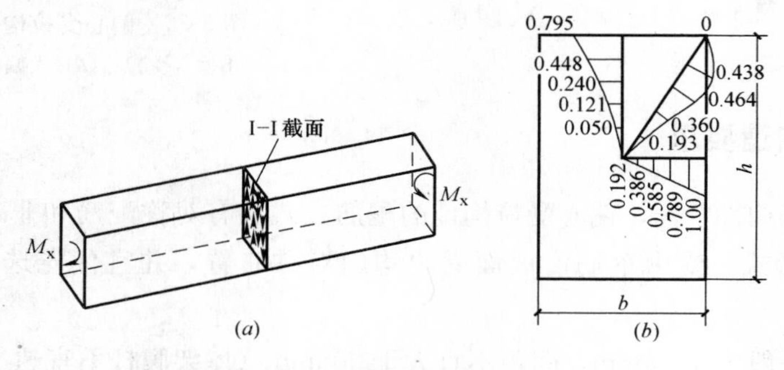

图 3-58 纯扭构件截面应力分布

当构件处于弯、剪、扭共同作用的复合应力状态时，其受力情况比较复杂。试验表明，扭矩与弯矩或剪力同时作用于构件时，一种承载力会因另一种内力的存在而降低，例如受弯承载力会因扭矩的存在而降低，受剪承载力也会因扭矩的存在而降低，反之亦然，这种现象称为承载力之间的相关性。

弯扭相关性，是因为扭矩的作用使纵筋产生拉应力，加重了受弯构件纵向受拉钢筋的负担，使其应力提前达到屈服，因而降低了受弯承载能力。剪扭相关性，则是因为两者的剪应力在构件一个侧面上是叠加的。图 3-59 为承载力相关曲线。

弯剪扭复合受扭构件由于其三种内力的比值及配筋情况的不同影响，其破坏形态不

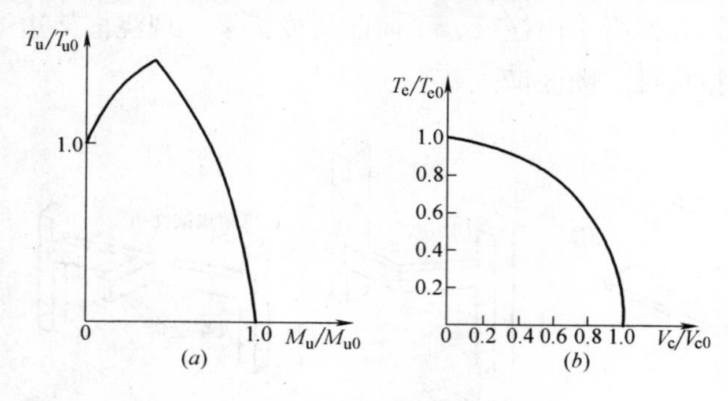

图 3-59 受扭构件承载力相关曲线

(a) 弯扭承载力相关曲线；(b) 剪扭承载力相关曲线

T_{u0}——弯矩为零时纯扭构件的受扭承载力；M_{u0}——扭矩为零时构件的受弯承载力；

T_{c0}——剪力为零时构件混凝土的受扭承载力；V_{c0}——扭矩为零时构件混凝土的受剪承载力。

同。需要注意的是，由于受扭钢筋是由纵筋和箍筋两部分组成，两种配筋的比例对破坏强度也有影响。当其中某一种钢筋配置过多时，会使这种钢筋在构件破坏时不能达到屈服强度，这种构件称为部分超筋构件。部分超筋构件的延性比适筋构件差，且不经济。因此，盲目增加受扭纵筋或箍筋都是不合适的。

3.6.2 钢筋混凝土受扭构件承载力计算方法

影响弯剪扭构件承载力的因素很多，并且如前所述，弯、剪、扭承载力之间存在相关性，精确计算很复杂。实用计算中，是将受弯所需纵筋与受扭所需纵筋分别计算然后进行叠加；箍筋按受扭承载力和受剪承载力分别计算其用量，然后进行叠加。但必须注意，受弯纵筋应布置在受弯时的受拉区（对单筋截面），而受扭纵筋应沿周边均匀布置。

已知：截面的内力M、V、T，截面尺寸，材料强度等级

求：纵向钢筋及箍筋截面面积

（1）验算截面尺寸

为避免超筋破坏，构件应满足下列条件，否则应加大截面尺寸，或提高混凝土强度等级。

当$h_w/b\leqslant 4$时

$$\frac{V}{bh_0}+\frac{T}{0.8W_t}\leqslant 0.25\beta_c f_c \tag{3-96}$$

当$h_w/b=6$时

$$\frac{V}{bh_0}+\frac{T}{0.8W_t}\leqslant 0.2\beta_c f_c \tag{3-97}$$

当$4<h_w/b<6$时

$$\frac{V}{bh_0}+\frac{T}{0.8W_t}\leqslant 0.025\beta_c(14-h_w/h)f_c \tag{3-98}$$

式中 h_w——截面的腹板高度，对矩形截面取截面有效高度h_0；

b——矩形截面的宽度；

W_t——受扭构件的截面抗扭塑性抵抗矩。对矩形截面$W_t=b^2(3h-b)/6$，其中h、b分别为截面长边和短边尺寸。

（2）确定是否需进行受扭和受剪承载力计算

当满足式（3-99）时，可不进行受剪扭承载力计算，而按构造要求配置箍筋和受扭纵筋：

$$\frac{V}{bh_0}+\frac{T}{W_t}\leqslant 0.7f_t \tag{3-99}$$

当满足式（3-100）或式（3-101）时，可不考虑剪力，而按弯扭构件计算，即按受弯构件的正截面受弯承载力和纯扭构件的受扭承载力分别进行计算：

$$V\leqslant 0.35f_t bh_0 \tag{3-100}$$

$$V\leqslant 0.875\frac{f_t bh_0}{\lambda+1.0} \tag{3-101}$$

当满足式（3-102）时，可不考虑扭矩，而按弯剪构件计算：

$$T \leqslant 0.175 f_t W_t \tag{3-102}$$

(3) 确定箍筋用量

1) 计算混凝土受扭能力降低系数 β_t

$$\beta_t = \frac{1.5}{1+0.5\frac{VW_t}{Tbh_0}} \tag{3-103}$$

对集中荷载作用下的独立剪扭构件（包括作用有多种荷载，且其集中荷载对支座截面所产生的剪力值占总剪力值的75%以上的情况），折减系数 β_t 为

$$\beta_t = \frac{1.5}{1+0.2(\lambda+1.0)\frac{VW_t}{Tbh_0}} \tag{3-104}$$

式中 λ——计算截面剪跨比，当 $\lambda<1.5$ 时，取 $\lambda=1.5$；$\lambda>3$ 时，取 $\lambda=3$。

当 $\beta_t<0.5$ 时，取 $\beta_t=0.5$；$\beta_t>1.0$ 时，$\beta_t=1.0$。

2) 计算受剪所需单肢箍筋的用量 $\frac{A_{sv1}}{s}$

一般构件按下式计算：

$$\frac{A_{sv}}{s} \geqslant \frac{V-0.7\times(1.5-\beta_t)f_t bh_0}{1.25 f_{yv} h_0} \tag{3-105}$$

以集中荷载为主的独立梁按下式计算

$$\frac{A_{sv}}{s} \geqslant \frac{V-\frac{1.75}{\lambda+1.0}(1.5-\beta_t)f_t bh_0}{f_{yv} h_0} \tag{3-106}$$

式中 A_{sv}——受剪承载力所需单肢箍筋截面面积，$A_{sv}=nA_{sv1}$；

n——箍筋肢数；

s——箍筋的间距。

3) 计算受扭所需单肢箍筋的用量 $\frac{A_{st1}}{s}$

计算公式为

$$\frac{A_{st1}}{s} \geqslant \frac{T-0.35 f_t W}{1.2\sqrt{\zeta} A_{cor} f_{yv}} \tag{3-107}$$

式中 ζ——受扭纵筋与受扭箍筋的配筋强度比；

f_{yv}——受扭箍筋的抗拉强度设计值，$f_{yv} \leqslant 360\text{N/mm}^2$；

A_{st1}——受扭箍筋的单肢截面面积；

u_{cor}——箍筋核心部分的周长，$u_{cor}=2(b_{cor}+h_{cor})$；

b_{cor}、h_{cor}——分别为从箍筋内皮计算的截面核心的短边及长边；

A_{cor}——截面核心面积，$A_{cor}=b_{cor}h_{cor}$。

按式（3-107）计算时须先假设 ζ。试验表明，当 ζ 在 0.5～2.0 变化时，纵筋与箍筋在构件破坏时基本上都能达到屈服强度，为稳妥起见，《混凝土规范》取 ζ 的限制条件为 $0.6 \leqslant \zeta \leqslant 1.7$。为了施工方便，设计中通常取 $\zeta=1.0$～1.2。

4）选配箍筋，并验算箍筋的最小配筋率

受剪扭箍筋的单肢总用量

$$\frac{A_{svt1}}{s}=\frac{A_{sv1}}{s_v}+\frac{A_{st1}}{s_t} \tag{3-108}$$

式中　A_{svt1}——受剪扭箍筋的单肢截面面积；

s——受剪扭箍筋的间距。

根据构造要求选择箍筋直径、肢数，查表得 A_{svt1}，然后由式（3-108）计算箍筋 s。也可先根据构造要求确定箍筋间距、肢数，再按式（3-108）确定箍筋直径。

为避免少筋破坏，箍筋的最小配筋率应满足下列要求：

$$\rho_{vt}=\frac{nA_{svt1}}{bs}\geqslant\rho_{vt,min}=0.28\frac{f_t}{f_{yv}} \tag{3-109}$$

（4）确定纵筋用量

1）计算受扭纵筋的截面面积 A_{stl}，并验算最小配筋率

$$A_{stl}=\frac{\zeta f_{yv}u_{cor}}{f_y}\frac{A_{st1}}{s} \tag{3-110}$$

式中　f_y——受扭纵筋的抗拉强度设计值。

为避免少筋破坏，受扭纵筋的最小配筋率应满足下列要求：

$$\rho_{tl}=\frac{A_{stl}}{bh}\geqslant\rho_{tl,min}=0.6\sqrt{\frac{T}{Vb}}\frac{f_t}{f_y} \tag{3-111}$$

2）计算受弯纵筋的截面面积 A_s，并验最小配筋率

受弯纵筋按受弯构件计算，其最小配筋率应符合表3-18的规定。

3）弯扭纵筋用量叠加，并选配钢筋

叠加原则是 A_s 配在受拉边，A_{stl} 沿截面核心周边均匀、对称布置。位于受拉边的那部分受扭纵筋应与受弯纵筋相加后选配钢筋。

3.6.3　钢筋混凝土受扭构件的配筋构造

1. 受扭纵筋

受扭纵筋应沿构件截面周边均匀对称布置。矩形截面的四角以及T形和I形截面各分块矩形的四角，均必须设置受扭纵筋。受扭纵筋的间距不应大于200mm，也不应大于梁截面短边长度（图3-60）。

受扭纵筋的接头和锚固要求均应按受拉钢筋的相应要求考虑。

2. 受扭箍筋

在受扭构件中，箍筋在整个周长上均承受拉力。因此，受扭箍筋必须做成封闭式，且应沿截面周边布置。为了能将箍筋的端部锚固在截面的核心部分，当钢筋骨架采用绑扎骨架时，应将箍筋末端弯折135°，弯钩端头平直段长度不应小于10d（d 为箍筋直径），如图3-60所示。

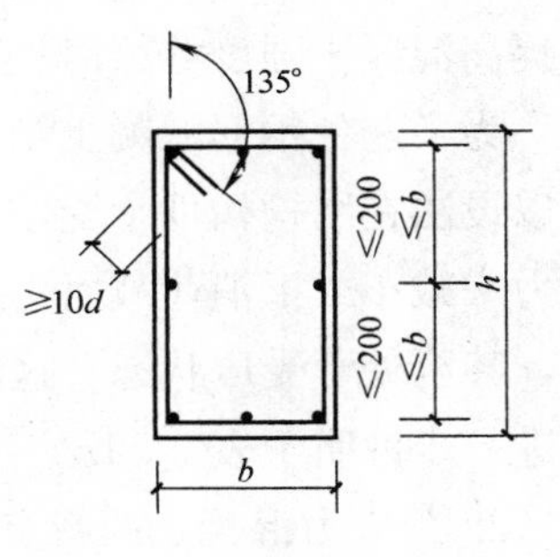

图3-60　受扭构件配筋构造

受扭箍筋的间距 s 及直径 d 均应满足本章第二节中受弯构件的构造要求。

提请注意，至此，我们已经学习了不同构件的箍筋构造要求，既有相同之处，也有区别；柱箍筋与梁箍筋的构造存在区别；而同样是梁箍筋，单筋梁与双筋梁，是否存在扭矩作用，是否有抗震要求，其构造也不相同，请注意区别。

3.7 预应力混凝土构件

3.7.1 预应力混凝土的基本概念

1. 预应力混凝土的基本原理

钢筋混凝土是由混凝土和钢筋两种物理力学性能不同的材料所组成的弹塑性材料。混凝土的抗拉强度只有抗压强度的1/18～1/10，极限拉应变仅为 $0.1\times10^{-3}\sim0.15\times10^{-3}$，即每米只能拉长0.1～0.15mm。而钢筋达到屈服强度时的应变约为 $0.5\times10^{-3}\sim1.5\times10^{-3}$，较混凝土大得多。对使用上不允许开裂的构件，受拉钢筋的应力只能用到20～30N/mm²，不能充分利用其强度。对于允许开裂的构件，当裂缝宽度达到0.2～0.3mm时，受拉钢筋的应力也只有150～250N/mm²。

由于混凝土的抗拉性能很差，在使用荷载作用下，钢筋混凝土受拉、受弯等构件通常是带裂缝工作的。裂缝的存在，不仅使构件刚度大为降低，而且不能应用于不允许开裂的结构中；另外，从保证结构耐久性出发，必须限制裂缝宽度。为了要满足变形和裂缝控制的要求，则需增大构件的截面尺寸和用钢量，这样做的结果是构件自重过大，使钢筋混凝土结构不能用于大跨度或承受动力荷载的结构，或者不经济。从理论上讲，提高材料强度可以提高构件的承载力，从而达到节省材料和减轻构件自重的目的。但对配置高强度钢筋的钢筋混凝土构件而言，承载力可能已不是控制条件，起控制作用的因素可能是裂缝宽度或构件的挠度。当钢筋应力达到500～1000N/mm² 时，裂缝宽度将很大，无法满足使用要求。因而，钢筋混凝土结构中采用高强度钢筋是不能充分发挥其作用的。而提高混凝土强度等级对提高构件的抗裂性能和控制裂缝宽度的作用也极其有限。

为了避免钢筋混凝土结构的裂缝过早出现，充分利用高强度钢筋及高强度混凝土，可以设法在结构构件承受使用荷载前，预先对受拉区的混凝土施加压力，使它产生预压应力来减小或抵消荷载所引起的混凝土拉应力，从而将结构构件的拉应力控制在较小范围，甚至处于受压状态。这就是预应力混凝土的基本原理。现将预应力混凝土的工作原理进一步说明于表3-26。

2. 预应力混凝土的特点

与钢筋混凝土相比，预应力混凝土具有以下特点：

预应力混凝土的工作原理 表 3-26

项目	预应力作用	外荷载作用	预应力+外荷载
受力简图	f_1	f_2	f
受力及变形特点	在预压力作用下，截面下边缘产生压应力 σ_1，形成反拱 f_1	在外荷载作用下，截面下边缘产生拉应力 σ_2，其挠度为 f_2	在预压力及外荷载作用，截面下边缘产生应力 $\sigma_2-\sigma_1$，其挠度 $f=f_2-f_1$

（1）构件的抗裂性能较好。

（2）构件的刚度较大。由于预应力混凝土能延迟裂缝的出现和开展，并且受弯构件要产生反拱，因而可以减小受弯构件在荷载作用下的挠度。

（3）构件的耐久性较好。由于预应力混凝土能使构件不出现裂缝或减小裂缝宽度，因而可以减少大气或侵蚀性介质对钢筋的侵蚀，从而延长构件的使用期限。

（4）可以减小构件截面尺寸，节省材料，减轻自重，既可以达到经济的目的，又可以扩大钢筋混凝土结构的使用范围，例如可以用于大跨度结构，代替某些钢结构。

（5）工序较多，施工较复杂，且需要张拉设备和锚具等设施。

需要指出，预应力混凝土不能提高构件的承载能力。也就是说，当截面和材料相同时，预应力混凝土与普通钢筋混凝土受弯构件的承载能力相同，与受拉区钢筋是否施加预应力无关。

3. 预应力混凝土的分类

根据预加应力的大小即预加应力对构件截面裂缝控制程度的不同，预应力混凝土构件分为全预应力混凝土和部分预应力混凝土两类。

在使用荷载作用下，不允许截面上混凝土出现拉应力的构件，称为全预应力混凝土，属严格要求不出现裂缝的构件；允许出现裂缝，但最大裂缝宽度不超过允许值的构件，则称为部分预应力混凝土，属允许出现裂缝的构件。此外，还有一种有限预应力混凝土，一般也认为属于部分预应力混凝土，即在使用荷载作用下，根据荷载效应组合情况，不同程度地保证混凝土构件不开裂的构件，也就是说，在混凝土中建立预应力后，在荷载的标准组合作用下允许出现不超过混凝土抗拉强度标准值的拉应力，而在准永久荷载组合作用下，不得出现拉应力的构件。可见，部分预应力混凝土介于全预应力混凝土和钢筋混凝土两者之间。

全预应力混凝土由于对其施加的预应力大，因而具有抗裂性能好、刚度大的特点，常用于对抗裂或抗腐蚀性能要求较高的结构，如贮液罐、吊车梁、核电站安全壳等。但由于施加预应力较高，引起结构反拱过大，会使混凝土在施工阶段产生裂缝。同时构件的开裂荷载与极限荷载较为接近，致使构件延性较差，对结构的抗震不利。

部分预应力混凝土，可根据结构或构件的不同使用要求、荷载作用情况及环境条件等，对裂缝进行控制，降低了预应力值，克服了全预应力混凝土的弱点，对于抗裂要求不高的结构或构件，部分预应力混凝土将会得到广泛的应用。

3.7.2 施加预应力的方法

按照张拉钢筋与浇筑混凝土的先后关系，施加预应力的方法可分为先张法和后张法两类。

1. 先张法

先张拉预应力钢筋，然后浇筑混凝土的施工方法，称为先张法。

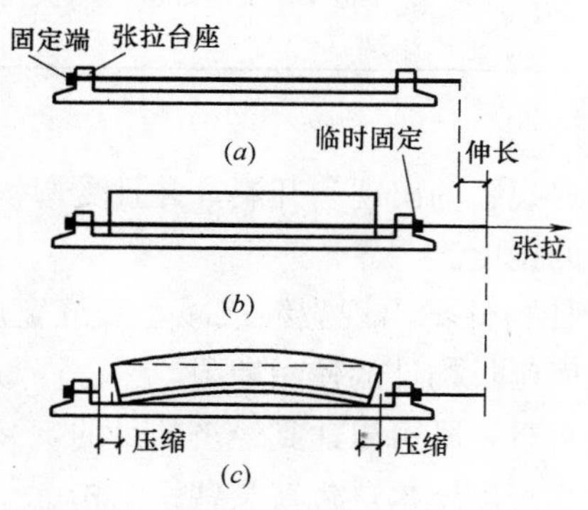

图 3-61 先张法工艺过程示意图

(*a*) 穿钢筋；(*b*) 张拉钢筋；(*c*) 切断钢筋

先张法的主要工艺过程是：穿钢筋→张拉预应力钢筋→浇筑混凝土并进行养护→切断预应力钢筋。预应力钢筋回缩时挤压缩凝土，从而使构件产生预压应力。由于预应力的传递主要靠钢筋和混凝土间的粘结力，因此，必须待混凝土强度达到规定值时（达到强度设计值的 75%以上），方可切断预应力钢筋（图 3-61）。

先张法的优点主要是，生产工艺简单，工序少，效率高，质量易于保证，同时由于省去了锚具和减少了预埋件，构件成本较低。先张法主要适用于工厂化大量生产，尤其适宜用于长线法生产中、小型构件。

2. 后张法

先浇筑混凝土，待混凝土硬化后，在构件上直接张拉预应力钢筋，这种施工方法称为后张法。

根据预应力筋与混凝土之间有无粘结，后张法预应力混凝土可分为有粘结预应力混凝土和无粘结预应力混凝土。

(1) 有粘结预应力混凝土

通过灌浆或与混凝土直接接触使预应力筋与混凝土之间相互粘接而建立预应力的混凝土结构称为有粘结预应力混凝土结构。

后张法的主要工艺过程是：浇筑混凝土构件（在构件中预留孔道）并进行养护→穿预应力钢筋→张拉钢筋并用锚具锚固→往孔道内压力灌浆。钢筋的回弹力通过锚具作用到构件，从而使混凝土产生预压应力（图 3-62）。后张法的预压应力主要通过工作锚①传递。张拉钢筋时，混凝土的强度必须达到设计值的 75%以上。

后张法的优点是预应力钢筋直接在构件上张拉，不需要张拉台座，所以后张法构件既可以在预制厂生产，也可在施工现场生产。大型构件在现场生产可以避免长途搬运，故我国大型预应力混凝土构件主要采用后张法。

后张法的主要缺点是生产周期较长；需要利用工作锚锚固钢筋，钢材消耗较多，成

---

① 先张法中应用的锚具一般称为夹具，是在张拉端夹住钢筋进行张拉以及在两端临时固定钢筋用的工具式锚具，可以重复使用。后张法的锚具，是依附在混凝土构件上，起着传递预应力的作用，称为工作锚具。

本较高；工序多，操作较复杂，造价一般高于先张法。

(2) 无粘结预应力混凝土

无粘结预应力混凝土，是指配置无粘结预应力钢筋的后张法预应力混凝土。无粘结预应力钢筋是将预应力钢筋的外表面涂以沥青、油脂或其他润滑防锈材料，以减小摩擦力并防锈蚀，并用塑料套管或以纸带、塑料带包裹，以防止施工中碰坏涂层，并使之与周围混凝土隔离，而在张拉时可沿纵向发生相对滑移的后张预应力钢筋。无粘结预应力钢筋在施工时，像普通钢筋一样，可直接按配置的位置放入模板中，并浇灌混凝土，待混凝土达到规定强度后即可进行张拉。无粘结预应力混凝土不需要预留孔道，也不必灌浆，因此施工简便、快速，造价较低，易于推广应用。目前已在建筑工程中广泛应用此项技术。

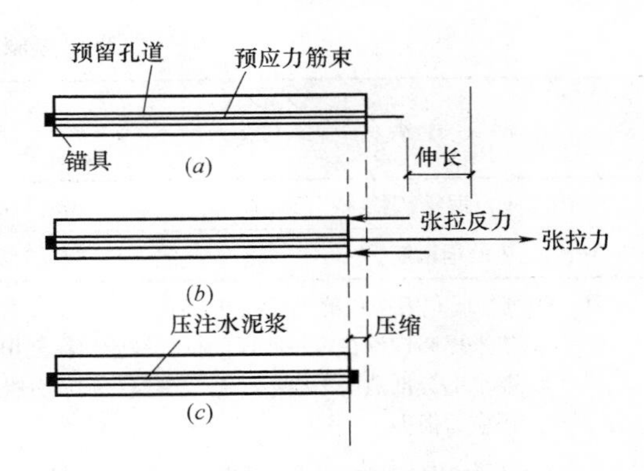

图 3-62 后张法工艺过程示意图

(a) 穿钢筋；(b) 张拉钢筋；(c) 锚固，灌浆

无粘结预应力混凝土的主要工艺过程是：预应力钢筋沿全长外表涂刷沥青油毡等润滑防腐材料→包上塑料纸或套管→浇混凝土养护→张拉钢筋→锚固。

3.7.3 张拉控制应力与预应力损失

1. 张拉控制应力

张拉控制应力（用 σ_{con} 表示），是指张拉预应力钢筋时允许的最大张拉应力。

实际工程中，合理确定张拉控制应力，对预应力混凝土结构至关重要。由预应力混凝土的原理可知，把张拉控制应力取得高些，不但可以提高构件的抗裂性能和减小挠度，而且可以节约钢材。因此，σ_{con} 值适当取高一些是有利的。但是，σ_{con} 值并不是取得越高越好。这是因为 σ_{con} 值越高，构件的开裂弯矩与极限弯矩越接近，即构件延性就越差，构件破坏时可能产生脆性破坏，这是结构设计中应力求避免的；此外，为了减小预应力损失，在张拉预应力钢筋时往往采取“超张拉”工艺，如果 σ_{con} 值取得过高，由于张拉的不准确性和钢筋强度的离散性，个别钢筋可能达到甚至超过该钢筋的屈服强度而产生塑性变形，从而减小对混凝土的预压应力，降低预压效果，对高强钢丝，甚至可能因 σ_{con} 值过大而发生脆断。所以，σ_{con} 值过高或过低都应避免。

《混凝土规范》根据多年来国内外设计与施工经验，规定预应力钢筋的张拉控制应力不宜超过表 3-27 所规定的值，且不应小于 $0.4f_{ptk}$（f_{ptk} 为预应力钢筋强度标准值，按表 3-5 采用）。

2. 预应力损失

由于张拉工艺和材料特性等原因，从张拉钢筋开始直到构件使用的整个过程中，经张拉所建立起来的钢筋预应力将逐渐降低，这种现象称为预应力损失。

张拉控制应力限值　　表 3-27

钢筋种类	张拉方法	
	先张法	后张法
消除应力钢丝、钢绞线	$0.75f_{ptk}$	$0.75f_{ptk}$
热处理钢筋	$0.70f_{ptk}$	$0.65f_{ptk}$

注：下列情况，表中数值可提高 $0.05f_{ptk}$：

1. 要求提高构件在施工阶段的抗裂性能而在使用阶段受压区内设置的预应力筋；
2. 要求部分抵消由于应力松弛、摩擦、钢筋分批张拉以及预应力钢筋与张拉台座之间的温差因素产生的预应力损失。

预应力损失会影响预应力混凝土结构构件的预压效果，甚至造成预应力混凝土结构的失效，因此，不仅设计时应正确计算预应力损失值，施工中也应采取有效措施减少预应力损失值。

(1) 张拉端锚具变形和钢筋内缩引起的预应力损失（简称锚具变形损失，记为 σ_{l1}）

锚具变形损失是由于经过张拉的预应力钢筋被锚固在台座或构件上以后，锚具、垫板与构件之间的缝隙被压紧，以及预应力钢筋在锚具中的滑动，造成预应力钢筋回缩而产生的预应力损失。它既发生于先张法构件，也发生于后张法构件中。

减小锚具变形损失的措施有：

1）选择变形小或预应力筋滑动小的锚具、夹具，并尽量减少垫板的数量；

2）对于先张法张拉工艺，选择长的台座。台座长度超过 100m 时，σ_{l1} 可忽略不计。

(2) 预应力钢筋与孔道的摩擦引起的预应力损失（简称摩擦损失，记为 σ_{l2}）

摩擦损失是由于后张法构件在预留孔道中张拉钢筋时，因钢筋与孔道壁之间的接触引起摩擦阻力而产生的预应力损失。由于摩擦损失的存在，预应力钢筋截面的应力随距张拉端的距离的增加而减小。当孔道为曲线时，摩擦损失会更大。σ_{l2} 只发生在后张法构件中。

减少摩擦损失的措施有：

1）采用两端张拉；

2）采用“超张拉”工艺。其工艺程序为：

$0 \longrightarrow 1.1\sigma_{con} \xrightarrow{\text{停 2min}} 0.85\sigma_{con} \xrightarrow{\text{停 2min}} \sigma_{con}$。

(3) 混凝土加热养护时，预应力钢筋与台座间温差引起的预应力损失（简称温差损失，记为 σ_{l3}）

当先张法构件进行蒸汽养护时，由于新浇混凝土尚未结硬，不能约束钢筋增长，因而钢筋长度随着温度升高而增加，而台座长度固定不变，因此张拉后的钢筋变松，预应力钢筋的应力降低。降温时混凝土和钢筋已粘结成整体，二者一起回缩，钢筋的应力不能恢复到原来的张拉应力值。温差损失只发生在采用蒸汽养护的先张法构件中。

减少温差损失的措施有：

1）蒸汽养护时采用两次升温养护，即第一次升温至 20℃，恒温养护至混凝土强度达到 7～10N/mm^{2}时，再第二次升温至规定养护温度。

2）在钢模上张拉，将构件和钢模一起养护。此时，由于预应力钢筋和台座间不存在温差，故 $\sigma_{l3}=0$。

（4）预应力钢筋应力松弛引起的预应力损失（简称应力松弛损失，记为 σ_{l4}）

应力松弛损失实际上是钢筋的应力松弛和徐变引起的预应力损失的统称。应力松弛，是指钢筋在高应力作用下，当长度保持不变时，应力随时间增长而逐渐减小的现象。而徐变则是指钢筋在长期不变应力作用下，应变随时间增长而逐渐增大的现象。一般说来，预应力混凝土构件最初几天松弛是主要的。在最初的 1h 内大约完成总松弛值的 50%，24h 内可以完成 80%，以后逐渐减小。到后一阶段，当大部分预应力损失出现后，则以钢筋的徐变为主。σ_{l4}既发生在先张法构件中，也发生在后张法构件中。

减少应力松弛损失的措施是采用“超张拉”工艺。先控制张拉应力达到（1.05～1.1）σ_{con}，持荷 2～5min，然后卸荷，再施加张拉应力到 σ_{con}。

（5）混凝土收缩和徐变引起的预应力损失（简称收缩徐变损失，记为 σ_{l5}）

收缩徐变损失是由于混凝土的收缩和徐变使构件长度缩短，被张紧的钢筋回缩而产生的预应力损失。这种预应力损失既发生在先张法构件中，也发生在后张法构件中。它是各项损失中最大的一项，在直线预应力配筋构件中约占总损失的 50%，在曲线预应力配筋构件中约占 30%左右。

减少收缩徐变损失的措施有：

1）设计时尽量使混凝土压应力不要过高；

2）采用高强度等级水泥，以减少水泥用量，同时严格控制水灰比；

3）采用级配良好的骨料，增加骨料用量，同时加强振捣，提高混凝土密实性；

4）加强养护，使水泥水化作用充分，减少混凝土的收缩。有条件时宜采用蒸汽养护。

（6）环形构件采用螺旋预应力筋时局部挤压引起的预应力损失（简称环形配筋损失，记为 σ_{l6}）

该损失是由于构件环形配筋时，预应力钢筋将混凝土局部压陷，使构件直径减小而产生的预应力损失。它只发生于直径 $d\leqslant 3$m 的后张法构件中，当 $d>3$m 时 $\sigma_{l6}=0$。

3.7.4 预应力混凝土构件的构造要求

1. 预应力混凝土构件中钢筋的布置

（1）预应力钢筋

1）布置形式

预应力纵向钢筋的布置形式有两种：直线布置和曲线布置（图 3-63）。直线布置主要用于跨度和荷载较小的情况，如预应力混凝土板就是采用这种布置形式。直线布置的主要优点是施工简单，既可用于先张法构件，又可用于后张法构件。曲线布置多用于跨度和荷载较大的构件，

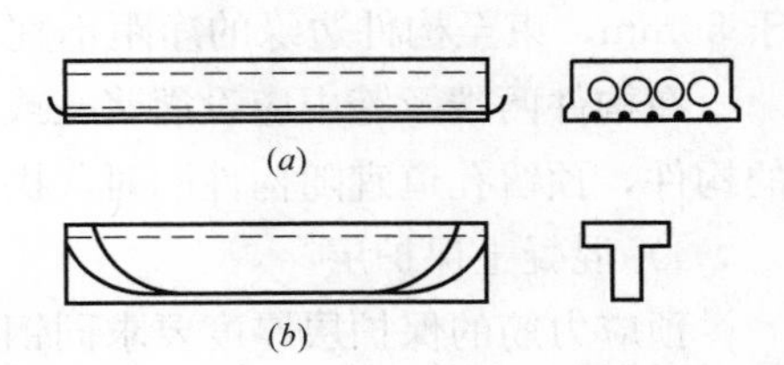

图 3-63 预应力纵向钢筋的布置形式
（a）直线布置；（b）曲线布置

如预应力混凝土梁就多采用这种布置形式。曲线布置一般用于后张法构件。

后张法预应力混凝土构件的预应力纵向钢筋采用曲线布置时，其预应力钢丝束、钢绞线束的曲率半径不宜小于 4m；对折线配筋的构件，在预应力钢筋弯折处的曲率半径可适当减小。

2）先张法预应力筋布置

先张法构件中预应力钢筋、钢丝的净距，应根据浇灌混凝土、施加预应力、钢筋锚固等要求确定。预应力筋的净距不宜小于其公称直径的 2.5 倍和混凝土粗骨料最大粒径的 1.25 倍，且应符合下列规定：预应力钢丝，不应小于 15mm；3 股钢绞线，不应小于 20mm；7 股钢绞线，不应小于 25mm。当先张法预应力钢丝按单根方式配筋有困难时，可采用相同直径钢丝并筋的配筋方式。当采用并筋配筋方式时，预应力筋的净距不宜小于其等效直径的 2.5 倍，并满足前述要求。并筋的等效直径，双并筋时取单筋直径的 1.4 倍，三筋时取单筋直径的 1.7 倍。

3）后张法预应力筋及预留孔道布置

预制构件中，预应力钢丝束、钢绞线束的预留孔道间的水平净间距，不宜小于 50mm，且不宜小于粗骨料粒径的 1.25 倍；孔道至构件边缘的净距不宜小于 30mm，且不宜小于孔道直径的一半（图 3-64）。现浇混凝土梁中预留孔道在竖直方向的净间距不应小于孔道外径，水平方向的净间距不宜小于 1.5 倍孔道外径，且不应小于粗骨料粒径的 1.25 倍；从孔道外壁至构件边缘的净间距，梁底不宜小于 50mm，梁侧不宜小于 40mm。

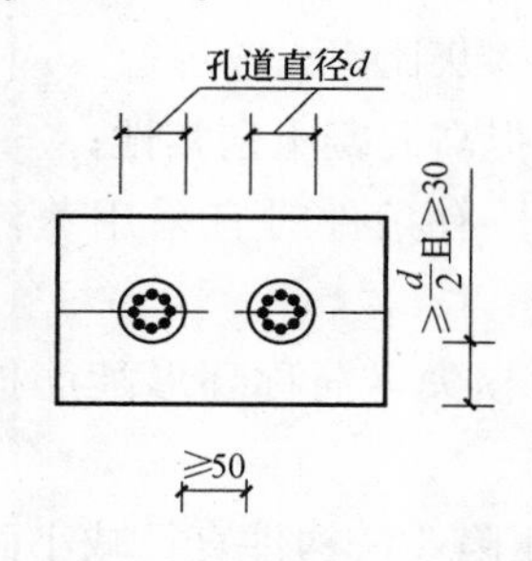

图 3-64　孔道间及孔道与构件边缘的净距

预留孔道的内径宜比预应力束外径及需穿过孔道的连接器外径大 6mm～15mm，且孔道的截面积宜为穿入预应力束截面积的 3.0～4.0 倍。在现浇楼板中采用扁形锚固体系时，穿过每个预留孔道的预应力筋数量宜为 3～5 根；在常用荷载情况下，孔道在水平方向的净间距不应超过 8 倍板厚及 1.5m 中的较大值。板中单根无粘结预应力筋的间距不宜大于板厚的 6 倍，且不宜大于 1m；带状束的无粘结预应力筋根数不宜多于 5 根，带状束间距不宜大于板厚的 12 倍，且不宜大于 2.4m。梁中集束布置的无粘结预应力筋，集束的水平净间距不宜小于 50mm，束至构件边缘的净距不宜小于 40mm。

在构件两端及跨中应设灌浆孔或排气孔，孔距不宜大于 12m。凡制作时需预先起拱的构件，预留孔道宜随构件同时起拱。

4）混凝土保护层

预应力筋的保护层厚度要求同钢筋混凝土构件，具体规定见第三章第三节。

（2）非预应力钢筋

1）纵向非预应力钢筋

纵向非预应力钢筋包括受力钢筋和非受力钢筋。

当通过对一部分纵向钢筋施加预应力已能使构件符合裂缝控制要求时，承载力计算所需的其余纵向钢筋可采用非预应力钢筋。

为了防止受弯构件制作、运输、堆放和吊装时，在预拉区出现裂缝或减小裂缝宽度，可在构件预拉区配置一定数量的纵向非预应力钢筋。后张法预应力混凝土结构构件的预拉区和预压区中应设置纵向非预应力构造钢筋。这些非预应力钢筋一般布置在预应力钢筋的外侧（图3-65）。

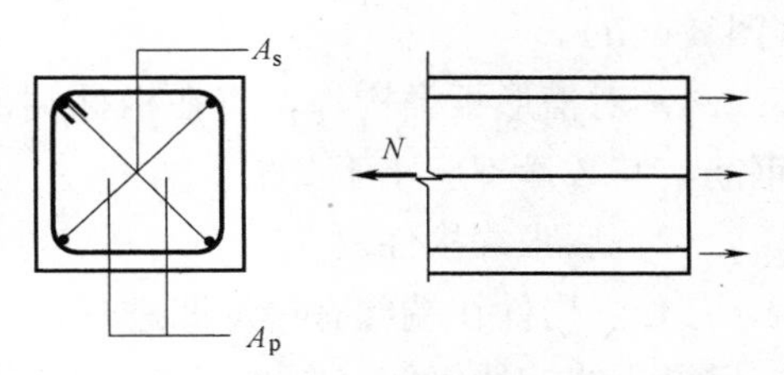

图3-65 后张法构件纵向非预应力钢筋

在无粘结后张预应力混凝土受弯构件中，应配置一定数量的纵向非预应力钢筋，以克服纯无粘结受弯构件只出现一条或少数几条裂缝使混凝土压应变集中而引起脆性破坏的缺点，还利于分散裂缝，改善受弯构件的变形性能和提高正截面抗弯强度。

2）箍筋

预应力混凝土构件的箍筋设置的构造要求与普通钢筋混凝土构件基本相同，具体规定见第三章第三节。

2. 构件端部加强措施

（1）先张法构件

为了防止切断预应力钢筋时，构件端部混凝土出现劈裂裂缝，应对预应力钢筋端部周围的混凝土采取下列局部加强措施：

1）对单根预应力钢筋（如板肋的配筋），其端部宜设置螺旋筋。螺旋筋的数量及设置范围可参照图3-66*a*。当有可靠经验时，亦可利用支座垫板上的插筋代替螺旋筋，但插筋数量不应小于4根，其长度不宜小于120mm，预应力钢筋应放置在插筋之间（图3-66*b*）。

2）对分散布置的多根预应力钢筋，在构件端部10d（d为预应力筋的公称直径）范围内，应设置3～5片与预应力筋垂直的钢筋网（图3-66*c*）。

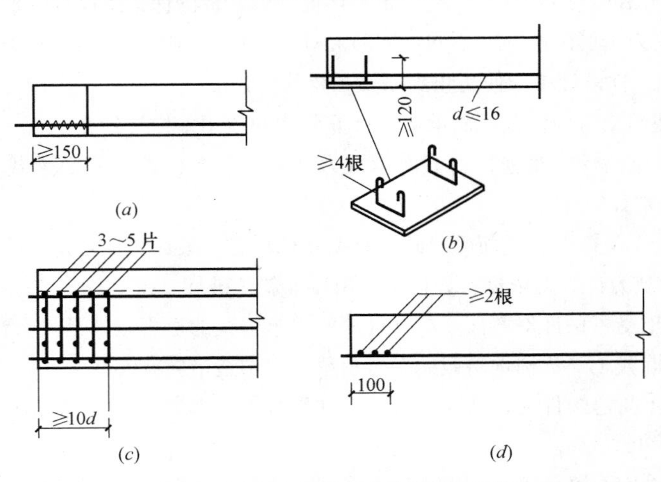

图3-66 预应力钢筋端部周围加强措施

（*a*）设螺旋筋；（*b*）利用支座垫板插筋；（*c*）设钢筋网；（*d*）加密薄板端部横向钢筋

3）对采用预应力钢丝配筋的薄板，在板端 100mm 范围内应适当加密板横向钢筋（图 3-66*d*）。

4）对槽形板类构件，应在构件端部 100mm 长度范围内沿构件板面设置附加横向钢筋，其数量不应小于 2 根。

（2）后张法构件

1）当构件在端部有局部凹进时，为防止在施加预应力过程中端部转折处产生裂缝，应增设折线构造钢筋（图 3-67），或其他有效的构造钢筋。

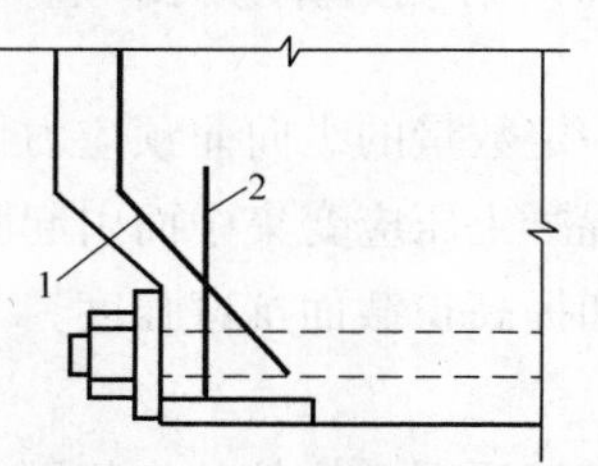

图 3-67　构件端部有局部凹进时的构造钢筋

1—折线构造钢筋；2—竖向构造钢筋

2）为了防止施加预应力时在构件端部产生沿截面中部的纵向水平裂缝和减少使用阶段构件在端部区段的混凝土主拉应力（简支构件），宜将一部分预应力钢筋在靠近支座处弯起，并使预应力钢筋尽可能沿构件端部均匀布置。当需集中布置在端部截面的下部或集中布置在上部和下部时，应在构件端部 0.2h（h 为构件端部截面高度）范围设置附加竖向防端面裂缝构造钢筋。竖向防端面裂缝构造钢筋宜靠近端面配置，可采用焊接钢筋网、封闭式箍筋或其他形式的构造钢筋，附加竖向钢筋宜采用带肋钢筋。

思 考 题

1. 混凝土结构用热轧钢筋有哪几种牌号？主要用途是什么？

2. 混凝土分为哪些强度等级？

3. 钢筋混凝土梁和板中通常配置哪些钢筋？各起何作用？

4. 钢筋混凝土梁、板内纵向受力钢筋的直径、根数、间距有何规定？梁中箍筋有哪几种形式？各适用于什么情况？箍筋肢数、间距有何规定？

5. 混凝土保护层的作用是什么？室内正常环境中梁、板的保护层厚度一般取多少？

6. 根据纵向受力钢筋配筋率的不同，钢筋混凝土梁可分为哪几种类型？破坏特征、破坏性质分别是什么？实际工程设计中如何防止少筋梁和超筋梁？

7. 单筋矩形截面受弯构件正截面承载力计算公式的适用条件是什么？

8. 钢筋混凝土梁为什么要进行斜截面承载力计算？受弯构件斜截面承载力问题包括哪些内容？结构设计时分别如何保证？

9. 钢筋混凝土受弯构件斜截面受剪破坏有哪几种形态？破坏特征各是什么？以哪种破坏形态作为斜截面受剪承载力计算的依据？如何防止斜压和斜拉破坏？

10. 钢筋混凝土受弯构件斜截面承载力计算的基本公式的适用条件是什么？其意义是什么？

11. 保证钢筋混凝土受弯构件斜截面受弯承载力的构造措施有哪些？

12. 钢筋混凝土受弯构件为什么要进行变形和裂缝宽度验算？增大弯曲刚度和减小裂缝宽度的措施各有哪些？

13. 在受压构件中配置箍筋的作用是什么？什么情况下需设置复合箍筋？

14. 轴心受压短柱、长柱的破坏特征各是什么？为什么轴心受压长柱的受压承载力低于短柱？

承载力计算时如何考虑纵向弯曲的影响？

15. 偏心受压构件正截面的破坏形态有哪几种？破坏特征各是什么？大、小偏心受压破坏的界限是什么？

16. 偏心受压构件正截面承载力计算时，为何要引入附加偏心距和偏心距增大系数？

17. 什么是受扭构件？其受力特点有哪些？

18. 受扭箍筋必须采用封闭式，箍筋末端弯折135°，弯钩端头平直段长度不应小于10d。试解释其原因。

19. 为何钢筋混凝土构件采用高强度钢筋不合理，而预应力混凝土构件必须采用高强度材料？

20. 简述预应力混凝土的基本原理及优缺点。

21. 施加预应力的方法有哪几种？各有何优、缺点？适用范围是什么？

22. 何为张拉控制应力？其取值原则是什么？

23. 什么是预应力损失？预应力损失分为哪几种？减少措施各有哪些？

24. 预应力混凝土的材料应满足哪些要求？

习　　题

1. 钢筋混凝土矩形梁的某截面承受弯矩设计值 M=130kN·m，$b\times h$=250×500mm，采用C30级混凝土、HRB400钢筋，一类环境。试求该截面所需纵向受力钢筋的数量。

2. 某钢筋混凝土矩形截面简支梁，$b\times h$ =200×450mm，计算跨度6m，承受的均布荷载标准值为：恒荷载8.5kN/m（不含自重），活荷载8kN/m，可变荷载组合值系数 Ψ_c=0.7，设计使用年限50年。采用C30级混凝土，HRB400钢筋，一类环境。试求纵向钢筋的数量。

3. 某钢筋混凝土矩形截面梁，$b\times h$=200×450mm，承受的最大弯矩设计值 M=90kN·m，所配纵向受拉钢筋为3Φ16（排一排），箍筋直径8mm，混凝土强度等级为C30，一类环境。试复核该梁是否安全。

4. 有一矩形截面梁，截面尺寸 $b\times h$ =200×350mm，采用混凝土强度等级C30。现配有纵向受拉钢筋5Φ20，箍筋直径6mm（图3-68）。一类环境。试求该梁的受弯承载力。

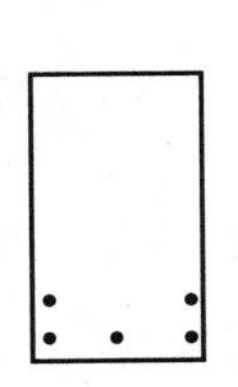

图3-68　习题4图

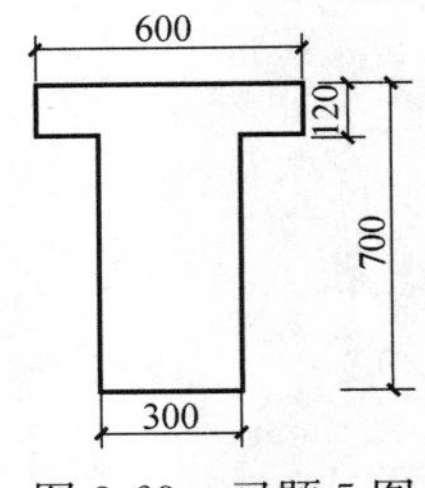

图3-69　习题5图

5. 某T形截面独立梁，截面如图3-69所示。采用C30级混凝土，HRBF400钢筋。承受弯矩设计值115kN·m，计算翼缘宽度 b'_f=600mm，一类环境。求纵向受力钢筋的数量。

6. 某T形截面独立梁，承受弯矩设计值610kN·m。其余条件同习题5。试求纵向钢筋数量。

7. 某矩形截面简支梁，截面尺寸 $b\times h$ =250×550mm，混凝土强度等级为C30。由均布荷载引起的支座边缘剪力设计值为71kN，a_s=40mm，箍筋采用HPB300钢筋。试求箍筋数量。

8. 某钢筋混凝土正方形截面轴心受压构件，截面边长400mm，计算长度6m，承受轴向力设计值 N=1400kN，采用C30级混凝土、HRB400钢筋，一类环境。试计算所需纵向受压钢筋截面面积。

9. 某钢筋混凝土正方形截面轴心受压柱，计算长度 9m，承受轴向力设计值 N=1700kN，采用 C30 级混凝土、HRB400 钢筋，一类环境。试确定构件截面尺寸和纵向钢筋截面面积。

10. 矩形截面轴心受压构件，截面尺寸为 450×600mm，计算长度 6m，混凝土强度等级 C35，已配 8Φ18 纵向受力钢筋。试计算截面承载力。

11. 某钢筋混凝土矩形柱，截面尺寸 $b\times h$=400 ×500mm，计算长度 5 m，采用 C30 混凝土、HRB400 钢筋，控制截面考虑二阶效应后的弯矩设计值 190kN·m，轴向压力设计值 510kN，一类环境。求对称配筋时纵筋截面面积。

12. 某钢筋混凝土矩形柱，截面尺寸 $b\times h$=500×650mm，计算长度 8.9m，混凝土强度等级为 C30，钢筋为 HRB400，控制截面考虑二阶效应后的弯矩设计值 350kN·m，轴向压力设计值 2500kN，一类环境。求对称配筋时钢筋的截面面积。

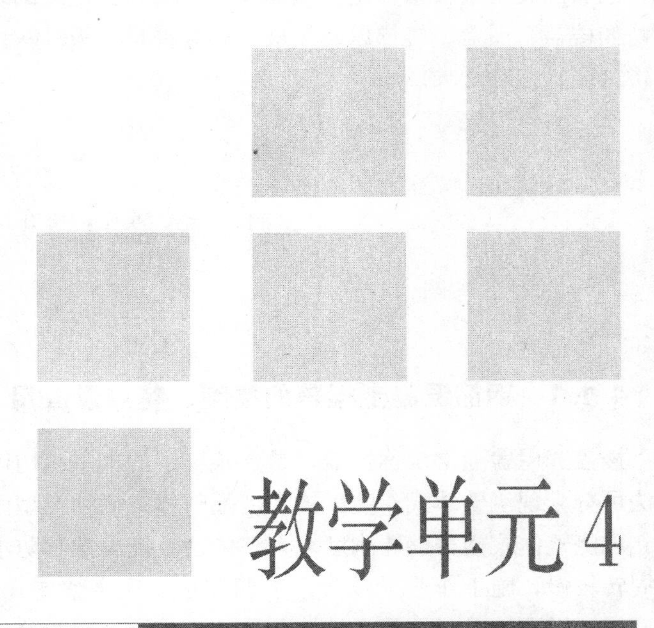

教学单元4

钢筋混凝土梁板结构

【教学目标】通过本单元教学，使学生理解现浇单向板肋形楼盖、双向板肋形楼盖、无梁楼盖的受力特点及主要构造要求，理解楼梯的主要构造要求。

钢筋混凝土梁板结构是由钢筋混凝土梁和板组成的结构，在房屋建筑中应用非常广泛，如楼盖、屋盖、楼梯以及筏板基础等都是梁板结构。本教学单元主要介绍钢筋混凝土楼（屋）盖和楼梯。

4.1 楼盖的类型

4.1.1 钢筋混凝土楼盖的类型、特点及应用

楼盖、屋盖通常统称楼盖，是建筑物中的水平结构体系。钢筋混凝土楼盖按其施工方法可分为现浇整体式、装配式和装配整体式三种类型。

现浇整体式楼盖整体刚度大，整体性、抗震性和防水性能均好，缺点是模板用量多且周转较慢，施工作业量较大，工期较长。现浇整体式楼盖广泛应用于工业与民用建筑，用于以下楼盖时更具优越性：公共建筑的门厅部分；平面布置不规则的局部楼面以及对防水要求较高的楼面，如厨房、卫生间等；高层建筑的楼（屋）面；有抗震设防要求结构的楼（屋）面；布置上有特殊要求的各种楼面，如要求开设复杂孔洞的楼面以及多层厂房中要求埋设较多预埋件的楼面等。

近年来现浇空心楼盖的应用逐渐增多。其现浇混凝土空心楼板可采用箱型内孔、管型内孔等，体积空心率一般不超过50%。这种楼盖不但可以节约材料、减轻自重及减小地震作用，还可以改善楼盖的隔声、隔热性能，因此具有广泛的应用前景。

装配式楼盖通常将预制板搁置在梁或墙体上，梁可以预制或现浇。装配式楼盖主要有铺板式楼盖、密肋楼盖和无梁楼盖。其中应用最为广泛的是铺板式楼盖，即由一系列预制板铺设在墙上或梁上形成的楼盖。由于采用了预制板，装配式楼盖便于工业化生产，便于机械化施工和加快施工进度，但整体性、抗震性、防水性都较差，不便于开设孔洞。装配式式楼盖广泛应用于工业与民用建筑，但不宜用于高层建筑、有抗震设防要求的建筑以及使用要求防水和开设孔洞的楼面。

装配整体式楼盖是在预制板上现浇一混凝土叠合层而成为一个整体。这种楼盖兼有现浇整体式楼盖整体性好和装配式楼盖节省模板和支撑的优点。但需要进行混凝土二次浇筑，有时还需增加焊接工作量。装配整体式楼盖仅适用于荷载较大的多层工业厂房、高层民用建筑以及有抗震设防要求的建筑。

4.1.2 现浇钢筋混凝土楼盖的类型

根据受力及支承条件，现浇钢筋混凝土楼盖可分为肋形楼盖、井式楼盖、密肋楼盖和无梁楼盖（图 4-1）等。

1. 肋形楼盖

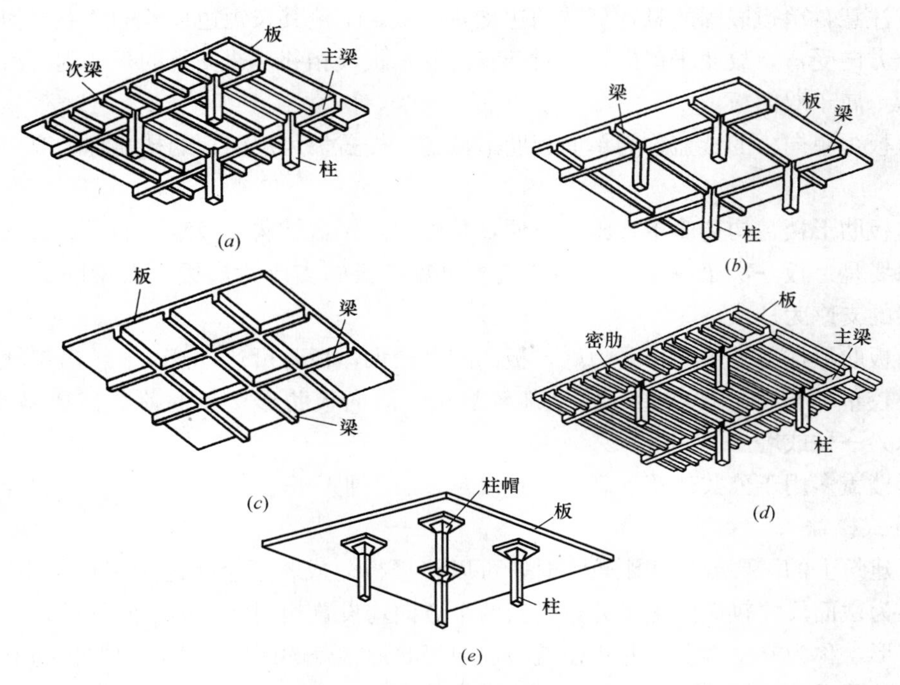

图 4-1　楼盖的类型

(*a*) 单向板肋形楼盖；(*b*) 双向板肋形楼盖；(*c*) 井式楼盖；(*d*) 密肋楼盖；(*e*) 无梁楼盖

肋形楼盖由板、次梁、主梁组成，三者整体相连，通常为多跨连续的超静定结构。楼面板被四周的梁分成许多矩形区格，板的四周支承在次梁、主梁或墙上，形成四边支承板，板上的荷载通过双向受弯传到四边的支承构件上。根据理论分析，对四边支承的板，当 $l_2/l_1>2$ 时，板主要沿短跨方向受弯，沿短边传递的板上荷载达 94%以上，而沿长边传递的荷载不超过 6%，因此在设计中可仅考虑短边方向受弯，而长边方向作构造处理，这种板称为单向板（图 4-2*a*）；当 $l_2/l_1\leqslant 2$ 时，沿长边传递的荷载及板在长跨方向的弯曲均较大而不能忽略，在设计中须考虑板双向受弯，这种板称为双向板（图 4-2*b*）。《混凝土规范》规定，对四边支承板，当 $l_2/l_1\leqslant 2$ 时应按双向板计算；当 $2<l_2/l_1<3$ 时，宜按双向板计算；当 $l_2/l_1\geqslant 3$ 时宜按沿短边方向受力的单向板计算，并应沿长边方向布置构造钢筋。

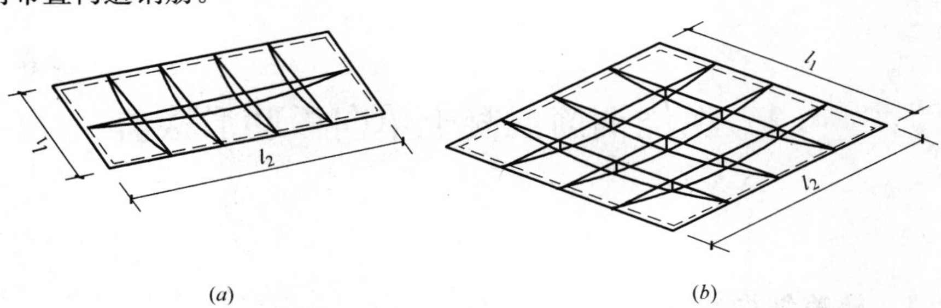

图 4-2　单向板与双向板

(*a*) 单向板；(*b*) 双向板

但应注意，单边嵌固的悬臂板和两边支承的板，不论其长短边尺寸的关系如何，都只在一个方向受弯，故属于单向板。对于三边支承板或相邻两边支承的板，则将沿两个方向受弯，属于双向板。

楼盖板为单向板的楼盖称为单向板肋形楼盖，楼盖板为双向板的楼盖称为双向板肋形楼盖。

单向板肋形楼盖构造简单，施工方便，是整体式楼盖结构中最常用的形式。其荷载的传递路线是：板→次梁→主梁→柱或墙。可见，板的支座为次梁，次梁的支座为主梁，主梁的支座为柱或墙。

双向板肋形楼盖较单向板受力好，板的刚度较大，板跨可达5m以上，当跨度相同时双向板较单向板薄，但构造、施工都较复杂。双向板肋形楼盖的荷载传递路线是：板→支承梁→柱或墙。

肋形楼盖多用于公共建筑、高层建筑以及多层工业厂房。

2. 井式楼盖

为了建筑上的需要或柱间距较大时，可以将楼板分成若干个接近十字形的小区格，除柱上梁为截面尺寸较大的主梁处，其余两个方向均设置相同截面的空间梁系，梁格布置呈井字形，称为井字楼盖。井式楼盖与双向板肋形楼盖的区别在于，双向板肋形楼盖在梁交点处需设柱。

井式楼盖一般用于方形或接近方形的中小礼堂、餐厅以及公共建筑的门厅。

3. 密肋楼盖

密肋楼盖与单向板肋形楼盖相似，只是次梁排得很密（一般500～700mm），且截面尺寸较小，而被称之为肋，故叫密肋楼盖。这种楼盖的隔声、隔热性能较好，可用于荷载不大（一般包括自重不宜超过6kN/m^2）跨度较小（肋的跨度不宜超过6m）的房屋。

4. 无梁楼盖

当楼盖不设梁，而将板通过柱帽直接支承在柱上，这种楼盖称为无梁楼盖。无梁楼盖顶棚平整，楼面结构高度小，具有较好的采光、通风和卫生条件，可节省模板简化施工，并可减小建筑的构造高度。当柱距在6m以内，楼板上活载标准值为5kN/m^{2}以上时，无梁楼盖一般比肋形楼盖经济。无梁楼盖常用于多层厂房、商场、书库、仓库、冷藏库以及地下水池的顶盖等建筑中。

4.2 现浇钢筋混凝土单向板肋形楼盖

4.2.1 楼盖结构布置

单向板肋形楼盖的结构布置包括柱网、承重墙和梁柱的合理布置，应满足建筑的正常使用要求、受力合理、经济合理的原则。

单向板肋形楼盖中，次梁的间距为板的跨度；主梁的间距为次梁的跨度；柱或墙的间距为主梁的跨度。根据设计经验，主梁的经济跨度为 5～8m，次梁的经济跨度为 4～6m，板的经济跨度一般为 1.7～2.7m，常用跨度为 2m 左右（当荷载较小时，宜用较大值，当荷载较大时，宜用较小值）。

单向板肋形楼盖的结构平面布置方案通常有以下三种：

（1）主梁横向布置，次梁纵向布置（图 4-3*a*）。这种方案具有房屋横向抗侧移刚度大，整体性较好的优点。此外，由于次梁沿外纵墙方向布置，使外纵墙上窗户高度可开得大些，对室内采光有利。

（2）主梁纵向布置，次梁横向布置（图 4-3*b*）。这种方案的优点是，减小了主梁的截面高度，增加了室内净高，适用于横向柱距比纵向柱距大得多的情况。

（3）只布置次梁，不布置主梁（图 4-3*c*）。这种方案仅适用于房间进深较小的情况。

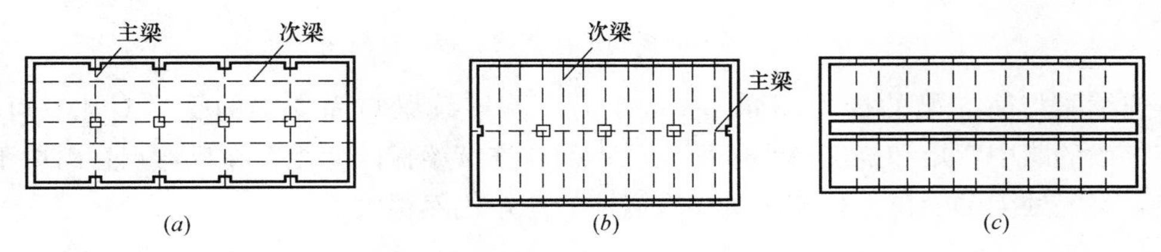

图 4-3　单向板肋形楼盖的结构平面布置方案
（*a*）主梁沿横向布置；（*b*）主梁沿纵向布置；（*c*）不设主梁

一般情况下，主梁的跨中宜布置两根次梁，这样可使主梁的弯矩图较为平缓，有利于节约钢筋。

4.2.2　连续梁板的受力特点

现浇单向板肋形楼盖的梁、板通常为多跨连续梁板。结构计算时，不论支座是墙还是梁，均简化为铰支座，不考虑支承梁的转动约束及竖向位移，而将次梁和板作为多跨连续梁来计算。对两端支承于墙体，中间与钢筋混凝土柱整浇的主梁，当梁柱线刚度比大于 3 时，也可忽略柱对梁弯曲转动的约束，将主梁视为支承于柱子的连续梁。否则应按框架计算梁柱内力。

作用于楼盖上的荷载有永久荷载和可变荷载。永久荷载包括结构自重、构造层重、永久性无振动设备等。可变荷载包括人群、家具、堆料、非永久性设备等。对于承受均布荷载的楼盖，板可取 1m 宽板带为计算单元。对于次梁，其负荷面积为次梁两侧各延伸 1/2 次梁的间距范围内的面积。

由于连续梁、板某一跨的内力对与其相隔两跨以外各跨的影响很小，所以，对等跨和等刚度的连续梁、板，当跨度超过 5 跨时，可按照 5 跨计算，所有中间跨均以第三跨来代表。显然，所有中间跨的配筋也与第三跨相同。

图 4-4 为某单向板肋形楼盖梁、板计算简图。

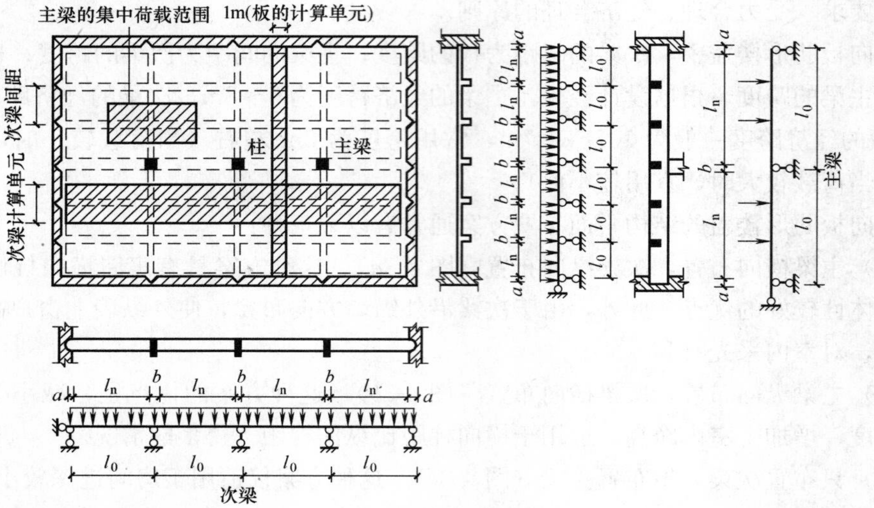

图 4-4 某单向板肋形楼盖梁、板计算简图

连续梁与简支梁的受力不同。图 4-5 为三跨连续梁与简支梁的受力对比。可见，①连续梁的跨中弯矩和挠度都小于简支梁；②在连续梁板的弯矩存在反弯点，跨中下部受拉，支座处上部受拉，且连续梁支座截面的弯矩仍然很大。

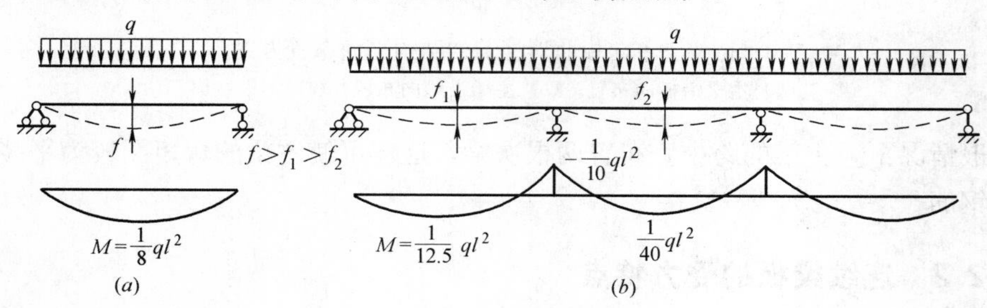

图 4-5 简支梁与连续梁的挠度和弯矩对比

(*a*) 简支梁；(*b*) 连续梁

由于作用在楼盖上的可变荷载的作用位置是可变的，因此，在计算连续梁（板）内力时，除永久荷载每跨作用外，应考虑可变荷载最不利布置来计算构件各截面上可能出现的最不利内力，并以此作为梁板截面承载力计算的依据。连续梁（板）的最不利可变荷载布置的规律是：

（1）某跨跨中截面的最大正弯矩时，应在本跨布置可变荷载，然后隔跨布置（图 4-6a）。

（2）求某跨跨中截面最小正弯矩时，本跨不布置可变荷载，而在相邻跨布置可变荷载，然后隔跨布置（图 4-6*b*）。

（3）求某一支座截面最大负弯矩时，应在该支座左右两跨布置可变荷载，然后隔跨布置（图 4-6*c*）。

（4）求某支座左、右截面的最大剪力时，可变荷载布置与求该支座截面最大负弯矩

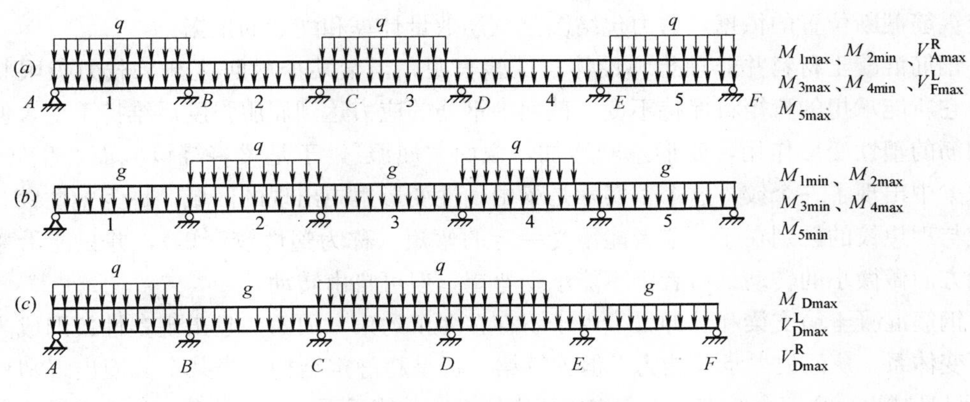

图 4-6　活荷载最不利布置

时的布置相同。

每一种可变荷载最不利布置，都有一种对应的内力图（包括弯矩图和剪力图）。将所有可变荷载最不利布置时的同种内力图形，按同一比例画在同一基线上，所得的图形称为内力叠合图。内力叠合图的外包线即为内力包络图。图 4-7 所示为某三跨梁的内力

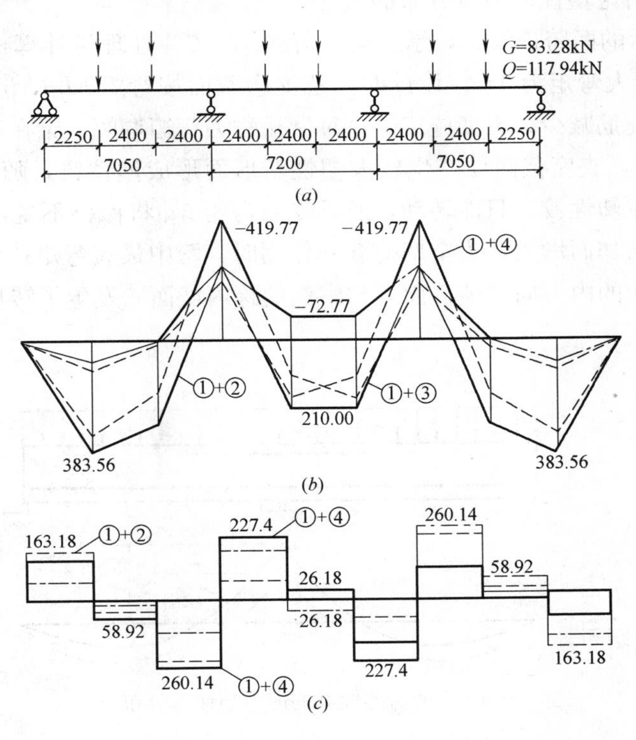

图 4-7　某三跨梁的内力包络图

（a）计算简图；（b）弯矩包络图；（c）剪力包络图

包络图。内力包络图有弯矩包络图和剪力包络图两种，它们反映了在永久荷载和可变荷载共同作用下，连续梁各截面可能产生的最不利内力图形，不论可变荷载处于何种位置，截面上的内力都不会超过包络图范围。弯矩包络图是连续梁纵向受力筋数量计算和

确定纵筋截断位置的依据，剪力包络图是箍筋数量计算和配置的依据。

钢筋混凝土材料并非理想弹性体。试验表明，当梁某个截面达到承载力极限状态时，它所能承担的弯矩将保持不变，截面中钢筋的应力达到屈服强度后维持不变，但由于钢筋的塑性变形作用，变形急剧增加，截面“屈服”，于是梁将绕该截面产生转动，好像梁中出现了一个铰，这个铰实际是梁中塑性变形集中出现的区域，称为塑性铰。塑性铰与理想铰的区别在于：前者能承受一定的弯矩（称为塑性铰弯矩），并只能沿弯矩作用方向做微小的转动；后者则不能承受弯矩，但可自由转动。

钢筋混凝土简支梁和外伸梁，由于不存在多余约束，因而一旦出现塑性铰即成为几何可变体系，从而失去承载能力。但连续梁、板是超静定结构，当某个截面出现塑性铰后，只是减少一个多余约束，不致变成可变体系，并能承受一定的荷载，但由于结构各截面间刚度的相对比值发生了变化，各截面的内力分布规律与塑性铰出现以前的分布规律不同。这种由于结构的塑性变形而使结构内力重新分布的现象，称为塑性内力重分布。实际上，超静定结构的塑性内力重分布贯穿于裂缝产生到结构破坏的整个过程，只是塑性铰出现后比塑性铰出现前更加明显和急剧。

下面进一步讨论塑性内力重分布的概念。

如图 4-8 所示的两跨连续梁，承受均布荷载 q，按弹性理论计算得到的支座最大弯矩为 M_B，跨中最大弯矩为 M_1。设计时，若支座截面按弯矩 M_B'($M_B'<M_B$) 配筋，这样可使支座截面配筋减少，方便施工，这种做法称为弯矩调幅。梁在荷载作用下，当支座弯矩达到 M_B'时，支座截面便产生较大塑性变形而形成塑性铰，随着荷载继续增加，因中间支座已形成塑性铰，只能转动，所承受的弯矩 M_B'将保持不变，但两边跨的跨内弯矩将随荷载的增加而增大，当全部荷载 q 作用时，跨中最大弯矩达到 M_1'($M_1'>M_1$)，这表明塑性铰截面的内力向其他截面（如本例的跨内截面）发生了转移，即产生了塑性内力重分布。

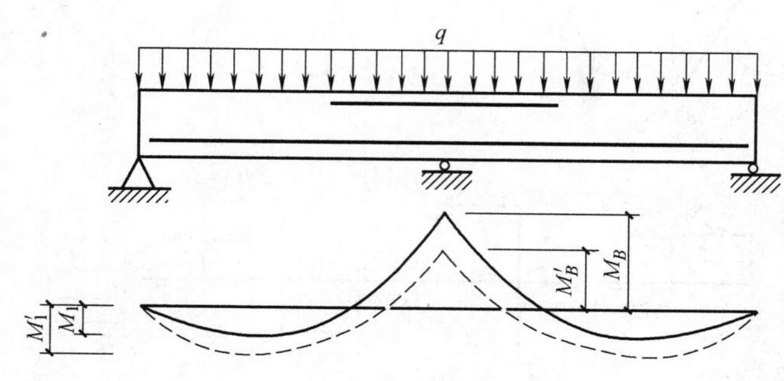

图 4-8　两跨连续梁的内力塑性重分布

钢筋混凝土连续梁塑性内力重分布的基本规律如下：

（1）钢筋混凝土连续梁达到承载能力极限状态的标志，不是某一截面到达了极限弯矩，而是必须出现足够的塑性铰，使整个结构形成几何可变体系。

（2）塑性铰出现以前，连续梁的弯矩服从于弹性的内力分布规律；塑性铰出现以后，结构计算简图发生改变，各截面的弯矩的增长率发生变化。

(3) 通过控制支座截面和跨中截面的配筋比，可以人为控制连续梁中塑性铰出现的早晚和位置，即控制调幅的大小和方向。

4.2.3 单向板肋形楼盖的构造

1. 单向板

(1) 板的厚度与支承长度

考虑结构安全及舒适度（刚度）的要求，根据工程经验，现浇钢筋混凝土单向板的板厚 $h \geqslant l_0/30$，l_0 为计算跨度。

板的支承长度应满足其受力钢筋在支座内锚固的要求，且一般小于板厚，当搁置在砖墙上时，不少于120mm。

(2) 受力钢筋

对单向板受力钢筋的要求见教学单元3.3。

连续板受力钢筋有弯起式和分离式两种配筋方式。

弯起式配筋是指将一部分跨中受力钢筋（常为1/3～1/2）在支座处弯起作为支座负弯矩钢筋，不足部分则另加直钢筋补充。弯起钢筋的弯起角度一般为30°，当板厚大于200mm时，可采用45°。为避免支座处钢筋间距紊乱，通常跨中和支座的钢筋采用相同间距或成倍间距。弯起式配筋的特点是钢筋锚固较好，整体性强，节约钢材，但施工较为复杂，目前已很少采用。

分离式配筋是指在跨中和支座全部采用直钢筋，跨中和支座钢筋各自单独配置。分离式配筋板顶钢筋末端应加直角弯钩直抵模板；板底钢筋末端应加半圆弯钩，但伸入中间支座者可不加弯钩。分离式配筋的特点是配筋构造简单，但其锚固能力较差，整体性不如弯起式配筋，耗钢量也较多。

连续板内受力钢筋的弯起和截断位置，应根据负弯矩图确定。但对于等跨连续板和板相邻跨度差不超过20%的不等跨连续板，可直接按图4-9所示弯起点或截断点位置确定即可。但当板相邻跨度差超过20%，或各跨荷载相差太大时，仍应按弯矩包络图和抵抗弯矩图来确定。采用分离式配筋时，板底钢筋宜全部伸入支座。

对于悬臂板，其配筋形式如图4-10所示。当板跨中可能出现负弯矩时，应将支座处的上部钢筋贯通，如图4-10（*a*）中虚线所示。

(3) 构造钢筋

板的分布钢筋已在教学单元3.3中介绍，下面介绍单向板的其他构造钢筋。

(4) 构造钢筋

1) 与混凝土梁、墙整体浇筑或嵌固在砌体墙内时的板面构造钢筋

与支承梁或墙整体浇筑的混凝土板，以及嵌固在砌体墙内的现浇混凝土板，按简支边或非受力边设计时，往往在其非主要受力方向的侧边上由于边界约束产生一定的负弯矩，从而导致板面裂缝。因此，需要在板边和板角部位配置防裂的板面构造钢筋。

板面构造钢筋的数量为：直径不宜小于8mm，间距不宜大于200mm，且单位宽度内的配筋面积不宜小于跨中相应方向板底钢筋截面面积的1/3。当单向板与混凝土梁、混

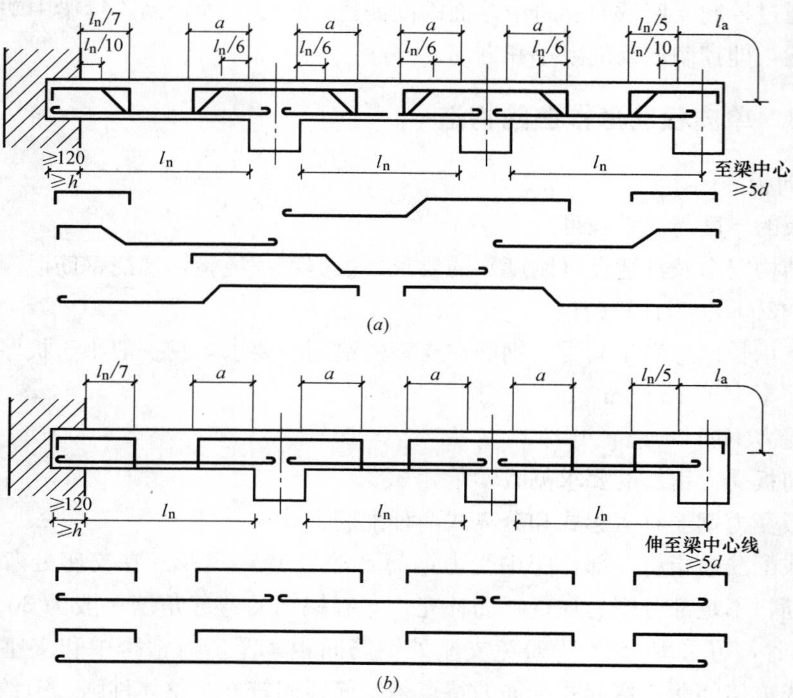

图 4-9　连续板的配筋

（a）弯起式；（b）分离式

注：当等跨或跨度相差不超过 20%时，图中 a 可按如下规定采用：当 $\frac{q}{g}\leqslant 3$ 时，$a=\frac{l_n}{4}$；当 $\frac{q}{g}>3$ 时，$a=\frac{l_n}{3}$。其中 g、q 分别为板上的恒载和活载设计值；l_n 为板的净跨。

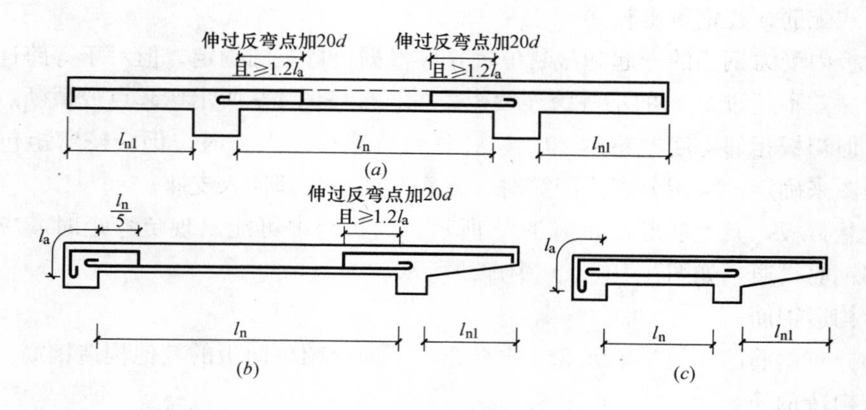

图 4-10　悬臂板配筋

凝土墙整体浇筑，其非受力方向的钢筋截面面积尚不宜小于受力方向跨中板底钢筋截面面积的 1/3。

板面构造钢筋伸入跨内的长度分两种情况：当板与混凝土梁、墙整体浇筑时，钢筋从混凝土梁边、柱边、墙边伸入板内的长度不宜小于 $l_0/4$；当板嵌固在砌体墙内时，钢筋伸出墙边的长度不应小于 $l_0/7$（图 4-11、图 4-12），其中计算跨度 l_0 对单向板按受力

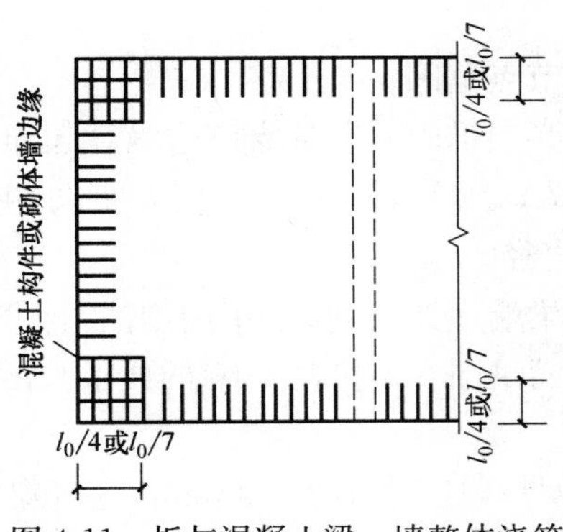

图 4-11　板与混凝土梁、墙整体浇筑或嵌固在砌体墙内时的板面构造钢筋

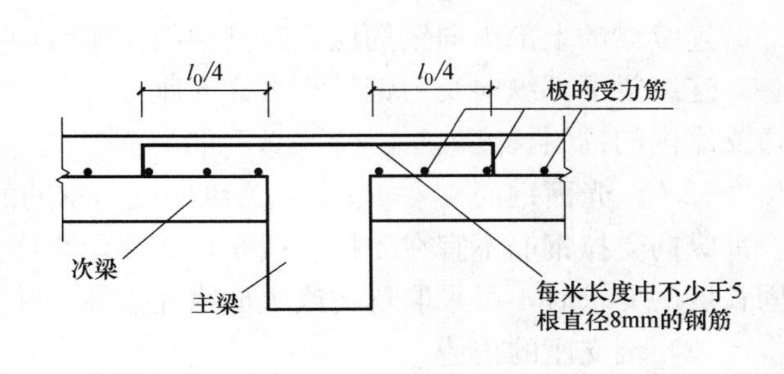

图 4-12　单向板中与主梁垂直的板面构造钢筋

方向考虑，对双向板为 l_1 短边跨度。在楼板角部，为防止出现垂直于板的对角线的板面裂缝，宜沿两个方向正交、斜向平行或放射状布置附加钢筋。

板的分布钢筋已在第三章第三节介绍，下面介绍单向板的其他构造钢筋。

2）板未配钢筋表面的温度收缩钢筋

混凝土收缩和温度变化易在现浇楼板内引起约束拉应力而导致裂缝，因此在温度、收缩应力较大的现浇板区域内，应在板的表面双向配置防裂构造钢筋。该钢筋宜在未配筋板面双向配置，特别是温度、收缩应力的主要作用方向。由于受力钢筋和分布钢筋也可以起到一定的抵抗温度、收缩应力的作用，故应主要在未配钢筋的部位或配筋数量不足的部位布置温度收缩钢筋。温度收缩钢筋间距不宜大于 200mm，板的上、下表面沿纵、横两个方向的配筋率均不宜小于 0.1%。温度收缩钢筋可利用原有钢筋贯通布置，也可另行设置钢筋，并与原有钢筋按受拉钢筋的要求搭接或在周边构件中锚固。

2. 次梁

（1）纵向受力钢筋

次梁纵向受力钢筋的一般构造要求，如直径、间距、根数等与第三章第三节受弯构件的构造要求相同。

当次梁相邻跨度相差不超过 20%，且均布恒荷载与均布活荷载设计值之比 $g/q\leqslant3$ 时，其纵向受力钢筋的弯起和截断可按图 4-13 进行。否则应按弯矩包络图确定。

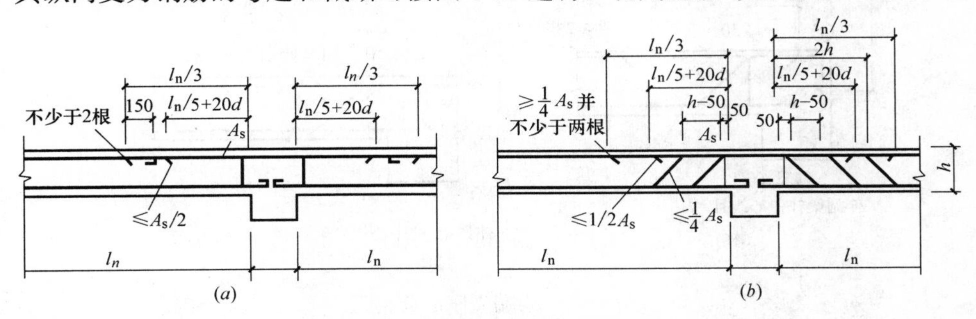

图 4-13　次梁的配筋构造要求

（a）分离式；（b）弯起式

（2）中间支座构造

连续梁的上部纵向钢筋应贯穿其中间支座或中间节点范围。

连续梁下部纵向受力钢筋宜贯穿支座或节点。当必须锚固时，从支座边缘算起伸入边支座内的锚固长度 l_{as}：当 $V \leqslant 0.7 f_t b h_0$ 时，$l_{as} \geqslant 5d$；当 $V > 0.7 f_t b h_0$ 时，带肋钢筋 $l_{as} \geqslant 12d$，光面钢筋 $l_{as} \geqslant 15d$，d 为纵向受力钢筋的直径。

纵向受拉钢筋不宜在受拉区截断，通常均应伸到梁端，如伸到梁端尚不满足上述锚固长度的要求时，可采取弯钩或机械锚固措施，并应满足图 3-3 和表 3-10 的要求。

（3）端支座的构造

次梁支承在砌体、垫块等简支支座上时，支承长度一般应不小于 240mm。这种梁在纵向受力钢筋的锚固长度范围内应配置不少于 2 个箍筋，其直径不宜小于 $d/4$，d 为纵向受力钢筋的最大直径；间距不宜大于 $10d$，当采取机械锚固措施时箍筋间距尚不宜大于 $5d$，d 为纵向受力钢筋的最小直径。混凝土强度等级为 C25 及以下的简支梁和连续梁的简支端，当距支座边 $1.5h$ 范围内作用有集中荷载，且 V 大于 $0.7 f_t b h_0$ 时，对带肋钢筋宜采取有效的锚固措施，或取锚固长度不小于 $15d$，d 为锚固钢筋的直径。如图 4-14（*a*）所示。

次梁梁端与钢筋混凝土梁整体浇筑时，梁端支座的配筋构造如图 4-14（*b*）所示。

3. 主梁

主梁支承在砌体、垫块等简支支座上时，支承长度一般应不小于 370mm。

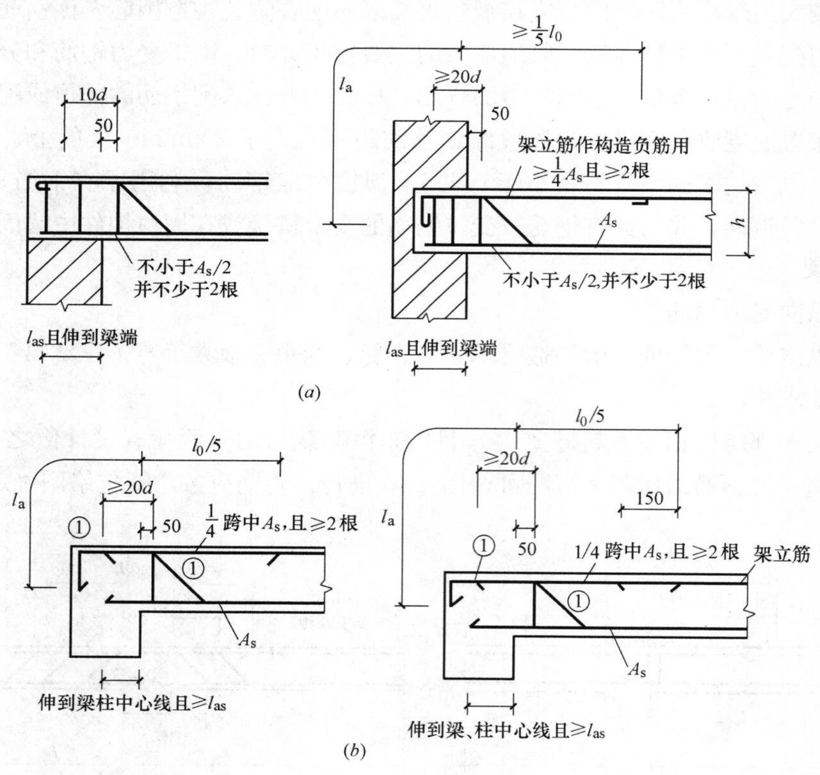

图 4-14　梁端支座配筋构造

（*a*）梁端支承在砌体墙柱上；（*b*）梁端与梁整浇

注：图中 A_s 为梁跨中下部纵向受力钢筋计算所需截面面积。

主梁的一般构造要求与次梁相同。但主梁纵向受力钢筋的弯起和截断，应按弯矩包络图确定。

主梁支座处剪力一般较大，当采用弯起钢筋作抗剪钢筋时，有时会出现跨中可供弯起的钢筋不够的情况。此时，需要在支座处设置专门的抗剪鸭筋（图4-15）。

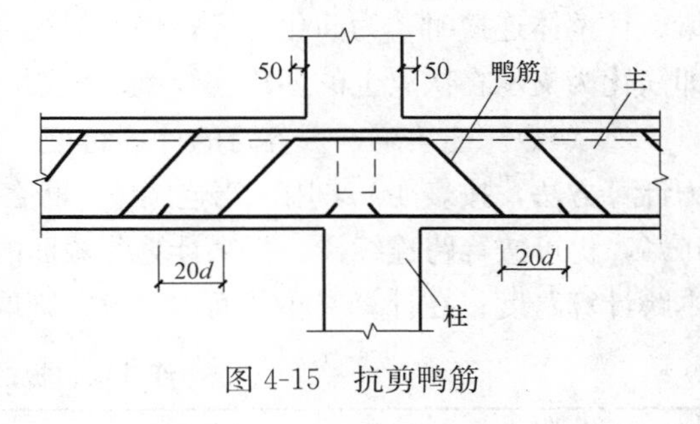

图 4-15　抗剪鸭筋

次梁与主梁相交处，由于主梁承受由次梁传来的集中荷载，其腹部可能出现斜裂缝，并引起局部破坏（图 4-16a）。因此《混凝土规范》规定，位于梁下部或梁截面高度范围内的集中荷载，应设置附加横向钢筋来承担，以便将全部集中荷载传至梁上部。附加横向钢筋有箍筋和吊筋两种，应优先采用箍筋。附加横向钢筋应布置在长度为 $s(s=2h_1+3b)$ 的范围内（图 4-16b、c）。第一道附加箍筋离次梁边 50mm。

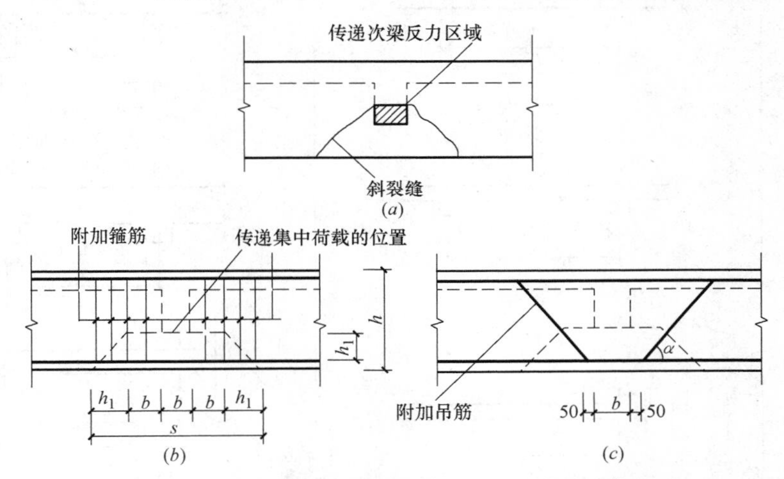

图 4-16　主梁腹部局部破坏情形及附加横向钢筋布置

（a）集中荷载作用下的裂缝；（b）附加箍筋；（c）附加吊筋

4.2.4　现浇钢筋混凝土单向板肋形楼盖设计

现浇单向板肋形楼盖设计一般可按下列步骤进行：①结构平面布置，并拟定梁、板截面尺寸；②确定结构计算简图；③进行梁、板的内力计算；④进行梁、板截面配筋计算；⑤确定梁、板的构造钢筋；⑥绘制楼盖结构施工图。

1. 内力计算方法

钢筋混凝土单向板肋形楼盖的板、次梁和主梁都可视为多跨连续梁，其内力计算有两种方法，即弹性计算法和塑性计算法。

（1）弹性计算法

按弹性计算方法计算是假定结构构件（梁、板）为理想的匀质弹性体，其内力按结构力学方法计算。这种方法概念简单、易于掌握，且计算结果非常可靠。

1）计算简图

确定计算简图的内容包括：确定梁、板的支座情况，各跨跨度以及荷载的形式、位置、大小等，如图 4-4 所示。

① 支座。梁、板支承在砖墙或砖柱上时，可视为铰支座；当梁、板的支座与其支承梁、柱整体连接时，为简化计算，仍近似视为铰支座，并忽略支座宽度的影响。这样，板即简化为支承在次梁上的多跨连续梁；主梁则简化为以柱或墙为支座的多跨连续梁。

② 跨数。连续梁、板各跨的计算跨度，可根据支座的形式、构件的截面尺寸以及内力计算方法，按表 4-1 采用。当连续梁、板各跨跨度不等时，如各跨计算跨度相差不超过 10%，仍可按等跨连续梁、板来计算各截面的内力。但在计算各跨跨中截面内力时，应取本跨计算跨度；在计算支座截面内力时，则取左、右两跨计算跨度的平均值计算。

连续梁、板的计算跨度 l_0　　表 4-1

<table>
<tr><th>内力计算方法</th><th>连 续 板</th><th>连 续 梁</th></tr>
<tr><td>弹性计算法</td><td>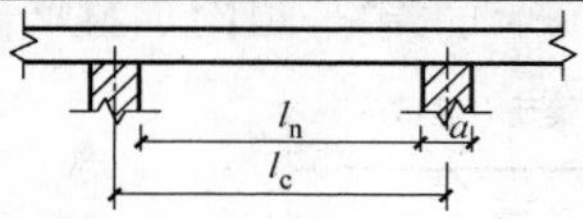

当$a \leqslant 0.1l_c$时, $l_0=l_c$
当$a>0.1l_c$时, $l_0=1.1l_n$
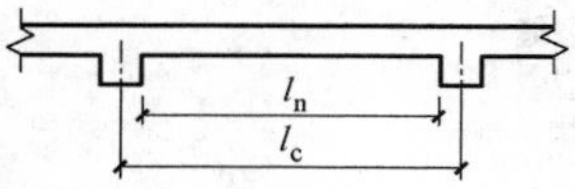

$l_0=l_c$
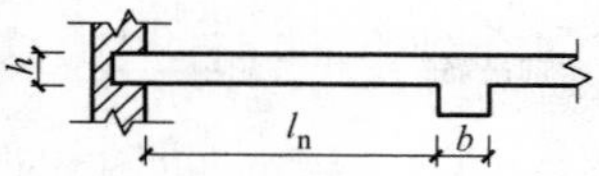

$l_0=l_n+\frac{h}{2}+\frac{b}{2}$</td><td>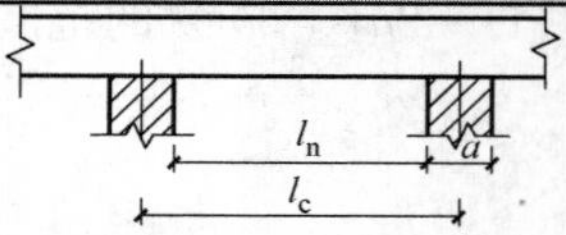

当$a \leqslant 0.05l_c$时, $l_0=l_c$
当$a>0.05l_c$时, $l_0=1.05l_n$
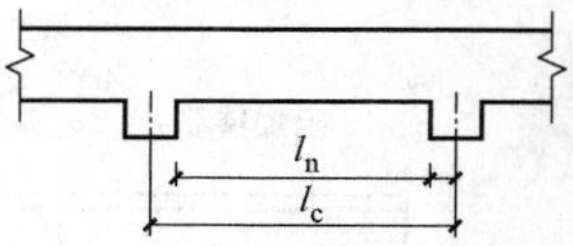

$l_0=l_c$
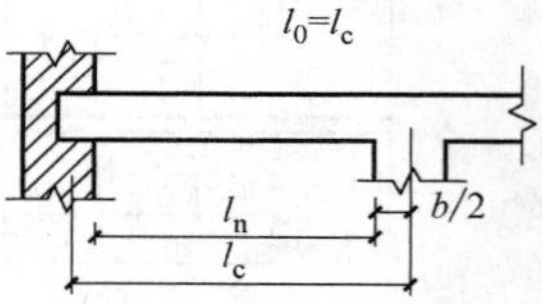

$l_0=l_c \leqslant 1.025l_n+\frac{b}{2}$</td></tr>
<tr><td>塑性计算法</td><td>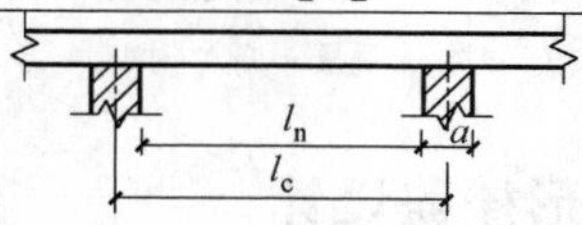

当$a \leqslant 0.1l_c$时, $l_0=l_c$
当$a>0.1l_c$时, $l_0=1.1l_n$
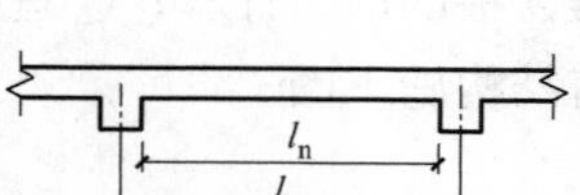

$l_0=l_n$
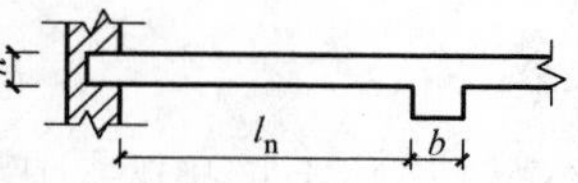

$l_0=l_n+\frac{h}{2}$</td><td>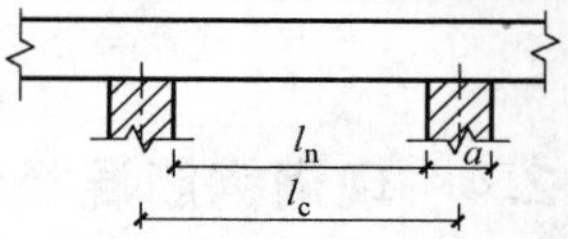

当$a \leqslant 0.05l_c$时, $l_0=l_c$
当$a>0.05l_c$时, $l_0=1.05l_n$
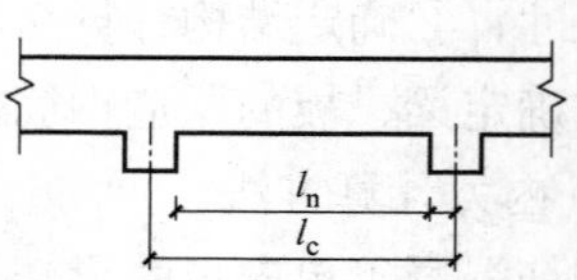

$l_0=l_n$
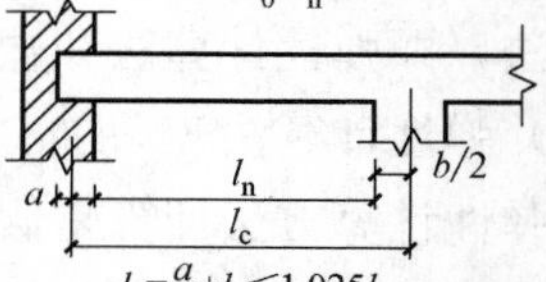

$l_0=\frac{a}{2}+l_n \leqslant 1.025l_n$</td></tr>
</table>

③ 荷载。作用在楼盖上的荷载有永久荷载和活荷载两种。永久荷载包括结构自重、各构造层重、永久性设备重等。活荷载为使用时的人群、堆料及一般设备重，而屋盖还有雪荷载。上述荷载通常按均布荷载考虑作用于楼板上。计算时，通常取 1m 宽的板带作为板的计算单元。次梁承受左右两边板上传来的均布荷载及次梁自重。主梁承受次梁传来的集中荷载及主梁自重，主梁的自重为均布荷载，但为便于计算，一般将主梁自重折算为几个集中荷载，分别加在次梁传来的集中荷载处。

④ 折算荷载。在确定连续梁、板支座时，认为连续板在次梁处、次梁在主梁处均为铰支承，并未考虑次梁对板、主梁对次梁转动的弹性约束作用。实际上，当板受荷发生弯曲转动时，将带动作为其支座的次梁产生扭转，次梁的扭转则将部分地阻止板自由转动，相当于降低了板跨中的弯矩值。类似情况也发生在次梁和主梁之间。在设计中，一般用增大永久荷载并相应减小可变荷载的办法来考虑次梁对板的弹性约束，即用调整后的折算永久荷载 g' 和折算活荷载 q' 代替实际的永久荷载 g 和实际活荷载 q。折算荷载的取值如下：

板　$$g'=g+\frac{q}{2},\quad q'=\frac{q}{2}$$

次梁　$$g'=g+\frac{q}{4},\quad q'=\frac{3}{4}q$$

式中　g'、q'——折算永久荷载和折算活荷载；

g、q——实际永久荷载和实际活荷载。

主梁不进行荷载折算。其原因是，当支承主梁的柱刚度较大时，应按框架结构计算主梁内力；当柱刚度较小时，则柱对主梁的约束作用很小。

2）内力计算

由于活荷载作用位置的可变性，为使构件在各种可能的荷载情况下都能达到设计要求，需要确定各截面的最大内力。因此必须找出活荷载的最不利组合。多跨连续梁的最不利组合如图 4-6 所示。

对等跨度（或跨度差≤10%）的连续梁，活荷载的最不利位置确定后，即可直接应用表格查得在永久荷载和各种活荷载作用下梁的内力系数，并按下列公式求出梁有关截面的弯矩 M 和剪力 V：

均布荷载作用时

$$M=K_1 g l_0{}^2+K_2 q l_0{}^2 \tag{4-1}$$

$$V=K_3 g l_0+K_4 q l_0 \tag{4-2}$$

集中荷载作用时

$$M=K_1 G l_0+K_2 Q l_0 \tag{4-3}$$

$$V=K_3 G+K_4 Q \tag{4-4}$$

式中　g、q——单位长度上的均布永久荷载及可变荷载；

G、Q——集中永久荷载及活荷载；

$K_1 \sim K_4$——内力系数，按附录 2 查取；

l_0——梁的计算跨度。

（2）塑性计算法

按弹性方法计算连续梁、板的内力存在三个方面的问题：一是假定结构构件为理想的匀质弹性体与钢筋混凝土的非弹性性质不符，因而按弹性计算法计算的结构内力与按破坏阶段的构件截面设计方法是互不协调的；二是弹性计算法是按可变荷载的各种最不利布置时的内力包络图来配筋的，但各跨中和各支座截面的最大内力实际上并不可能同时出现。而且由于超静定结构具有多余约束，当某一截面应力达到破坏阶段时，并不等于整个结构的破坏。可见，按弹性理论方法计算，整个结构各截面的材料不能充分利用；三是按弹性理论方法计算时，支座弯矩总是远大于跨中弯矩，这将使支座配筋拥挤、构造复杂、施工不便。为了克服这些不足，便产生了塑性计算法。

超静定混凝土结构在出现塑性铰的情况下，会发生内力重分布。由于内力重分布，超静定钢筋混凝土结构的实际承载能力往往比按弹性方法分析的承载能力高。塑性计算法即塑性内力重分布方法。因此按塑性方法设计，可以简化构造、节约配筋，方便施工。

1）等跨连续梁、板的内力

均布荷载作用下，多跨等跨连续梁、板的内力可按下列公式计算：

$$M=\alpha(g+q)l_0^2 \tag{4-5}$$

$$V=\beta(g+q)l_n \tag{4-6}$$

式中 V、M——分别为截面剪力设计值和弯矩设计值；

α、β——分别为弯矩系数、剪力系数，按表 4-2、表 4-3 采用；

g、q——分别为均布永久荷载设计值和活荷载设计值；

l_0——计算跨度，按表 4-1 采用；

l_n——净跨度。

弯矩系数 α **表 4-2**

<table>
<tr><th colspan="2" rowspan="2">支承情况</th><th colspan="6">截面位置</th></tr>
<tr><th>端支座</th><th>边跨跨中</th><th>离端第二支座</th><th>离端第二跨跨中</th><th>中间支座</th><th>中间跨跨中</th></tr>
<tr><td colspan="2">梁板搁支在墙上</td><td>0</td><td>1/11</td><td rowspan="4">−1/10(两跨连续)
−1/11(多跨连续)</td><td rowspan="4">1/16</td><td rowspan="4">−1/14</td><td rowspan="4">1/16</td></tr>
<tr><td>板</td><td rowspan="2">与梁整浇连接</td><td>−1/16</td><td rowspan="2">1/14</td></tr>
<tr><td>梁</td><td>−1/24</td></tr>
<tr><td colspan="2">梁与柱整浇连接</td><td>−/16</td><td>1/14</td></tr>
</table>

剪力系数 β **表 4-3**

<table>
<tr><th rowspan="3">支承情况</th><th colspan="5">截面位置</th></tr>
<tr><th rowspan="2">端支座内侧</th><th colspan="2">离端第二支座</th><th colspan="2">中间支座</th></tr>
<tr><th>外侧</th><th>内侧</th><th>外侧</th><th>内侧</th></tr>
<tr><td>搁支在墙上</td><td>0.45</td><td>0.60</td><td rowspan="2">0.55</td><td rowspan="2">0.55</td><td rowspan="2">0.55</td></tr>
<tr><td>与梁或柱整体连接</td><td>0.50</td><td>0.55</td></tr>
</table>

2）按塑性计算法计算的基本原则

① 钢筋宜选用 HRB400、HRBF400、HRB500、HRBF500 钢筋。

② 钢筋混凝土梁支座或节点边缘截面的负弯矩调幅幅度不宜大于 25%；钢筋混凝土板的负弯矩调幅幅度不宜大于 20%。

③ 弯矩调整后的梁端截面相对受压区高度不应超过 0.35，且不宜小于 0.10，即 $0.10h_0 \leqslant x \leqslant 0.35h_0$。

④ 每跨调整后的两个支座弯矩的平均值加上跨中弯矩的绝对值之和应不小于相应的简支梁跨中弯矩，即

$$M_0 \leqslant \frac{M_B + M_C}{2} + M_1 \tag{4-7}$$

式中 M_B、M_C 和 M_1——分别为支座 B、C 和跨中截面塑性铰上的弯矩；

M_0——在全部荷载（$g+q$）作用下简支梁的跨中弯矩。

此外，任意计算截面的弯矩不宜小于简支弯矩的 1/3。

3）塑性计算法的适用范围

采用塑性计算法设计的构件在使用阶段的裂缝和变形均较大，所以对于直接承受动力荷载的构件，以及要求不出现裂缝或处于三 a、三 b 类环境情况下的结构，不应采用塑性计算法。

一般工业与民用建筑的整体式肋形楼盖中的板和次梁，通常均采用塑性计算法法计算。而主梁属于重要构件，一般仍采用弹性方法计算。

2. 构件的计算要点

1）板

① 单向板的计算步骤：沿板的长边方向切取 1m 宽板带作为计算单元（图 4-4）→荷载计算→按塑性计算法计算内力→配筋计算→确定构造钢筋。

② 当板的周边与梁整体连接时，在竖向荷载作用下，周边梁将对它产生水平推力。该推力可减少板中各计算截面的弯矩。因此，对四周与梁整体连接的单向板，其中间跨的跨中截面及中间支座截面的计算弯矩可减少 20%，其他截面不予减少。

③ 通常情况下，板内剪力相对较小，在一般情况下都能满足 $V \leqslant 0.7 f_t b h_0$ 的条件，设计时可不进行斜截面受剪承载力计算。

2）次梁

① 次梁的计算步骤：初选截面尺寸→荷载计算→按塑性计算法计算内力→计算纵向钢筋→计算腹筋→确定构造钢筋。

② 截面尺寸满足高跨比（1/18～1/12）和宽高比（1/3～1/2）的要求时，不必作使用阶段的挠度和裂缝宽度验算。

③ 计算纵向受拉钢筋时，跨中按 T 形截面计算；支座截面因翼缘位于受拉区，按矩形截面计算。

④ 计算腹筋时，一般只利用箍筋抗剪。

3）主梁

① 主梁的计算步骤：初选截面尺寸→荷载计算→按弹性计算法计算内力→计算纵向钢筋→计算腹筋→确定构造钢筋。

② 主梁主要承受由次梁传来的集中荷载。为简化计算，主梁自重可折算为集中荷载，并假定与次梁的荷载共同作用在次梁支承处。

③ 正截面承载力计算时，跨中按 T 形截面计算，支座按矩形截面计算。当跨中出现负弯矩时，跨中也按矩形截面计算。

④ 由于支座处板、次梁和主梁的钢筋重叠交错，且主梁负筋位于次梁和板的负筋之下（图 4-17），故截面有效高度在支座处有所减少。此时主梁支座截面有效高度应取：

主梁受力钢筋为一排　　　　$h_0=h-(55\sim65)$

主梁受力钢筋为二排　　　　$h_0=h-(75\sim85)$

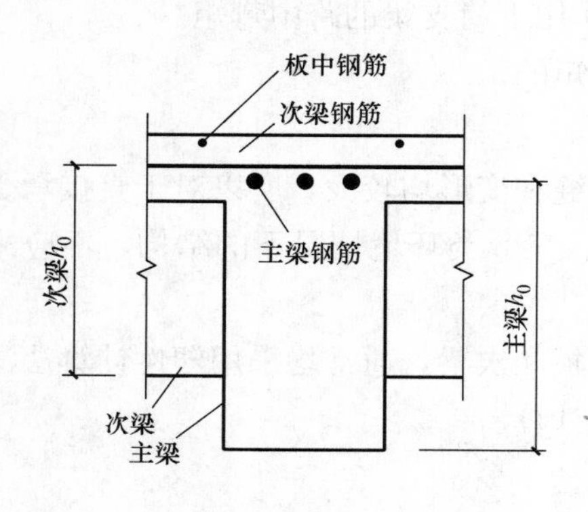

图 4-17　主梁支座处受力钢筋的布置

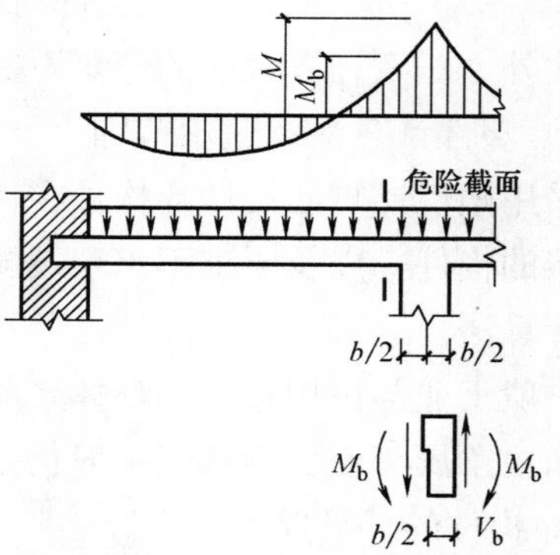

图 4-18　支座中心与支座边缘的弯矩

⑤ 按弹性方法计算主梁内力时，其跨度取支座中心线间的距离，因而最大负弯矩发生在支座中心（即柱中心处），但这并非危险截面。实际危险截面应为支座（柱）边缘（图 4-18），故计算弯矩应按支座边缘处取用，此弯矩可近似按下式计算：

$$M_b=M-V_b\cdot\frac{b}{2} \tag{4-8}$$

式中　M_b——计算弯矩；

M——支座中心处弯矩；

V_b——按简支梁计算的支座剪力；

b——支座（柱）的宽度。

⑥ 主梁主要承受集中荷载，剪力图呈矩形。如果在斜截面抗剪承载力计算中，要利用弯起钢筋抵抗部分剪力，则应考虑跨中有足够的钢筋可供弯起，以使抗剪承载力图形形完全覆盖剪力包络图。若跨中钢筋可供弯起的根数不多，则应在支座设置专门的抗剪鸭筋（图 4-15）。

⑦ 主梁截面尺寸满足高跨比（1/14～1/8）和宽高比（1/3～1/2）的要求时，一般不必作使用阶段挠度和裂缝宽度验算。

⑧ 主梁纵向受力钢筋的弯起和截断，应使其受弯承载力图形覆盖弯矩包络图，并

应满足有关构造要求。

3. 主梁附加横向钢筋的计算

如图 4-16 所示，次梁和主梁相交处，位于梁下部或梁截面高度范围内的集中荷载，应设置附加横向钢筋来承担。附加横向钢筋所需纵截面面积按该集中荷载全部由附加横向钢筋承担的原则计算。实际工程中，存在以下三种可能方案：

（1）集中荷载全部由附加箍筋承担，则所需附加钢筋的总面积为：

$$A_{sv} \geqslant \frac{F}{f_{yv}} \tag{4-9}$$

在选定附加箍筋的直径和肢数后，即可由 A_{sv} 算出 s 范围内附加箍筋的根数。

（2）集中荷载全部由吊筋承担，则所需吊筋总截面面积为：

$$A_{sb} \geqslant \frac{F}{2 f_{yv} \sin\alpha} \tag{4-10}$$

在吊筋的直径选定后，即可求得吊筋的根数。

（3）集中荷载由附加箍筋和附加吊筋共同承担，则应满足：

$$2 f_{yv} A_{sb} \sin\alpha + mnA_{sv1} f_{yv} \geqslant F \tag{4-11}$$

式中 A_{sb}——承受集中荷载所需的附加吊筋的总截面面积；

A_{sv1}——附加箍筋单肢的截面面积；

n——同一截面内附加箍筋的肢数；

m——在 s 范围内附加箍筋的根数；

F——作用在梁的下部或梁截面高度范围内的集中荷载设计值；

f_{yv}——附加横向钢筋的抗拉强度设计值；

α——附加吊筋弯起部分与梁轴线间的夹角，一般取 45°；如梁高 h>800mm，取 60°。

4. 现浇钢筋混凝土单向板肋形楼盖设计实例

设计某多层工业厂房现浇钢筋混凝土楼盖。已知条件如下：楼盖建筑平面图如图 4-19 所示，楼面为 20mm 厚水泥砂浆面层，12mm 厚板底及梁侧抹灰。可变荷载标准值 7.0kN/m²。混凝土强度等级 C25（f_c＝11.9N/mm²，f_t＝1.27N/mm²），梁中主筋采

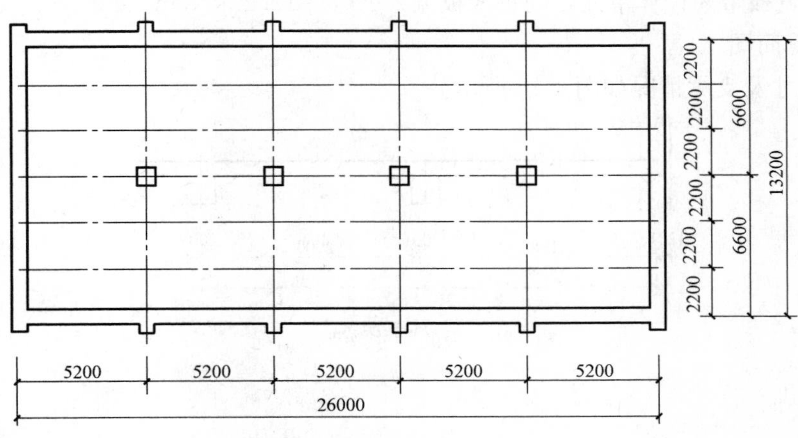

图 4-19 楼盖平面图

用 HRB400 级钢筋（$f_y=360\text{N/mm}^2$），其余钢筋为 HPB300 级钢筋（$f_y=f_{yv}=270\text{N/mm}^2$）。结构设计使用年限为 50 年（$\gamma_L=1.0$），安全等级为二级（$\gamma_0=1.0$）。

【解】（1）进行结构平面布置

按单向板肋形楼盖进行结构平面布置。取主梁间距同柱距，为 5200mm；次梁间距为 2000mm，如图 4-19 所示。

（2）初拟梁、板截面尺寸

板、次梁按塑性计算法计算，主梁按弹性计算法计算。

考虑刚度要求，板厚 $h\geqslant\left(\frac{1}{35}\sim\frac{1}{40}\right)\times2200=63\sim55\text{mm}$，考虑工业建筑楼盖最小板厚为 80mm，故板厚取为 80mm。

次梁截面高度 $h=\left(\frac{1}{18}\sim\frac{1}{12}\right)l_0=\left(\frac{1}{18}\sim\frac{1}{12}\right)\times5200=289\sim433\text{mm}$，取 $b\times h=200\text{mm}\times450\text{mm}$。

主梁截面高度 $h=\left(\frac{1}{14}\sim\frac{1}{8}\right)l_0=\left(\frac{1}{14}\sim\frac{1}{8}\right)\times6600=471\sim825\text{mm}$，取 $b\times h=250\text{mm}\times650\text{mm}$。

（3）单向板设计

1）荷载计算

永久荷载标准值

20mm 厚水泥砂浆面层	$0.02\times20=0.40\text{kN/m}^2$
80mm 厚钢筋混凝土板	$0.08\times25=2.00\text{kN/m}^2$
12mm 厚板底抹灰	$0.012\times17=0.204\text{kN/m}^2$
	$g_k=2.604\text{kN/m}^2$
永久荷载设计值	$g=1.2\times2.604=3.12\text{kN/m}^2$
活荷载设计值	$q=1.3\times7.0=9.1\text{kN/m}^2$
合计	$g+q=12.22\text{kN/m}^2$

取 1m 宽板带为计算单元，则每米板宽 $g+q=12.22\text{kN/m}$

2）计算简图

板的尺寸及支承情况如图 4-20 所示。

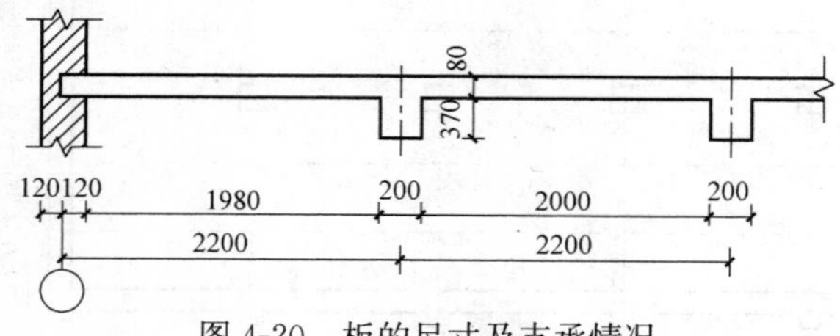

图 4-20 板的尺寸及支承情况

计算跨度：

边跨 $l_1=l_n+\frac{h}{2}=2.2-\frac{0.2}{2}-\frac{0.24}{2}+\frac{0.08}{2}=2.02\text{m}$

中间跨　　　$l_2=l_3=l_n=2.2-0.2=2.0\text{m}$

跨度差$\frac{2.02-2}{2.0}\times100\%=1.0\%<10\%$，可采用等跨连续梁的内力系数计算。

板的计算简图如图 4-21 所示。

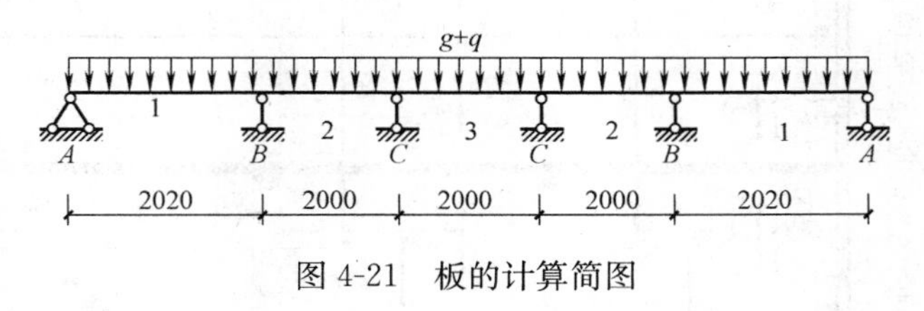

图 4-21　板的计算简图

3）内力计算

板各截面弯矩的计算见表 4-4。

板各截面弯矩的计算　　表 4-4

截　面	边跨中	支座 B	中间跨中	中间支座
弯矩系数 α	1/11	−1/14	1/16	−1/16
$M=\alpha(g+q)l_0^2$ (kN·m)	(1/11)×12.22×2.02²＝4.53	(−1/14)×12.22×2.02²＝-3.56	(1/16)×12.22×2.0²＝3.06	(−1/16)×12.22×2.0²＝−3.06

4）配筋计算

$b=1000\text{mm}$，$h=80\text{mm}$，$h_0=80-25=55\text{mm}$，$0.35h_0=0.35\times55=19.25\text{mm}$，各截面的配筋计算见表 4-5。

板的配筋计算　　表 4-5

截　面		1	B	2		C	
				Ⅰ-Ⅰ板带	Ⅱ-Ⅱ板带	Ⅰ-Ⅰ板带	Ⅱ-Ⅱ板带
弯矩 M(N·mm)		4.53×10^6	-3.56×10^6	3.06×10^6	$0.8\times3.06\times10^6$	-3.06×10^6	$-0.8\times3.06\times10^6$
$x=h_0-\sqrt{h_0^2-\frac{2M}{\alpha_1 f_c b}}$ (mm)		9.38	$7.22<0.35h_0$	6.14	4.85	$6.14<0.35h_0$	$4.85<0.35h_0$
$A_s=\frac{\alpha_1 f_c bx}{f_y}$(mm²)		333	257	219	173	219	173
选用钢筋	Ⅰ-Ⅰ板带	Φ 8@150 $A_s=335\text{mm}^2$	Φ 8@190 $A_s=265\text{mm}^2$	Φ 8@200 $A_s=251\text{mm}^2$		Φ 8@200 $A_s=251\text{mm}^2$	
	Ⅱ-Ⅱ板带	Φ 8@150 $A_s=335\text{mm}^2$	Φ 8@190 $A_s=265\text{mm}^2$		Φ 8@200 $A_s=251\text{mm}^2$		Φ 8@200 $A_s=251\text{mm}^2$

注：1. Ⅰ-Ⅰ板带为板的边带，Ⅱ-Ⅱ板带为板的中带；

2. Ⅱ-Ⅱ板带的中间跨及中间支座，由于板四周与梁整体连结，因此该处弯矩乘以 0.8。

5）构造钢筋

在板的配筋图中，除按计算配置受力钢筋外，尚应设置下列构造钢筋：分布钢筋Φ 6@300，沿板面均布；板边构造钢筋Φ 8@200，设置于板周边的上部，并双向配置于板四角的上部；垂直于主梁的板面构造钢筋Φ 8@200。

6）板的配筋图

板的配筋图如图 4-22 所示。

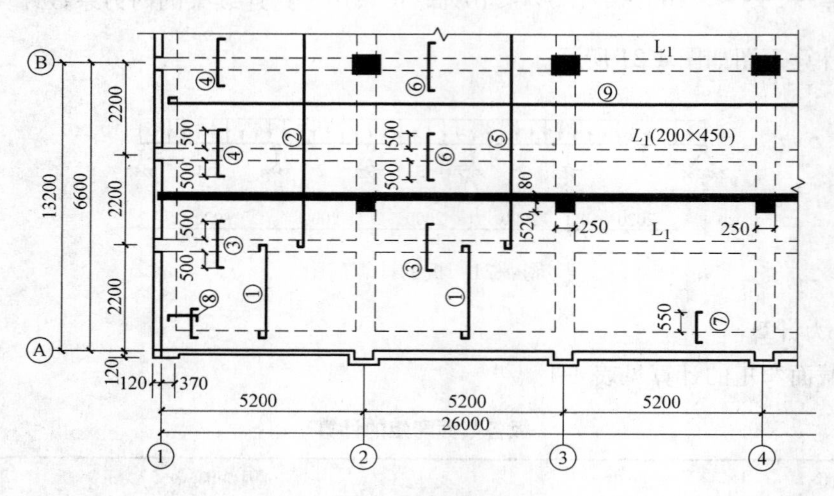

图 4-22　板的配筋图

注：图中钢筋为：①Φ 8@150，②Φ 8@200，③Φ 8@190，④Φ 8@190，⑤Φ 8@200，⑥Φ 8@190，⑦Φ 8@200，⑧Φ 8@200，⑨Φ 6@300

（4）次梁设计

次梁的尺寸及支承情况如图 4-23 所示。

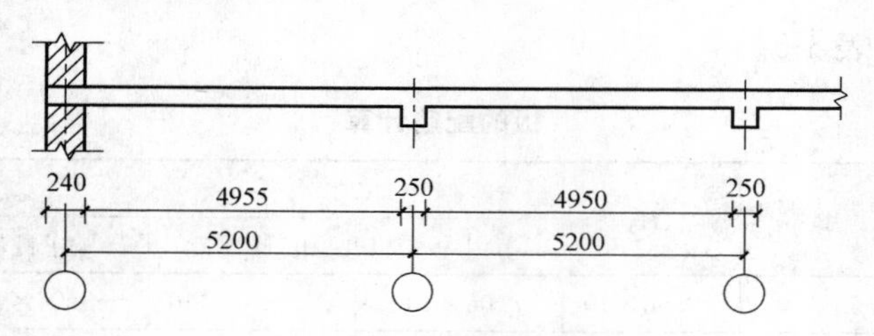

图 4-23　次梁的尺寸及支承情况

1）荷载计算

永久荷载设计值

由板传来　　$3.12\times2.2=6.86\text{kN/m}$

梁自重　　$1.2\times0.2\times(0.45-0.08)\times25=2.22\text{kN/m}$

梁侧抹灰　　$1.2\times0.012\times(0.45-0.08)\times2\times17=0.181\text{kN/m}$

$g=9.261\text{kN/m}$

活荷载设计值

由板传来　　$q=1.3\times7.0\times2.2=20.02\text{kN/m}$

合计　　$g+q=29.281\text{kN/m}$

2）计算简图

边跨计算跨度：$l_{01}=l_{n1}+\dfrac{h}{2}=\left(5.2-\dfrac{0.25}{2}-\dfrac{0.24}{2}\right)+\dfrac{0.24}{2}=5.075\text{m}$，$l_{01}=$

$1.025l_{n1}=1.025\times4.955=5.079$m，取二者中较小值，$l_1=5.075$m

中间跨计算跨度： $l_{02}=l_{03}=l_{n2}=5.2-0.25=4.95$m

跨度差$\frac{5.079-4.95}{4.95}\times100\%=2.61\%<10\%$，可采用等跨连续梁的内力系数计算。

次梁计算简图如图 4-24 所示。

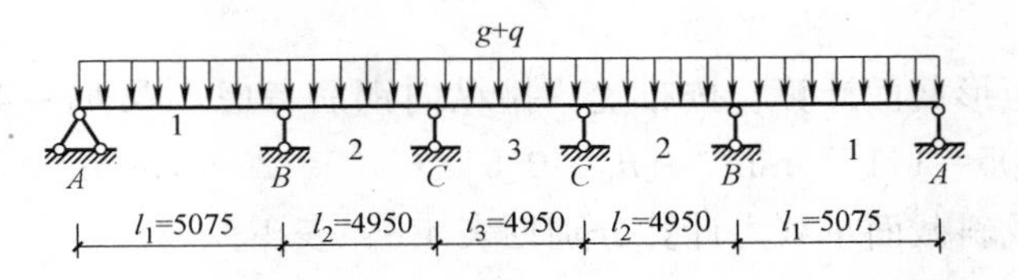

图 4-24 次梁的计算简图

3）内力计算

次梁的内力计算见表 4-6、表 4-7。

次梁弯矩计算表 表 4-6

截面	边跨中	B 支座	中间跨中	中间支座
弯矩系数 α	1/11	−1/11	1/16	−1/16
$M=\alpha(g+q)l_0^2$ (kN·m)	$(1/11)\times29.281\times5.075^2=68.667$	$(-1/11)\times29.281\times5.075^2=-68.667$	$(1/16)\times29.281\times4.95^2=44.841$	$(-1/16)\times29.281\times4.95^2=-44.841$

次梁剪力计算表 表 4-7

截面	边支座 A	B 支座(左)	B 支座(右)	中间支座
剪力系数 β	0.4	0.6	0.5	0.5
$V=\beta(g+q)l_n$ (kN)	$0.4\times29.281\times4.955=58.035$	$0.6\times29.281\times4.955=87.052$	$0.5\times29.281\times4.95=72.470$	$0.5\times29.281\times4.95=72.470$

4）配筋计算

① 跨中截面

次梁跨中按 T 形截面计算，其翼缘宽度为：

边跨 $\frac{l_0}{3}=\frac{1}{3}\times5075=1693$mm，$b+s_n=2200$mm，$b+12h_f'=200+12\times80=1160$，取较小值得 $b_f'=1160$mm

中间跨 $\frac{l_0}{3}=\frac{1}{3}\times4950=1650$mm，$b+s_n=2200$mm，$b+12h_f'=200+12\times80=1160$，取较小值得 $b_f'=1160$mm

梁高 $h=450$mm，$h_0=450-45=405$mm

翼缘厚 $h_f'=80$mm

判别 T 形截面类型

$$\alpha_1 f_c b_f' h_f' \left(h_0 - \frac{h_f'}{2}\right) = 1.0 \times 11.9 \times 1160 \times 80 \times \left(405 - \frac{80}{2}\right) = 403.077 \times 10^6 \text{N} \cdot \text{mm}$$

$$= 403.077\text{kN} \cdot \text{m} > 68.667\text{kN} \cdot \text{m}（边跨中）$$

$$44.841\text{kN} \cdot \text{m}（中间跨中）$$

故各跨中截面属于第一类T型截面。

② 支座截面

支座截面按矩形截面计算，按布置一排纵向钢筋考虑，取 $h_0 = 450 - 45 = 405\text{mm}$，$0.35h_0 = 0.35 \times 405 = 141.75\text{mm}$，$\xi_b h_0 = 0.518 \times 405 = 209.79\text{mm}$。

次梁正截面及斜截面承载力计算分别见表4-8、表4-9。

次梁正截面承载力计算 **表4-8**

截　　面	1	B	2、3	C
弯矩 M(N·mm)	68.667×10^6	-68.667×10^6	44.841×10^6	-44.841×10^6
b/b_f'(mm)	200/1160	200/—	200/1160	200/—
h_0(mm)	405	405	405	405
$x = h_0 - \sqrt{h_0^2 - \frac{2M}{\alpha_1 f_c b_f'}}$(跨中) $x = h_0 - \sqrt{h_0^2 - \frac{2M}{\alpha_1 f_c b}}$（支座）	12.47	$78.93 < 0.35h_0$	8.04	$49.13 < 0.35h_0$
$A_s = \frac{\alpha_1 f_c b_f' x}{f_y}$(跨中) $A_s = \frac{\alpha_1 f_c b x}{f_y}$（支座）	478	522	308	325
$\rho_s = \frac{A_s}{bh_0}$(%)	0.59	0.64	0.38	0.40
$\rho_{s,\min} = \min(45f_t/f_y, 0.20)$(%)	$0.20 < \rho_s$	$0.20 < \rho_s$	$0.20 < \rho_s$	$0.20 < \rho_s$
选用钢筋	2Φ16+1Φ14	2Φ16+1Φ14	2Φ16	2Φ16
实配钢筋截面面积(mm²)	555.9	555.9	339	339

次梁斜截面承载力计算 **表4-9**

截　　面	边支座	B支座(左)	B支座(右)	中间支座
V(kN)	58035	87052	72470	72470
b(mm)	200	200	200	200
h_0(mm)	405	405	405	405
h_0/b	$2.03 < 4$	$2.03 < 4$	$2.03 < 4$	$2.03 < 4$
$0.25\beta_c f_c b h_0$(N)	$240975 > V$	$240975 > V$	$240975 > V$	$240975 > V$
$0.7f_t b h_0$(kN)	$72009 > V$	$72009 > V$	$72009 < V$	$72009 < V$
选用箍筋直径、肢数	Φ6双肢	Φ6双肢	Φ6双肢	Φ6双肢
$A_{sv} = nA_{sv1}$(mm²)	56.6	56.6	56.6	56.6
$s \geqslant \frac{f_{yv} A_{sv} h_0}{V - 0.7f_t b h_0}$（mm）	按构造配置	按构造配置	13426	13426

续表

截　面	边支座	B 支座(左)	B 支座(右)	中间支座
实配箍筋间距 s(mm)	200	200	200	200
$\rho_{sv,min}=0.24f_t/f_{yv}$(%)	不需验算配箍率	不需验算配箍率	0.11	0.11
$\rho_{sv}=\frac{A_{sv}}{bs}$(%)			$0.14>\rho_{sv}$	$0.14>\rho_{sv}$
实配箍筋	Φ 6@200,双肢	Φ 6@200,双肢	Φ 6@200,双肢	Φ 6@200,双肢

5）配筋图

次梁配筋如图 4-25 所示，其中④号钢筋的截断位置按构造确定。

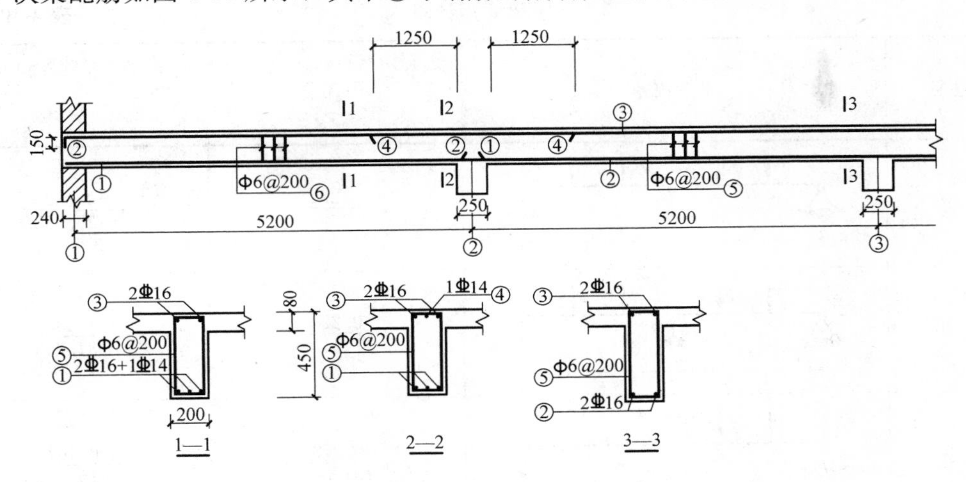

图 4-25　次梁配筋图

（5）主梁设计

1）荷载计算

永久荷载设计值

由次梁传来的集中荷载　　$9.261\times4.95=45.842\text{kN}$

主梁自重（折算为集中荷载）　$1.2\times0.25\times0.65\times2.2\times25=9.9\text{kN}$

梁侧抹灰（折算为集中荷载）

$$1.2\times0.012\times(0.65-0.08)\times2.2\times2\times17=0.56\text{kN}$$

$$G=56.302\text{kN}$$

活荷载设计值　$P=1.3\times7.0\times2.2\times5.2=104.104\text{kN}$

合计　$G+P=160.406\text{kN}$

2）计算简图

计算跨度 $l_0=6.6-0.12+\frac{0.37}{2}=6.67\text{m}$，$l_0=1.025\times\left(6.6-\frac{0.12}{2}-\frac{0.25}{2}\right)+\frac{0.25}{2}$ $=6.70\text{m}$，取上述二者中的较小者，$l_0=6.67\text{m}$。

主梁的计算简图如图 4-26 所示。

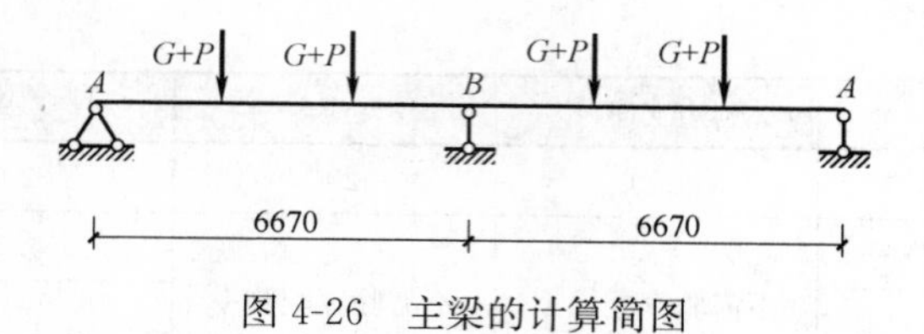

图 4-26　主梁的计算简图

3）内力计算

主梁跨中截面、支座截面的最大弯矩和剪力按下式计算：$M=KGl_0$（或 KPl_0），$V=KG$（或 KP），式中系数 K 由附录 2 查取。具体计算见表 4-10、表 4-11。

主梁弯矩计算　　　　**表 4-10**

序号	荷载简图	跨中弯矩(kN·m)	支座弯矩(kN·m)
		$\frac{K}{M_1}$	$\frac{K}{M_B}$
①		$\frac{0.222}{83.369}$	$\frac{-0.333}{-125.053}$
②		$\frac{0.222}{154.151}$	$\frac{-0.333}{-231.226}$
③		$\frac{0.278}{193.036}$	$\frac{-0.167}{-115.960}$
最不利内力组合	①+②	237.52	−356.279
	①+③	276.405	−241.013
最大弯矩		276.405	−356.279

主梁剪力计算　　　　**表 4-11**

序号	荷载简图	边支座剪力(kN)	中间支座剪力(kN)	
		$\frac{K}{M_A}$	$\frac{K}{V_{B左}}$	$\frac{K}{V_{B右}}$
①		$\frac{0.667}{37.553}$	$\frac{-1.333}{-75.051}$	$\frac{1.333}{75.051}$
②		$\frac{0.667}{69.437}$	$\frac{-1.333}{-138.771}$	$\frac{1.333}{138.771}$
③		$\frac{0.833}{86.719}$	$\frac{-1.167}{-121.489}$	$\frac{0.167}{17.385}$

续表

序号	荷载简图	边支座剪力(kN)	中间支座剪力(kN)	
		$\frac{K}{M_A}$	$\frac{K}{V_{B左}}$	$\frac{K}{V_{B右}}$
最不利内力组合	①+②	106.99	−213.822	213.822
	①+③	124.272	196.54	92.436
最大剪力		124.272	−213.822	213.822

4）配筋计算

主梁跨中截面按 T 形截面计算，其翼缘计算宽度为：$\frac{l_0}{3}=\frac{6670}{3}=2223.33$mm，$b+s_n=5200$mm，$b+12h_f'=250+12\times80=1210$mm，取较小值得 $b_f'=1210$mm。

取 $h_0=650-60=590$mm，$\xi_b h_0=0.518\times540=305.62$mm。

判别 T 形截面类型

$$\alpha_1 f_c b_f' h_f'\left(h_0-\frac{h_f'}{2}\right)=1.0\times11.9\times1210\times80\times\left(590-\frac{80}{2}\right)=633.556\times10^6\text{N}\cdot\text{mm}>M_1=276.405\text{kN}\cdot\text{m}$$

属于第一类 T 形截面。

支座截面按矩形截面计算，考虑布置两排主筋，取 $h_0=650\text{-}80=570$mm，$\xi_b h_0=0.518\times570=295.26$mm。

主梁正截面及斜截面承载力计算见表 4-12、表 4-13。

主梁正截面承载力计算　　表 4-12

截　面	跨　中	支　座
M (kN·m)	276.405	−356.279
$M_b=M-\frac{V_b b}{2}$		−365.279−(−138.771×0.025)/2=−363.544
b/b_f'(mm)	250/1210	250/−
h_0(mm)	590	570
$x=h_0-\sqrt{h_0^2-\frac{2M}{\alpha_1 f_c b_f'}}$(跨中) 或 $x=h_0-\sqrt{h_0^2-\frac{2M}{\alpha_1 f_c b}}$ (支座)	33.49	282.71$<\xi_b h_0$
$A_s=\frac{\alpha_1 f_c b_f' x}{f_y}$(mm²)(跨中) $A_s=\frac{\alpha_1 f_c b x}{f_y}$ (mm²)(支座)	1339	2336
$\rho_s=\frac{A_s}{bh_0}$(%)	0.91	1.64
$\rho_{s,min}=\min(45f_t/f_y,0.20)$(%)	0.20$<\rho_s$	0.20$<\rho_s$
选配钢筋	3Φ25	5Φ25
实配钢筋截面面积(mm²)	1473	2454

主梁斜截面承载力计算　　表 4-13

截　　面	边支座 A	中间支座 B
V(kN)	124.272	213.822
b(mm)	250	250
h_0(mm)	590	570
h_0/b	2.36<4	2.28<4
$0.25\beta_c f_c bh_0$　(N)	438812.5>V	423937.5>V
$0.7f_t bh_0$	131127.5>V	126682.5<V
选用箍筋	Φ8,双肢	Φ8,双肢
$A_{sv}=nA_{sv1}$　(mm²)	101	101
$s\geqslant\dfrac{f_{yv}A_{sv}h_0}{V-0.7f_t bh_0}$　(mm)	按构造要求配置	178
实配箍筋间距 s　(mm)	170	170
$\rho_{sv,min}=0.24f_t/f_{yv}$(%)	不需验算配箍率	0.11
$\rho_{sv}=\dfrac{A_{sv}}{bs}$(%)		0.23>$\rho_{sv,min}$
实配箍筋	Φ6@170,双肢	Φ6@170,双肢

5）附加横向钢筋

主梁承受的集中荷载　$F=G+P=160.406$kN，采用只配附加箍筋方案，则所需附加箍筋截面面积

$$A_{sv}\geqslant\frac{F}{f_{yv}}=\frac{160.406\times10^3}{270}=594\text{mm}^2$$

取附加箍筋为Φ8 双肢，截面面积 $A_{sv1}=50.3\text{mm}^2$，则附加箍筋道数为$\dfrac{594}{50.3\times2}\geqslant$ 5.9，取 6 道，次梁两侧各布置 3Φ8。

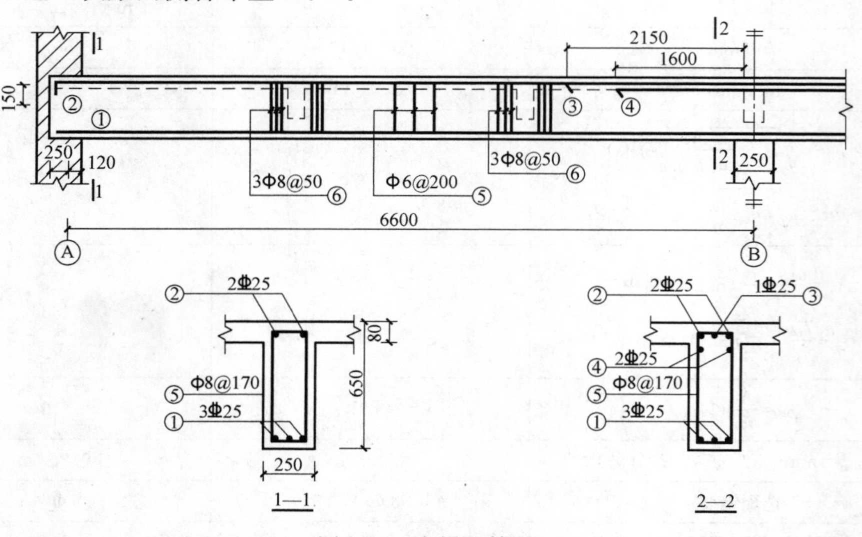

图 4-27　主梁配筋图

附加箍筋布值范围为 $s=2h_1+3b=2\times(570-450)+3\times200=840$mm。取附加箍筋间距为 50mm，满足要求。

6）配筋图

主梁配筋图如图 4-27 所示，其中③、④号纵向受力钢筋的截断位置根据抵抗弯矩图确定，其过程本例略。

4.3　现浇钢筋混凝土双向板肋形楼盖

4.3.1　受力特点

双向板在荷载作用下，荷载将沿板的两个方向传递给四周支承构件（包括支承梁、支承墙），在短跨方向上传递的荷载大于长跨方向。沿两个方向传给支承构件的荷载大小，一般可采用近似法求得，即以每一区格板的四角作与板成 45°角的斜线与平行于长边的中线相交，将每一块双向板划分为四小块面积，每小块面积内的荷载就近传到其支承构件上（图 4-28）。由图 4-17 可见，板传至长边支承构件上的荷载为梯形荷载，传至短边支承构件上的荷载为三角形荷载；若双向板两个方向跨度相同，则传至两个方向支承构件上的荷载都为三角形荷载。

对于支承梁，除承受板传来的三角形或梯形荷载外，还承受自身梁肋的自重，自重为均布荷载。若支承梁为主梁，除上述荷载外，还承受次梁传来的集中荷载。

为计算方便，可将支承梁上的三角形荷载和梯形荷载折算成等效均布荷载 p_{eq}（图 4-29）。

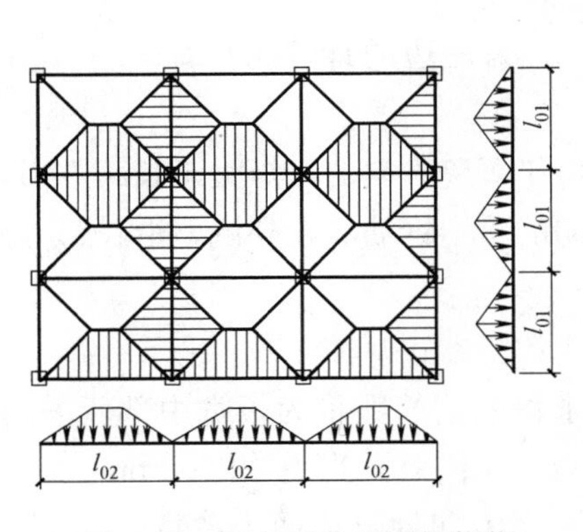

图 4-28　双向板支承梁的荷载

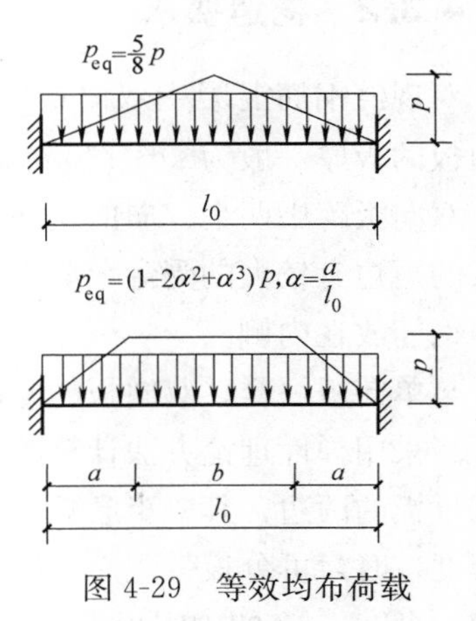

图 4-29　等效均布荷载

在荷载作用下双向板双向受弯，两个方向的横截面上都作用着弯矩和剪力，且短跨方向的弯矩大于长跨方向。

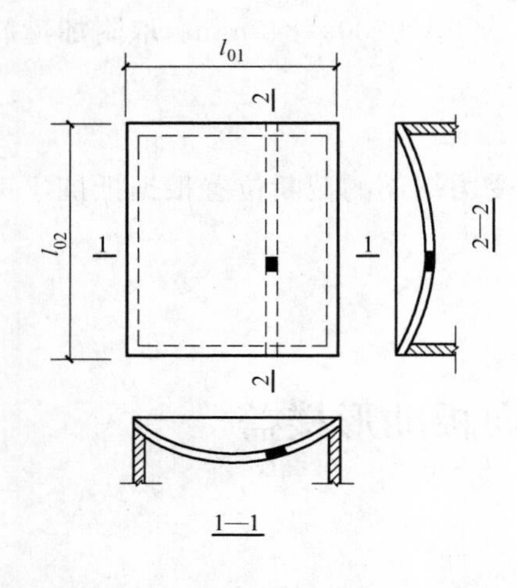

图 4-30　四边支承双向板的弯曲

四边简支的双向板，受荷载后的弯曲变形呈碗形面，越往中心板的挠度越大，板的四角有向上翘起的趋势（图 4-30）。板传给支座的压力，沿四周不是均匀分布，而是中间较大，两端较小。

对于承受均布荷载的四边简支单跨矩形双向板，由于短跨跨中正弯矩较长跨跨中弯矩大，第一批裂缝出现在板底的中部，平行于长边方向。随着荷载进一步加大，板底跨中裂缝逐渐沿长边延长，并沿 45°角向板的四角扩展（图 4-31*a*），板顶四角也出现呈圆形的环状裂缝（图 4-31*b*）。最终因板底裂缝处纵向受力钢筋达到屈服，导致板的破坏。

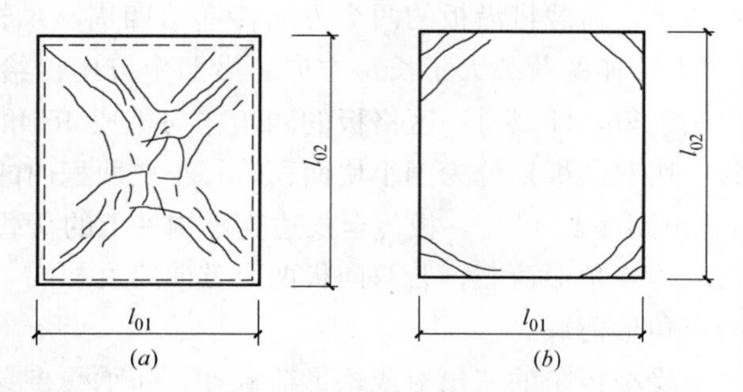

图 4-31　均布荷载荷载作用下双向板的裂缝分布
（*a*）板底裂缝；（*b*）板面裂缝

4.3.2　构造要求

对现浇钢筋混凝土双向板，板厚 $h \geqslant l_0/40$，l_0 为短边的计算跨度。实际工程中，双向板的板厚一般为80～160mm。

双向板跨中两个方向的钢筋都是受力钢筋。由于短跨方向的弯矩大于长跨方向，为使板的短边有较大的受弯承载力，应将沿短跨方向的跨中钢筋放在外侧，沿长跨方向的跨中钢筋放在内侧。

与单向板一样，双向板的配筋形式也有弯起式和分离式两种。

当采用弹性理论方法计算时，按跨中弯矩所求得的钢筋数量为板宽中部所需的量，而靠近板的两边，其弯矩已减少，所以配筋也应减少。因此，当 $l_1 \geqslant 2500$mm（l_1 为短边跨度）时，可分板带配筋，即将整块板按纵横两个方向划分成两个各宽 $l_1/4$ 的边板带和一个宽 $l_1/2$ 的中间板带。边板带的配筋量为相应中间板带的 1/2（图 4-32），但每米不得少于 3 根。连续板支座上的配筋则按支座最大负弯矩求得，沿整个支座均匀布置，不在边带中减少。当 $l_1 < 2500$mm 时，则不分板带，全部按计算配筋。

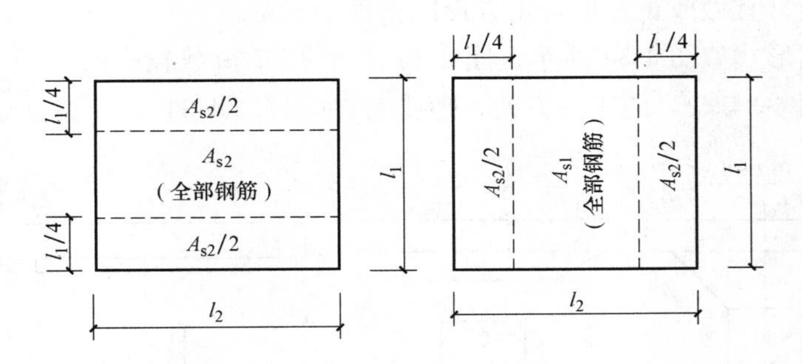

图 4-32　双向板的分板带配筋示意图

按塑性理论计算时，为了方便施工，跨中及支座钢筋一般采用均匀配置而不分带。

当双向板与混凝土梁、墙整体浇筑或嵌固在砌体墙内时，其板面构造钢筋与单向板相同。

4.4　钢筋混凝土无梁楼盖

4.4.1　无梁楼盖的组成

按施工方法的不同无梁楼盖可分为现浇式和装配整体式。装配整体式无梁楼盖通常采用升板法施工。

无梁楼盖不设主梁和次梁，钢筋混凝土板直接支承在柱的上端，因而板的厚度较肋形楼盖为厚。通常柱的上端与板连接处尺寸加厚，做成柱帽，作为板的支座。无梁楼盖的四周可支承在墙上，或支承在边柱上的圈梁上，或悬臂伸出边柱之外（图 4-33）。

无梁楼盖中的柱，其截面型式常为正方形，圆形及正多边形，边柱也可采用矩形，

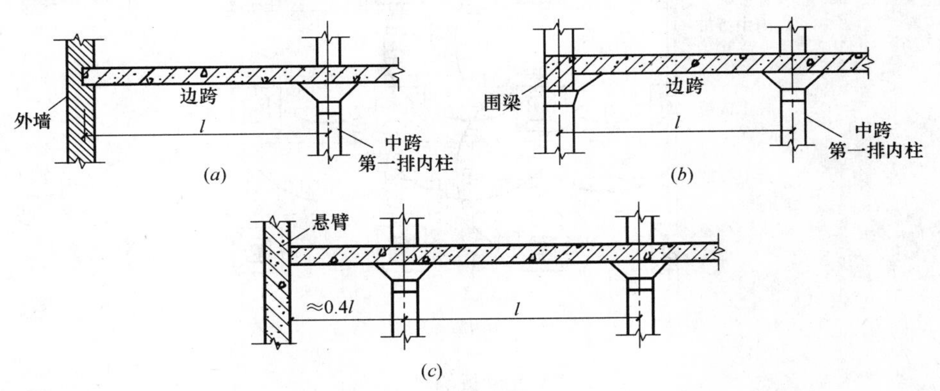

图 4-33　无梁楼盖的支座

柱网平面尺寸通常宜做成正方形，正方形区格最为经济。

常用的柱帽形式如图 4-34 所示。图 4-34（*a*）用于荷载较小时；图 4-34（*b*）用于荷载较大时；图 4-34（*c*）施工较方便，但受力性能较图 4-34（*b*）差。

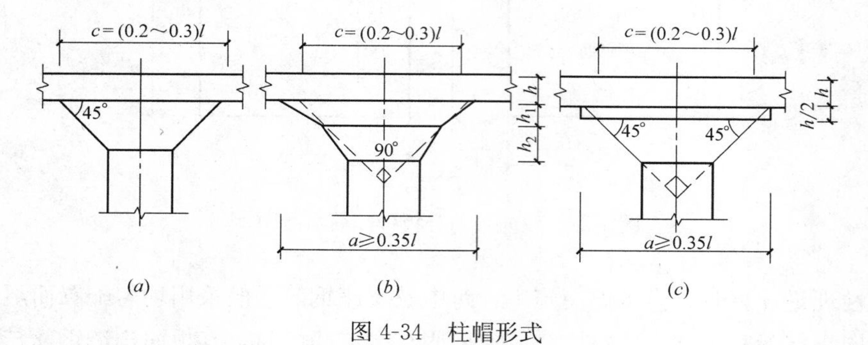

图 4-34　柱帽形式

4.4.2　无梁楼盖的受力特点

无梁楼板是四点支承的双向连续板，根据其受力性能，可将其按图 4-35（*a*）划分

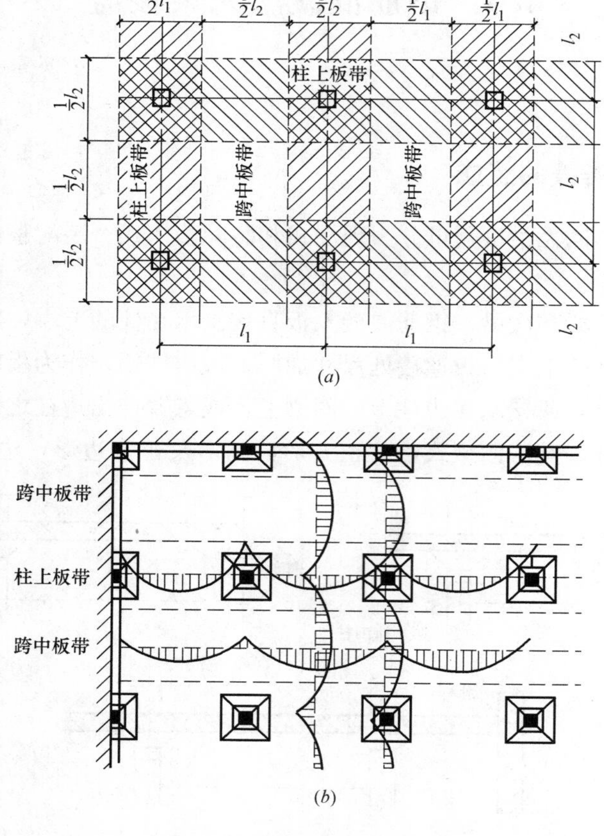

图 4-35　无梁板的弯矩分布

（*a*）板带划分；（*b*）弯矩分布

为柱上板带和跨中板带。在均布荷载作用下，在纵横两个方向，不论为柱上板带还是跨中板带，其跨中弯矩均为正弯矩，其支座弯矩均为负弯矩，但柱上板带的支座和跨中弯矩均较跨中板带为大。

在均布荷载作用下，无梁楼板首先在柱帽顶部出现裂缝，随后不断发展，在跨中中部 1/3 跨度处，相继出现成批的板底裂缝。这些裂缝相互正交，且平行于柱列轴线。即将破坏时，在柱帽顶上和柱列轴线的板面裂缝及跨中的板底裂缝中出现一些特别大的裂缝，在这些裂缝处，纵向受拉钢筋达到屈服，对应的受压区边缘混凝土压应变达到极限压应变，最终导致楼板破坏。破坏时板的裂缝分布如图 4-36 所示。

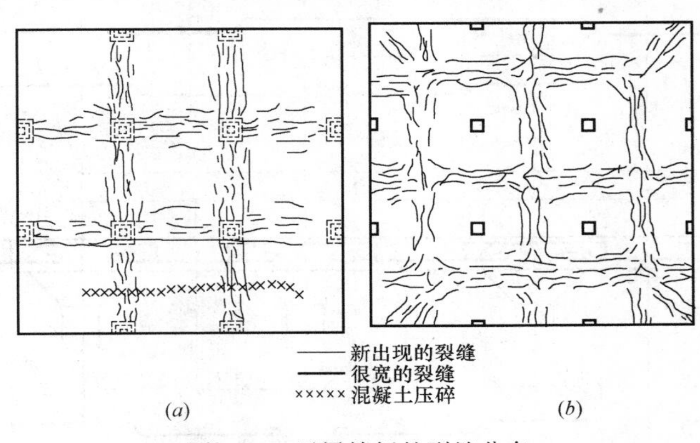

图 4-36　无梁楼板的裂缝分布

无梁楼盖因没有梁，抗侧刚度比较差，所以当层数较多或有抗震要求时，宜设置剪力墙，形成板柱—抗震墙抗侧力体系。

4.4.3　无梁楼盖的构造要求

1. 无梁楼板

无梁楼板通常是等厚度的。板厚不应小于 150mm。当无柱帽时，柱上板带可适当加厚，加厚部分的宽度可取相应跨度的 0.3 倍。

板的配筋采用绑扎式双向配筋。同号弯矩部位纵向受力筋叠放，异号弯矩部位应设置分布钢筋，且分布筋设在受力筋内侧。由于无梁楼板通常较厚，宜采用弯起式配筋，为了减少钢筋类型，方便施工，一般采用一端弯起的配筋方式，钢筋弯起和截断点位置按图 4-37 确定。支座负筋直径不宜小于 12mm。

为保证抗冲切承载力，柱顶板应按计算配置箍筋或弯起钢筋作为抗冲切钢筋。配置箍筋作为抗冲切钢筋时，所需的箍筋及相应的架立钢筋应配置在与 45°冲切破坏锥面相交的范围内，且从集中荷载作用面或柱截面（无柱帽时）边缘向外的分布长度不应小于 $1.5h_0$；箍筋的直径不应小于 6mm，间距不应大于 $h_0/3$，且不应大于 100mm，箍筋应做成封闭箍（图 4-38*a*）。配置弯起筋作为抗冲切钢筋时，弯起角度可根据板的厚度取 30°～45°；弯起钢筋的斜段应与冲切锥形相交，其交点应在集中荷载作用面或柱截面（无柱帽时）边缘以外（1/3～1/2）h 范围内，弯起钢筋每一个方向不宜少于 3 根，直径不宜小于 12mm（图 4-38*b*）。

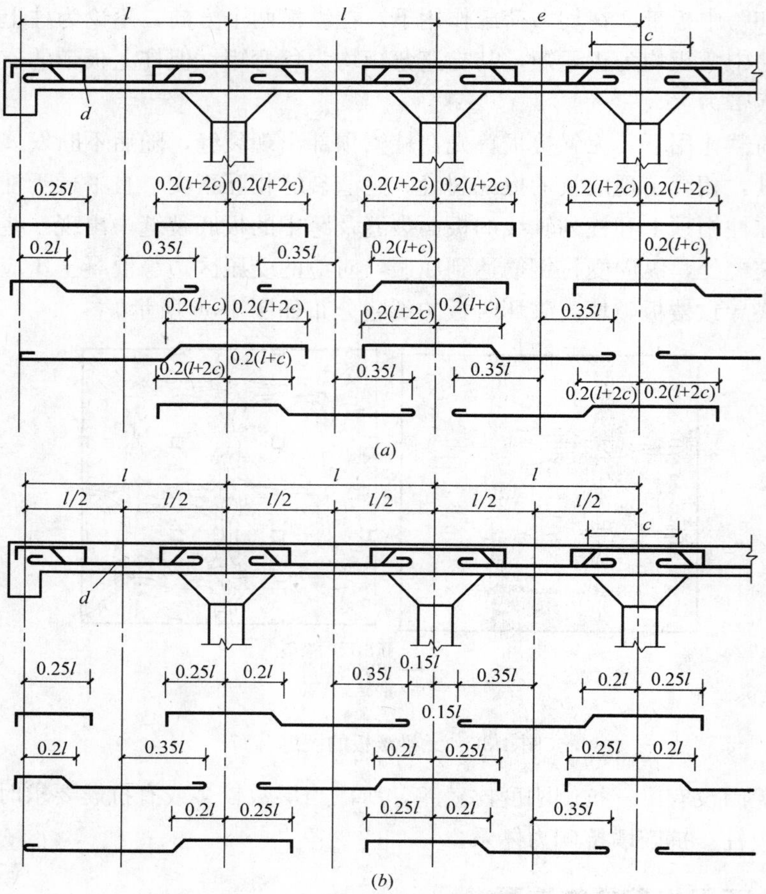

(*a*)

(*b*)

图 4-37　无梁楼板的配筋构造

(*a*) 柱上板带；(*b*) 跨中板带

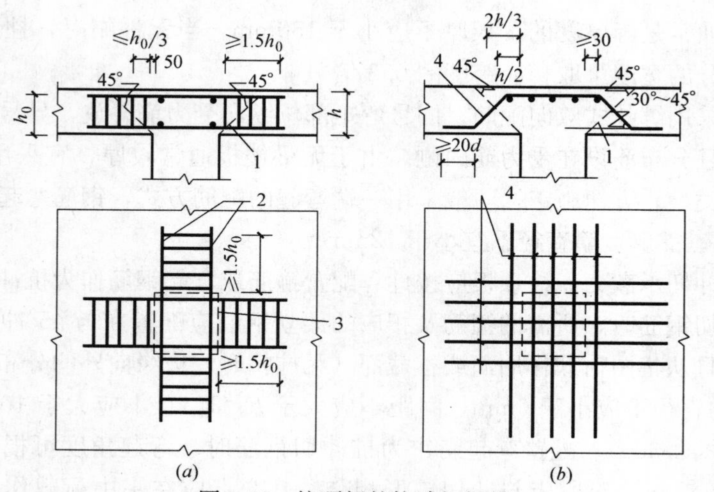

图 4-38　柱顶板的抗冲切钢筋

(*a*) 用箍筋作抗冲切钢筋；(*b*) 用弯起钢筋作抗冲切钢筋

1—冲切破坏锥面；2—架立钢筋；3—箍筋；4—弯起钢筋

2. 柱帽

柱帽的配筋形式如图 4-39 所示。

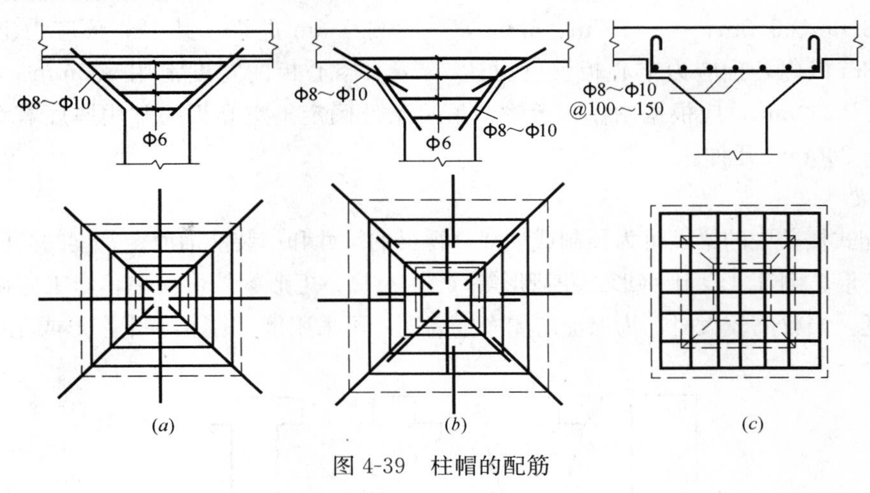

图 4-39 柱帽的配筋

4.5 装配式铺板楼盖

4.5.1 装配式楼盖的构件类型

1. 板

如图 4-40 所示，装配式楼盖中板的主要类型有实心板、空心板、槽形板、T 形板等，这些类型板多用于工业建筑的楼（屋）面。按是否施加预应力，又可分为预应力板和非预应力板。我国大部分省、自治区均编有预制板定型通用图集，可直接根据需要选用。

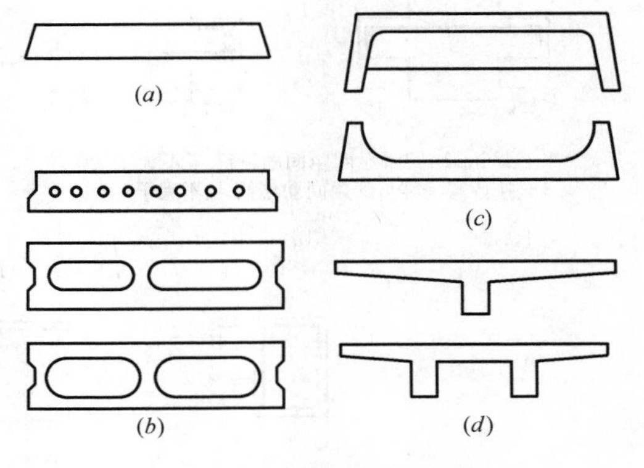

图 4-40 预制铺板的截面形式

(*a*) 实心板；(*b*) 空心板；(*c*) 槽形板；(*d*) T 形板

实心板表面平整、构造简单、施工方便，但自重大，刚度小。常用于房屋中的走道板、管沟盖板、楼梯平台板。板长一般为 1.2～2.4m，板宽一般为 500～1000mm，板厚 $h \geqslant l/30$，一般为 50～100mm。

空心板刚度大、自重轻、受力性能好、隔声隔热效果好、施工简便，但板面不能任意开洞。在一般民用建筑的楼（屋）盖中最为常用。

空心板的孔洞有单孔、双孔和多孔几种。其孔洞形状有圆形孔、方形孔、矩形孔和椭圆形孔等，为便于制作，多采用圆孔。孔洞数量视板宽而定。空心板的长度常为2.7m、3.0m、3.3m、…、5.7m、6.0m，一般按0.3m进级，其中非预应力空心板长度在4.8m以内，预应力空心板长度可达7.5m。空心板的宽度常用500mm、600mm、900mm、1200mm，应根据制作、运输、吊装条件确定。空心板的常用厚度有120mm、180mm、240mm几种。

2. 梁

装配式楼盖中的梁，可为预制或现浇，视梁的尺寸和吊装能力而定。梁的截面形式有矩形、T形、倒T形、十字形或花篮形等（图4-41）。矩形梁外形简单，施工方便，应用最为广泛。当梁高较大时，为保证房屋净空高度，可采用倒T形梁、十字形或花篮梁。

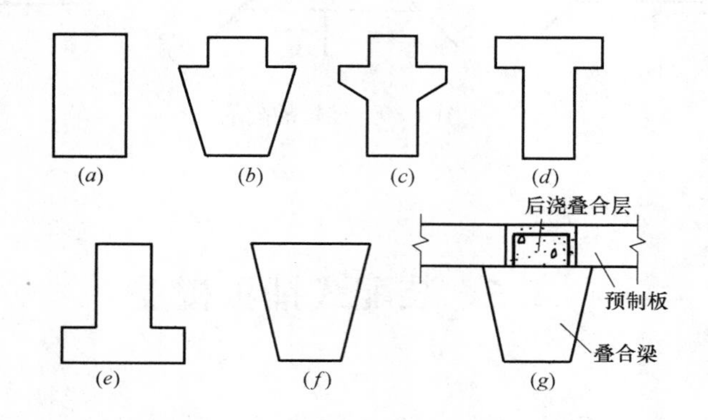

图4-41　预制楼盖梁的截面形式

与预制板一样，预制梁也有定型通用图集，可直接根据需要选用。

几种复杂截面梁的构造配筋如图4-42所示。

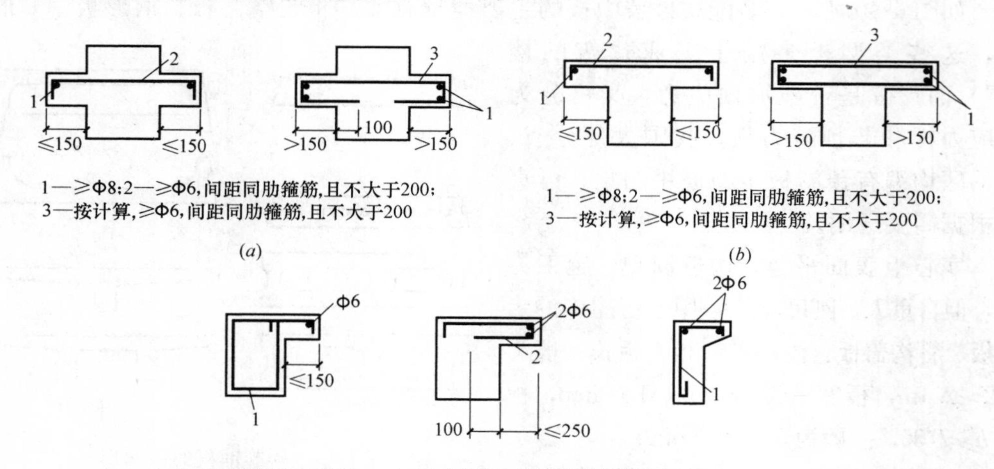

图4-42　几种复杂截面梁的构造配筋

(*a*) 十字梁；(*b*) T形梁；(*c*) Γ形梁

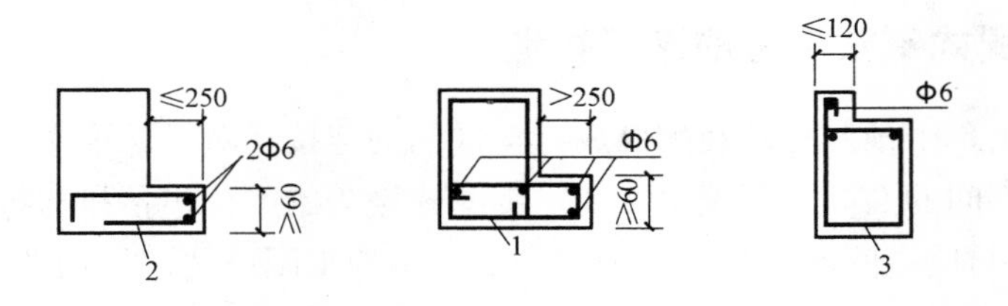

1—按计算，且≥Φ6，间距不大于200；2—≥Φ6，间距等于梁内箍筋间距，且不大于200；3—≥Φ6，间距不大于200

(*d*)

图 4-42 几种复杂截面梁的构造配筋（续）

（*d*）L形梁

4.5.2 结构平面布置方案

装配式铺板楼盖按铺板方向不同，可分为横向布置方案、纵向布置方案和纵横向布置方案，分别指预制楼板沿房屋横向布置、纵向布置和纵横向布置（图 4-43）。

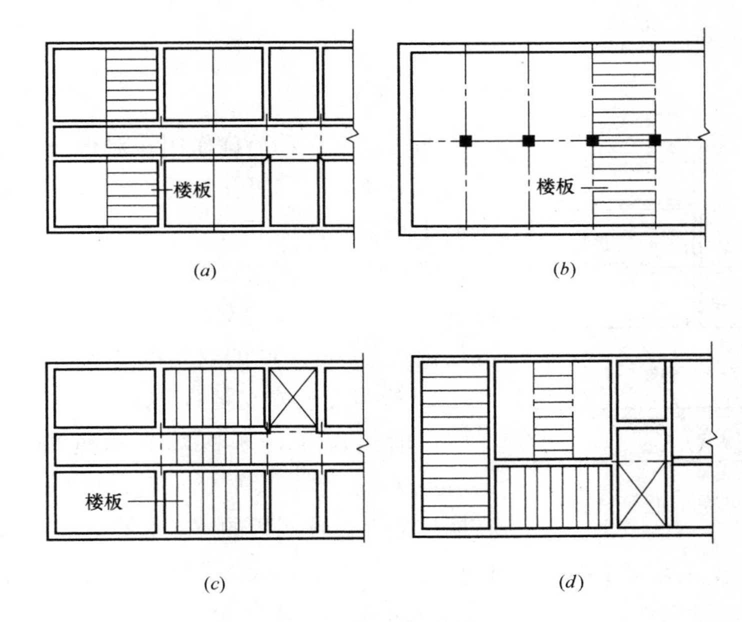

图 4-43 铺板式楼盖结构平面布置方案

（*a*）横向布置方案；（*b*）、（*c*）纵向布置方案；（*d*）纵横向布置方案

横向布置方案房屋的整体性好，抗震性能好，且纵墙上可以开设较大窗洞。住宅或集体宿舍等建筑常采用此种方案。

纵向布置方案房屋整体性较差，抗震性能不如横墙承重方案，在纵墙上开窗洞受到一定限制。教学楼、办公楼、食堂等建筑常采用这种方案。

纵横向布置方案集中了横墙承重方案和纵墙承重方案的优点，其整体性介于横墙承重方案和纵墙承重方案之间。带内走廊的教学楼等建筑常采用此种方案。

4.5.3 装配式铺板楼盖的连接构造

装配式楼盖由单个预制构件装配而成。构件间的连接，对于保证楼盖的整体工作以及楼盖与其他构件间的共同工作至关重要。装配式楼盖的连接包括板与板之间、板与墙（梁）之间以及梁与墙之间的连接，其连接构造应按施工图或选用的构件标准图集采用，下面仅介绍连接构造的一般要求。

1. 板与板的连接

板与板之间连接的一般做法是灌缝。一般地，当板缝宽大于20mm时，宜用不低于C15的细石混凝土灌筑；当缝宽小于或等于20mm时，宜用不低于M15的水泥砂浆灌筑。如板缝宽大于或等于50mm时，则应按板缝上作用有楼面荷载的现浇板带计算配筋（图4-44），并用比构件混凝土强度等级提高二级的细石混凝土灌筑。

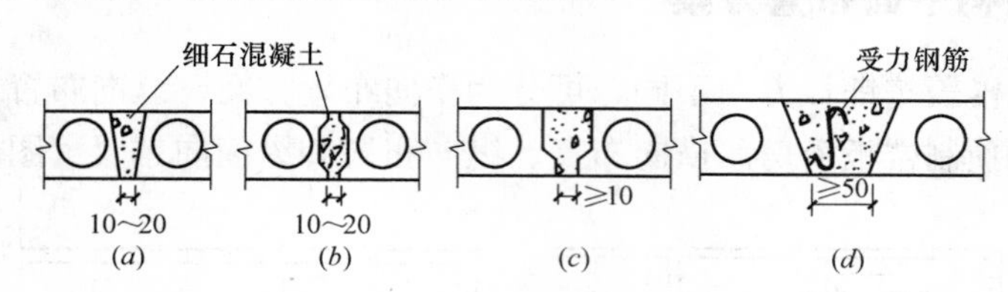

图4-44　板与板的连接

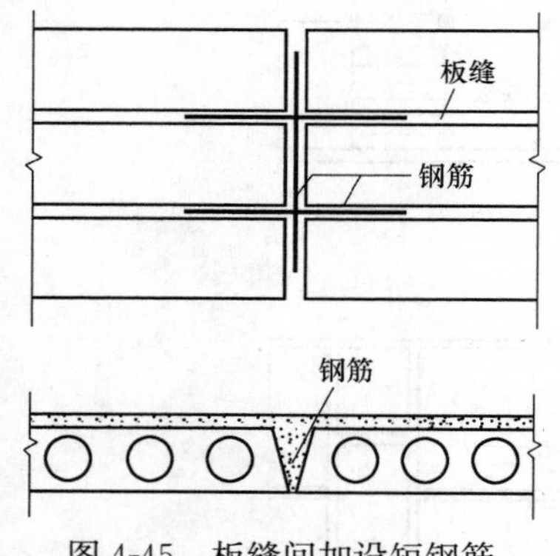

图4-45　板缝间加设短钢筋

当楼面有振动荷载作用，对板缝开裂和楼盖整体性有较高要求时，可在板缝内加短钢筋后，再用细石混凝土灌筑（图4-45）。

当对楼面整体性要求更高时，可在预制板面设置厚度为40～50mm的C20细石混凝土整浇层，并于整浇层内配置Φ6@250的双向钢筋网。

2. 板与支承墙或梁的连接

一般情况下，在板端支承处的墙或梁上，用20mm厚水泥砂浆找平坐浆后，预制板即可直接搁置在墙或梁上。预制板的支承长度，支承在墙上时不宜小于100mm，支承在梁上时不宜小于80mm（图4-46*a*）。当空心板端头上部要砌筑砖墙时，为防端部被压坏，需将空心板端头孔洞用堵头堵实。

对于整体性要求高的楼盖，板与支承墙或梁的连接构造如图4-46（*b*）所示。

3. 板与非支承墙的连接

板与非支承墙的连接，一般采用细石混凝土灌缝（图4-47*a*）。当板长≥5m时，应配置锚拉筋，以加强其与墙的连接（图4-47*b*）；若横墙上有圈梁，则可将灌缝部分与圈梁连成整体，其整体性更好（图4-47*c*）。

4. 梁与墙的连接

梁搁置在砖墙上时，其支承端底部应用20mm水泥砂浆坐浆找平，梁端支承长度应不小于180mm。

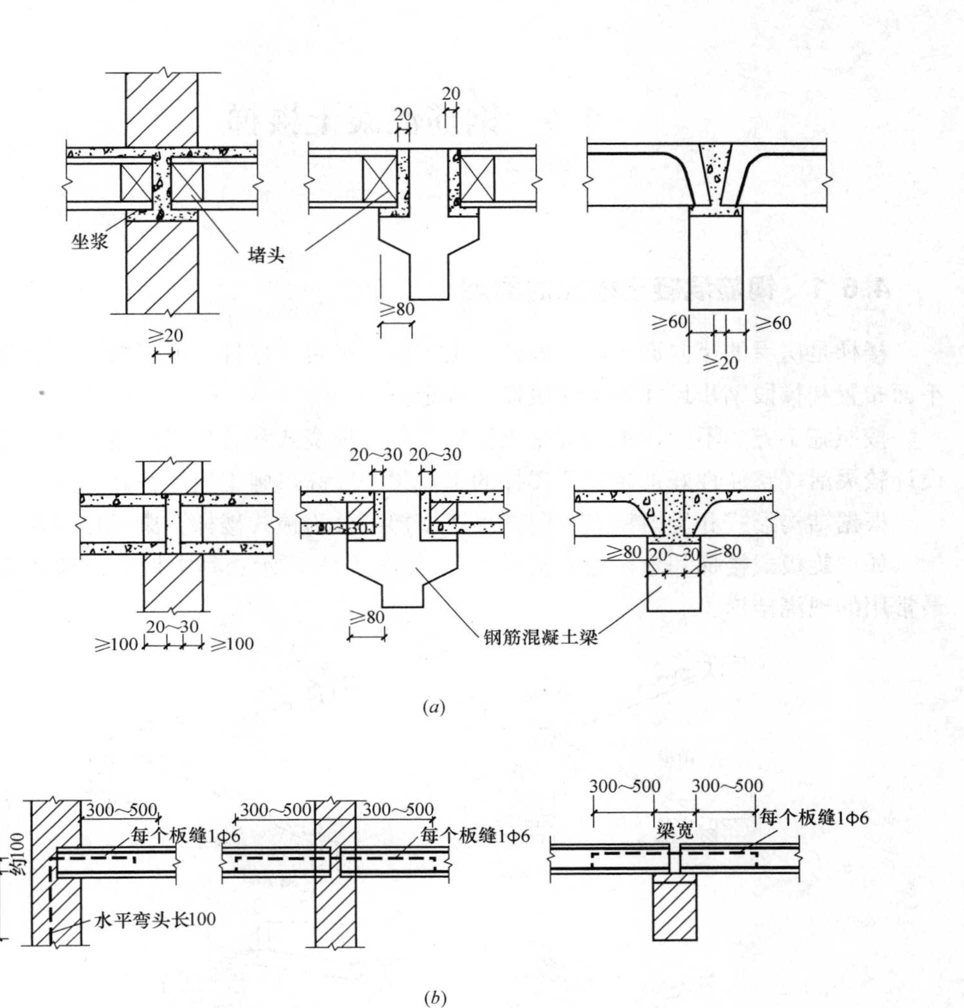

图 4-46　板与支承梁（墙）的连接

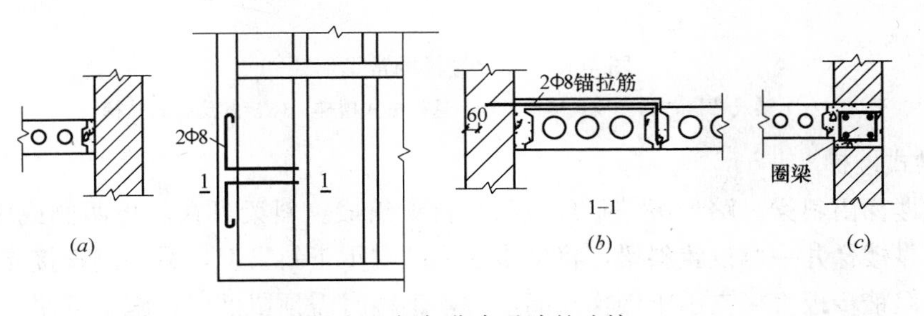

图 4-47　板与非支承墙的连接

在对楼盖整体性要求较高的情况下，在预制梁端应设置与墙体的拉结筋。

4.6 钢筋混凝土楼梯

4.6.1 钢筋混凝土楼梯的类型

楼梯是房屋的竖向通道，一般楼梯由梯段、平台、栏杆（或栏板）几部分组成，其平面布置和梯段踏步尺寸等由建筑设计确定。

按照施工方法不同，钢筋混凝土楼梯可分为现浇式和装配式两类。现浇楼梯的结构设计较灵活，整体性好；装配式楼梯的工业化程度高，施工速度快。

根据结构形式和受力特点不同，现浇楼梯可分为板式楼梯、梁式楼梯及一些特种楼梯（如螺旋板式楼梯和悬挑板式楼梯等），如图 4-48 所示。其中板式楼梯和梁式楼梯是最常用的现浇楼梯。

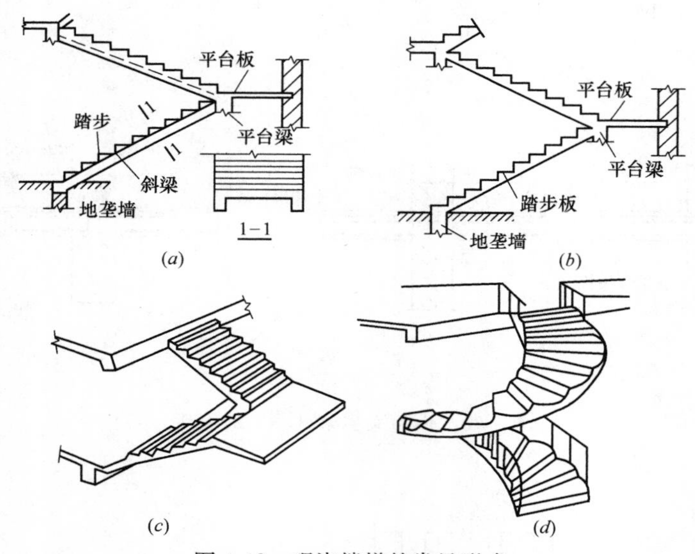

图 4-48 现浇楼梯的常见形式

(*a*) 梁式楼梯；(*b*) 板式楼梯；(*c*) 悬挑板式楼梯；(*d*) 螺旋板式楼梯

1. 梁式楼梯

梁式楼梯由斜梁、踏步板、平台板和平台梁组成。斜梁可在斜板两侧或中间设置，也可只在靠楼梯井一侧设置斜梁，将踏步板一端支承于斜梁上，另一侧直接支承于楼梯间墙上。但踏步板直接支承于楼梯间墙上时，砌墙时需预留槽口，施工不便，且对墙身截面也有削弱，在地震区不宜采用。

梁式楼梯荷载的传递途径是：踏步板→斜梁→平台梁（或楼层梁）→楼梯间墙（或柱）。

梁式楼梯的特点是受力性能好，当梯段较长时较为经济，但其施工不便，且外观也显得笨重。

2. 板式楼梯

板式楼梯由踏步板、平台板和平台梁组成。梯段斜板两端支承在平台梁上。

板式楼梯荷载的传递途径是：斜板→平台梁→楼梯间墙（或柱）。

板式楼梯的最大特点是梯段的下表面平整，因而施工支模方便，外观也较轻巧，但当跨度较大时，斜板较厚，材料用量较多。一般用于跨度在3m以内的小跨度楼梯或美观要求较高的公共建筑楼梯。

3. 悬挑板式和螺旋式楼梯

悬挑板式和螺旋式楼梯均属于特种楼梯。其优点是外形轻巧、美观。但其受力复杂，尤其是螺旋楼梯，施工也比较困难，材料用量多，造价较高。

4.6.2 现浇板式楼梯的构造

1. 梯段板

梯段板的厚度常取80～120mm。

梯段斜板受力钢筋的配筋方式有分离式和弯起式两种（图4-49）。分离式配筋施工简单，但楼梯整体性较差，弯起式配筋则与之相反。

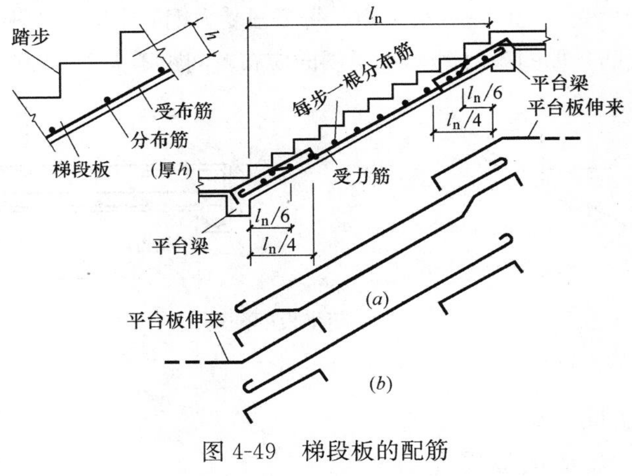

图4-49 梯段板的配筋

(a) 弯起式；(b) 分离式

由于梯段板支座处实际存在负弯矩，为避免斜板在支座处产生过大的裂缝，斜板上部应配置适量钢筋，支座截面负筋的用量一般可取与跨中截面相同，距支座边缘的距离为$l_n/4$。采用分离式配筋时，上部钢筋需要另外单独配置。采用弯起式配筋时，一般隔一根弯一根，弯起钢筋的弯起点距支座边缘的距离为$l_n/6$，上部负筋不足部分从平台板伸来或单独配置短钢筋补充。

斜板内分布钢筋应在受力钢筋的内侧，可采用Φ6或Φ8，并在每个踏步范围内至少放置1根。

2. 平台板

平台板一般为单向板，板厚一般取60～80mm。

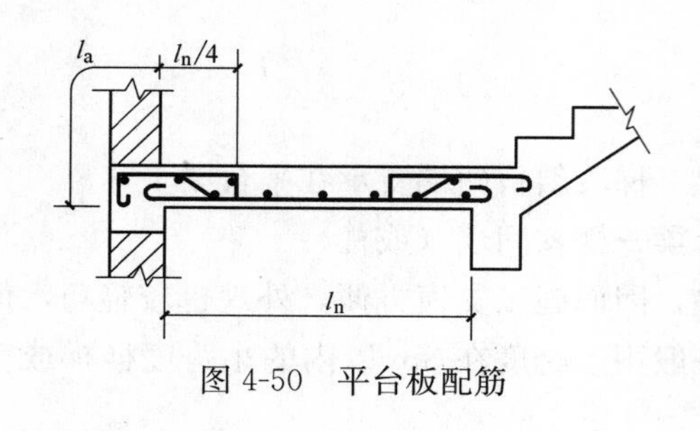

图 4-50　平台板配筋

在平台板与平台梁或过梁相交处，考虑到支座处有负弯矩作用，应配置承受负弯矩的钢筋。一般将板下部钢筋在支座附近弯起一半或在板面支座处另加短钢筋，其伸出支承边缘长度为 $l_n/4$（图 4-50）。弯起钢筋的上弯点距支座 $l_n/10$，且≥300mm。

当平台板的跨度远比梯段板的水平跨度小时，平台板中可能出现负弯矩的情况，此时板中负弯矩钢筋应通跨布置。

3. 平台梁

平台梁一般均支承在楼梯间两侧的横墙上。

平台梁的构造要求同一般简支受弯构件。但如果平台梁两侧荷载（梯段斜板传来）不一致而引起扭矩，应酌情增加其配箍量。

4.6.3　现浇梁式楼梯的构造

1. 踏步板

梁式楼梯的踏步板厚度 δ 一般取 30～40mm。每一踏步的受力钢筋不得少于 2Φ6，同时为使踏步板在支座处承受可能出现的负弯矩，每 2 根受力钢筋中应有 1 根伸入支座后弯向上部作支座（斜梁）负筋，如图 4-51 所示。沿斜向应布置间距不大于 300mm 的Φ6 分布钢筋。

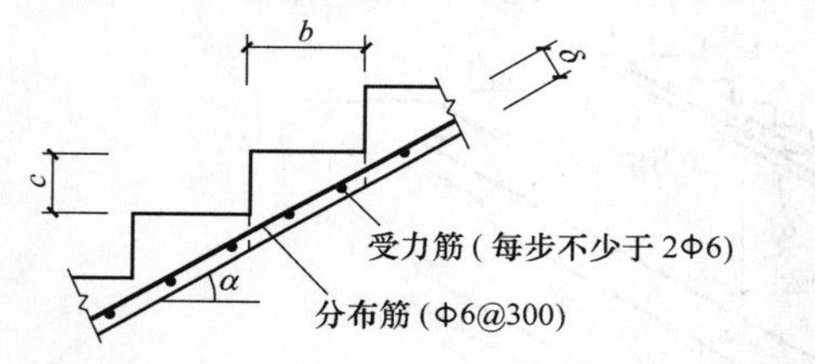

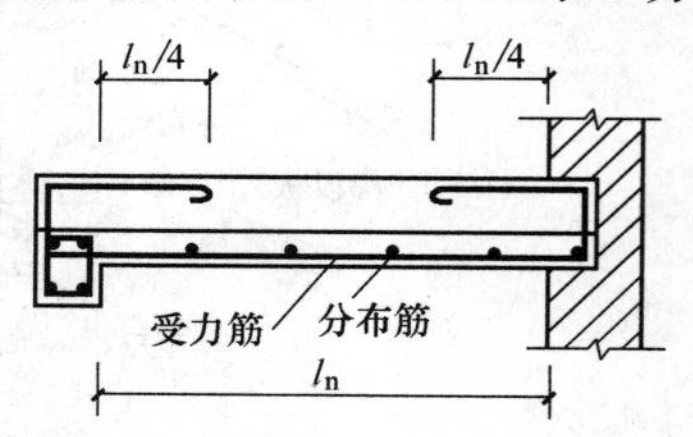

图 4-51　踏步板的配筋

2. 斜梁

斜梁的构造要求同一般简支受弯构件，但应注意：①斜梁的纵筋在平台梁中应有足够的锚固长度（图4-52）；②斜梁的主筋必须放在平台梁的主筋之上。

3. 平台板和平台梁

梁式楼梯平台板的配筋构造与板式楼梯平台板相同。

梁式楼梯平台梁的配筋构造与板式楼梯基本相同。但应注意：①平台梁的高度应保证斜梁的主筋能放在平台梁的主筋上，即平台梁与斜梁的相

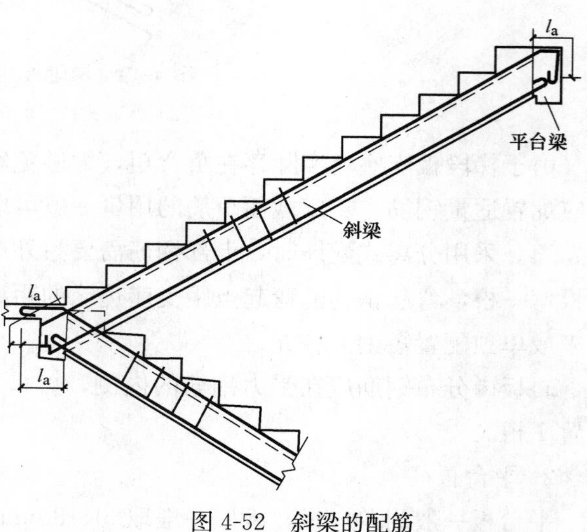

图 4-52　斜梁的配筋

交处，平台梁底面应低于斜梁的底面，或与斜梁底面齐平；②平台梁横截面两侧荷载不同，因此平台梁受有一定的扭矩作用，故需适当增加配箍量；③因平台梁受有斜梁的集中荷载，所以在平台梁中位于斜梁支座两侧处，应设置附加横向钢筋。

4.6.4　楼梯折板和折梁的构造

楼梯折板和折梁的构造分别如图 4-53 和图 4-54 所示。

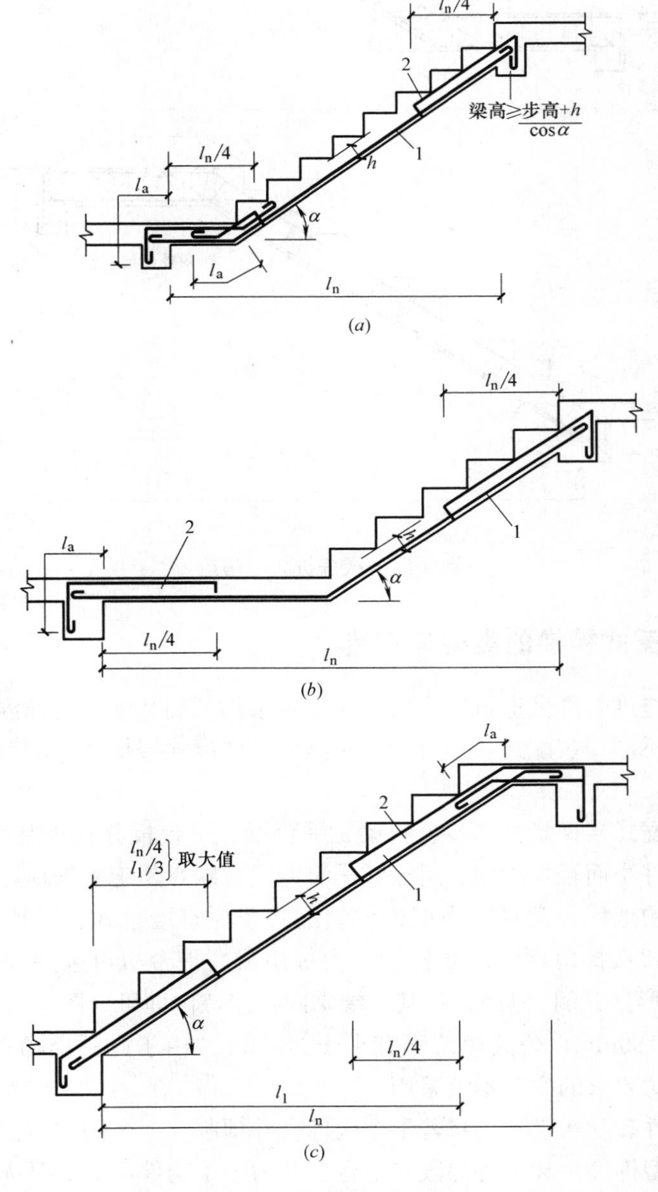

图 4-53　楼梯折板的构造

1—受力筋；2—板面构造负筋，数量同 1

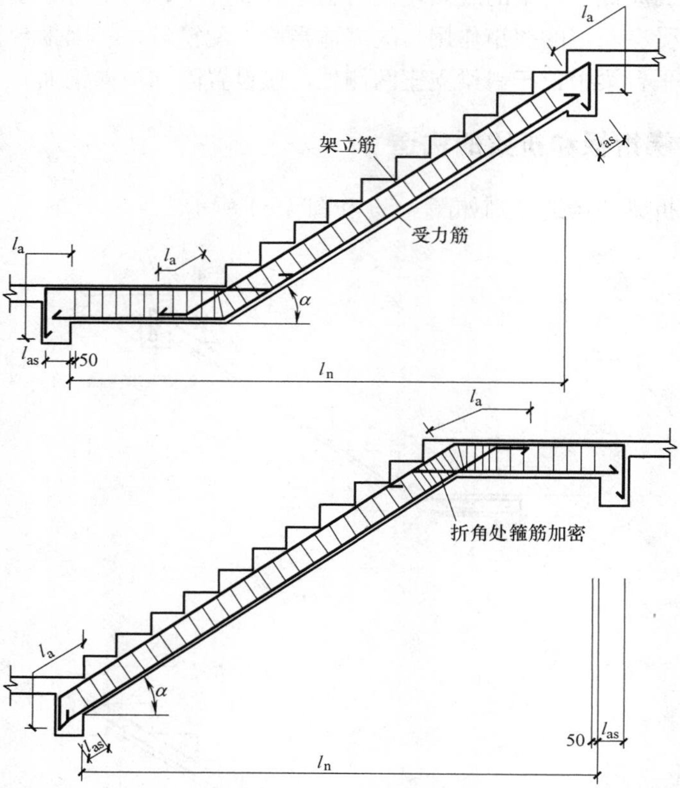

图 4-54　楼梯折梁的构造

4.6.5　装配式楼梯的类型与构造

为加快施工进度，降低造价，有的民用建筑采用预制装配式钢筋混凝土楼梯。根据预制构件划分的不同，装配式楼梯可分为小型构件装配式楼梯和大中型构件装配式楼梯两种类型。

小型构件装配式楼梯是将踏步、斜梁、平台梁、平台板分别预制，然后进行组装，其主要优点是构件小而轻，制作、运输和吊装方便，缺点是施工繁琐，进度较慢，适用于施工条件较差的地区；常见的小型构件装配式楼梯有墙承式、梁承式和悬臂式三种（图 4-55）。悬臂式楼梯由预制踏步板和平台板组成，平台板可采用预制空心板，踏步板预制成单块 L 形（或倒 L 形），将其一端砌固在砖墙内即可（图 4-55*a*）。居住建筑砌入墙内不宜小于 180mm，公共建筑不宜小于 240mm。由于此种楼梯对砖墙有所削弱，所以对有抗震设防要求的房屋不宜采用。

大、中型构件装配式楼梯是将若干个构件合并预制成一个构件，如将整个梯段和平台分别预制成大型构件，甚至将梯段与平台合并为一个构件，其主要优点是构件少，可简化施工过程，提高施工速度，但构件制作较困难，且需要较大起重设备，在混合结构民用房屋中应用较少。常见的大、中型构件装配式楼梯有板式和梁板式两种（图 4-56）。

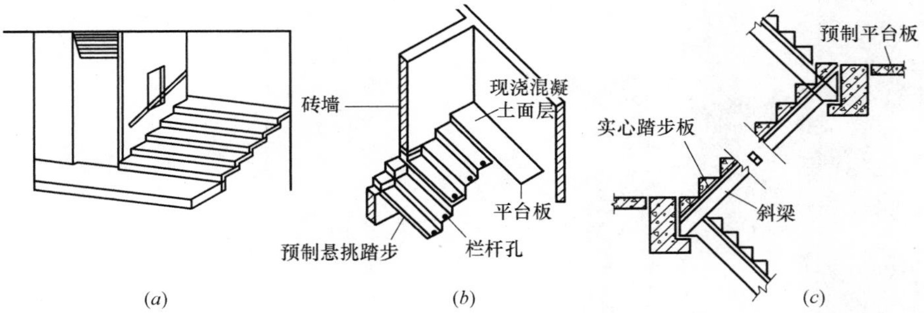

图 4-55　小型构件装配式楼梯

(a) 墙承式；(b) 悬臂式；(c) 梁承式

装配式楼梯各地均编有通用图，不必自行设计。

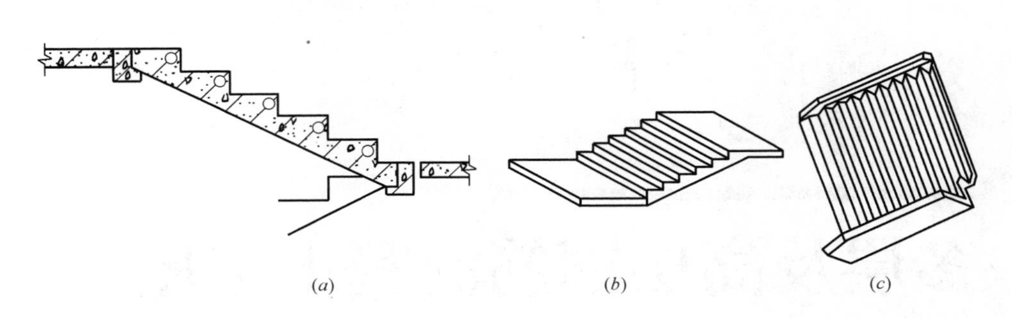

图 4-56　大、中型构件装配式楼梯

(a)、(b) 板式楼梯；(c) 梁板式楼梯（梯段）

思　考　题

1. 钢筋混凝土楼盖结构有哪几种类型？它们各自的特点和适用范围是什么？
2. 什么叫单向板、双向板？《混凝土规范》的规定是什么？
3. 为什么在主次梁相交处在主梁中需设置附加横向钢筋？附加横向钢筋有哪几种？
4. 装配式楼盖结构平面布置方案有哪几种？各有什么特点？
5. 试述装配式楼盖中板与板、板与梁或墙的连接构造要求。
6. 常用楼梯有哪几种类型？各有何优缺点？
7. 试述梁式及板式楼梯荷载的传递途径。
8. 试述梁式及板式楼梯各组成部分的构造要求。
9. 试述装配式楼梯的形式和适用范围。

教学单元5

多层及高层钢筋混凝土房屋

【教学目标】通过本单元教学，使学生理解框架结构、剪力墙结构、框架-剪力墙结构的受力特点和主要构造要求，理解边缘构件的形式、设置要求、构造要求。

关于多层与高层建筑的界限，各国有不同的标准。我国不同标准也有不同的定义。《高层建筑混凝土结构技术规程》（以下简称《高规》）以 10 层及 10 层以上或高度大于 28m 住宅建筑以及高度大于 24m 的其他民用建筑为高层建筑。

目前，多层房屋多采用砌体结构和钢筋混凝土结构，高层房屋常采用钢筋混凝土结构、钢结构、钢-混凝土组合结构。本教学单元介绍钢筋混凝土多层与高层房屋。

5.1　常用结构体系

目前，钢筋混凝土多层及高层房屋常用的结构体系有框架体系、框架-剪力墙体系、剪力墙体系和筒体体系等。

5.1.1　框架结构

框架是由梁、柱、基础组成的承受竖向和水平作用的承重骨架。若干榀框架通过连系梁组成框架结构（图 5-1)。框架结构体系的最大特点是承重结构和围护、分隔构件完全分开，墙只起围护、分隔作用。框架结构建筑平面布置灵活，空间划分方便，易于满足生产工艺和使用要求，具有较高的承载力和较好的整体性，因此，广泛应用于多高层办公楼、医院、旅馆、教学楼、住宅和多层工业厂房。框架结构属于柔性结构，在水平荷载下表现出抗侧移刚度小，水平位移大的特点。框架结构的适用高度为 6～15 层，非地震区也可用于 15～20 层的建筑。

柱截面为 L 形、T 形、Z 形或十字形（图 5-2）的框架结构称为异形柱框架。其柱截面厚度与墙厚相同，一般为 180～300mm。异形柱框架的柱截面宽度等于墙厚，室内墙面平整，便于布置，但其抗震性能较差，目前一般用于非抗震设计或按 6、7 度抗震设计的 12 层以下的建筑中。

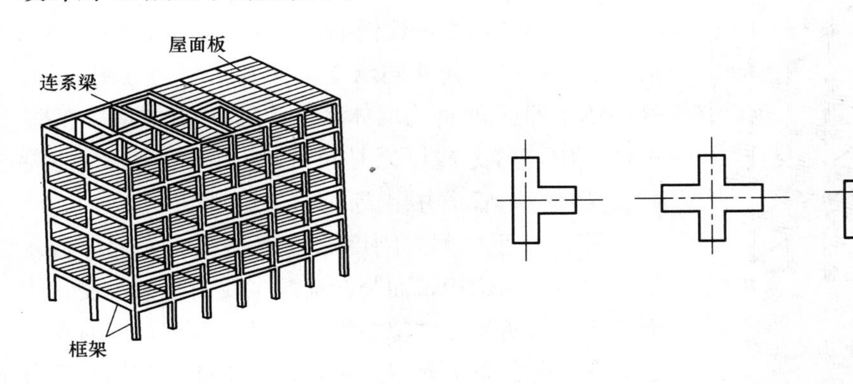

图 5-1　框架结构

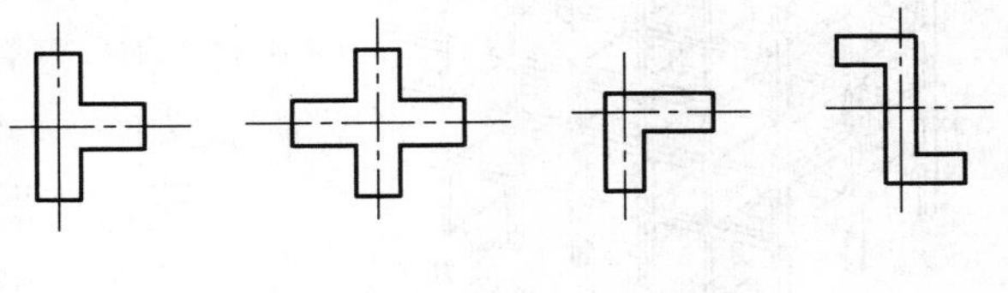

图 5-2　异形柱截面

5.1.2 剪力墙体系

利用建筑物的墙体作为竖向承重和抵抗侧力的结构称为剪力墙结构体系。所谓剪力墙①，实质上是固结于基础的钢筋混凝土墙片，具有很高的抗侧移能力。

一般情况下，剪力墙结构楼盖内不设梁，楼板直接支承在墙上，墙体既是承重构件，又起围护、分隔作用（图 5-3）。

钢筋混凝土剪力墙结构横墙多，侧向刚度大，整体性好，对承受水平力有利；无凸出墙面的梁柱，整齐美观，特别适合居住建筑，并可使用大模板、隧道模、桌模、滑升模板等先进施工方法，利于缩短工期，节省人力。但剪力墙体系的房间划分受到较大限制，因而一般用于住宅、旅馆等开间要求较小的建筑，适用高度为 15～50 层。

当高层剪力墙结构的底部要求有较大空间时，可将底部一层或几层部分剪力墙设计为框支剪力墙，形成部分框支剪力墙体系（图 5-4）。但这种墙结构属竖向不规则结构，抗震性能较差，只能用于 9 度以下地区的建筑。

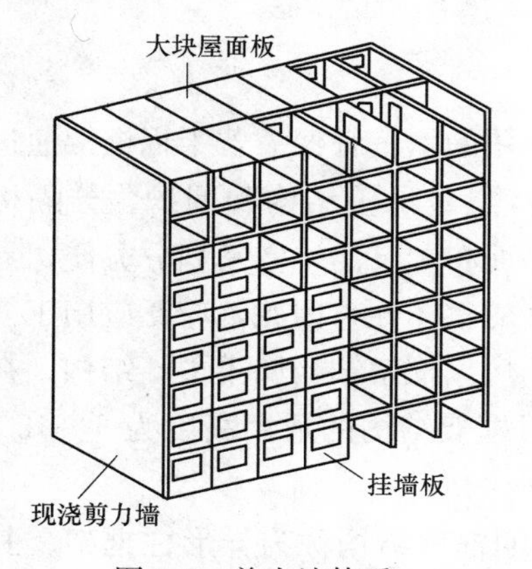

图 5-3　剪力墙体系

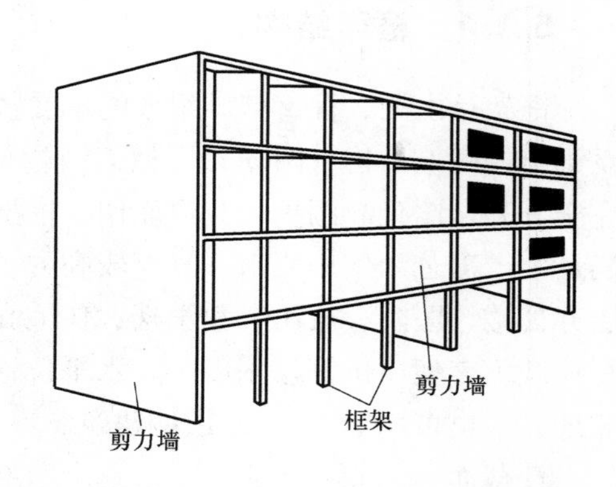

图 5-4　部分框支剪力墙体系

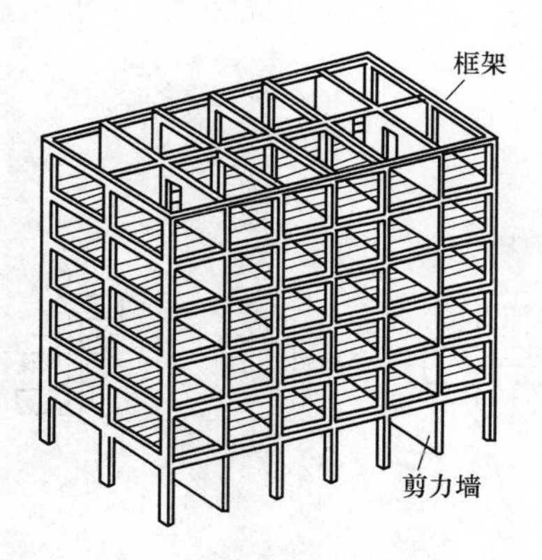

图 5-5　框架-剪力墙体系

5.1.3 框架-剪力墙体系

在框架结构中增设钢筋混凝土剪力墙，使框架和剪力墙结合在一起共同承受竖向和水平力（图 5-5），这种体系即框架-剪力墙体系，简称框-剪体系。在框-剪体系中，剪力墙可以是单片墙体，也可以是电梯井、楼梯井、管道井组成的封闭式井筒。

框-剪体系的侧向刚度比框架结构大，大部分水平力由剪力墙承担，而竖向荷载主要由框架承受，因而用于高层房屋比框架结构更为经济合理；同时由于它只在部分位置上有剪力墙，保持了框架结构易于分

① 剪力墙在抗震结构中称抗震墙，本书统一称为剪力墙。

割空间、立面易于变化等优点；此外，这种体系的抗震性能也较好。所以，框-剪体系在多层及高层办公楼、旅馆等建筑中得到了广泛应用，其适用高度为 15～25 层，一般不宜超过 30 层。

5.1.4　筒体体系

由筒体为主组成的承受竖向和水平作用的结构称为筒体结构体系。筒体是由若干片剪力墙围合而成的封闭井筒式结构，其受力与一个固定于基础上的筒形悬臂构件相似。根据开孔的多少，筒体有空腹筒和实腹筒之分（图 5-6）。实腹筒一般由电梯井、楼梯间、管道井等形成，开孔少，因其常位于房屋中部，故又称核心筒。空腹筒又称框筒，由布置在房屋四周的密排立柱（柱距一般 1.22～3.0m）和截面高度很大的横梁（称为窗裙梁，梁高一般 0.6～1.22m）组成。根据房屋高度及其所受水平力的不同，筒体体系可以布置成核心筒结构、框筒结构、筒中筒结构、框架-核心筒结构、成束筒结构和多重筒结构等形式（图 5-7）。筒中筒结构通常用框筒作外筒，实腹筒作内筒。

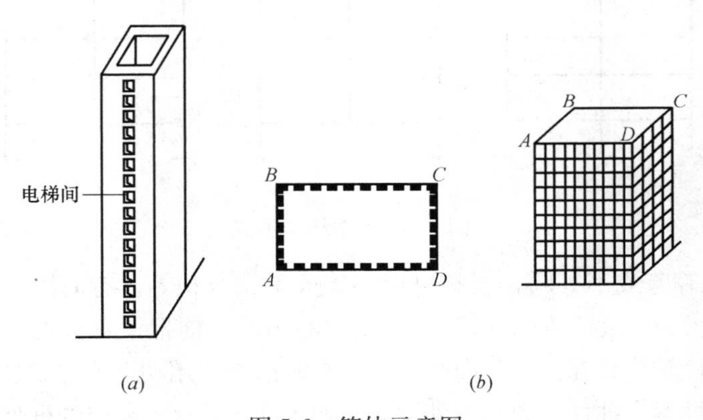

图 5-6　筒体示意图

（a）实腹筒；（b）空腹筒

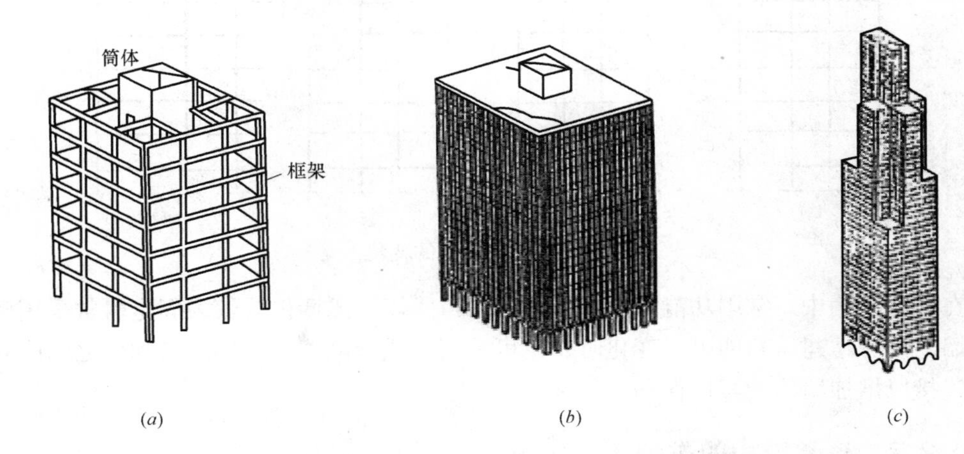

图 5-7　几种筒体结构透视图

（a）框架核心筒结构；（b）筒中筒结构；（c）成束筒结构

5.2 钢筋混凝土框架结构

5.2.1 框架结构的组成

框架结构由柱和梁组成（图 5-8）。梁一般水平布置，屋面由于排水或其他方面的要求，也可布置成斜梁（图 5-8*b*）。梁柱连接处一般为刚性连接（图 5-8*a*）；有时为便于施工或由于其他构造要求，也可将部分节点做成铰节点或半铰节点（图 5-8*c*）。

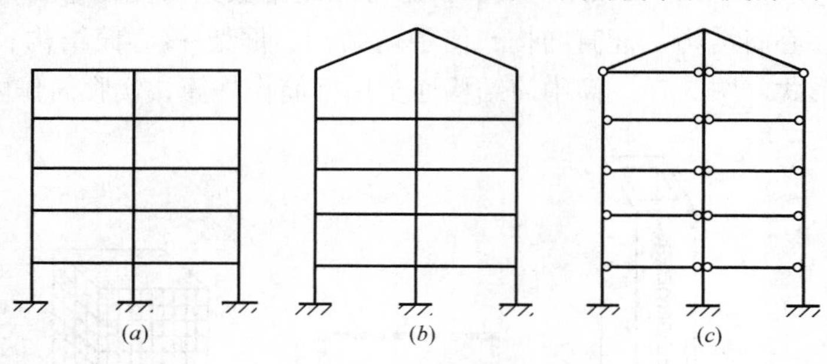

图 5-8　框架结构形式

框架可以是等跨或不等跨，层高可以相等或不完全相等。有时因工艺要求而在某层抽柱或缺梁形成复式框架。但从利于结构受力的角度，框架梁宜拉通、对直，框架柱宜上、下对中，梁柱轴线宜在同一竖向平面内。有时由于使用功能或建筑造型上的要求，框架结构也可做成抽梁、抽柱、内收、外挑等，如图 5-9 所示。高层的框架结构不应采用单跨框架结构，多层框架结构不宜采用单跨框架结构。

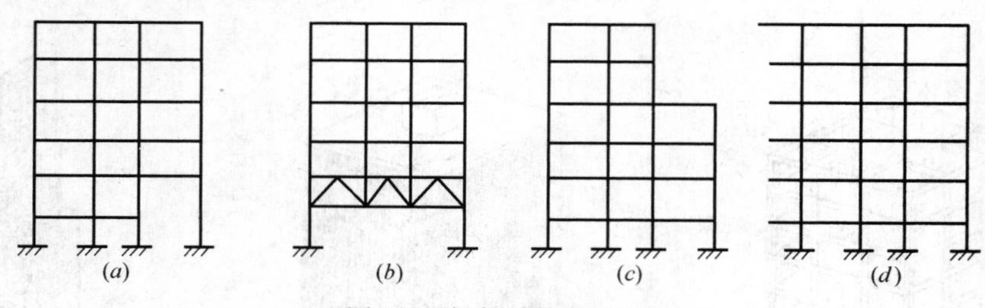

图 5-9　框架结构的变化

在框架结构中，常因功能需要而设置非承重隔墙。隔墙位置较为固定时常采用砌体填充墙。当考虑建筑功能可能变化时，也可采用轻质分隔墙。墙体与梁和柱之间应有必要的连接以增加墙体的整体性和抗震性。

5.2.2 框架结构的类型

钢筋混凝土框架结构按施工方法可分为全现浇式框架、半现浇式框架、装配式框架和装配整体式框架四种形式。

1. 全现浇框架

全现浇框架的全部构件均在现场浇筑。这种形式的优点是，整体性及抗震性能好，预埋铁件少，较其他形式的框架节省钢材，建筑平面布置较灵活等，缺点是模板消耗量大，现场湿作业多，施工周期长，在寒冷地区冬期施工困难等。对使用要求较高，功能复杂或处于地震高烈度区域的框架房屋，宜采用全现浇框架。

2. 全装配式框架

将梁、板、柱全部预制，然后在现场进行装配、焊接而成的框架称为全装配式框架。

装配式框架的构件可采用先进的生产工艺在工厂进行大批量的生产，在现场以先进的组织管理方式进行机械化装配，因而构件质量容易保证，并可节约大量模板，改善施工条件，加快施工进度，但其结构整体性差，节点预埋件多，总用钢量较全现浇框架多，施工需要大型运输和吊装机械，在地震区不宜采用。

3. 装配整体式框架

装配整体式框架是将预制梁、柱和板在现场安装就位后，再在构件连接处现浇混凝土使之成为整体而形成框架。

与全装配式框架相比，装配整体式框架保证了节点的刚性，提高了框架的整体性，省去了大部分的预埋铁件，节点用钢量减少。缺点是增加了现场浇筑混凝土量。

4. 半现浇框架

这种框架是将房屋结构中的梁、板和柱部分现浇，部分预制装配而形成的。常见的做法有两种，一种是梁、柱现浇，板预制；另一种是柱现浇，梁、板预制。

半现浇框架的施工方法比全现浇简单，而整体受力性能比全装配优越。梁、柱现浇，节点构造简单，整体性好；而楼板预制，又比全现浇框架节约模板，省去了现场支模的麻烦。半现浇框架是目前采用较多的框架形式之一，特别是在地震区应用较多。

5.2.3　框架结构布置

1. 承重框架布置方案

承重框架有以下三种布置方案：

(1) 横向布置方案

框架主梁沿房屋横向布置，连系梁和楼（屋）面板沿纵向布置（图 5-10*a*）。由于房屋纵向刚度较富裕，而横向刚度较弱，采用这种布置方案有利于增加房屋的横向刚度，提高抵抗水平作用的能力，因此在实际工程中应用较多。缺点是由于主梁截面尺寸较大，当房屋需要较大空间时，其净空较小。

(2) 纵向布置方案

框架主梁沿房屋纵向布置，楼板和连系梁沿横向布置（图 5-10*b*）。其房间布置灵活，采光和通风好，利于提高楼层净高，需要设置集中通风系统的厂房常采用这种方案。但因其横向刚度较差，在民用建筑中一般采用较少。

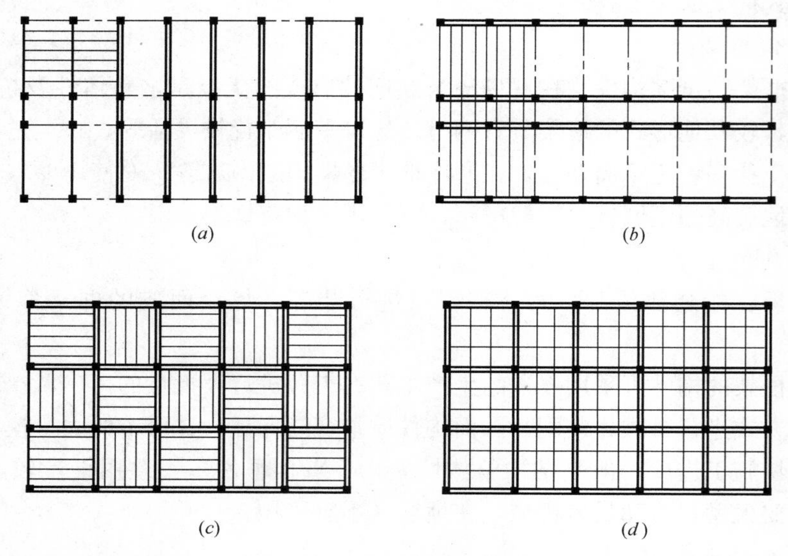

图 5-10　承重框架布置方案

(a) 横向布置方案；(b) 纵向布置方案；(c)、(d) 纵横向布置方案

(3) 纵横向布置方案

沿房屋的纵向和横向都布置框架主梁（图 5-10*c*、*d*）。采用这种布置方案，可使两个方向都获得较大的刚度，因此，柱网尺寸为正方形或接近正方形、地震区的多层框架房屋，以及由于工艺要求需双向承重的厂房常用这种方案。

2. 柱网布置和层高

框架结构房屋的柱网和层高，应根据生产工艺、使用要求、建筑材料、施工条件等因素综合考虑，并应力求简单规则，有利于装配化、定型化和工业化。柱网尺寸，即平面框架的跨度（进深）及其间距（开间）。

民用建筑的柱网尺寸和层高因房屋用途不同而变化较大，但一般按 300mm 进级。常用跨度是 4.8m、6.4m、6m、6.6m 等，常用柱距为 3.9m、4.5m、4.8m、6.0m、6.3m、6.6m、6.9m。采用内廊式时，走廊跨度一般为 2.4m、2.7m、3m。常用层高为 3.0m、3.3m、3.6m、3.9m、4.2m。

工业建筑典型的柱网布置形式有内廊式、等跨式、对称不等跨式等（图5-11）。采用内廊式布置时，常用跨度（房间进深）为 6m、6.6m、6.9m，走廊宽度常用 2.4m、2.7m、3m，开间方向柱距为 3.6～8m。等跨式柱网的跨度常用 6m、7.5m、9m、12m，柱距一般为 6m。对称不等跨柱网一般用于建筑平面宽度较大的厂房，常用柱网尺寸有 (5.8m＋6.2m＋6.2m＋5.8m)×6.0m、 (8.0m＋12.0m＋8.0m)×6.0m、(7.5m＋7.5m＋12.0m＋7.5m＋7.5m)×6.0m 等。

工业建筑底层往往有较大设备和产品，甚至有起重运输设备，故底层层高一般较大。底层常用层高为 4.2m、4.5m、4.8m、5.4m、6.0m、7.2m、8.4m，楼层常用层高为 3.9m、4.2m、4.5m、4.8m、5.6m、6.0m、7.2m 等。

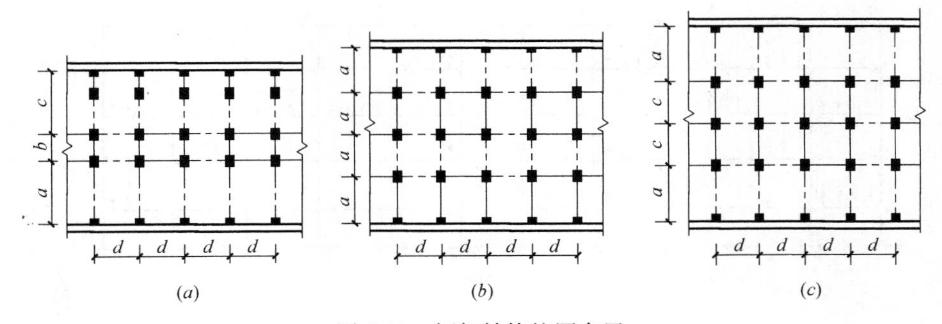

图 5-11　框架结构柱网布置

（a）内廊式；（b）等跨式；（c）对称不等跨式

5.2.4　框架结构的受力特点

框架结构承受的作用包括结构自重、楼屋面活荷载、风荷载和地震作用。结构自重和楼屋面活荷载为竖向荷载，风荷载为水平荷载。地震作用是结构上的质量因加速度的存在而产生的惯性力，分为水平地震作用和竖向地震作用。风荷载和地震作用的大小和方向都具有不确定性。

框架结构是一个空间结构体系，沿房屋的长向和短向可分别视为纵向框架和横向框架。纵、横向框架分别承受纵向和横向水平荷载，而竖向荷载传递路线则根据楼（屋）布置方式而不同：现浇平板楼（屋）盖主要向距离较近的梁上传递，预制板楼盖传至支承板的梁上。

在多层框架结构中，影响结构内力的主要是竖向荷载，而结构变形则主要考虑梁在竖向荷载作用下的挠度，一般不必考虑结构侧移对建筑物使用的功能和结构可靠性的影响。而在高层框架结构中，竖向荷载的作用与多层建筑相似，柱内轴力随层数增加而增加，而水平荷载的内力和位移则将成为控制因素。同时，多层建筑中的柱以轴力为主，而高层框架中的柱受到压、弯、剪的复合作用，其破坏形态更为复杂。

除装配式框架外，一般可将框架结构的梁、柱节点视为刚接节点，柱固结于基础顶面，所以框架结构多为高次超静定结构。

竖向活荷载具有不确定性。梁、柱的内力将随竖向活荷载的位置而变化。图 5-12（a）、（b）分别为梁跨中和支座产生最大弯矩的活荷载位置。风荷载也具有不确定性，梁、柱可能受到反号的弯矩作用，所以框架柱一般采用对称配筋。图 5-13 为框架结构在竖向荷载和水平荷载作用下的内力图。由图可见，梁、柱端弯矩、剪力、轴力都较大，跨度较小的中间跨框架梁甚至出现了上部受拉的情况。

对抗震框架结构，在地震和竖向荷载共同作用下，框架梁端弯矩、剪力均为最大，且反复受力，从靠近柱边的梁顶面和底面开始出现竖向裂缝或交叉的斜裂缝，形成梁端塑性铰（图 5-14），最终可能导致梁端的斜截面破坏（剪切破坏）或正截面破坏（弯曲破坏），也可能产生框架梁主筋的锚固破坏，因而框架梁端部一定范围内箍筋应加密。并且，由于反复受弯，纵向钢筋可能处于交替拉、压状态下，此时钢筋与其周围混凝土

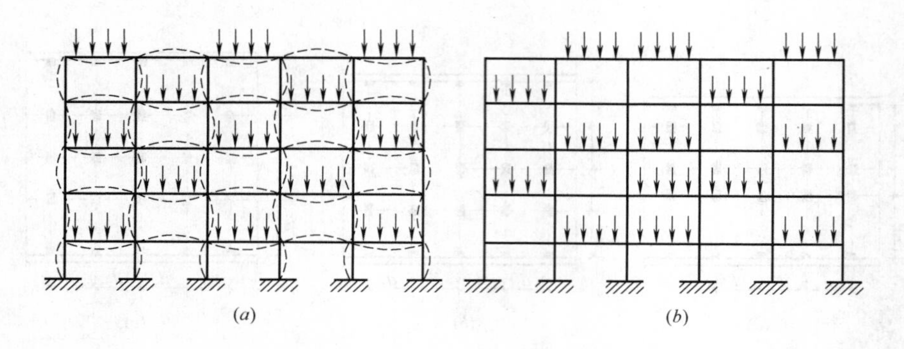

图 5-12 竖向活荷载最不利位置

(a) 梁跨中弯矩最不利活荷载位置；(b) 梁支座弯矩最不利活荷载位置

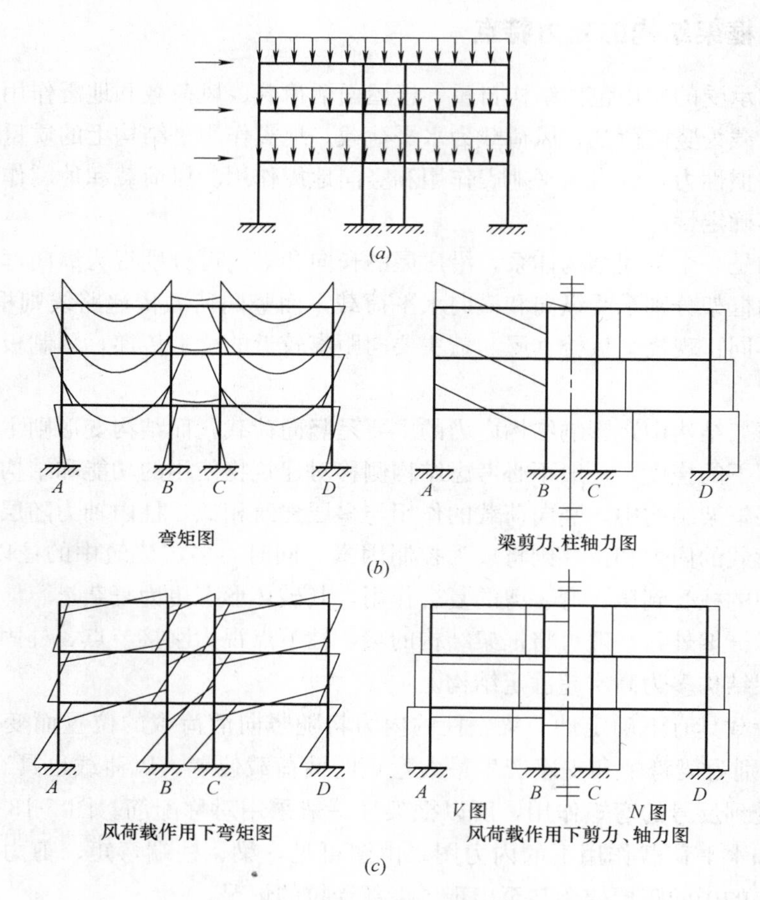

图 5-13 框架结构的内力图

(a) 计算简图；(b) 竖向荷载作用下的内力图；(c) 左向水平荷载作用下的内力图

的粘结锚固性能将比单调受拉不利，混凝土骨料的咬合作用甚至会逐渐丧失，主要靠箍筋和纵筋的销键作用传递剪力，故锚固长度和搭接长度要增大，且不能利用弯起钢筋抗剪。

地震作用下，柱端弯矩最大，且为变号弯矩，故一般柱的破坏是柱端的弯曲破坏，轻者产生水平裂缝、斜裂缝或交叉裂缝，重者混凝土压碎崩落，柱内箍筋拉断，纵筋压曲呈灯笼状（图 5-15）。这种破坏是脆性破坏，破坏部位大多在梁底柱顶交接处。角柱在两个主轴方向的地震作用下，为双向偏心受压构件，且受有扭矩作用，因此震害较中柱和边柱严重。短柱的线刚度大，在地震作用下会产生较大的剪力，形成交叉裂缝乃至脆断。

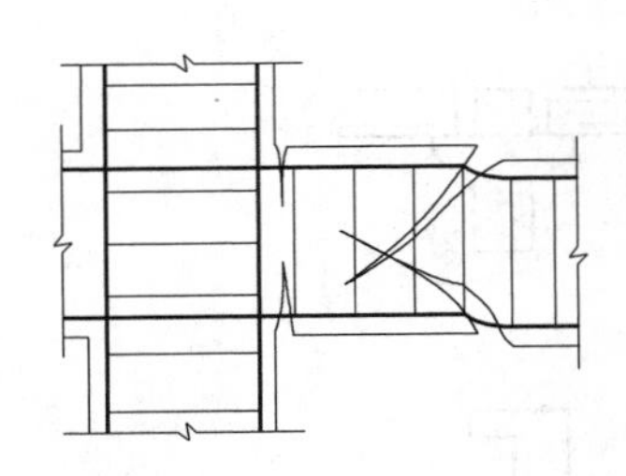
图 5-14 梁端的塑性铰区的裂缝

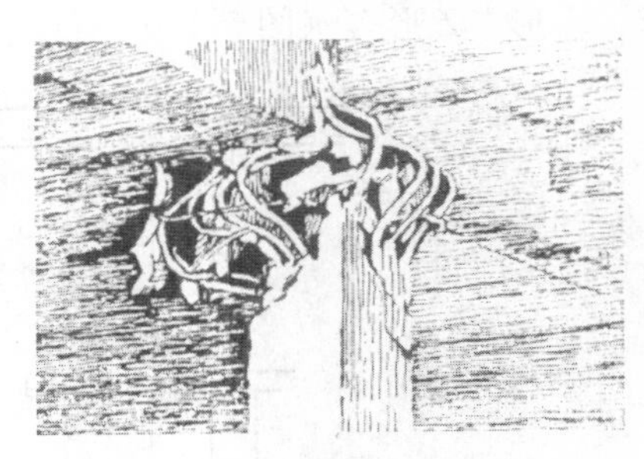
图 5-15 柱顶的破坏

框架梁柱节点区主要承受柱子传来的轴力、弯矩、剪力和梁传来的弯矩、剪力作用，受力复杂。在轴压力和剪力共同作用下，节点区可能发生剪切及主拉应力造成的脆性破坏。

有砌体填充墙的框架，框架和填充墙共同工作时，由于填充墙的刚度大，受力初期填充墙受到的地震作用很大，而砌体的极限变形很小，在往复水平地震作用下产生斜裂缝，甚至倒塌。

在抗震框架结构中，柱轴压比 λ_N 是影响柱的破坏形式和变形能力的重要因素。

$$\lambda_N=\frac{N}{f_c A} \tag{5-1}$$

式中 N——柱组合轴向压力设计值；

A——柱截面面积；

f_c——混凝土轴心抗压强度设计值。

试验表明，随着轴压比的增大，柱的极限受弯承载力将提高，而极限变形能力将降低；轴压比较高时，将导致混凝土压碎而受拉钢筋尚未屈服的小偏心受压脆性破坏，这对要求有一定变形能力的钢筋混凝土柱是不利的。因此为了保证框架柱有一定延性，其轴压比不宜超过表 5-1 的规定，并不应大于 1.05。建造于Ⅳ类场地且较高的高层建筑，柱轴压比限值应适当减少。

柱轴压比限值 **表 5-1**

类 别	抗震等级		
	一	二	三
框架柱	0.7	0.8	0.9
框支柱	0.6	0.7	—

5.2.5 非抗震设计现浇框架的构造要求

1. 框架梁、柱截面形式及尺寸

(1) 框架梁

框架结构主梁的截面形式，现浇框架多做成矩形，装配整体式框架多做成花篮形，装配式框架可做成矩形、T形或花篮形（图 5-16*a*）。连系梁的截面多做成T形、Γ形、L形、⊥形、Z形等（图 5-16*b*）。

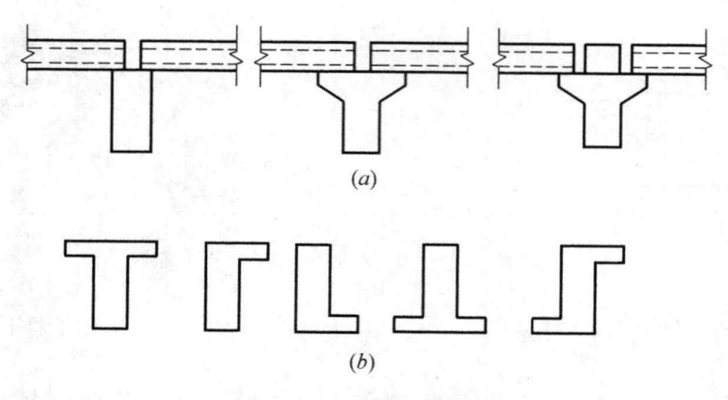

图 5-16 梁的截面形状

（*a*）框架主梁；（*b*）连系梁

框架梁的截面高度 h 可按（1/18～1/10）l_0（其中 l_0 为框架梁的计算跨度）确定，但不宜大于净跨的 1/4。框架梁的截面宽度不宜小于 $h/4$；也不宜小于 200mm，一般取梁高的 1/3～1/2。工程中常用框架梁宽度为 250mm 和 300mm。框架梁底部通常较连系梁底部低 50mm 以上，以避免框架节点处纵、横钢筋相互干扰。

(2) 框架柱

框架柱的截面形式一般做成矩形、方形、圆形或多边形。矩形、方形柱的截面宽度和高度，非抗震设计时不宜小于 250mm，抗震设计时不宜小于 300mm。圆柱截面直径及多边形截面的内切圆直径不宜小于 350mm。错层处框架柱的截面高度不应小于 600mm。柱的截面高度与宽度之比不宜大于 3，柱的净高与截面高度之比不宜小于 4。

工程中常用的框架柱截面尺寸是 400mm×400mm、450mm×450mm、500mm×500mm、550mm×550mm、600mm×600mm 等。

2. 非抗震设计框架的节点构造

梁、柱节点构造是保证框架结构整体空间受力性能的重要措施。只有通过构件之间的相互连接，结构才能成为一个整体。现浇框架的连接构造，主要是梁与柱、柱与柱之间的配筋构造。

根据构造做法不同，框架结构的节点可分为图 5-17 所示的四种类型。

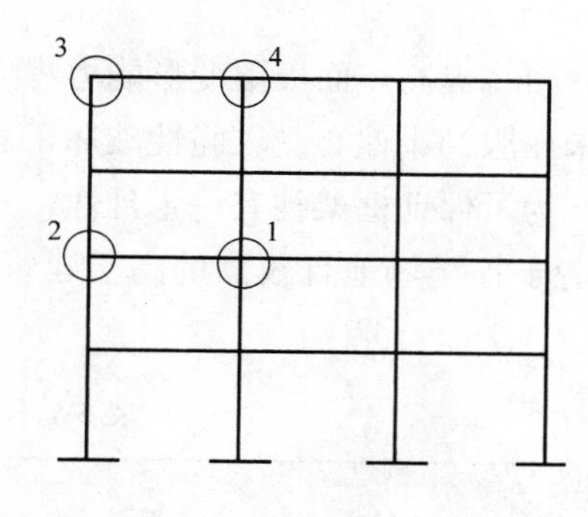

图 5-17 框架节点类型

1—中间层中间节点；2—中间层端节点；3—顶层端节点；4—顶层中间节点

（1）中间层中间节点

框架梁上部纵向钢筋应贯穿中间节点（图5-18）。

框架梁下部纵向钢筋宜贯穿节点。当必须锚固时，在中间节点处应满足下列锚固要求：

1）当计算中不利用该钢筋强度时，其伸入节点的锚固长度 l_{as}，带肋钢筋不应小于 $12d$，光面钢筋不应小于 $15d$（d 为纵向钢筋直径）；

2）当计算中充分利用钢筋的抗拉强度时，钢筋可采用直线方式锚固在节点内，锚固长度不应小于钢筋的受拉锚固长度 l_a（图5-18*a*）；

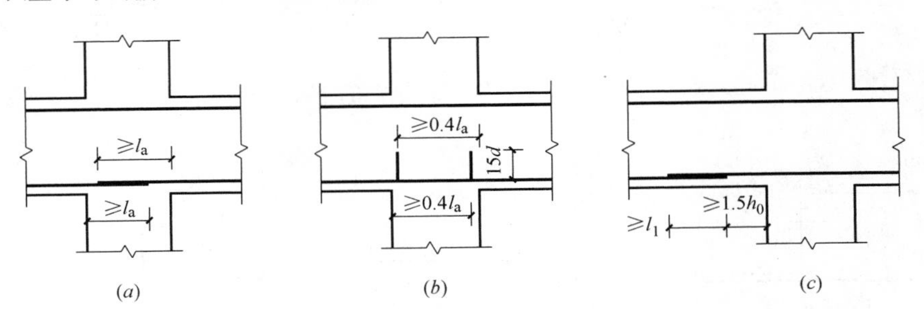

图5-18 中间层中间节点的钢筋锚固与搭接

（*a*）节点中的直线锚固；（*b*）节点中的弯折锚固；（*c*）节点范围外的搭接

3）当计算中充分利用钢筋的抗压强度时，下部纵向钢筋应按受压钢筋锚固在中间节点内。此时，其直线锚固长度不应小于 $0.7l_a$。

当柱截面尺寸不足以满足上述锚固长度要求时，宜采用钢筋端部加锚头的机械锚固措施，也可采用90°弯折锚固的方式（图5-18*b*）。但在节点中弯折锚固的做法，设计、施工都不方便，因此不提倡使用。

下部纵向钢筋也可伸过节点范围在梁中弯矩较小处设置搭接接头，搭接长度的起始点至节点或支座边缘的距离不应小于 $1.5h_0$（图5-18*c*）。规定距离 $1.5h_0$ 的目的，是为了避让梁端塑性铰区和箍筋加密区。

当中间层中间节点左、右跨梁的上表面不在同一标高时，左、右跨梁的上部钢筋可分别锚固在节点内。当中间层中间节点左、右梁端上部钢筋用量相差较大时，除左、右数量相同的部分贯穿节点外，多余的梁筋亦可锚固在节点内。

框架柱的纵向钢筋应贯穿中间层中间节点和中间层端节点，柱纵向钢筋接头应设在节点区外（图5-19）。在搭接接头范围内，箍筋间距应不大于 $5d$（d 为柱较小纵向钢筋的直径），且不应大于100mm。

（2）中间层端节点

框架梁上部纵向钢筋伸入中间层端节点，当采用直线锚固形式时，锚固长度不应小于 l_a，且应伸过柱中心线不宜小于 $5d$（d 为梁上部纵向钢筋的直径）（图5-20*a*）。当上部纵向钢筋在节点内水平锚固长度不够时，可采用钢筋端部加机械锚头的锚固方式，此时梁上部纵向钢筋宜伸至柱外侧纵向钢筋内边，包括机械锚头在内的水平投影锚固长度不应小于 $0.4l_{ab}$（图5-20*b*）；也可采用90°弯折锚固的方式，此时梁上部纵向钢筋应伸

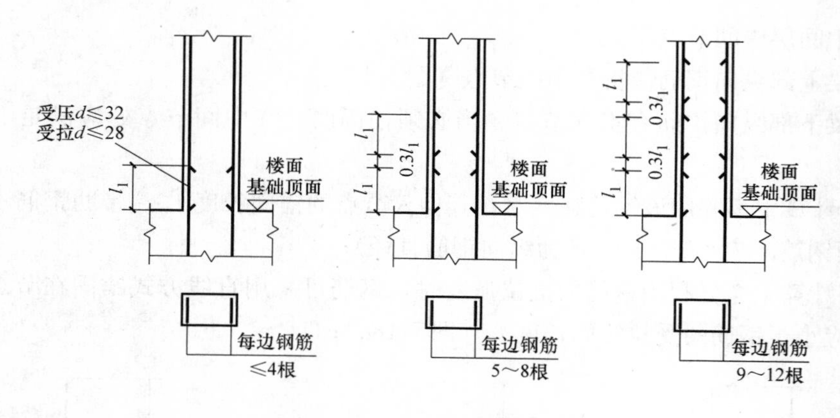

图 5-19　上、下层柱钢筋的搭接

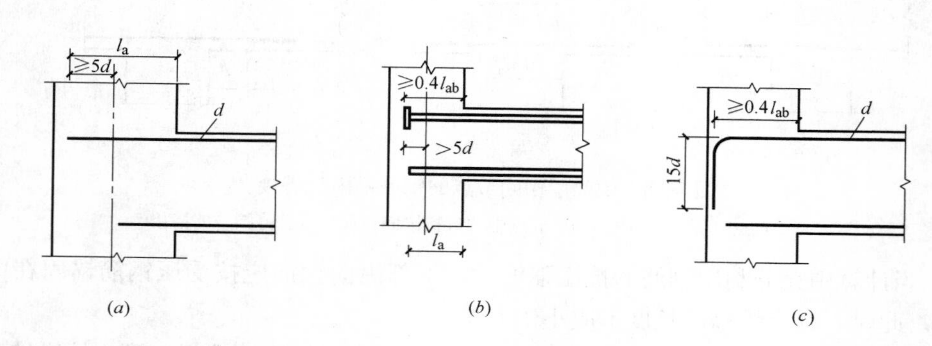

图 5-20　框架梁中间层端节点纵向钢筋的锚固
（*a*）直线锚固形式；（*b*）钢筋端部的锚头锚固；（*c*）钢筋末端 90°弯折锚固

至柱外侧纵向钢筋内边并向节点内弯折，其包含弯弧在内的水平投影长度不应小于 $0.4l_{ab}$，弯折钢筋在弯折平面内包含弯弧段的投影长度不应小于 $15d$（图 5-20*c*）。

框架梁下部纵向钢筋在端节点的锚固要求与中间节点相同。

（3）顶层端节点

框架顶层端节点处的梁、柱端均主要受负弯矩作用，相当于一段 90°的折梁。为了保证梁、柱钢筋在节点区的搭接传力，应将梁、柱钢筋进行有效锚固，其中柱钢筋包括内、外侧钢筋。

可将柱外侧纵向钢筋的相应部分弯入梁内作梁上部纵向钢筋使用（当梁上部钢筋和柱外侧钢筋匹配时），也可将梁上部纵向钢筋与柱外侧纵向钢筋在顶层端节点及其附近部位搭接，而不允许采用将柱筋伸至柱顶，将梁上部钢筋锚入节点的做法。当采用搭接时，可采用下列两种方案：

1）搭接接头沿顶层端节点外侧和梁端顶部布置（图 5-21*a*）。此时，搭接长度不应小于 $1.5l_{ab}$。其中，伸入梁内的柱外侧钢筋截面面积不宜小于其全部面积的 65%；梁宽范围以外的柱外侧钢筋宜沿节点顶部伸至柱内边锚固。当柱外侧纵向钢筋位于柱顶第一层时，钢筋伸至柱内边后宜向下弯折不小于 $8d$ 后截断，d 为柱纵向钢筋的直径；当柱

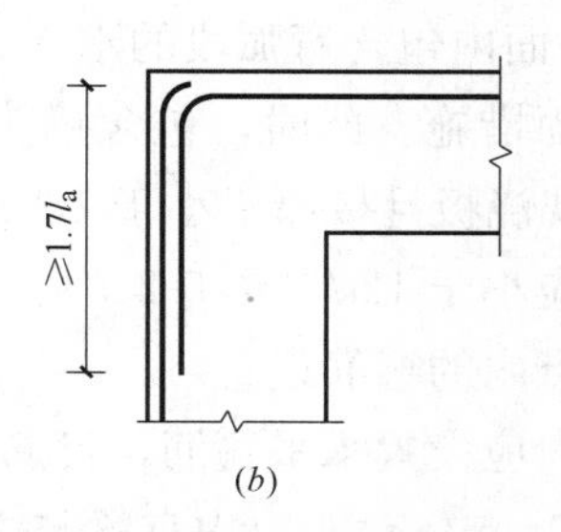

图 5-21　梁上部钢筋和柱外侧钢筋在顶层端节点的搭接

（*a*）搭接接头沿顶层端节点外侧和梁端顶部布置；（*b*）搭接接头沿节点外侧直线布置

外侧纵向钢筋位于柱顶第二层时，可不向下弯折。当现浇板厚度不小于 100mm 时，梁宽范围以外的柱外侧纵向钢筋也可伸入现浇板内，其长度与伸入梁内的柱纵向钢筋相同。

当柱外侧纵向钢筋配筋率大于 1.2%时，伸入梁内的柱纵向钢筋宜分两批截断，截断点之间的距离不宜小于 $20d$，d 为柱外侧纵向钢筋的直径。梁上部纵向钢筋应伸至节点外侧并向下弯至梁下边缘高度位置截断。

2）搭接接头沿节点柱顶外侧直线布置（图 5-21*b*）。此时，搭接长度自柱顶算起不应小于 $1.7l_{ab}$。当梁上部纵向钢筋的配筋率大于 1.2%时，弯入柱外侧的梁上部纵向钢筋宜分两批截断，其截断点之间的距离不宜小于 $20d$，d 为梁上部纵向钢筋的直径。

当梁的截面高度较大，梁、柱纵向钢筋相对较小，从梁底算起的直线搭接长度未延伸至柱顶即已满足 $1.5l_{ab}$ 的要求时，应将搭接长度延伸至柱顶并满足搭接长度 $1.7l_{ab}$ 的要求；或者从梁底算起的弯折搭接长度未延伸至柱内侧边缘即已满足 $1.5l_{ab}$ 的要求时，其弯折后包括弯弧在内的水平段的长度不应小于 $15d$，d 为柱纵向钢筋的直径。

柱内侧纵向钢筋应伸至柱顶，且自梁底算起的锚固长度不应小于 l_a。当截面尺寸不满足直线锚固要求时，可采用 90°弯折锚固措施或采用带锚头的机械锚固措施，具体要求如图 5-22 所示。

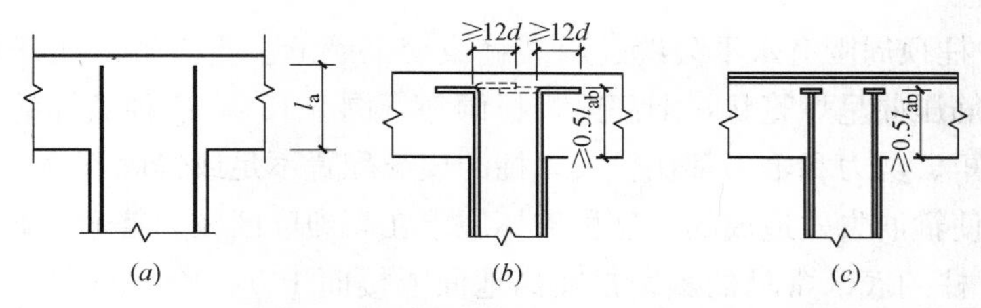

图 5-22　顶层中间节点柱纵向钢筋的锚固

（*a*）直线锚固；（*b*）90°弯折锚固；（*c*）端头加锚板锚固

（4）顶层中间节点

顶层中间节点的柱纵向钢筋采用直线锚固时，其自梁底标高算起的锚固长度不应小于 l_a，且必须伸至柱顶（图 5-22*a*）。当顶层节点处梁截面尺寸不满足直线锚固要求时，可采用90°弯折锚固措施。此时，包括弯弧在内的钢筋垂直投影锚固长度不应小于$0.5l_{ab}$，在弯折平面内包含弯弧段的水平投影长度不宜小于$12d$（图5-22b）；也可采用带锚头的机械锚固措施。此时，包含锚头在内的竖向锚固长度不应小于$0.5l_{ab}$（图5-22c）。当柱顶有现浇板且板厚不小于100mm时，柱纵向钢筋也可向外弯折，弯折后的水平投影长度不应小于$12d$（图5-22b）。

（5）框架节点内的箍筋设置

在框架节点内应设置水平箍筋，箍筋应符合第四章第三节中柱箍筋的构造规定，但间距不宜大于250mm。对四边均有梁与之相连的中间节点，由于除四角以外的柱纵向钢筋外，均不存在过早压屈的危险，故节点内可只设置沿周边的矩形箍筋，不必设置复合箍筋。当顶层端节点内设有梁上部纵向钢筋和柱外侧纵向钢筋的搭接接头时，锚固长度范围内水平箍筋直径不应小于$d/4$，间距不应大于$5d$（d为锚固钢筋的直径），且不应大于100mm；当受压钢筋直径大于25mm时，还应在搭接接头两个端面外100mm的范围内各设置两道箍筋。

5.2.6 框架结构抗震措施

1. 震害特点

（1）框架梁、柱的震害

框架梁、柱的震害主要发生在节点处。柱的震害重于梁，柱顶震害重于柱底，角柱震害重于内柱，短柱震害重于一般柱。

1）框架梁

震害多发生在梁端。在强烈地震作用下，梁端纵向钢筋屈服，出现上下贯通的垂直裂缝和交叉斜裂缝。在梁端负弯矩钢筋切断处，由于抗弯能力削弱也容易产生裂缝，造成梁的剪切破坏。

梁剪切破坏的主要原因是，梁端钢筋屈服后，裂缝的产生和开展使混凝土抵抗剪力的能力逐渐减小，而梁内箍筋配置又少，以及地震的反复作用使混凝土的抗剪强度进一步降低。当剪力超过了梁的抗剪承载能力时产生破坏。

2）框架柱

① 柱顶：柱顶周围有水平裂缝、斜裂缝或交叉裂缝。重者混凝土压碎崩落，柱内箍筋拉断，纵筋压曲呈灯笼状，上部梁、板倾斜（图5-15）。这种破坏的主要原因是由于节点处的弯矩、剪力和轴力都比较大，柱的箍筋配置不足或锚固不好，在弯、剪、压共同作用下，使箍筋失效造成的。这种破坏现象在高烈度区较为普遍，修复很困难。

② 柱底：柱的底部常见的震害是在离地面或楼面100～400mm处有环向的水平裂缝，其受力情况虽与柱顶相似，但往往柱底箍筋较密，故震害较轻。

③ 短柱：所谓短柱，是指$H/b<4$的柱，其中H为柱净高，b为柱截面的边长。当有错层、夹层或有半高的填充墙，或不适当地设置某些连系梁时，容易形成短柱。一方面短柱能吸收较大的地震剪力；另一方面短柱常发生剪切破坏，形成交叉裂缝乃至脆断。

④ 角柱：房屋不可避免地要发生扭转，因此角柱所受剪力最大，同时角柱又受有双向弯矩作用，而其约束又较其他柱小，所以震害重于内柱。

3）框架节点

在地震的反复作用下，节点的破坏机理很复杂，主要表现为：节点核芯区产生斜向的X形裂缝，当节点区剪压比较大时，箍筋未屈服混凝土就被剪压酥碎而破坏，导致整个框架破坏。破坏的主要原因大都是混凝土强度不足、节点处的箍筋配置量小，或由于节点处钢筋太稠密使的混凝土浇捣不密实所致。

（2）填充墙的震害

框架结构的砖砌填充墙破坏较为严重，一般7度即出现裂缝。端墙、窗间墙及门窗洞口边角部分裂缝最多。多层框架柱间的填充墙，通常采用在柱子上预留锚筋将砌快或砖拉住。由于在梁下部的几皮砖不容易砌好，地震时，梁下的填充墙出现水平裂缝，如果墙和柱拉结不好则会产生竖向裂缝，强烈地震作用时会产生X形裂缝（图5-23），甚至外倾或倒塌。9度以上填充墙大部分倒塌。其原因是在地震作用下，框架的层间位移较大，填充墙企图阻止其侧移，因砖砌体的极限变形很小，在往复水平地震作用下，即产生斜裂缝，甚至倒塌。

图5-23　填充墙的X形裂缝

框架的变形为剪切型，其特点是层间位移随楼层增高而减小，因此填充墙在房屋中下部几层震害严重；框架-剪力墙结构的变形接近弯曲型，其特点是层间位移随楼层增高而增大，故填充墙在房屋上部几层震害严重。

此外，如果防震缝宽度过小，地震时结构相互碰撞也容易造成震害，甚至在发生较低的地震烈度时，防震缝处饰面材料破坏普遍，增加了修复费用。

2. 抗震设计一般规定

（1）防震缝与抗撞墙的设置

当建筑平面过长、高度或刚度相差过大以及各结构单元的地基条件有较大差异时，钢筋混凝土框架结构应考虑设置防震缝。框架结构房屋的防震缝宽度，当高度不超过15m时不应小于100mm；高度超过15m时，其防震缝宽度在100mm基础上，6度时每增加高度5m宜加宽20mm，7度时每增加高度4m宜加宽20mm，8度每增加高度3m宜加宽20mm，9度时每增加高度2m宜加宽20mm。

需要注意的是，如果防震缝宽度不够，相邻结构仍可能局部碰撞而损坏，而防震缝过宽会给建筑处理造成困难，故高层建筑宜选用合理的建筑结构方案，不设防震缝。

对8、9度框架结构房屋，当防震缝两侧结构高度、刚度或层高相差较大时，可在

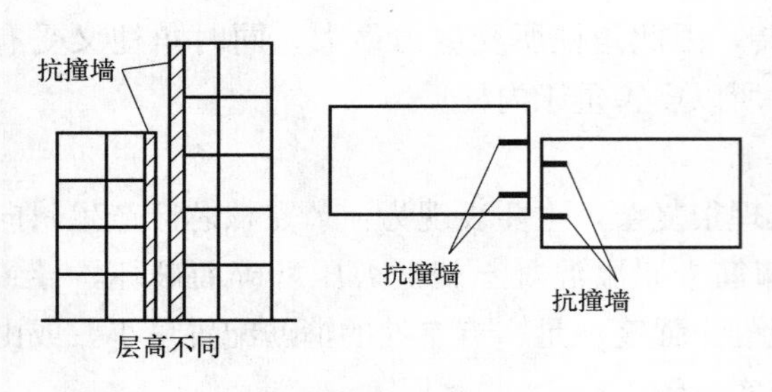

图 5-24　框架结构抗撞墙示意图

缝两侧房屋的尽端沿全高设置垂直于防震缝的抗撞墙（图 5-24），每一侧抗撞墙的数量不应少于 2 道，宜分别对称布置，墙肢长度可不大于一个柱距，防震缝两侧抗撞墙的端柱和框架的边柱，箍筋应沿房屋全高加密。

（2）钢筋混凝土房屋的最大适用高度

为了达到安全经济合理的要求，《抗震规范》、《高规》对房屋的最大适用高度做出了限制。钢筋混凝土高层建筑结构的最大适用高度分为 A 级和 B 级。钢筋混凝土乙类和丙类高层建筑的最大适用高度见表 5-2 中“A 级”。当框架-剪力墙结构、剪力墙结构及筒体结构的高度超过表 5-2 中 A 级的最大适用高度时，则列入 B 级高度高层建筑。B 级高度钢筋混凝土乙类和丙类高层建筑适用的最大高度见表 5-2 中“B 级”，并应遵守《高规》规定的更严格的计算和构造措施。这里，房屋高度指室外地面到主要屋面板板顶的高度（不包括局部突出屋顶部分）。抗震设计的 B 级高度的高层建筑，按有关规定应进行超限高层建筑的抗震设防专项审查复核。甲类建筑适用的最大高度应进行专门研究。

现浇钢筋混凝土结构房屋适用的最大高度（m）　　表 5-2

结构体系			非抗震设计	设防烈度				
				6 度	7 度	8 度		9 度
						0.20g	0.30g	
框架结构		A 级	70	60	50	40	35	24
框架-剪力墙结构		A 级	150	130	120	100	80	50
		B 级	170	160	140	120	100	
剪力墙结构	全部落地剪力墙结构	A 级	150	140	120	100	80	60
		B 级	180	170	150	130		
	部分框支剪力墙结构	A 级	130	120	100	80	50	不应采用
		B 级	150	140	120	100	80	
筒体结构	框架-核心筒	A 级	160	150	130	100	90	70
		B 级	220	210	180	140	120	
	筒中筒	A 级	200	180	150	120	100	80
		B 级	300	280	230	170	150	
板柱-剪力墙结构		A 级	110	80	70	55	40	不应采用

注：1. 框架结构、板柱-剪力墙结构以及 9 度抗震设防的各类结构，当房屋高度超过 A 级高度高层建筑最大适用高度时，因研究不足，在 B 级高度高层建筑中未予列入，结构设计应有可靠依据，并采取有效的专门措施。
2. 表中框架结构不含异形柱框架结构。
3. 表中 0.20g、0.30g 为设计基本地震加速度值，其中 g 为重力加速度。

（3）钢筋混凝土房屋的高宽比限值

对于窄而高的建筑，在水平荷载作用下会产生较大的水平位移，当地基软弱时会造成整个建筑的倾覆。为了满足整体稳定的要求，高层钢筋混凝土结构的高宽比不宜超过表 5-3 的限值。高层建筑的高宽比，是对结构刚度、整体稳定、承载能力和经济合理性的宏观控制。

现浇钢筋混凝土结构房屋适用的高宽比限值　　表 5-3

结构体系	设防烈度			
	非抗震设计	6 度、7 度	8 度	9 度
框架结构	5	4	3	2
框架-剪力墙结构、剪力墙结构	7	6	5	4
板柱-剪力墙结构	6	5	4	—
框架-核心筒结构	8	7	6	4
筒中筒	8	8	7	5

（4）房屋的体型及结构布置

在抗震设防区的框架房屋应符合下列要求：

1）在平面布置方面，尽可能避免局部突出的尺寸过大；楼、电梯间不宜布置在结构单元的两端和转角部位；楼盖的局部开洞不过大；主要的抗侧力结构和质量在平面内分布基本对称均匀；避免轴线斜交。

2）在竖向结构布置方面，尽可能避免突出屋面的建筑局部缩进的尺寸过大；框架柱等抗侧力结构构件上下连续；相邻层的质量、刚度和承载力无突变；宜避免抽柱及错层。

3）承重框架布置应符合以下要求：框架应双向布置，并宜按双向承重框架布置；梁中线与柱中线宜对齐，偏心距不宜大于 1/4 柱宽；房屋纵、横两个方向的抗侧刚度宜接近。

4）框架结构单独柱基有下列情况之一时，宜沿两个主轴方向设置基础系梁：

① 一级抗震等级的框架和Ⅳ类场地的二级抗震等级的框架；

② 各柱基承受的重力荷载代表值差别较大；

③ 基础埋置较深，或各基础埋置深度差别较大；

④ 地基主要受力层范围内存在软弱黏土层、液化土层和严重不均匀土层；

⑤ 桩基承台之间。

（5）抗震等级

抗震等级是根据国内外建筑震害、有关科研成果、工程设计经验划分的。抗震等级的高低，体现了对结构抗震性能要求的严格程度。钢筋混凝土结构的抗震构造措施，不仅要按建筑抗震设防类别区别对待，而且要按抗震等级不同而异，这是因为同样烈度下不同结构体系、不同高度有不同的抗震要求。

现浇钢筋混凝土房屋的抗震等级，根据设防烈度、结构类型和房屋高度分为特一级和一、二、三、四级。

现浇钢筋混凝土房屋（含A级高度高层钢筋混凝土房屋）的抗震等级按表5-4确定，B级高度钢筋混凝土房屋的抗震等级按表5-5确定。但应注意，用于确定抗震等级的烈度是抗震设防烈度根据抗震设防标准调整后的烈度，见表5-6。

上述“框架结构”和“框架”具有不同含义。前者指纯框架结构，而后者泛指框架结构和框架-剪力墙结构中的框架。

（6）纵向受力钢筋的锚固与连接

现浇钢筋混凝土房屋的抗震等级　　表5-4

<table>
<tr><th colspan="2" rowspan="2">结构类型</th><th colspan="12">烈　度</th></tr>
<tr><th colspan="2">6度</th><th colspan="4">7度</th><th colspan="4">8度</th><th colspan="2">9度</th></tr>
<tr><td rowspan="3">框架结构</td><td>高度(m)</td><td>≤24</td><td>>24</td><td colspan="2">≤24</td><td colspan="2">>24</td><td colspan="2">≤24</td><td colspan="2">>24</td><td colspan="2">≤24</td></tr>
<tr><td>框架</td><td>四</td><td>三</td><td colspan="2">三</td><td colspan="2">二</td><td colspan="2">二</td><td colspan="2">一</td><td colspan="2">一</td></tr>
<tr><td>大跨度框架</td><td colspan="2">三</td><td colspan="4">二</td><td colspan="4">一</td><td colspan="2">一</td></tr>
<tr><td rowspan="3">框架-剪力墙结构</td><td>高度(m)</td><td>≤60</td><td>>60</td><td>≤24</td><td colspan="2">25～60</td><td>>60</td><td>≤24</td><td colspan="2">25～60</td><td>>60</td><td>≤24</td><td>25～50</td></tr>
<tr><td>框架</td><td>四</td><td>三</td><td>四</td><td colspan="2">三</td><td>二</td><td>三</td><td colspan="2">二</td><td>一</td><td>二</td><td>一</td></tr>
<tr><td>剪力墙</td><td colspan="2">三</td><td colspan="4">二</td><td colspan="4">一</td><td colspan="2">一</td></tr>
<tr><td rowspan="2">剪力墙结构</td><td>高度(m)</td><td>≤80</td><td>>80</td><td>≤24</td><td colspan="2">25～80</td><td>>80</td><td>≤24</td><td colspan="2">25～80</td><td>>80</td><td>≤24</td><td>25～60</td></tr>
<tr><td>剪力墙</td><td>四</td><td>三</td><td>四</td><td colspan="2">三</td><td>二</td><td>三</td><td colspan="2">二</td><td>一</td><td>二</td><td>一</td></tr>
</table>

注：1. 接近或等于高度分界时，应允许结合房屋不规则程度及场地、地基条件确定抗震等级；

2. 大跨度框架指跨度不小于18m的框架；

3. 高度不超过60m的框架-核心筒结构按框架-抗震墙的要求设计时，应按表中框架-抗震墙结构的规定确定其抗震等级。

B级高度现浇钢筋混凝土房屋的抗震等级　　表5-5

<table>
<tr><th colspan="2" rowspan="2">结构类型</th><th colspan="3">烈　度</th></tr>
<tr><th>6度</th><th>7度</th><th>8度</th></tr>
<tr><td rowspan="2">框架-剪力墙结构</td><td>框架</td><td>二</td><td>一</td><td>一</td></tr>
<tr><td>剪力墙</td><td>二</td><td>一</td><td>特一</td></tr>
<tr><td>剪力墙结构</td><td>剪力墙</td><td>二</td><td>一</td><td>一</td></tr>
<tr><td rowspan="3">框支剪力墙结构</td><td>非底部加强部位剪力墙</td><td>二</td><td>一</td><td>一</td></tr>
<tr><td>底部加强部位剪力墙</td><td>一</td><td>一</td><td>特一</td></tr>
<tr><td>框支框架</td><td>一</td><td>特一</td><td>特一</td></tr>
<tr><td rowspan="2">框架-核心筒</td><td>框架</td><td>二</td><td>一</td><td>一</td></tr>
<tr><td>筒体</td><td>二</td><td>一</td><td>特一</td></tr>
<tr><td rowspan="2">筒中筒</td><td>外筒</td><td>二</td><td>一</td><td>特一</td></tr>
<tr><td>内筒</td><td>二</td><td>一</td><td>特一</td></tr>
</table>

用于确定抗震等级的烈度　表 5-6

建筑类别	丁类				丙类				甲、乙类			
设防烈度	6	7	8	9	6	7	8	9	6	7	8	9
Ⅰ类场地	6	6	7	8	6	6	7	8	6	7	8	9
Ⅱ、Ⅲ、Ⅳ类场地	6	7^-	8^-	9^-	6	7	8	9	7	8	9	9^+

注：7^-、8^-、9^-表示该抗震等级的构造措施可适当降低；9^+表示比 9 度一级更有效的抗震措施。

纵向受拉钢筋的抗震锚固长度 l_{aE}应按下式计算：

$$l_{aE}=\zeta_{aE}l_a \tag{5-2}$$

式中　ζ_{aE}——系数，一、二级抗震等级取 1.15，三级取 1.05，四级取 1.0；

l_a——纵向受拉钢筋的锚固长度。

现浇钢筋混凝土框架梁、柱的纵向受力钢筋的连接可采用绑扎搭接、机械连接或焊接。纵向受力钢筋连接的位置不宜位于构件最大弯矩处，且宜避开梁端、柱端的箍筋加密区。当无法避免时，应采用机械连接或焊接接头。混凝土构件位于同一连接区段内的纵向受力钢筋接头面积百分率不宜超过 50%。

当采用绑扎搭接接头时，其搭接长度应按下式计算：

$$l_{lE}=\zeta_l l_{aE} \tag{5-3}$$

式中　l_{lE}——纵向受拉钢筋的抗震搭接长度；

ζ_l——受拉钢筋搭接长度修正值，按表 3-11 采用。

（7）箍筋的要求

箍筋宜采用焊接封闭箍筋、连续螺旋箍筋或连续复合螺旋箍筋。当采用非焊接封闭箍筋时，梁、柱箍筋末端应作 135°的弯钩，弯钩的平直部分的长度不应小于 10d（d 为箍筋直径）。在纵向受力钢筋搭接长度范围内的箍筋间距不应大于搭接钢筋较小直径的 5 倍，且不应大于 100mm。

3. 现浇框架抗震构造

（1）现浇框架梁

1）梁纵向钢筋配置构造

框架梁纵向受拉钢筋的配筋率不应小于表 5-7 规定的数值。梁端纵向受拉钢筋的配筋率不宜大于 2.5%。

框架梁纵向受拉钢筋的最小配筋百分率（%）　表 5-7

抗震等级	梁中位置	
	支座	跨中
一级	0.40 和 $80f_t/f_y$ 中的较大值	0.30 和 $65f_t/f_y$ 中的较大值
二级	0.30 和 $65f_t/f_y$ 中的较大值	0.25 和 $55f_t/f_y$ 中的较大值
三、四级	0.25 和 $55f_t/f_y$ 中的较大值	0.20 和 $45f_t/f_y$ 中的较大值

梁端截面的底面和顶面纵向钢筋配筋量的比值，一级不应小于 0.5，二、三级不应小于 0.3。沿梁全长顶面和底面的配筋，一、二级不应少于 2Φ14，且分别不应少于梁

两端顶面和底面纵向配筋中较大截面面积的 1/4，三、四级不应少于 2Φ12。

贯穿中柱的每根梁纵向钢筋直径，对于 9 度设防烈度的各类框架和一级抗震等级的框架结构，当柱为矩形截面时，不宜大于柱在该方向截面尺寸的 1/25，当柱为圆形截面时，不宜大于纵向钢筋所在位置柱截面弦长的 1/25；一、二、三级框架梁内贯通中柱的每根纵向钢筋直径，对矩形截面柱，不宜大于柱在该方向截面尺寸的 1/20；对圆形截面柱，不宜大于纵向钢筋所在位置柱截面弦长的 1/20。

2）梁端箍筋构造

梁端箍筋应加密（图 5-25），加密区的长度、箍筋最大间距和最小直径应按表 5-8 采用，当梁端纵向受拉钢筋配筋率大于 2%时，表中箍筋最小直径数值应增大 2mm。

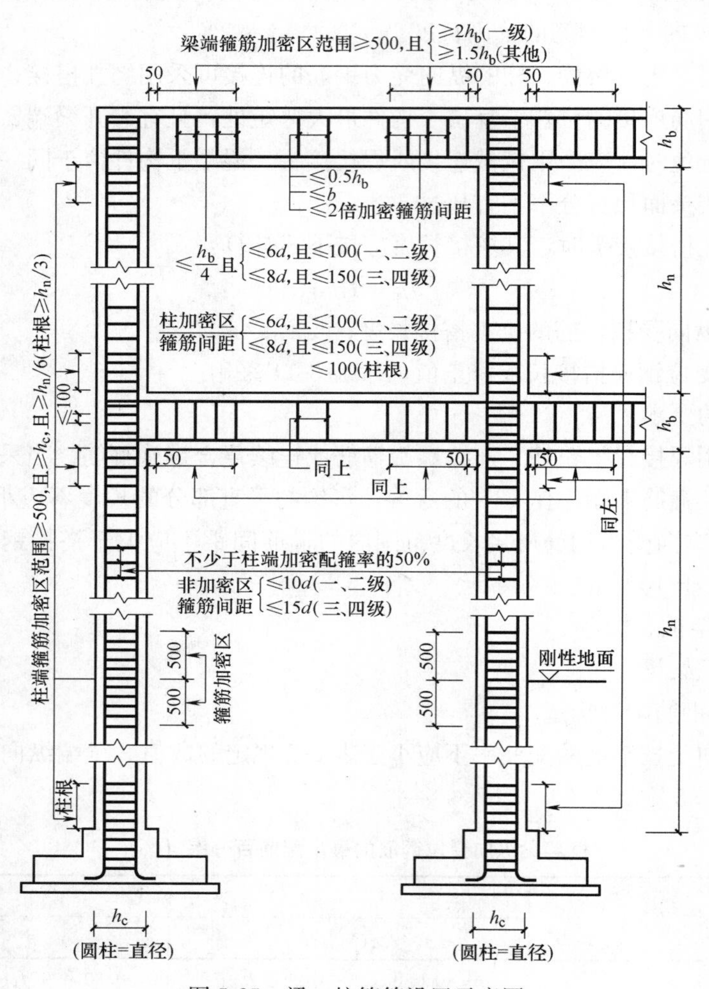

图 5-25　梁、柱箍筋设置示意图

加密区的箍筋肢距，一级不宜大于 200mm，也不宜大于 20d；二、三级不宜大于 250mm，也不宜大于 20d；各抗震等级下均不宜大于 300mm。其中 d 为箍筋直径。

（2）现浇框架柱

1）柱纵向钢筋配置构造

梁端箍筋加密区的长度、箍筋的最大间距和最小直径　　表 5-8

抗震等级	加密区长度（取较大值）(mm)	箍筋最大间距（取最小值）(mm)	箍筋最小直径 (mm)
一	$2h_b$，500	$h_b/4$，$6d$，100	10
二	$1.5h_b$，500	$h_b/4$，$8d$，100	8
三	$1.5h_b$，500	$h_b/4$，$8d$，150	8
四	$1.5h_b$，500	$h_b/4$，$8d$，150	6

注：d 为纵向钢筋直径，h_b 为梁截面高度。

柱纵向钢筋宜对称配置。截面尺寸大于 400mm 的柱，纵向钢筋间距不宜大于 200mm。柱总配筋率不应大于 5%。一级且剪跨比不大于 2 的柱，每侧纵向钢筋配筋率不宜大于 1.2%。边柱、角柱及剪力墙端柱在地震作用组合产生小偏心受拉时，柱内纵筋总截面面积应比计算值增加 25%。框架柱和框支柱中全部纵向受力钢筋的配筋百分率不应小于表 5-9 规定的数值，同时每一侧配筋率不应小于 0.2%；对Ⅳ类场地上较高的高层建筑，最小配筋率应增加 0.1%。

柱截面纵向钢筋的最小总配筋率（%）　　表 5-9

类　别	抗震等级			
	一	二	三	四
中柱和边柱	1.0(1.0)	0.7(0.8)	0.6(0.7)	0.5(0.6)
角柱、框支柱	1.1	0.9	0.8	0.7

注：1. 表中括号内数值用于框架结构的柱；
2. 采用 335MPa、400 MPa 级纵向受力钢筋时，应分别按表中数值增加 0.1 和 0.05；
3. 当混凝土强度等级为 C60 以上时，应按表中数值增加 0.1 采用。

2）柱箍筋配置

① 箍筋形式：

常用的矩形和圆形柱截面的箍筋如图 5-26 所示。

在柱截面内附加芯柱时，为便于梁筋通过，芯柱边长不宜小于柱边长或直径的1/3，且不宜小于 250mm。芯柱应另设构造箍筋（图 5-27）。

② 柱箍筋加密范围：

柱箍筋加密范围按下列规定采用：柱端取截面高度（圆柱直径），柱净高的 1/6 和 500mm 三者的最大值；底层柱的下端不应小于柱净高的 1/3；刚性地面上下各 500mm；剪跨比不大于 2 的柱和柱净高与柱截面高度之比不大于 4 的柱、框支柱、一级及二级框架的角柱，取全高。如图 5-25 所示。

③ 加密区箍筋间距和直径：

一般情况下，箍筋的最大间距和最小直径，应按表 5-10 采用。

但对一级框架柱的箍筋直径大于 12mm 且箍筋肢距不大于 150mm，二级框架柱的箍筋直径不小于 10mm 且箍筋肢距不大于 200mm 时，除底端柱下端外最大间距允许采用 150mm；三级框架柱的截面尺寸不大于 400mm 时，箍筋最小直径允许采用 6mm；四级框架柱剪跨比不大于 2 时，箍筋直径不应小于 8mm。

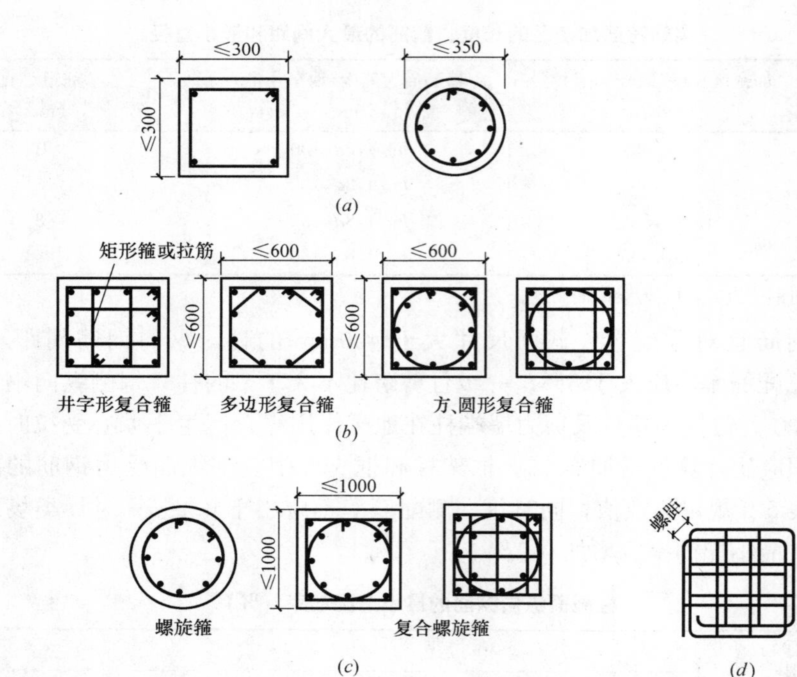

图 5-26 常用的矩形和圆形柱截面的箍筋

(a) 普通箍；(b) 复合箍；(c) 螺旋箍；(d) 连续复合螺旋箍（用于矩形截面柱）

柱箍筋加密区的箍筋最大间距和最小直径 表 5-10

抗震等级	箍筋最大间距(采用较小值,mm)	箍筋最小直径(mm)
一	6d,100	10
二	8d,100	8
三	8d,150(柱根 100)	8
四	8d,150(柱根 100)	6(柱根 8)

注：1. d 为柱纵筋最小直径；

2. 柱根指底层柱下端箍筋加密区。

框支柱和剪跨比不大于 2 的框架柱，箍筋间距不应大于 100mm。

④ 加密区箍筋肢距：

柱箍筋加密区箍筋肢距，一级不宜大于 200mm，二、三级不宜大于 250mm，四级不宜大于 300mm。至少每隔一根纵向钢筋宜在两个方向有箍筋或拉筋约束；采用拉筋复合箍时，拉筋宜紧靠纵向钢筋并钩住箍筋。

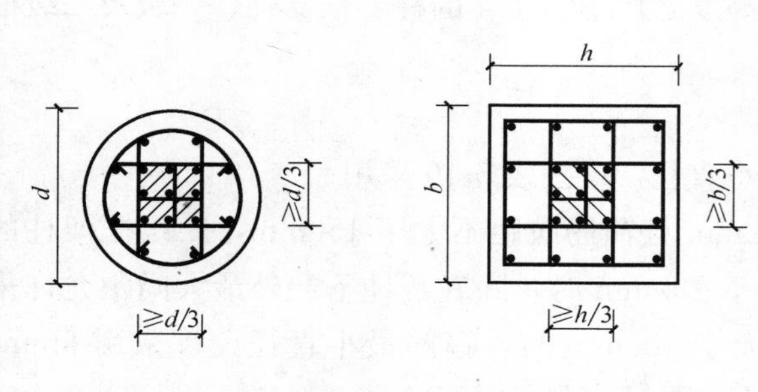

图 5-27 芯柱尺寸及另设构造箍筋示意图

⑤ 柱箍筋加密区的体积配筋率：

柱箍筋加密区的体积配筋率 ρ_v，

一级不应小于 0.8%，二级不应小于 0.6%，三、四级不应小于 0.4%。ρ_v 按下式计算：

$$\rho_v = \frac{A_{sv} l}{s A_0} \tag{5-4}$$

式中　A_{sv}——箍筋截面面积；

l——箍筋长度；

s——箍筋间距；

A_0——核心区截面面积。

计算复合螺旋箍的体积配筋率时，其非螺旋箍的箍筋体积应乘以折减系数 0.8。

⑥ 柱箍筋非加密区的体积配筋率及箍筋间距：

柱箍筋非加密区的体积配筋率不宜小于加密区的 50%；箍筋间距，一、二级框架柱不应大于 10 倍纵向钢筋直径，三、四级框架柱不应大于 15 倍纵向钢筋直径。

⑦ 框架节点核芯区箍筋的最大间距和最小直径：

框架节点核芯区箍筋的最大间距和最小直径宜按柱箍筋加密区的要求采用。一、二、三级框架节点核芯区的体积配箍率分别不宜小于 0.6%、0.5%和 0.4%。柱剪跨比不大于 2 的框架节点核芯区体积配箍率不宜小于核心区上、下柱端的较大体积配箍率。

（3）框架梁、柱纵向钢筋在节点区的锚固和搭接

在框架中间层中间节点处，梁的上部纵向钢筋应贯穿中间节点。

在框架中间层中间节点处，梁的上部纵向钢筋应贯穿中间节点。

对于框架中间层中间节点、中间层端节点、顶层中间节点以及顶层端节点，梁、柱纵向钢筋在节点部位的锚固和搭接，应符合图 5-28 的相关构造规定。图中 l_{abE}按下式取用：

$$l_{abE} = \zeta_{aE} l_{ab} \tag{5-5}$$

式中　ζ_{aE}——纵向受拉钢筋锚固长度修正系数，按式（5-2）取用。

梁下部纵向钢筋在顶层端节点中的锚固措施与中间层端节点处梁上部纵向钢筋的锚固措施相同。柱内侧纵向钢筋在顶层端节点中的锚固措施与顶层中间节点处柱纵向钢筋的锚固措施相同。当柱为对称配筋时，柱内侧纵向钢筋在顶层端节点中的锚固要求可适当放宽，但柱内侧纵向钢筋应伸至柱顶。

（4）柱纵向钢筋连接

现浇钢筋混凝土框架柱纵向钢筋连接构造如图 5-29 所示。

4. 填充墙的抗震构造措施

抗震设计时，砌体填充墙宜与柱脱开或采用柔性连接，并应符合下列要求：

（1）砌体的砂浆强度等级不应低于 M5，实心块体的强度等级不宜低于 MU2.5，空心块体的强度等级不宜低于 MU3.5；墙顶应与框架梁密切结合。

（2）填充墙应沿框架柱全高每隔 500～600mm 设 2ϕ6 拉筋，拉筋伸入墙内的长度：6、7 度时宜沿墙全长贯通，8、9 度时应沿墙全长贯通。

（3）墙长大于 4m 时，墙顶与梁宜有拉结；墙长超过 8m 或层高 2 倍时，宜设置钢筋混凝土构造柱；墙高超过 4m 时，墙体半高宜设置与框架柱连接且沿墙全长贯通的钢筋混凝土水平系梁（图 5-30）。

（4）楼梯间和人流通道的填充墙，尚应采用钢丝网砂浆面层加强。

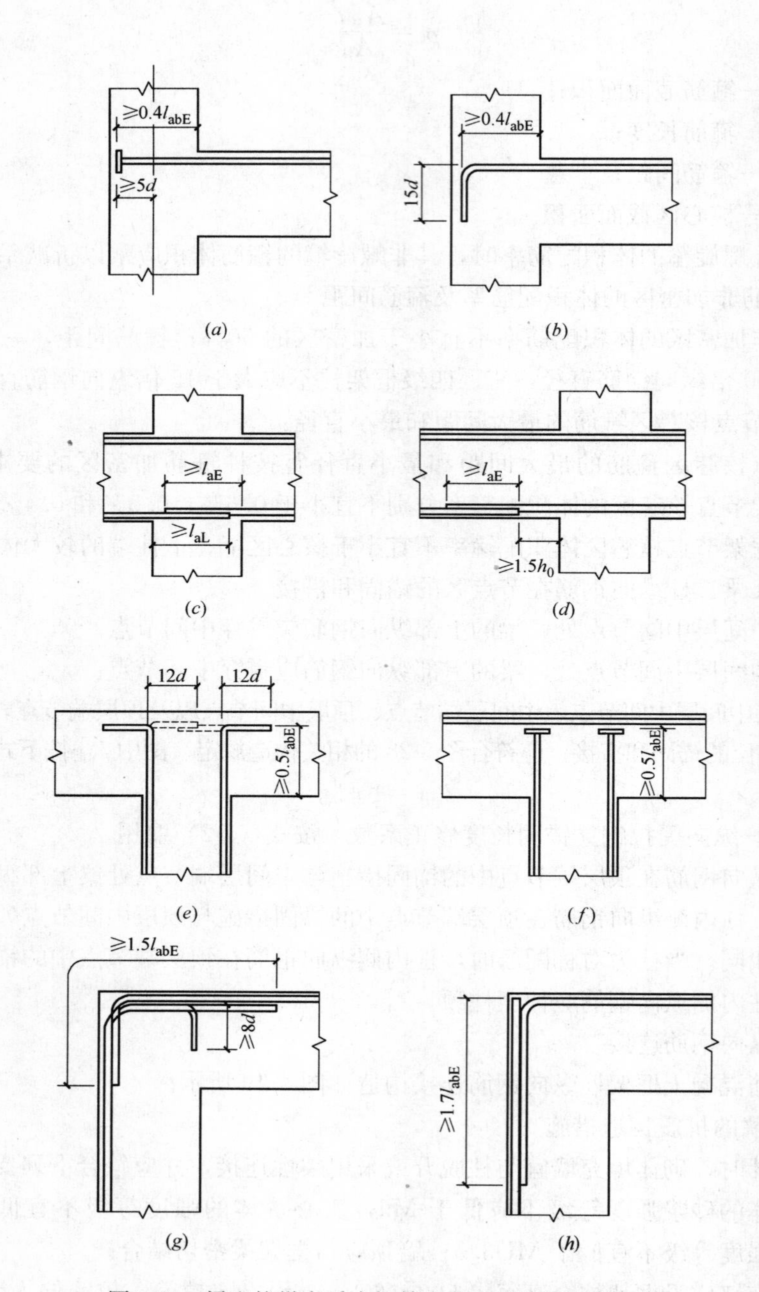

图 5-28 梁和柱纵向受力钢筋在节点区的锚固和搭接

(a) 中间层端节点梁筋加锚头（锚板）锚固；(b) 中间层端间节点梁筋 90°弯折锚固；(c) 中间层中间节点梁筋在节点内直锚固；(d) 中间层中间节点梁筋在节点外搭接；(e) 顶层中间节点柱筋 90°弯折锚固；(f) 顶层中间节点柱筋加锚头（锚板）锚固；(g) 钢筋在顶层端节点外侧和梁端顶部弯折搭接；(h) 钢筋在顶层端节点外侧直线搭接

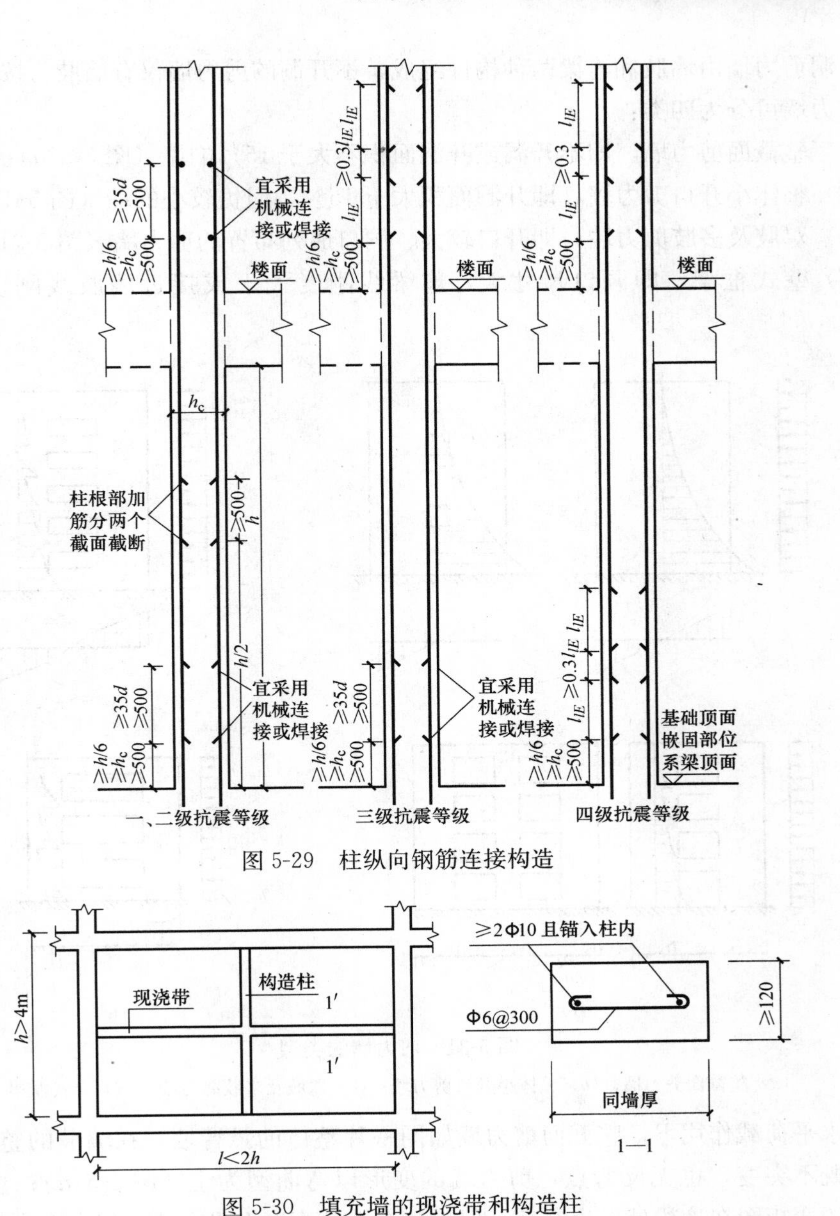

图 5-29　柱纵向钢筋连接构造

图 5-30　填充墙的现浇带和构造柱

5.3　钢筋混凝土剪力墙结构

5.3.1　剪力墙结构的受力与震害特点

1. 受力特点

开洞剪力墙由墙肢和连梁两种构件组成，不开洞的剪力墙仅有墙肢。按墙面开洞情况，剪力墙可分为四类：

（1）整截面剪力墙，即不开洞或开洞面积不大于15%的墙（图5-31*a*）；

（2）整体小开口剪力墙，即开洞面积大于15%，但仍较小的墙（图5-31*b*）；

（3）双肢及多肢剪力墙，即开口较大、洞口成列布置的剪力墙（图5-31*c*）；

（4）壁式框架，即洞口尺寸大，连梁线刚度大于或接近墙肢线刚度的墙（图5-31*d*）。

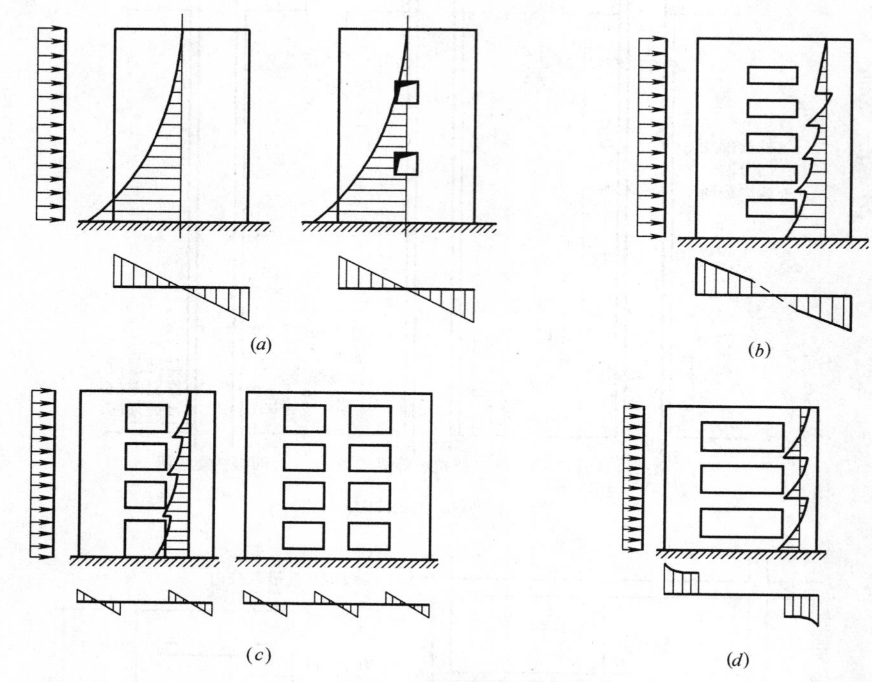

图5-31 剪力墙的类型

（*a*）整截面剪力墙；（*b*）整体小开口剪力墙；（*c*）双肢及多肢剪力墙；（*d*）壁式框架

在水平荷载作用下，整截面剪力墙如同一片整体的悬臂墙，在墙肢的整个高度上，弯矩图既不突变，也无反弯点，剪力墙的变形以弯曲型为主（图5-31*a*）；整体小开口剪力墙的弯矩图在连梁处发生突变，但在整个墙肢高度上没有或仅仅在个别楼层中出现反弯点，剪力墙的变形仍以弯曲型为主（图5-31*b*）；双肢及多肢剪力墙与整体小开口剪力墙相似（图5-31*c*）；壁式框架柱的弯矩图在楼层处有突变，且在大多数楼层出现反弯点，剪力墙的变形以剪切型为主（图5-31*d*）。

在竖向荷载作用下，连梁内将产生弯矩，而墙肢内主要产生轴力。当纵墙和横墙整体联结时，荷载可以相互扩散。因此，在楼板下一定距离以外，可认为竖向荷载在纵、横墙内均匀分布。

在竖向荷载和水平荷载共同作用下，悬臂墙的墙肢为压、弯、剪构件，而开洞剪力墙的墙肢可能是压、弯、剪构件，也可能是拉、弯、剪构件。

连梁及墙肢的特点都是宽而薄，这类构件对剪切变形敏感，容易出现斜裂缝，容易出现脆性的剪切破坏。根据剪力墙高度 H 与剪力墙截面高度 h 的比值，剪力墙可分为高墙（$H/h \geqslant 3$）、中高墙（$1.5 \leqslant H/h < 3$）和矮墙（$H/h < 1.5$）。三种墙典型的裂缝分布如图 5-32 所示。在抗震结构中应尽量避免采用矮墙，以保证结构延性。

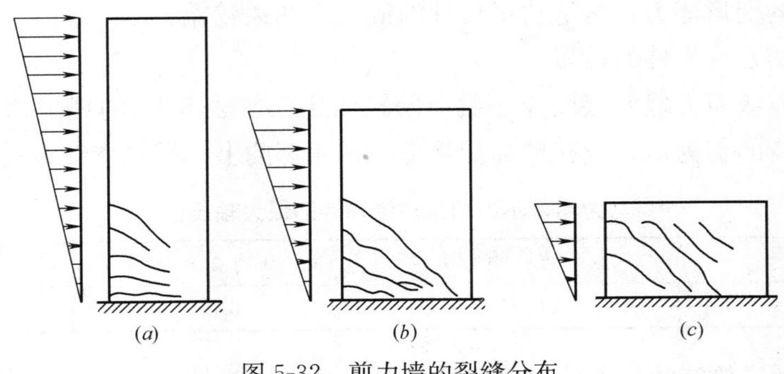

图 5-32　剪力墙的裂缝分布

(a) 高墙；(b) 中高墙；(c) 矮墙

开洞剪力墙中，由于洞口应力集中，很容易在连梁端部形成垂直方向的弯曲裂缝。当连梁跨高比较大时，梁以受弯为主，可能出现弯曲破坏。剪跨比较小的高梁，除了端部很容易出现垂直的弯曲裂缝外，还很容易出现斜向的剪切裂缝。当抗剪箍筋不足或剪应力过大时，可能很早就出现剪切破坏，使墙肢间丧失联系，剪力墙承载能力降低。开口剪力墙的底层墙肢内力最大，容易在墙肢底部出现裂缝及破坏。在水平力作用下受拉的墙肢往往轴压力较小，有时甚至出现拉力，墙肢底部很容易出现水平裂缝。

2. 震害特点

钢筋混凝土剪力墙结构的抗震性能远比纯框架结构好，其主要震害是连梁和墙肢底层的破坏。开洞的剪力墙中，由于洞口应力集中，连系梁端部极为敏感，在约束弯矩作用下，很容易形成垂直方向的弯曲裂缝，另外，墙肢之间的连梁相对刚度小，是剪力墙的变形集中处，故连梁很容易产生剪切破坏；开口剪力墙的底层墙肢内力最大，容易在墙肢底部出现裂缝及破坏，表现为受压区混凝土大片压碎剥落，钢筋压屈。

5.3.2　设计规定与构造措施

1. 剪力墙厚度

剪力墙的厚度不应太小，以保证墙体出平面的刚度和稳定性，以及浇筑混凝土的质量。非抗震设计不应小于 160mm；三、四级剪力墙不应小于 160mm，一字形独立剪力墙的底部加强部位尚不应小于 180mm；一、二级剪力墙底部加强部位不应小于 200mm，其他部位不应小于 160mm；一字形独立剪力墙底部加强部位不应小于 220mm，其他部位不应小于 180mm。

2. 房屋的高度及高宽比限值

现浇钢筋混凝土剪力墙结构房屋的高度及高宽比限值见表 5-2、表 5-3。

3. 抗震等级

现浇钢筋混凝土剪力墙结构房屋的抗震等级见表 5-4、表 5-5。

4. 剪力墙的边缘构件

剪力墙墙肢两端和洞口两侧应设置边缘构件。边缘构件分为约束边缘构件和构造边缘构件两类。约束边缘构件是指用箍筋约束的暗柱、端柱和翼墙，其混凝土用箍筋约束，有比较大的变形能力；构造边缘构件的混凝土约束较差。

(1) 剪力墙边缘构件的设置

一、二、三级剪力墙底层墙肢底截面的轴压比大于表5-11的规定值时，以及部分框支剪力墙结构的剪力墙，应在底部加强部位及相邻的上一层设置约束边缘构件。

剪力墙可不设约束边缘构件的最大轴压比　　表5-11

等级或烈度	一级(9度)	一级(6、7、8度)	二、三级
轴压比	0.1	0.2	0.3

B级高度高层建筑的剪力墙，宜在约束边缘构件层与构造边缘构件层之间设置1～2层过渡层，过渡层边缘构件的箍筋配置要求可低于约束边缘构件的要求，但应高于构造边缘构件的要求。

剪力墙构造边缘构件的形式包括暗柱、翼墙、端柱、转角墙四种，其范围宜按图5-33中阴影部分采用。

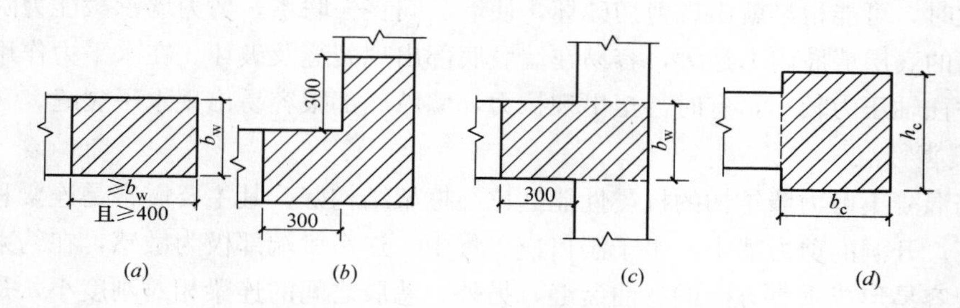

图5-33　剪力墙的构造边缘构件
(a) 暗柱；(b) 翼墙；(c) 端柱；(d) 转角墙

(2) 剪力墙约束边缘构件的构造要求

约束边缘构件的形式包括暗柱、翼墙、端柱、转角墙四种，如图5-34所示。

剪力墙约束边缘构件阴影部分（图5-35）的竖向钢筋的配筋率，一、二、三级时分别不应小于1.2%、1.0%和1.0%，并分别不应少于8Φ16、6Φ16和6Φ14的钢筋（Φ表示钢筋直径）。

约束边缘构件内箍筋或拉筋沿竖向的间距，一级不宜大于100mm，二、三级不宜大于150mm。箍筋、拉筋沿水平方向的肢距不宜大于300mm，不应大于竖向钢筋间距的2倍。

(3) 剪力墙的构造边缘构件的构造要求

剪力墙的构造边缘构件的配筋要求见表5-12。

5. 墙身分布钢筋

剪力墙墙身分布钢筋分为水平分布钢筋和竖向分布钢筋，起着抗剪、抗弯、减少收缩裂缝等作用。

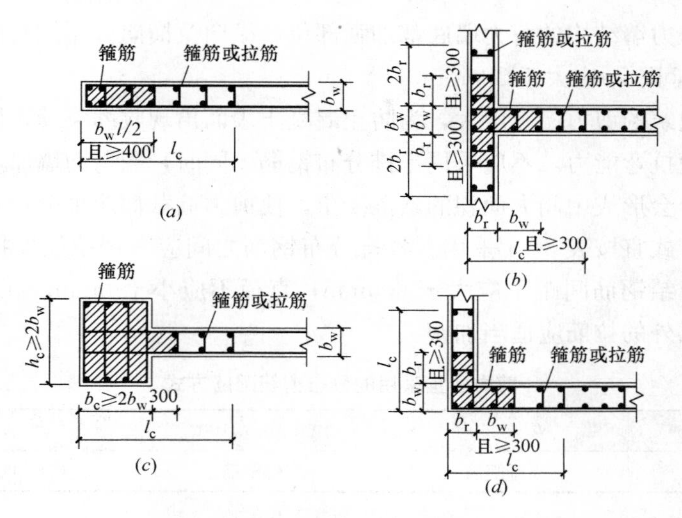

图 5-34　剪力墙的约束边缘构件

（a）暗柱；（b）翼墙；（c）端柱；（d）转角墙

剪力墙的构造边缘构件的配筋要求　　表 5-12

抗震等级	底部加强部位			其他部位		
	竖向钢筋最小量（取较大值）	箍筋		纵向钢筋最小量	拉筋	
		最小直径（mm）	沿竖向最大间距（mm）		最小直径（mm）	沿竖向最大间距（mm）
一	$0.010A_c$，$6\phi16$	8	100	$0.008A_c$，$6\phi14$	8	150
二	$0.008A_c$，$6\phi14$	8	150	$0.006A_c$，$6\phi12$	8	200
三	$0.006A_c$，$4\phi12$	6	150	$0.005A_c$，$4\phi12$	6	200
四	$0.005A_c$，$4\phi12$	6	200	$0.004A_c$，$4\phi12$	6	250

注：1. A_c 为计算边缘构件纵向钢筋的暗柱或端柱的截面面积。

2. 符号 ϕ 表示钢筋直径。

3. 其他部位的转角处宜采用箍筋。

6. 墙身分布钢筋

剪力墙墙身分布钢筋分为水平分布钢筋和竖向分布钢筋，起着抗剪、抗弯、减少收缩裂缝等作用。

分布筋过少，剪力墙会因纵向钢筋拉断而破坏，故应配置足够的分布钢筋。剪力墙结构的分布钢筋应满足表 5-13 的要求。对房屋顶层、长矩形平面房屋的楼梯间和电梯间、端部山墙、纵墙的端开间剪力墙分布钢筋的配筋率不应小于 0.25%，间距不应大于 200mm。为保证分布钢筋具有可靠的混凝土握裹力，剪力墙分布钢筋的直径不宜大于墙肢截面厚度的 1/10。

剪力墙分布钢筋配筋要求　　表 5-13

抗震等级	最小配筋率（%）	最大间距（mm）	钢筋最小直径（mm）
一	0.25	300	8
二	0.25		
三	0.25		
四	0.20		

部分框支剪力墙结构的剪力墙底部加强部位，纵向及横向分布钢筋配筋率均不应小于0.3%，钢筋间距不应大于200mm。

由于高层建筑的剪力墙厚度大，为防止混凝土表面出现收缩裂缝，同时使剪力墙具有一定的出平面抗弯能力，不应采用单排分布钢筋。同时，当剪力墙厚度较大，而分布筋排数较少时，会形成中间大面积的素混凝土，使剪力墙截面应力分布不均匀。剪力墙分布钢筋配筋方式宜按表5-14采用。各排分布钢筋之间应采用拉筋连接，拉筋应与外皮钢筋钩牢。拉结钢筋间距不应大于600mm，直径不应小于6mm。在底部加强部位，约束边缘构件以外的拉筋应适当加密。

剪力墙宜采用的分布钢筋配筋方式　　表5-14

截面厚度 b_w(mm)	$b_w \leqslant 400$	$400 < b_w \leqslant 700$	$b_w > 700$
配筋方式	双排配筋	三排配筋	四排配筋

剪力墙施工是先立竖向钢筋，后绑水平钢筋，为施工方便，竖向钢筋宜在内侧，水平钢筋宜在外侧，并且多采用水平分布与竖向分布钢筋同直径、同间距。

剪力墙水平分布钢筋的搭接、锚固及连接如图5-36所示。剪力墙水平分布钢筋在墙体端部配筋连接构造要求如图5-37所示。

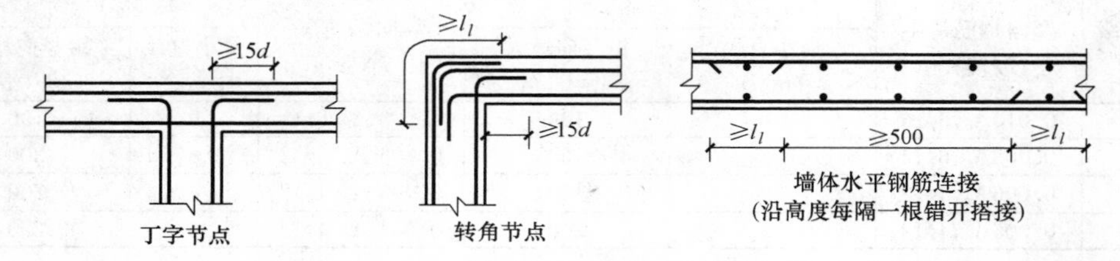

图5-35　剪力墙水平分布钢筋的连接构造

注：抗震设计时，图中 l 取 l_{lE}，l_a 取 l_{aE}。

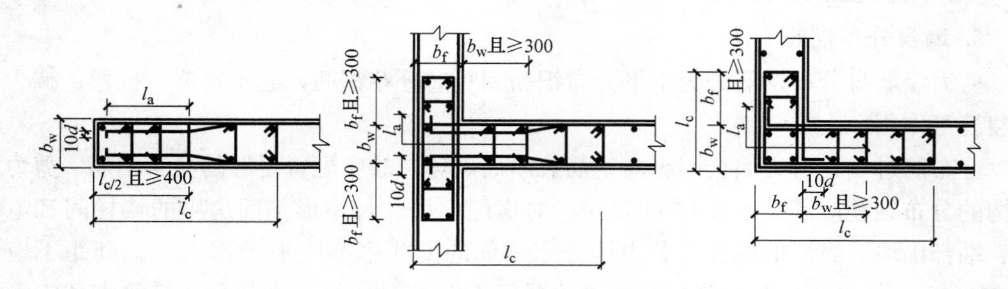

图5-36　剪力墙端部配筋构造

注：抗震设计时，图中锚固长度为 l_{aE}。

非抗震设计的剪力墙竖向分布钢筋可在同一截面搭接，搭接长度不应小于 $1.2l_a$，且不应小于300mm；当分布钢筋直径大于25mm时，不宜采用搭接接头。抗震设计时，竖向分布钢筋的连接应根据抗震等级区别对待。竖向分布钢筋的连接构造如图5-38所示。

7. 楼板与剪力墙连接部位的配筋构造

楼板与剪力墙的连接部位宜按图5-38设置构造配筋。

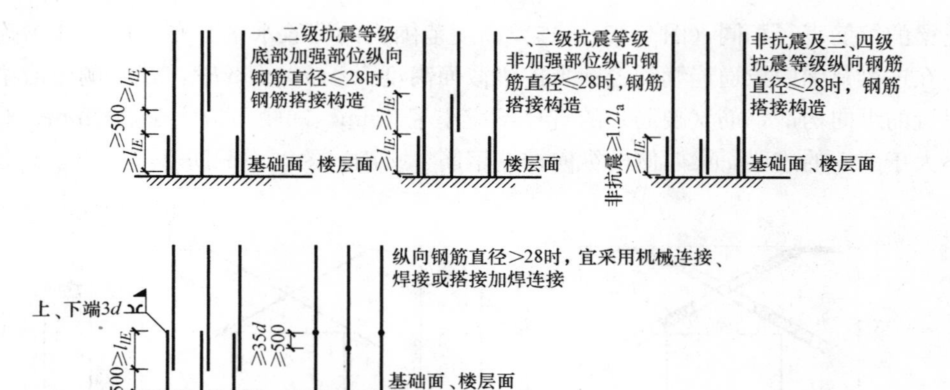

图 5-37　竖向分布钢筋的连接构造

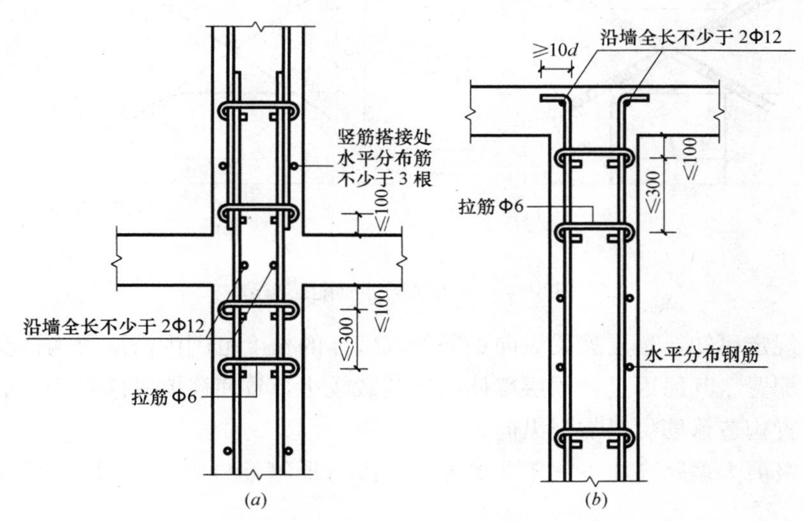

图 5-38　楼板与剪力墙连接部位的配筋构造

（a）楼层；（b）顶层

8. 连梁的配筋构造

连梁是一个受到反弯矩作用的梁，并且通常跨高比较小，因而容易出现剪切斜裂缝，为防止斜裂缝出现后的脆性破坏，《高规》规定，连梁顶面、底面纵向受力钢筋伸入墙内的长度不应小于 l_a，抗震设计时不应小于 l_{aE}，且均不应小于600mm。箍筋数量，非抗震设计时，沿连梁全长的箍筋直径不应小于 6mm，间距不应大于150mm；抗震设计时，沿连梁全长箍筋的构造应符合框架梁梁端箍筋加密区的箍筋构造要求。顶层连梁纵向钢筋伸入墙肢的长度范围内，应配置间距不宜大于 150mm 的构造箍筋，箍筋直径应与

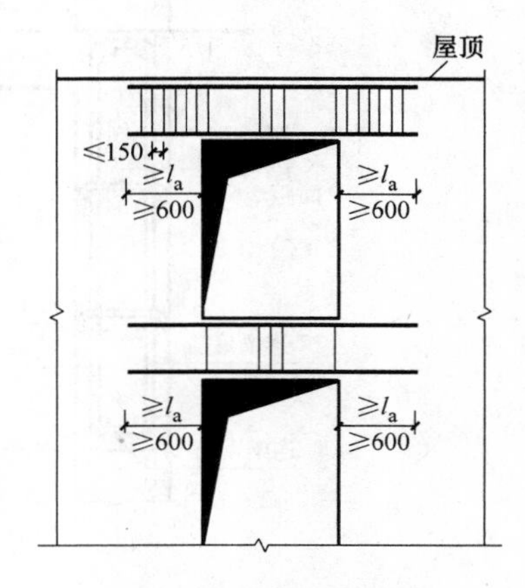

图 5-39　连梁配筋构造

注：抗震设计时，图中锚固长度取 l_{aE}。

该连梁的箍筋直径相同（图 5-40）。连梁高度范围内的墙肢水平分布钢筋应作为连梁的腰筋在连梁范围内拉通连续配置；当连梁截面高度大于 700mm 时，其两侧面沿梁高范围设置的纵向构造钢筋（腰筋）的直径不应小于 8mm，间距不应大于 200mm；对跨高比不大于 2.5 的连梁，梁两侧的纵向构造钢筋（腰筋）的面积配筋率不应小于 0.3%。

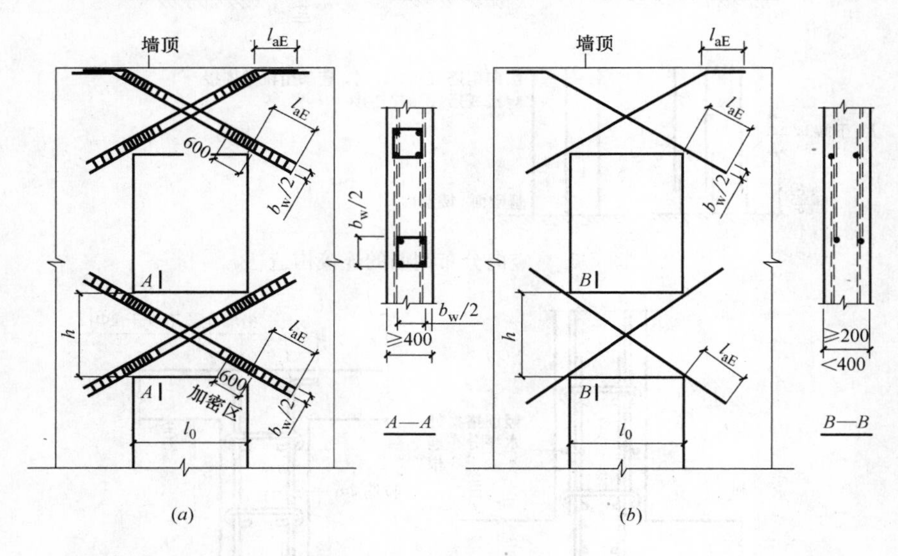

图 5-40　剪力墙的连梁配筋构造

由上述规定可知，顶层连梁纵向钢筋伸入墙体的长度范围内需配置构造箍筋，而楼层连梁不需配置。其原因是，顶层墙体竖向荷载较小，致使连梁纵向钢筋在墙体内的锚固较差，配置构造箍筋可以加强纵向钢筋的锚固。

一、二级剪力墙跨高比不大于 2 的连梁，除普通箍筋外宜另设斜向交叉构造钢筋，如图 5-41 所示。

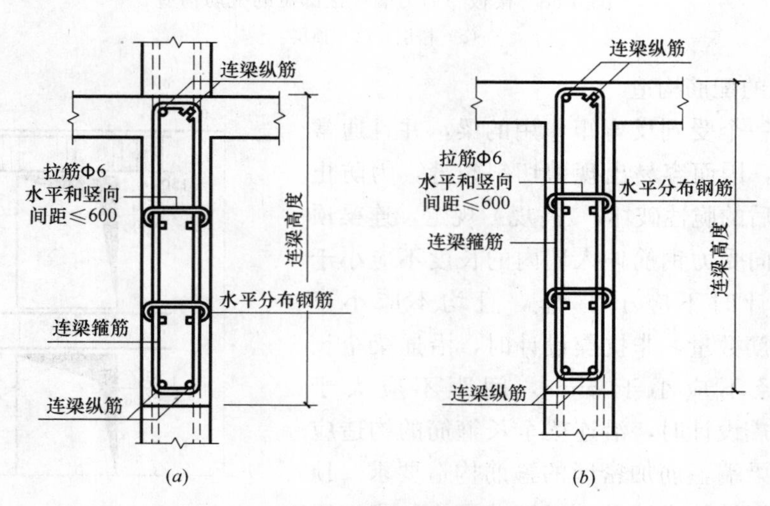

图 5-41　采用现浇楼板时连梁配筋构造

（a）楼层剪力墙连梁；（b）顶层剪力墙连梁

当采用现浇楼板时，连梁配筋构造可按图 5-42 设置。

9. 剪力墙墙面和连梁开洞时构造要求

当剪力墙墙面开洞较小时，除了将切断的分布钢筋集中在洞口边缘补足外，还要有所加强，以抵抗洞口应力集中。连梁是剪力墙中的薄弱部位，开洞后的加强措施特别重要。

《高规》规定，当剪力墙墙面开有非连续小洞口（其各边长度小于 800mm），且在整体计算中不考虑其影响时，应在洞口上、下和左、右配置补强钢筋，且钢筋直径不应小于 12mm（图 5-42*a*）。穿过连梁的管道宜预埋套管，洞口上、下的有效高度不宜小于梁高的 1/3，且不宜小于 200mm，洞口处宜配置补强钢筋（图 5-42*b*）。

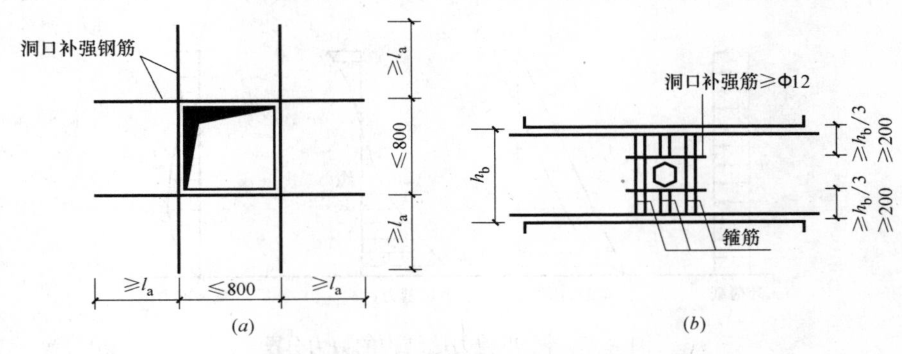

图 5-42　洞口补强配筋示意图

（*a*）剪力墙洞口补强；（*b*）连梁洞口补强

注：抗震设计时，图中锚固长度取 l_{aE}。

5.4　钢筋混凝土框架-剪力墙结构

5.4.1　受力特点

如前所述，框架-剪力墙结构是由框架和剪力墙两类抗侧力单元组成，这两类抗侧力单元的变形和受力特点不同。剪力墙的变形以弯曲型为主（图 5-43*a*），框架的变形以剪切型为主（图 5-43*b*）。在框-剪结构中，框架和剪力墙由楼盖连接起来而共同变形，其协同变形曲线如图 5-44 所示。

框-剪结构协同工作时，由于剪力墙的刚度比框架大得多，因此剪力墙负担大部分水平力；另外，框架和剪力墙分担水平力的比例，房屋上部、下部是变化的（图5-45)。在房屋下部，由于剪力墙变形增大，框架变形减小，使得下部剪力墙担负更多剪力，而框架下部担负的剪力较少。在上部，情况恰好相反，剪力墙担负外载减小，而框架担负剪力增大。这样，就使框架上部和下部所受剪力均匀化。从协同变形曲线可以看出，框

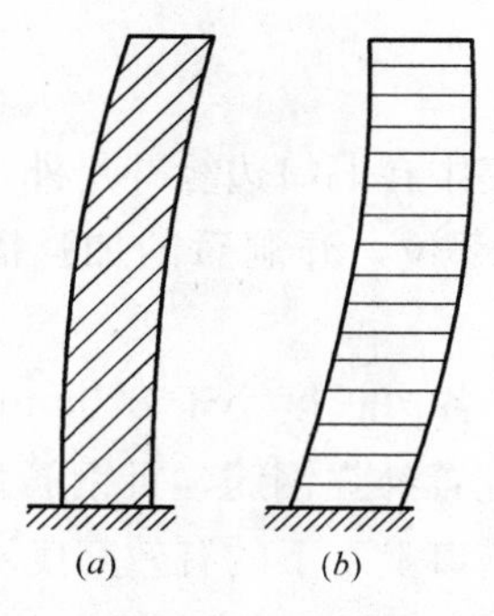

图 5-43 框架-剪力墙结构的变形特点

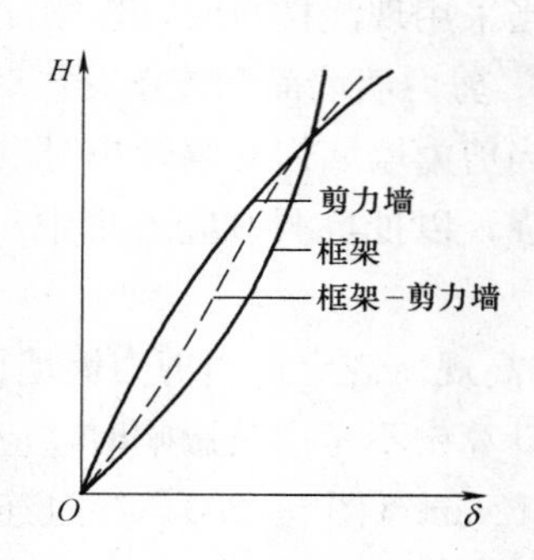

图 5-44 框架-剪力墙结构的变形曲线

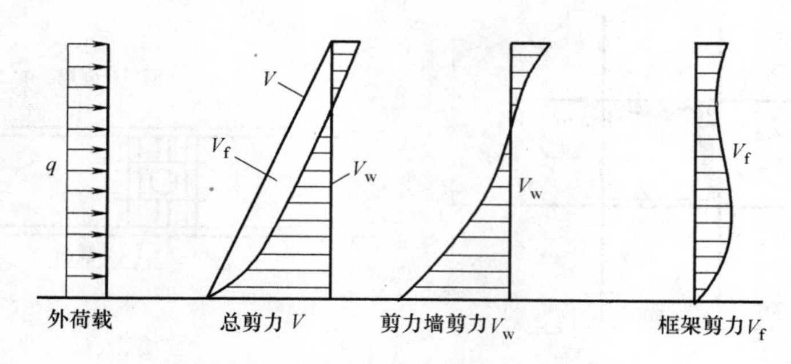

图 5-45 框架-剪力墙结构的剪力分配

架结构的层间变形在下部小于纯框架，在上部小于纯剪力墙，因此各层的层间变形也将趋于均匀化。

5.4.2 设计规定与构造措施

1. 剪力墙厚度

抗震设计时，一、二级剪力墙的底部加强部位不应小于 200mm，其他情况不应小于 160mm。

2. 房屋的高度及高宽比限值

现浇钢筋混凝土剪力墙结构房屋的高度及高宽比限值见表 5-3、表 5-4。

3. 抗震等级

现浇钢筋混凝土剪力墙结构房屋的抗震等级见表 5-5、表 5-6。

4. 剪力墙的布置

一般情况下，剪力墙布置在竖向荷载较大处、平面形状变化处以及楼梯间和电梯间。考虑到施工时支模的困难，一般不在抗震缝两侧同时设置剪力墙。在楼电梯间楼板开大洞，削弱严重，特别是在端角和凹凸角处设置楼电梯间时受力更为不利，所以采用剪力墙形成楼电梯竖井是加强的有效措施。

纵横向剪力墙，宜合并布置为 L 形、T 形、口字形，使纵墙可以作为横墙的翼缘，或横墙作为纵墙的翼缘，从而提高其强度和刚度。

剪力墙比框架的刚度大的多，成为楼板在水平面内的支座，因此，它们的间距不应过大，以防止楼板在自身平面内变形过大。剪力墙沿长度方向的间距宜符合表 5-15 的要求。

剪力墙间距（m） 表 5-15

楼盖形式	非抗震设计（取较小值）	抗震设防烈度		
		6 度、7 度（取较小值）	8 度（取较小值）	9 度（取较小值）
现浇	5.0B,60	4.0B,50	3.0B,40	2.0B,30
装配整体	3.5B,50	3.0B,40	2.5B,30	—

注：1. 表中 B 为剪力墙之间的楼盖宽度（m）；
2. 装配整体式楼盖的现浇层应符合本规程第 3.6.2 条的有关规定；
3. 现浇层厚度大于 60mm 的叠合楼板可作为现浇板考虑；
4. 当房屋端部未布置剪力墙时，第一片剪力墙与房屋端部的距离，不宜大于表中剪力墙间距的 1/2。

5. 剪力墙分布钢筋配置

剪力墙墙板的竖向和水平向分布钢筋的配筋率，非抗震设计时不应小于 0.2%，抗震设计时不应小于 0.25%。分布钢筋的直径不宜小于 10mm，间距不宜大于 300mm，并应双排布置。各排分布钢筋间应设置拉筋，拉筋直径不应小于 6mm，间距不应大于 600mm。

剪力墙周边应设置梁（或暗梁）和端柱组成边框。边框端柱的纵向钢筋直径大于 28mm 时，宜采用机械连接或焊接连接；直径不大于 28mm 时，可采用搭接接头，搭界长度范围内的箍筋间距不应大于 100mm，且不应大于纵筋较小直径的 5 倍。边框梁或暗梁的上、下纵向钢筋配筋率，均不应小于 0.2%，箍筋不应少于Φ6@200。墙中的水平和竖向分布钢筋宜分别贯穿柱、梁或锚入周边的柱、梁中，锚固长度为 l_a（抗震设计时为 l_{aE}）（图 5-46）。端柱的箍筋应沿全高加强配置。

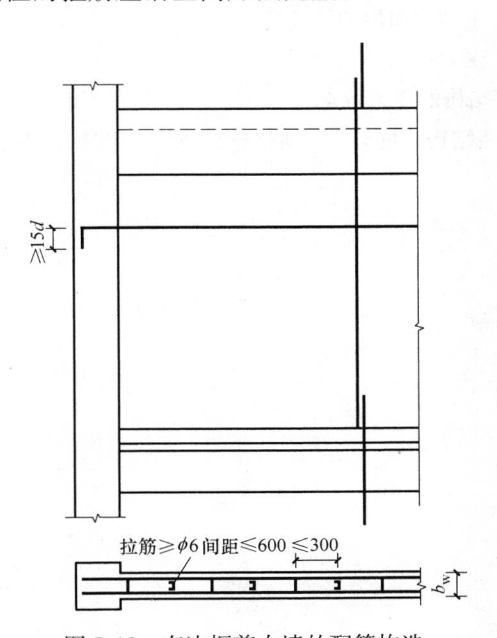

图 5-46 有边框剪力墙的配筋构造

剪力墙需要开设洞口时，应满足图 5-47 的要求。

框架-剪力墙结构中的框架、剪力墙的其他构造要求与框架结构、剪力墙结构相同。

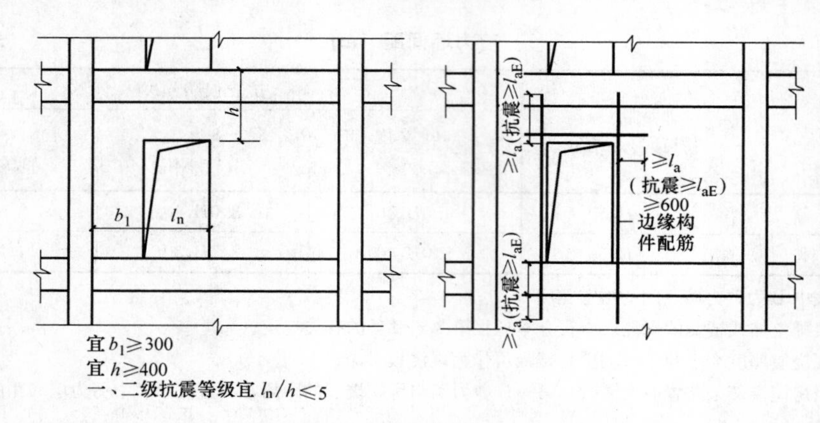

图 5-47　有边框剪力墙的洞口要求及配筋构造

思　考　题

1. 什么是多层与高层房屋？
2. 钢筋混凝土多层与高层建筑结构体系有哪几种？各种体系的适用范围是什么？
3. 钢筋混凝土框架结构的布置有哪几种方案？各有什么特点？
4. 按施工方法不同，钢筋混凝土框架结构有哪几种形式？各有何优缺点？
5. 简述框架结构的受力特点。
6. 何为轴压比？轴压比决定柱子的截面尺寸这种说法对吗？
7. 简述现浇框架的节点构造要求。
8. 如何划分钢筋混凝土结构房屋的抗震等级？
9. 简述剪力墙结构的受力特点。
10. 简述框架-剪力墙结构的受力特点。
11. 框架结构、剪力墙结构、框架-剪力墙结构主要有哪些抗震构造措施？

教学单元6

钢筋混凝土单层工业厂房

【教学目标】通过本单元教学，使学生理解单层厂房的受力特点、主要承重构件与柱的连接构造，以及排架柱的配筋构造。

6.1 单层厂房的结构类型及组成

6.1.1 单层厂房的结构类型

厂房是为工业生产服务的建筑物，有单层厂房与多层厂房之分。单层厂房按照承重结构的材料不同可分为混合结构、钢筋混凝土结构和钢结构三种类型。

混合结构单层厂房一般采用砖柱，钢筋混凝土屋架、木屋架或轻钢屋架。这种结构一般适用于无吊车或吊车吨位在 150kN 以下，跨度 15m 以下，柱顶标高 8m 以下，且无特殊工艺要求的小型厂房。

钢筋混凝土结构单层厂房由钢筋混凝土柱和钢筋混凝土屋架（或屋面梁）组成，具有刚度大，耐久性好，施工方便等优点，目前大多数厂房均采用这种结构。它的跨度可达 30m 以上，高度可达 20m 以上，吊车吨位可达 2000kN 左右。

钢结构单层厂房的主要构件（如屋架、柱、吊车梁等）均采用钢结构，具有承载力大，刚度大等优点，常用于跨度大（一般 36m 以上）、有重型吊车（如 2500kN 以上）的大型厂房，或有特殊要求的厂房（如有 100kN 以上锻锤的车间及高温车间的特殊部位）。对于跨度和吊车吨位较小的单层工业厂房，常采用由小角钢、圆钢、冷弯薄壁型钢、钢管等制作而成的轻型钢结构。

按主要承重结构的形式，钢筋混凝土单层厂房可分为排架结构和刚架结构。排架是指柱与基础为刚接，屋架与柱顶为铰接而成的构架（图 6-1*a*），刚架则是指屋架与柱顶为刚性连接的构架（图 6-1*b*）。排架结构传力明确，构造简单，有利于实现设计标准化，构配件生产工业化，是目前单层厂房结构的基本结构形式。本书介绍中小型单层工业厂房最常用的结构形式——装配式钢筋混凝土排架结构。

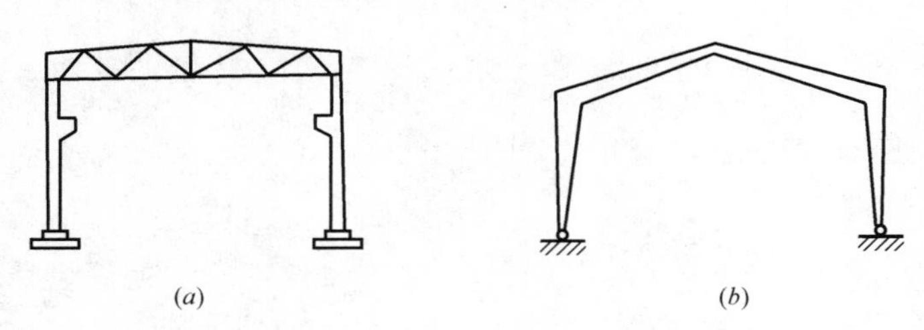

图 6-1 单层厂房承重结构的形式

（*a*）排架结构；（*b*）刚架结构

6.1.2 装配式钢筋混凝土单层厂房的结构组成

装配式钢筋混凝土单层厂房的结构组成如图 6-2 所示。

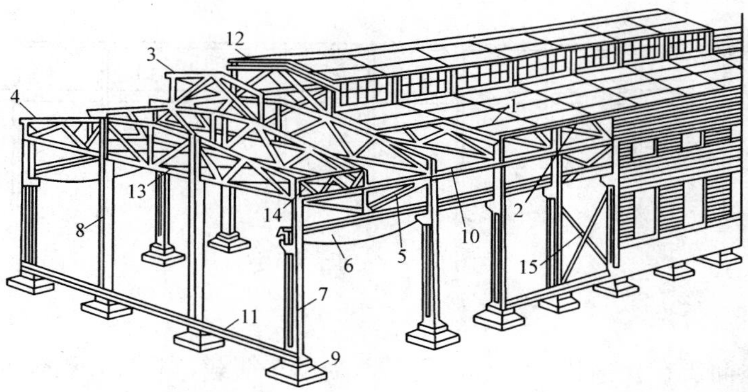

图 6-2　装配式钢筋混凝土单层厂房的结构组成

1—屋面板；2—天沟板；3—天窗架；4—屋架；5—托架；6—吊车梁；7—排架柱；
8—抗风柱；9—基础；10—连系梁；11—基础梁；12—天窗架垂直支撑；
13—屋架下弦横向水平支撑；14—屋架端部垂直支撑；15—柱间支撑

1. 屋盖结构

单层厂房屋盖结构分为有檩体系和无檩体系两种形式（图 6-3）。有檩屋盖由小型屋面板（或石棉瓦、槽瓦、压型钢板等）、屋架（或屋面梁）、檩条、天沟板、天窗架、屋盖支撑等构件组成，屋面板搁置在檩条上，檩条支承在屋架上。无檩屋盖由大型屋面板、屋架（或屋面梁）、天沟板、天窗架、屋盖支撑等构件组成，大型屋面板直接焊在屋架（或屋面梁）上。无檩屋盖刚度大，整体性好，构件数量和种类少，安装工序少，施工进度快，是单层厂房的常用形式，而有檩屋盖的刚度和整体性都较差，故应用较少。

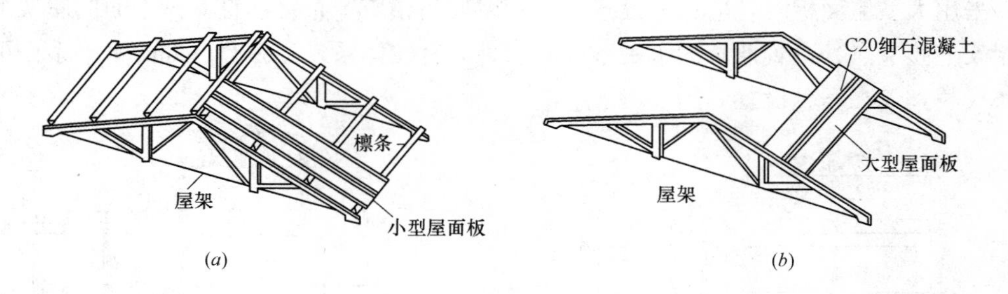

图 6-3　屋盖的形式

（*a*）有檩体系；（*b*）无檩体系

2. 横向平面排架

由屋架（或屋面梁）、柱和基础组成的横向骨架体系称为横向平面排架，是厂房的基本承重结构。

3. 纵向平面排架

纵向平面排架是由厂房纵向柱列、基础、连系梁、吊车梁和柱间支撑等连接而成的纵向骨架体系（图 6-4），其作用是保证厂房结构的纵向稳定性和刚性，并承受作用在山墙、天窗端壁以及通过屋盖结构传来的纵向风荷载、吊车纵向水平荷载、纵向水平地震作用、温度应力等。

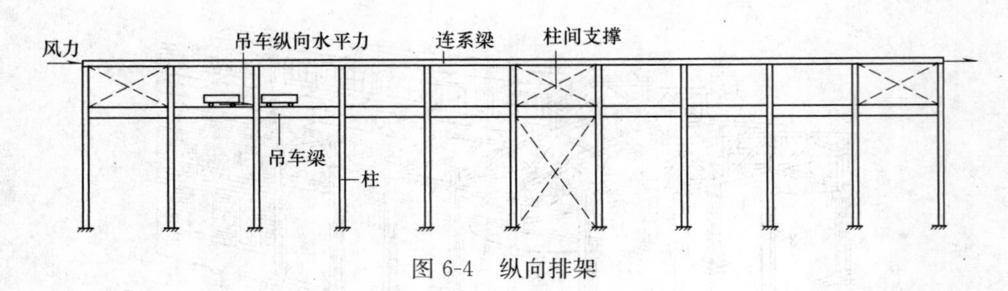

图 6-4　纵向排架

4. 吊车梁

吊车梁一般简支在柱牛腿上，其作用是承受吊车荷载，并将它们分别传至横向或纵向平面排架。吊车梁也是主要承重构件。

5. 支撑系统

在装配式钢筋混凝土单层厂房中，支撑是联系各主要承重构件，形成空间骨架的重要组成部分。支撑包括屋盖支撑和柱间支撑。

(1) 屋盖支撑

1) 屋架垂直支撑及水平系杆

屋架垂直支撑是指两个屋架之间沿纵向设置在竖向平面内的支承，屋架水平系杆是指两个屋架之间沿纵向设置的水平杆（图 6-5）。屋架垂直支撑和水平系杆的作用是，保证屋架在安装和使用阶段的侧向稳定，增加厂房的整体刚度。

垂直支撑一般在屋架跨度大于 18m 时设置，布置在厂房端部以及伸缩缝的第一或第二柱间。对梯形屋架，还应在支座处布置垂直支撑（图 6-5*a*）。

采用大型屋面板时，应在未设置支撑的屋架间相应于布置垂直支撑平面的屋架下弦和屋架上弦节点处设置通长的水平系杆。如果为有檩体系，上弦节点处的水平系杆可用檩条代替，仅在下弦设置（图 6-5）。

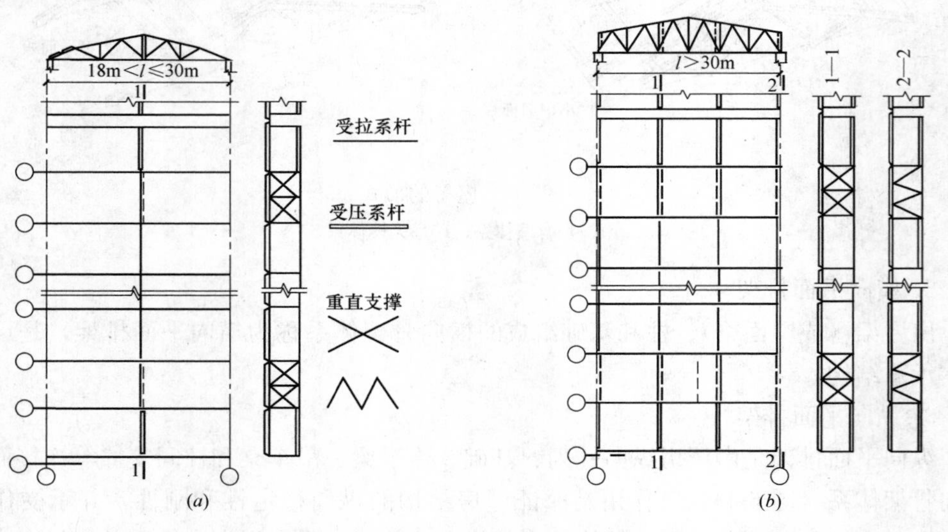

图 6-5　垂直支撑和水平系杆的布置

(*a*) 跨度大于 18m 小于 30m；(*b*) 跨度大于 30m

2）屋架上弦横向水平支撑

屋架上弦横向水平支撑的作用是保证屋架上弦或屋面梁上翼缘的侧向稳定，增强屋盖刚度，同时将山墙传来的纵向水平力传给纵向排架柱。

对采用大型屋面板的无檩体系屋盖，若其构造具有足够的刚度，且无天窗，则不需设置屋架上弦横向支撑。当为有檩体系屋盖或为大型屋面板但不能满足上述刚性构造要求时，应设置上弦横向水平支撑，设置位置在伸缩缝区段两端的第一或第二柱间（图 6-6*a*）；当无天窗时，应沿屋脊设置一道通长的钢筋混凝土受压水平系杆（图 6-6*b*）。

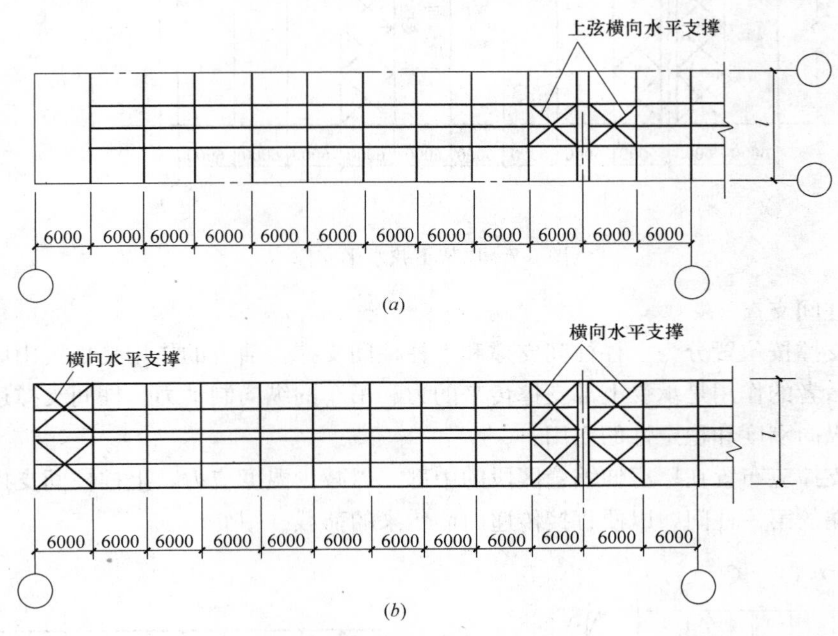

图 6-6　上弦横向水平支撑

（*a*）有天窗时；（*b*）无天窗时

3）屋架下弦横向水平支撑

屋架下弦横向水平支撑的作用是，将作用在屋架下弦的纵向水平力传递给纵向排架柱，保证屋架下弦的侧向稳定。

屋架下弦横向水平支撑在屋架下弦设有悬挂吊车或山墙抗风柱与屋架下弦连接，或吊车吨位大、振动荷载大时设置（图 6-7）。

4）屋架纵向水平支撑

屋架纵向水平支撑常设置在屋架下弦的端部节间，并与下弦横向水平支撑组成封闭的支撑体系（图 6-7），以利增强厂房的整体性。

屋架间的纵向水平支撑在厂房设有托架或 50kN 以上的壁行吊车或吊车吨位大、振动荷载大时设置。

5）天窗架支撑

天窗架支撑的作用是保证天窗架平面外的稳定性，以将天窗端壁的水平风荷载传递给屋架。天窗架支撑一般与屋架上弦支撑布置在同一柱间（图 6-8）。

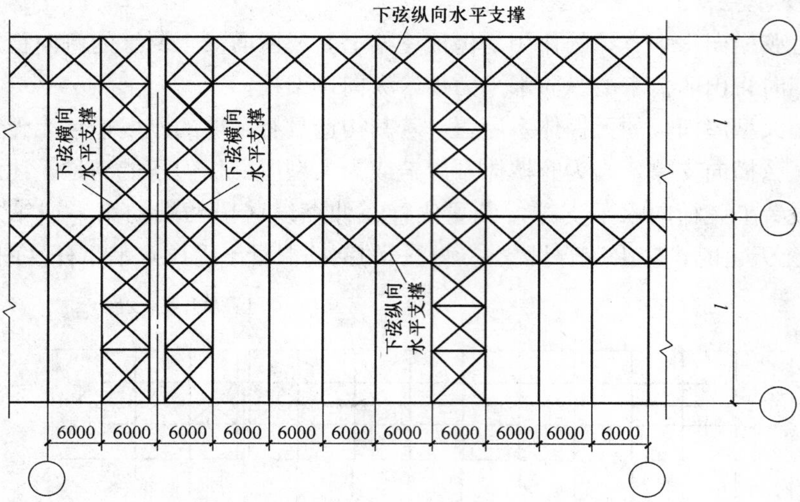

图 6-7 屋架下弦水平支撑

（2）柱间支撑

柱间支撑按位置分为上柱柱间支撑和下柱柱间支撑。前者的作用是抵抗山墙传来的风荷载；后者的作用是承受上部支撑传来的力和吊车的纵向制动力。柱间支撑还起着增强厂房的纵向刚度和稳定性的作用。

柱间支撑应布置在厂房伸缩缝区段的中部，以减少温度应力，上柱柱间支撑可设置在厂房两端的第一柱间，以便直接传递山墙传来的荷载（图 6-9）。

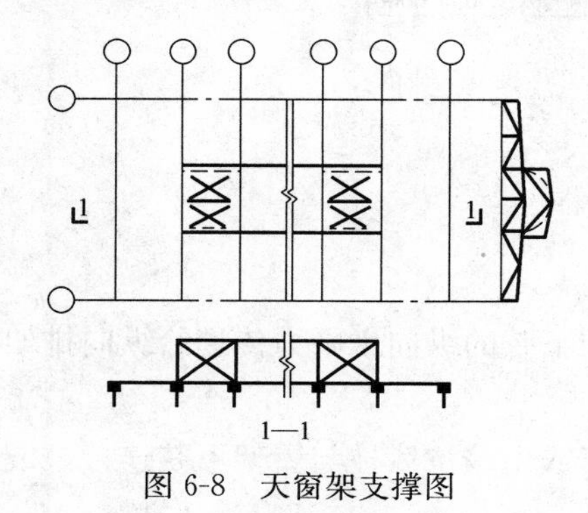

图 6-8 天窗架支撑图

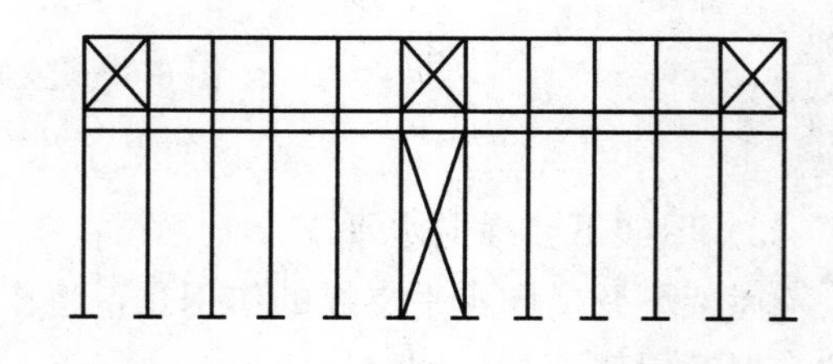

图 6-9 柱间支撑布置

柱间支撑一般采用钢结构。

6.2 单层厂房的受力特点

单层厂房是一个空间结构，所承受的荷载主要包括屋盖、柱、吊车梁等的自重，以及屋面均布活荷载、雪荷载、风荷载、吊车荷载、积灰荷载、施工荷载等。

各种荷载的传递路线如图 6-10 所示。由图可见，厂房结构上的荷载主要通过横向排架传到地基，而纵向排架仅承受吊车纵向水平荷载和山墙风荷载，因此横向排架结构是厂房的基本受力体系。

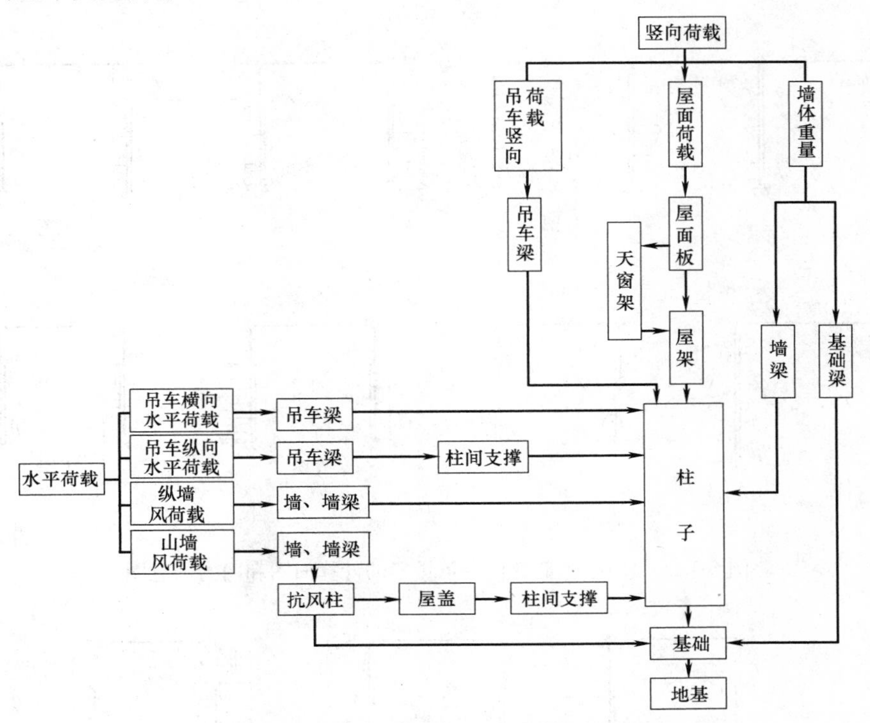

图 6-10　单层厂房结构主要荷载的传递路线

忽略屋架（或屋面梁）轴向变形，视屋架与柱顶的连接为铰接，并假设柱底嵌固于基础，可得出单跨排架结构的计算简图（图 6-11c）。可见，单跨排架结构为一次超静定结构。

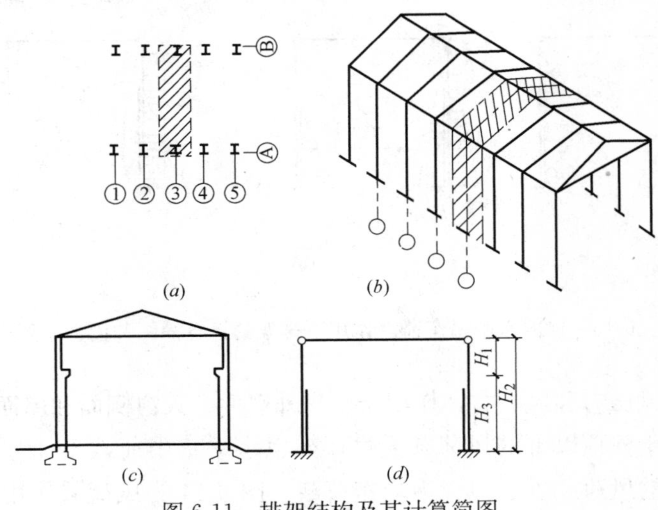

图 6-11　排架结构及其计算简图

（a）、（b）计算单元；（c）排架单元；（d）计算简图排架柱承受吊车荷载作用。桥式吊车荷载包括竖向荷载和横向水平荷载，是一种通过吊车梁传给排架柱的移动集中荷载，也是一种重复荷载，并且具有冲击和振动作用。水平吊车荷载可以反向。图 6-12、图 6-13 分别为是竖向吊车荷载、横向水平吊车荷载作用下排架的计算简图和内力示意图。

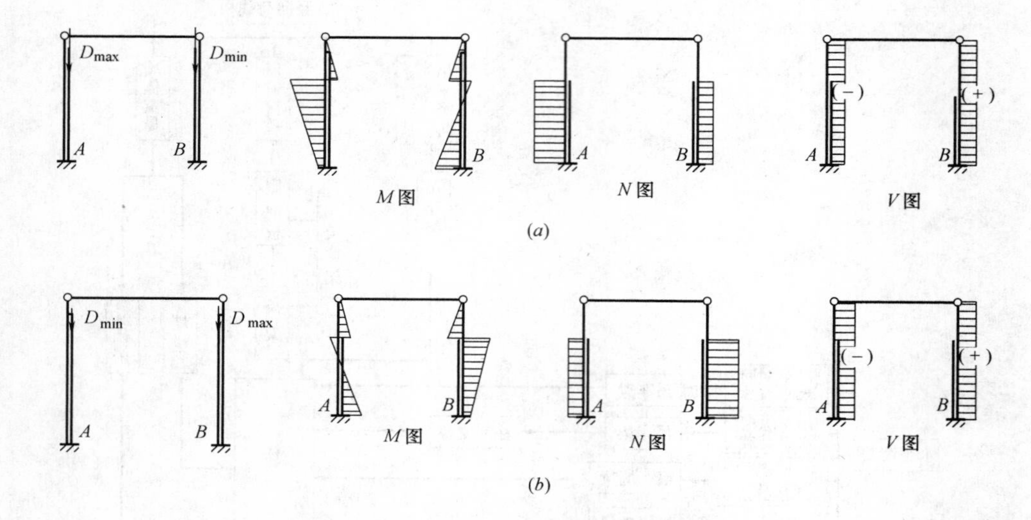

图 6-12　竖向吊车荷载作用下排架的计算简图和内力示意图

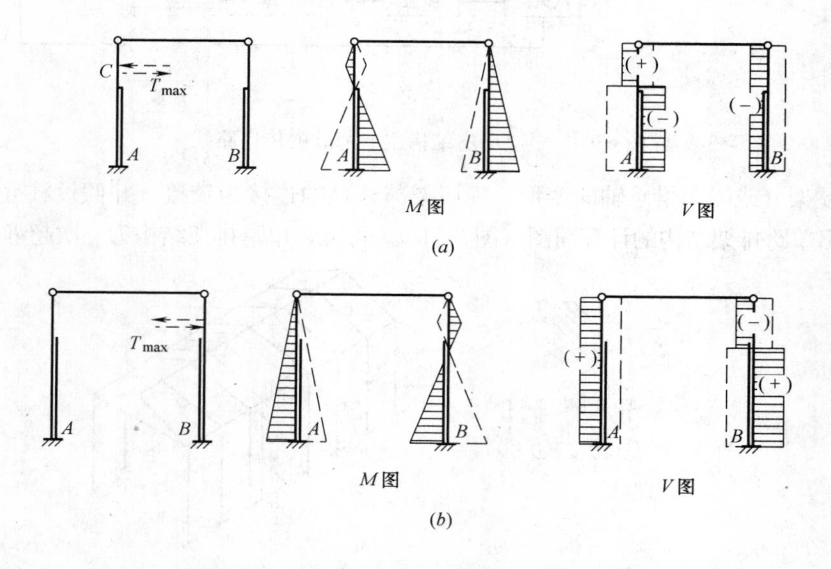

图 6-13　横向水平吊车荷载作用下排架的计算简图和内力示意图

风荷载分为风压力和风吸力，作用于厂房外墙面、天窗侧面和屋面，并在排架平面内传给柱。作用于柱顶以上的风荷载通过屋架以水平集中荷载 W 的形式作用在柱顶，作用于柱顶以下的风荷载可近似视为均布荷载。图 6-14 为风荷载作用时排架的计算简图和内力示意图。

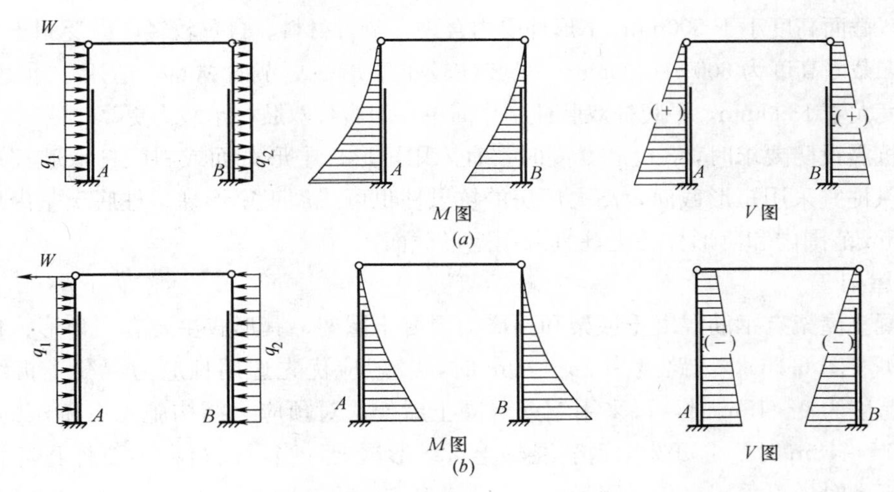

图 6-14 风荷载作用下排架计算简图和内力示意图

(*a*) 左风；(*b*) 右风

6.3 单层厂房的主要承重构件

6.3.1 主要承重构件的类型

装配式钢筋混凝土单层厂房的构件，除柱和基础外，其余主要构件一般采用标准构件，并编有全国通用图集，设计时可根据情况直接选用。

1. 柱

柱是单层工业厂房中主要的承重构件。其常用截面形式有矩形、I 形截面以及双肢柱等（图 6-15）。矩形柱外形简单，施工方便，但自重大，浪费材料，仅用于一般小型厂房

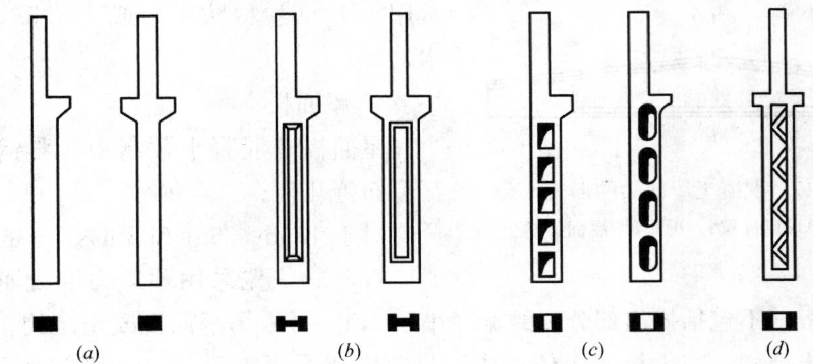

图 6-15 柱的截面形式

(*a*) 矩形截面柱；(*b*) I 形截面柱；(*c*) 平腹杆双肢柱；(*d*) 斜腹杆双肢柱

或上柱，截面高度小于500mm；I形柱受力合理，节省材料，自重较轻，广泛用于各类中型厂房，截面高度为600～1200mm；双肢柱较工字形柱更节省材料，适用于重型厂房，截面高度大于1300mm，平腹杆双肢柱制作简单、斜腹杆双肢柱承载力更高。

有抗震设防要求时，8度和9度时，宜采用矩形、I形截面或斜腹杆双肢柱；山墙处的抗风柱宜采用矩形截面，高大厂房的抗风柱也可采用工字形柱；柱底至室内地坪以上500mm范围内和阶形柱的上柱宜采用矩形截面。

2. 屋架

混凝土屋架有钢筋混凝土屋架和预应力混凝土屋架，其形式主要有三角形、折线形和梯形等（图6-16）。当跨度为15～30m时，一般应优先选用预应力混凝土折线形屋架；当跨度为9～15m时，可采用钢筋混凝土屋架；对预应力结构施工有困难的地区，跨度为15～18m时，也可选用钢筋混凝土折线形屋架；当屋面材料为石棉瓦等轻屋面且跨度不大时，可采用三角形屋架。

(*a*)

(*b*)

(*c*)

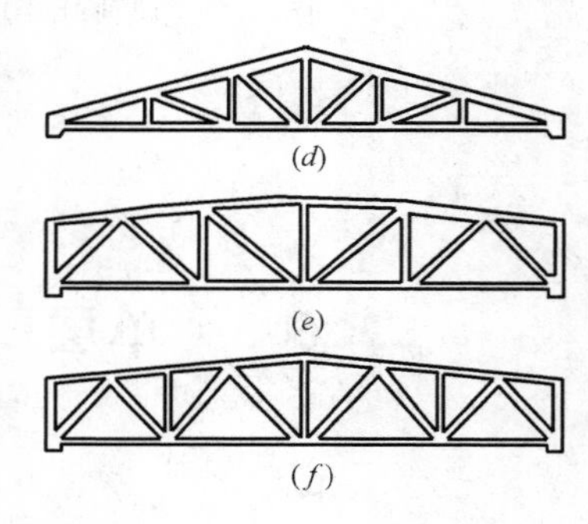

图6-16　混凝土屋架的形式

（*a*）两铰拱屋架；（*b*）三铰拱屋架；（*c*）组合屋架；

（*d*）三角形屋架；（*e*）折线形屋架；（*f*）梯形屋架

3. 屋面梁

混凝土屋面梁一般可采用单坡、双坡工字形截面的实腹式屋面梁（图6-17）。6m单坡屋面梁可采用T形截面；12m和15m跨度的单坡梁，也可采用折线形。屋面梁的坡度常用1/10（卷材防水）或1/7.5（非卷材防水）。

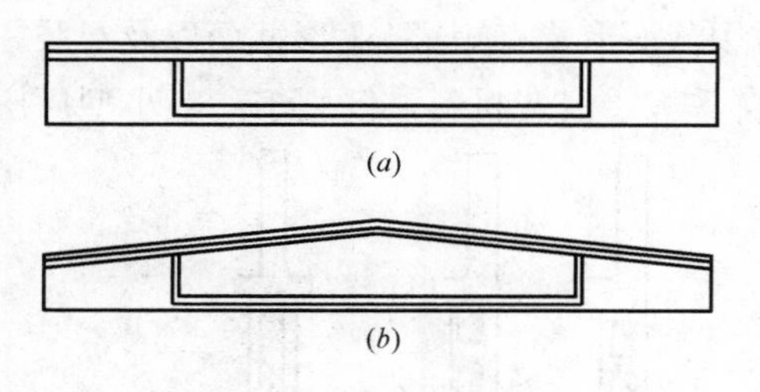

图6-17　混凝土屋面梁的形式

（*a*）单坡屋面梁；（*b*）双坡屋面梁

4. 屋面板

屋面板有混凝土预制板、彩钢压形板和瓦屋面等几种。

对于1.5m×6m和3m×6m的屋面板及檐口板，应优先采用预应力混凝土结构。当嵌板或檐口板（不包括挑出部分）的宽度小于1m，可采用钢筋混凝土结构。天沟板一般采用混凝土结构。在无檩屋盖体系中，目前广泛采用1.5m×6m预应力混凝土屋面板，也有的采用3m×6m和3m×12m预应力混凝土屋面板。

5. 吊车梁

吊车梁的形式如图 6-18 所示。按照材料分可分为混凝土吊车梁、钢吊车梁以及组合式吊车梁。混凝土吊车梁有钢筋混凝土、预应力混凝土吊车梁，其截面可以是等截面或变截面，一般为简支梁。钢筋混凝土等截面吊车梁截面形式一般为 T 形，预应力混凝土等截面吊车梁截面有 T 形或工字形。预应力混凝土等截面吊车梁的工作性能、技术经济指标都比钢筋混凝土吊车梁好，是常用的吊车梁形式。混凝土变截面吊车梁有鱼腹式和折线式两种，可以是钢筋混凝土或预应力混凝土的，因其外形较接近于弯矩包络图，故各正截面的受弯承载力接近等强，且可取得较好的经济效果，但制作较麻烦。

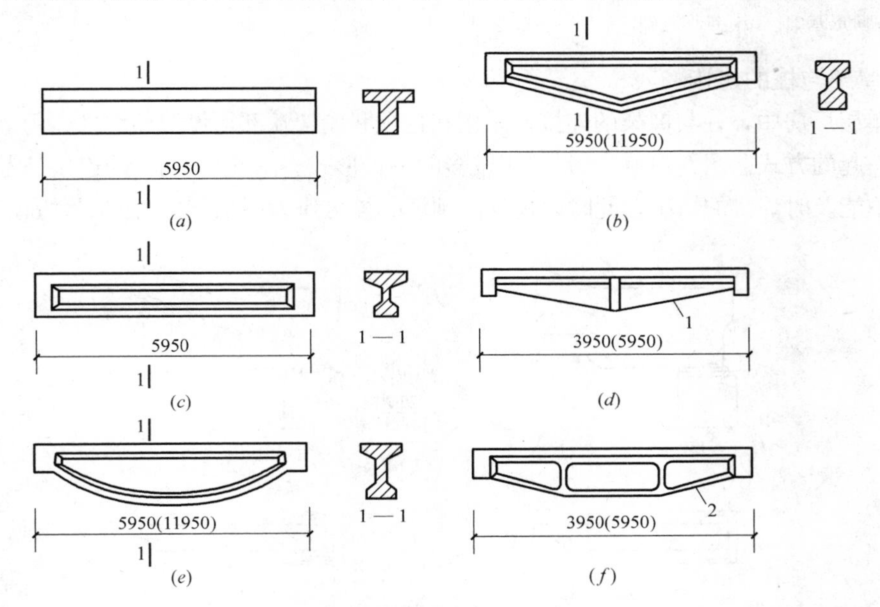

图 6-18 吊车梁的形式

(a) 厚腹吊车梁；(b) 折线形吊车梁；(c) 薄膜吊车梁；(d) 桁架式吊车梁；(e) 鱼腹式吊车梁；(f) 桁架式吊车梁

1—钢下弦；2—钢筋混凝土下弦

6. 基础

单层厂房常用柱下独立基础（图 6-19），这种基础分为阶形和锥形两种形式。由于其与预制柱的连接部分做成杯口，故也称为杯口基础。由于地质条件的影响，需要基础深埋，但为了方便施工，要求柱子有统一的长度，为此，需将杯口升高，形成高杯口基础。高杯口基础由杯口、短柱、底板组成。

当上部荷载较大、地基承载力较低或地质条件不好时，也常采用柱下条形基础或桩基础（图 6-20）。

6.3.2 主要承重构件与柱的连接

单层厂房构件之间的连接除基础梁直接搁置在基础杯口上外，其他构件之间的连接均采用焊接的方式。采用焊接的方式能满足吊装时构件的稳定，并有利于使用过程中的整体性。

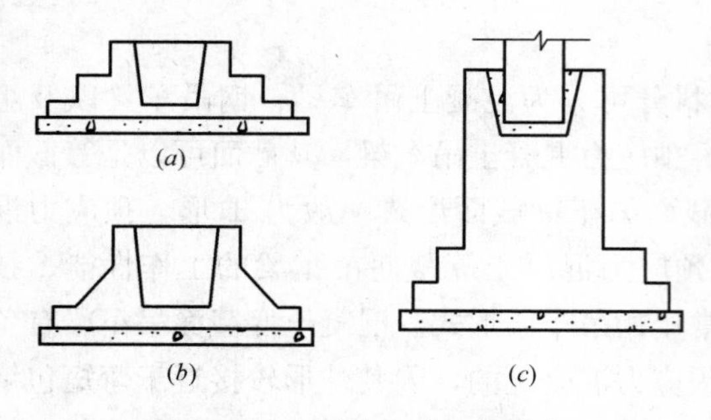

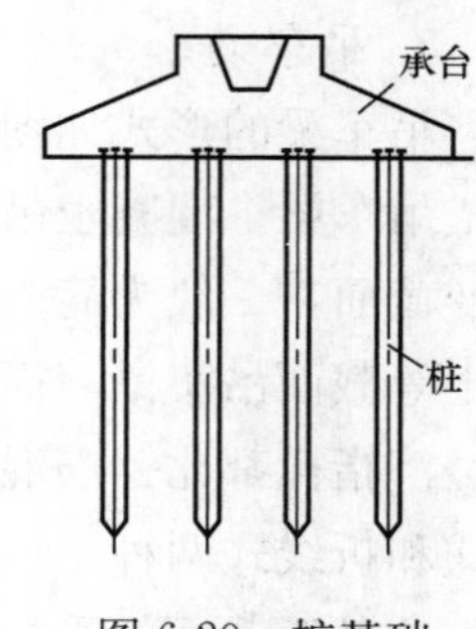

图 6-19 柱下独立基础的形式

(*a*) 阶形基础；(*b*) 锥形基础；(*c*) 高杯口基础

图 6-20 桩基础

1. 屋架与柱的连接

在单层厂房中，柱与屋架的连接，采用在柱顶和屋架端部均设置预埋件，用电焊将其连接在一起的方式。图 6-21（*a*）是应用较多的一种形式。图 6-21（*b*）的连接是考虑屋架吊装后不能及时焊接的情况，此时，柱顶的预埋螺栓可作为屋架就位时的临时固定措施。

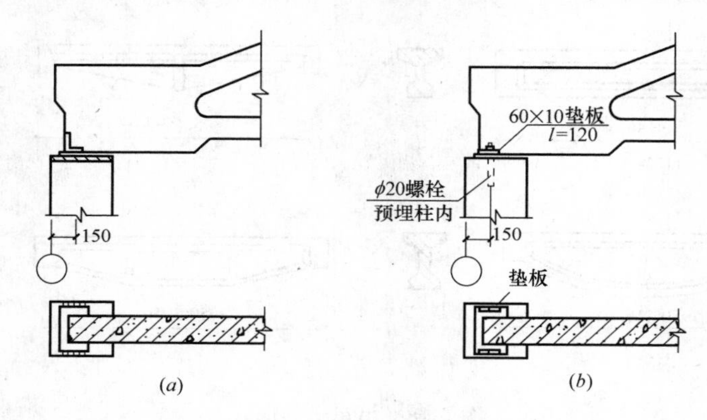

图 6-21 屋架与柱的连接

2. 吊车梁与柱的连接

厂房柱子承受由吊车传来的竖向及水平荷载，因此吊车梁与柱在垂直和水平方向都应有可靠的连接。常见的连接方式如图 6-22 所示。

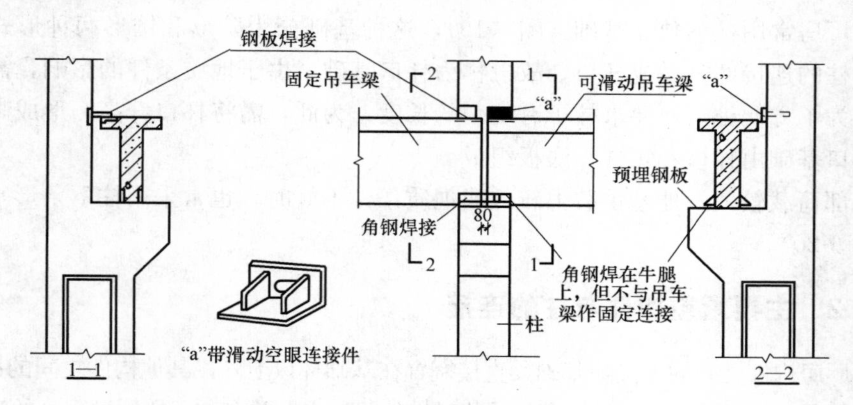

图 6-22 吊车梁与柱的连接

3. 连系梁与柱的连接

图 6-23 是采用钢牛腿与连系梁的连接方式，其优点是柱预制时简单。如果采用钢筋混凝土牛腿，连接方式类似，只是在牛腿表面和柱侧设置预埋件。

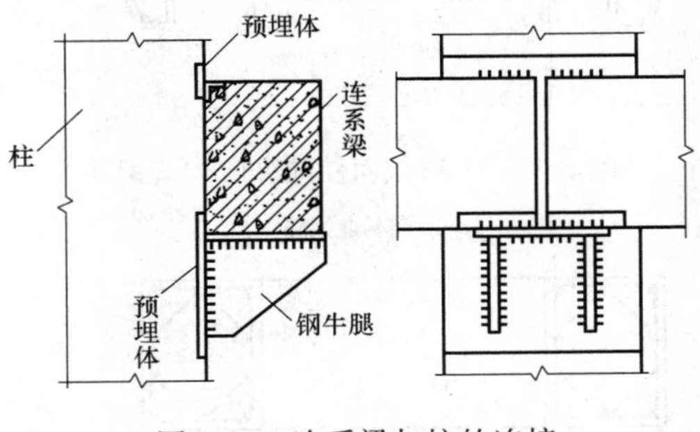

图 6-23　连系梁与柱的连接

6.4　单层厂房排架柱的构造

6.4.1　排架柱的配筋构造

矩形截面柱的配筋构造在第三章第四节已介绍，下面介绍工字形截面和双肢柱的配筋构造。

1. 纵向受力钢筋

排架柱的纵向受力钢筋一般采用对称配筋方式。

铰接排架柱中的变截面柱，当上、下柱纵向受力钢筋的直径和根数相同时，下柱钢筋可以直接伸入上柱（图 6-24*a*）；当上、下柱纵向受力钢筋的直径和根数不同时，上柱钢筋应伸入下柱牛腿截面内锚固（图 6-24*b*、*c*）；当上、下柱纵向受力钢筋的直径相同，而上柱钢筋根数少于下柱时，可将下柱外侧多余的钢筋切断，其余伸入上柱内（图 6-24*d*）。

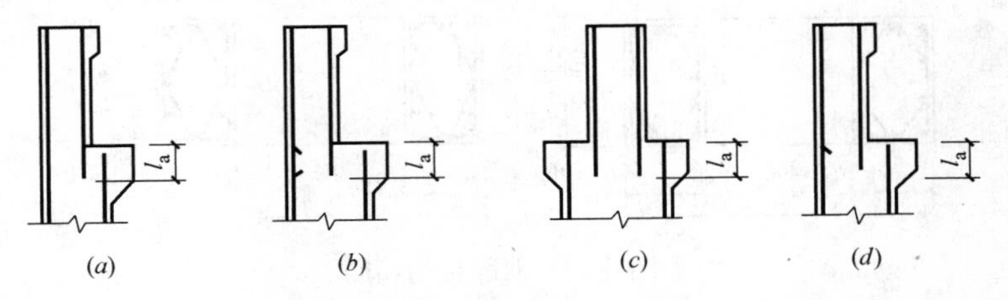

图 6-24　柱钢筋的接头（预制柱）

2. 纵向构造钢筋

柱截面高度 h＞600mm 时，应在柱的侧边设置直径不小于 10mm 的纵向构造钢筋，Ⅰ形截面柱、双肢柱的纵向构造钢筋如图 6-25、图 6-26 所示。

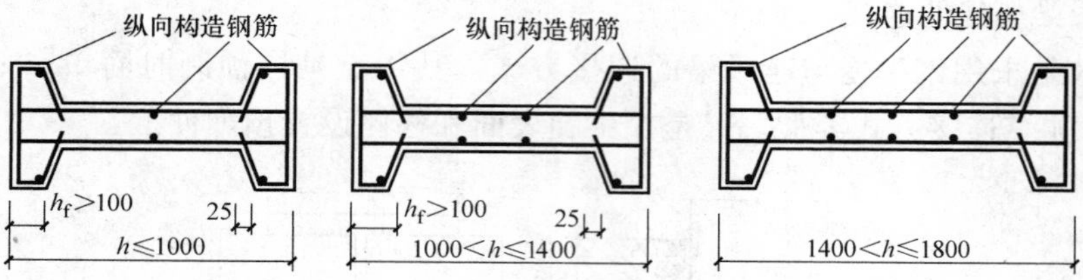

纵向构造钢筋
纵向构造钢筋
纵向构造钢筋
h_f>100
25
h≤1000
h_f>100
25
1000<h≤1400
1400<h≤1800

图 6-25 Ⅰ形截面柱的纵向构造钢筋

纵向构造钢筋
b
h_c>400
h_c>400
h

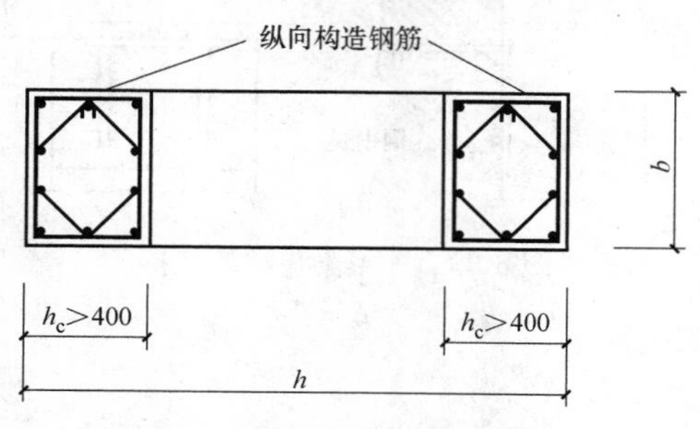

图 6-26 双肢柱的纵向构造钢筋

3. 箍筋

柱中箍筋应为封闭式。Ⅰ形截面柱、双肢柱的箍筋如图 6-27、图 6-28 所示。

≥80
h_f>100
h_f>100
h
10
15

图 6-27 Ⅰ形截面柱的箍筋

b≤400
h_2≤400
h_2≤400
h
b>500
h_2≤400
h_2≤400
h
b>500
h_2>400
h_2>400
h
b>500
h_2>400
h_2>400
h

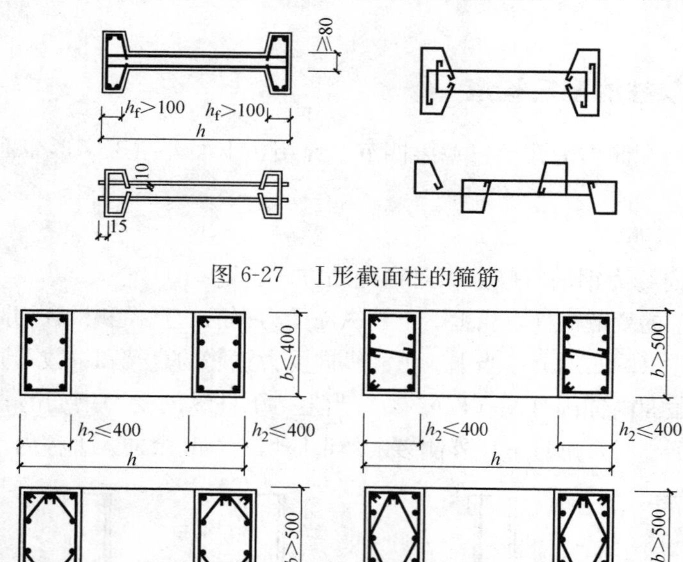

图 6-28 双肢柱的箍筋

6.4.2 牛腿的受力特点与构造

1. 牛腿的受力特点

在单层厂房中，通常采用柱侧伸出的牛腿来支撑屋架、吊车梁等构件。

根据牛腿荷载 Q 的作用点到牛腿下部与柱边缘交接点的水平距离 a 的大小，可将牛腿分成两类：当 $a \leqslant h_0$ 时为短牛腿；当 $a > h_0$ 时为长牛腿。长牛腿的受力情况与悬臂梁相似。支承吊车梁等构件的牛腿均为短牛腿，它实质是一变截面悬臂深梁，受力性能与普通悬臂梁不同。

试验表明，随 a/h_0 值的不同，牛腿大致有以下三种主要的破坏形态：

（1）剪切破坏

当 $a/h_0 \leqslant 0.1$，或 a/h_0 值虽较大但自由边高度 h_1 较小时，可能发生沿加载板内侧接近垂直截面的剪切破坏（图 6-29*a*）。破坏时牛腿内纵筋应力较低。

（2）斜压破坏

斜压破坏大多发生在 $0.1 < a/h_0 \leqslant 0.75$ 的范围内。加载到一定值时，牛腿首先出现斜裂缝①。加载至极限荷载的 70%～80%时，在这条裂缝外侧整个压杆范围内出现大量短小斜裂缝，当此斜裂缝逐渐贯通时，压杆内混凝土剥落崩出，牛腿破坏（图 6-29*b*）。也有少数牛腿在裂缝①发展到相对稳定后，当加载到某级荷载时，突然从加载板内侧出现一条通长斜裂缝②，然后就很快沿此斜裂缝破坏（图 6-29*c*）。

（3）弯压破坏

当 $a/h_0 > 0.75$ 和纵筋配筋率较低时，一般发生弯压破坏。当出现斜裂缝①后，随着荷载的增加，裂缝不断向受压区延伸，纵筋应力不断增加并达到屈服强度，这时斜裂缝①外侧部分绕牛腿下部与柱交接点转动，致使受压区混凝土压碎而引起破坏（图 6-29*d*）。

除上述三种破坏形态外，当加载板过小时，可能发生加载板下混凝土局部压碎破坏（图 6-29*e*）；当纵筋锚固不良时，可能因纵筋被拔出而破坏。

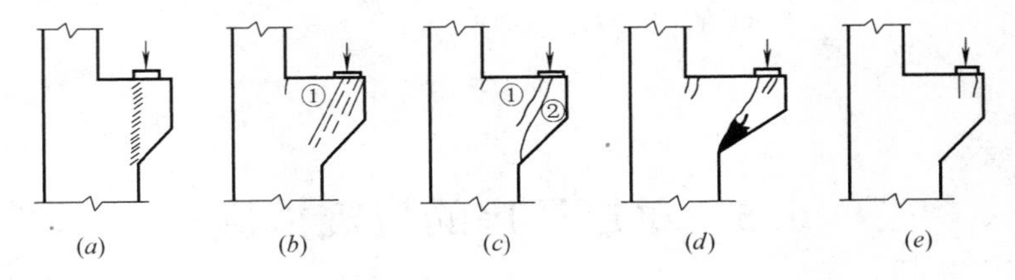

图 6-29 牛腿的破坏形态

（*a*）剪切破坏；（*b*）、（*c*）斜压破坏；（*d*）弯压破坏；（*e*）混凝土局部压碎破坏

2. 牛腿的构造要求

牛腿的外边缘高度 h_1 不应小于 $h/3$，且不应小于 200mm。

沿牛腿顶部配置的纵向受力钢筋，宜采用 HRB400 或 HRB500 钢筋。全部纵向受力钢筋及弯起钢筋宜沿牛腿外边缘向下伸入柱内 150mm 后截断。承受竖向力所需的纵向受拉钢筋的根数不宜少于 4 根，直径不小于 12mm。如图 6-31 所示。

牛腿应设置水平箍筋，直径宜为 6～12mm，间距宜为 100～150mm，且在上部 $2h_0/3$ 范围内，水平箍筋总截面面积不宜小于承受竖向力的受拉纵筋截面面积的 1/2。

当牛腿的剪跨比 $a/h_0 \geqslant 0.3$ 时，宜设弯起钢筋，并使其与集中荷载到牛腿斜边下端点连线的交点位于牛腿上部 $l/6 \sim l/2$ 之间的范围内（图 6-30），l 为该连线的长度。

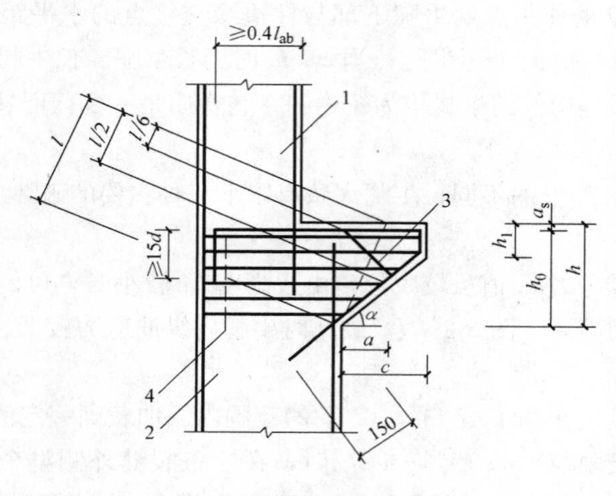

图 6-30　牛腿的构造

1—上柱；2—下柱；3—弯起钢筋；4—水平钢筋

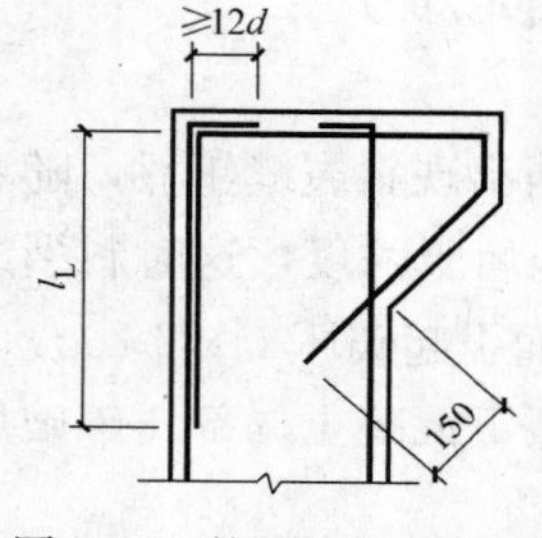

图 6-31　柱顶牛腿的构造

弯起钢筋的截面面积不宜小于承受竖向拉力钢筋截面面积的1/2，数量不宜少于2根，直径不宜小于12mm。纵向钢筋不得兼做弯起钢筋。

当牛腿设于上柱的柱顶时，宜将牛腿对边的柱外侧纵向受力钢筋沿柱顶平弯入牛腿，作为牛腿的纵向受拉钢筋使用；当牛腿顶面纵向受拉钢筋与牛腿对边的柱外侧纵向钢筋分开配置时，牛腿顶面纵向受拉钢筋应弯入柱外侧，并应符合图6-31的搭接规定。

6.5　单层厂房的抗震措施

6.5.1　单层钢筋混凝土柱厂房的震害

1. 屋盖系统

(1) 无檩屋盖

钢筋混凝土无檩屋盖的震害主要表现为：①屋面板支座错动移位，甚至从屋架上塌落（图6-32）。产生这种震害的原因是，屋面板与屋架上弦的连接和焊接质量不符合设计要求。发生屋面板塌落的另一个重要原因是，屋面板支座的支承长度不足。②屋架部分杆件的局部破坏或屋架的整体倒塌。这种震害发生的主要原因是屋盖整体刚度不足，支撑布置不完整或不合理等。③出屋面天窗架立柱开裂、折断。天窗架的倒塌，还可能把屋盖砸塌。④天窗架支撑压曲和连接破坏。在支撑和天窗架的连接处，多数是焊缝拉断、钢板与锚筋脱开，也有预埋件被拔出的。这种震害主要发生在出屋面天窗架的竖向支撑太稀的情况。

下沉式（井式）天窗，在地震中一般无震害。

图 6-32 “5.12”汶川地震中某厂房屋面板塌落

（2）有檩屋盖

钢筋混凝土有檩屋盖的震害主要是屋面板（瓦）下滑和塌落。产生这类震害的主要原因是屋面瓦、板与檩条间未很好连接，且屋面板（瓦）之间也无拉结，因而在地震作用下相互间发生移位，在屋面坡度较大的情况下，就易造成下滑和塌落。

2. 排架柱

排架柱是单层钢筋混凝土厂房的主要抗侧力构件，具有一定的承载能力和抗侧力刚度，在 7～9 度地震作用下，一般不会发生因排架柱破坏而导致整个厂房倒塌的震害。

排架柱的震害特点是：①阶形柱的立柱根部为薄弱环节，在上柱根部和吊车梁标高处出现水平裂缝；②下柱靠近地面处开裂，严重者混凝土剥落，纵向钢筋压曲；③不等高厂房高低跨交接处中柱支承低跨屋盖牛腿上截面部位柱截面出现水平裂缝；④平腹双肢柱和薄壁开孔预制腹板工字形柱发生剪切破坏；⑤大柱网厂房中柱根部破坏。

3. 支撑系统

单层钢筋混凝土柱厂房的支撑系统，地震时破坏最多最重的是突出屋面的天窗架支撑和厂房纵向柱列的柱间支撑，屋盖支撑的震害不多。

天窗架支撑的破坏主要是两侧竖向支撑杆件失稳。当交叉支撑斜杯压曲，则出现有撑斜杆与天窗架立柱相连节点的拉脱。

柱间支撑是厂房纵向抗震的主要抗侧力构件，具有较大的抗侧力刚度。震害特征是，支撑斜杆在平面内或平面外压曲，支撑与柱连接节点拉脱。杆件压曲可发生在上、下柱间支撑，但以上柱支撑为多。节点拉脱也以上柱支撑为多，但下柱支撑的下节点破坏最重。

4. 山墙和围护墙

山墙和围护墙是单层钢筋混凝土柱厂房较多出现震害的部位。

钢筋混凝土大型墙板与柱柔性连接，或轻质墙板的厂房围护墙，抗震性能比较好，震害较少。

砌体围护墙，尤其是砌体山墙，凡未与柱可靠拉结或山墙抗风柱不到顶，则震害较重，在6度时就可能外倾，9度时普遍塌落。

5. 披屋的震害

在单层钢筋混凝土柱厂房贴建砖混结构的披屋，厂房和披屋的侧移刚度相差较大，地震作用下变形不协调，加重震害。

披屋的梁、板直接搁置在山墙或纵墙上，在7、8度时不仅山墙（或纵墙）有局部裂缝，而且出现梁（板）拔出的震害。

披屋的梁、板搁置于排架柱的牛腿上，地震作用下容易造成牛腿劈裂。

6.5.2 抗震构造措施

1. 屋盖系统

（1）有檩屋盖构件的连接

檩条应与混凝土屋架（屋面梁）焊牢，支承长度不少于70mm。

对于混凝土槽瓦，应在每块的上端预留两个40mm×80mm的孔洞对准槽瓦的边缘，然后将L形钢片插下，并打弯，钩住檩条（图6-33）。9度时，还应采用带钩螺栓将槽瓦下端压紧（图6-34）。

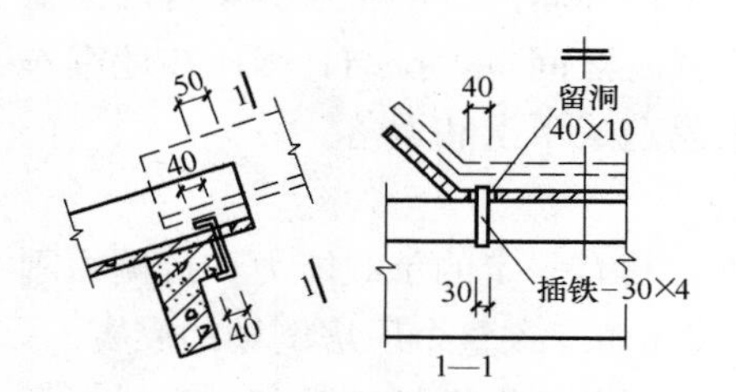

图6-33 混凝土槽瓦的连接

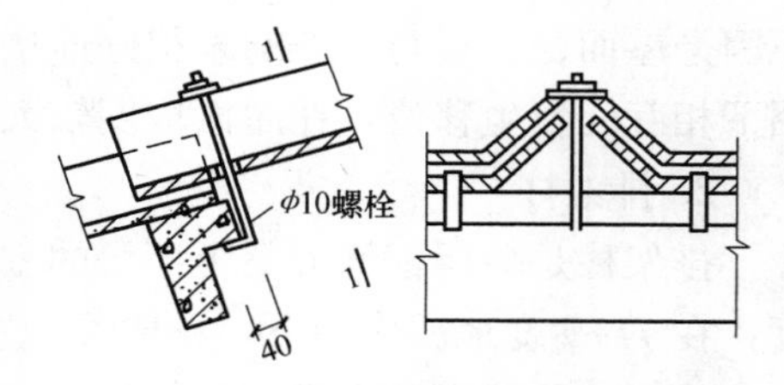

图6-34 9度时混凝土槽瓦的连接

（2）无檩屋盖构件的连接

大型屋面板与屋架焊牢，靠柱列的屋面板与屋架的连接焊缝长度不宜小于80mm。

6度和7度时，有天窗厂房单元的端开间，或8度、9度时的各开间宜将垂直屋架方向两侧相邻的大型屋面板的顶面彼此焊牢（图6-35）。

8度、9度时大型屋面板端头底面的预埋件宜用角钢并与主筋焊牢。

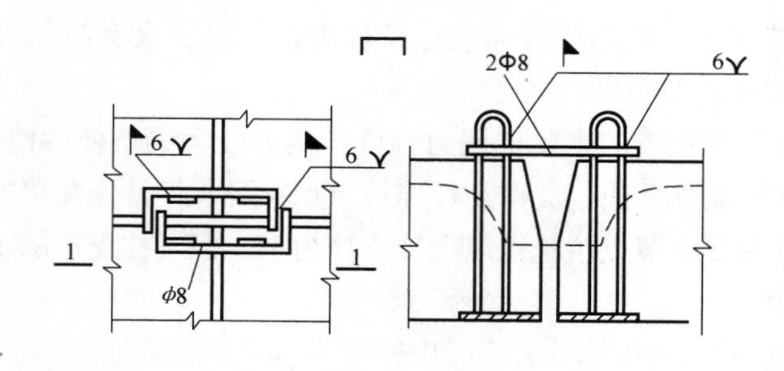

图6-35 相邻吊钩连接

屋架端部顶面预埋件的锚筋，8 度时不宜少于 4Φ10，9 度时不宜少于 4Φ12（图6-36）。

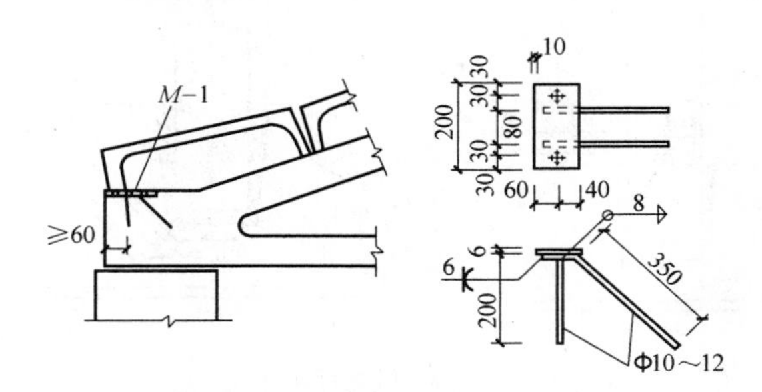

图 6-36　屋架端部上角的预埋件

2. 柱与柱列系统

（1）柱的构造要求

为了提高柱与节点连接处的抗震性能，在下列范围内柱的箍筋应加密：柱顶以下 500mm 并不小于柱截面长边尺寸；阶形柱自牛腿面至吊车梁顶面以上 300mm 高度范围内；下柱柱底至室内地坪以上 500mm；牛腿（柱肩）全高；柱间支撑与柱连接节点处和柱变位受到平台等约束部位，其节点上下各 300mm。加密区箍筋间距不应大于 100mm，箍筋最大肢距和最小直径见表 6-1。

加密区箍筋肢距和最小直径　　表 6-1

烈度和场地类别		6 度和 7 度Ⅰ、Ⅱ类场地	7 度Ⅲ、Ⅳ类场地和 8 度Ⅰ、Ⅱ类场地	8 度Ⅲ、Ⅳ类场地和 9 度
箍筋最大肢距(mm)		300	250	200
箍筋最小直径	一般柱头和柱根	ϕ6	ϕ8	ϕ8(ϕ10)
	角柱柱头	ϕ8	ϕ10	ϕ10
	上柱牛腿和有支撑的柱根	ϕ8	ϕ8	ϕ10
	有支撑的柱头和柱变位受约束部位	ϕ8	ϕ10	ϕ10

山墙抗风柱柱顶以下 300mm 和牛腿（柱肩）面以上 300mm 范围内的箍筋，直径不宜小于 6mm，间距不应大于 100mm，肢距不宜大于 250mm。抗风柱的变截面牛腿处，宜设置纵向受拉钢筋。

（2）柱间支撑的构造

柱间支撑应采用型钢，支撑形式宜采用交叉式，其斜杆与水平面的夹角不宜大于 55°。

下柱支撑的下节点，应保证将地震作用直接传给基础（图 6-37）。上柱支撑节点构造见图 6-38。

（3）柱与屋架的连接

柱顶与屋架（屋面梁）的连接，8 度时宜采用螺栓；9 度时宜采用钢板铰，亦可采用螺栓；屋架（屋面梁）端部支撑垫板厚度不小于 16mm（图 6-39）。

柱顶预埋件的锚筋，8 度时不宜少于 4ϕ14，9 度时不宜少于 4ϕ16；有柱间支撑的柱子，柱顶预埋件尚应增设抗剪钢板。

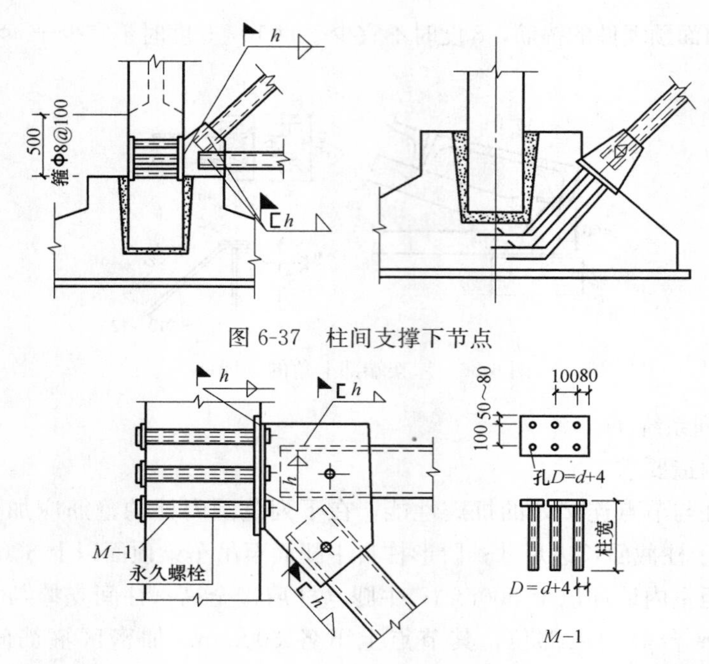

图 6-37 柱间支撑下节点

图 6-38 上柱支撑节点

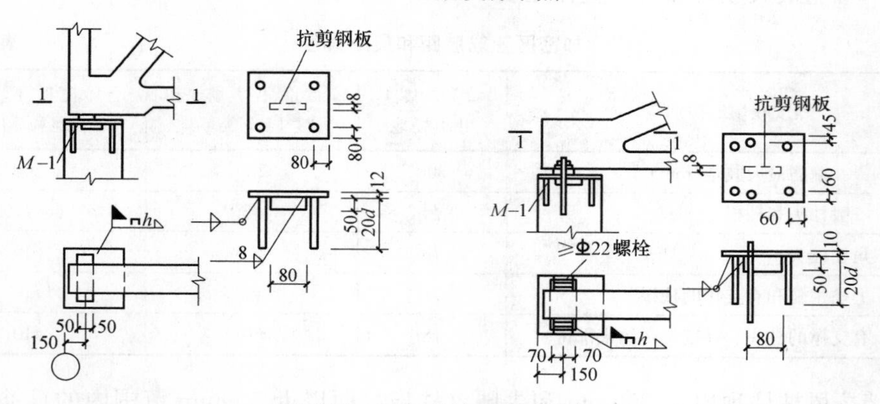

图 6-39 屋架与柱的连接节点

山墙抗风柱与屋架的连接部位应位于上弦横向支撑与屋架的连接点处（图 6-40）。不符合时可在支撑中增设次腹杆或设置型钢横梁，将水平地震作用传至节点部位。

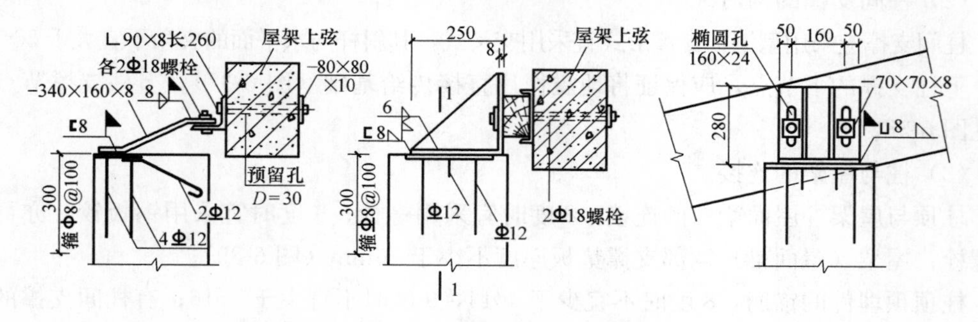

图 6-40 抗风柱柱顶与屋架上弦的连接

(4) 围护墙系统

1) 围护墙

纵墙与柱的拉结，一般沿柱全高每 500mm 预埋 2Φ6 拉结筋；厂房转角处应沿两个主轴方向与角柱拉结（图 6-41）。

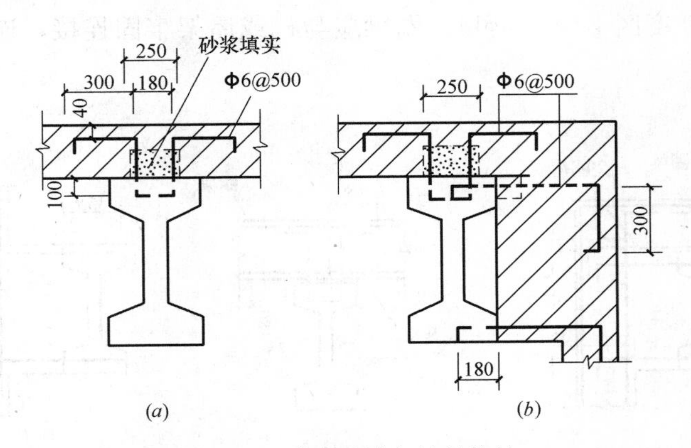

图 6-41　贴砌砖墙与柱的拉结

柱顶以上部分砖墙与屋架端头，端竖杆和屋面板之间，应有钢筋相互连接，于屋架上弦高度处设现浇钢筋混凝土圈梁，并与屋架端头伸出的钢筋连接（图 6-42）。

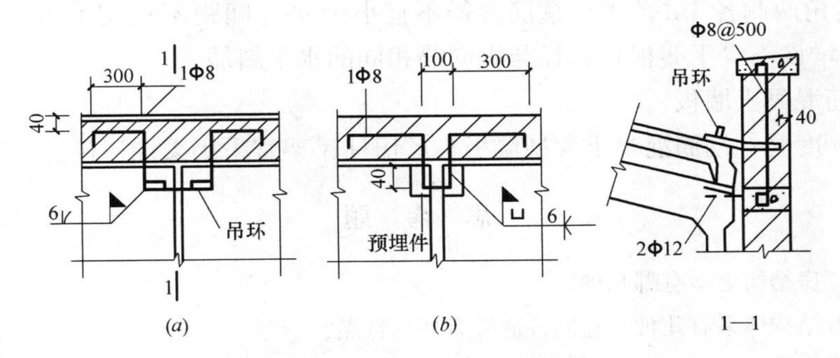

图 6-42　檐墙与屋面板的连接

采用女儿墙时，应由屋架端头的圈梁内伸出钢筋砌入女儿墙内，并锚入压顶。

2) 山墙

山墙山尖部分若采取封山做法，应于屋面板高度处在墙上设现浇钢筋混凝土卧梁与纵墙上屋架下弦高度处圈梁相连接，将屋面板端头顶面预埋铁件或吊钩用 U 形钢筋焊接，并伸入卧梁内（图 6-43）。

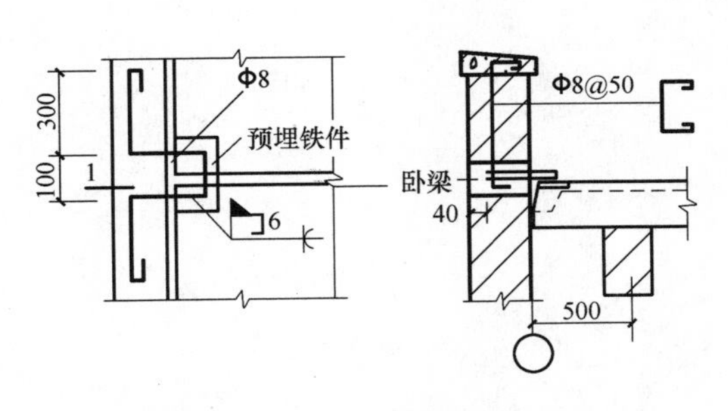

图 6-43　山墙与屋面板的拉接

3) 圈梁

砌体围护墙在下列部位应设置现浇钢筋混凝土圈梁：梯形屋架端部上弦和柱顶的标高处应各设一道，但屋架端部高度不大于 900mm 时可合并设置；应按上密下稀的原则每隔 4m 左右在窗顶增设一道圈梁，不等高厂房的高低跨封墙和纵墙跨交接处的悬墙，圈梁的竖向间距不应大于 3m；山墙沿屋面应设钢筋混凝土卧梁，并应与屋架端部上弦标高处的圈梁连接。

圈梁截面宽度宜与墙厚相同，截面高度不应小于 180mm。圈梁的纵向筋在 6～8 度区不少于 4ϕ12；9 度区不少于 4ϕ14。圈梁应与柱或屋架牢固连接，连接构造如图 6-44 所示。

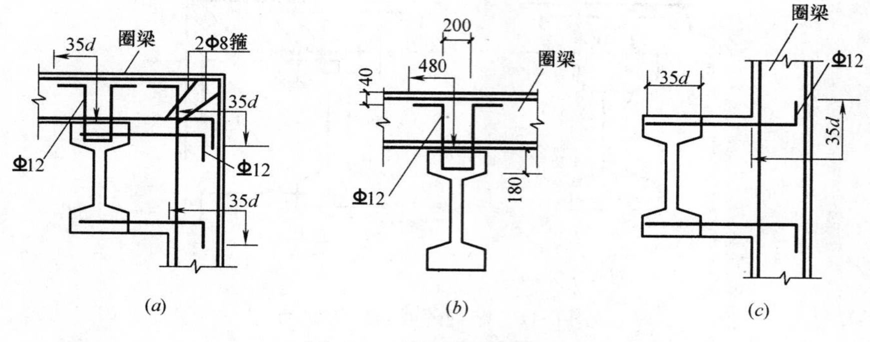

图 6-44　圈梁与柱的拉接

厂房转角处柱顶圈梁在端开间范围，6～8 度区主筋不宜少于 4ϕ14，9 度区不宜少于 4ϕ16。转角两侧各 1m 范围内箍筋直径不宜小于 ϕ8，间距不宜大于 100mm；各圈梁的转角处应增设不少于 3 根且直径与纵向筋相同的水平斜筋。

4）钢筋混凝土墙板

8 度、9 度时，钢筋混凝土大型墙板与厂房柱屋架宜采用柔性连接。

思 考 题

1. 单层厂房结构类型有哪几种？
2. 屋盖的结构体系有几种？它们各适应有什么特点？
3. 纵、横向排架分别由哪几种构件组成？
4. 屋盖支撑的形式有几种？起什么作用？
5. 柱间支撑布置在什么位置？
6. 牛腿的破坏形式有哪几种？牛腿的配筋构造要求有哪些？
7. 单层厂房的抗震构造要求有哪些？

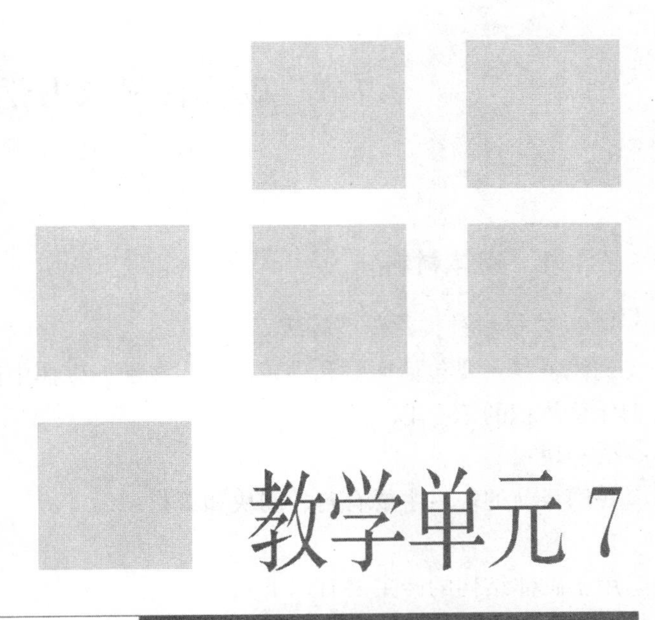

教学单元7

砌体结构

【教学目标】通过本单元教学，使学生理解砌体的力学性能、砌体结构的承重方案、砌体房屋的构造要求，以及过梁、墙梁、挑梁、雨篷的受力特点和构造；具有无筋砌体受压构件承载力、局部受压承载力计算能力和墙柱高厚比验算能力。

7.1 砌体材料及力学性能

7.1.1 砌体材料

1. 砌体材料种类及强度等级

砌体材料主要包括块材和砂浆两种，在配筋砌体中尚有混凝土、钢筋等。块材通常占砌体总体积的78%以上。

(1) 块材

我国目前的块材主要有砖、砌块和石材。

1) 砖

用于砌体结构的砖主要有以下几类：

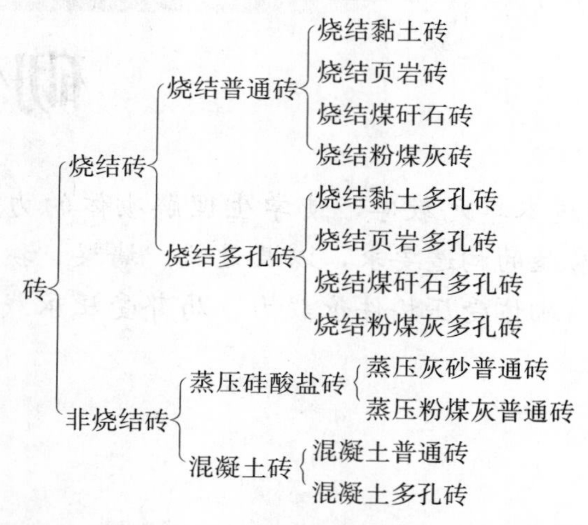

烧结普通砖是由煤矸石、页岩、粉煤灰或黏土为主要原料，经焙烧而成的实心砖，其尺寸为240mm×115mm×53mm。烧结普通砖的强度等级分为MU30、MU25、MU20、MU15和MU10。

烧结多孔砖是经焙烧而成的具有竖向孔洞的砖，孔洞率不大于35%。其外形尺寸为：长度290、240、190mm，宽度240、190、180、175、140、115mm，高度90mm。多孔砖的型号有KM1、KP1、KP2三种（图7-1）。多孔砖的强度等级分为MU30、MU25、MU20、MU15、MU10。

蒸压硅酸盐砖是压制成型后经蒸汽养护制成的实心砖，包括蒸压灰砂普通砖、蒸压粉煤灰普通砖，尺寸为240mm×115mm×53mm。蒸压灰砂普通砖、蒸压粉煤灰普通砖的强度等级分为MU25、MU20、MU15和MU10。蒸压硅酸盐砖不得用于长期超过

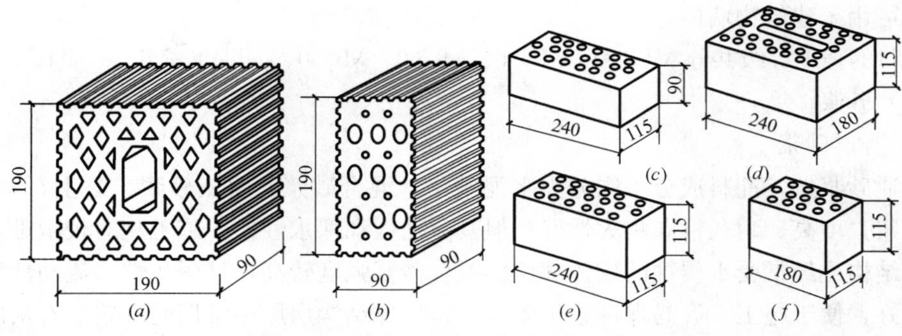

图 7-1 几种多孔砖的规格和孔洞形式

(a) KM1 型；(b) KM1 型配砖；(c) KP1 型；(d) KP2 型；(e)、(f) KP2 型配砖

200℃、受急冷急热和有酸性介质侵蚀的建筑部位。

混凝土砖是以水泥为胶结材料，与砂、石等为主要集料，经加水搅拌、成型和养护而制成的一种多孔的混凝土半盲砖或实心砖。多孔砖的主规格尺寸为 240mm×115mm×90mm，240mm×190mm×90mm、190mm×190mm×90mm 等；实心砖的主规格尺寸为 240mm×115mm×53mm、240mm×115mm×90mm 等。强度等级分为 MU30、MU25、MU20、MU15。

2）砌块

根据原材料不同，砌块主要有混凝土空心砌块、加气混凝土砌块、水泥炉渣空心砌块、粉煤灰硅酸盐砌块等。根据尺寸大小，可分为小型砌块、中型砌块、大型砌块。小型砌块高度为 180～350mm，中型砌块高度在 350～900mm 之间，大型砌块高度大于 900mm。由于起重设备限制，中型和大型砌块已很少应用。

砌块的强度等级分为 MU20、MU15、MU10、MU7.5、MU5 五级。

混凝土小型空心砌块简称混凝土砌块或砌块，是由普通混凝土或轻集料混凝土制成，主规格尺寸为 390mm×190mm×190mm、空心率为 25%～50%的空心砌块（图 7-2）。

3）石材

石材按加工后的外形规则程度分为料石和毛石两类。而料石又可分为细料石、粗料石和毛料石。

细料石通过细加工、外形规则，叠砌面凹入深度不应大于 10mm，截面的宽度、高度不应小于 200mm，且不应小于长度的 1/4。

粗料石规格尺寸同细料石，但叠砌面凹入深度不应大于 20mm。

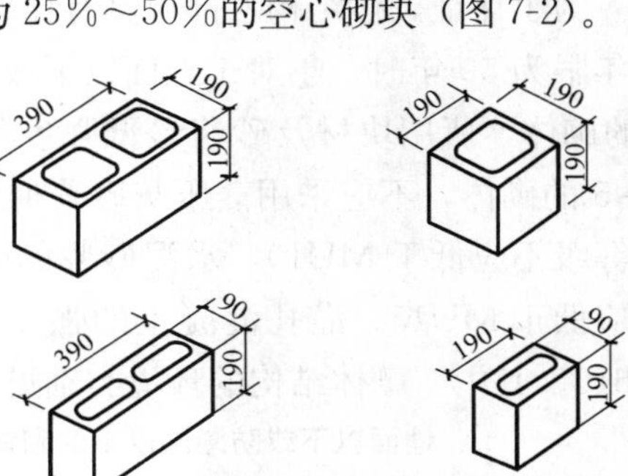

图 7-2 混凝土小型空心砌块块型

毛料石外形大致方正，一般不加工或稍加修整，高度不应小于 200mm，叠砌面凹入深度不应大于 25mm。

毛石指形状不规则，中部厚度不小于 200mm 的石材。

石材抗压强度高，抗冻性、抗水性及耐久性均较好，通常用于建筑物基础，挡土墙等，也可用于建筑物墙体。

石材的强度等级共分MU100、MU80、MU60、MU50、MU40、MU30、MU20七级。

（2）砂浆

1）普通砂浆

普通砂浆按其配料成分不同分为水泥砂浆、混合砂浆、石灰砂浆、黏土石灰砂浆。水泥砂浆强度高、耐久性和耐火性好，但其流动性和保水性差，施工相对较困难，常用于地下结构或经常受水侵蚀的砌体部位。混合砂浆强度较高，且耐久性、流动性和保水性均较好，便于施工，容易保证施工质量，是砌体结构房屋中常用的砂浆。石灰砂浆强度较低，耐久性差，但流动性和保水性较好，可用于砌筑较干燥环境下的砌体。黏土石灰砂浆强度低，耐久性差，一般用于临时建筑或简易房屋中。

普通砂浆的强度等级用M××表示，分为M15、M10、M7.5、M5、M2.5五级。

2）专用砂浆

混凝土砌块（砖）砌筑砂浆简称砌块专用砂浆，是由水泥、砂、水以及掺和料和外加剂等采用机械拌和制成，专门用于砌筑混凝土砌块的砌筑砂浆。其强度等级用Mb××表示，分为Mb5、Mb7.5、Mb10、Mb15、Mb20、Mb25和Mb30七个等级。砌块专用砂浆的稠度为50～80mm，分层度为10～30mm。

蒸压硅酸盐砖质地密实、表面光滑、吸水率小，为了提高砌体粘结强度，蒸压硅酸盐砖砌体需采用蒸压灰砂普通砖、蒸压粉煤灰普通砖专用砌筑砂浆。这种砂浆是由水泥、砂、水以及掺和料和外加剂等采用机械拌和制成，专门用于砌筑蒸压灰砂普通砖、蒸压粉煤灰普通砖砌体的砂浆，其强度等级用Ms××表示，分为Ms15、Ms10、Ms7.5、Ms5.0。

2. 砌体材料的选用

砌体所用块材和砂浆主要依据承载能力、耐久性、保温隔热性能、抗冻性等要求，结合砌体的工作环境、施工条件和当地的材料供应情况选择。

为了保证砌体结构各部位具有比较均衡的耐久性等级，《砌体规范》规定，设计使用年限为50年时，①对于地面以下或防潮层以下的砌体、潮湿房间的墙体或环境类别2的砌体，所用块材及砂浆最低强度等级应满足表7-1的规定；②对于处于环境类别3～5的砌体，不应采用蒸压灰砂普通砖、蒸压粉煤灰普通砖；应采用实心砖，砖的强度等级不应低于MU10，水泥砂浆的强度等级不应低于M10；混凝土砌块的强度等级不应低于MU15，灌孔混凝土的强度等级不应低于Cb30，砂浆的强度等级不应低于Mb10。其中，砌体结构的环境类别见表7-2。

地面以下或防潮层以下的砌体，潮湿房间的墙所用材料的最低强度等级　　表7-1

基土的潮湿程度	烧结普通砖	混凝土普通砖、蒸压普通砖	混凝土砌块	石材	水泥砂浆
稍潮湿的	MU15	MU20	MU7.5	MU30	M5
很潮湿的	MU20	MU20	MU10	MU30	M7.5
含水饱和的	MU20	MU25	MU15	MU40	M10

注：1. 在冻胀地区，地面以下或防潮层以下的砌体，不宜采用多孔砖，如采用时，其孔洞应用不低于M10的水泥砂浆灌实。当采用混凝土砌块砌体时，其孔洞应采用强度等级不低于Cb20的混凝土灌实。

2. 对安全等级一级或设计年限大于50年的房屋，表中强度等级应至少提高一级。

砌体结构的环境类别　　表 7-2

环境类别	条　件
1	正常居住及办公建筑的内部干燥环境
2	潮湿的室内或室外环境，包括与无侵蚀性土和水接触的环境
3	严寒和使用化冰盐的潮湿环境（室内或室外）
4	与海水直接接触的环境，或处于滨海地区的盐饱和的气体环境
5	有化学侵蚀的气体、液体或固态形式的环境，包括有侵蚀性土壤的环境

7.1.2　砌体的种类

砌体分为无筋砌体和配筋砌体两类。后者是指在灰缝中配置钢筋或钢筋混凝土的砌体。

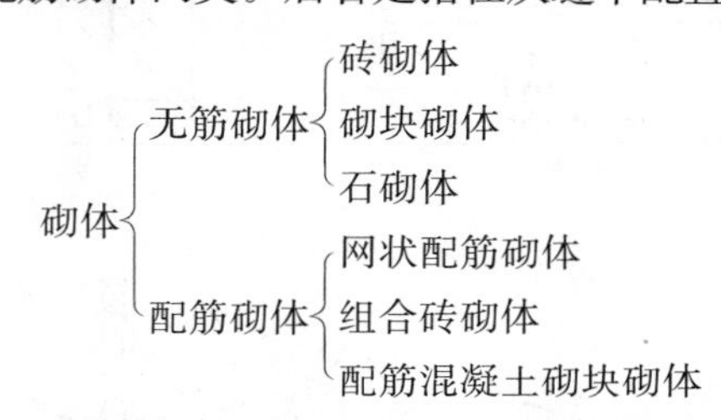

砖砌体是最常见的砌体，包括实砌砖砌体和空斗墙两种。实砌砖砌体可以砌成厚度为120、180、240、370、420 、490 及 620 的墙体。空斗墙现已很少采用。

砌块砌体自重轻，保温隔热性能好，施工进度快，经济效果好，又具有优良的环保概念，因此具有很广阔的发展前景，特别是小型砌块砌体。

石砌体按石材加工后的外形规则程度可分为料石砌体、毛石砌体、毛石混凝土砌体等。它价格低廉，可就地取材，但自重大、隔热性能差，在产石的山区应用较为广泛。料石砌体可用作房屋墙、柱，毛石砌体一般用作挡土墙、基础。

网状配筋砌体又称横向配筋砌体，是在砖柱或砖墙中每隔几皮砖在其水平灰缝中设置直径为 3～4mm 的方格网式钢筋网片（图 7-3），在砌体受压时，网状配筋可约束砌

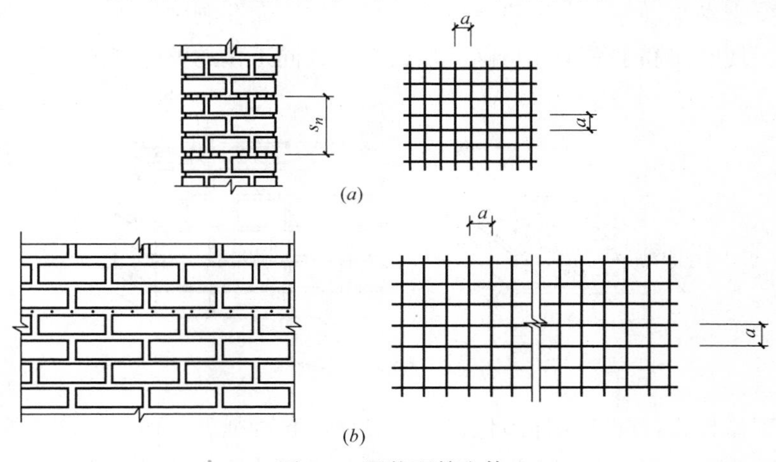

图 7-3　网状配筋砌体

（a）用方格网配筋的砖柱；（b）用方格网配筋的砖墙

体的横向变形，从而提高砌体的抗压强度。

组合砖砌体有两种。一种是外包式组合砖砌体（图 7-4*a*、*b*、*c*），系在砌体外侧预留的竖向凹槽内配置纵向钢筋，再浇筑混凝土面层或钢筋砂浆面层构成的；另一种是砖砌体和钢筋混凝土构造柱组合墙，属内嵌式组合砖砌体（图7-4*d*），是在砖砌体中每隔一定距离设置钢筋混凝土构造柱，这不但能提高墙体承载力，并且由于构造柱和圈梁组成钢筋混凝土空间骨架，对增强房屋的变形能力和抗倒塌能力十分明显。

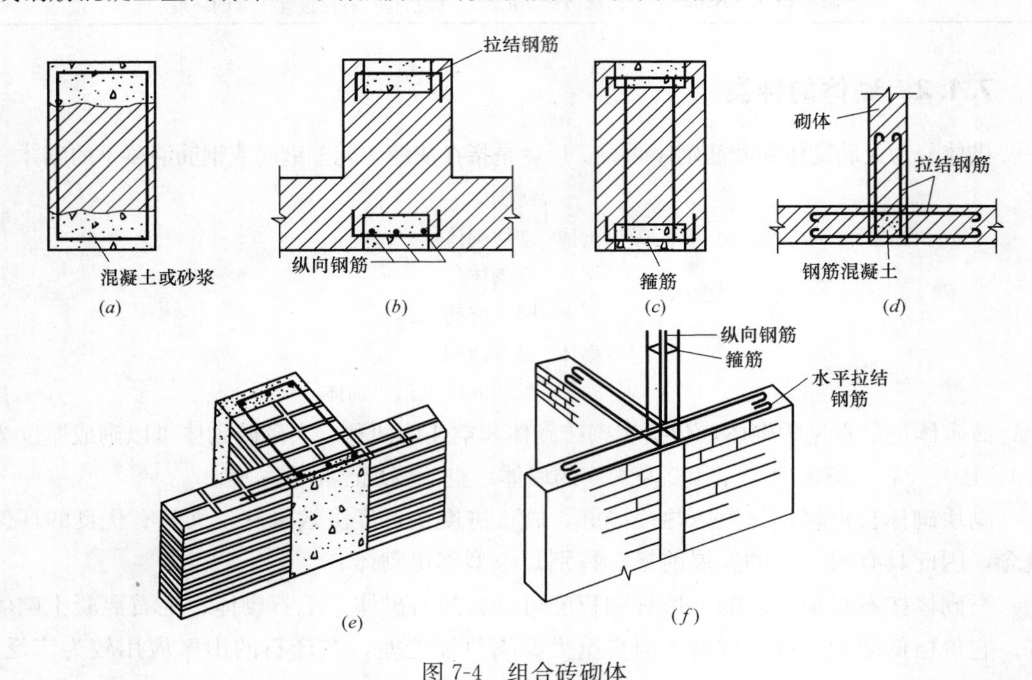

图 7-4　组合砖砌体

(*a*)、(*b*)、(*c*) 外包式组合砖砌体；(*d*) 内嵌式组合砖砌体；(*e*) 外包式组合砖砌体立体图；(*f*) 内嵌式组合砖砌体立体图

配筋混凝土砌块砌体是在砌块墙体上下贯通的竖向孔洞中插入竖向钢筋，并用灌孔混凝土灌实，使竖向和水平钢筋与砌体形成一个共同工作的整体（图 7-5）。

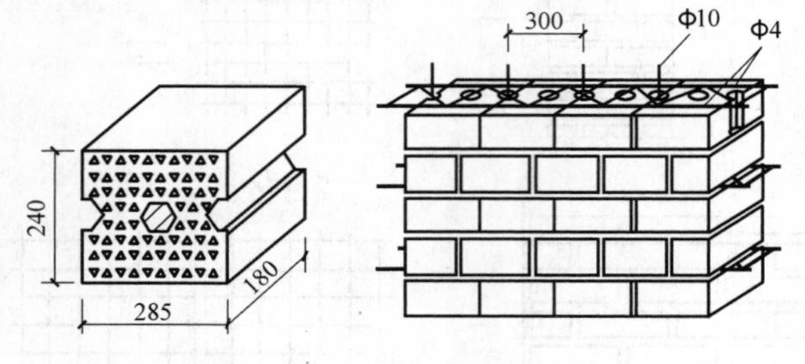

图 7-5　配筋砌块砌体

同无筋砌体相比，配筋砌体不仅提高了砌体的各种强度，而且抗震性能和抗不均匀沉降能力显著改善，高强混凝土砌块通过配筋与浇筑灌孔混凝土，可作为 10～20 层的房屋的承重墙体。

7.1.3　砌体的力学性能

1. 影响砌体抗压强度的因素

影响砌体抗压强度的因素较多，主要有以下几方面。

(1) 砌体材料强度

砌体材料强度是影响砌体抗压强度的主要因素，其中块材的强度又是最主要的因素。通常，砌体抗压强度随块体和砂浆强度等级的提高而提高。试验表明，当砖的强度等级不变，砂浆强度等级提高一级，砌体抗压强度只提高约15%；而当砂浆强度等级不变，砖强度等级提高一级，砌体抗压强度可提高约20%。可见，提高块材强度等级，较提高砂浆的强度等级对提高砌体强度更有效。但在毛石砌体中，提高砂浆强度等级对提高砌体抗压强度的影响较大。

(2) 砂浆的性能

砂浆的流动性、保水性等性能对砌体抗压强度都有重要影响。用流动性合适与保水性良好的砂浆铺成的水平灰缝，其厚度较均匀且密实性较好，可以有效地提高砌体的抗压强度。砂浆流动性好，灰缝容易均匀密实，但如果砂浆流动性过大，硬化后的砂浆变形也大，砌体抗压强度反而将降低。因此性能较好的砂浆应同时具有合适的流动性和保水性好。需要指出的是，纯水泥砂浆较混合砂浆容易失水而导致流动性差，所以同一强度等级的混合砂浆砌筑的砌体强度要比纯水泥砂浆高。实际工程中，宜采用掺有石灰或黏土的混合砂浆砌筑砌体。

各种砌体砂浆流动性见表7-3。

各种砌体砂浆流动性　　表7-3

砌体种类	砖砌体	砌块砌体	石砌体
砂浆流动性(mm)	70～100	50～70	30～50

(3) 块材的尺寸、形状及水平灰缝厚度

块材的尺寸、形状对砌体强度有重要影响。高度大的块体，其抗弯、抗剪、抗拉的能力增大，会推迟砌体的开裂；长度较大时，块体在砌体中引起的弯、剪应力也较大，易引起块体开裂破坏。块材表面规则、平整时，砌体中块材的弯剪不利影响减少，砌体强度相对较高。如细料石砌体抗压强度要比毛石料高50%左右。

灰缝愈厚，愈容易铺砌均匀，但砂浆的横向变形愈大，砌体抗压强度愈低。灰缝太薄又难以铺设均匀，砌体强度也将降低。《砌体结构工程施工质量验收规范》GB 50203—2011（以下简称《验收规范》）规定：砖砌体、混凝土小型空心砌块砌体的水平灰缝厚度及竖向灰缝宽度宜为10mm，应为8～12mm；石砌体中的细料石砌体不宜大于5mm，毛料石和粗料石砌体不宜大于20mm。

(4) 砌筑质量

砌筑质量的影响因素是多方面的，如砌筑块材的含水率、组砌方式、灰缝饱满度、工人的技术水平、砂浆搅拌方式、现场管理水平等。

《验收规范》根据施工现场的质保体系、砂浆和混凝土的强度、砌筑工人技术等级方面的综合水平，将砌体施工质量控制等级分为A、B、C三级（表7-4），它反映了施工技术水平的高低。《砌体规范》规定：配筋砌体施工质量控制等级不允许采用C级。

《验收规范》规定，砖墙水平灰缝的砂浆饱满度不得小于80%，砖柱水平灰缝和竖向灰缝的砂浆饱满度不得小于90%；混凝土小型空心砌块砌体的水平灰缝和竖向灰缝的砂浆饱满度，按净面积计算不得小于90%；砌体灰缝的砂浆饱满度不应小于80%。

2. 砌体的抗压强度设计值

龄期为28天的以毛截面计算的各类砌体抗压强度设计值，当施工质量控制等级为B级时，根据块材和砂浆的强度等级可分别按表7-5～表7-10采用。施工阶段砂浆尚未硬化的新砌砌体的强度和稳定性，可按砂浆强度为零进行验算。

砌体施工质量控制等级　　表7-4

项　目	施工质量控制等级		
	A	B	C
现场质量管理	监督检查制度健全，并严格执行；施工方有在岗专业技术管理人员，人员齐全，并持证上岗	监督检查制度基本健全，并能执行；施工方有在岗专业技术管理人员，人员齐全，并持证上岗	监督检查有制度；施工方有在岗专业技术管理人员
砂浆、混凝土强度	试块按规定制作，强度满足验收规定，离散性小	试块按规定制作，强度满足验收规定，离散性较小	试块强度满足验收规定，离散性大
砂浆拌合方式	机械拌合；配合比计量控制严格	机械拌合；配合比计量控制一般	机械或人工拌合；配合比计量控制较差
砌筑工人	中级工以上，其中高级工不少于30%	高、中级工不少于70%	初级工以上

烧结普通砖和烧结多孔砖砌体的抗压强度设计值 f (MPa)　　表7-5

砖强度等级	砂浆强度等级					砂浆强度
	M15	M10	M7.5	M5	M2.5	0
MU30	3.94	3.27	2.93	2.59	2.26	1.15
MU25	3.60	2.98	2.68	2.37	2.06	1.05
MU20	3.22	2.67	2.39	2.12	1.84	0.94
MU15	2.79	2.31	2.07	1.83	1.60	0.82
MU10	—	1.89	1.69	1.50	1.30	0.67

蒸压灰砂普通砖和蒸压粉煤灰普通砖砌体的抗压强度设计值 f (MPa)　　表7-6

砖强度等级	砂浆强度等级				砂浆强度
	M15	M10	M7.5	M5	0
MU25	3.60	2.98	2.68	2.37	1.05
MU20	3.22	2.67	2.39	2.12	0.94
MU15	2.79	2.31	2.07	1.83	0.82

单排孔混凝土和轻骨料混凝土砌块对孔砌筑砌体的抗压强度设计值 f (MPa)　　表7-7

砌块强度等级	砂浆强度等级					砂浆强度
	Mb20	Mb15	Mb10	Mb7.5	Mb5	0
MU20	6.30	5.68	4.95	4.44	3.94	2.33
MU15	—	4.61	4.02	3.61	3.20	1.89
MU10	—	—	2.79	2.50	2.22	1.31
MU7.5	—	—	—	1.93	1.71	1.01
MU5	—	—	—	—	1.19	0.70

注：1. 对独立柱或厚度为双排组砌的砌块砌体，应按表中数值乘以0.7；
2. 对T形截面墙体柱，应按表中数值乘以0.85。

双排孔或多排孔轻骨料混凝土砌块砌体的抗压强度设计值 f（MPa）　　表 7-8

砌块强度等级	砂浆强度等级			砂浆强度
	Mb10	Mb7.5	Mb5	0
MU10	3.08	2.76	2.45	1.44
MU7.5	—	2.13	1.88	1.12
MU5	—	—	1.31	0.78
MU3.5	—	—	0.95	0.56

注：1. 表中的砌块为火山渣、浮石和陶粒轻骨料混凝土砌块；
2. 对厚度方向为双排组砌的轻骨料混凝土砌块砌体的抗压强度设计值，应按表中数值乘以 0.8。

石砌体的抗压强度设计值 f（MPa）　　表 7-9

石材强度等级	毛料石砌体				毛石砌体			
	砂浆强度等级			砂浆强度	砂浆强度等级			砂浆强度
	M7.5	M5	M2.5	0	M7.5	M5	M2.5	0
MU100	5.42	4.80	4.18	2.13	1.27	1.12	0.98	0.34
MU80	4.85	4.29	3.73	1.91	1.13	1.00	0.87	0.30
MU60	4.20	3.71	3.23	1.65	0.98	0.87	0.76	0.26
MU50	3.83	3.39	2.95	1.51	0.90	0.80	0.69	0.23
MU40	3.43	3.04	2.64	1.35	0.80	0.71	0.62	0.21
MU30	2.97	2.63	2.29	1.17	0.69	0.61	0.53	0.18
MU20	2.42	2.15	1.87	0.95	0.56	0.51	0.44	0.15

注：对下列各类料石砌体，应按表中数值分别乘以系数：细料石砌体 1.4，粗料石砌体 1.2，干砌勾缝石砌体 0.8。

混凝土普通砖和混凝土多孔砖砌体抗压强度设计值 f（MPa）　　表 7-10

砖强度等级	砂浆强度等级					砂浆强度
	Mb20	Mb15	Mb10	Mb7.5	Mb5	0
MU30	4.61	3.94	3.27	2.93	2.59	1.15
MU25	4.21	3.60	2.98	2.68	2.37	1.05
MU20	3.77	3.22	2.67	2.39	2.12	0.94
MU15	—	2.79	2.31	2.07	1.83	0.82

3. 砌体的弹性模量

砌体的弹性模量采用受压砌体一次加载时砌体应力 $\sigma \approx 0.43 f_m$（f_m 为砌体抗压强度平均值）的割线模量，设计时按表 7-11 查用。

砌体的弹性模量　　表 7-11

砌体种类	砂浆强度等级			
	≥M10	M7.5	M5	M2.5
烧结普通砖、烧结多孔砖砌体	$1600f$	$1600f$	$1600f$	$1390f$
混凝土普通砖、混凝土多孔砖	$1600f$	$1600f$	$1600f$	—
蒸压灰砂普通砖、蒸压粉煤灰普通砖砌体	$1060f$	$1060f$	$1060f$	$960f$
非灌孔混凝土小型空心砌块砌体	$1700f$	$1600f$	$1500f$	—
粗料石、毛料石、毛石砌体	—	5650	4000	2250
细料石砌体	—	17×10^3	12×10^3	6750

注：1. 轻骨料混凝土砌块砌体的弹性模量，可按表中的砌块砌体的弹性模量采用；
2. 单排孔且对空孔砌筑的混凝土砌块灌孔砌体的弹性模量按下式计算：$E=1700f_g$，其中 f_g 为灌孔砌体的抗压强度设计值；
3. 表中 f 为砌体抗压强度设计值，其值不需考虑强度调整系数 γ_a 的影响。

7.2 砌体基本构件

7.2.1 无筋砌体受压构件的破坏特征

无筋砖砌体轴心受压破坏大致经历三个阶段。第一阶段是当砌体上加的荷载大约为破坏荷载的50%～70%时，砌体内的单块砖出现裂缝（图7-6*a*）。当继续加荷时，砌体进入第二阶段（图7-6*b*）。此时单块砖内的个别裂缝将连接起来形成贯通几皮砖的竖向裂缝。第二阶段的荷载约为破坏荷载的80%～90%。砌体完全破坏瞬间为第三阶段（图7-6*c*）。此时竖向裂缝将砌体分割成互不相连的小柱，最终因被压碎或失稳而破坏。

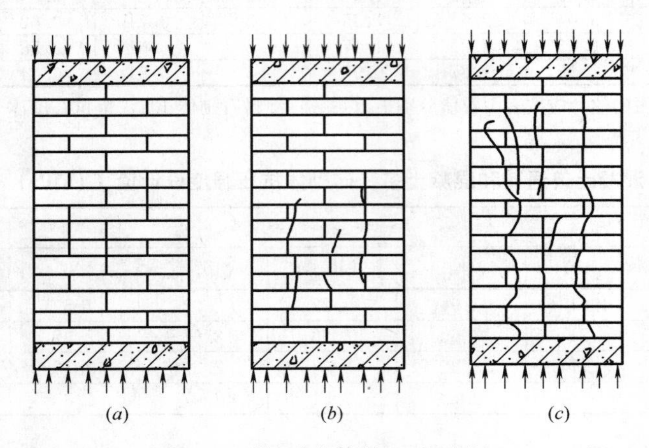

图7-6 无筋砖砌体轴心受压破坏

砌体的受压工作性能与单一匀质材料有明显的差别。由于砂浆铺砌不均匀等因素，块体的抗压强度不能充分发挥，使砌体的抗压强度一般均低于单个块体的抗压强度。

7.2.2 无筋砌体受压构件承载力计算

对无筋砌体受压构件（包括轴心受压构件、偏心受压构件），其承载力均按下式计算：

$$N \leqslant \varphi \gamma_a f A \text{①} \tag{7-1}$$

式中 N——轴向力设计值；

φ——高厚比和轴向力偏心距对受压构件承载力的影响系数；

① 《砌体规范》中无筋砌体受压构件承载力计算公式为 $N \leqslant \varphi f A$，其中 f 应考虑强度调整系数 γ_a。为理解和应用方便，本书表达为式(7-1)的形式。本节其他包含 f 的公式亦作了类似变化，以下不再说明。

f——砌体的抗压强度设计值，按表 7-4～表 7-8 采用；

γ_a——砌体强度调整系数，按下列规定采用：①对无筋砌体构件，其截面面积 A 小于 0.3m^2 时，$\gamma_a=0.7+A$，其中 A 以 m^2 为单位；②对配筋砌体构件，当其中砌体截面面积 A 小于 0.2m^2 时，$\gamma_a=0.8+A$，其中 A 以 m^2 为单位；③当砌体用强度等级小于 M5.0 的水泥砂浆砌筑时，$\gamma_a=0.9$；④当验算施工中房屋的构件时，$\gamma_a=1.1$；

A——砌体的毛截面面积。

应用式（7-1）时应注意以下两个问题：

（1）受压构件的偏心距过大时，可能使构件产生水平裂缝，构件的承载力明显降低，结构既不安全也不经济合理。因此《砌体规范》规定：轴向力偏心距不应超过 0.6y，y 为截面重心到轴向力所在偏心方向截面边缘的距离。若设计中超过以上限值，则应采取适当措施予以降低。

（2）对于矩形截面构件，当轴向力偏心方向的截面边长大于另一方向的截面边长时，除了按偏心受压计算外，还应对较小边长方向按轴心受压验算。

下面讨论高厚比和轴向力偏心距对受压构件承载力的影响系数 φ。

砌体的高厚比（用 β 表示）是指砌体的计算高度 H_0 与对应计算高度方向的截面尺寸 h 之比，即 $\beta=H_0/h$。$\beta\leqslant3$ 的柱称为短柱；$\beta>3$ 的柱称为长柱。对于轴心受压长柱，在纵向压力作用下将产生纵向弯曲，从而使构件承载力降低，并且高厚比越大，构件承载力愈小；对于轴心受压短柱，纵向弯曲很小，对承载力的影响可不考虑。

当其他条件相同时，随着轴向力偏心距 $e(e=M/N)$ 的增大，截面应力分布变得愈来愈来不均匀，甚至出现受拉区，构件承载力愈来愈来小。

《砌体规范》采用影响系数 φ 来综合考虑高厚比 β 和轴向力偏心距 e 对受压构件承载力的影响。φ 按下式计算①：

$$\varphi=\frac{1}{1+12\left[\frac{e}{h}+\sqrt{\frac{1}{12}\left(\frac{1}{\varphi_0}-1\right)}\right]^2} \tag{7-2}$$

$$\varphi_0=\frac{1}{1+\alpha(\gamma_\beta\beta)^2} \text{②} \tag{7-3}$$

式中 e——轴向力偏心距，$e=M/N$；

φ_0——轴心受压构件的稳定系数，当 $\beta\leqslant3$ 时，$\varphi_0=1$；

α——与砂浆强度等级有关的系数，当砂浆强度等级≥M5 时，$\alpha=0.0015$；砂浆强度等级为 M2.5 时，$\alpha=0.002$；当砂浆强度等级为 0 时，$\alpha=0.009$；

γ_β——砌体高厚比修正系数，系考虑到不同砌体种类受压性能的差异性而对高厚比 β 采用的修正系数，按表 7-12 采用。

由式（7-2）不难看出，对于轴心受压构件 $\varphi=\varphi_0$。

---

① φ 也可以通过查表求得，参见有关文献。

② 《砌体规范》中 $\varphi_0=\frac{1}{1+\alpha\beta^2}$，但 β 需考虑高厚比修正系数 γ_β。为理解和应用方便，本书表达为式(7-3)的形式。

砌体高厚比修正系数 γ_β 表 7-12

砌体材料类别	烧结普通砖、烧结多孔砖	混凝土普通硅、混凝土多孔砖混凝土及轻骨料混凝土砌块	蒸养灰砂砖、蒸养粉煤灰砖、细骨料、半细骨料料石	粗料石、毛石
γ_β	1.0	1.1	1.2	1.5

注：对灌注混凝土砌块的砌体，γ_β 取 1.0。

【例 7-1】 已知某轴心受压柱，截面尺寸 $b \times h = 370\text{mm} \times 370\text{mm}$，柱计算高度 $H_0 = 5\text{m}$（两方向相等），采用 MU10 烧结普通砖、M5 混合砂浆砌筑，承受轴向压力设计值 $N = 110\text{kN}$。试复核该柱承载力是否安全。

【解】 查得 $f = 1.5\text{MPa}$，$\gamma_\beta = 1.0$，$\alpha = 0.0015$

柱截面面积 $A = 0.37 \times 0.37 = 0.137\text{m}^2 < 0.3\text{m}^2$，$\gamma_a = A + 0.7 = 0.137 + 0.7 = 0.837$

$$\beta = \frac{H_0}{h} = \frac{5000}{370} = 13.51$$

$$\varphi = \varphi_0 = \frac{1}{1 + \alpha(\gamma_\beta \beta)^2} = \frac{1}{1 + 0.0015 \times (1.0 \times 13.51)^2} = 0.785$$

$$\varphi \gamma_a f A = 0.785 \times 0.837 \times 1.5 \times 0.137 \times 10^6 = 135020\text{N} > N = 110\text{kN}$$

该柱承载力安全。

【例 7-2】 某偏心受压柱，截面尺寸为 $490\text{mm} \times 620\text{mm}$，柱计算高度 $H_0 = H = 5\text{m}$，采用强度等级为 MU10 蒸压灰砂砖及 M5 水泥砂浆砌筑，柱底承受轴向压力设计值为 $N = 140.8\text{kN}$，弯矩设计值 $M = 25\text{kN} \cdot \text{m}$（沿长边方向），结构的安全等级为二级，施工质量控制等级为 B 级。试验算该柱底截面是否安全。

【解】 $f = 1.5\text{MPa}$，$\gamma_\beta = 1.2$

（1）弯矩作用平面内承载力验算

$$e = \frac{M}{N} = \frac{22 \times 10^6}{140.8 \times 10^3} = 156.25\text{mm} < 0.6y = 0.6 \times 620/2 = 186\text{mm}$$

轴向力偏心距满足要求。

$$\beta = \frac{H_0}{h} = \frac{5000}{620} = 8.06$$

$$\varphi_0 = \frac{1}{1 + \alpha(\gamma_\beta \beta)^2} = \frac{1}{1 + 0.0015 \times (1.2 \times 8.06)^2} = 0.877$$

$$\varphi = \frac{1}{1 + 12\left[\frac{e}{h} + \sqrt{\frac{1}{12}\left(\frac{1}{\varphi_0} - 1\right)}\right]^2} = \frac{1}{1 + 12\left[\frac{156.25}{620} + \sqrt{\frac{1}{12}\left(\frac{1}{0.877} - 1\right)}\right]^2} = 0.391$$

$A = 0.49 \times 0.62 = 0.3038\text{m}^2 > 0.3\text{m}^2$，该项不需进行砌体抗压强度调整；采用水泥砂浆，但强度等级不小于 M5.0，砌体抗压强度调整系数为 1.0。所以 $\gamma_a = 1.0$

柱底截面承载力为：

$$\varphi \gamma_a f A = 0.391 \times 1.0 \times 1.5 \times 490 \times 620 = 178267\text{N} > 140.8\text{kN}$$

弯矩作用平面内承载力满足。

（2）弯矩作用平面外承载力验算

对较小边长方向，按轴心受压构件验算。

$$\beta=\frac{H_0}{h}=\frac{5000}{490}=12.24$$

$$\varphi=\varphi_0=\frac{1}{1+\alpha(\gamma_{\beta}\beta)^2}=\frac{1}{1+0.0015\times(1.2\times12.24)^2}=0.816$$

柱底截面的承载力为：

$$\varphi\gamma_a fA=0.816\times0.9\times1.5\times490\times620=334666\text{N}>150\text{kN}$$

弯矩作用平面外承载力满足要求。

综上可知，柱底截面安全。

7.2.3 无筋砌体局部受压承载力计算

1. 砌体局部受压的受力特点与破坏形态

当压力仅仅作用在砌体的局部面积上时称为砌体局部受压。根据砌体局部受压面积上压应力分布情况，局部受压可分为局部均匀受压和局部非均匀受压。前者指砌体局部受压面积上压应力呈均匀分布的情况，如独立柱基的基础顶面；而后者则指砌体局部受压面积上压应力呈非均匀分布的情况，如梁（屋架）端部支承处的砌体（图 7-7）。

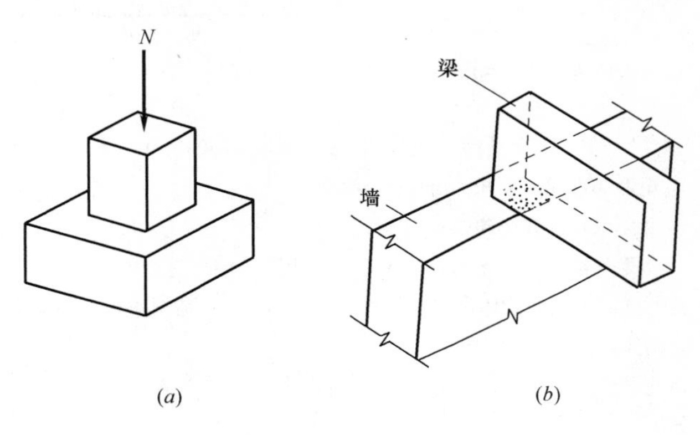

图 7-7 砌体局部受压

(*a*) 局部均匀受压；(*b*) 局部非均匀受压

砌体受到竖向压力作用时，将产生横向变形。当砌体局部受压时，由于周围未直接受荷部分砌体对直接受荷部分砌体的横向变形起着约束的作用，使局部受压砌体处于三向或两向受压状态，所以局部受压砌体的抗压强度有所提高。因而砌体局部抗压强度高于砌体抗压强度。《砌体规范》采用局部抗压强度提高系数 γ 来反映砌体局部受压时抗压强度的提高程度。γ 按下式计算：

$$\gamma=1+0.35\sqrt{\frac{A_0}{A_l}-1} \tag{7-4}$$

式中 A_0——影响砌体局部抗压强度的计算面积，按图 7-8 规定采用；

A_l——局部受压面积。

砖砌体局部受压可能有三种破坏形态：

(1) 因纵向裂缝的发展而破坏(图 7-9*a*)。在局部压力作用下有纵向裂缝、斜向裂缝,其中部分裂缝逐渐向上或向下延伸并在破坏时连成一条主要裂缝;

(2) 劈裂破坏(图 7-9*b*)。在局部压力作用下产生的纵向裂缝少而集中,且初裂荷载与破坏荷载很接近,在砌体局部面积大而局部受压面积很小时,有可能产生这种破坏形态;

(3) 与垫板接触的砌体局部破坏(图 7-9*c*)。墙梁的墙高与跨度之比较大,砌体强度较低时,有可能产生梁支承附近砌体被压碎的现象。

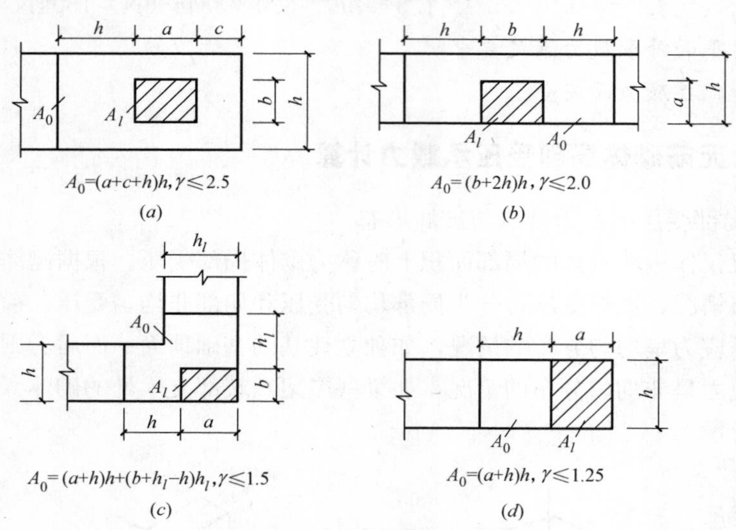

图 7-8 影响局部抗压强度的面积 A_0

注:1. 图中 *a*、*b*——矩形局部受压面积 A_l 的边长;

h、h_l——墙厚或柱的较小边长;

c——矩形局部受压面积的外边缘至构件边缘的较小边距离,当大于 *h* 时,应取 *h*;

2. 对按要求灌孔的混凝土砌块砌体,在图 7-8(*a*)、(*b*)、(*c*)情况下,尚应符合 $\gamma\leqslant1.5$。对未灌孔的混凝土砌块砌体,$\gamma=1.0$;

3. 对多孔砖砌体孔洞难以灌实时,应按 $\gamma=1.0$ 取用。

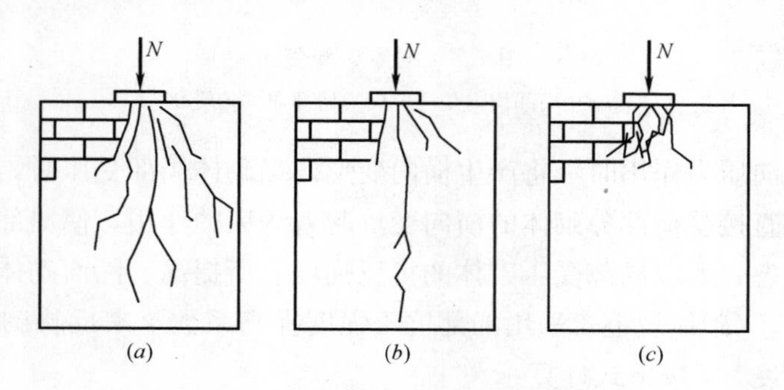

图 7-9 砌体局部受压破坏形态

(*a*)因纵向裂缝的发展而破坏;(*b*)劈裂破坏;(*c*)与垫板接触的砌体局部破坏

2. 砌体局部受压时的承载力计算

(1) 砌体局部均匀受压承载力计算

砌体截面中受局部均匀压力作用时的承载力应按下式计算:

$$N_l \leqslant \gamma f A_l \tag{7-5}$$

式中 N_l——局部受压面积上的轴向力设计值；

f——砌体抗压强度设计值，局部受压面积小于 0.3m² 时，可不需考虑强度调整系数 γ_a 的影响。

其他符号意义同前。

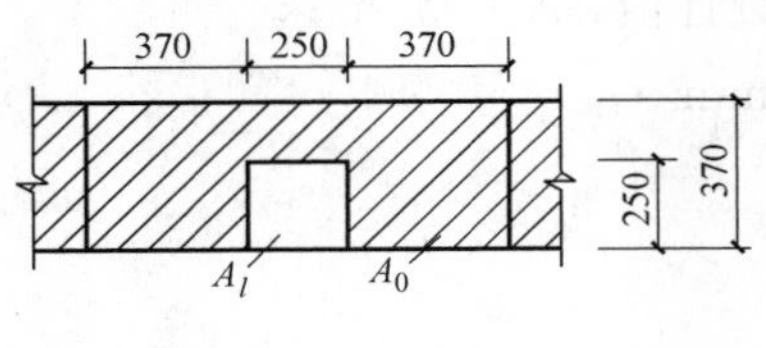

图 7-10 例 7-3 图

【例 7-3】 某钢筋混凝土柱，截面尺寸为 250mm×250mm，支承在厚为 370mm 的砖墙上，作用位置如图 7-10 所示，砖墙用 MU10 烧结普通砖和 M5 水泥砂浆砌筑，柱传到墙上的荷载设计值为 120kN。试验算柱下砌体的局部受压承载力。

【解】 查表得 $f=1.5\text{MPa}$

本例可不考虑砌体强度调整系数。

局部受压面积 $A_l=250\times250=62500\text{mm}^2$

影响局部抗压强度的面积 $A_0=(b+2h)h=(250+2\times370)\times370=366300\text{mm}^2$

砌体局部抗压强度提高系数 $\gamma=1+0.35\sqrt{\dfrac{A_0}{A_l}-1}=1+0.35\sqrt{\dfrac{366300}{62500}-1}=1.77<2$

$\gamma f A_l=1.77\times1.5\times62500=165938\text{N}>120\text{kN}$

砌体局部受压承载力满足要求。

（2）梁端支承处砌体局部受压承载力计算

如图 7-11 所示，砌体房屋楼（屋）盖梁端下的砌体受到的压力由两部分组成：一部分是上部砌体传来轴向压力 N_0（引起的均匀压应力为 σ_0）；另一部分为由本层梁传来的梁端压力 N_l（引起的非均匀压应力为 σ_1）。

N_l全部作用于局部受压面积A_l，N_0则可能只有一部分作用于A_l。试验研究表明，在砌体受到均匀压应力的情况下，若增加梁端荷载，梁端砌体局部压应力和局部应变都增大，但梁顶面附近的σ_0却有所下降。其原因是，在梁上荷载作用下，与梁端底部接触的砌体将产生较大的压缩变形，此时如果上部荷载产生的平均压应力σ_0较小，梁端顶部与砌体的接触面将减小，甚至与砌体脱开，形成内拱，上部的部分荷载会通过梁两侧的砌体往下传递，从而减小了由梁顶面直接传递的压应力，这一工作机理称为砌体的内拱卸荷作用。内拱卸荷对砌体的局部受压有利。《砌体规范》采用上部荷载折减系数 ψ（$\psi\leqslant1.0$）来反映上部砌体的内拱卸荷作用。

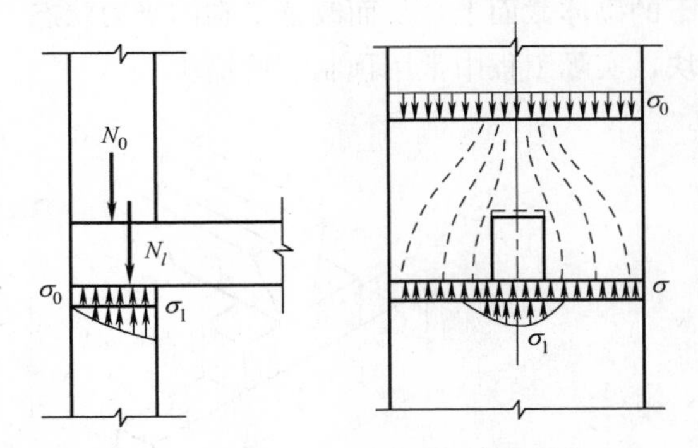

图 7-11 梁端上部砌体的内拱作用

基于以上分析，梁端支承处砌体的局部受压承载力计算可表示为：

$$\psi N_0 + N_l \leqslant \eta\gamma\gamma_a f A_l \tag{7-6}$$

$$\psi = 1.5 - 0.5\frac{A_0}{A_l} \tag{7-7}$$

式中 N_0——局部受压面积内上部荷载产生的轴向力设计值，$N_0=\sigma_0 A_l$；

σ_0——上部荷载产生的平均压应力设计值（N/mm²）；

A_l——局部受压面积，$A_l=a_0 b$；

b——梁宽；

a_0——梁端有效支承长度；

N_l——梁端支承压力设计值（N）；

η——梁端底面应力图形的完整系数，一般可取 $\eta=0.7$，对于过梁和圈梁可取 $\eta=1.0$。

其余符号意义同前。

下面讨论梁端有效支承长度的概念和计算方法。

如图 7-12 所示，当梁支承在砌体上时，由于梁的弯曲，梁的端部可能会翘起。梁端底面没有离开砌体的长度称为有效支承长度，用 a_0 表示。a_0 的精确计算很困难，《砌体规范》给出简化计算公式：

$$a_0 = 10\sqrt{\frac{h_c}{\gamma_a f}} \leqslant a \tag{7-8}$$

式中 a——梁端实际支承长度（mm）；

h_c——梁的截面高度（mm）。

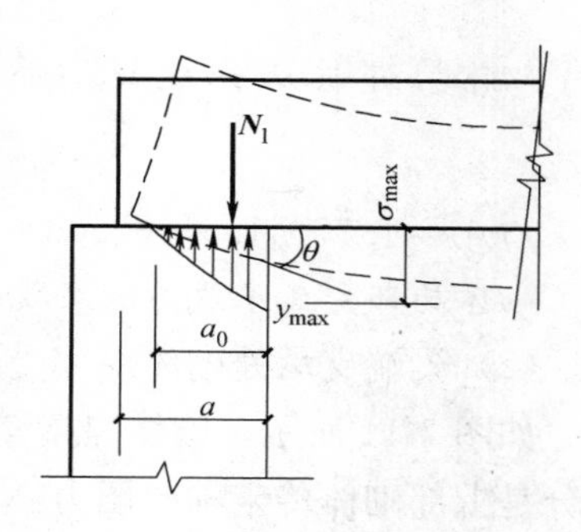

图 7-12 梁端有效支承长度

当梁端局部受压承载力不满足式（7-6）时，常用的措施是在梁端下设置刚性垫块（图 7-13）或垫梁。设置刚性垫块不但增大了局部承压面积，而且还可以使梁端压应力比较均匀地传递到垫块下的砌体截面上，从而改善了砌体受力状态。刚性垫块分为预制刚性垫块和现浇刚性垫块，实际工程中常用预制刚性垫块。

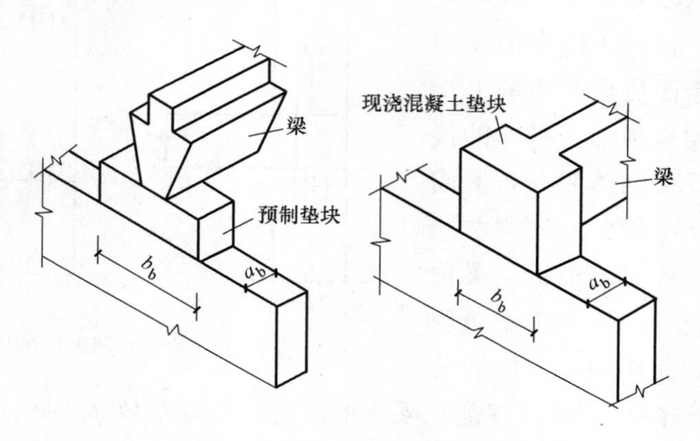

图 7-13 刚性垫块

刚性垫块的构造应符合下列规定：

1）刚性垫块的高度不宜小于 180mm，自梁边算起的垫块挑出长度不宜大于垫块高度 t_b；

2）在带壁柱墙的壁柱内设置刚性垫块时，其计算面积应取壁柱范围内的面积，而不应计入翼缘部分，同时壁柱上垫块伸入翼墙内的长度不应小于 120mm（图 7-14）；

3）当现浇垫块与梁端整体浇筑时，垫块可在梁高范围内设置。

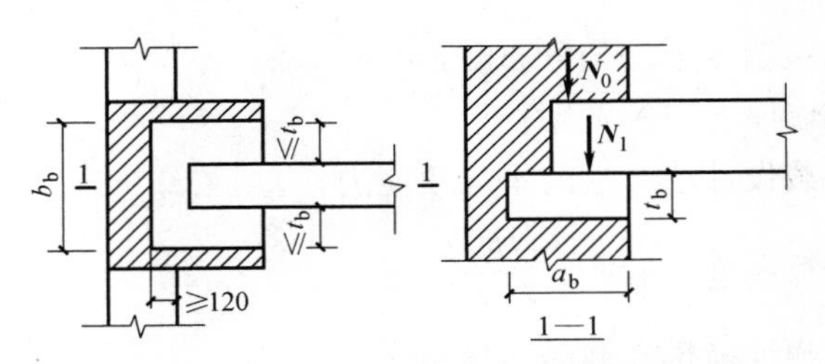

图 7-14　壁柱上设有预制垫块时梁端局部受压

（3）梁端下设有刚性垫块的砌体局部受压承载力计算

为了计算简化起见，《砌体规范》规定，预制刚性垫块和现浇刚性垫块下的砌体局部受压承载力均按下式计算：

$$N_0 + N_l \leqslant \varphi \gamma_1 \gamma_a f A_b \tag{7-9}$$

式中　N_0——垫块面积 A_b 内上部轴向力设计值，$N_0 = \sigma_0 A_b$；

A_b——垫块面积，$A_b = a_b b_b$；

a_b——垫块伸入墙内的长度；

b_b——垫块的宽度；

φ——垫块上 N_0 及 N_l 的合力的影响系数，$\varphi = \dfrac{1}{1+12\left(\dfrac{e}{h}\right)^2}$；

e——垫块上 N_0 及 N_l 的合力作用点对垫块中心的偏心距，$e = \dfrac{N_l e_l}{N_0 + N_l}$；

γ_1——垫块外砌体面积的有利影响系数，$\gamma_1 = 0.8\gamma \geqslant 1.0$。$\gamma$ 按式（7-4）计算，但用 A_b 代替 A_l；

e_l——N_l 对垫块中心的偏心距，$e_l = \dfrac{a_b}{2} - 0.4a_0$。其中 $0.4a_0$ 为 N_l 的作用点距垫块内边缘的距离；a_0 为梁端设有刚性垫块时梁端有效支承长度，按下式计算：

$$a_0 = \delta_1 \sqrt{\frac{h}{\gamma_a f}} \tag{7-10}$$

式中　δ_1——刚性垫块的影响系数，按表 7-13 采用。

系数 δ_1 取值表　　　　**表 7-13**

$\dfrac{\sigma_0}{\gamma_a f}$	0	0.2	0.4	0.6	0.8
δ_1	5.4	5.7	6.0	6.9	7.8

注：表中其间的数值可采用插入法求得。

(4) 垫梁下砌体的局部受压承载力计算

为了扩散梁端的集中力，有时采用钢筋混凝土垫梁代替垫块，也可利用圈梁作为垫梁。

当垫梁长度大于 πh_0 时，垫梁下砌体的局部受压承载力按下式计算：

$$N_0+N_l\leqslant 2.4\delta_2\gamma_a f b_b h_0 \tag{7-11}$$

式中 N_0——垫梁上部轴向力设计值，$N_0=\frac{1}{2}\pi b_b h_0\sigma_0$；

δ_2——当荷载在墙厚上均匀分布时，δ_2 取 1.0，不均匀分布时，取 0.8；

b_b——垫梁在墙厚方向的宽度；

σ_0——上部荷载设计值产生的平均压应力；

h_0——垫梁折算高度，$h_0=2\sqrt[3]{\frac{E_b I_b}{Eh}}$；

E_b、I_b——垫梁的弹性模量和截面惯性矩；

E——砌体弹性模量，按表 7-11 采用；

h——墙厚。

【例 7-4】 如图 7-15 所示的窗间墙，截面尺寸为 370mm×1200mm，用 MU10 烧结页岩砖和 M5.0 水泥砂浆砌筑。大梁的截面尺寸为 200mm×550mm，在墙上的搁置长度为 240mm。大梁的支座反力为 100kN，窗间墙范围内梁底截面处的上部荷载设计值为 240kN，试对大梁端部下砌体的局部受压承载力进行验算。

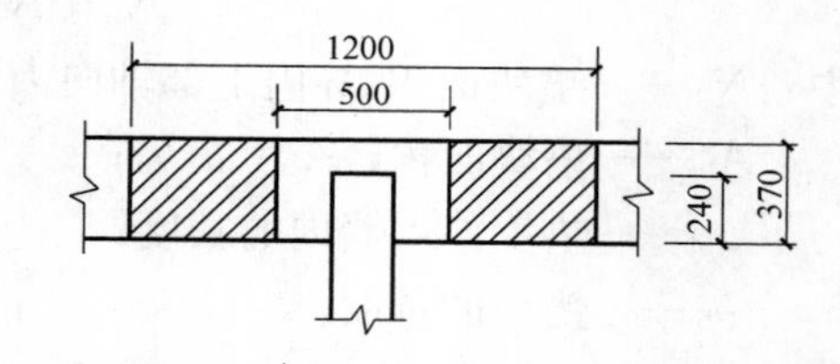

图 7-15 例 7-4 图

【解】 查表得 $f=1.5$MPa

窗间墙截面面积 $A=1.2\times0.37=0.444\text{m}^2>0.3\text{m}^2$；采用 M5.0 水泥砂浆砌筑，则砌体抗压强度调整系数 1.0。所以砌体抗压强度调整系数 $\gamma_a=1.0$

梁端有效支承长度为：

$$a_0=10\sqrt{\frac{h_c}{\gamma_a f}}=10\times\sqrt{\frac{550}{1.0\times1.5}}=191.5\text{mm}$$

局部受压面积 $A_l=a_0 b=191.5\times200=38300\text{mm}^2$

影响局部抗压强度的面积 $A_0=(b+2h)h=(200+2\times370)\times370=347800\text{mm}^2$

$\frac{A_0}{A_l}=\frac{347800}{38300}=8.617>3$，取 $\psi=0$

砌体局部抗压强度提高系数

$$\gamma=1+0.35\sqrt{\frac{A_0}{A_l}-1}=1+0.35\sqrt{9.081-1}=1.995<2$$

砌体局部受压承载力为

$$\begin{aligned}\eta\gamma\gamma_a fA_l&=0.7\times1.995\times1\times1.5\times38300=80228.9\text{N}<\psi N_0+N_l\\&=0+100=100\text{kN}\end{aligned}$$

局部受压承载力不满足要求，需在梁下设预制刚性垫块。

取垫块高度为 $t_b=180mm$，平面尺寸 $a_b b_b=370mm\times500mm$，垫块自梁边两侧挑出 $\frac{500-200}{2}=150mm<t_b=180mm$，满足构造要求。

垫块面积 $A_b=a_b b_b=370\times500=185000mm^2$

影响局部抗压强度的面积 $A_0=(b+2h)h$，因 $b+2h=500+2\times370=1240mm>$ 窗间墙长度 1200mm，取 $b+2h=1200mm$，故 $A_0=(b+2h)h=1200\times370=444000mm^2$

砌体局部抗压强度提高系数：

$$\gamma=1+0.35\sqrt{\frac{A_0}{A_b}-1}=1+0.35\sqrt{\frac{444000}{185000}-1}=1.414<2$$

垫块外砌体的有利影响系数

$$\gamma_1=0.8\gamma=0.8\times1.414=1.131$$

上部平均压应力设计值 $\sigma_0=\frac{240\times10^3}{370\times1200}=0.54MPa$

垫块面积 A_b 内上部轴向力设计值

$$N_0=\sigma_0 A_b=0.54\times185000=99900N=99.9kN$$

$\frac{\sigma_0}{\gamma_a f}=\frac{0.54}{1.0\times1.5}=0.36$，查表 7-11 得 $\delta_1=5.94$

梁端有效支承长度 $a_0=\delta_1\sqrt{\frac{h}{\gamma_a f}}=5.94\times\sqrt{\frac{550}{1.0\times1.5}}=113.7mm$

N_l 对垫块中心的偏心距 $e_l=\frac{a_b}{2}-0.4a_o=\frac{370}{2}-0.4\times113.7=139.5mm$

轴向力对垫块中心的偏心距 $e=\frac{N_l e_l}{N_0+N_l}=\frac{100\times139.5}{99.9+100}=69.8mm$

$$\varphi=\frac{1}{1+12\left(\frac{e}{h}\right)^2}=\frac{1}{1+12\times\left(\frac{69.8}{370}\right)^2}=0.700$$

$$\varphi\gamma_1\gamma_a f A_b=0.700\times1.131\times1.0\times1.5\times185000=219697N>N_0+N_l$$
$$=99.9+100=199.9kN$$

刚性垫块设计满足要求。

7.2.4　配筋砌体构件的构造

1. 网状配筋砌体构件

网状配筋砌体体积配筋率不应小于 0.1%，也不应大于 1%。

钢筋直径过细，由于锈蚀降低承载力；钢筋直径过粗则会影响灰缝厚度。采用钢筋网时，钢筋的直径宜采用 3～4mm。

钢筋网的间距 s_n 不应大于 5 皮砖，并不应大于 400mm。

网内钢筋间距不应大于 120mm，也不应小于 30mm。钢筋间距过小，灰缝中的砂浆难以密实均匀；但若间距过大，钢筋的砌体横向约束作用不明显。

为保证钢筋与砂浆有足够的粘结力，网状配筋砌体所用砂浆强度等级不应低于M7.5，灰缝厚度应保证钢筋上下至少各有2mm砂浆层。

2. 组合砖砌体构件

组合砖砌体面层水泥砂浆强度等级不宜低于M10，面层混凝土强度等级宜采用C20，砌筑砂浆强度等级不宜低于M7.5。

砂浆面层厚度可采用30～45mm。当面层厚度大于45mm时，宜采用混凝土。

竖向受力钢筋宜采用HPB300级钢筋，对于混凝土面层，亦可采用HRB335级钢筋。受压钢筋一侧的配筋率，对砂浆面层不宜小于0.1%，对混凝土面层不应小于0.2%。受拉钢筋配筋率不应小于0.1%。

竖向受力钢筋的直径不应小于8mm，净间距不应小于30mm。

箍筋直径不宜小于4mm及0.2倍受压钢筋的直径，并不宜大于6mm。箍筋的间距不应小于120mm，也不应大于500mm及$20d$（d为受压钢筋的直径）。

当组合砖砌体一侧受力钢筋多于4根时，应设置附加箍筋和拉结筋。对于截面长短边相差较大的构件如墙体等，应采用穿通构件或墙体的拉结筋作为箍筋，同时设置水平分布钢筋，以形成封闭的箍筋体系。水平分布钢筋的竖向间距及拉结筋的水平间距，均不应大于500mm（图7-16）。

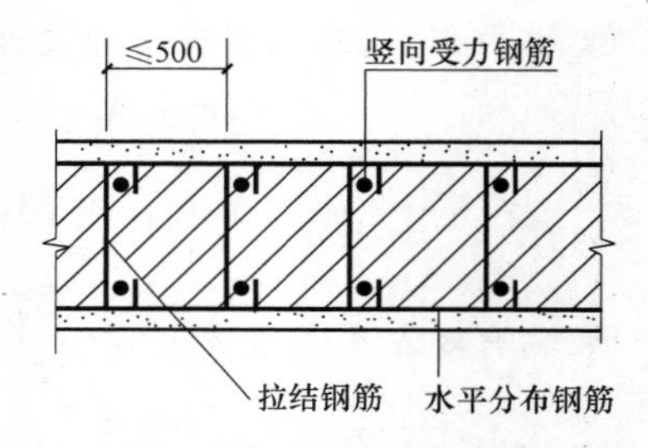

图7-16　混凝土或砂浆面层组合墙

3. 砖砌体和钢筋混凝土构造柱组合墙

砖砌体和钢筋混凝土构造柱组合墙，由于钢筋混凝土构造柱帮助砖墙一起受压，同时柱与圈梁组成“构造框架”，使砌体变形受到约束，从而提高了墙体的承载能力和受压的稳定性(图7-17)。其中构造柱可设在墙体的两端和墙体中部，一般间距不大于4m。

（1）砂浆的强度等级不应低于M5，构造柱的混凝土强度等级不宜低于C20。

（2）构造柱的截面尺寸不宜小于240mm×240mm，其厚度不应小于墙厚，边柱、角柱的截面宽度b_c宜适当加大。柱内竖向受力钢筋，对于中柱，不宜少于4ϕ12；对于边柱、角柱，不宜少于4ϕ14。构造柱的竖向受力钢筋的直径也不宜大于16mm。箍筋一般为ϕ6@200。楼层上下500mm范围内宜采用ϕ6@100。构造柱的竖向受力钢筋应在基础梁和楼层圈梁中按受拉钢筋要求锚固。

（3）组合砖墙砌体结构房屋，应在纵横墙交接处、墙端部和较大洞口的洞边设置构造柱，其间距不宜大于4m。各层洞口宜设置在相应的位置，并宜上下对齐。

（4）组合砖墙砌体结构房屋应在基础顶面，有组合墙的楼层处设置现浇钢筋混凝土圈梁。圈梁的截面高度不宜小于240mm；纵向钢筋不宜小于4ϕ12，纵筋应伸入构造柱内按受拉钢筋要求锚固；箍筋宜为ϕ6@200。

（5）砖砌体与构造柱的连接处应砌成马牙槎，并应沿墙高每隔500mm设2ϕ6拉结钢筋，且每边伸入墙内不宜小于600mm。

(6) 构造柱可不单独设置基础，但应伸入室外地坪下 500mm，或与埋深小于 500mm 的基础梁相连。

(7) 组合砖墙的施工顺序应为先砌墙，后浇混凝土构造柱。

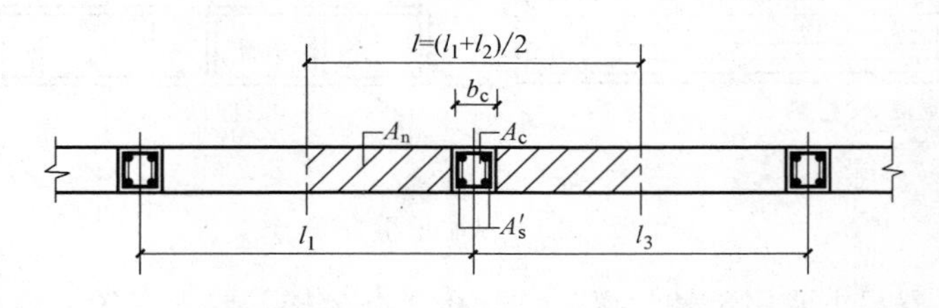

图 7-17 砖砌体和构造柱组合墙

7.3 砌体结构的承重方案与空间工作性能

7.3.1 砌体结构的承重方案

砌体结构的承重方案，会影响到房屋平面的划分和房间的大小，而且对房屋的荷载传递路线、承载的合理性、墙体的稳定性以及房屋的空间工作性能有着密切的关系。根据竖向荷载传递方式不同，砌体房屋的结构布置方案可分为四种：横墙承重方案、纵墙承重方案、纵横墙承重方案、内框架承重方案。

1. 横墙承重方案

由横墙直接承受屋面、楼面等竖向荷载的方案，称为横墙承重方案（图 7-18）。对于这种承重方案，当楼屋盖为预制板时，预制板就直接搁在横墙上；当楼屋盖为单向板肋形楼盖时，则其主梁搁在横墙上。

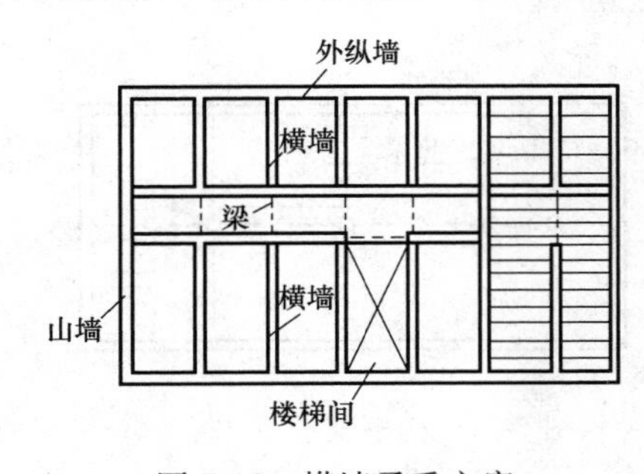

图 7-18 横墙承重方案

横墙承重方案房屋的荷载传递路线为：板→横墙→基础→地基。

这种承重方案的房屋横墙较密，横向刚度和整体性较好，屋盖楼盖材料用量较小，但墙体材料用量较多，房屋平面布置受限制。这种承重方案主要用于住宅、宿舍、招待所等横墙较密的建筑。

2. 纵墙承重方案

由纵墙直接承受屋面、楼面等竖向荷载的方案，称为纵墙承重方案（图7-19）。

纵墙承重方案房屋的荷载传递路线是：板→梁（或纵墙）→纵墙→基础→地基。

纵墙承重方案房屋开间较大，墙体材料用量较小，但横向刚度较差，楼盖材料用量

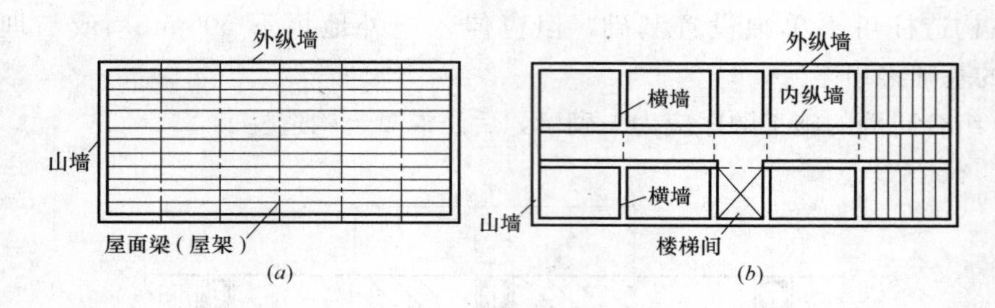

图 7-19　纵墙承重方案

较多。这种承重方案主要用于教学楼、试验楼、办公楼等要求有较大内部空间的房屋。

3. 纵横墙承重方案

由纵墙和横墙共同承受竖向荷载的方案，称为纵横墙承重方案（图 7-20）。

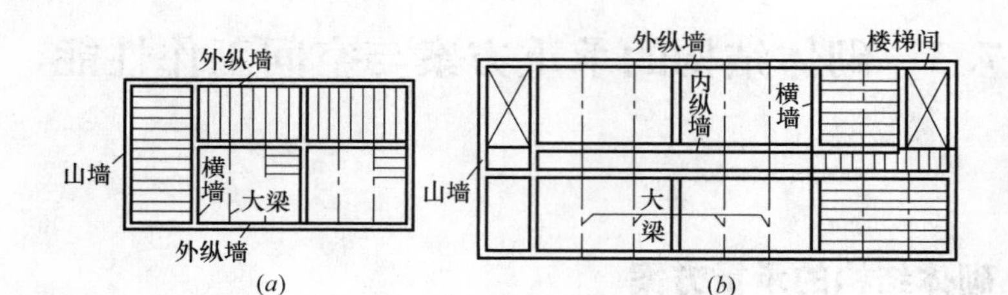

图 7-20　纵横墙混合承重方案

纵横墙承重方案房屋的荷载传递路线是：板→纵墙或横墙→基础→地基。

纵横墙承重方案结构平面布置较灵活，纵横向刚度均较好，兼顾了上述两种承重方案的优点。这种承重方案在实际工程中得到了广泛的应用。

4. 内框架承重方案

由房屋内部的钢筋混凝土框架和外部的砖墙、砖柱共同承受荷载的布置方案称为内框架承重方案（图 7-21）。

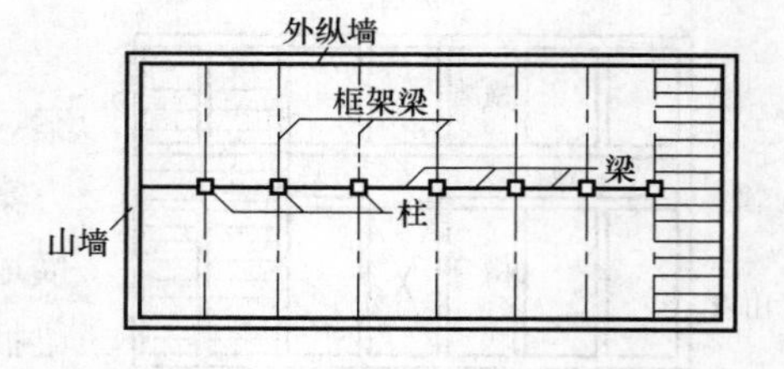

图 7-21　内框架承重体系

内框架承重方案房屋的荷载传递路线为：板→梁→外墙或框架柱→基础→地基。

内框架承重方案结构平面布置灵活，易满足使用要求，但由于横墙较少，所以空间刚度和整体性较差，并且框架和墙的变形性能相差较大，地震时容易因变形不协调而破坏。这种承重方案主要用于要求有较大内部空间建筑，如层数不多的工业厂房、商店、仓库等。

7.3.2　砌体房屋的空间工作性能

砌体结构是由楼盖、屋盖、墙、柱和基础构成的承重体系，它们互相影响、共同工作，承受作用于房屋上的全部竖向和水平作用（图 7-22）。因此整个结构体系处于空间

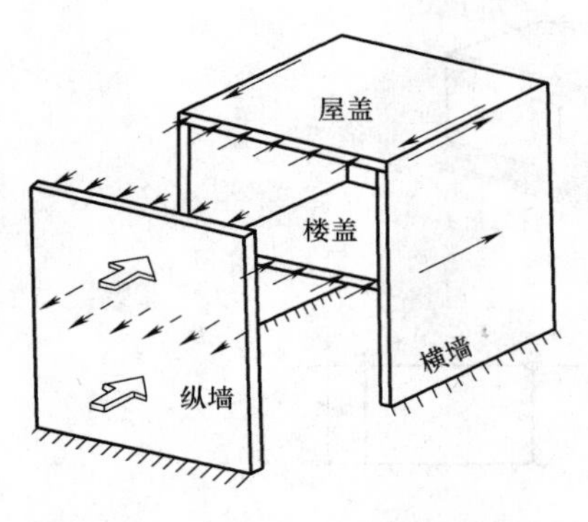

图 7-22　房屋水平荷载的传递

工作状态。当房屋受到局部荷载作用时，不仅在直接受荷构件（或单元）中产生内力，而且房屋所有构件（或单元）都将参加受力，并使直接受力构件（或单元）中的内力和侧移远远小于该构件（或单元）单独承受相同荷载时的内力和侧移。这种在房屋空间上的内力传播与分布，称为房屋的空间工作效应，相应的房屋整体刚度称为空间刚度。

下面通过图 7-23、图 7-24 所示房屋加以比较说明。图 7-23 是一单层房屋，外纵墙承重，装配式钢筋混凝土屋盖，两端无山墙，在水平风荷载作用下，房屋各个计算单元将会产生相同的水平位移 u_p，可简化为一平面排架。如果在两端加设了山墙（图 7-24），由于山墙的约束，使得在均布水平荷载作用下，整个房屋墙顶的水平变位不再相同，距离山墙近的墙顶受到山墙的约束越大，水平位移越小。屋盖受力后在屋盖自身平面内的水平方向发生弯曲，跨中挠度为 u_1。山墙受力后在其自身平面内产生弯曲和剪切变形，顶点位移为 u_2（图 7-24*c*）。纵墙顶的最大位移为 $u_{max}=u_1+u_2$（图 7-24）。显然，有山墙房屋纵墙顶点处沿纵墙各点的水平位移均小于无山墙房屋纵墙的顶点位移 u_p，也即 $u_{max}\leqslant u_p$。其原因是由于山墙的存在，增强了房屋的空间刚度，纵墙在横向水平荷载作用下由无山墙时的平面受力状态转变为有山墙时的空间受力状态，房屋的这种受力性能称为房屋的空间工作性能。

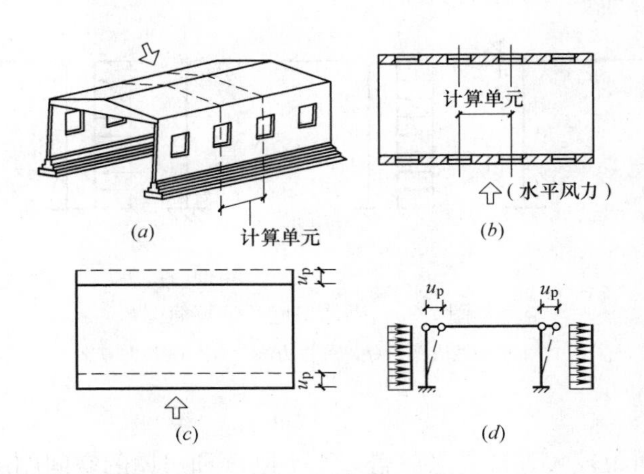

图 7-23　两端无山墙的单层房屋

根据房屋的空间工作性能将房屋的静力计算方案分为刚性方案、弹性方案、刚弹性方案。

（1）刚性方案

当房屋的横墙间距较小、楼盖（屋盖）的水平刚度较大时，房屋的空间刚度较大，

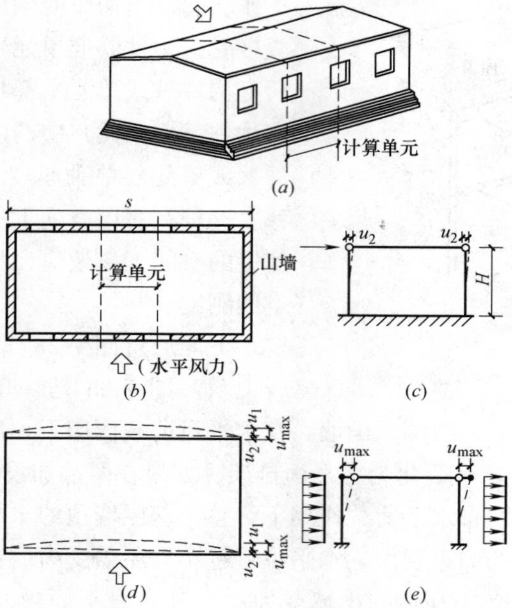

图 7-24　两端有山墙的单层房屋

在荷载作用下，房屋的水平位移很小，可视墙、柱顶端的水平位移等于零。在确定墙、柱的计算简图时，可将楼盖或屋盖视为墙、柱的水平不动铰支座，墙、柱内力按不动铰支承的竖向构件计算（图 7-25*a*），按这种方法进行静力计算的房屋为刚性方案房屋。一般多层砌体房屋都是属于这种方案。

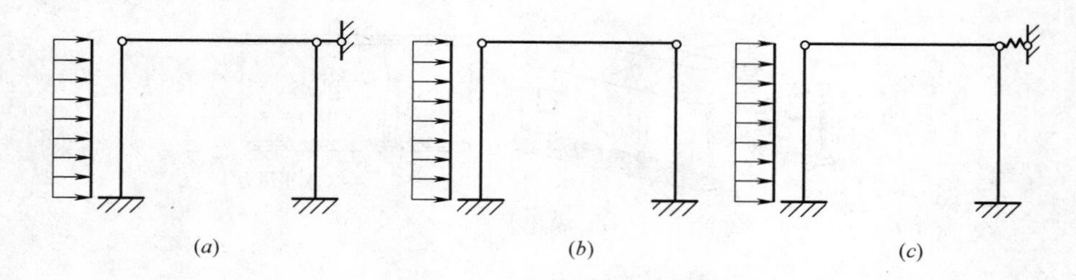

图 7-25　砌体房屋的计算简图

（*a*）刚性方案；（*b*）弹性方案；（*c*）刚弹性方案

（2）弹性方案

当房屋横墙间距较大，楼盖（屋盖）水平刚度和房屋的空间刚度较小，在荷载作用下房屋的水平位移较大。确定计算简图时，可按屋架或大梁与墙（柱）铰接的、不考虑空间工作性能的平面排架或框架计算（图 7-25*b*），按这种方法计算的房屋为弹性方案房屋。一般的单层厂房、仓库、礼堂多属此种方案。

（3）刚弹性方案房屋

房屋空间刚度介于刚性方案和弹性方案房屋之间，在荷载作用下，房屋的水平位移也介于两者之间，这种房屋称为刚弹性方案房屋。在确定计算简图时，按在墙、柱有弹性支座（考虑空间工作性能）的平面排架或框架计算（图 7-25c）。

研究表明，房屋空间工作性能的主要影响因素为楼盖（屋盖）的水平刚度和横墙间距的大小。静力计算方案根据楼（屋）盖类型和横墙间距的大小，按表 7-14 确定。

房屋的静力计算方案　　表 7-14

屋盖或楼盖类别		刚性方案	刚弹性方案	弹性方案
1	整体式、装配整体式和装配式无檩体系钢筋混凝土屋盖或钢筋混凝土楼盖	$s<32$	$32\leqslant s\leqslant 72$	$s>72$
2	装配式有檩体系钢筋混凝土屋盖、轻钢屋盖和有密铺望板的木屋盖或木楼盖	$s<20$	$20\leqslant s\leqslant 48$	$s>48$
3	瓦材屋面的木屋盖和轻钢屋盖	$s<16$	$16\leqslant s\leqslant 36$	$s>36$

注：1. 表中 s 为房屋横墙间距，其长度单位为 m；
2. 当多层房屋的楼盖、屋盖类别不同或横墙间距不同时，可按本表的规定分别确定各层（底层或顶部各层）房屋的静力计算方案；
3. 对无山墙或伸缩缝处无横墙的房屋，应按弹性方案考虑。

作为刚性和刚弹性方案的房屋的横墙必须有足够的刚度。《砌体规范》规定，刚性和刚弹性方案房屋的横墙，应符合下列要求：

（1）横墙开有洞口时，洞口的水平截面面积不应超过横墙截面面积的 50%；

（2）横墙的厚度不宜小于 180mm；

（3）单层房屋的横墙长度不宜小于其高度，多层房屋的横墙长度不宜小于横墙总高度的 1/2。

当横墙不能同时符合上述要求时，应对横墙的刚度进行验算。若其最大水平位移值 $u_{max}\leqslant H/4000$（H 为横墙总高度）时，仍可视为刚性或刚弹性方案房屋的横墙。凡符合此刚度要求的一段横墙或其他结构构件（如框架等），也可视为刚性或刚弹性方案房屋。

7.4　墙、柱高厚比验算

本教学单元 7.2 已述及，高厚比 β 是指墙、柱计算高度 H_0 与对应计算高度方向的截面尺寸 h 之比，即 $\beta=\dfrac{H_0}{h}$ 。

墙、柱的高厚比验算是保证砌体房屋施工阶段和使用阶段稳定性与刚度的一项重要构造措施。墙、柱的高厚比过大，其刚度愈小，稳定性愈差，即使承载力足够，也可能在施工阶段因过度的偏差倾斜以及施工和使用过程中的偶然撞击、振动等因素而导致失稳。墙、柱的高厚比过大，还可能使墙体发生过大的变形而影响正常使用。因此，必须对高厚比进行限制。

7.4.1　一般墙、柱的高厚比验算

墙、柱高厚比应按下式验算：

$$\beta=\frac{H_0}{h}\leqslant\mu_1\mu_2[\beta] \quad (7\text{-}12)$$

式中 $[\beta]$——墙、柱的允许高厚比，按表 7-15 采用；

H_0——墙、柱的计算高度，由实际高度 H 并根据房屋类别和构件两端支承条件按表 7-16 确定；

h——墙厚或矩形柱与 H_0 相对应的边长；

μ_1——自承重墙允许高厚比的修正系数，墙厚 $h=240$mm 时，$\mu_1=1.2$；$h=90$mm 时，$\mu_1=1.5$；240mm$>h>$90mm 时，$\mu_1=1.68-h/500$；

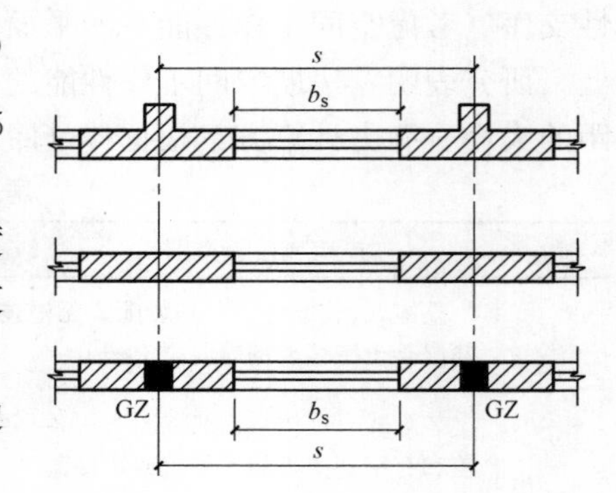

图 7-26　门窗洞口宽度示意图

μ_2——有门窗洞口墙允许高厚比的修正系数，按下式计算：

$$\mu_2=1-0.4\frac{b_s}{s} \quad (7\text{-}13)$$

式中 b_s——在宽度 s 范围内的门窗洞口总宽度（图 7-26）；

s——相邻窗间墙、壁柱或构造柱之间的距离。

墙、柱高厚比的 [β] 值　　　　表 7-15

砌体类型	砂浆强度等级	墙	柱
无筋砌体	M2.5	22	15
	M5.0	24	16
	≥M7.5	26	17
配筋砌体	—	30	21

注：下列情况下墙、柱的允许高厚比应进行调整：
1. 毛石墙、柱的高厚比应按表中数字降低 20%；
2. 带有混凝土或砂浆面层的组合砖砌体构件的允许高厚比，可按表中数值提高 20%，但不得大于 28；
3. 验算施工阶段砂浆尚未硬化的新砌砌体高厚比时，允许高厚比对墙取 14，对柱取 11。

受压构件计算高度 H_0　　　　表 7-16

房屋类别			柱		带壁柱墙或周边拉结的墙		
			排架方向	垂直排架方向	$s>2H$	$2H\geqslant s>H$	$s\leqslant H$
有吊车的单层房屋	变截面柱上段	弹性方案	$2.5H_u$	$1.25H_u$	$2.5H_u$		
		刚性、刚弹性方案	$2.0H_u$	$1.25H_u$	$2.0H_u$		
	变截面柱下段		$1.0H_l$	$0.8H_l$	$1.0H_l$		
无吊车的单层和多层房屋	单跨	弹性方案	$1.5H$	$1.0H$	$1.5H$		
		刚弹性方案	$1.2H$	$1.0H$	$1.2H$		
	多跨	弹性方案	$1.25H$	$1.0H$	$1.25H$		
		刚弹性方案	$1.10H$	$1.0H$	$1.10H$		
	刚性方案		$1.0H$	$1.0H$	$1.0H$	$0.4s+0.2H$	$0.6s$

注：1. 表中 H 为构件高度；H_u 为变截面柱的上段高度，H_l 为变截面柱的下段高度；
2. 对于上端为自由端的 $H_0=2H$；
3. 独立砖柱，当无柱间支撑时，柱在垂直排架方向的 H_0 应按表中数值乘以 1.25 后采用；
4. s 为房屋横墙间距；
5. 自承重墙的计算高度应根据周边支撑或拉结条件确定。

当按式（6-5）计算得到的μ_2的值小于 0.7 时，应采用 0.7。当洞口高度等于或小于墙高的 1/5 时，可取$\mu_2=1.0$。

上端为自由端墙的允许高厚比，除按上述规定提高外，尚可提高 30%；对厚度小于 90mm 的墙，当双面用不低于 M10 的水泥砂浆抹面，包括抹面层的墙厚不小于 90mm 时，可按墙厚等于 90mm 验算高厚比。

上面提及的墙、柱允许高厚比 $[\beta]$，系指砌体墙、柱高厚比的限值，是根据实践经验和现阶段的材料质量以及施工技术水平综合确定的，与承载力无关。影响墙、柱允许高厚比的主要因素有：

（1）砂浆强度。对同类构件，砂浆强度等级越高，$[\beta]$ 值越大。

（2）构件类型。在相同的砂浆强度条件下，柱的 $[\beta]$ 值要比墙平均低 30%。

（3）砌体种类。不同的块材以及不同砌筑方式都会因块材搭接、砂浆粘结面大小的不同，使构件的刚度、稳定性有所不同，因此 $[\beta]$ 值不同。

（4）支承约束条件、截面形式。在其他条件相同时，支承约束强的构件的允许高厚比要比支承约束弱的构件大，《砌体规范》采用调整计算高度 H_0 来反映这一影响。当截面形式为非矩形时，应采用折算厚度 h_T。

（5）墙体开洞、承重墙和非承重墙。被洞口削弱得多的墙体的允许高厚比要比削弱少的小；非承重墙比承重墙的允许高厚比可以适当提高一些。对此，《砌体规范》通过相应的修正系数对允许高厚比 $[\beta]$ 予以降低和提高。

7.4.2 带壁柱墙的高厚比验算

带壁柱墙的高厚比的验算包括两部分内容：整片墙的高厚比验算和壁柱间墙的高厚比验算。

1. 整片墙的高厚比验算

整片墙的高厚比验算时，将壁柱视为墙体的一部分，整片墙截面为 T 形截面。其高厚比应按下式验算：

$$\beta=\frac{H_0}{h_T}\leqslant\mu_1\mu_2[\beta] \tag{7-14}$$

式中 h_T——带壁柱墙截面折算厚度，$h_T=3.5i$；

i——带壁柱墙截面的回转半径，$i=\sqrt{\frac{I}{A}}$；

I——带壁柱墙截面的惯性矩；

A——带壁柱墙截面的面积。

其余符号意义同前。

T 形截面的翼缘宽度 b_f，可按下列规定采用：

（1）多层房屋，当有门窗洞口时，可取窗间墙宽度；当无门窗洞口时，每侧可取壁柱高度的 1/3；

（2）单层房屋，可取壁柱宽加 2/3 壁柱高度，但不得大于窗间墙宽度和相邻壁柱之间的距离。

2. 壁柱间墙的高厚比验算

壁柱间墙的高厚比按式（7-12）验算。但计算 H_0 时，s 取相邻壁柱之间的距离，且不论房屋静力计算方案为何种方案，都按刚性方案考虑。

7.4.3 带构造柱墙的高厚比验算

带构造柱墙的高厚比的验算包括两部分内容：整片墙的高厚比验算和构造柱间墙的高厚比验算。

1. 整片墙的高厚比验算

整片墙的高厚比按下式验算：

$$\beta=\frac{H_0}{h}\leqslant\mu_1\mu_2\mu_c[\beta] \tag{7-15}$$

式中 μ_c——带构造柱墙允许高厚比 $[\beta]$ 的提高系数，可按下式计算：

$$\mu_c=1+\gamma\frac{b_c}{l} \tag{7-16}$$

γ——系数。对细料石、半细料石砌体，$\gamma=0$；对混凝土砌块、混凝土多孔砖、粗料石、毛料石及毛石砌体，$\gamma=1.0$；其他砌体，$\gamma=1.5$；

b_c——构造柱沿墙长方向的宽度；

l——构造柱间距。

当 $b_c/l>0.25$ 时，取 $b_c/l=0.25$，当 $b_c/l<0.05$ 时，取 $b_c/l=0$。

需注意的是，考虑构造柱有利作用而对墙体允许高厚比的提高，只适用于构造柱与墙体形成整体后的使用阶段，并且构造柱与墙体有可靠的连接，不适用于施工阶段。

2. 构造柱间墙体高厚比的验算

构造柱间墙体的高厚比仍按公式（7-12）验算。验算时仍视构造柱为柱间墙的不动铰支点，计算 H_0 时，s 取相邻构造柱间距，并按刚性方案考虑。

【例 7-5】 某砖柱截面为 490mm×370mm，计算高度 5m，采用 M5.0 混合砂浆砌筑。试验算此砖柱的高厚比。

【解】 查表得 $[\beta]=16$

对于独立柱，$\mu_1=\mu_2=1.0$。

$$\beta=H_0/h=5000/370=13.5<\mu_1\mu_2[\beta]=1.0\times1.0\times16=16$$

高厚比满足要求。

【例 7-6】 某办公楼承重外纵墙，开间为 4.2m，每开间开宽 1.8m 的窗，墙厚为 240mm，墙体计算高度为 4.5m，采用 M5 混合砂浆砌筑。试验算该外纵墙的高厚比。

【解】 查表得 $[\beta]=24$

该外纵墙为承重墙，则 $\mu_1=1.0$

$$\mu_2=1-0.4\frac{b_s}{s}=1-0.4\times1800/4200=0.829$$

$$\beta=\frac{H_0}{h}=\frac{4500}{240}=18.75<\mu_1\mu_2[\beta]=1.0\times0.829\times24=19.90$$

高厚比满足要求。

【例 7-7】 如图 7-27 所示，某单层砌体房屋，采用 M5 混合砂浆砌筑，横墙间距为 15m，墙顶与屋盖系统有可靠拉结。带壁柱山墙的高度（基础顶面至壁柱顶面）$H=$ 12m，开有 4m 宽的门和 2m 宽的窗，壁柱截面如图 7-27（*b*）。试验算该山墙的高厚比。

【解】 查表得 $[\beta]=24$

（1）计算壁柱截面的几何特征

窗间墙宽度　$b_s=5000-4000/2-2000/2=2000\text{mm}$

$$A=370\times740+240(2000-370)=66500\text{mm}^2$$

$$y_1=y_2=370\text{mm}$$

$$I=\frac{370\times740^3}{12}+\frac{240^3\times(2000-370)}{12}=1.436\times10^{10}\text{mm}^4$$

$$i=\sqrt{\frac{I}{A}}=\sqrt{\frac{1.436\times10^{10}}{665000}}=147\text{mm}$$

$$h_T=3.5i=3.5\times147=515\text{mm}$$

（2）验算整片墙的高厚比

因横墙间距为 s=15m，则该单层房屋为刚性方案房屋。

因 $1.0<s/H=15000/12000=1.25<2.0$，则

$$H_0=0.4s+0.2H=0.4\times15000+0.2\times12000=8400\text{mm}$$

$$\mu_1=1.0,\mu_2=1-0.4\frac{b_s}{s}=1-0.4\times\frac{3000}{5000}=0.76$$

$$\mu_1\mu_2[\beta]=1.0\times0.76\times24=18.2>\beta=\frac{H_0}{h_T}=\frac{8400}{515}=16.3$$

整片墙的高厚比满足。

（3）验算壁柱间墙的高厚比

此时 s 取壁柱间距离，即 $s=5000\text{mm}$

因 $s=5000\text{mm}<H=12000\text{mm}$，则 $H_0=0.6s=0.6\times5000=3000\text{mm}$

$$\mu_1=1.0,\mu_2=1-0.4\frac{b_s}{s}=1-0.4\times\frac{4000}{5000}=0.68<0.7,\text{取}\ \mu_2=0.7$$

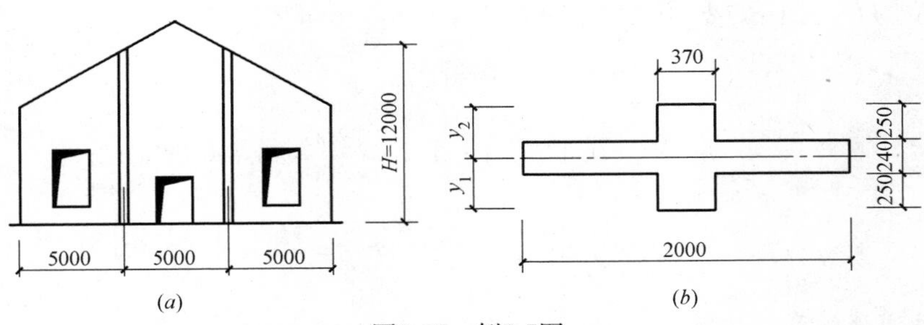

图7-27　例7-7图

（*a*）山墙立面示意；（*b*）壁柱墙截面

$$\mu_1\mu_2[\beta]=1.0\times0.7\times24=16.8>\beta=\frac{H_0}{h}=\frac{3000}{240}=12.5$$

【例 7-8】 某单层仓库承重外纵墙，墙高 $H=5.1$m，墙厚 240mm，由 MU10 烧结页岩砖和 M5 水泥砂浆砌筑，沿墙长每 4m 设 1.2m 宽窗洞，同时沿墙长每 4m 设截面尺寸为 240mm×240mm 的钢筋混凝土构造柱（图 7-28），横墙间距为 24m，试验算该外纵墙的高厚比。

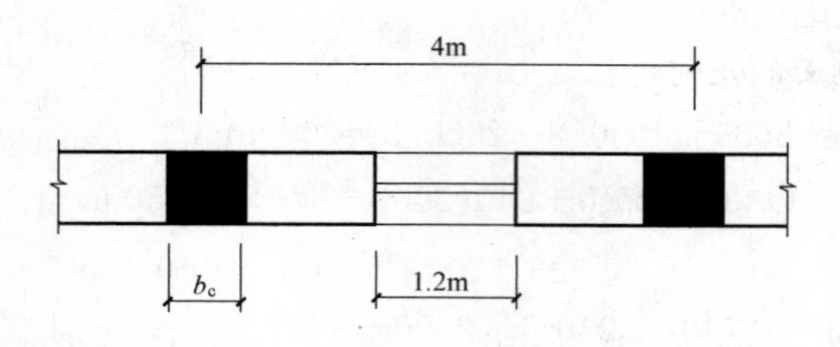

图 7-28 例 7-8 图

【解】 查得 $[\beta]=24$

（1）整片墙的高厚比验算

因 $s=24$m，则该单层房屋为刚性方案房屋。

$s=24\text{m}>2H=2\times5.1=10.2$m，故由表 7-15 得 $H_0=1.0H=1.0\times5.1=5.1$m

$$\mu_1=1.0$$

$$\mu_2=1-0.4\frac{b_s}{s}=1-0.4\times\frac{1200}{4000}=0.88$$

$$\gamma=1.5,\ b_c=240\text{mm},\ l=4000\text{mm}$$

$$\mu_c=1+\gamma\frac{b_c}{l}=1+1.5\times\frac{240}{4000}=1.09$$

$$\mu_1\mu_2\mu_c[\beta]=1.0\times0.88\times1.09\times24=23.0>\beta=\frac{H_0}{h}=\frac{5100}{240}=21.3$$

整片墙的高厚比满足要求。

（2）构造柱间墙的高厚比验算

此时 s 取构造柱间距离，即 $s=4$m

$s=4\text{m}<H=5.1$m，故由表 7-15 得 $H_0=0.6s=0.6\times4=2.4$m

$$\mu_1=1.0$$

$$\mu_2=1-0.4\frac{b_s}{s}=1-0.4\times\frac{1200}{4000}=0.88$$

$$\mu_1\mu_2[\beta]=1.0\times0.88\times24=21.1>\beta=\frac{H_0}{h}=\frac{2400}{240}=10$$

构造柱间墙的高厚比满足。

综上，该外纵墙的高厚比满足要求。

7.5 砌体房屋的构造措施

为了保证砌体结构房屋有足够的耐久性和良好的整体工作性能，防止或减轻砌体房屋的墙体裂缝，必须采取合理的构造措施。这些措施包括前面已经述及的材料要求和高厚比要求。

7.5.1 一般构造要求

1. 最小截面规定

为了避免墙柱截面过小导致稳定性能变差，以及局部缺陷对构件的影响增大，《砌体规范》规定，承重的独立砖柱截面尺寸不应小于 240mm×370mm；毛石墙的厚度不宜小于 350mm；毛料石柱截面较小边长不宜小于 400mm。当有振动荷载时，墙、柱不宜采用毛石砌体。

2. 连接构造

砌体结构房屋的整体性取决于砌体的整体性和砌体与非砌体构件间连接的可靠程度。前者由砌体块体的组砌搭接措施保证，而后者则主要靠连接构造，如设置梁垫或垫梁、壁柱以及锚固连接措施保证。因此，为了增强砌体房屋的整体性，砌体与非砌体构件间应有可靠连接。

（1）梁垫、壁柱设置要求

跨度大于 6m 的屋架和跨度大于下列数值的梁，应在支承处砌体设置混凝土或钢筋混凝土垫块：对砖砌体为 4.8m，对砌块和料石砌体为 4.2m，对毛石砌体为 3.9m。当墙中设有圈梁时，垫块与圈梁宜浇成整体。

当梁的跨度大于或等于下列数值时，其支承处宜加设壁柱或采取其他加强措施：对 240mm 厚的砖墙为 6m，对 180mm 厚的砖墙为 4.8m；对砌块、料石墙为 4.8m。

（2）构件支承长度

预制钢筋混凝土板在钢筋混凝土圈梁上的支承长度不应小于 80mm，板端伸出的钢筋应与圈梁可靠连接，且同时现浇；预制钢筋混凝土板在墙上的支承长度不应小于 100mm，并应按下列方法进行连接：

1）板支承在内墙上时，板端钢筋伸出长度不应小于 70mm，且在支承处沿墙配置的纵筋绑扎，用强度等级不应低于 C25 的混凝土浇筑成板带；

2）板支承在外墙上时，板端钢筋伸出长度不应小于 100mm，且在支承处沿墙配置的纵筋绑扎，用强度等级不应低于 C25 的混凝土浇筑成板带；

3）钢筋混凝土预制板与现浇板对接时，预制板端钢筋应伸入现浇板中进行连接后，再浇筑现浇板。

(3) 构件的锚固与拉结

支承在墙、柱上的吊车梁、屋架以及跨度大于或等于下列数值的预制梁的端部，应采用锚固件与墙、柱上的垫块锚固：砖砌体为 9m；砌块和料石砌体为 7.2m。

墙体转角处和纵横墙交接处应沿竖向每隔 400mm～500mm 设拉结钢筋，其数量为每 120mm 墙厚不少于 1 根直径 6mm 的钢筋；或采用焊接钢筋网片，埋入长度从墙的转角处或交接处算起，对实心砖墙每边不少于 500mm，对多孔砖墙和砌块墙不少于 700mm。

填充墙、隔墙应采取措施与周边构件可靠连接。一般是在钢筋混凝土结构中预埋拉结筋，在砌筑墙体时，将拉结筋砌入水平灰缝内。

山墙处的壁柱宜砌至山墙顶部，屋面构件应与山墙可靠拉结。

(4) 砌块砌体房屋的构造

1) 砌块砌体应分皮错缝搭砌，上下皮搭砌长度不得小于 90mm。当搭砌长度不满足上述要求时，应在水平灰缝内设置不少于 2ϕ4 的焊接钢筋网片（横向钢筋间距不宜小于 200mm)，网片每段均应超过该垂直缝，其长度不得小于 300mm。

2) 砌块墙与后砌隔墙交接处，应沿墙高每 400mm 在水平灰缝内设置不少于 2ϕ4、横筋间距不大于 200mm 的焊接钢筋网片（图 7-29)。

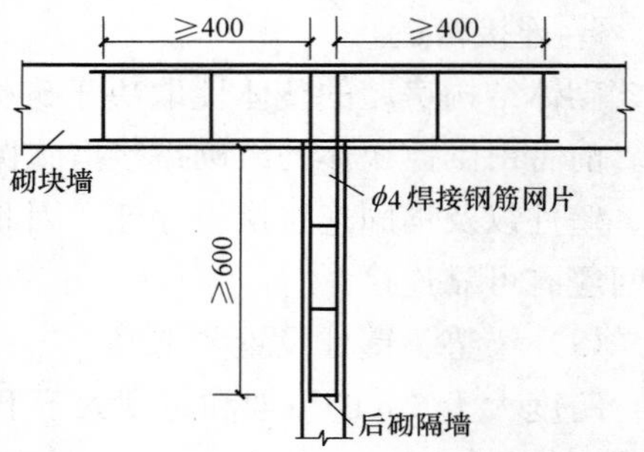

3) 混凝土砌块房屋，宜将纵横墙交接处、距墙中心线每边不小于 300mm 范围内的孔洞，采用不低于 Cb20 灌孔混凝土将孔洞灌实，灌实高度应为墙身全高。

4) 混凝土砌块墙体的下列部位，如未设圈梁或混凝土垫块，应采用不低于 Cb20 灌孔混凝土将孔洞灌实：

图 7-29　砌块墙与后砌隔墙交接处钢筋网片

① 搁栅、檩条和钢筋混凝土楼板的支承面下，高度不应小于 200mm 的砌体；

② 屋架、梁等构件的支承面下，高度不应小于 600mm，长度不应小于 600mm 的砌体；

③ 挑梁支承面下，距墙中心线每边不应小于 300mm，高度不应小于 600mm 的砌体。

7.5.2　防止或减轻墙体开裂的主要措施

引起墙体裂缝的原因主要有三个：外荷载、温度变化和砌体干缩变形、地基不均匀沉降。墙体因外荷载而可能产生的裂缝通过承载力计算避免。

1. 因温度变化和砌体干缩变形引起的墙体裂缝

(1) 裂缝原因与形态

结构构件由温度变化引起热胀冷缩的变形为温度变形。在砌体房屋中，钢筋混凝土构件与砌体构件的线膨胀系数相差悬殊（钢筋混凝土一般为 10×10^{-4}/℃，砖砌体为 5×10^{-4}/℃）。此外，钢筋混凝土结构还有较大的收缩值，约为 $(2\sim4)\times10^{-4}$/℃，28d 龄期约完成 50%，而砖砌体在正常湿度下的收缩不明显。由于构件间的相互约束，温度变化或材料发生收缩时，各自的变形不能自由地进行而引起应力。两种材料均为抗拉强度较低的脆性材料，当拉应力超过其抗拉强度时，就出现不同形式的裂缝。房屋较长时，当大气温度改变，墙体的伸缩变形受到基础的约束，也会产生裂缝。对于砌块砌体房屋，虽然线膨胀系数相差较小（混凝土小型砌块砌体为 10×10^{-4}/℃），但干缩较大，而且即使干缩稳定后，当再次被雨水或潮气浸湿后还会产生较大的再次干缩。因此由于温度变形和砌块的干缩而引起的墙体裂缝比较普遍。

温度变形和收缩引起房屋裂缝的主要形态有：

1）平屋顶下边外墙的水平裂缝和包角裂缝（图 7-30）；

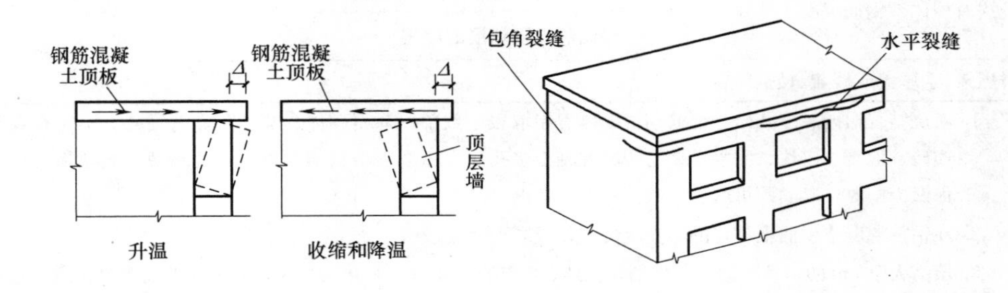

图 7-30 平屋顶下边外墙的水平裂缝和包角裂缝

2）顶层内外纵墙和横墙的八字形裂缝（图 7-31）；

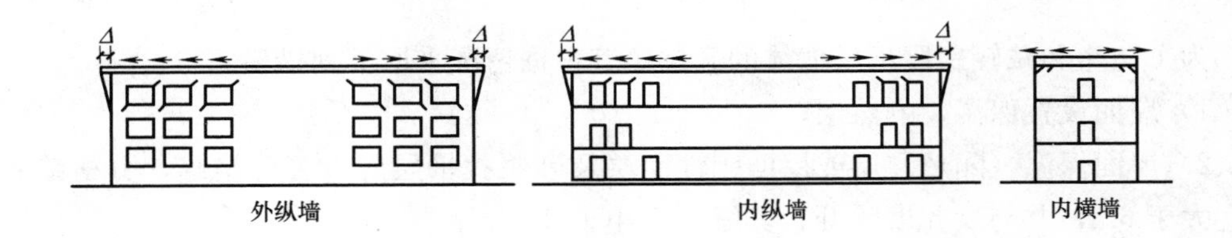

图 7-31 顶层内外纵墙和横墙的八字形裂缝

3）房屋错层处墙体的局部垂直裂缝（图 7-32）；

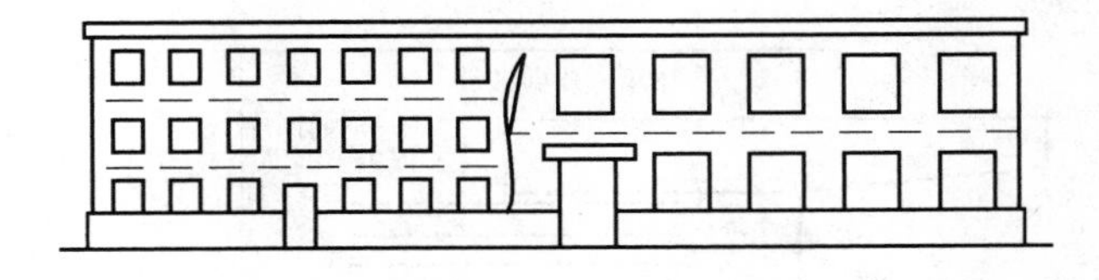

图 7-32 房屋错层处墙体的局部垂直裂缝

4）对砌块砌体房屋，由于基础的约束，使房屋的底部几层较长的实墙体的中部，即山墙、楼梯的墙中部出现竖向干缩裂缝，此裂缝愈向顶层也愈轻。

(2) 防止或减轻措施

为了防止或减轻房屋在正常使用条件下，由温度和砌体干缩引起的墙体竖向裂缝，应在墙体中设置伸缩缝。伸缩缝应设置在因温度和收缩变形可能引起应力集中、砌体产生裂缝可能性最大的地方。伸缩缝的间距可按表 7-17 采用。

砌体房屋伸缩缝的最大间距（m） 表 7-17

屋盖或楼盖类别		间 距
整体式或装配整体式钢筋混凝土楼盖	有保温层或隔热层的屋盖、楼盖	50
	无保温层或隔热层的屋盖	40
装配式无檩体系钢筋混凝土楼盖	有保温层或隔热层的屋盖、楼盖	60
	无保温层或隔热层的屋盖	50
装配式有檩体系钢筋混凝土楼盖	有保温层或隔热层的屋盖	75
	无保温层或隔热层的屋盖	60
瓦材屋盖、木屋盖或楼盖、轻钢屋盖		100

注：1. 对烧结普通砖、多孔砖、配筋砌块砌体房屋取表中数值；对石砌体、蒸压灰砂普通砖、蒸压粉煤灰普通砖、混凝土砌块、混凝土普通砖和混凝土多孔砖房屋取表中数值乘以 0.8 的系数，当墙体有可靠外保温措施时，其间距可取表中数值；
2. 在钢筋混凝土屋面上挂瓦的屋盖应按钢筋混凝土屋盖采用；
3. 层高大于 5m 的烧结普通砖、烧结多孔砖、配筋砌块砌体结构单层房屋，其伸缩缝间距可按表中数值乘以 1.3；
4. 温差较大且变化频繁地区和严寒地区不采暖的房屋及构筑物墙体的伸缩缝的最大间距，应按表中数值予以适当减小；
5. 墙体的伸缩缝应与结构的其他变形缝相重合，在进行立面处理时，必须保证缝隙的伸缩作用。

为了防止和减轻房屋顶层墙体的开裂，宜根据情况采取下列措施：

1) 屋面设置保温、隔热层；

2) 屋面保温（隔热）层或屋面刚性面层及砂浆找平层应设置分格缝，分格缝间距不宜大于 6m，并与女儿墙隔开，其缝宽不小于 30mm；

3) 用装配式有檩体系钢筋混凝土屋盖和瓦材屋盖；

4) 顶层屋面板下设置现浇钢筋混凝土圈梁，并沿内外墙拉通，房屋两端圈梁下的墙体宜适当设置水平钢筋；

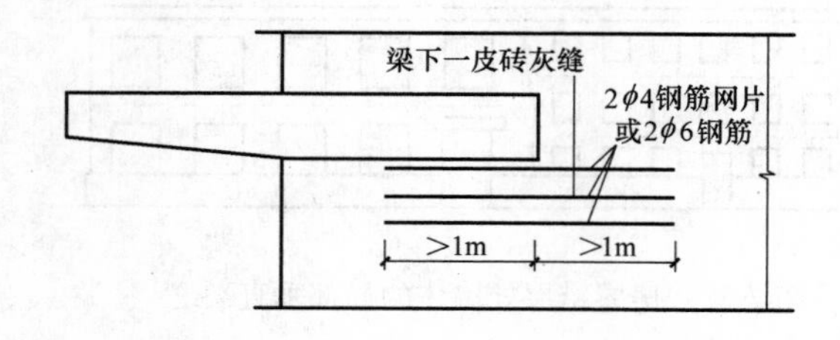

图 7-33 顶层过梁末端钢筋网片或钢筋

5）顶层墙体有门窗洞口时，在过梁上的水平灰缝内设置2～3道焊接钢筋网片或2φ6钢筋，并应伸入过梁两边墙体不小于600mm（图7-33）；

6）女儿墙应设置构造柱，构造柱间距不宜大于4m，构造柱应伸至女儿墙顶并与现浇钢筋混凝土压顶整浇在一起；

7）顶层及女儿墙砂浆强度等级不低于M7.5（Mb7.5，Ms7.5）；

8）对顶层墙体施加竖向预应力。

2. 因地基不均匀沉降引起的裂缝

因地基过大不均匀沉降引起的墙体裂缝往往为由下而上指向沉降较大处，裂缝形态主要有正八字形、倒正八字形裂缝和斜裂缝，当底层门窗洞口较大时还可能出现窗台下墙体的垂直裂缝等（图7-34）。

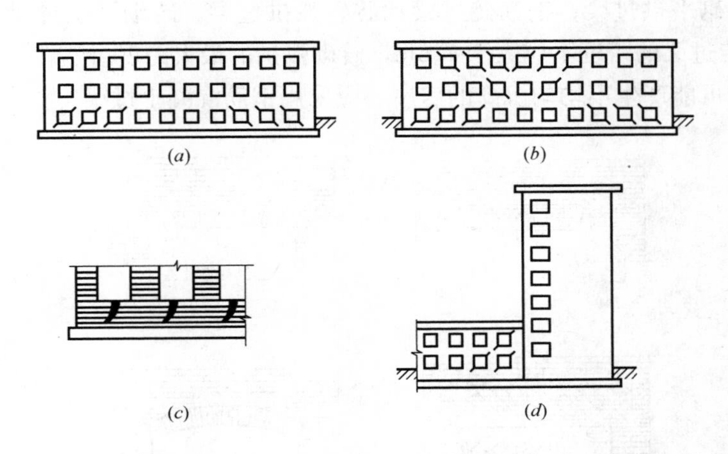

图7-34　由地基不均匀沉降引起的裂缝

（*a*）正八字裂缝；（*b*）倒八字裂缝；（*c*）、（*d*）斜向裂缝

为了防止由于不均匀沉降引起的墙体裂缝可以采取下列措施：

（1）设置沉降缝。在地基土性质相差较大处，房屋高度、荷载、结构刚度变化较大处，房屋结构形式变化处，高低层的施工时间不同处设置沉降缝，将房屋分割为若干长高比较小、体型规则、整体刚度较好的独立单元。

（2）加强房屋整体刚度。如合理布置承重墙体、增大基础圈梁刚度、增设钢筋混凝土圈梁等。

（3）对处于软土地区或土质变化较复杂地区，利用天然地基建造房屋时，房屋体型力求简单，采用对地基不均匀沉降不敏感的结构形式和基础形式。

（4）合理安排施工顺序，先施工层数多、荷载大的单元，后施工层数少、荷载小的单元。

（5）在底层的窗台下墙体灰缝内设置3道焊接钢筋网片或2φ6钢筋，并伸入两边窗间墙内不小于600mm。

（6）采用钢筋混凝土窗台板，窗台板嵌入窗间墙内不小于600mm。

7.6 过梁、墙梁、挑梁、雨篷

7.6.1 过梁

砌体结构中门窗洞口上承受上部墙体自重和上层楼盖传来的荷载的梁称为过梁。过梁分为砖砌过梁和钢筋混凝土过梁两大类（图 7-35），实际工程中砖砌过梁应用较少。砖砌过梁有砖砌平拱过梁、钢筋砖过梁和砖砌弧拱过梁。砖砌平拱过梁跨度不应大于 1.2m，钢筋砖过梁的跨度不应大于 1.5m，砖砌弧拱的最大跨度可达 3～4m。对于有抗震设防要求或可能产生不均匀沉降的房屋，应采用钢筋混凝土过梁。

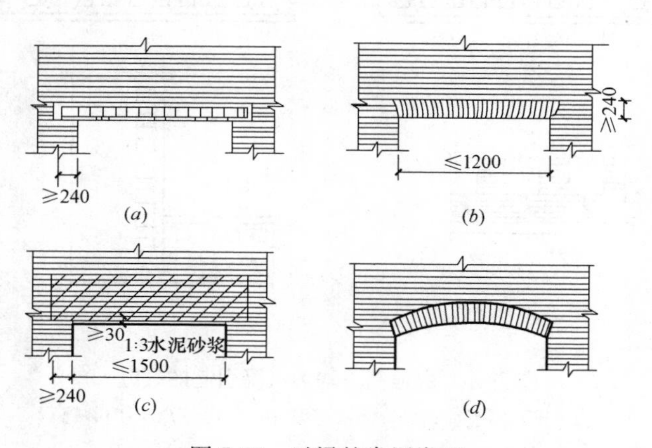

图 7-35 过梁的常用类型

（*a*）钢筋混凝土过梁；（*b*）砖砌平拱过梁；（*c*）钢筋砖过梁；（*d*）砖砌弧拱过梁

1. 过梁的受力特点

作用于过梁的荷载，除过梁自重外，还有墙体荷载和梁板荷载。过梁的工作不同于一般的简支梁，砖砌过梁由于过梁与其上部砌体砌筑成一整体，彼此共同工作。当过梁上的墙体达到一定高度且砂浆硬化后，由于砌体与过梁的组合作用，过梁上的墙体形成内拱将产生卸载作用，使一部分荷载直接传递给支座，从而减轻过梁的荷载。试验表明，作用于过梁上的砌体当量荷载仅相当于高度等于跨度的 1/3 的砌体重量。

作用在过梁上的荷载，精确计算较困难。考虑到过梁的跨度通常不大，故《砌体规范》将过梁按简支梁计算，荷载取值见表 7-18。

砖砌过梁承受荷载后，上部受压、下部受拉，像受弯构件一样地受力。随着荷载的增大，当跨中竖向截面的拉应力或支座斜截面的主拉应力超过砌体的抗拉强度时，将先后在跨中出现竖向裂缝，在靠近支座处出现阶梯形斜裂缝。对于钢筋砖过梁，过梁下部的拉力将由钢筋承担；对砖砌平拱，过梁下部拉力将由两端砌体提供的推力来平衡。

砌有一定高度墙体的钢筋混凝土过梁，其受力与墙梁中的托梁类似，并非受弯构件，而是偏心受拉构件。

过梁上的荷载取值　　表 7-18

荷载类型	简图	砌体种类	荷载取值	
墙体荷载	过梁 注：h_w 为过梁上墙体高度	砖砌体	$h_w<\frac{l_n}{3}$	应按墙体的均布自重采用
			$h_w\geqslant\frac{l_n}{3}$	应按高度为$\frac{l_n}{3}$的墙体的均布自重采用
		混凝土砌块砌体	$h_w<\frac{l_n}{2}$	应按墙体的均布自重采用
			$h_w\geqslant\frac{l_n}{2}$	应按高度为$\frac{l_n}{2}$的墙体的均布自重采用
梁板荷载	过梁 注：h_w 为梁、板下墙体高度	砖砌体，混凝土砌块砌体	$h_w<l_n$	应计入梁、板传来的荷载
			$h_w\geqslant l_n$	可不考虑梁、板荷载

注：1. 墙体荷载的取值与梁、板的位置无关；

2. l_n 为过梁的净跨。

2. 过梁的构造

砖砌过梁截面计算高度内砂浆强度等级不低于 M5（Mb5、Ms5）。

砖砌平拱过梁用竖砖砌筑部分的高度不应小于 240mm。

钢筋砖过梁底面砂浆层处的钢筋，其直径不应小于 5mm，间距不宜大于 120mm，钢筋伸入支座砌体内的长度不宜小于 240mm，砂浆层厚度不宜小于 30mm。

砖砌弧拱过梁竖放砌筑砖的高度不应小于 120mm。

钢筋混凝土过梁的端部支承长度不宜小于 240mm，当墙厚不小于 370mm 时，钢筋混凝土过梁宜做成 L 形。

7.6.2　墙梁

由钢筋混凝土托梁及支承在托梁上计算高度范围内的砌体墙组成的组合构件称为墙梁。按支承情况不同，墙梁分为简支墙梁、连续墙梁、框支墙梁（图 7-36）。按承受荷载情况，墙梁可分为承重墙梁和自承重墙梁。承重墙梁除了承受托梁和托梁以上的墙体自重外，还承受由屋盖或楼盖传来的荷载，自承重墙梁只承受托梁以及托梁以上墙体的

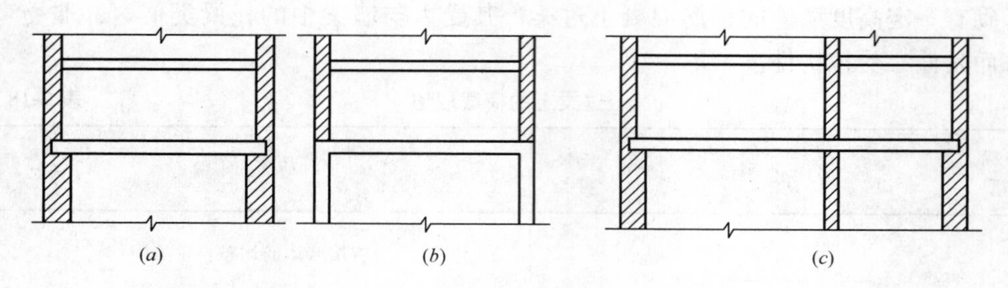

图 7-36　墙梁的类型

(a) 简支墙梁；(b) 框支墙梁；(c) 连续墙梁

自重。按墙体计算高度范围内有无洞口，墙梁分为有洞口墙梁和无洞口墙梁。

墙梁中承托砌体墙和楼盖（屋盖）的混凝土简支梁、连续梁和框架梁，称为托梁。墙梁中考虑组合作用的计算高度范围内的砌体墙，称为墙体。墙梁的计算高度范围内墙体顶面处的现浇混凝土圈梁，称为顶梁。墙梁支座处与墙体垂直相连的纵向落地墙，称为翼墙。

1. 受力特点

对于简支墙梁，当无洞口和跨中开洞墙梁，作用于简支墙梁顶面的荷载通过墙体拱的作用向两边支座传递（图 7-37*a*、*b*）。此时托梁上、下部钢筋全部受拉，沿跨度方向钢筋应力分布比较均匀，处于小偏心受拉状态。托梁与计算高度范围内的墙体组成一拉杆拱机构。

偏开洞墙梁，由于墙梁顶部荷载通过墙体的大拱和小拱作用向两端支座及托梁传递。托梁既作为大拱的拉杆承受拉力，又作为小拱一端的弹性支座，承受小拱传来的竖向压力，产生较大的弯矩，一般处于大偏心受拉状态。托梁与计算范围内的墙体两者组成梁—拱组合受力机构（图 7-37*c*）。

连续墙梁的托梁与计算高度范围内的墙体组成了连续组合拱受力体系。托梁大部分区段处于偏心受拉状态，而托梁中间支座附近小部分区段处于偏心受压状态。框支墙梁将形成框架组合拱结构，托梁的受力与连续墙梁类似。

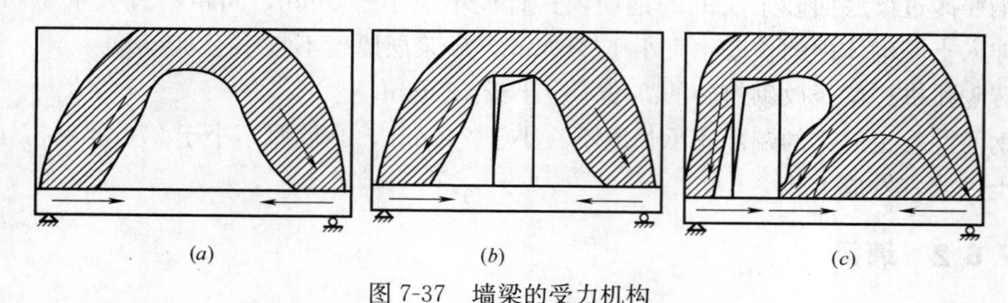

图 7-37　墙梁的受力机构

(a) 无洞口；(b) 跨中有门洞；(c) 有偏开门洞

简支墙梁、连续墙梁和框支墙梁的破坏形态不完全相同，有洞口墙梁和无洞口墙梁的破坏形态也不完全相同，但都可以归纳为以下三种：

（1）弯曲破坏（图 7-38*a*）。弯曲破坏主要发生在跨中截面。托梁处于偏心受拉（小偏心受拉或大偏心受拉）状态，托梁纵向受力钢筋配置相对较少时，下部和上部纵向受力钢筋先后屈服，进而发生沿跨中竖向截面的弯曲破坏。

（2）剪切破坏（图 7-38*b*、*c*、*d*）。剪切破坏可能发生在支座斜截面，也可能发生在洞口处斜截面；当托梁的箍筋配置不足时，可能发生托梁斜截面剪切破坏；当托梁的配筋较强，且两端砌体局部受压承载力得到保证时，一般发生墙体剪切破坏。墙体剪切破坏的具体形式有斜拉破坏、斜压破坏、劈裂破坏等。

（3）局部受压破坏（图 7-38*e*）。托梁支座上方砌体中由于竖向正应力的聚集而形成较大的应力集中。当该处应力超过砌体的局部抗压强度时，将发生托梁支座上方较小范围砌体的局部压碎甚至个别砖压酥的现象。

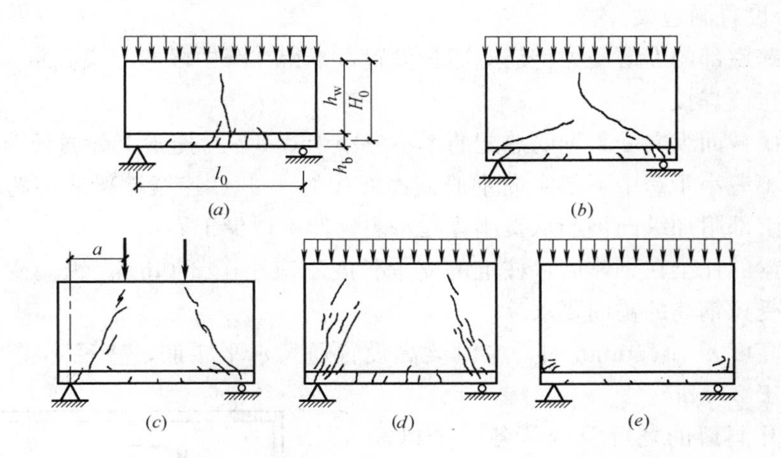

图 7-38 墙梁的破坏形态

（*a*）弯曲破坏；（*b*）、（*c*）、（*d*）剪切破坏；（*e*）局部受压破坏

2. 构造要求

墙梁除应符合《砌体规范》和《混凝土规范》有关构造要求外，尚应符合下列构造要求：

（1）材料

托梁和框支柱的混凝土强度等级不应低于 C30，纵向钢筋宜采用 HRB400、HRB500、HRBF400、HRBF500 钢筋。

承重墙梁的块材强度等级不应低于 MU10，计算高度范围内墙体的砂浆强度等级不应低于 M10（Mb10）。

（2）墙体

墙梁计算高度范围内的墙体厚度，对砖砌体不应小于 240mm，对混凝土小型砌块不应小于 190mm。

墙梁洞口上方应设置混凝土过梁，其支承长度不应小于 240mm，洞口范围内不应施加集中荷载。

承重墙梁的支座处应设置落地翼墙，翼墙厚度，对砖砌体不应小于240mm，对混凝土砌块砌体不应小于190mm，翼墙宽度不应小于墙梁墙体厚度的3倍，并于墙梁墙体同时砌筑。当不能设置翼墙时，应设置落地且上下贯通的构造柱。

当墙梁墙体在靠近支座1/3跨度范围内开洞时，支座处应设置上下贯通的构造柱，并与每层圈梁连接。

墙梁计算高度范围内的墙体，每天砌筑高度不应超过1.5m，否则，应加设临时支撑。

(3) 托梁

托梁两边各两个开间的楼盖应采用现浇混凝土楼盖，楼板厚度不宜小于120mm，当楼板厚度大于150mm时，应采用双层双向钢筋网，楼板上应少开洞，洞口尺寸大于800mm时应设置洞边梁。

托梁每跨底部的纵向受力钢筋应通长设置，不得在跨中段弯起或截断。钢筋连接应采用机械连接或焊接。

托梁跨中截面纵向受力钢筋总配筋率不应小于0.6%。托梁上部通长布置的纵向钢筋截面面积不应小于跨中下部纵向钢筋截面面积的40%。连续墙梁或多跨框支墙梁的托梁中支座上部附加纵向钢筋从支座算起每边延伸不得少于$l_0/4$。

承重墙梁的托梁在砌体墙、柱上的支承长度不应小于350mm。纵向受力钢筋伸入支座应符合受拉钢筋的锚固要求。

当托梁高度$h_b \geqslant 450$mm时，应沿梁高设置通长水平腰筋，直径不得小于12mm，间距不应大于200mm。

墙梁偏开洞口的宽度及两侧各一个梁高h_b范围内直至靠近洞口支座边的托梁箍筋直径不宜小于8mm，间距不应大于100mm（图7-39）。

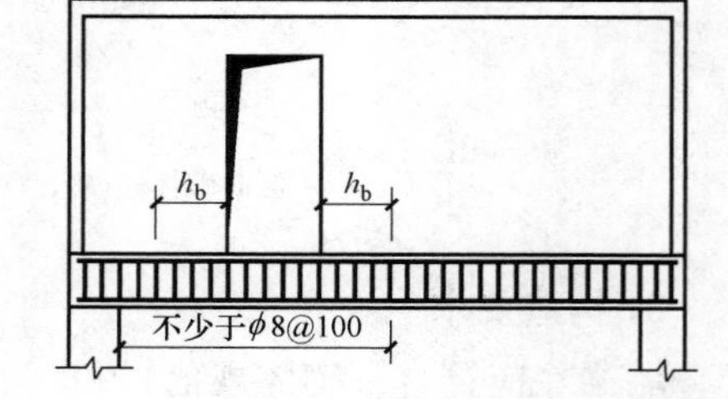

图7-39　偏开洞时托梁箍筋加密区

7.6.3　挑梁

1. 受力特点

挑梁是指嵌固在砌体中的悬挑式钢筋混凝土梁，一般有阳台挑梁、雨篷挑梁和外走廊挑梁。挑梁承受的荷载通常有悬挑端集中力F、挑梁自重、挑梁埋入长度上部墙体重量以及通过墙体传来的上部荷载，有时还有挑梁悬挑部分的其他荷载，如阳台栏板重量等。

挑梁在挑出段荷载和埋入段上下界面分布压力作用下的内力分布如图7-40（a）所示。可见，挑梁最大弯矩发生在计算倾覆点处（图中距墙边x_0处）的截面，至尾端减为零；最大剪力发生在墙边截面。

挑梁从加载到破坏，经历弹性工作阶段、带裂缝工作阶段和破坏阶段三个阶段。图7-40（b）为挑梁弹性工作阶段埋入墙体部分的上、下界面应力分布情况，图7-40（c）为裂缝分布情况。

挑梁可能发生以下三种破坏形态：

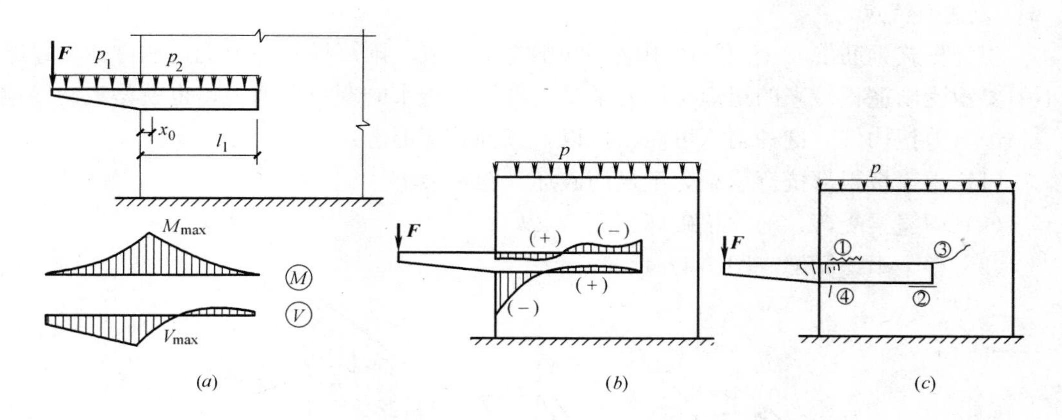

图 7-40　挑梁的内力、应力与裂缝分布

(*a*) 内力分布；(*b*) 弹性阶段界面应力 (σ_y) 分布；(*c*) 裂缝分布

1) 挑梁倾覆破坏。挑梁倾覆力矩大于抗倾覆力矩，挑梁尾端墙体斜裂缝不断开展，挑梁绕倾覆点发生倾覆破坏（图 7-41*a*）。

2) 梁下砌体局部受压破坏。当挑梁埋入墙体较深、梁上墙体高度较大时，挑梁下靠近墙边小部分砌体由于压应力过大发生局部受压破坏（图 7-41*b*）。

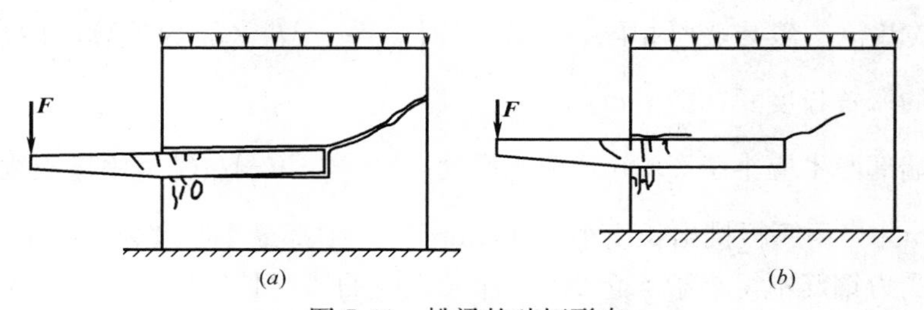

图 7-41　挑梁的破坏形态

(*a*) 倾覆破坏；(*b*) 挑梁下砌体局部受压或挑梁破坏

3) 挑梁自身弯曲破坏或剪切破坏。

2. 挑梁的构造要求

由于挑梁埋入端仍有弯矩存在，并逐步减少到尾端为零，故挑梁上部纵向受力钢筋至少应有 1/2 的钢筋面积伸入梁尾端，且不少于 2ϕ12。其余钢筋伸入支座的长度不应小于 $2l_1/3$。

为了从构造上保证挑梁的稳定性，避免倾覆破坏，挑梁埋入砌体长度 l_1 与挑出长度之比 l 宜大于 1.2；当挑梁上无砌体时，l_1 与 l 之比宜大于 2。

7.6.4　雨篷

雨篷的形式较多，按施工方法可分为现浇雨篷和预制雨篷；按支承条件可分为板式雨篷和梁式雨篷；按材料可分为钢筋混凝土雨篷和钢雨篷。这里仅介绍在工业与民用建筑中用得最多的现浇钢筋混凝土板式雨篷。

1. 受力特点

现浇板式钢筋混凝土雨篷由雨篷板和雨篷梁组成。雨篷板是一个受弯构件。雨篷梁不但要承受雨篷板传来的扭矩，还要承受上部结构传来的弯矩和剪力，也就是说雨篷梁是一个弯剪扭构件。这种雨篷可能出现以下三种破坏形态：

（1）雨篷板根部抗弯承载力不足而破坏（图 7-42*a*）；

（2）雨篷梁受弯、剪、扭破坏（图 7-42*b*）；

（3）整个雨篷倾覆（图 7-42*c*）。

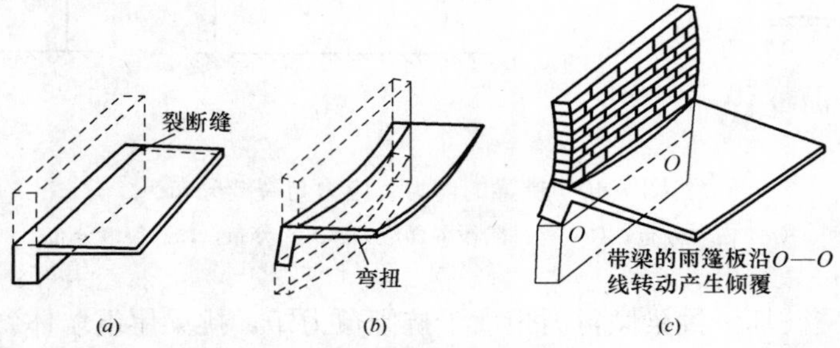

图 7-42　雨篷的破坏形式

（*a*）雨篷板根部断裂；（*b*）雨篷梁受弯、剪、扭破坏；（*c*）雨篷倾覆

2. 雨篷的构造要求

雨篷梁宽度 b 一般与墙厚相同，高度 $h=\left(\frac{1}{10}\sim\frac{1}{8}\right)l_0$（$l_0$ 为计算高度），且为砖厚的倍数，梁的搁置长度 $a\geqslant 370$mm。

雨篷板端部厚不应小于 60mm，根部厚度 $h=\left(\frac{1}{12}\sim\frac{1}{10}\right)l$（$l$ 为雨篷板挑出长度）且不小于 80mm。当雨篷板挑出长度小于 500mm 时，根部最小厚度为 60mm。

雨篷板受力钢筋不得小于 ϕ6@200，伸入梁内的锚固长度取 l_a（l_a 为受拉钢筋锚固长度），分布钢筋不少于 ϕ6@200。

雨篷梁的配筋构造应满足本书教学单元 3 中 3.6 受扭构件的要求。

7.7　砌体房屋的抗震措施

由于墙体材料的脆性性质以及房屋整体性能较差，导致砌体房屋的抗震能力较差，历次强烈地震中，砌体房屋的破坏率都较高。因此采取适当的抗震措施，使砌体房屋具有一定的抗震能力显得十分重要。

7.7.1　震害特点

在强烈地震作用下，多层砌体房屋的破坏主要在墙身和构件间的连接处，具体部位

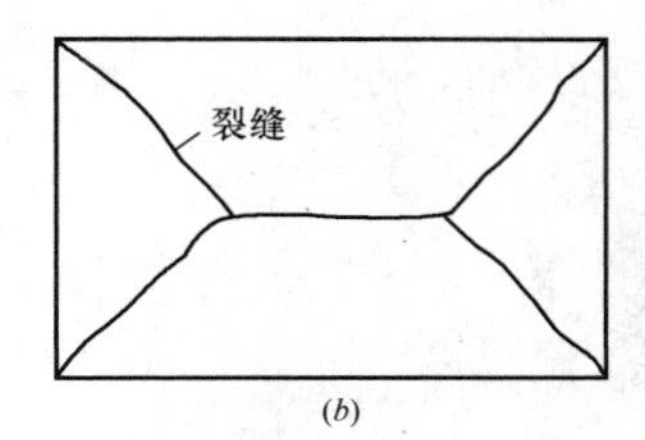

图 7-43　不同高宽比墙的破坏特征
（a）高宽比较大的墙；（b）高宽比接近 1 的墙

主要是：①墙体；②墙体转角处；③楼梯间的破坏；④内外墙连接处；⑤突出屋面的屋顶间等附属结构；⑥楼盖预制板的破坏。

墙体破坏的原因是墙体的受剪承载力不足。试验表明，对于无筋砌体房屋墙体，在竖向压应力和往复的水平力作用下，当墙体内主拉应力产生的应变超过砌体的极限拉应变时，墙体出现斜向交错裂缝。如果高宽比接近于 1 时，通常斜裂缝呈 X 形。墙体高宽比较小的矮墙，则在墙体的中部出现水平裂缝（图 7-43），往复水平荷载下，墙体形成四大块体。在房屋四角墙面上由于两个水平方向的地震作用，出现双向斜裂缝。随着地面运动的加剧，墙体破坏加重，直至丧失竖向承载力，使楼盖（屋盖）塌落。一般情况下，墙体裂缝在底层较严重。图 7-44 为汶川地震中某砌体房屋墙体的破坏情况。

图 7-44　墙体裂缝

墙体转角处破坏的原因，是因为墙角位于房屋尽端，房屋对它的约束作用减弱，使该处的抗震能力减弱，在地震时，房屋发生扭转，墙角处的位移反应较其他地方大，同时，墙体转角处还是应力集中的部位。

楼梯间的破坏，是由于其墙体计算高度（除顶层外）一般较房屋其他部位墙体小，其刚度较大，因此该处分配的地震剪力大，易造成震害。

内外墙连接处是房屋的薄弱部位，特别是有些建筑内外墙分别砌筑，以直槎或马牙槎连接，这些部位在地震中极易被拉开，造成外墙、山墙外闪、倒塌等现象。

突出屋面的屋顶间等附属结构的破坏主要是地震“鞭梢效应”的影响。所谓“鞭梢效应”又称“鞭端效应”，是指建筑物末端形状和刚度发生变化时，端部产生的力和变形突然增大，远远大于其按重力分配到的地震作用的现象。在房屋中，突出屋面的附属结构，如屋顶间（电梯机房、水箱间等）、烟囱、女儿墙等，一般较下部主体结构破坏严重，几乎在 6 度区就有所破坏。特别是较高的女儿墙、出屋面的烟囱，在 7 度区普遍破坏，8～9 度区几乎全部损坏或倒塌。图 7-45 为出屋面屋顶间的破坏情形。

楼盖预制板的破坏主要是支承失效，楼盖、屋盖自身的破坏较少。由于预制板楼盖整体性差，当板的搭接长度不足或无可靠连接时，在强烈地震中极易塌落，并造成墙体倒塌。

图 7-45　突出屋面的屋顶间的破坏

7.7.2　抗震设计的一般规定

1. 房屋高度的限制

震害表明，在一般场地条件下，砌体房屋层数越多，高度愈高，其震害和破坏率就越大。之所以震害随房屋层数增加而加重，是因为当房屋总高度一定时，房屋层数越多，则房屋质量越大，地震时受到的地震作用也越大。因此《抗震规范》对砌体房屋的层数和总高度做出了限制，规定：多层砌体房屋的总高度和层数一般情况下不应超过表7-19的规定；对横墙较少的多层砌体房屋，总高度应比表7-19的规定降低3m，层数相应减少一层；各层横墙很少的多层砌体房屋，还应再减少一层；6、7度时，横墙较少的丙类多层砌体房屋，当按规定采取加强措施并满足抗震承载力的要求时，其高度和层数应允许仍按表7-19规定采用；采用蒸压灰砂砖和蒸压粉煤灰砖的砌体的房屋，当砌体

房屋的层数和总高度限制值（m）　　**表 7-19**

房屋类别		最小墙厚度(mm)	烈度和设计基本地震加速度											
			6		7				8				9	
			0.05g		0.10g		0.15g		0.20g		0.30g		0.40g	
			高度	层数	高度	层数	高度	层数	高度	层数	高度	层数	高度	层数
多层砌体	普通砖	240	21	7	21	7	21	7	18	6	15	5	12	4
	多孔砖	240	21	7	21	7	18	6	18	6	15	5	9	3
	多孔砖	190	21	7	18	6	15	5	15	5	12	4	—	—
	小砌块	190	21	7	21	7	18	6	18	6	15	5	9	3
底部框架-抗震墙	普通砖 多孔砖	240	22	7	22	7	19	6	16	5	—	—	—	—
	多孔砖	190	22	7	19	6	16	5	13	4	—	—	—	—
	小砌块	190	22	7	22	7	19	6	16	5	—	—	—	—

注：1. 房屋的总高度指室外地面到主要屋面板板顶或檐口的高度，半地下室从室内地面算起，全地下室和嵌固条件好的半地下室应允许从室外地面算起；对带阁楼的坡屋面应算到山尖墙的1/2高度处；
2. 室内外高差大于0.6m时，房屋总高度应允许比表中数据适当增加，但不应多于1m；
3. 乙类的多层砌体房屋仍按本地区设防烈度查表，其层数应减少一层且总高度应降低3m，不应采用底部框架-抗震墙砌体房屋；
4. 本表小砌块砌体房屋不包括配筋混凝土小型空心砌块砌体房屋。

的抗剪强度仅达到普通黏土砖砌体的 70%时，房屋的层数应比普通砖房减少一层，总高度应减少 3m；当砌体的抗剪强度达到普通黏土砖砌体的取值时，房屋层数和总高度的要求同普通砖房屋。横墙较少是指同一楼层内开间大于 4.2m 的房间占该层总面积的 40%以上；其中，开间不大于 4.2m 的房间占该层总面积不到 20%且开间大于 4.8m 的房间占该层总面积的 50%以上为横墙很少。

《抗震规范》还规定，多层砌体房屋的层高，不应超过 3.6m。底部框架一抗震墙房屋的底部，层高不应超过 4.5m；当底层采用约束砌体抗震墙时，底层的层高不应超过 4.2m。当使用功能确有需要时，采用约束砌体等加强措施的普通砖房屋，层高不应超过 3.9m。

2. 房屋高宽比的限制

为了保证砌体房屋整体弯曲的承载力，房屋总高度与总宽度的最大比值，应符合表 7-20 的要求。

房屋最大高宽比　　**表 7-20**

烈度	6	7	8	9
最大高宽比	2.5	2.5	2.0	1.5

注：1. 单面走廊房屋的总宽度不包括走廊宽度；
2. 建筑平面接近正方形时，其高宽比宜适当减小。

3. 抗震横墙间距的限制

多层砌体房屋的横向水平地震作用，主要由横墙承受，因此对于横墙，除了要满足抗震承载力的要求之外，还需要横墙间距保证楼盖传递水平地震作用所需要的刚度。为此，《抗震规范》规定，多层砌体房屋的横墙间距不应超过表 7-21 的限制。

房屋抗震横墙最大间距（m）　　**表 7-21**

<table>
<tr><th colspan="2" rowspan="2">房屋类别</th><th colspan="4">烈　度</th></tr>
<tr><th>6</th><th>7</th><th>8</th><th>9</th></tr>
<tr><td rowspan="3">多层砌体</td><td>现浇或装配整体式钢筋混凝土楼盖、屋盖</td><td>15</td><td>15</td><td>11</td><td>17</td></tr>
<tr><td>装配式钢筋混凝土楼盖、屋盖</td><td>11</td><td>11</td><td>9</td><td>4</td></tr>
<tr><td>木屋盖</td><td>9</td><td>9</td><td>4</td><td>—</td></tr>
<tr><td rowspan="2">底部框架-抗震墙</td><td>上部各层</td><td colspan="3">同多层砌体房屋</td><td>—</td></tr>
<tr><td>底层或底部两层</td><td>18</td><td>15</td><td>11</td><td>—</td></tr>
</table>

注：1. 多层砌体房屋的顶层，除木屋盖外的最大横墙间距应允许适当放宽，但应采取相应加强措施；
2. 多孔砖抗震横墙厚度为 190mm 时，最大横墙间距应比表中数值减少 3m。多层砌体房屋的顶层，最大横墙间距应允许适当放宽；
3. 表中木楼、屋盖的规定，不适用于小砌块砌体房屋。

4. 房屋局部尺寸的限制

在强烈地震作用下，房屋首先从薄弱部位破坏。这些薄弱部位一般是：窗间墙、尽端墙、突出屋面的女儿墙等。因此《抗震规范》规定，多层砌体房屋的局部尺寸限值宜符合表 7-22 的要求。

5. 多层砌体房屋的建筑布置和结构体系

多层砌体房屋的建筑布置和结构体系，应符合下列要求：

房屋局部尺寸限值（m） 表 7-22

部位	6 度	7 度	8 度	9 度
承重窗间墙最小宽度	1.0	1.0	1.2	1.5
承重外墙尽端至门窗洞边的最小距离	1.0	1.0	1.2	1.5
非承重外墙尽端至门窗洞边的最小距离	1.0	1.0	1.0	1.0
内墙阳角至门窗洞边的最小距离	1.0	1.0	1.5	2.0
无锚固女儿墙(非出入口)的最大高度	0.5	0.5	0.5	0.0

注：1. 局部尺寸不足时应采取局部加强措施弥补，且最小宽度不宜小于 1/4 层高和表列数据的 80%；
2. 出入口处的女儿墙应有锚固。

（1）应优先采用横墙承重或纵横墙共同承重的结构体系。不应采用砌体墙和混凝土墙混合承重的结构体系。

（2）纵横向砌体抗震墙的布置应符合下列要求：

1）宜均匀对称，沿平面内宜对齐，沿竖向应上下连续；且纵横向墙体的数量不宜相差过大；

2）平面轮廓凹凸尺寸，不应超过典型尺寸的 50%；当超过典型尺寸的 25%时，房屋转角处应采取加强措施；

3）楼板局部大洞口的尺寸不宜超过楼板宽度的 30%，且不应在墙体两侧同时开洞；

4）房屋错层的楼板高差超过 500mm 时，应按两层计算；错层部位的墙体应采取加强措施；

5）同一轴线上的窗间墙宽度宜均匀；墙面洞口的面积，6、7 度时不宜大于墙面总面积的 55%，8、9 度时不宜大于 50%；

6）在房屋宽度方向的中部应设置内纵墙，其累计长度不宜小于房屋总长度的 60%（高宽比大于 4 的墙段不计入）。

（3）房屋有下列情况之一时宜设置防震缝，缝两侧均应设置墙体，缝宽应根据烈度和房屋高度确定，可采用 70～100mm：

1）房屋立面高差在 6m 以上；

2）房屋有错层，且楼板高差大于层高的 1/4；

3）各部分结构刚度、质量截然不同。

（4）楼梯间不宜设置在房屋的尽端或转角处。

（5）不应在房屋转角处设置转角窗。

（6）横墙较少、跨度较大的房屋，宜采用现浇钢筋混凝土楼、屋盖。

6. 底部框架-抗震墙砌体房屋的结构布置

底部框架-抗震墙砌体房屋的结构布置，应符合下列要求：

（1）上部的砌体墙体与底部的框架梁或抗震墙，除楼梯间附近的个别墙段外均应对齐。

（2）房屋的底部，应沿纵横两方向设置一定数量的抗震墙，并应均匀对称布置。6度且总层数不超过四层的底层框架-抗震墙砌体房屋，应允许采用嵌砌于框架之间的约束普通砖砌体或小砌块砌体的砌体抗震墙，但应计入砌体墙对框架的附加轴力和附加剪力并进行底层的抗震验算，且同一方向不应同时采用钢筋混凝土抗震墙和约束砌体抗震墙；其余情况，8度时应采用钢筋混凝土抗震墙，6、7度时应采用钢筋混凝土抗震墙或配筋小砌块砌体抗震墙。

（3）底层框架-抗震墙砌体房屋的纵横两个方向，第二层计入构造柱影响的侧向刚度与底层侧向刚度的比值，6、7度时不应大于2.5，8度时不应大于2.0，且均不应小于1.0。

（4）底部两层框架，抗震墙砌体房屋纵横两个方向，底层与底部第二层侧向刚度应接近，第三层计入构造柱影响的侧向刚度与底部第二层侧向刚度的比值，6、7度时不应大于2.0，8度时不应大于1.5，且均不应小于1.0。

（5）底部框架-抗震墙砌体房屋的抗震墙应设置条形基础、筏形基础等整体性好的基础。

7. 底部框架-抗震墙砌体房屋底部混凝土框架、墙体的抗震等级

底部混凝土框架的抗震等级，6、7、8度应分别按三、二、一级采用。混凝土墙体的抗震等级，6、7、8度应分别按三、三、二级采用。

7.7.3　抗震构造措施

1. 多层砖砌体房屋

（1）钢筋混凝土构造柱

构造柱对提高砌体的受剪承载力是有限的，但是对墙体的约束和防止墙体开裂后砖的散落却有非常显著的作用。构造柱与圈梁一起将墙体分片包围，能限制开裂后砌体裂缝的延伸和砌体的错位，使砌体能够维持竖向承载力，避免墙体倒塌。

1）构造柱设置部位和要求

构造柱的设置部位，一般情况应符合表7-23的要求。

外廊式和单面走廊式的多层房屋，应根据房屋增加一层后的层数，按照表7-23的要求设置构造柱，且单面走廊两侧的纵墙均应按外墙处理。

横墙较少的房屋，应根据房屋增加一层后的层数，按表7-23的要求设置构造柱；当横墙较少的房屋为外廊式或单面走廊式时，应按上述外廊式和单面走廊式多层房屋的要求设置构造柱，但6度不超过四层、7度不超过三层和8度不超过二层时，应按增加二层后的层数对待。

各层横墙很少的房屋，应按增加二层的层数设置构造柱。

采用蒸压灰砂砖和蒸压粉煤灰砖的砌体房屋，当砌体的抗剪强度仅达到普通黏土砖砌体的70%时，应根据增加一层的层数按本上述要求设置构造柱；但6度不超过四层、7度不超过三层和8度不超过二层时，应按增加二层的层数对待。

多层砖砌体房屋构造柱设置要求　　表 7-23

<table>
<tr><th colspan="4">房屋层数</th><th colspan="2" rowspan="2">设置部位</th></tr>
<tr><th>6 度</th><th>7 度</th><th>8 度</th><th>9 度</th></tr>
<tr><td>四、五</td><td>三、四</td><td>二、三</td><td></td><td rowspan="3">楼、电梯间四角；楼梯斜梯段上下端对应的墙体处；
外墙四角和对应转角；
错层部位横墙与外纵墙交接处；
大房间内外墙交接处；
较大洞口两侧</td><td>隔 12m 或单元横墙与外纵墙交接处；
楼梯间对应的另一侧内横墙与外纵墙交接处</td></tr>
<tr><td>六</td><td>五</td><td>四</td><td>二</td><td>隔开间横墙（轴线）与外墙交接处；
山墙与内纵墙交接处</td></tr>
<tr><td>七</td><td>≥六</td><td>≥五</td><td>≥三</td><td>内墙（轴线）与外墙交接处；
内墙的局部较小墙垛处；
内纵墙与横墙（轴线）交接处</td></tr>
</table>

注：较大洞口，内墙指不小于 2.1m 的洞口；外墙在内外墙交接处已设置构造柱时应允许适当放宽；但洞侧墙体应加强。

2）构造柱截面尺寸、配筋和连接（图 7-46）

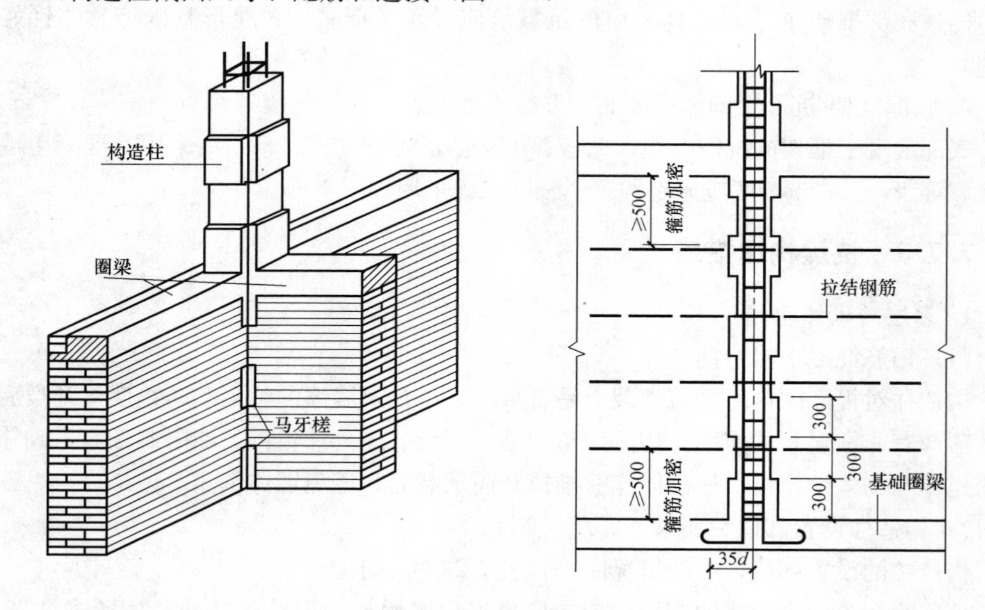

图 7-46　构造柱示意图

构造柱的最小截面可采用 180mm×240mm（墙厚 190mm 时为 180mm×190mm），纵向钢筋宜采用 4ϕ12，箍筋间距不宜大于 250mm，且在柱上下端应适当加密；6、7 度时超过六层、8 度时超过五层和 9 度时，构造柱纵向钢筋宜采用 4ϕ14，箍筋间距不应大于 200mm；房屋四角的构造柱可适当加大截面与配筋。

构造柱与墙体连接处应砌成马牙槎，并且应沿墙高每隔 500mm 设置 2ϕ6 水平钢筋和 ϕ4 分布短筋平面内点焊组成的拉结网片或 ϕ4 点焊钢筋网片，每边伸入墙内不宜小于 1m。6、7 度时底部 1/3 楼层，8 度时底部 1/2 楼层，9 度时全部楼层，上述拉结钢筋网片应沿墙体水平通长设置。

构造柱与圈梁连接处，构造柱的纵筋应在圈梁纵筋内侧穿过圈梁，保证构造柱纵筋上下贯通。

构造柱可以不单独设置基础，一般的做法是将其与基础圈梁相连或伸入室外地面以下 500mm。与基础圈梁相连时，圈梁埋深可以小于 500mm。

房屋高度和层数接近表 7-19 的限值时，纵、横墙内构造柱间距尚应符合下列要求：横墙内的构造柱间距不宜大于层高的两倍，下部 1/3 楼层的构造柱间距适当减小。当外纵墙开间大于 3.9m 时，应另设加强措施，内纵墙的构造柱间距不宜大于 4.2m。

(2) 钢筋混凝土圈梁

设置钢筋混凝土圈梁是多层砖房有效的抗震措施之一。圈梁可以增强房屋的整体性、限制墙体斜裂缝的开展和延伸、减轻地震时地基不均匀沉降对房屋的影响、提高楼盖的水平刚度。设置在基础顶面和檐口部位的圈梁对抵抗不均匀沉降最有效；当房屋中部沉降较两端大时，基础顶面圈梁作用大；当房屋两端沉降较中部大时，檐口圈梁作用大。

1) 圈梁的设置

多层砖砌体房屋的现浇钢筋混凝土圈梁设置应符合下列要求：

装配式钢筋混凝土楼盖、屋盖或木屋盖的砖房，应按照表 7-24 的要求设置圈梁，纵墙承重时抗震横墙上的圈梁间距应比表 7-24 的要求适当加密。

现浇或装配式钢筋混凝土楼、屋盖与墙体有可靠连接的房屋，应允许不另设圈梁，但楼板沿抗震墙体周边均应加强配筋并与相应的构造柱钢筋可靠连接。

多层砖砌体房屋现浇混凝土圈梁设置要求 表 7-24

墙类	烈度		
	6、7	8	9
外墙和内纵墙	屋盖处及每层楼盖处	屋盖处及每层楼盖处	屋盖处及每层楼盖处
内横墙	屋盖处及每层楼盖处；屋盖处间距不应大于 4.5m；楼盖处间距不应大于 7.2m；构造柱对应部位	屋盖处及每层楼盖处；各层所有横墙，且间距不应大于 4.5m；构造柱对应部位	屋盖处及每层楼盖处；各层所有横墙

2) 圈梁的构造

圈梁应闭合，遇有洞口应上下搭接，圈梁宜与预制板设在同一标高处或紧靠板底。圈梁的截面高度不应小于 120mm，配筋应符合表 7-25 的要求。圈梁在表 7-23 要求的间距内无横墙时，应利用梁或板缝中配筋替代圈梁。

当多层砌体房屋的地基为软弱黏性土、液化土、新近填土或严重不均匀，且基础圈梁作为减少地基不均匀沉降影响的措施时，基础圈梁的高度不应小于 180mm，配筋不小于 4ϕ12。

纵横墙交接处的圈梁应有可靠的连接（图 7-47）。

(3) 墙体之间的连接

6、7 度时大于 7.2m 的大房间，及 8 度和 9 度时，外墙转角及内外墙交接处，应沿

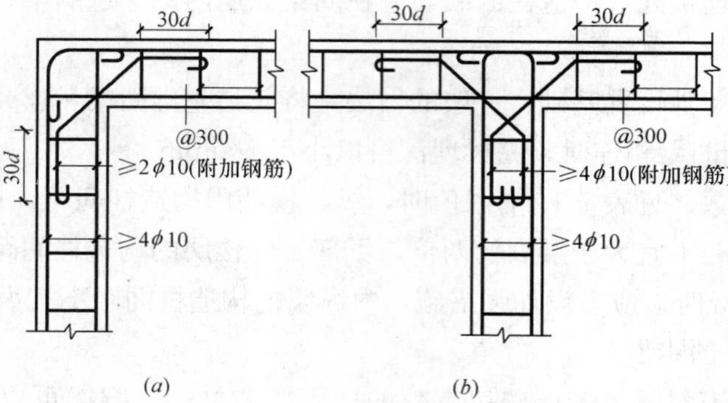

图 7-47 圈梁在房屋转角及丁字交叉处的连接构造

(*a*) 房屋转角处；(*b*) 丁字交叉处

墙高每隔 500mm 配置 2ϕ6 通长钢筋和 ϕ4 分布短筋平面内点焊组成的拉结网片或 ϕ4 点焊网片。

后砌的非承重隔墙应沿墙高每隔 500～600mm 配置 2ϕ6 拉结钢筋与承重墙或柱拉结，每边伸入墙内不应少于 500mm；8 度和 9 度时，长度大于 5m 的后砌隔墙，墙顶尚应与楼板或梁拉结，独立墙肢端部及大门洞边宜设钢筋混凝土构造柱。

（4）楼盖与墙体之间的拉结

现浇钢筋混凝土楼板或屋面板伸进纵、横墙内的长度，均不应小于 120mm。

装配式钢筋混凝土楼板或屋面板，当圈梁未设在同一标高时，板端伸进外墙的长度不应小于 120mm，伸进内墙的长度不应小于 100mm，在梁上不应小于 80mm 或采用硬架支模连接①。

当板的跨度大于 4.8m 并与外墙平行时，靠外墙的预制板侧边应与墙或圈梁拉结。

房屋端部大房间的楼盖，8 度时房屋的屋盖和 9 度时房屋的楼、屋盖，当圈梁设在板底时，钢筋混凝土预制板应相互拉结，并应与梁、墙或圈梁拉结。

楼、屋盖的钢筋混凝土梁或屋架应与墙、柱（包括构造柱）或圈梁可靠连接；不得采用独立砖柱。跨度不小于 6m 大梁的支承构件应采用组合砌体等加强措施，并满足承载力要求。

坡屋顶房屋的屋架应与顶层圈梁可靠连接，檩条或屋面板应与墙及屋架可靠连接，房屋出入口的檐口瓦应与屋面构件锚固。采用硬山搁檩时，顶层内纵墙顶宜增砌支承山墙的踏步式墙垛，并设置构造柱。

门窗洞口处不应采用砖过梁，包括配筋的和无筋的砖过梁。过梁的支承长度，6～8 度时不应小于 240mm，9 度时不应小于 360mm。

预制阳台，6、7 度时应与圈梁和楼板的现浇板带可靠连接，8、9 度时不应采用预

① 硬架支模的施工方法是：先架设梁或圈梁的模板，再将预制板支承在具有一定刚度的硬架上，然后浇筑梁或圈梁、现浇叠合层等的混凝土。

制阳台。

（5）楼梯间构造

历次地震震害表明，楼梯间由于比较空旷常常破坏严重，因此必须采取一系列有效措施。为了加强楼梯间的整体性，楼梯间应符合下列要求：

1）顶层楼梯间横墙和外墙应沿墙高每隔 500mm 设 $2\phi6$ 通长钢筋和 $\phi4$ 分布短钢筋平面内点焊组成的拉结网片或 $\phi4$ 点焊网片；7～9 度时其他各层楼梯间墙体应在休息平台或楼层半高处设置 60mm 厚的钢筋混凝土带或配筋砖带，配筋砖带不少于 3 皮，每皮的配筋不少于 $2\phi6$，砂浆强度等级不应低于 M7.5 且不低于同层墙体的砂浆强度等级。

2）楼梯间及门厅内墙阳角处的大梁支承长度不应小于 500mm，并应与圈梁连接。

3）装配式楼梯段应与平台板的梁可靠连接，8、9 度时不应采用装配式楼梯段；不应采用墙中悬挑式踏步或踏步竖肋插入墙体的楼梯，不应采用无筋砖砌栏板。

4）突出屋顶的楼、电梯间，构造柱应伸至顶部，并与顶部圈梁连接，所有墙体应沿墙高每隔 500mm 设 $2\phi6$ 通长钢筋和 $\phi4$ 分布短筋平面内点焊组成的拉结网片或 $\phi4$ 点焊网片。

（6）横墙较少房屋的加强措施

丙类的多层砖砌体房屋，当横墙较少且总高度和层数接近或达到表 7-19 规定的限值时，应采取下列加强措施：

1）房屋的最大开间尺寸不宜大于 6.6m。

2）同一结构单元内横墙错位数量不宜超过横墙总数的 1/3，且连续错位不宜多于两道；错位的墙体交接处应增设构造柱，且楼、屋面板应采用现浇钢筋混凝土板。

3）横墙和内纵墙上洞口的宽度不宜大于 1.5m；外纵墙上的洞口的宽度不宜大于 2.1m 或开间尺寸的一半；且内外墙上洞口位置不应影响内外纵墙与横墙的整体连接。

4）所有纵横墙均应在楼、屋盖标高处设置加强的现浇钢筋混凝土圈梁；圈梁的截面高度不宜小于 150mm，上下纵筋各不应少于 $3\phi10$，箍筋不小于 $\phi6$，间距不大于 300mm。

5）所有纵横墙交接处及横墙的中部，均应增设满足下列要求的构造柱：在横墙内柱距不宜大于 3m，最小截面尺寸不宜小于 240mm×240mm（墙厚 190mm 时为 240mm×190mm），配筋宜符合表 7-25 的要求。

增设构造柱的纵筋和箍筋设置要求 **表 7-25**

<table>
<tr><th rowspan="2">位置</th><th colspan="3">纵向钢筋</th><th colspan="3">箍筋</th></tr>
<tr><th>最大配筋率（%）</th><th>最小配筋率（%）</th><th>最小直径（mm）</th><th>加密区范围（mm）</th><th>加密区间距（mm）</th><th>最小直径（mm）</th></tr>
<tr><td>角柱</td><td rowspan="2">1.8</td><td rowspan="2">0.8</td><td>14</td><td>全高</td><td rowspan="3">100</td><td rowspan="3">6</td></tr>
<tr><td>边柱</td><td>14</td><td rowspan="2">上端 700
下端 500</td></tr>
<tr><td>中柱</td><td>1.4</td><td>0.6</td><td>12</td></tr>
</table>

6）同一结构单元的楼、屋面板应设置在同一标高处。

7）房屋底层和顶层的窗台标高处，宜设置沿纵横墙通长设置的水平现浇钢筋混凝土带；其截面高度不小于60mm，宽度不小于墙厚，纵向钢筋不少于2ϕ10，横向分布筋的直径不小于Φ6且其间距不大于200mm。

（7）同一结构单元采用同一类型的基础

同一结构单元的基础（或桩承台）宜采用同一类型，底面宜埋置在同一标高上，否则应增设基础圈梁并应按1：2的台阶放坡。

2. 多层小砌块房屋

（1）钢筋混凝土芯柱

多层小砌块房屋应按表7-26的要求设置钢筋混凝土芯柱。对外廊式和单面走廊式的多层房屋、横墙较少的房屋、各层横墙很少的房屋，应分别按多层砖砌体房屋中关于增加层数的对应要求，按表7-26的要求设置芯柱。

多层小砌块房屋芯柱设置要求　　表7-26

房屋层数				设置部位	设置数量
6度	7度	8度	9度		
四、五	三、四	二、三		外墙转角，楼、电梯间四角，楼梯斜梯段上下端对应的墙体处； 大房间内外墙交接处； 错层部位横墙与外纵墙交接处； 隔12m或单元横墙与外纵墙交接处	外墙转角，灌实3个孔； 内外墙交接处，灌实4个孔； 楼梯斜段上下端对应的墙体处，灌实2个孔
六	五	四		同上； 隔开间横墙（轴线）与外纵墙交接处	
七	六	五	二	同上； 各内墙（轴线）与外纵墙交接处； 内纵墙与横墙（轴线）交接处和洞口两侧	外墙转角，灌实5个孔； 内外墙交接处，灌实4个孔； 内墙交接处，灌实4～5个孔； 洞口两侧各灌实1个孔
	七	≥六	≥三	同上； 横墙内芯柱间距不大于2m	外墙转角，灌实7个孔； 内外墙交接处，灌实5个孔； 内墙交接处，灌实4～5个孔； 洞口两侧各灌实1个孔

注：外墙转角、内外墙交接处、楼电梯间四角等部位，应允许采用钢筋混凝土构造柱替代部分芯柱。

芯柱的截面不宜小于120mm×120mm，混凝土强度等级不应低于Cb20。芯柱的竖向插筋应贯通墙身且与圈梁连接；插筋不应小于1ϕ12，6、7度时超过五层、8度时超过四层和9度时，插筋不应小于1ϕ14。

芯柱应伸入室外地面下500mm或与埋深小于500mm的基础圈梁相连。

为提高墙体抗震受剪承载力而设置的芯柱，宜在墙体内均匀布置，最大净距不宜大于2.0m。

多层小砌块房屋墙体交接处或芯柱与墙体连接处应设置拉结钢筋网片，网片可采用直径4mm的钢筋点焊而成，沿墙高间距不大于600mm，并应沿墙体水平通长设置。6、7度时底部1/3楼层，8度时底部1/2楼层，9度时全部楼层，上述拉结钢筋网片沿墙高间距不大于400mm。

(2) 钢筋混凝土构造柱

小砌块房屋中，采用钢筋混凝土构造柱替代芯柱时，应符合下列构造要求：

构造柱截面不宜小于 190mm×190mm，纵向钢筋宜采用 4ϕ12，箍筋间距不宜大于 250mm，且在柱上下端应适当加密；6、7 度时超过五层、8 度时超过四层和 9 度时，构造柱纵向钢筋宜采用 4ϕ14，箍筋间距不应大于 200mm；外墙转角的构造柱可适当加大截面及配筋。

构造柱与砌块墙连接处应砌成马牙槎，与构造柱相邻的砌块孔洞，6 度时宜填实，7 度时应填实，8、9 度时应填实并插筋。构造柱与砌块墙之间沿墙高每隔 600mm 设置 ϕ4 点焊拉结钢筋网片，并应沿墙体水平通长设置。6、7 度时底部 1/3 楼层，8 度时底部 1/2 楼层，9 度全部楼层，上述拉结钢筋网片沿墙高间距不大于 400mm。

构造柱与圈梁连接处，构造柱的纵筋应在圈梁纵筋内侧穿过，保证构造柱纵筋上下贯通。

构造柱可不单独设置基础，但应伸入室外地面下 500mm，或与埋深小于 500mm 的基础圈梁相连。

(3) 钢筋混凝土圈梁

多层小砌块房屋现浇钢筋混凝土圈梁的要求设置同多层砖砌体房屋。

圈梁宽度不应小于 190mm，配筋不应少于 4ϕ12，箍筋间距不应大于 200mm。

(4) 水平现浇钢筋混凝土带

多层小砌块房屋的层数，6 度时超过五层、7 度时超过四层、8 度时超过三层和 9 度时，在底层和顶层的窗台标高处，沿纵横墙应设置通长的水平现浇钢筋混凝土带；其截面高度不小于 60mm，纵筋不少于 2ϕ10，并应有分布拉结钢筋；其混凝土强度等级不应低于 C20。

水平现浇混凝土带亦可采用槽形砌块替代模板，其纵筋和拉结钢筋不变。

(5) 横墙较少房屋的加强措施

丙类的多层小砌块房屋，当横墙较少且总高度和层数接近或达到表 7-19 规定限值时，应按前述多层砌体房屋中，横墙较少时的相关要求采取加强措施。其中，墙体中部的构造柱可采用芯柱替代，芯柱的灌孔数量不应少于 2 孔，每孔插筋的直径不应小于 18mm。

小砌块房屋的其他抗震构造措施，应符合多层砖砌体房屋的有关要求。

3. 底部框架一抗震墙房屋

(1) 钢筋混凝土构造柱或芯柱

底部框架一抗震墙房屋的上部墙体应设置钢筋混凝土构造柱或芯柱，其设置部位，应根据房屋的总层数分别按多层砌体房屋和多层小砌块房屋的规定设置。

构造柱、芯柱的构造应符合下列要求，其他构造应符合多层砌体房屋和多层小砌块房屋中的有关要求：

砖砌体墙中的构造柱，其截面不宜小于 240mm × 240mm（墙厚 190mm 时为

240mm×190mm)，纵向钢筋不宜少于 4ϕ14，箍筋间距不宜大于 200mm。

芯柱每孔插筋不应小于 1ϕ14，芯柱之间沿墙高应每隔 400mm 设 ϕ4 焊接钢筋网片。

构造柱应与每层圈梁连接，或与现浇楼板可靠拉接。

构造柱、芯柱应与每层圈梁连接，或与现浇楼板可靠连接。

(2) 过渡层墙体的构造

过渡层砌体块材的强度等级不应低于 MU10，砖砌体砌筑砂浆强度的等级不应低于 M10，砌块砌体砌筑砂浆强度的等级不应低于 Mb10。

上部砌体墙的中心线宜与底部的框架梁、抗震墙的中心线相重合；构造柱或芯柱宜与框架柱上下贯通。

过渡层应在底部框架柱、混凝土墙或约束砌体墙的构造柱所对应处设置构造柱或芯柱；墙体内的构造柱间距不宜大于层高；芯柱除按本规范表 7-27 设置外，最大间距不宜大于 1m。

过渡层构造柱的纵向钢筋，6、7 度时不宜少于 4ϕ16，8 度时不宜少于 4ϕ18。过渡层芯柱的纵向钢筋，6、7 度时不宜少于每孔 1ϕ16，8 度时不宜少于每孔 1ϕ18。一般情况下，纵向钢筋应锚入下部的框架柱或混凝土墙内；当纵向钢筋锚固在托墙梁内时，托墙梁的相应位置应加强。

过渡层的砌体墙在窗台标高处，应设置沿纵横墙通长的水平现浇钢筋混凝土带；其截面高度不小于 60mm，宽度不小于墙厚，纵向钢筋不少于 2ϕ10，横向分布筋的直径不小于 6mm 且其间距不大 200mm。此外，砖砌体墙在相邻构造柱间的墙体，应沿墙高每隔 360mm 设置 2ϕ6 通长水平钢筋和 ϕ4 分布短筋平面内点焊组成的拉结网片或 ϕ4 点焊钢筋网片，并锚入构造柱内；小砌块砌体墙芯柱之间沿墙高应每隔 400mm 设置 ϕ4 通长水平点焊钢筋网片。

过渡层的砌体墙，凡宽度不小于 1.2m 的门洞和 2.1m 的窗洞，洞口两侧宜增设截面不小于 120mm×240mm（墙厚 190mm 时为 120mm×190mm）的构造柱或单孔芯柱。

当过渡层的砌体抗震墙与底部框架梁、墙体不对齐时，应在底部框架内设置托墙转换梁，并且过渡层砖墙或砌块墙应采取加强措施。

(3) 楼盖

底部框架—抗震墙房屋的过渡层的底板应采用现浇钢筋混凝土板，板厚不应小于 120mm；并应少开洞、开小洞，当洞口大于 800mm 时，洞口周边应设置边梁。

其他楼盖，采用装配式钢筋混凝土楼板时均应设置现浇圈梁，采用现浇钢筋混凝土楼板时可以不另设圈梁，但楼板沿墙体周边应加强配筋并与相应的构造柱可靠连接。

(4) 钢筋混凝土托墙梁

托墙梁的混凝土强度等级不应低于 C30，截面宽度不应小于 300mm，截面高度不应小于跨度的 1/10。

箍筋的直径不应小于 8mm，间距不应大于 200mm；梁端在 1.5 倍梁高且不小于 1/5梁净跨范围内，以及上部墙体的洞口处和洞口两侧各 500mm 且不小于梁高的范围内，箍筋间距不应大于 100mm。

沿梁高应设置腰筋，数量不应少于 2ϕ14，间距不应大于 200mm。

梁的纵向受力钢筋和腰筋应按受拉钢筋的要求锚固在柱内，且支座上部的纵向受力钢筋在柱内的锚固长度应符合钢筋混凝土框支梁的有关要求。

（5）底部抗震墙

底部框架一抗震墙房屋中的抗震墙，是底部的主要抗侧力构件，因此对其构造上提出了严格的要求，以加强抗震能力。

当底部框架一抗震墙房屋的底部采用钢筋混凝土抗震墙时，其混凝土强度等级不应低于 C30，其截面和构造应符合下列要求：

1）抗震墙周边应设置梁（或暗梁）和边框柱（或框架柱）组成的边框；边框梁的截面宽度不宜小于墙板厚度的 1.5 倍，截面高度不宜小于墙板厚度的 2.5 倍；边框柱的截面高度不宜小于墙板厚度的 2 倍。

2）抗震墙墙板厚度不宜小于 160mm，且不应小于墙边净高的 1/20；抗震墙宜按开设洞口形式形成若干墙段，各墙段的高宽比不宜小于 2。

3）抗震墙的竖向和横向分布钢筋配筋率均不应小于 0.30%，并应采用双排布置；双排分布钢筋间拉筋的间距不应大于 600mm，直径不应小于 6mm。

4）抗震墙的边缘构件可按剪力墙结构的有关规定设置。

当 6 度设防的底层框架-抗震墙砖房的底层采用普通砖抗震墙时，其构造应符合下列要求：

1）墙厚不应小于 240mm，砌筑砂浆强度等级不应低于 M10，应先砌墙后浇框架。

2）沿框架柱每隔 300mm 配置 2ϕ8 的水平钢筋和 ϕ4 分布短筋平面内点焊组成的拉结网片，并沿砖墙水平通长设置；在墙体半高处尚应设置与框架柱相连的钢筋混凝土水平系梁。

3）墙长大于 4m 时和洞口两侧，应在墙内设置钢筋混凝土构造柱。

当 6 度设防的底层框架—抗震墙砌块房屋的底层采用小砌块抗震墙时，其构造应符合下列要求：

1）墙厚不应小于 190mm，砌筑砂浆强度等级不应低于 Mb10，应先砌墙后浇框架。

2）沿框架柱每隔 400mm 配置 2ϕ8 水平钢筋和 ϕ4 分布短筋平面内点焊组成的拉结网片，并沿砌块墙水平通长设置；在墙体半高处尚应设置与框架柱相连的钢筋混凝土水平系梁，系梁截面不应小于 190mm×190mm，纵筋不应小于 4ϕ12，箍筋直径不应小于 ϕ6，间距不应大于 200mm。

3）墙体在门、窗洞口两侧应设置芯柱，墙长大于 4m 时，应在墙内增设芯柱，芯柱应符合前述多层小砌块房屋的有关规定；其余位置，宜采用钢筋混凝土构造柱替代芯柱，钢筋混凝土构造柱应符合前述多层小砌块房屋的有关规定。

（6）框架柱

框架柱的混凝土强度等级不应低于 C30。

柱的截面不应小于 400mm×400mm，圆柱直径不应小于 450mm。柱的轴压比，6 度时不宜大于 0.85，7 度时不宜大于 0.75，8 度时不宜大于 0.65。

柱的纵向钢筋最小总配筋率，当钢筋的强度标准值低于400MPa时，中柱在6、7度时不应小于0.9%，8度时不应小于1.1%；边柱、角柱和混凝土抗震墙端柱在6、7度时不应小于1.0%，8度时不应小于1.2%。柱的箍筋直径，6、7度时不应小于8mm，8度时不应小于10mm，并应全高加密箍筋，间距不大于100mm。

底部框架一抗震墙房屋的其他构造，与多层砖砌体房屋、多层小砌块房屋相应的构造措施相同。

思考题

1. 砌体可分为哪几类？常用的砌体材料有哪些？适用范围是什么？
2. 影响砌体抗压强度的因素有哪些？砌体施工质量控制等级分为哪几级？
3. 受压砌体承载力计算时偏心距的限值是多少？
4. 受压砌体的纵向承载力影响系数 φ 与什么因素有关？
5. 什么是高厚比？砌体房屋限制高厚比的目的是什么？
6. 砌体房屋静力计算方案有哪些？影响砌体房屋静力计算方案的主要因素有哪些？
7. 画出单层以及多层刚性方案房屋的计算简图。
8. 产生墙体开裂的主要原因是什么？防止墙体开裂的主要措施有哪些？
9. 温度裂缝和由地基不均匀沉降引起的裂缝有什么形态？
10. 墙梁由哪几部分组成？墙梁可能发生哪些破坏形式？
11. 过梁、墙梁、挑梁、雨篷的受力特点有哪些？破坏形态有哪些？
12. 多层砌体房屋有哪些抗震构造要求？
13. 构造柱、芯柱一般设置在哪些位置？
14. 圈梁布置原则是什么？

习题

1. 已知一轴心受压砌体，计算长度 $H_0=3.6$m，截面尺寸 $b\times h=370\text{mm}\times490\text{mm}$，采用MU10的烧结普通砖、M5混合砂浆砌筑，该砌体承受轴向压力设计值 $N=180$kN（已包括柱自重），试验算该砌体的承载力。

2. 截面尺寸为490mm×620mm的偏心受压砖柱，柱计算高度 $H_0=H=4.8$m，采用MU10页岩砖及M5混合砂浆砌筑，柱底承受轴向压力设计值为 $N=210$kN，弯矩设计值 $M=24$kN·m（沿长边方向），结构的安全等级为二级，施工质量控制等级为B级。试验算该柱底截面是否安全。

3. 窗间墙截面尺寸为240mm×1000mm，如图7-48所示，砖墙用MU10的烧结普通砖和M5的混合砂浆砌筑。大梁的截面尺寸为200mm×550mm，梁下设240mm×240mm×500mm的预制混凝土垫块，梁在垫块上的搁置长度为240mm。大梁的支座反力为80kN，窗间墙范围内梁底截面处的上部荷载设计值为200 kN，试验算垫块下砌体的局部受压承载力。

4. 某砖柱截面为490mm×370mm，计算高度为5m，采用M7.5混合砂浆砌筑。试验算此砖柱的高厚比。

5. 某单层房屋层高为4.5m，砖柱截面为490mm×370mm，采用M5混合砂浆砌筑，房屋的静力计算方案为刚性方案。试验算此砖柱的高厚比。

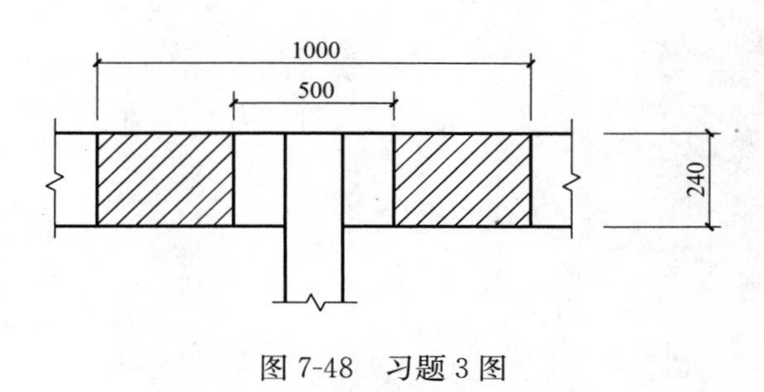

图 7-48　习题 3 图

6. 某房屋非承重外墙，墙厚为 370mm，墙长 9m，计算高度 4m，中间开宽为 1.8m 的窗两樘，采用 M7.5 混合砂浆砌筑。试验算该墙的高厚比。

7. 某单层单跨无吊车的仓库，柱间距离为 4m，中间开宽为 1.8m 的窗，车间长 40m，屋架下弦标高为 5m，壁柱为 370mm×490mm，墙厚为 240mm，房屋的静力计算方案为刚弹性方案，试验算带壁柱墙的高厚比。

教学单元8

钢结构

【教学目标】通过本单元教学，使学生掌握钢结构的连接方法，实腹式轴心受压构件和梁的稳定性的概念；理解实腹式受压构件、轻型钢屋架、门式刚架轻型房屋钢结构的构造要求；具有对接焊缝、角焊缝、普通螺栓连接的计算能力，以及轴心受力构件、受弯构件、偏心受力构件的强度和刚度的计算能力。

8.1　建筑钢结构的材料

8.1.1　钢材的钢种和钢号

1. 钢结构用钢材的钢种和钢号

建筑工程中所用的建筑钢材基本上都是碳素结构钢和低合金高强度结构钢。

（1）碳素结构钢

碳素结构钢的牌号由字母 Q、屈服点数值、质量等级代号、脱氧方法代号四个部分组成。其中 Q 是“屈”字汉语拼音的首位字母；屈服点数值（以 N/mm^2 为单位）分为 195、215、235、275；质量等级代号有 A、B、C、D，表示质量由低到高；脱氧方法代号有 F、Z、TZ，分别表示沸腾钢、镇静钢、特殊镇静钢，其中代号 Z、TZ 可以省略不写。钢材质量高低主要是以对冲击韧性的要求区分的，对冷弯试验的要求也有不同。对 A 级钢，冲击韧性不作为要求条件，对冷弯试验也只在需方有要求时才进行，而 B、C、D 级对冲击韧性则有不同程度的要求，且都要求冷弯试验合格。在浇铸过程中由于脱氧程度的不同，钢材有镇静钢与沸腾钢之分，镇静钢脱氧最充分。钢结构一般采用 Q235 钢，分为 A、B、C、D 四级，A、B 两级有沸腾钢和镇静钢，C 级全部为镇静钢，D 级全部为特殊镇静钢。例如 Q235A 代表屈服强度为 $235N/mm^2$，A 级，镇静钢。

（2）低合金高强度结构钢

低合金高强度结构钢是在钢的冶炼过程中添加少量合金元素（合金元素的总量低于 5%），以提高钢材的强度、耐腐蚀性及低温冲击韧性等。低合金高强度结构钢均为镇静钢或特殊镇静钢，所以它的牌号只有 Q、屈服点数值、质量等级三部分。屈服点数值（以 N/mm^2 为单位）分为 295、345、390、420、460。质量等级有 A 到 E 五个级别。A 级无冲击功要求，B、C、D、E 级均有冲击功要求。不同质量等级对碳、硫、磷、铝等含量的要求也有区别。低合金高强度结构钢的 A、B 级属于镇静钢，C、D、E 级属于特殊镇静钢。例如 Q345E 代表屈服点为 345 N/mm^2 的 E 级低合金高强度结构钢。

2. 钢结构用钢材的选用

为保证结构安全可靠，经济合理，钢材选用中需考虑下列主要因素：

1）结构的重要性。结构安全等级不同，所选钢材的质量也应不同，钢材的保证项目也应有所区别。

2）荷载特征。结构所受荷载可分为静力荷载和动力荷载两种，承受动力荷载的构件如吊车梁还有重、中、轻级工作制的区别，因此，应针对荷载特征选用不同的钢材和不同的保证项目。

3）连接方法。对焊接结构，应选用可焊性较好的钢材。

4）工作条件。结构工作环境的温度当处于低温时钢材易产生低温冷脆，当处于腐蚀性介质环境时易引起钢材锈蚀，故在选材时应采用相应质量的钢材。

《钢结构规范》规定，承重结构的钢材宜采用 Q235 钢、Q345 钢、Q390 钢和 Q420 钢。

承重结构采用的钢材应具有抗拉强度、伸长率、屈服强度和硫、磷含量的合格保证，对焊接结构尚应具有碳含量的合格保证。

焊接承重结构以及重要的非焊接承重结构采用的钢材还应具有冷弯试验的合格保证。

对于需要验算疲劳的焊接结构的钢材，应具有常温冲击韧性的合格保证。当结构工作温度不高于 0℃但高于－20℃时，Q235 钢和 Q345 钢应具有 0℃冲击韧性的合格保证；对 Q390 钢和 Q420 钢应具有－20℃冲击韧性的合格保证。当结构工作温度不高于－20℃时，对 Q235 钢和 Q345 钢应具有－20℃冲击韧性的合格保证；对 Q390 钢和 Q420 钢应具有－40℃冲击韧性的合格保证。

对于需要验算疲劳的非焊接结构的钢材亦应具有常温冲击韧性的合格保证。当结构工作温度不高于－20℃时，对 Q235 钢和 Q345 钢应具有 0℃冲击韧性的合格保证；对 Q390 钢和 Q420 钢应具有－20℃冲击韧性的合格保证。

吊车起重量不小于 50t 的中级工作制吊车梁，对钢材冲击韧性的要求应与需要验算疲劳的构件相同。

8.1.2 钢材的品种及规格

钢结构采用的型材有热轧成型的钢板、型钢以及冷弯（或冷压）成型的薄壁型材。

1. 热轧钢板

热轧钢板分厚板、薄板和扁钢。厚板的厚度为 4.5～60mm，宽 0.7～3m，长 4～12m。薄板厚度为 0.35～4mm，宽 0.5～1.5m，长 0.5～4m。扁钢厚度为 4～60mm，宽度为 30～200mm，长 3～9m。钢板用符号“-”后加“厚×宽×长（单位为 mm）”的方法表示，如-12×800×2100。

2. 热轧型钢

热轧型钢有角钢、工字钢、槽钢、H 型钢、剖分 T 型钢、钢管（图 8-1）。

角钢有等边和不等边两种。等边角钢以符号“∟”后加“边宽×厚度”（单位为 mm）表示，如∟100×10 表示肢宽 100mm、厚 10mm 的等边角钢。不等边角钢则以符号“∟”后加“长边宽×短边宽×厚度”表示，如∟100×80×8 等。我国目前生产的等边角钢，其肢宽为 20～200mm，不等边角钢的肢宽为 25mm×16mm～200mm×125mm。

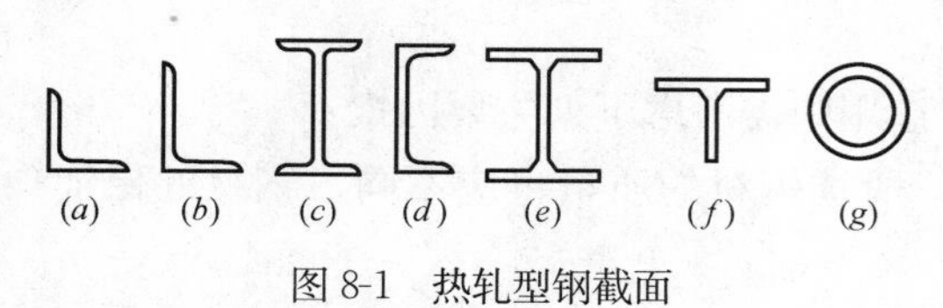

图 8-1 热轧型钢截面

槽钢有热轧普通槽钢与热轧轻型槽钢。普通槽钢以符号“［”后加截面高度（单位为 cm）表示，并以 a、b、c 区分同一截面高度中的不同腹板厚度，如［30a 指槽钢截面高度为 30cm 且腹板厚度为最薄的一种。轻型槽钢以符号“Q［”后加截面高度（单位为 cm）表示，如 Q［25。同普通槽钢相比，轻型槽钢腹板较薄，翼缘较宽且薄。

工字钢分普通工字钢和轻型工字钢。前者以符号“I”后加截面高度（单位为 cm）表示，如 I16。20 号以上的工字钢，同一截面高度有 3 种腹板厚度，以 a、b、c 区分（其中 a 类腹板最薄），如 I30b。轻型工字钢以符号“QI”后加截面高度（单位为 cm）表示，如 QI25。我国生产的普通工字钢规格有 10～63 号。工程中不宜使用轻型工字钢。

H 型钢翼缘内外表面平行，内表面无斜度，翼缘端部为直角，便于与其他构件连结。热轧 H 型钢分为宽翼缘 H 型钢、中翼缘 H 型钢和窄翼缘 H 型钢三类，此外还有 H 型钢柱，其代号分别为 HW、HM、HN、HP。H 型钢的规格以代号后加“高度×宽度×腹板厚度×翼缘厚度”（单位为 mm）表示，如 HW340×250×9×14。

剖分 T 型钢系由对应的 H 型钢沿腹板中部对等剖分而成。其代号与 H 型钢相对应，采用 TW、TM、TN 分别表示宽翼缘 T 型钢、中翼缘 T 型钢和窄翼缘 T 型钢，其规格和表示方法也与 H 型钢相同，如 TN225×200×12 表示截面高度为 225mm、翼缘宽度为 200mm、腹板厚度为 12mm 的窄翼缘剖分 T 型钢。

钢管分为无缝钢管和焊接钢管。以符号“Φ”后加“外径×厚度”（单位为 mm）表示，如Φ400×6。

常用型钢规格见附录。

3. 冷弯薄壁型材

冷弯薄壁型材是由薄钢板经冷弯或模压而成型的（图 8-2）。其中图 8-2（*a*）～（*i*）称为冷弯薄壁型钢，主要用于跨度小，荷载轻的轻型钢结构；图 8-2（*j*）称为压型钢板，其加工和安装已做到标准化、工厂化、装配化，主要用于围护结构、屋面、楼板等。

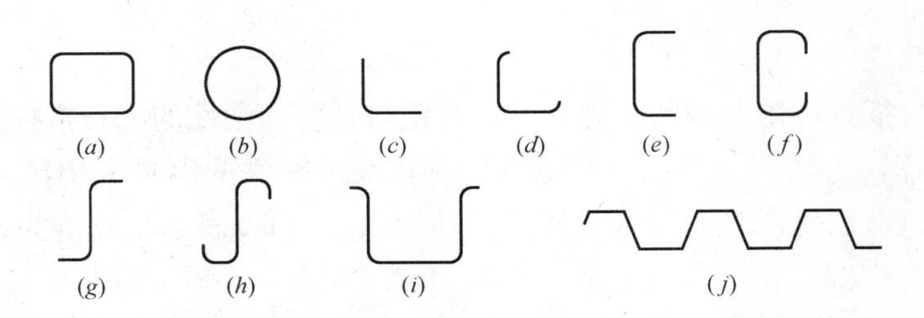

图 8-2　冷弯薄壁型材的截面形式

8.1.3　建筑钢材的力学性能

1. 钢材的力学性能

建筑钢材的力学性能是衡量钢材质量的重要指标，包括强度、塑性、冷弯性能、冲击韧性。其基本概念在建筑力学、建筑材料课程中已有介绍，这里仅作概略复习。

（1）强度

强度是钢材的基本力学性能指标。

对有明显屈服点的钢材（如低碳钢和低合金钢），当应力达到屈服点 f_y 后在一个较大的应变范围内（约从 $\varepsilon=0.15\%$ 到 $\varepsilon=2.5\%$）应力不会继续增长，表示结构已丧失继续承担更大荷载的能力；到达抗拉强度 f_u 后试件出现局部横向收缩变形，即“颈缩”，随后断裂。由于到达后构件产生较大变形，故把它取为计算构件的强度标准；到达 f_u 时构件开始断裂破坏，故以 f_u 作为材料的强度储备。

对于没有明显屈服点的钢材（如热处理钢材），以残余变形为 $\varepsilon=0.2\%$ 时的应力作为名义屈服点，其值约等于极限强度的85％。

钢材在一次压缩或剪切所表现出来的应力-应变变化规律基本上与一次拉伸试验时相似，压缩时的各强度指标也取用拉伸时的数据，只是剪切时的强度指标数值比拉伸时的小。

（2）塑性性能

伸长率是衡量钢材塑性的重要指标。伸长率是指断裂前试件的永久变形与原标定长度的百分比，它取 $5d$ 或 $10d$（d 为圆形试件直径）为标定长度，其相应的伸长率用 δ_5 或 δ_{10} 表示。伸长率代表材料断裂前具有的塑性变形的能力。结构制造时，这种能力使材料经受剪切、冲压、弯曲及锤击所产生的局部屈服而无明显损坏。

（3）冷弯性能

冷弯试验不仅能直接检验钢材的弯曲变形能力或塑性性能，还能暴露钢材内部的冶金缺陷，如硫、磷偏析和硫化物与氧化物的掺杂情况，这些都将降低钢材的冷弯性能。因此，冷弯性能合格是鉴定钢材在弯曲状态下的塑性应变能力和钢材质量的综合指标。冷弯性能由冷弯试验来确定（图 8-3）。试验时按照规定的弯心直径在试验机上用冲头加压，使试件弯成180°，如试件外表面不出现裂纹和分层，即为合格。

（4）冲击韧性

韧性是钢材抵抗冲击荷载的能力。韧性是钢材强度和塑性的综合指标。

《碳素结构钢》GB/T 700—2006 规定，材料冲击韧性的测量采用国际上通用的夏比（Charpy）试验法（图 8-4）。夏比缺口韧性用 A_{kV} 或 C_V 表示，其值为试件折断所需的功，单位为 J（焦耳）。

冲击韧性随温度的降低而下降。其规律是开始下降缓慢，当达到一定温度范围时，突然下降很多而呈脆性，这种性质称为钢材的冷脆性，这时的温度称为脆性临界温度。钢材的脆性临界温度越低，低温冲击韧性越好。

有明显屈服点的钢筋，进行质量检验的主要指标为屈服点、抗拉强度、伸长率和冷弯性能，是钢材的四个重要力学性能指标。

2. 建筑钢材的强度设计值

钢材的强度设计值等于钢材的屈服点除以钢材的抗力分项系数 γ_R。钢材的抗力分项系数 γ_R 取为，Q235 钢为 1.087，Q345、Q390、Q420 钢为 1.111。

钢材强度设计值根据钢材厚度或直径按表 8-1 采用。

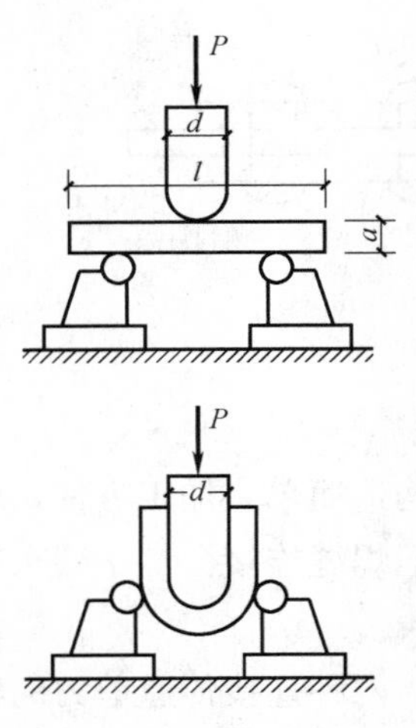

图 8-3 钢材冷弯试验示意图

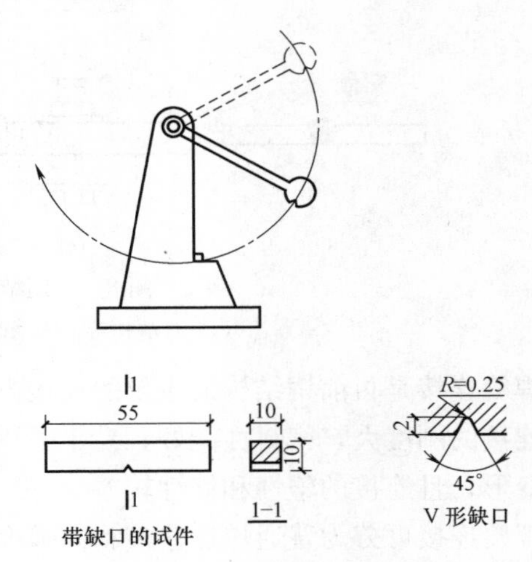

图 8-4 冲击试验

钢材的强度设计值（N/mm²） **表 8-1**

钢材		抗拉、抗压和抗弯 f	抗剪 f_v	端面承压（刨平顶紧）f_{ce}
牌号	厚度或直径（mm）			
Q235 钢	≤16	215	125	325
	＞16～40	205	120	
	＞40～60	200	115	
	＞60～100	190	110	
Q345 钢	≤16	310	180	400
	＞16～35	295	170	
	＞35～50	265	155	
	＞50～100	250	145	
Q390 钢	≤16	350	205	415
	＞16～35	335	190	
	＞35～50	315	180	
	＞50～100	295	170	
Q420 钢	≤16	380	220	440
	＞16～35	360	210	
	＞35～50	340	195	
	＞50～100	325	185	

注：表中厚度系指计算点的厚度，对轴心受力构件系指截面中较厚板件的厚度。

8.2 钢结构的连接

8.2.1 钢结构的连接方法

钢结构的连接方法有焊缝连接、螺栓连接和铆钉连接三种（图 8-5）。

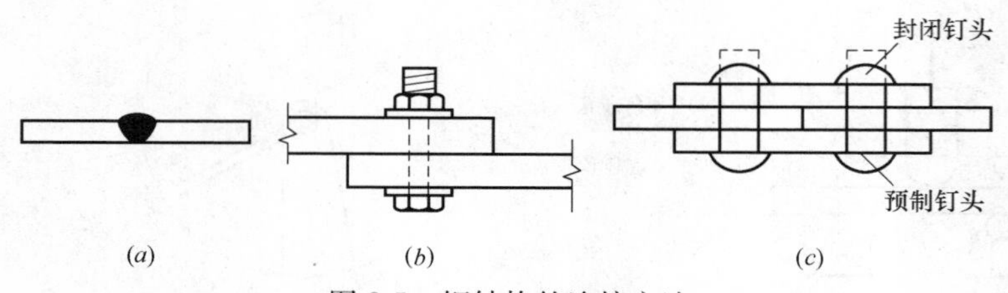

图 8-5 钢结构的连接方法

(a) 焊缝连接；(b) 螺栓连接；(c) 铆钉连接

焊缝连接是目前钢结构最主要的连接方法。其优点是构造简单，加工方便，节约钢材，连接的刚度大，密封性能好，易于采用自动化作业。但焊缝连接会产生残余应力和残余变形，且连接的塑性和韧性较差。

螺栓连接可分为普通螺栓连接和高强度螺栓连接两种。两种连接传递剪力的机理不同。前者靠螺栓杆承压和抗剪来传递剪力，而后者主要是靠被连接板件间的强大摩擦阻力来传递剪力。

普通螺栓分为 A、B、C 三级。其中 A 级和 B 级为精制螺栓，须经车床加工精制而成，尺寸准确，表面光滑，要求配用Ⅰ类孔。其抗剪性能比 C 级螺栓好，但成本高，安装困难，故较少采用。C 级螺栓为粗制螺栓，加工粗糙，尺寸不很准确，只要求Ⅱ类孔。C 级螺栓传递剪力时，连接的变形大，但传递拉力的性能尚好，且成本低，故多用于承受拉力的安装螺栓连接、次要结构和可拆卸结构的受剪连接及安装时的临时连接中。

高强度螺栓连接的优点是施工简便、受力好、耐疲劳、可拆换、工作安全可靠。因此，已广泛用于钢结构连接中，尤其适用于承受动力荷载的结构中。

铆钉连接是先将铆钉烧到 1000℃左右，将钉杆插入直径比钉杆大 1～1.5mm 左右的被连接件的钉孔中，然后用风动铆钉枪或油压铆钉机趁热先镦粗杆身，填满钉孔，再将杆端锻打成半球形封闭钉头。铆钉连接费工费料，在房屋建筑中已基本不采用，因此本书只介绍焊缝连接和螺栓连接。

8.2.2 焊缝连接

1. 焊接原理

钢结构常用的焊接方法是电弧焊，包括手工电弧焊、自动或半自动埋弧焊及气体保护焊等。

(1) 手工电弧焊

手工电弧焊的原理如图 8-6 所示。通电引弧后，在涂有焊药的焊条端和焊件间的间隙中产生电弧，使焊条熔化，熔滴滴入被电弧吹成的焊件溶池中，同时焊药燃烧，在熔池周围形成保护气体；稍冷后在焊缝熔化金属的表面又形成熔渣，隔绝熔池中的液体金属和空气中的氧、氮等气体的接触，避免形成脆性易裂的化合物。焊缝金属冷却后就与焊件熔成一体。

手工焊常用的焊条有碳钢焊条和低合金钢焊条，其牌号为 E43、E50 和 E55 型等。其中 E 表示焊条，两位数字表示焊条熔敷金属抗拉强度的最小值（单位为 kgf/mm^2）。手工焊采用的焊条应符合国家标准的规定，焊条的选用应与主体金属相匹配。一般情况下，对 Q235 钢采用 E43 型焊条，对 Q345 钢采用 E50 型焊条，对 Q390 和 Q420 钢采用 E55 型焊条。当不

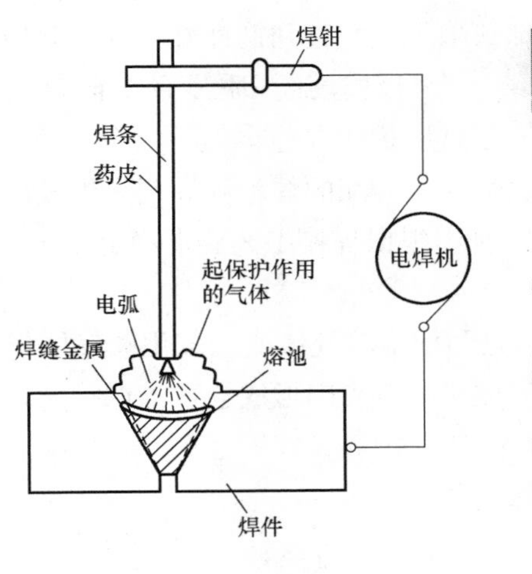

(a)

(b)

图 8-6　手工电弧焊

(a) 焊接原理；(b) 焊接设备

同强度的两种钢材进行连接时，宜采用与低强度钢材相适应的焊条。

手工焊是钢结构中最常用的焊接方法，具有设备简单，适用性强的优点，特别是短焊缝或曲折焊缝的焊接时，或在施工现场进行高空焊接时，只能采用手工焊接，但其生产效率低，劳动强度大，焊缝质量的波动较大。

(2) 自动或半自动埋弧焊

自动或半自动埋弧焊的原理如图 8-7 所示。通电引弧后，由于电弧的作用，使埋于焊剂下的焊丝和附近的焊剂熔化，熔渣浮在熔化的焊缝金属上面，使融化金属不与空气接触，并供给焊缝金属以必要的合金元素，随着焊机的自动移动，颗粒状的焊剂不断由料斗漏下，电弧完全被埋在焊剂之内，同时焊丝也自动的边熔化边下降，故称为自动埋弧焊。如果焊机的移动是由人工操作，则称为半自动埋弧焊。

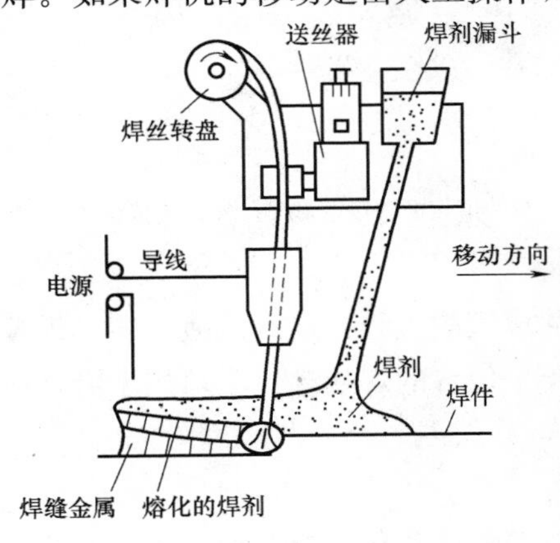

(a)

(b)

图 8-7　自动电弧焊

(a) 焊接原理；(b) 焊接设备

自动埋弧焊焊缝质量稳定，焊缝内部缺陷少，塑性和韧性好，因此其质量比手工电弧焊好。但它只适合焊接较长的直线焊缝。半自动埋弧焊质量介于自动焊和手工焊之间，因由人工操作，故适合于焊接曲线或任意形状的焊缝。

自动焊或半自动焊应采用与焊件金属强度相匹配的焊丝和焊剂。焊丝应符合《焊接用钢丝》(GB 1300—1977) 的规定，焊剂种类根据焊接工艺要求确定。

(3) 气体保护焊

气体保护焊的原理如图 8-8 所示。它是利用惰性气体或二氧化碳气体作为保护介质的一种电弧熔焊方法。它直接依靠保护气体在电弧周围形成局部的保护层，以防止有害气体的侵入，从而保持焊接过程的稳定，气体保护焊又称气电焊。

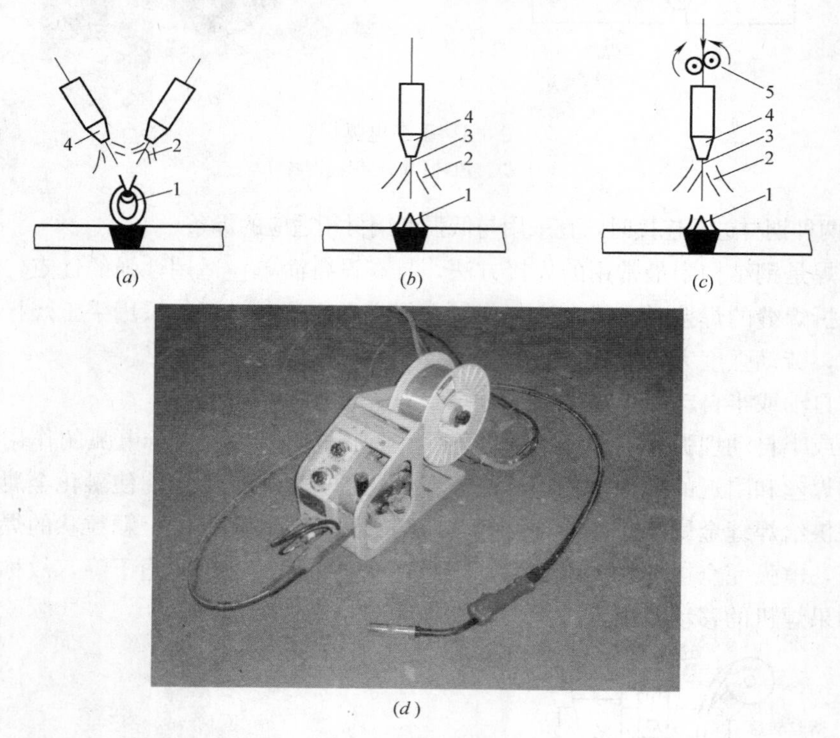

图 8-8 气体保护焊

(*a*) 不熔化极间接电弧焊接；(*b*) 不熔化极直接电弧焊；(*c*) 熔化极直接电弧焊；(*d*) 焊接设备

1—电弧；2—保护气体；3—电极；4—喷嘴；5—焊丝滚轮

气体保护焊的优点是焊工能够清楚地看到焊缝成型的过程，熔滴过渡平缓，焊缝强度比手工电弧焊高，塑性和抗腐蚀性能好。适用于全位置的焊接，但不适用于野外或有风的地方施焊。

2. 焊缝的构造

根据焊缝本身的截面形式不同，焊缝主要有对接焊缝和角焊缝两种形式（图 8-9）。

对接焊缝传力均匀平顺，无明显的应力集中，受力性能较好。但对接焊缝连接要求下料和装配的尺寸准确，保证相连板件间有适当空隙，还需要将焊件边缘开坡口，制造费工。对接焊缝根据焊缝的熔敷金属是否充满整个连接截面，还可分为焊透和不焊透两

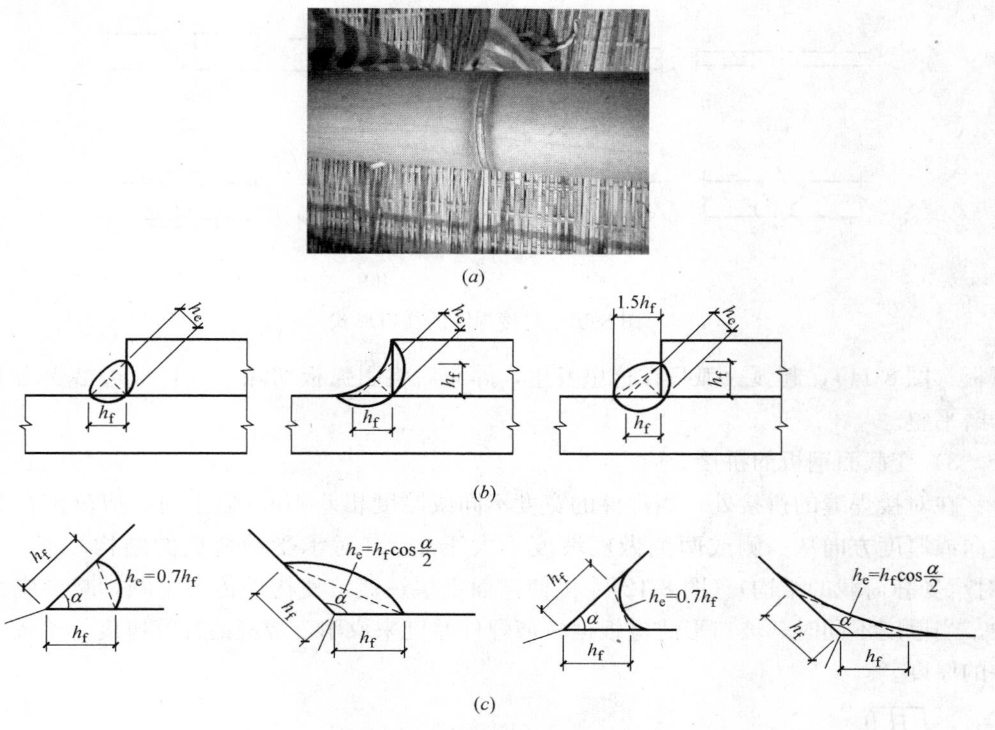

图 8-9　焊缝的基本形式
(a) 对接焊缝；(b) 直角角焊缝；(c) 斜角角焊缝

种形式。在承受动荷载的结构中，垂直于受力方向的焊缝不宜采用不焊透的对接焊缝。

角焊缝位于板件边缘，传力不均匀，受力情况复杂，受力不均匀容易引起应力集中。但因不需开坡口，尺寸和位置要求精度稍低，使用灵活，制造方便，故得到广泛应用。角焊缝分为直角角焊缝和斜角角焊缝。在建筑钢结构中，最常用的是直角角焊缝，斜角角焊缝主要用于钢管结构中。

本书只介绍焊透的对接焊缝和直角角焊缝。

(1) 对接焊缝

1) 坡口形式

用对接焊缝连接时，需要将板件边开成各种形式的坡口（也称剖口），以使焊缝金属填充在坡口内。坡口形式有 I 形、单边 V 形、V 形、J 形、U 形、K 形和 X 形等（图 8-10）。当焊件厚度很小（$t \leqslant 10$mm）时，可采用 I 形坡口；对于一般厚度（$t=10 \sim 20$mm）的焊件，可采用单边 V 形或 V 形坡口，以便斜坡口和间隙 b 组成一个焊条能够运转的空间，使焊缝易于焊透；对于厚度较厚的焊件（$t>20$mm），应采用 U 形、K 形或 X 形坡口。

2) 引弧板

对接焊缝施焊时的起点和终点，常因起弧和灭弧出现弧坑等缺陷，此处极易产生裂纹和应力集中，对承受动力荷载的结构尤为不利。为避免焊口缺陷，可在焊缝两端设引

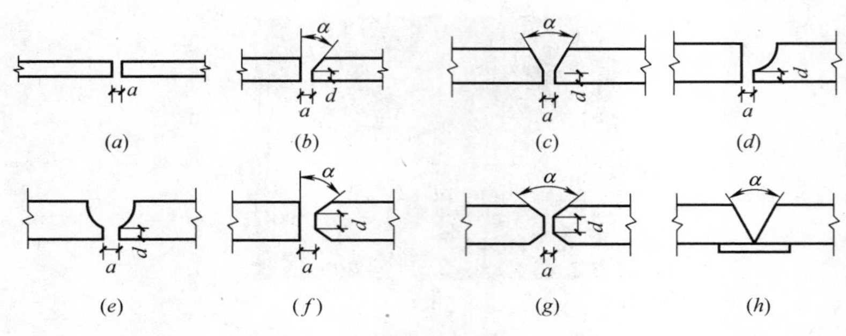

图 8-10　对接焊缝的坡口形式

弧板（图 8-11），起弧灭弧只在这里发生，焊完后将引弧板切除，并将板边沿受力方向修磨平整。

3）变截面钢板的拼接

在对接焊缝的拼接处，当焊件的宽度不同或厚度相差 4mm 以上时，应分别在宽度方向或厚度方向从一侧或两侧做成坡度不大于 1/4（对承受动荷载的结构）或 1/2.5（对承受静荷载的结构）（图 8-12），以使截面平缓过渡，使构件传力平顺，减少应力集中。当厚度不同时，坡口形式应根据较薄焊件厚度来取用，焊缝的计算厚度等于较薄焊件的厚度。

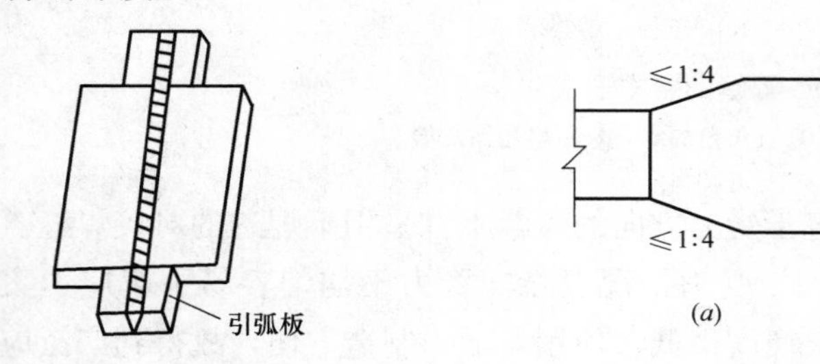

图 8-11　对接焊缝施焊用引弧板

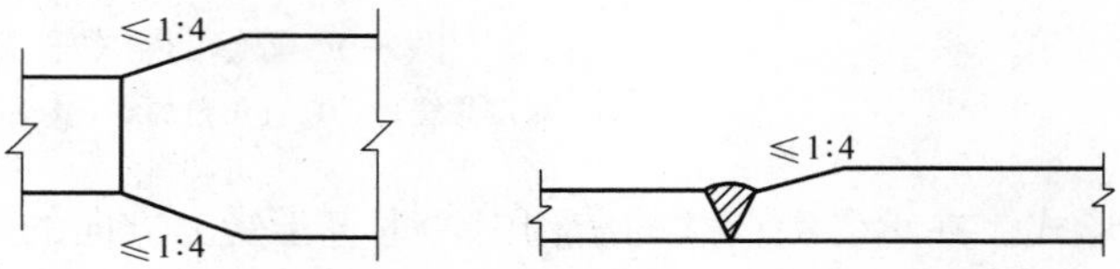

图 8-12　变截面钢板的拼接
(a) 宽度改变；(b) 厚度改变

(2) 角焊缝

角焊缝按其与外力作用方向的不同可分为平行于外力作用方向的侧面角焊缝、垂直于外力作用方向的正面角焊缝（或称端焊缝）和与外力作用方向斜交的斜向角焊缝三种（图 8-13）。

1）焊脚尺寸

角焊缝的两个直角边长度 h_f 称为焊脚尺寸（图 8-14）。

角焊缝的焊脚尺寸太小或太大都是不适宜的。太小，不能满足承载力要求，并且焊缝可能因冷却过快而产生裂纹。太大，焊缝收缩时将产生较大的焊接残余应力和残余变形，且热影响区扩大易产生脆裂，较薄焊件易烧穿；同时当板件边缘的角焊缝与板件边缘等厚时，施焊时易产生咬边现象。

角焊缝的最小焊脚尺寸应满足 $h_{f,min} \geqslant 1.5\sqrt{t_2}$，其中 t_2（单位 mm）为较厚焊件的板厚。对于自动焊，最小焊脚尺寸可减小 1mm；对于 T 形连接的单面角焊缝则应增加 1mm。当焊件厚度等于或小于 4mm 时，则 $h_{f,min}$ 应与焊件同厚。

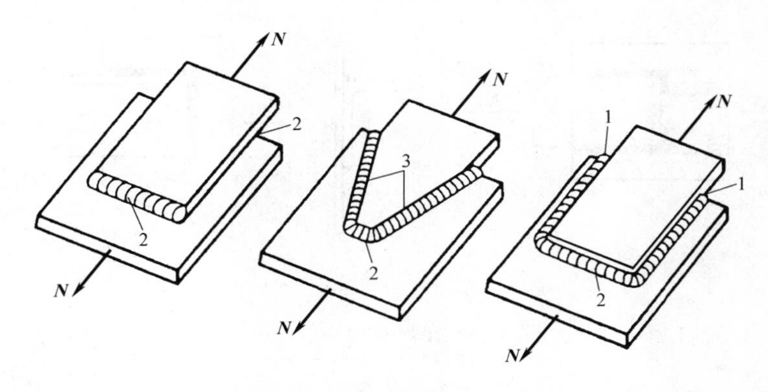

图 8-13 角焊缝的受力形式

1—侧面角焊缝；2—正面角焊缝；3—斜向角焊缝

角焊缝的最大焊脚尺寸应满足 $h_{f,max} \leqslant 1.2t_1$，其中 t_1（单位 mm）为较薄焊件的板厚。当贴着板边缘施焊时，$h_{f,max}$ 尚应满足下列要求：当焊件边缘厚度 $t \leqslant 6$mm 时，取 $h_{f,max}=t$；当焊件边缘厚度 $t>6$mm 时，取 $h_{f,max}=t-(1\sim2)$mm。

2）搭接长度

在搭接连接中，为减小因焊缝收缩产生过大的残余应力及因偏心产生的附加弯矩，要求搭接长度 $l \geqslant 5t_1$，且不小于 25mm（图 8-15）。

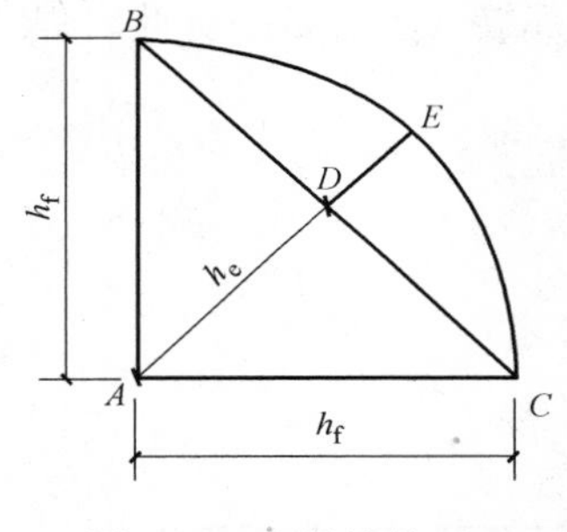

图 8-14 角焊缝截面

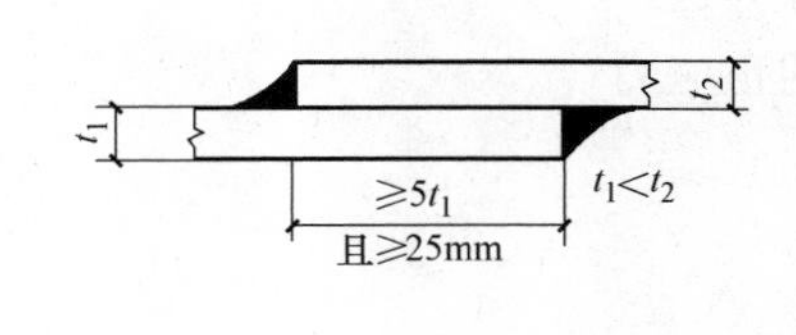

图 8-15 搭接长度要求

3）仅两侧焊缝连接的构造要求

板件的端部仅用两侧缝连接时，为避免应力传递过于弯折而致使板件应力过于不均匀，应使焊缝长度 $l_w \geqslant b$；同时，为避免因焊缝收缩引起板件变形拱曲过大，应满足 $b \leqslant 16t$（当 $t>12$mm 时）或 190mm（当 $t \leqslant 12$mm 时）。若不满足此规定则应加焊端缝。

4）转角处焊缝的构造

当角焊缝的端部在焊件的转角处时，为避免起落弧缺陷发生在应力集中较大的转角处，宜连续地绕过转角加焊 $2h_f$，并计入焊缝的有效长度之内（图 8-16）。

3. 焊缝的计算

（1）对接焊缝

1）轴心受力对接焊缝的计算

对接焊缝受垂直于焊缝长度方向的轴心力（拉力或压力）（图 8-17a）时，其焊缝

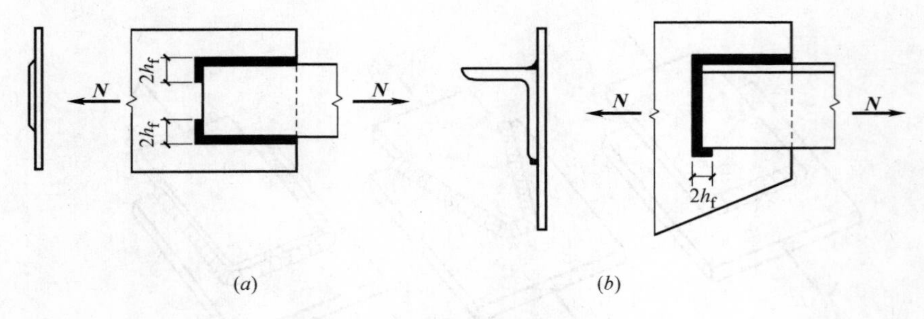

图 8-16　角焊缝的绕角焊

强度按下式计算：

$$\sigma=\frac{N}{A_w}=\frac{N}{l_w t}\leqslant f_t^w \text{或} f_c^w \tag{8-1}$$

式中　N——轴心力（拉力或压力）；

l_w——焊缝的计算长度，当未采用引弧板施焊时，每条焊缝取实际长度减去 $2t$，即 $l_w=l-2t$，当采用引弧板施焊时，取焊缝的实际长度；

t——在对接接头中取连接件的较小厚度，在 T 形接头中取腹板厚度；

A_w——焊缝的计算截面面积，$A_w=l_w t$；

f_t^w、f_c^w——对接焊缝的抗拉、抗压强度设计值，见表 8-2。

如果采用直焊缝不能满足强度要求时，可采用斜焊缝（图 8-17b）。此时焊缝强度按下式计算：

焊缝的正应力

$$\sigma=\frac{N\sin\theta}{l_w t}\leqslant f_t^w \tag{8-2}$$

剪应力

$$\tau=\frac{N\cos\theta}{l_w t}\leqslant f_t^w \tag{8-3}$$

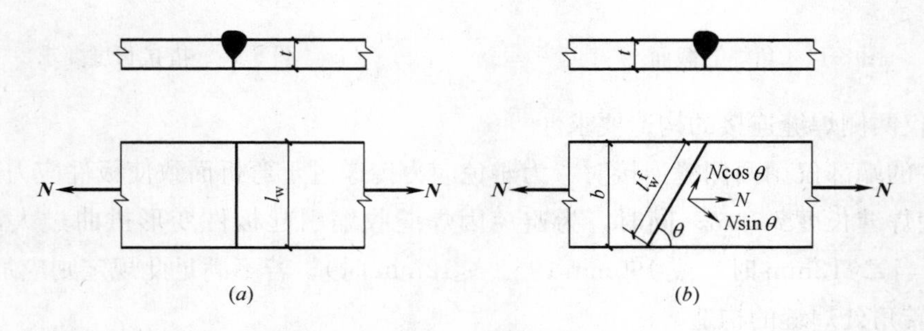

图 8-17　轴心受力对接焊缝

计算表明，当满足 $\tan\theta\leqslant 1.5$ 时，斜焊缝的强度不低于母材强度，可不再进行验算。此处 θ 为焊缝与作用力间的夹角。

应予指出，对质量等级为一级或二级的焊缝，不需要进行抗拉强度验算，只有焊缝质量等级为三级时才需进行抗拉强度验算。其原因是，质量等级为一级或二级的焊缝的内部缺陷很少，焊缝与母材强度相等。而焊缝质量等级为三级时，焊缝内部存在较多的缺陷，焊缝强度低于母材强度（《钢结构规范》将其抗拉强度设计值取为母材的 85%）。

焊缝的强度设计值 表 8-2

焊接方法和焊条型号	构件钢材		对接焊缝				角焊缝
	牌号	厚度或直径（mm）	抗压 f_c^w（N/mm²）	焊缝质量为下列级别时，抗拉和抗弯 f_t^w（N/mm²）		抗剪 f_v^w（N/mm²）	抗拉、抗压和抗剪 f_f^w（N/mm²）
				一级、二级	三级		
自动焊、半自动焊和E43 型焊条的手工焊	Q235 钢	≤16	215	215	185	125	160
		17～40	205	205	175	120	160
		41～60	200	200	170	115	160
		61～100	190	190	160	110	160
自动焊、半自动焊和E50 型焊条的手工焊	Q345 钢	≤16	310	310	265	180	200
		17～35	295	295	250	170	200
		36～50	265	265	225	155	200
		51～100	250	250	210	145	200
自动焊、半自动焊和E55 型焊条的手工焊	Q390 钢	≤16	350	350	300	205	220
		17～35	335	335	285	190	220
		36～50	315	315	270	180	220
		51～100	295	295	250	170	220
自动焊、半自动焊和E55 型焊条的手工焊	Q420 钢	≤16	380	380	320	220	220
		17～35	360	360	305	210	220
		36～50	340	340	290	195	220
		51～100	325	325	275	185	220

注：自动焊和半自动焊所采用的焊丝和焊剂，应保证其熔敷金属抗拉强度不低于相应手工焊焊条的数值。

【例 8-1】 试设计图 8-17（a）所示钢板的对接焊缝。图中钢板宽 b＝550mm，t＝22mm，轴心力的设计值为 N＝2100kN。钢材为 Q235，手工焊，焊条 E43 型，焊缝质量标准三级。

【解】 查得焊缝抗拉强度设计值 $f_t^w=175\text{N/mm}^2$

假设采用直焊缝连接，不采用引弧板，则焊缝计算长度 $l_w=550-2\times22=506\text{mm}$

焊缝正应力为：

$$\sigma=\frac{N}{l_w t}=\frac{2100\times10^3}{506\times22}=188.6\text{N/mm}^2>f_t^w=175\text{N/mm}^2$$

不满足要求。

考虑采用引弧板，则焊缝计算长度 $l_w=550\text{mm}$

$$\sigma=\frac{N}{l_w t}=\frac{2100\times10^3}{550\times22}=173.6\text{N/mm}^2<f_t^w=175\text{N/mm}^2$$

满足要求。

2）弯矩、剪力共同作用时对接焊缝的计算

对接焊缝在弯矩和剪力共同作用下，最大正应力和最大剪应力不在同一点（图 8-18），故应分别验算其最大正应力和剪应力。正应力和剪应力的验算公式如下：

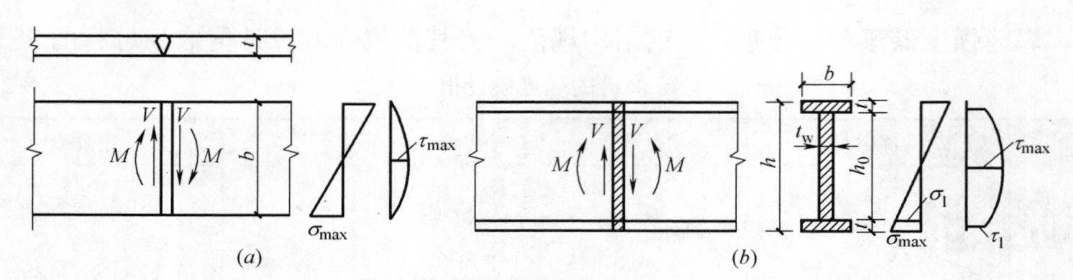

图 8-18　对接焊缝受弯矩和剪力共同作用

(a) 矩形焊缝截面；(b) 工字形焊缝截面

$$\sigma_{max}=\frac{M}{W_w}\leqslant f_t^w 或 f_c^w \tag{8-4}$$

$$\tau_{max}=\frac{VS_w}{I_w t_w}\leqslant f_v^w \tag{8-5}$$

式中　M、V——焊缝承受的弯矩和剪力；

I_w、W_w——焊缝计算截面的惯性矩和抵抗矩；

S_w——计算剪应力处以上（或以下）焊缝计算截面对中和轴的面积矩；

t_w——计算剪应力处焊缝计算截面的宽度；

f_v^w——对接焊缝的抗剪强度设计值，按表 8-2 采用。

由图 8-18 知，矩形焊缝截面最大正（或剪）应力处剪（或正）应力为零，故可按式（8-4）、式（8-5）分别进行验算。对于工字形或 T 形焊缝截面，除按式（8-4）和式（8-5）验算外，在同时承受较大正应力 σ_1 和较大剪应力 τ_1 处（图 8-18 中梁腹板横向对接焊缝的端部），则还应按下式验算其折算应力：

$$\sqrt{\sigma_1^2+3\tau_1^2}\leqslant 1.1 f_t^w \tag{8-6}$$

$$\sigma_1=\sigma_{max}\frac{h_0}{h} \tag{8-7}$$

$$\tau_1=\frac{VS_{w1}}{I_w t_w} \tag{8-8}$$

式中系数 1.1 是考虑要验算折算应力的地方只是局部区域，在该区域同时遇到材料最坏的几率是很小的，因此将强度设计值提高 10%。

【例 8-2】 某 8m 跨度简支梁的截面和荷载设计值（含梁自重）如图 8-19 所示。钢材为 Q235，采用 E43 型焊条，手工焊，三级质量标准，施焊时采用引弧板。在距支座 2.4m 处有翼缘和腹板的拼接连接，试设计其拼接的对接焊缝。

【解】 查得 $f_t^w=185\text{N/mm}^2$，$f_v^w=125\text{N/mm}^2$。

（1）计算距支座 2.4m 处的内力

经计算得 $M=1008\text{kN}\cdot\text{m}$，$V=240\text{kN}$

（2）焊缝计算截面的几何特征值

$$I_w=(250\times1032^3-240\times1000^3)/12=2898\times10^6\text{mm}^4$$

$$W_w=2898\times10^6/516=5.6163\times10^6\text{mm}^3$$

$$S_{w1}=250\times16\times508=2.032\times10^6\text{mm}^3$$

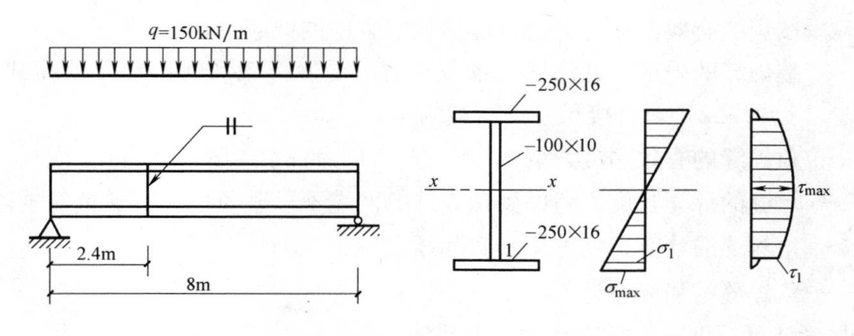

图 8-19　例 8-2 图

$$S_w = 2.032\times10^6 + 10\times500\times500/2 = 3.282\times10^6\text{mm}^3$$

(3) 焊缝强度计算

$$\sigma_{max} = \frac{M}{W_w} = \frac{1008\times10^6}{5.6163\times10^6} = 179.5\text{N/mm}^2 < f_t^w = 185\text{N/mm}^2$$

正应力满足。

$$\tau_{max} = \frac{VS_w}{I_w t_w} = \frac{240\times10^3\times3.282\times10^6}{2898\times10^6\times10} = 27.2\text{N/mm}^2 < f_v^w = 125\text{N/mm}^2$$

剪应力满足。

$$\sigma_1 = \sigma_{max}\frac{h_0}{h} = 179.5\times\frac{1000}{1032} = 173.9\text{N/mm}^2$$

$$\tau_1 = \frac{VS_{W1}}{I_w t_w} = \frac{240\times10^3\times2.032\times10^6}{2898\times10^6\times10} = 16.8\text{N/mm}^2$$

$$\sqrt{\sigma_1^2 + 3\tau_1^2} = \sqrt{173.9^2 + 316.8^2} = 176.3\text{N/mm}^2 < 1.1f_t^w = 1.1185 = 203.5\text{N/mm}^2$$

折算应力满足。

(2) 角焊缝

试验表明，侧焊缝的破坏截面以 45°喉部截面居多；而端焊缝则多数不在该截面破坏，并且端焊缝的破坏强度是侧焊缝的 1.35～1.55 倍。因此，偏于安全地假定直角角焊缝的破坏截面在 45°喉部截面处，即图 8-14 中的 AE 截面，AE 截面（不考虑余高）为计算时采用的截面，称为有效截面，其截面高度为 h_e，截面面积为 $h_e l_w$。对直角焊缝，不论焊脚边比例如何，均取 $h_e = 0.7h_f$。

1) 在通过焊缝形心的拉力、压力或剪力作用下

当力垂直于焊缝长度方向时

$$\sigma_f = \frac{N}{h_e \sum l_w} \leqslant \beta_f f_f^w \tag{8-9}$$

当力平行于焊缝长度方向时

$$\tau_f = \frac{N}{h_e \sum l_w} \leqslant f_f^w \tag{8-10}$$

式中　N——轴心力（拉力、压力或剪力）；

σ_f——按焊缝有效截面计算的垂直于焊缝长度方向的应力；

τ_f——按焊缝有效截面计算的沿焊缝长度方向的剪应力；

β_f——端焊缝的强度设计值增大系数，对承受静荷载和间接承受动荷载的结构，$\beta_f=1.22$，对直接承受动荷载的结构，$\beta_f=1.0$；

h_e——角焊缝的有效高度，取 $h_e=0.7h_f$（h_f为较小焊脚尺寸）；

l_w——焊缝的计算长度，考虑到角焊缝的两端不可避免地会有弧坑等缺陷，所以角焊缝的计算长度等于其实际长度减去 $2h_f$；

f_f^w——角焊缝的强度设计值，按表 8-2 采用。

确定焊缝计算长度时，需要注意以下问题：

① 当角焊缝的焊缝长度过短时，焊件局部受热严重，且施焊时起落弧坑相距过近，加之其他缺陷的存在，就可能使焊缝不够可靠。因此，《钢结构规范》规定角焊缝的最小计算长度应大于 $8h_f$，且不小于 40mm。

② 由于角焊缝的应力分布沿长度方向是不均匀的，两端大，中间小。当侧焊缝长度太长时，焊缝两端应力可能达到极限而破坏，而焊缝中部的应力还较低，这种应力分布不均匀对承受动荷载的结构尤为不利。因此，《钢结构规范》规定侧焊缝的计算长度不宜大于 $60h_f$（静荷载）或 $40h_f$（动荷载）。但当内力沿侧焊缝全长分布时则不受此限。

2）在弯矩、剪力和轴心力共同作用下

在弯矩、剪力和轴心力共同作用下，焊缝的 A 点为最危险点（图 8-20）。其强度应满足

$$\sqrt{\left(\frac{\sigma_f^N+\sigma_f^M}{\beta_f}\right)^2+\tau_f^2}\leqslant f_f^w \tag{8-11}$$

$$\sigma_f^N=\frac{N}{A_w}=\frac{N}{2h_e l_w} \tag{8-12}$$

$$\tau_f^V=\frac{V}{A_w}=\frac{V}{2h_e l_w} \tag{8-13}$$

$$\sigma_f^M=\frac{M}{W_w}=\frac{6M}{2h_e l_w^2} \tag{8-14}$$

式中 σ_f^N——由轴心力 N 产生的垂直于焊缝长度方向的应力；

τ_f^V——由剪力 V 产生的平行于焊缝长度方向的应力；

σ_f^M——由弯矩 M 引起的垂直于焊缝长度方向的应力；

A_w——角焊缝的有效截面面积；

W_w——角焊缝的有效截面模量。

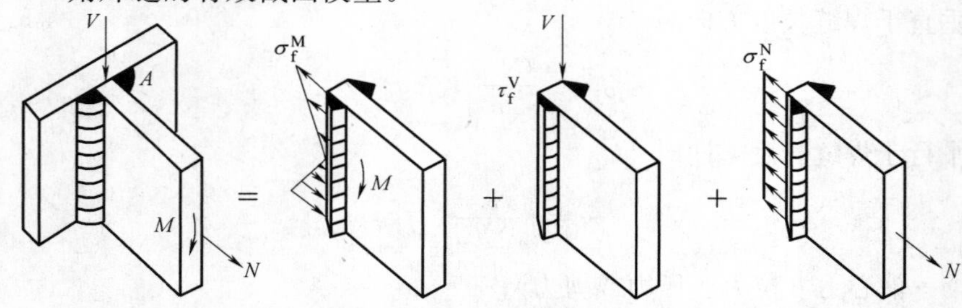

图 8-20 弯矩、剪力和轴心力共同作用时 T 形接头角焊缝

3）角钢连接角焊缝的计算

角钢与连接板用角焊缝连接可以采用两侧面焊缝、三面围焊缝和 L 形围焊缝三种形式（图 8-21）。为避免偏心受力，应使焊缝传递的合力作用线与角钢杆件的轴线相重合。

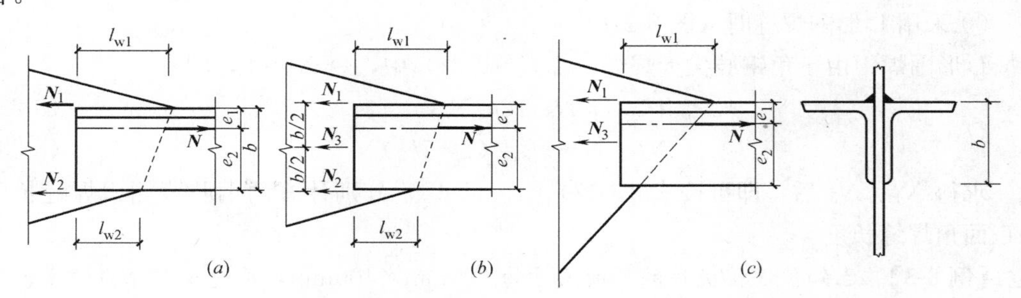

图 8-21　角钢与钢板的角焊缝连接

（a）两侧缝连接；（b）三面围焊；（c）L 形围焊

① 采用两侧焊缝连接时（图 8-21a）：

由平衡条件可得角钢肢背焊缝、肢尖焊缝承受的内力 N_1、N_2 分别为：

$$N_1 = k_1 N \tag{8-15}$$

$$N_2 = k_2 N \tag{8-16}$$

式中　k_1、k_2——角钢肢背与肢尖焊缝的内力分配系数，按表 8-3 采用。

角钢侧面角焊缝内力分配系数　　**表 8-3**

角钢类型	连接情况	分配系数	
		角钢肢背 k_1	角钢肢尖 k_2
等肢角钢		0.70	0.30
不等肢角钢	短肢相连	0.75	0.25
	长肢相连	0.65	0.35

角钢肢背和肢尖焊缝所需长度分别为：

$$\sum l_{w1} = \frac{N_1}{0.7 h_{f1} f_f^w} \tag{8-17}$$

$$\sum l_{w2} = \frac{N_2}{0.7 h_{f2} f_f^w} \tag{8-18}$$

式中　h_{f1}、h_{f2}——肢背和肢尖焊缝的焊脚尺寸。

② 采用三面围焊缝连接时（图 8-21b）：

采用三面围焊缝连接时（设截面为双角钢的 T 形截面），端焊缝长度 l_w 为已知，按构造要求选取端焊缝的焊脚尺寸 h_f，则端焊缝、肢背侧面焊缝、肢尖侧面焊缝所能承受的内力 N_3、N_1、N_2 分别为：

$$N_3 = 2 h_e l_w \beta_f f_f^w \tag{8-19}$$

$$N_1 = k_1 N - \frac{N_3}{2} \tag{8-20}$$

$$N_2 = k_2 N - \frac{N_3}{2} \tag{8-21}$$

求得 N_1、N_2 后，即可按式（8-17）、式（8-18）分别计算角钢肢背和肢尖的侧面焊缝长度。

③ 采用L形围焊缝时（图 8-21c）：

L形围焊中由于角钢肢尖无焊缝，在式（8-21）中，令 $N_2=0$，则有

$$N_3 = 2k_2 N \tag{8-22}$$

$$N_1 = N - N_3 = (1-2k_2)N \tag{8-23}$$

求得 N_1、N_3 后，即可按式（8-17）、式（8-18）分别计算角钢肢背侧面焊缝长度和正面角焊缝长度。

【例 8-3】 已知被连接板件的截面尺寸为 200mm×400mm，承受轴心拉力的设计值 $N=550$kN（静力荷载）。板件和拼接连接板均采用 Q235 钢，手工焊，直角角焊缝，三面围焊，焊条为 E43 型，板件尺寸及其连接形式如图 8-22 所示。试确定拼接连接板尺寸和连接焊缝尺寸。

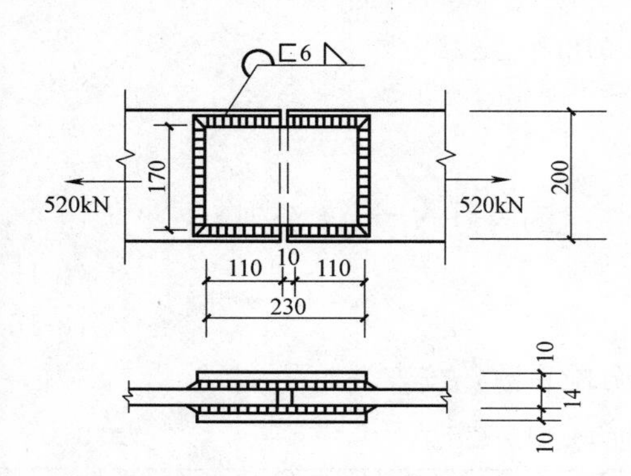

图 8-22 例 8-3 图

【解】 查得焊缝抗拉强度设计值 $f_f^w=160\text{N/mm}^2$

（1）拼接连接板的截面选择

根据拼接连接板和被连接板件的等强度条件和焊接构造要求，拼接连接板的宽度采用 170mm，则可得到拼接连接板的厚度为

$$t=\frac{200\times14}{2\times170}=8.2\text{mm}，取\ t=10\text{mm}$$

（2）连接焊缝尺寸及拼接连接板的长度计算

端焊缝的长度 $l_{w1}=170$mm。根据构造要求，取角焊缝的焊脚尺寸 $h_f=6$mm，则

$$h_e=0.7\times h_f=0.7\times6=4.2\text{mm}$$

正面角焊缝所承担的拉力为

$$N_1=h_e\sum l_{w1}\beta_f f_f^w=4.2\times2\times170\times1.22\times160=278746\text{N}$$

连接一侧的侧面角焊缝长度为

$$l_{w2}=\frac{N-N_1}{4h_e f_f^w}+h_f=\frac{550\times10^3-278746}{4\times4.2\times160}+8=106\text{mm}，取\ l_{w2}=110\text{mm}$$

上式中 h_f 为需要增加的焊口长度。

两被连接件间的间隙取 10mm，则拼接连接板的长度为 $2l_{w2}+10=2\times110+10=230$mm。

【例 8-4】 在图 8-23 所示角钢和节点板采用两侧面焊缝的连接中，N=660kN（静荷载设计值），角钢为 2∟110×10，节点板厚度 t_1=12mm，钢材为 Q235，焊条 E43 型，手工焊。试确定所需角焊缝的焊脚尺寸 h_f 和焊缝长度。

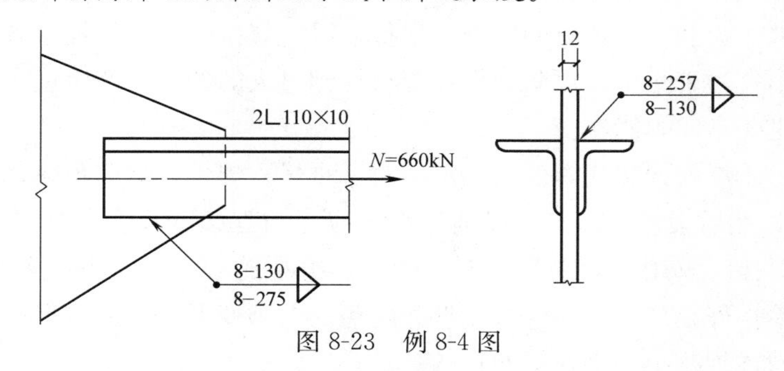

图 8-23 例 8-4 图

【解】 查表得角焊缝的强度设计值 f_f^w=160N/mm²

根据构造要求，取角钢肢背、肢尖角焊缝的焊脚尺寸 $h_{f1}=h_{f2}$=8mm

焊缝受力

$$N_1=k_1N=0.7\times660=462\text{kN}$$

$$N_2=k_2N=0.3\times660=198\text{kN}$$

所需焊缝长度

$$l_{w1}=\frac{N_1}{2h_e f_f^w}+2h_f=\frac{462\times10^3}{2\times0.7\times8\times160}+2\times8=273\text{mm}\text{，取 }275\text{mm}$$

$$l_{w2}=\frac{N_2}{2h_e f_f^w}+2h_f=\frac{198\times10^3}{2\times0.7\times8\times160}+2\times8=126\text{mm}\text{，取 }130\text{mm}$$

上述二式中 $2h_f$ 为需要增加的焊口长度。

故肢背侧焊缝长度为 275mm，肢尖侧焊缝的长度为 130mm。

4. 焊接应力与焊接变形

焊接过程是一个局部热源（焊条端产生的电弧）不断移动的过程，在施焊位置及其邻近区域温度最高，可达到 1600℃以上，而且加热速度非常快，加热极不均匀，而在这以外的区域温度却急剧下降，因而焊件上的温度梯度极大；此外，由于焊件冷却一般是在自然条件下连续进行的，先焊的区域先冷却达到常温，后焊的区域后冷却，先后施焊的区域表现出明显的热不均匀性。这将使得焊缝及其附近热影响区金属的应力状态及金属组织将发生明显变化。

在施焊过程中，焊件由于受到不均匀的电弧高温作用所产生的变形和应力，称为热变形和热应力。而冷却后，焊件中所存在的反向应力和变形，称为焊接应力和焊接变形。由于这种应力和变形是焊件经焊接并冷却至常温以后残留于焊件中的，故又称为焊接残余应力和残余变形。

焊接应力和焊接变形是焊接结构的主要缺点。焊接应力会使钢材抗冲击断裂能力及抗疲劳破坏能力降低，尤其是低温下受冲击荷载的结构，焊接应力的存在更容易引起低温工作应力状态下的脆断。焊接变形会使结构构件不能保持正确的设计尺寸及位置，影响结构正常工作，严重时还可使各个构件无法安装就位。

为减少或消除焊接应力与焊接变形的不利影响，应从设计、制作等方面采取相应的措施。

设计方面，选用适宜的焊脚尺寸和焊缝长度，最好采用细长焊缝，不用粗短焊缝；焊缝应尽可能布置在结构的对称位置上；对接焊缝的拼接处，应做成平缓过渡；不宜采用带锐角的板料作为肋板，板料的锐角应切掉，以免焊接时锐角处板材被烧损，影响连接质量；焊缝不宜过于集中，以防因焊接变形受到过大的约束而产生过大的残余应力导致裂纹；尽量避免三向焊缝相交。

制作方面：①焊前预热或焊后后热法。对于小尺寸焊件，焊前预热，或焊后回火加热至60℃左右，然后缓慢冷却，可以消除焊接应力与焊接变形。②选择合理的施焊次序。例如钢板对接时采用分段退焊，厚焊缝采用分层施焊，工字形截面按对角跳焊等等。③施焊前给构件施加一个与焊接变形方向相反的预变形，使之与焊接所引起的变形相互抵消，从而达到减小焊接变形的目的。

8.2.3 螺栓连接

1. 普通螺栓连接的构造

钢结构采用的普通螺栓形式为六角头型，其代号用字母 M 和公称直径的毫米数表示。受力螺栓一般采用 M16、M20、M24、M27、M30 等。

按国际标准，螺栓统一用螺栓的性能等级来表示，如“4.6 级”、“8.8 级”、“10.9 级”等。小数点前数字表示螺栓材料的最低抗拉强度，如“4”表示 400N/mm^2。小数点及以后数字（0.6、0.8 等）表示螺栓材料的屈强比，即屈服点与最低抗拉强度的比值。

螺栓的排列有并列和错列两种基本形式（图 8-24）。并列布置简单，但栓孔对截面削弱较大；错列布置紧凑，可减少截面削弱，但排列较繁杂。

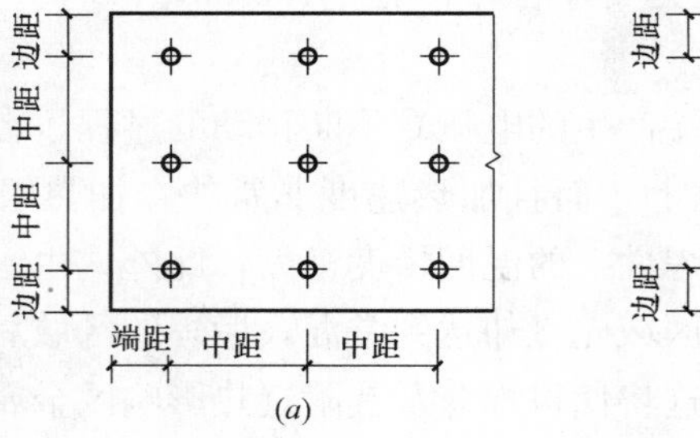

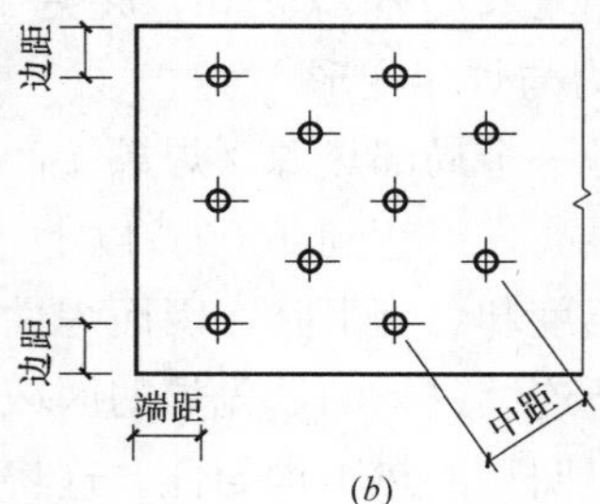

图 8-24 螺栓的排列

(a) 并列布置；(b) 错列布置

螺栓在构件上的排列应同时考虑受力要求、构造要求及施工要求。从受力角度出发，螺栓端距不能太小，否则孔前钢板有被剪坏的可能；螺栓端距也不能过大，螺栓端距过大不仅会造成材料的浪费，对受压构件而言还会发生压屈鼓肚现象。从构造角度考虑，螺栓的栓距及线距不宜过大，否则被连接构件间的接触不紧密，潮气就会侵入板件间的缝隙内，造成钢板锈蚀。从施工角度来说，布置螺栓还应考虑拧紧螺栓时所必需的施工空隙。据此，《钢结构规范》作出了螺栓最小和最大容许距离的规定，见表 8-4。

螺栓的最大、最小容许距离　　　　表 8-4

<table>
<tr><th>名　称</th><th colspan="3">位置和方向</th><th>最大容许距离（取两者的较小值）</th><th>最小容许距离</th></tr>
<tr><td rowspan="3">中心间距</td><td rowspan="3">任意方向</td><td colspan="2">外排</td><td>$8d_0$ 或 $12t$</td><td rowspan="3">$3d_0$</td></tr>
<tr><td rowspan="2">中间排</td><td>构件受压力</td><td>$12d_0$ 或 $18t$</td></tr>
<tr><td>构件受拉力</td><td>$16d_0$ 或 $24t$</td></tr>
<tr><td rowspan="4">中心至构件边缘距离</td><td colspan="3">顺内力方向</td><td rowspan="4">$4d_0$ 或 $8t$</td><td>$2d_0$</td></tr>
<tr><td rowspan="3">垂直内力方向</td><td colspan="2">切割边</td><td rowspan="2">$1.5d_0$</td></tr>
<tr><td rowspan="2">轧制边</td><td>高强度螺栓</td></tr>
<tr><td>其他螺栓</td><td>$1.2\ d_0$</td></tr>
</table>

注：1. d_0 为螺栓或铆钉的孔径，t 为外层较薄板件的厚度；
2. 钢板边缘与刚性构件（如角钢、槽钢等）相连的螺栓或铆钉的最大间距，可按中间排的数值采用。

每一杆件在节点上以及拼接接头的一端，永久性的螺栓数不宜少于两个。对组合构件的缀条，其端部连接可采用一个螺栓。

对直接承受动荷载的普通螺栓连接应采用双螺帽或其他能防止螺帽松动的有效措施。

2. 普通螺栓连接的计算

按受力形式不同，普通螺栓连接可分为三类，即：外力与栓杆垂直的受剪螺栓连接、外力与栓杆平行的受拉螺栓连接以及同时受剪和受拉的螺栓连接（图 8-25）。受剪螺栓连接依靠栓杆抗剪和栓杆对孔壁的承压传力。受拉螺栓连接依靠栓杆抗拉传力。

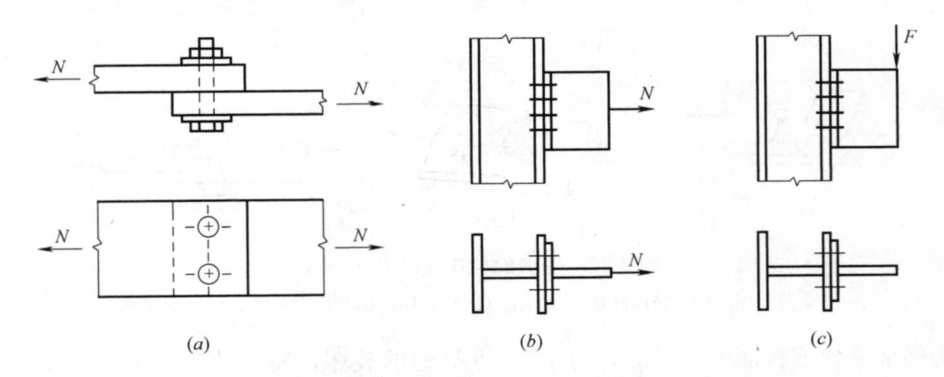

图 8-25　普通螺栓连接分类

（a）受剪螺栓连接；（b）受拉螺栓连接；（c）同时受剪和受拉的螺栓连接

（1）受剪螺栓连接

1）受力性能

受剪螺栓连接在受力后，当外力不大时，由被连接构件之间的摩擦力来传递外力。当外力继续增大而超过极限摩擦力后，构件之间将出现相对滑移，螺杆开始接触构件的孔壁而受剪，孔壁则受压。当连接处于弹性阶段时，螺栓群中的各螺栓受力不相等，两端的螺栓较中间的受力为大（图 8-26）。当外力再继续增大时，使连接超过弹性阶段而达到塑性阶段时，则各螺栓承担的荷载逐渐接近，最后趋于相等直到破坏。因此，当外

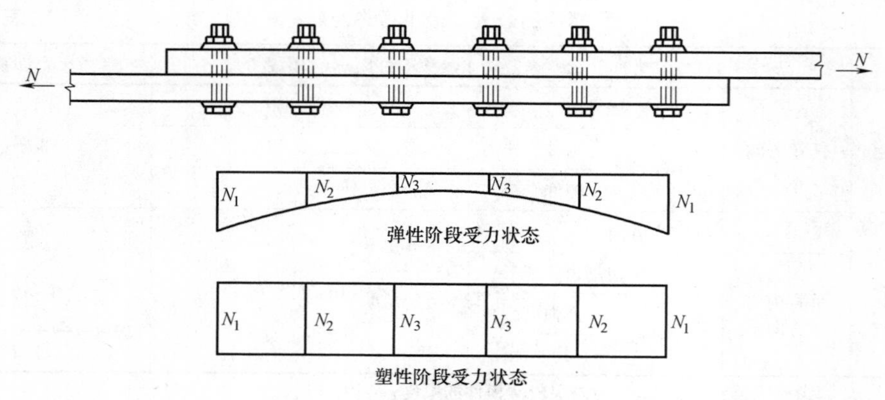

图 8-26　螺栓群的受力状态

力作用于螺栓群中心时，可以认为所有螺栓受力是相同的。

受剪螺栓连接达到极限承载力时，可能出现以下五种破坏形式（图 8-27）：(*a*) 栓杆被剪断；(*b*) 孔壁挤压破坏；(*c*) 杆件沿净截面处被拉断；(*d*) 构件端部被剪坏；(*e*) 螺栓弯曲破坏。

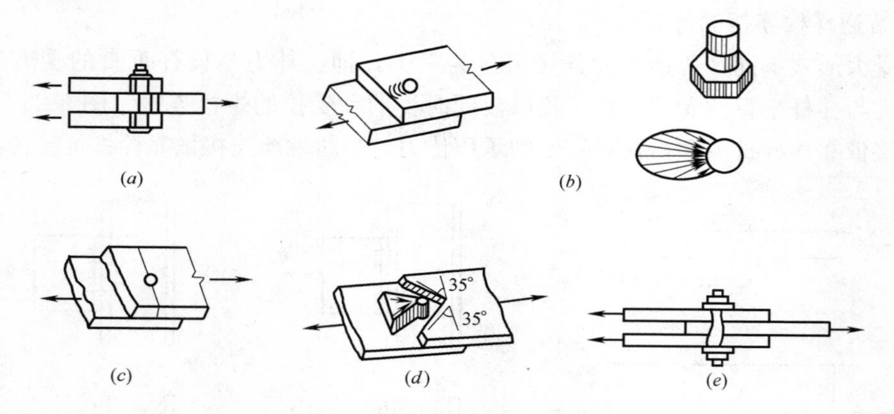

图 8-27　受剪螺栓连接的破坏形式

(*a*) 受剪破坏；(*b*) 挤压破坏；(*c*) 拉（压）破坏；(*d*) 冲剪破坏；(*e*) 受弯破坏

为保证螺栓连接能安全承载，对于 *a*、*b* 类型的破坏，通过计算单个螺栓承载力来控制；对于 *c* 类型的破坏，则由验算构件净截面强度来控制；对于 *d*、*e* 类型的破坏，通过保证螺栓间距及边距不小于规定值来控制。

2）单个螺栓的承载力

《钢结构规范》规定，普通螺栓以螺栓最后被剪断或孔壁被挤压破坏为极限承载能力。

受剪螺栓中，假定栓杆剪应力沿受剪面均匀分布，孔壁承压应力换算为沿栓杆直径投影宽度内板件截面上均匀分布的应力。

一个螺栓受剪承载力设计值

$$N_{\mathrm{v}}^{\mathrm{b}}=n_{\mathrm{v}}\frac{\pi d^2}{4}f_{\mathrm{v}}^{\mathrm{b}} \tag{8-24}$$

一个螺栓承压承载力设计值

$$N_c^b = d\sum t f_c^b \tag{8-25}$$

式中　n_v——螺栓受剪面数。单剪 $n_v=1$，双剪 $n_v=2$，四剪 $n_v=4$（图 8-28）；

$\sum t$——在不同受力方向中一个受力方向承压构件总厚度的较小值；

d——螺栓杆直径；

f_v^b、f_c^b——分别为螺栓的抗剪和承压强度设计值，按表 8-5 采用。

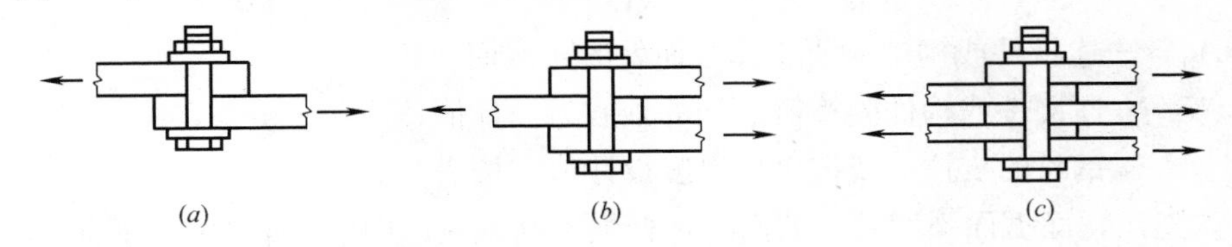

图 8-28　螺栓受剪面数

（a）单剪；（b）双剪；（c）四剪

单个受剪螺栓的承载力设计值应取 N_v^b、N_c^b 中的较小值，即 $N_{min}^b=\min(N_v^b、N_c^b)$。

螺栓连接的强度设计值　　**表 8-5**

螺栓的钢材牌号(或性能等级)和构件的钢材牌号		普通螺栓						锚栓	承压型高强度螺栓		
		C级螺栓			A级、B级螺栓						
		抗拉 f_t^b	抗剪 f_v^b	承压 f_c^b	抗拉 f_t^b	抗剪 f_v^b	承压 f_c^b	抗拉 f_t^a	抗拉 f_t^b	抗剪 f_v^b	承压 f_c^b
普通螺栓	4.6级、4.8级	170	140	—	—	—	—	—	—	—	—
	5.6级	—	—	—	210	190	—	—	—	—	—
	8.8级	—	—	—	400	320	—	—	—	—	—
锚栓	Q235钢	—	—	—	—	—	—	140	—	—	—
	Q345钢	—	—	—	—	—	—	180	—	—	—
承压型高强度螺栓	8.8级	—	—	—	—	—	—	—	400	250	—
	10.9级	—	—	—	—	—	—	—	500	310	—
构件	Q235钢	—	—	305	—	—	405	—	—	—	470
	Q345钢	—	—	385	—	—	510	—	—	—	590
	Q390钢	—	—	400	—	—	530	—	—	—	615
	Q420钢	—	—	425	—	—	560	—	—	—	655

注：1. A级螺栓用于 $d\leqslant 24$mm 和 $l\leqslant 10d$ 或 $l\leqslant 150$mm（按较小值）的螺栓；

2. B级螺栓用于 $d>24$mm 和 $l>10d$ 或 $l>150$mm（按较小值）的螺栓。d 为公称直径，l 为螺栓公称长度。

3）受剪螺栓连接受轴心力作用时的计算：

受剪螺栓连接受轴心力作用时，假定每个螺栓受力相等，则连接一侧所需螺栓数 n 为：

$$n\geqslant \frac{N}{N_{min}^b} \tag{8-26}$$

当沿受力方向的连接长度 $l_1>15d_0$（d_0 为螺栓孔径）时，螺栓的抗剪和承压承载力设计值应乘以折减系数 β 予以降低，以防沿受力方向两端的螺栓提前破坏。

$$\beta=1.1-\frac{l_1}{150d_0} \tag{8-27}$$

当 $l_1>60d_0$ 时，一律取 $\beta=0.7$。

验算了螺栓的受剪承载力后，尚应对构件净截面强度进行验算。构件开孔处净截面强度应满足：

$$\sigma=\frac{N}{A_n}\leqslant f \tag{8-28}$$

式中 A_n——连接件或构件在所验算截面处的净截面面积；

N——连接件或构件验算截面处的轴心力设计值；

f——钢材的抗拉（或抗压）强度设计值，按表 8-1 采用。

必须指出，净截面强度验算截面应选择最不利截面，即内力最大或净截面面积较小的截面。

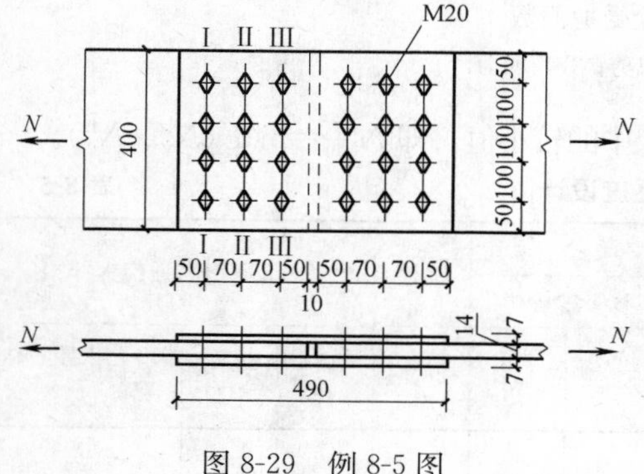

图 8-29　例 8-5 图

【例 8-5】 如图 8-29 所示，两截面为 14mm×400mm 的钢板，采用双盖板和 C 级普通螺栓拼接，螺栓 M20，钢材 Q235，承受轴心拉力设计值 $N=960\text{kN}$，试设计此连接。

【解】 查得 $f_v^b=140\text{N/mm}^2$，$f_c^b=305\text{N/mm}^2$，$f=215\text{N/mm}^2$

（1）确定连接盖板截面

采用双盖板拼接，截面尺寸选 7mm×400mm，与被连接钢板截面面积相等，钢材亦采用 Q235。

（2）确定所需螺栓数目和螺栓排列布置。

单个螺栓受剪承载力设计值

$$N_v^b=n_v\frac{\pi d^2}{4}f_v^b=2\times\frac{\pi\times20^2}{4}\times140=87964\text{N}$$

单个螺栓承压承载力设计值

$$N_c{}^b=d\sum tf_c^b=20\times14\times305=85400\text{N}$$

$$N_{min}^b=(N_v^b,N_c{}^b)=85400\text{N}$$

则连接一侧所需螺栓数目为

$$n=\frac{N}{N_{min}^b}=\frac{960\times10^3}{85400}\approx11，取 n=12$$

采用图 8-28 所示的并列布置。连接盖板尺寸采用 2 块 7mm×400mm×490mm 的钢板。经计算，螺栓的中距、边距和端距均满足构造要求。

（3）验算连接板件的净截面强度

连接钢板在截面Ⅰ-Ⅰ受力最大为 N，连接盖板则是截面Ⅲ-Ⅲ受力最大为 N，但因两者钢材、截面均相同，故只验算连接钢板。取螺栓孔径 $d_0=22\text{mm}$。

$$A_n=(b-n_1d_0)t=(400-4\times22)\times14=4368\text{mm}^2$$

$$\sigma=\frac{N}{A_n}=\frac{940\times10^3}{4368}=215.2\text{N/mm}^2>f=215\text{N/mm}^2$$

连接板件的净截面强度满足要求。

(2) 受拉螺栓连接

如图 8-30 所示，受拉螺栓连接受轴心力作用时，由于受拉螺栓的最不利截面在螺栓削弱处，因此，计算时应根据螺纹削弱处的有效直径 d_e 或有效面积 A_e 来确定其承载力。一个受拉螺栓的承载力设计值为

$$N_t^b=A_ef_t^b=\frac{1}{4}\pi d_e{}^2f_t^b \tag{8-29}$$

式中　d_e、A_e——分别为螺栓螺纹处的有效直径和有效面积，见表 8-6；

f_t^b——螺栓抗拉强度设计值。

假定各个螺栓所受拉力相等，则连接所需螺栓数目为

$$n=\frac{N}{N_t^b} \tag{8-30}$$

(3) 同时承受剪力和拉力的螺栓连接

当螺栓同时承受剪力和拉力时（图 8-31），连接中最危险螺栓所承受的剪力和拉力应满足下式条件：

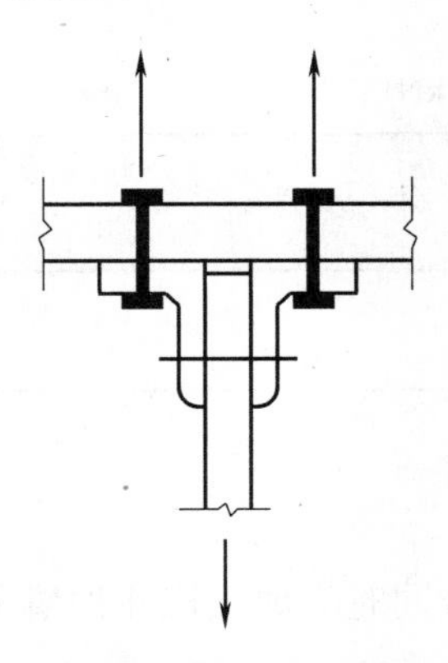

图 8-30　受拉螺栓连接

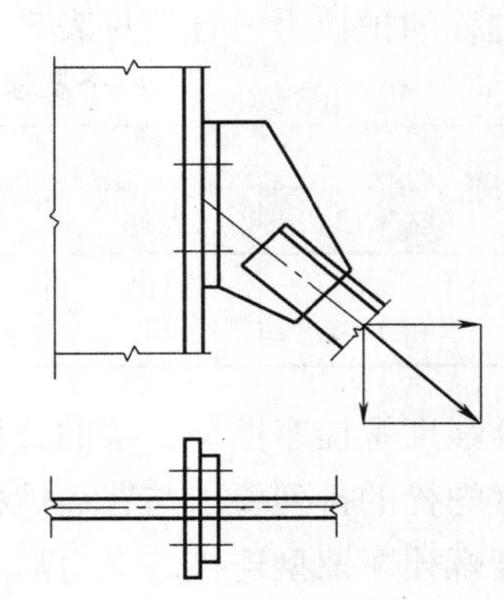

图 8-31　同时承受剪力和拉力的螺栓连接

螺栓的有效面积　　**表 8-6**

螺栓直径 d(mm)	螺距 P (mm)	螺栓有效直径 d_e(mm)	螺栓有效面积 A_e(mm^2)	螺栓直径 d(mm)	螺距 P (mm)	螺栓有效直径 d_e(mm)	螺栓有效面积 A_e(mm^2)
16	2.0	14.1236	156.7	30	3.5	26.7163	560.6
18	2.5	15.6545	192.5	33	3.5	29.7163	693.6
20	2.5	17.6545	244.8	36	4.0	32.2472	816.7
22	2.5	19.6545	303.4	39	4.0	35.2472	975.8
24	3.0	21.1854	352.5	42	4.5	37.7781	1121
27	3.0	24.1854	459.4	45	4.5	40.7781	1306

$$\sqrt{\left(\frac{N_v}{N_v^b}\right)^2+\left(\frac{N_t}{N_t^b}\right)^2}\leqslant 1 \tag{8-31}$$

式中 N_v、N_t——单个螺栓所承受的剪力和拉力；

N_v^b、N_t^b——单个螺栓的抗剪和抗拉承载力设计值。

同时，为防止因板件过薄而引起承压破坏，还应满足

$$N_v\leqslant N_c^b \tag{8-32}$$

式中 N_c^b——单个螺栓的承压承载力设计值。

3. 高强度螺栓连接

(1) 高强度螺栓连接的受力性能

高强度螺栓连接受剪力时，按其传力方式又可分为摩擦型和承压型两种。前者仅靠被连接板件间的强大摩擦阻力传递剪力，以摩擦阻力刚被克服作为连接承载力的极限状态。其对螺栓孔的质量要求不高（Ⅱ类孔），但为了增大被连接板件接触面间的摩阻力，对连接的各接触面应进行处理。承压型高强螺栓是靠被连接板件间的摩擦力和螺栓杆共同传递剪力，以螺栓受剪或钢板承压破坏为承载能力极限状态，其破坏形式同普通螺栓连接。承压型高强螺栓连接承载力比摩擦型高，可节约螺栓。但因其剪切变形比摩擦型大，故只适用于承受静力荷载和对结构变形不敏感的结构中，不得用于直接承受动力荷载的结构中。

高强度螺栓的预拉力是通过拧紧螺帽实现的。一般采用扭矩法、转角法和扭断螺栓尾部法来控制预拉力。高强度螺栓的设计预拉力值由材料强度和螺栓有效截面确定，每个高强度螺栓的预拉力设计值见表 8-7。

每个高强度螺栓的预拉力 P (kN) **表 8-7**

螺栓的性能等级	螺栓公称直径(mm)					
	M16	M20	M22	M24	M27	M30
8.8 级	70	110	135	155	205	250
10.9 级	100	155	190	225	290	355

(2) 高强度螺栓摩擦型连接的计算

高强度螺栓的排列要求与普通螺栓相同。

高强度螺栓摩擦型连接的受力形式有受剪、受拉或同时受剪受拉几种情况。

1) 高强度螺栓连接的受剪计算：

一个摩擦型高强度螺栓的抗剪承载力设计值为：

$$N_v^b=0.9n_f\mu P \tag{8-33}$$

式中 n_f——一个螺栓的传力摩擦面数目；

μ——摩擦面的抗滑移系数，按表 8-8 采用；

P——高强度螺栓预拉力。

高强度螺栓连接一侧所需螺栓数 n 为

$$n=\frac{N}{N_v^b} \tag{8-34}$$

式中 N——连接所受轴心拉力设计值。

摩擦面的抗滑移系数 μ 表 8-8

在连接处构件接触面的处理方法	构件的钢号		
	Q235 钢	Q345 钢或 Q390 钢	Q420 钢
喷砂(丸)	0.45	0.55	0.55
喷砂(丸)后涂无机富锌漆	0.35	0.40	0.40
喷砂(丸)后生赤锈	0.45	0.55	0.55
钢丝刷清除浮锈或未经处理干净轧制表面	0.30	0.35	0.35

注：当连接构件采用不同钢号时，μ 值应按相应的较低值取用。

由于摩擦阻力作用，一部分剪力已由第一列螺栓孔前接触面传递（图 8-32）。《钢结构规范》规定，孔前传力占螺栓传力的 50%，因此Ⅰ-Ⅰ截面处拉力应为：

$$N'=N\left(1-\frac{0.5n_1}{n}\right) \tag{8-35}$$

式中 n_1——计算截面上的螺栓数；

n——连接一侧的螺栓数。

高强度螺栓摩擦型连接的构件净截面强度验算公式为：

$$\sigma=\frac{N'}{A_n}\leqslant f \tag{8-36}$$

【例 8-6】 试设计一高强螺栓的拼接连接（图 8-33）。连接一侧承受轴心拉力设计值 $N=600$kN，钢板截面 340mm×12mm，钢材 Q235 钢，采用 10.9 级的 M22 高强度螺栓，连接处构件接触面用钢丝刷清理浮锈。

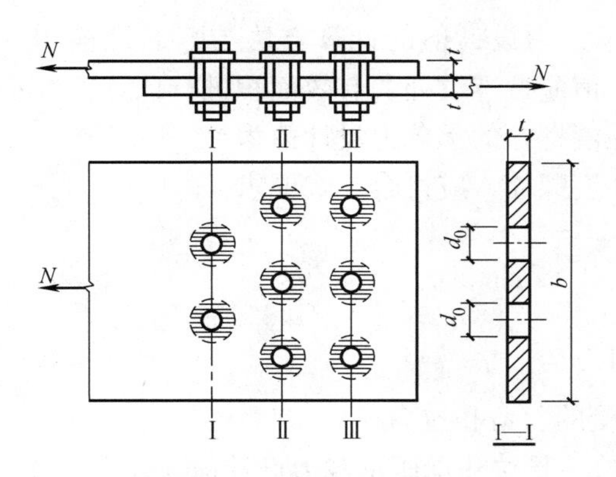

图 8-32 孔前传力

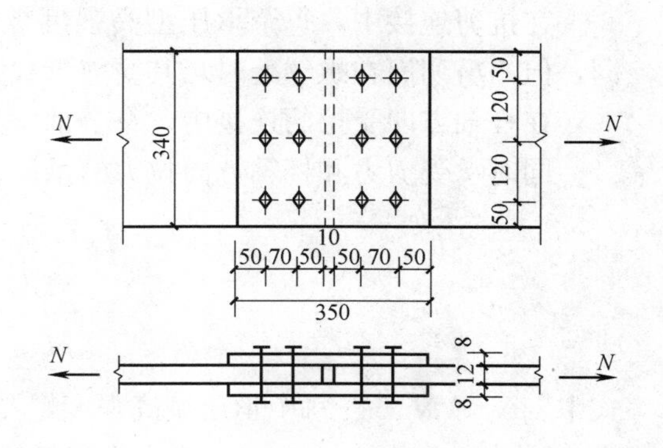

图 8-33 例 8-6 图

【解】 查得 $f=215\text{N/mm}^2$

(1) 计算螺栓数量

一个摩擦型连接高强度螺栓的受剪承载力设计值为

$$N_v^b=0.9n_f\mu P=0.9\times2\times0.3\times190=102.6\text{kN}$$

连接一侧所需螺栓数为

$$n=N/N_v^b=600/102.6=5.84，取 6 个$$

螺栓排列采用并列，如图 8-32 所示。

(2) 构件净截面强度验算

钢板第一列螺栓孔处的截面最危险：

$$N'=N\left(1-\frac{0.5n_1}{n}\right)=600\times\left(1-0.5\times\frac{3}{6}\right)=450\text{kN}$$

$$\sigma=\frac{N'}{A_n}=\frac{450000}{340\times120-3\times23.5\times12}=139.1\text{N/mm}^2<f=215\text{N/mm}^2$$

2) 高强度螺栓连接同时受剪、受拉的计算：

如图 8-34 所示，高强度螺栓在外力作用前，已经有很高的预拉力 P，为避免拉力大于螺栓预拉力时，卸荷后产生松弛现象，应使板件接触面间始终被挤压很紧。《钢结构规范》规定，每个摩擦型高强度螺栓的抗拉设计承载力不得大于 $0.8P$，于是，一个抗拉高强度螺栓的承载力设计值为：

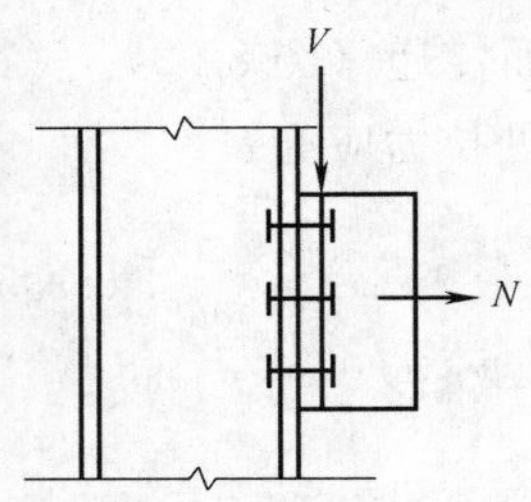

图 8-34　高强螺栓的受拉受剪工作

$$N_t^b=0.8P \tag{8-37}$$

高强螺栓连接承受拉力 N_t 后，摩擦面间的预压力从 P 减小到（$P-N_t$），此时接触面间的抗滑移系数 μ 也随之减小。为便于应用，仍采用原来的抗滑移系数，而以 $1.25N_t$ 代替 N_t。故高强度螺栓摩擦型连接同时受剪受拉时，一个螺栓的受剪承载力设计值为

$$N_v^b=0.9n_f\mu(P-1.25N_t) \tag{8-38}$$

式中　N_t——一个高强螺栓在杆轴方向的外拉力，其值不应大于 $0.8P$。

(3) 高强度螺栓承压型连接

在抗剪连接中，每个承压型高强度螺栓的承载力设计值的计算方法与普通螺栓相同，但当剪切面在螺纹处时，其受剪承载力设计值应按螺纹处的有效面积进行计算。

在杆轴方向受拉的连接中，每个承压型高强度螺栓的承载力设计值为$N_t^b=0.8P$。

同时承受剪力和杆轴方向拉力的承压型高强度螺栓，应符合下式要求

$$\sqrt{\left(\frac{N_v}{N_v^b}\right)^2+\left(\frac{N_t}{N_t^b}\right)^2}\leqslant1 \tag{8-39}$$

$$N_v\leqslant N_c^b/1.2 \tag{8-40}$$

式中　N_v、N_t——每个承压型高强度螺栓所承受的剪力和拉力；

N_v^b、N_t^b、N_c^b——每个承压型高强度螺栓的受剪、受拉和承压承载力设计值。

8.3　钢基本构件

钢结构构件按受力特征可分为轴心受力构件、受弯构件、偏心受力构件等。

8.3.1　轴心受力构件

1. 截面形式

轴心受力构件根据截面形式可分为实腹式和格构式两种。

实腹式构件的截面是一个连续的平面几何体，其截面可以是单一的型钢截面（图 8-35*a*），也可以是钢板、型钢拼接而成的整体连续截面（图 8-35*b*）。为避免弯扭失稳，常采用双轴对称截面。

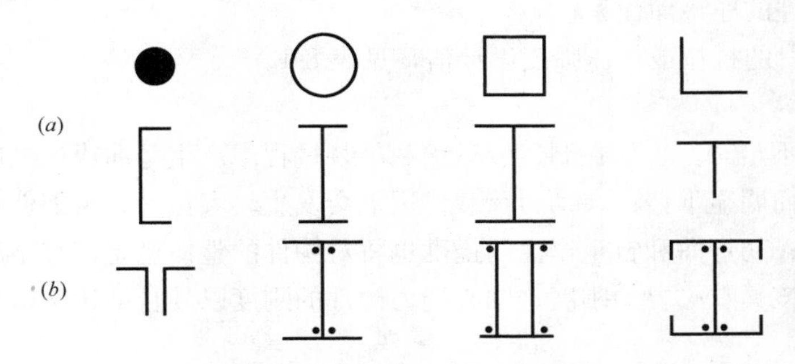

图 8-35　实腹式构件的截面形式

（*a*）热轧型钢截面；（*b*）型钢组合截面

格构式构件是由几个独立的肢件用缀材连成整体的一种构件（图 8-36）。肢件通常为槽钢、工字钢或 H 型钢，用缀材把它们连成整体，以保证各肢件能共同工作。缀材分缀条和缀板两种。相应地，格构式构件也分为缀条式和缀板式两种。缀条一般用单角钢组成，缀板则采用钢板组成。

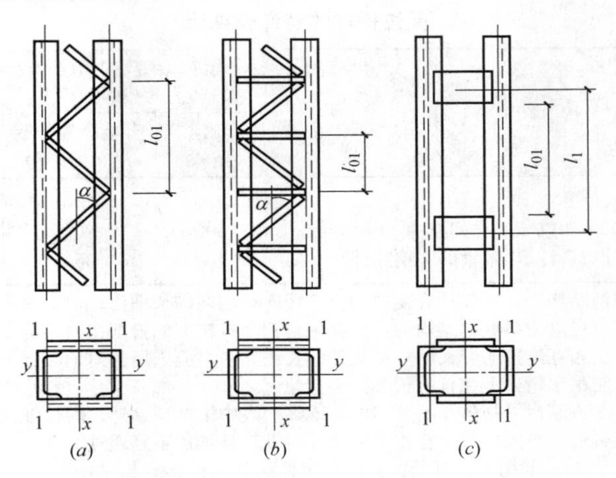

图 8-36　格构式构件

（*a*）、（*b*）缀条柱；（*c*）缀板柱

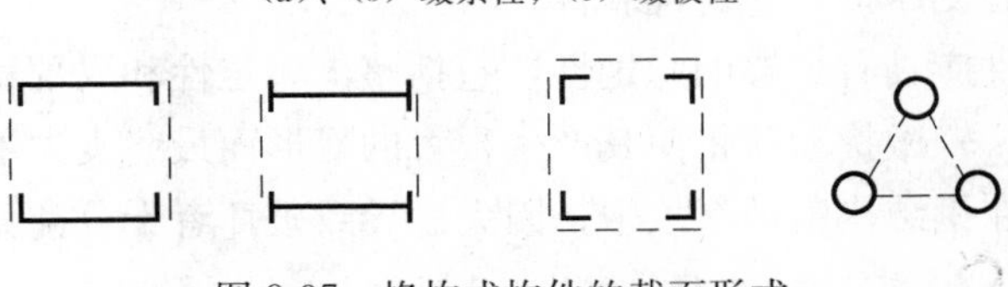

图 8-37　格构式构件的截面形式

2. 轴心受力构件的计算

(1) 强度计算

《钢结构规范》规定，构件净截面的平均应力不应超过钢材的强度设计值，故轴心受力构件的强度按下式验算

$$\sigma=\frac{N}{A_n}\leqslant f \tag{8-41}$$

式中 N——构件的轴心拉力或压力设计值；

A_n——构件的净截面面积；

f——钢材的抗拉或抗压强度设计值，见表8-1。

(2) 刚度验算

当构件刚度不足时，容易在制造、运输和吊装过程中产生弯曲或过大的变形；在使用期间因其自重而明显下挠；在动力荷载作用下会发生较大振动；可能使得构件的极限承载力显著降低；初弯曲和自重产生的挠度也将对构件的整体稳定带来不利影响。因此轴心受力构件应该具有必要的刚度。轴心受力构件的刚度以其长细比来衡量，应满足下式要求：

$$\lambda=\frac{l_0}{i}\leqslant[\lambda] \tag{8-42}$$

式中 λ——构件最不利方向的长细比；

l_0——相应方向的构件计算长度；

i——相应方向的截面回转半径；

$[\lambda]$——构件的容许长细比，见表8-9、表8-10。

受拉构件的容许长细比 **表8-9**

项次	构件名称	承受静力荷载或间接承受动力荷载的结构		直接承受动力荷载的结构
		一般建筑结构	有重级工作制吊车的厂房	
1	桁架的杆件	350	250	250
2	吊车梁或吊车桁架以下的柱间支撑	300	200	—
3	其他拉杆、支撑、系杆等(张紧的圆钢除外)	400	350	—

注：1. 承受静力荷载的结构中，可仅计算受拉构件在竖向平面内的长细比；

2. 在直接或间接承受动力荷载的结构中，计算单角钢受拉构件的长细比时，应采用角钢的最小回转半径。但在计算交叉点相互连接的交叉杆件平面外的长细比时，应采用与角钢肢边平行轴的回转半径；

3. 中、重级工作制吊车桁架下弦杆的长细比不宜超过200；

4. 在设有夹钳吊车或刚性料耙吊车的厂房中，支撑（表中第2项除外）的长细比不宜超过300；

5. 受拉构件在永久荷载与风荷载组合作用下受压时，其长细比不宜超过250；

6. 跨度等于或大于60m的桁架，其受拉弦杆和腹杆的长细比不宜超过300（承受静力荷载或间接承受动力荷载）或250（承受动力荷载）。

(3) 实腹式轴心受压构件稳定性验算

钢结构及其构件应具有足够的稳定性，包括整体稳定性和局部稳定性。结构或构件若处于不稳定状态，轻微扰动就将使其产生很大的变形而最终丧失承载能力，这种现象称为失去稳定性。在钢结构工程事故中，因失稳导致破坏者十分常见，特别是轻型薄壁

受压构件的容许长细比　　表 8-10

项　次	构件名称	容许长细比
1	柱、桁架和天窗架构件	150
	柱的缀条、吊车梁或吊车桁架以下的柱间支撑	
2	支撑（吊车梁或吊车桁架以下的柱间支撑除外）	200
	用以减小受压构件长细比的杆件	

注：1. 桁架（包括空间桁架）的受压腹杆，当其内力等于或小于承载能力的 50%时，容许长细比值可取 200；
2. 计算单角钢受压构件的长细比时，应采取角钢的最小回转半径；但在计算交叉点相互连接的交叉杆件平面外的长细比时，应采用与角钢肢边平行轴的回转半径；
3. 跨度等于或大于 60m 的桁架，其受压弦杆和端压杆的容许长细比值宜取为 100，其他受压腹杆可取为 150（承受静力荷载或间接承受动力荷载）或 120（承受动力荷载）。

构件，更容易出现失稳现象，因而对钢结构稳定性的验算显得特别重要。

对于轴心受拉构件，由于在拉力作用下总有拉直绷紧的倾向，其平衡状态总是稳定的，因此不必进行稳定性验算。但对于轴心受压构件，当其长细比较大时，构件截面往往是由其稳定性来确定。

1）整体稳定验算

轴心受压构件的整体稳定性按下式验算：

$$\sigma=\frac{N}{\varphi A}\leqslant f \tag{8-43}$$

式中　N——轴心受压构件的压力设计值；

A——构件的毛截面面积；

f——钢材的抗压强度设计值，按表 8-1 采用；

φ——轴心受压构件的整体稳定系数，其数值见《钢结构规范》。

φ 表示构件整体稳定性能对承载能力的影响，其值小于 1。

2）局部稳定验算

钢压杆通常由若干较薄的钢板和型钢组成。在轴心压力作用下，有可能在构件丧失强度和整体稳定之前，某一薄而宽的板件（如工字形组合截面中的腹板、翼缘板）不能维持平面平衡状态而产生凹凸鼓出变形（图 8-38），这种现象称为构件失去局部稳定或局部屈曲。对于格构式受压柱，其肢件在缀材的相邻节间作为单独的受压杆，当局部长细比较大时，可能在构件整体失稳之前失稳屈曲（图 8-39）。丧失局部稳定的构件还能继续承受荷载，但由于鼓屈部分退出工作，使构件应力分布恶化，会降低构件的承载力，导致构件提早破坏。

《钢结构规范》规定，受压构件中板件的局部稳定以板件屈曲不先于构件的整体失稳为条件，并以限制板件的宽厚比来加以控制。

对图 8-40 所示的工字形截面，其宽厚比（高厚比）应满足以下要求：

$$\frac{b_1}{t}\leqslant(10+0.1\lambda)\sqrt{\frac{235}{f_y}} \tag{8-44}$$

$$\frac{h_0}{t_w}\leqslant(25+0.5\lambda)\sqrt{\frac{235}{f_y}} \tag{8-45}$$

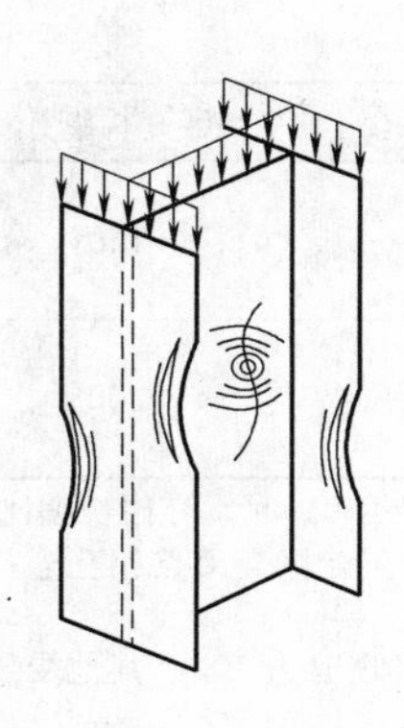

图 8-38　实腹式轴心受压构件局部屈曲

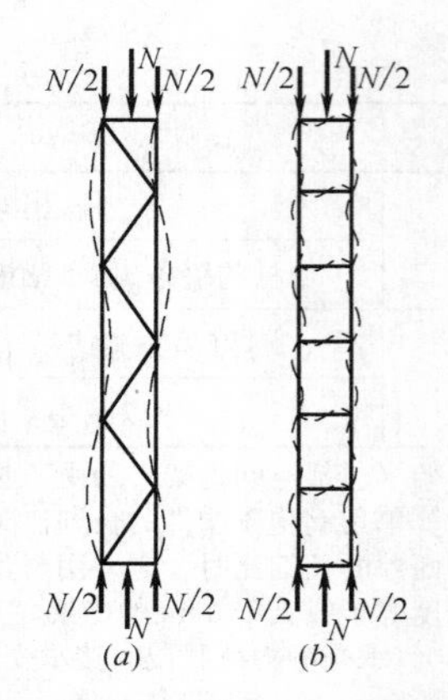

图 8-39　格构式轴心受压构件局部屈曲

对图 8-41 所示的箱形截面，其宽厚比（高厚比）应满足以下要求：

$$\frac{b_0}{t}\leqslant 40\sqrt{\frac{235}{f_y}} \tag{8-46}$$

$$\frac{h_0}{t_w}\leqslant 40\sqrt{\frac{235}{f_y}} \tag{8-47}$$

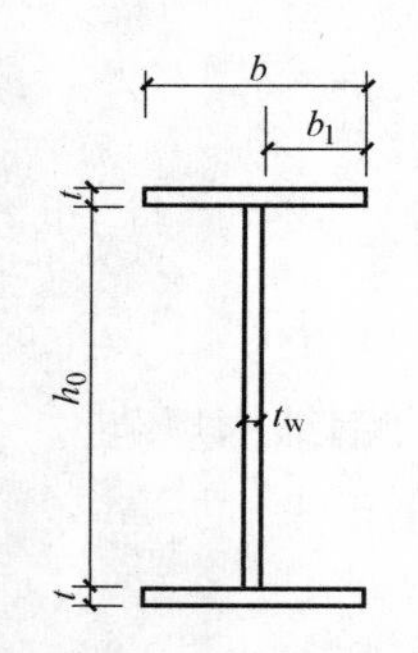

图 8-40　工字形截面

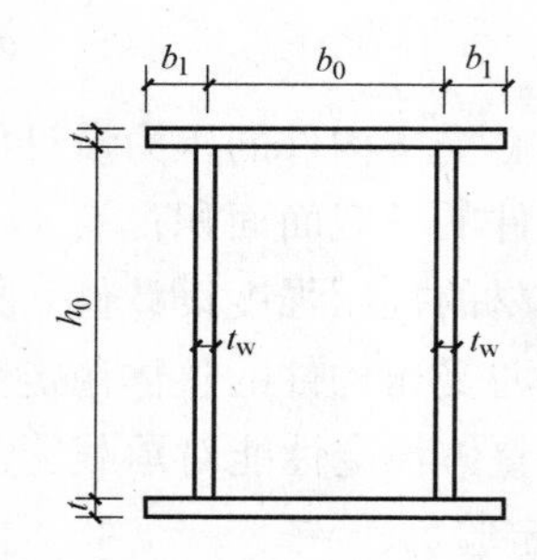

图 8-41　箱形截面

对于轧制型钢，由于翼缘、腹板较厚，一般都能满足局部稳定要求，无需计算。

3. 轴心受力构件截面设计方法

进行实腹式轴心受压构件的截面设计可按下列步骤进行：先选择截面的形式，然后根据整体稳定和局部稳定等要求选择截面尺寸，最后进行强度和稳定性验算。

【例 8-7】　一两端铰接的焊接工字形组合截面柱，承受轴心压力设计值 $N=800\text{kN}$，长度为 4.8m，截面尺寸如图 8-42 所示，采用 Q235 钢材和 E43 型焊条，翼缘为轧制边，板厚小于 40mm。试验算该柱的强度、刚度和局部稳定性。

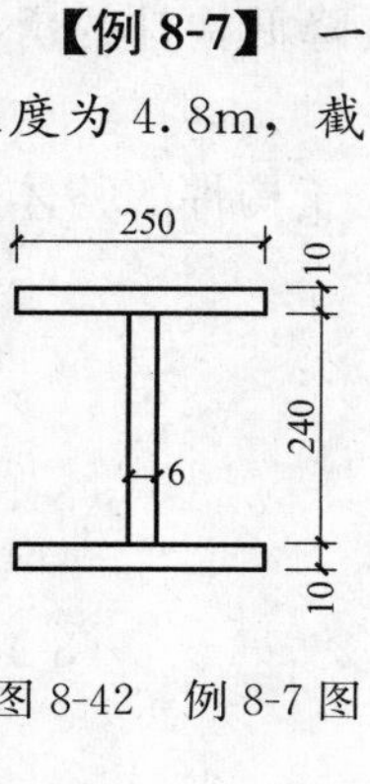

图 8-42　例 8-7 图

【解】　查得 $f=215\text{N/mm}^2$，$[\lambda]=150$

(1) 计算截面几何特性

$$A=2\times250\times10+240\times6=6440\text{mm}^2$$

$$I_x=\frac{6\times240^3}{12}+2\times250\times10\times125^2=85037000\text{mm}^4$$

$$I_y=2\times10\times\frac{10\times250^3}{12}=26042000\text{mm}^4$$

$$i_x=\sqrt{\frac{I_x}{A}}=\sqrt{\frac{85037000}{6440}}=115\text{mm}$$

$$i_y=\sqrt{\frac{I_y}{A}}=\sqrt{\frac{26042000}{6440}}=64\text{mm}$$

（2）强度验算

$$\frac{N}{A_n}=\frac{800\times10^3}{6440}=124.2\text{N/mm}^2<f=215\text{N/mm}^2$$

截面强度满足。

（3）刚度验算

$$\lambda_x=\frac{l_{ox}}{i_x}=\frac{4.8\times10^3}{115}=41.7\quad \lambda_y=\frac{l_{oy}}{i_y}=\frac{4.8\times10^3}{64}=75$$

$$\lambda_{max}=\lambda_y=75\leqslant[\lambda]=150$$

刚度满足。

（4）局部稳定验算

$$\frac{b_1}{t}=\frac{122}{10}=12.2<10+0.1\lambda=10+0.1\times75=17.5$$

$$\frac{h_0}{t_w}=\frac{240}{6}=40<25+0.5\lambda=25+0.5\times75=62.5$$

局部稳定性满足。

4. 轴心受压构件的构造

（1）实腹式轴心受压柱

为了提高构件的抗扭刚度，防止构件在施工和运输过程中发生变形，当 $h_0/t_w>80$ 时，应在一定位置设置成对的横向加劲肋（图 8-43）。横向加劲肋的间距不得大于 3 h_0，其外伸宽度 b_s 不少于（$h/30+40$）mm，厚度 t_s 应不小于 $b_s/15$。

对于大型实腹式柱，为了增加其抗扭刚度和传递集中力作用，在受有较大水平力处，以及运输单元的端部，应设置横隔（图 8-44），横隔间距一般不大于柱截面较大宽度的 9 倍或 8m。

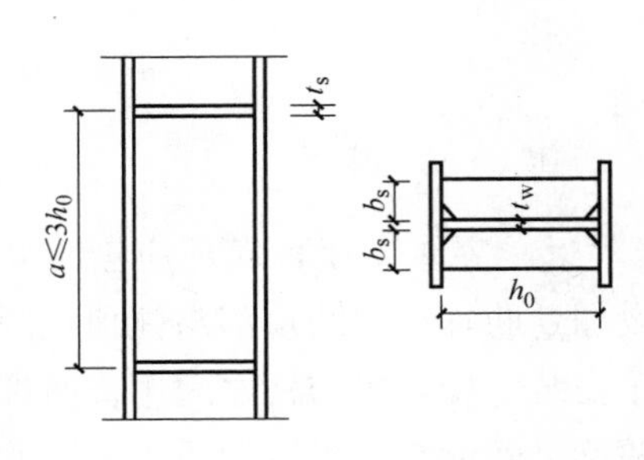

图 8-43　实腹式柱的横向加劲肋

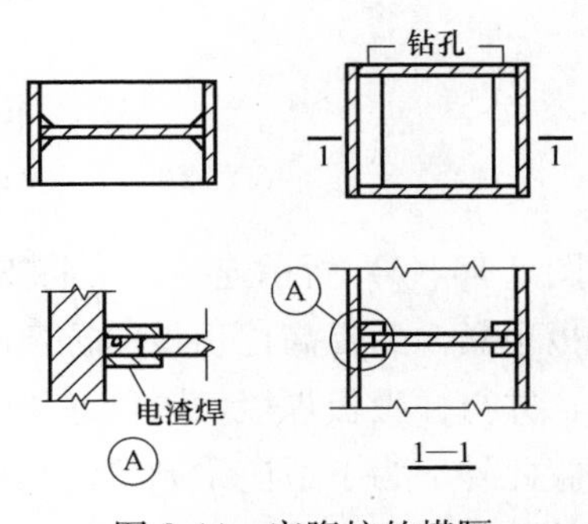

图 8-44　实腹柱的横隔

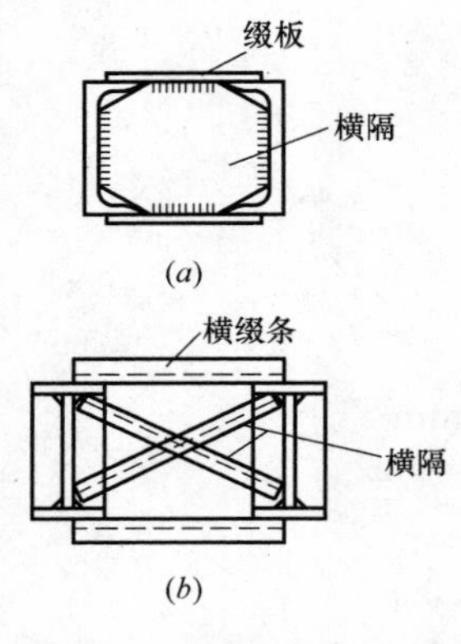

图 8-45 格构柱的横隔

（a）钢板；（b）交叉角钢

（2）格构式轴心受压柱

格构柱的横截面为中部空心的矩形，抗扭刚度较差。为了提高格构柱的抗扭刚度，保证柱子在运输和安装过程中的形状不变，应每隔一段距离设置横隔，横隔可用钢板（图 8-45*a*）或交叉角钢（图 8-45*b*）组成。

（3）柱头

柱头是柱上端与梁的连接构造。轴心受压柱的柱头有两种构造方案：一种是将梁设置于柱顶（图8-46*a*、*b*、*c*）；另一种是将梁连接于柱的侧面（图8-46*d*、*e*）。

1）梁支承于柱顶

图 8-46（*a*）所示连接，应将梁端的支承加劲肋对准柱翼缘，以使梁的反力直接传给柱翼缘。两相邻梁之间应留10～20mm的间隙，以便于梁的安装，待梁调整定位后用连接板和构造螺栓固定。

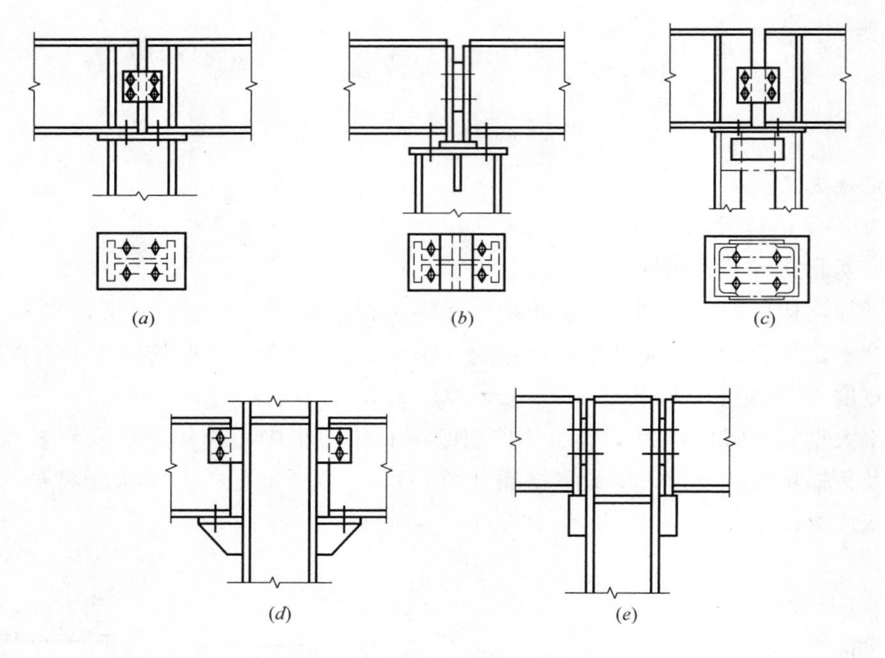

图 8-46 梁与柱的连接

（*a*）、（*b*）、（*c*）梁设置于柱顶；（*d*）、（*e*）梁连接于柱的侧面

图 8-46（*b*）所示连接，应将支座放在柱的轴线附近。突缘支座板底部应刨平并与柱顶板顶紧。为提高柱顶板的抗弯刚度，可在其下设加劲肋，加劲肋顶部与柱顶板刨平顶紧，并与柱腹板焊接，以传递梁的反力。为了便于安装定位，梁与柱之间用普通螺栓连接。此外，为了适应梁制造时允许存在的误差，两梁之间的空隙可以用适当厚度的填板调整。

图 8-46（*c*）所示的格构式柱，为了保证传力均匀，在柱顶必须用缀板将两个分肢

连接起来，同时分肢间的顶板下面亦须设加劲肋。

2）梁支承于柱侧

梁连接在柱的侧面时，可在柱的翼缘上焊一个 T 形承托（图 8-46*d*）。为防止梁的扭转，可在其顶部附设一小角钢用构造螺栓与柱连接。

（4）柱脚

轴心受压柱柱脚的作用是将柱身的压力均匀地传给基础，并和基础牢固连接。

轴心受压柱的柱脚按其和基础的固定方式可以分为铰接柱脚（图 8-47*a*、*b*、*c*）和刚性柱脚（图 8-47*d*）。

图 8-47（*a*）是一种轴承式铰接柱脚，应用很少。图 8-47（*b*）适用于荷载较小的轻型柱。图 8-47（*c*）是最常采用的铰接柱脚。图 8-47（*d*）为刚接柱脚，柱脚锚栓分布在底板的四周以便使柱脚不能转动。

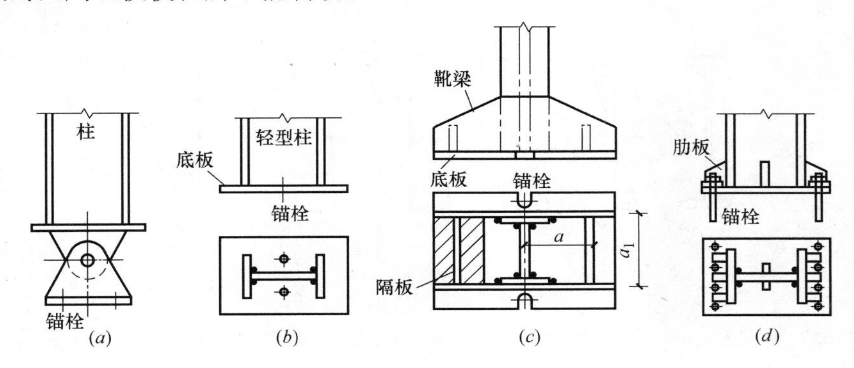

图 8-47　柱脚构造

（*a*）轴承式铰接柱脚；（*b*）、（*c*）平板式铰接柱脚；（*d*）刚接柱脚

8.3.2　受弯构件

受弯构件主要是指承受横向荷载而受弯的实腹钢构件，即钢梁。

按支承情况，钢梁可以分为简支梁、悬臂梁和连续梁，但悬臂梁和连续梁应用较少。按截面形式，钢梁可以分为型钢梁和组合梁两大类。其中型钢梁又可分为热轧型钢梁和冷弯薄壁型钢梁两种（图 8-48）。型钢梁制造简单方便，成本低，应用较多。根据受力情况，钢梁可以分为单向受弯梁和双向受弯梁。

1. 受弯构件的计算

（1）强度计算

梁的强度计算包括抗弯强度计算、抗剪强度计算，有时尚需进行局部承压强度和折算应力计算。本书只介绍抗弯强度计算和抗剪强度计算。

1）抗弯强度

钢梁在弯矩作用下，可分为三个工作阶段，即弹性、弹塑性及塑性阶段。在塑性工作阶段，截面全部进入塑性状态，即达到塑性工作阶段，此时梁截面应力呈两个矩形分布（图 8-49*e*）。

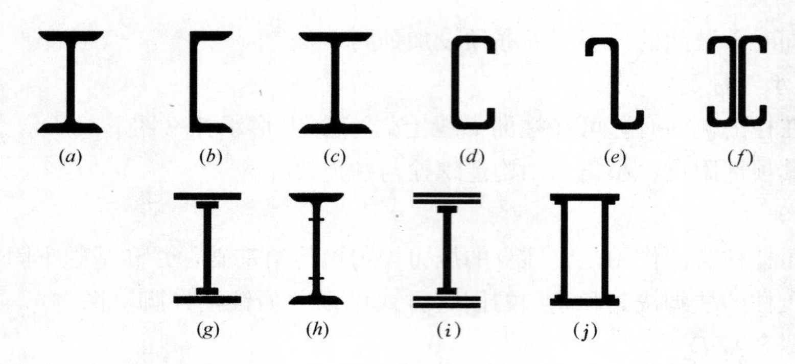

图 8-48 钢梁的类型

(*a*)、(*b*)、(*c*) 热轧型钢梁；(*d*)、(*e*)、(*f*) 冷弯薄壁型钢梁；

(*g*)、(*h*)、(*i*)、(*j*) 组合梁

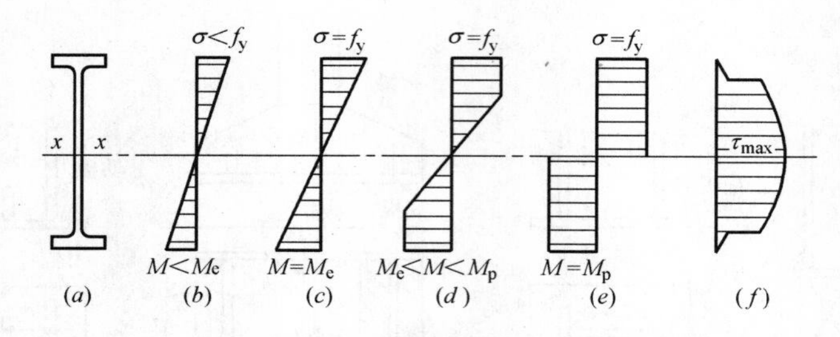

图 8-49 梁截面的应力分布

(*a*) 梁的截面；(*b*)、(*c*) 弹性工作阶段；(*d*) 弹塑性工作阶段；(*e*)、(*f*) 塑性工作阶段

注：图中 f_y——钢材屈服点；M_e——梁的弹性极限弯矩；M_P——梁的塑性弯矩

把梁的边缘纤维达到屈服强度作为设计的极限状态，叫做弹性设计。在一定条件下，考虑塑性变形的发展，称为塑性设计。《钢结构规范》以梁截面塑性发展到一定深度（即截面只有部分区域进入塑性区）作为设计极限状态。

梁的抗弯强度按下列公式计算：

单向弯曲时

$$\frac{M}{\gamma W_n} \leqslant f \tag{8-48}$$

双向弯曲时

$$\frac{M_x}{\gamma_x W_{nx}} + \frac{M_y}{\gamma_y W_{ny}} \leqslant f \tag{8-49}$$

式中 M——弯矩设计值；

γ——截面塑性发展系数。对于工字形截面 $\gamma_x = 1.05$，$\gamma_y = 1.2$；对于箱形截面 $\gamma_x = \gamma_y = 1.05$；此处 x 为强轴，y 为弱轴。其他截面可参考有关文献；

W_n——梁的净截面（弹性）模量；

f——钢材抗弯强度设计值，按表 8-1 采用。

2）抗剪强度

《钢结构规范》以截面最大剪力达到所用钢材剪应力屈服点作为抗剪承载力极限状态。

梁的抗剪强度按下式计算：

$$\tau=\frac{VS}{It_{w}}\leqslant f_{v} \tag{8-50}$$

式中　V——计算截面沿腹板平面作用的剪力；

I——梁的毛截面惯性矩；

S——中和轴以上或以下截面对中和轴的面积矩，按毛截面计算；

t_w——腹板厚度；

f_v——钢材抗剪强度设计值，按表 8-1 采用。

对于轧制工字钢和槽钢，腹板厚度 t_w 相对较大，当无较大截面削弱时，可不必验算抗剪强度。

（2）梁的刚度验算

梁的变形（即挠度）过大，不但会影响正常使用，同时会造成不利工作条件。因此钢梁设计时，除保证强度条件外，还应保证其刚度要求。

梁的挠度 v 应满足下式

$$v\leqslant[v] \tag{8-51}$$

或

$$v/l\leqslant[v]/l \tag{8-52}$$

式中　$[v]$——梁的容许挠度，见表 8-11 采用；

l——受弯构件的跨度。

受弯构件的容许挠度　　表 8-11

项次	构件类别	挠度容许值	
		$[w_T]$	$[w_Q]$
1	吊车梁和吊车桁架(按自重和起重量最大的一台吊车计算挠度)： (1)手动吊车和单梁吊车(含悬挂吊车) (2)轻级工作制桥式吊车 (3)中级工作制桥式吊车 (4)重级工作制桥式吊车	 $l/500$ $l/800$ $l/1000$ $l/1200$	
2	手动或电动葫芦的轨道梁	$l/400$	
3	有重轨(重量≥38kg/m)轨道的工作平台梁 有轻轨(重量≤24kg/m)轨道的工作平台梁	$l/600$ $l/400$	
4	楼(屋)盖梁或桁架，工作平台梁(第 3 项除外)的平台板： (1)主梁或桁架(包括设有悬挂起重设备的梁和桁架) (2)抹灰顶棚的次梁 (3)除(1)、(2)外的其他梁 (4)屋盖檩条： 支承无积灰的瓦楞铁和石棉瓦者 支承压型金属板、有积灰的瓦楞铁和石棉瓦等屋面者 支承其他屋面材料者 (5)平台板	 $l/400$ $l/250$ $l/250$ $l/150$ $l/200$ $l/200$ $l/150$	 $l/500$ $l/350$ $l/300$
5	墙梁构件(风荷载不考虑阵风系数) (1)支柱 (2)抗风桁架(作为连续支承时) (3)砌体墙的横梁(水平方向) (4)支承压型金属板、瓦楞铁和石棉瓦墙面的横梁(水平方向) (5)带有玻璃的横梁(竖向和水平方向)	 $l/200$	 $l/400$ $l/1000$ $l/300$ $l/200$ $l/200$

注：1. l 为受弯构件的跨度（对悬臂梁和伸臂梁为悬伸长度的 2 倍）；
　　2. $[w_T]$ 为全部荷载标准值产生的挠度（如有起拱应减去拱度）的容许值；$[w_Q]$ 为可变荷载标准值产生的挠度的容许值。

梁的刚度属正常使用极限状态，挠度计算时应采用荷载标准值，且不考虑螺栓孔引起的截面削弱，对动力荷载标准值也不乘动力系数。梁的挠度 v 按一般材料力学公式计算，例如简支梁承受均布荷载 q_k 作用时 $v_{max}=\frac{5}{384}\frac{q_k l^4}{EI}$，简支梁承受跨中集中荷载 Q_k 作用时 $v_{max}=\frac{1}{48}\frac{Q_k l^3}{EI}$。

(3) 梁的整体稳定

1) 整体稳定验算

为了提高抗弯强度，节省钢材，钢梁截面一般做成高而窄的形式，致使梁的侧向刚度较受荷方向的刚度小得多。如图 8-50 所示的工字形截面梁，垂直荷载作用在梁的最大刚度平面内。但是，荷载不可能准确的作用在梁的垂直平面内，同时还不可避免地存在各种偶然因素引起的横向作用，因此梁不但沿 y 轴产生垂直变形，还会产生侧向弯曲和扭转变形。当荷载增加到某一数值时，梁在达到强度极限承载力之前突然发生侧向弯曲（绕弱轴的弯曲）和扭转，并丧失继续承载的能力，这种现象称为梁的弯曲扭转屈曲（弯扭屈曲）或梁丧失整体稳定。梁丧失整体稳定是突然发生的，事先没有明显预兆，因而比强度破坏更危险，设计、施工中要特别注意。

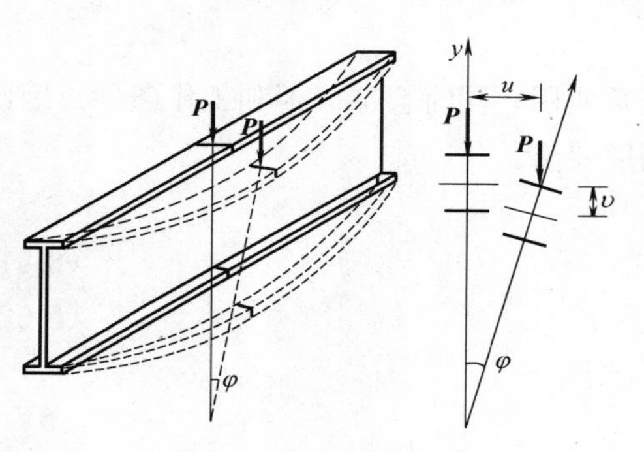

图 8-50　梁丧失整体稳定

为保证梁的整体稳定按下式验算：

$$\sigma=\frac{M_x}{W_x}\leqslant\varphi_b f \tag{8-53}$$

式中　M_x、σ——荷载设计值在梁内产生的绕强轴（x 轴）作用的最大弯矩及最大压应力；

W_x——按受压纤维确定的梁毛截面模量；

φ_b——梁的整体稳定系数，计算方法详见《钢结构规范》。

2) 整体稳定性的保证措施

为保证梁的整体稳定，最有效的措施是在梁的跨中增设受压翼缘的侧向支承点以缩短其自由长度，或增加受压翼缘的宽度以增加其侧向抗弯刚度。《钢结构规范》规定，当符合下列情况之一时，不必计算梁的整体稳定性：

① 有铺板（各种钢筋混凝土板或钢板）密铺在梁的受压翼缘上并与其牢固相连，能阻止梁的受压翼缘的侧向位移时；

② H 型钢截面或工字形截面简支梁受压翼缘自由长度 l_1 与其宽度 b_1 之比不超过表 8-12 规定的数值时。

(4) 梁的局部稳定

1) 梁的局部稳定的概念

为了获得经济的截面尺寸，组合截面梁常常采用宽而薄的翼缘板和高而薄的腹板。

工字形截面简支梁不需计算整体稳定性的最大值 l_1/b_1　　表 8-12

钢　号	跨中无侧向支承点的梁		跨中有侧向支承点的梁，不论荷载作用于何处
	荷载作用在上翼缘	荷载作用在下翼缘	
Q235 钢	13.0	20.0	16.0
Q345 钢	10.5	16.5	13.0
Q390 钢	10.0	15.5	12.5
Q420 钢	9.5	15.0	12.0

注：表中 l_1 为梁受压翼缘的自由长度；对跨中无侧向支承点的梁，为其跨度；对跨中有侧向支承点的梁，为受压翼缘侧向支承点间的距离（梁的支座处视为有侧向支承）。

但是，当梁翼缘的宽厚比或腹板的高厚比大到一定程度时，翼缘或腹板在尚未达到强度极限或在梁丧失整体稳定之前，就可能发生波浪形的屈曲（图8-51），这种现象称为失去局部稳定或局部失稳。梁的翼缘或腹板局部失稳后，虽然整个构件还不至于立即丧失承载能力，但由于对称截面转化成了非对称截面，继而会使梁产生扭转，乃至部分截面退出工作，这就使得构件的承载能力大为降低，导致整个结构早期破坏。

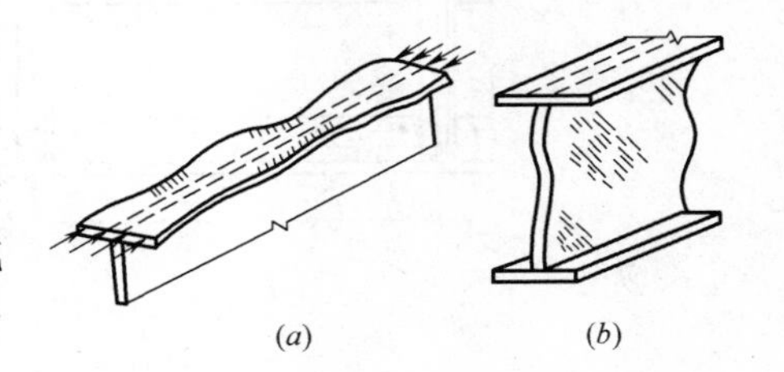

图 8-51　梁翼缘和腹板失稳变形情况

2）避免梁的局部失稳的措施

① 限制翼缘板宽厚比：

《钢结构规范》规定，梁受压翼缘自由外伸宽度 b_1 与其厚度 t 之比应满足

$$\frac{b_1}{t}\leqslant 15\sqrt{\frac{235}{f_y}} \tag{8-54}$$

② 设置加劲肋：

组合梁的腹板主要是靠设置加劲肋来保证其局部稳定。

加劲肋常在腹板两侧成对配置（图 8-52a），对于仅受静荷载作用或受动荷载作用较小的梁腹板，为了节省钢材和减少制造工作量，也可单侧配置（图 8-52b）。加劲肋可以用钢板或型钢制成，焊接梁一般常用钢板。加劲肋的形式如图 8-52 所示。

在梁支座处以及固定集中荷载作用处，应按规定设置支承加劲肋，支承加劲肋应在腹板两侧成对配置（图 8-53）。

2. 钢梁的截面设计方法

型钢梁和组合梁的截面设计方法略有差异。

型钢梁的截面设计可按下列步骤进行：初选型钢规格，然后进行强度、刚度和整体稳定性验算。若各项验算满足，则所选型钢符合要求。否则应重选截面，重新验算强度、刚度和整体稳定性，直到全部满足。

组合梁的截面设计可按下列步骤进行：初选截面形式和尺寸，然后进行强度、刚度、整体稳定性、局部稳定验算。若各项验算满足，则进行翼缘与腹板的连接焊缝设计和支座加劲肋设计。

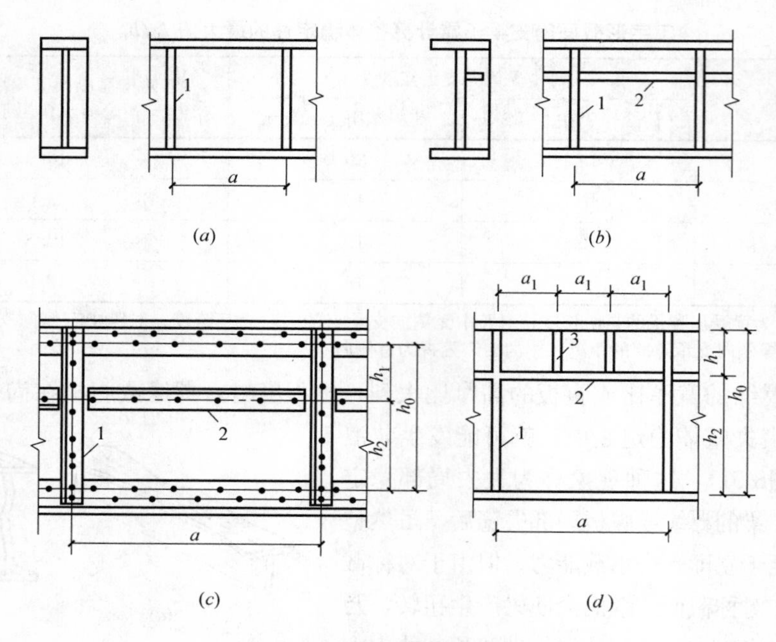

图 8-52　加劲肋的形式

1—横向加劲肋；2—纵向加劲肋；3—短加劲肋

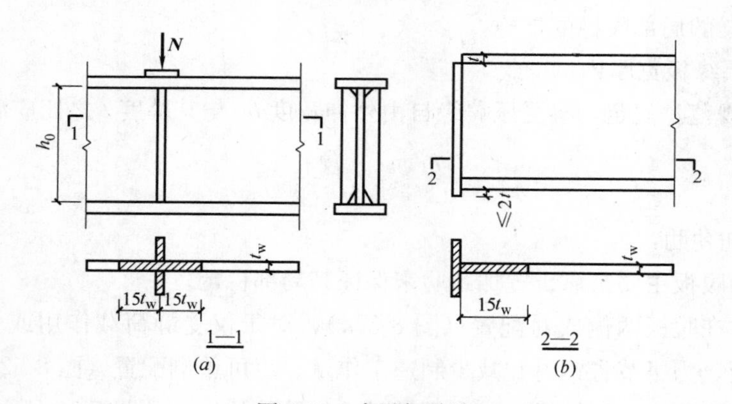

图 8-53　支承加劲肋

3. 梁的拼接

梁的拼接分为工厂拼接和工地拼接两种。由于梁的长度、高度大于钢材的尺寸，常需要先将腹板和翼缘用几段钢材拼接起来，然后再焊接成梁，这些工作在工厂进行，故称为工厂拼接（图 8-54）。由于受运输和吊装条件限制，需将梁分成几段运至工地或吊至高空就位后再拼接起来，这种拼接称为工地拼接（图 8-55）。

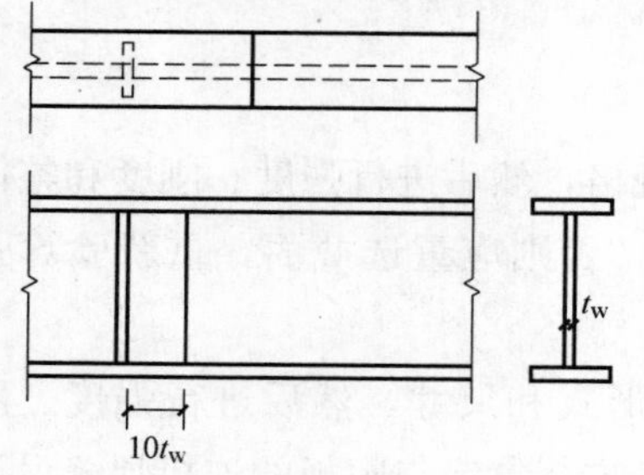

图 8-54　焊接梁的工厂拼接

工厂拼接的位置应由钢材尺寸并考虑梁的受力确定。翼缘和腹板拼接一般用对接焊缝，施焊时使用引弧板。腹板和翼缘的拼接位置最好错开，同时要与加劲肋和次梁连接位置错开，错开距离不小于 $10t_w$，以便各种焊缝布置分散，减小焊接应力及变形。

工地拼接位置一般布置在梁弯矩较小的地方，且常常将腹板和翼缘在同一截面断开（图 8-55*a*），以便于运输和吊装。拼接处一般采用对接焊缝，上、下翼缘做成向上的 V 形坡口，便于施焊。为了减小焊接应力，应将工厂施焊的翼缘焊缝端部留出 500mm 左右不焊，留待工地拼接时按图中的施焊顺序最后焊接。工地拼接梁也可采用摩擦型高强度螺栓作梁的拼接（图 8-55*c*）。

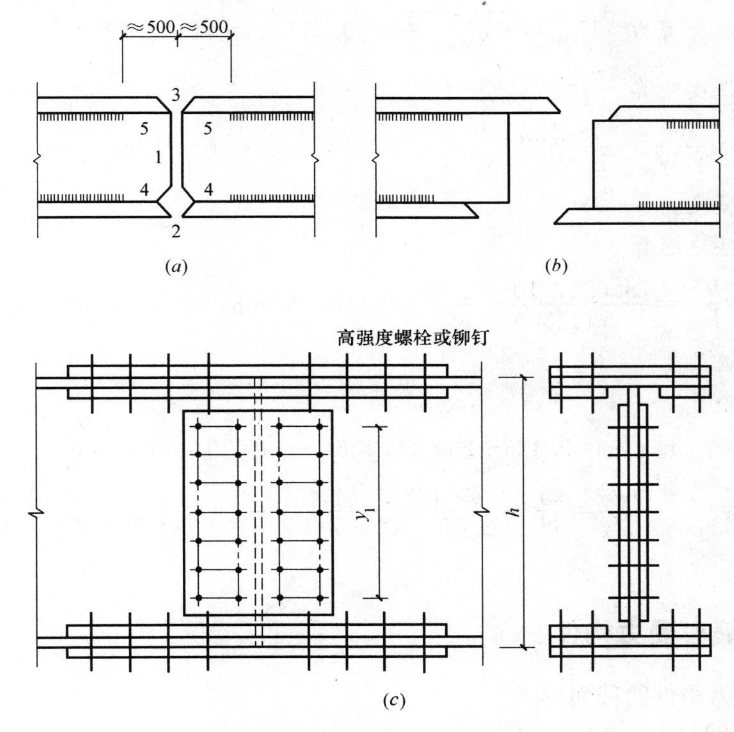

图 8-55 焊接梁的工地拼接

（*a*）、（*b*）焊接；（*c*）高强螺栓连接

【例 8-8】 某屋盖简支梁主梁计算跨度 4m，采用 Ⅰ28a 工字钢，采用 Q235。承受均布荷载，其中永久荷载（不包括梁自重）标准值为 9kN/m，可变荷载（非动力荷载）标准值为 20kN/m，结构安全等级为二级。试进行抗弯强度、抗剪强度和刚度验算。

【解】 查得 $E=2.06\times10^5$MPa，$\frac{v}{l}=\frac{1}{400}$，$f=215\text{N/mm}^2$，$f_v=125\text{N/mm}^2$

由型钢表查得 I28a 的有关参数：自重 43.47kg/m＝0.426kN/m，$W_x=508.2\text{cm}^3=508200\text{mm}^3$，$I_x=7115\text{cm}^4=71150000\text{mm}^4$，$S_x=292.7\text{cm}^3=292700\text{mm}^3$，腹板厚 $t_w=8.5$mm

（1）内力计算

$\gamma_0=1.0$，永久荷载标准值 $g_k=9+0.426=9.426$kN/m，可变荷载标准值 $q_k=20$kN/m

由可变荷载控制时 $\gamma_G=1.2$，$\gamma_{Q1}=1.4$；由永久荷载控制时 $\gamma_G=1.35$，$\gamma_{Q1}=1.4$

由 $Q=\gamma_0(\gamma_G G_k+\gamma_{Q1}Q_{1k})$ 得：

由可变荷载控制的荷载设计值 $q=1.0(1.2\times9.426+1.4\times20)=39.311\text{kN/m}$

由永久荷载控制的荷载设计值 $q=1.0(1.35\times9.426+1.4\times0.7\times20)=32.325\text{kN/m}$

取较大值 $q=39.311\text{kN/m}$

跨中最大弯矩 $M_x=\frac{ql_0^2}{8}=\frac{1}{8}\times39.311\times4^2=78.622\text{kN}\cdot\text{m}$

支座截面最大剪力 $V_{max}=\frac{1}{2}ql_0=\frac{1}{2}\times39.311\times4=78.622\text{kN}$

（2）抗弯强度验算

$$\frac{M_x}{\gamma_x W_x}=\frac{78.622\times10^6}{1.05\times508200}=147.3\text{N/mm}^2<f=215\text{N/mm}^2$$

抗弯强度验算满足。

（3）抗剪强度验算

$$\tau=\frac{VS}{It_w}=\frac{78.622\times10^3\times292700}{71150000\times8.5}=38.1\text{N/mm}^2<f_v=125\text{N/mm}^2$$

抗剪强度验算满足。

（4）刚度验算

$$g_k+q_k=9.426+20=29.426\text{kN/m}=29.426\text{N/mm}$$

$$\frac{v}{l}=\frac{5}{384}\cdot\frac{q_k l_0^3}{EI_x}=\frac{5}{384}\cdot\frac{29.426\times(4\times10^3)^3}{2.06\times10^5\times71150000}=\frac{1}{597.7}<\frac{[v]}{l}=\frac{1}{400}$$

刚度满足。

8.3.3 偏心受力构件

1. 偏心受力构件的截面形式

偏心受力构件可分为偏心受拉构件（拉弯构件）和偏心受压构件（压弯构件）两类。轴心拉力和弯矩共同作用下的构件称为拉弯构件，轴心压力和弯矩共同作用下的构件称为压弯构件。实际工程中，钢屋架下弦当节点之间有横向荷载作用时，即视为拉弯构件。压弯构件更为常见，例如有节间荷载作用的屋架上弦杆、框架柱等都属于压弯构件。

偏心受力构件当承受的弯矩不大时，可采用和一般轴心受力构件相同的截面形式；当弯矩较大时，可采用图 8-56 所示的单轴对称截面，并使较大翼缘位于受压一侧。

2. 偏心受力构件的计算

（1）强度计算

对于承受静力荷载作用的实腹式拉弯或压弯构件，当截面出现塑性铰时达到强度极限状态。但如果构件中截面一旦形成塑性铰，就会产生很大的变形以致不能正常使用。《钢结构规范》在同时考虑限制截面塑性发展和截面削弱的条件下，给出了下列强度计算公式：

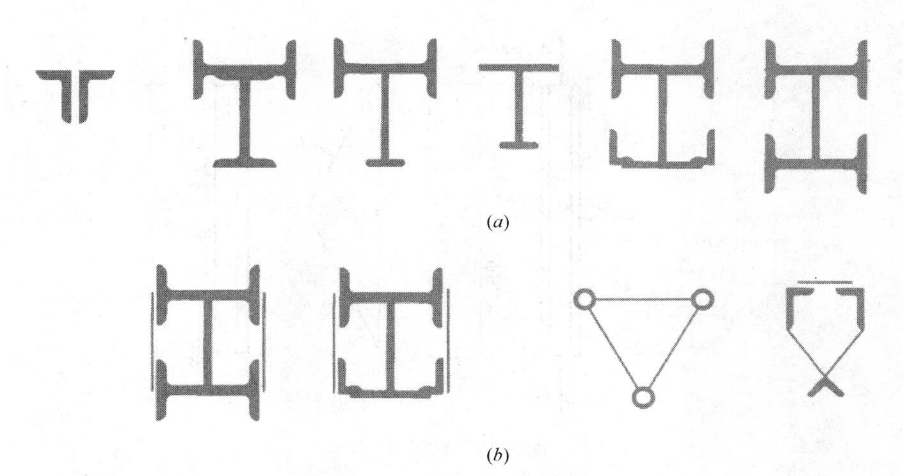

图 8-56　单轴对称截面

单向拉弯或压弯构件

$$\frac{N}{A_n}\pm\frac{M}{\gamma W_n}\leqslant f \tag{8-55}$$

双向拉弯或压弯构件

$$\frac{N}{A_n}\pm\frac{M_x}{\gamma_x W_{nx}}\pm\frac{M_y}{\gamma_y W_{ny}}\leqslant f \tag{8-56}$$

式中　A_n——净截面面积；

W_{nx}、W_{ny}——对 x 轴和 y 轴的净截面抵抗矩，取值应与正负弯曲应力相适应；

γ_x、γ_y——截面塑性发展系数，取值同受弯构件。

对于直接承受动力荷载作用且需计算疲劳的实腹式拉弯或压弯构件，仍按式(8-56)和式（8-57）计算，但不考虑截面塑性发展，取 $\gamma_x=\gamma_y=1.0$。

（2）刚度验算

拉弯构件和压弯构件的刚度要求都以长细比来控制，应满足下式要求

$$\lambda_{max}\leqslant[\lambda] \tag{8-57}$$

式中　$[\lambda]$——容许长细比，按表 8-9、表 8-10 采用。

【例 8-9】 图 8-57 所示工字形截面柱，两端铰支，中间 1/3 长度处有侧向支承，截面无削弱，承受轴心压力的设计值为 900kN，跨中集中力设计值为 100kN，钢材为 Q235 钢。试验算此构件的强度和刚度。

【解】 查得 $f=215\text{N/mm}^2$，$[\lambda]=150$

（1）计算截面的几何特征值

$$A=2\times320\times12+640\times10=14080\text{mm}^2$$

$$I_x=\frac{1}{12}\times(320\times664^3-310\times640^3)=1034750000\text{mm}^4$$

$$I_y=2\times\frac{1}{12}\times12\times320^3=65540000\text{mm}^4$$

$$W_{1x}=\frac{1034750000}{332}=3117000\text{mm}^3$$

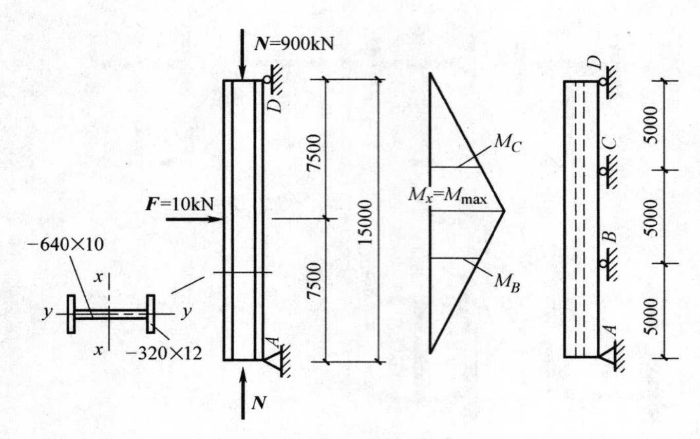

图 8-57　例 8-9 图

$$i_x=\sqrt{\frac{I_x}{A}}=\sqrt{\frac{1034750000}{14080}}=271.1\text{mm}$$

$$i_y=\sqrt{\frac{I_y}{A}}=\sqrt{\frac{65540000}{14080}}=68.2\text{mm}$$

（2）强度验算

$$M_x=\frac{1}{4}\times100\times15=375\text{kN}\cdot\text{m}$$

$$\frac{N}{A_n}+\frac{M_x}{\gamma_x W_{nx}}=\frac{900\times10^3}{14080}+\frac{375\times10^6}{1.05\times3117000}=178.5\text{N/mm}^2<f=215\text{N/mm}^2$$

截面承载力满足要求。

（3）刚度验算

$$l_{0x}=15\text{m},\ l_{0y}=5\text{m}$$

$$\lambda_x=l_{0x}/i_x=15000/271.1=55.3\leqslant[\lambda]=150$$

$$\lambda_y=l_{0y}/i_y=5000/68.2=73.3\leqslant[\lambda]=150$$

（3）实腹式压弯构件的整体稳定性验算

实腹式压弯构件的整体稳定性验算包括弯矩作用平面内的稳定性和弯矩作用平面外的稳定性验算。

1）实腹式压弯构件在弯矩作用平面内的稳定性

弯矩作用平面内的稳定性应满足下式要求

$$\frac{N}{\varphi_x A}+\frac{\beta_{mx}M_x}{\gamma_{1x}W_{1x}\left(1-0.8\frac{N}{N'_{Ex}}\right)}\leqslant f \tag{8-58}$$

式中　N——压弯构件的轴心压力设计值；

φ_x——在弯矩作用平面内，不计弯矩作用时，轴心受压构件的稳定系数，见《钢结构规范》；

M_x——所计算构件段范围内的最大弯矩设计值；

$N'_{Ex}=\frac{\pi^2 EI_x}{1.1l_{0x}^2}$——参数；

W_{1x}——弯矩作用平面内较大受压纤维的毛截面模量；

γ_{1x}——与 W_{1x} 相应的截面塑性发展系数，取值同受弯构件；

β_{mx}——弯矩作用平面内等效弯矩系数。

β_{mx} 按下列情况取值：

① 框架柱和两端有支承的构件：

无横向荷载作用时：$\beta_{mx}=0.65+0.35M_2/M_1$。此处 M_1 和 M_2 为端弯矩，使杆件产生同向曲率（无反弯点）时取同号，使杆件产生反向曲率（有反弯点）时取异号，$|M_1|\geqslant|M_2|$。

有端弯矩和横向荷载同时作用时：使杆件产生同向曲率时 $\beta_{mx}=1.0$；使杆件产生反向曲率时，$\beta_{mx}=0.85$。

无端弯矩但有横向荷载作用时：$\beta_{mx}=1.0$。

② 悬臂构件：$\beta_{mx}=1.0$。

对于单轴对称截面（如 T 形、槽形截面）的压弯构件，当弯矩绕非对称轴作用（即弯矩作用在对称轴平面内），并且使较大翼缘受压时，可能在较小翼缘一侧因受拉区塑性发展过大而导致构件破坏。对于这类构件，除应按式（8-58）验算弯矩平面内稳定性外，还应作下列补充验算：

$$\left|\frac{N}{A}-\frac{\beta_{mx}M_x}{\gamma_{2x}W_{2x}\left(1-1.25\dfrac{N}{N'_{Ex}}\right)}\right|\leqslant f \tag{8-59}$$

式中　W_{2x}——对较小翼缘的毛截面模量；

γ_{2x}——与 W_{2x} 相应的截面塑性发展系数，取值同受弯构件。

2）实腹式压弯构件在弯矩作用平面外的稳定性

当压弯构件的弯矩作用在截面最大刚度的平面内时，因弯矩作用平面外截面的刚度较小，构件可能向弯矩作用平面外发生侧向弯扭屈曲破坏。此时，需按下式验算弯矩作用平面外的稳定性：

$$\frac{N}{\varphi_y A}+\eta\frac{\beta_{tx}M_x}{\varphi_b W_{1x}}\leqslant f \tag{8-60}$$

式中　M_x——所计算构件段范围内（构件侧向支撑点之间）的最大弯矩设计值；

φ_y——弯矩作用平面外的轴心受压构件的稳定系数；

β_{tx}——弯矩作用平面外等效弯矩系数，应根据计算段内弯矩作用平面外方向的支承情况及荷载和内力情况确定，取值方法与弯矩作用平面内等效弯矩系数 β_{mx} 相同；

η——调整系数，闭口截面 $\eta=0.7$，其他截面 $\eta=1.0$；

φ_b——均匀弯曲的受弯构件整体稳定系数，见《钢结构规范》。

（4）实腹式压弯构件的局部稳定

实腹式压弯构件当截面由较宽较薄的板件组成时，有可能丧失局部稳定。《钢结构规范》以限制腹板高厚比和翼缘宽厚比来保证实腹式压弯构件的局部稳定。具体要求见《钢结构规范》。

8.4 轻钢屋盖

轻钢屋盖一般是指采用轻型屋面和轻型钢屋架而形成的屋盖结构。轻钢屋盖结构的用钢量一般为 8～15kg/m²，接近于相同条件下钢筋混凝土结构的用钢量，且能节约大量的木材、水泥及其他建筑材料。与普通钢屋盖结构相比，结构自重减轻 20%～30%，经济效果较好。因此，被广泛应用于跨度不大（≤18m），吊车起重量不大的工业与民用房屋中。

8.4.1 轻型屋面

轻型钢结构屋面，宜采用具有轻质、高强、耐火、保温、隔热、隔声、抗震及防水性能好的建筑材料，同时要求构造简单、施工方便，并能工业化生产。工程实际中，轻型钢结构采用的屋面有压型钢板、发泡水泥复合板（太空板）、GRC 板、石棉水泥波形瓦、加气混凝土屋面板、瓦楞铁等，常用的是压型钢板、瓦楞铁、石棉水泥波形瓦。

压型钢板的截面呈波形，从单波到 6 波，板宽 360～900mm，重量为 0.07～0.14kN/m²，分长尺和短尺两种。一般采用长尺，板的纵向可不搭接。

太空板是由钢或混凝土边框、钢筋桁架、发泡水泥芯材、玻纤网增强的上下水泥面层复合而成的建筑板材，是一种集承重、保温、隔热为一体的轻质复合板，可应用于屋面板、楼板和墙板中。其自重为 0.45～0.85kN/m²，屋面全部荷载标准值（包括活荷载）一般不超过 1.5kN/m²。太空板用作屋面板时，尺寸有 3m×3m、1.5m×6m、1.5m×7.5m、3m×6m 几种。太空板上可直接铺设防水卷材，不需另设保温及找平层，防水卷材宜使用橡塑类卷材。

GRC 板是指用玻璃纤维增强的水泥制品。

8.4.2 轻型钢屋架

轻型钢屋架包括用圆钢、小角钢（小于∟45×4 或∟56×76×4）组成的屋架和薄壁型钢屋架，其形式有三角形屋架、三铰拱屋架、棱形屋架以及平坡梯形钢屋架（图 8-58）。

三角形屋架通常用于屋面坡度较陡的有檩体系屋盖，屋面材料为波形石棉瓦、瓦楞铁或短尺压型钢板，屋面坡度为 1/3～1/2.5。

三铰拱屋架属于采用圆钢或小角钢的轻型钢屋架。主要用于跨度 l≤18m，具有起重量 Q≤5t 的轻、中级工作制桥式吊车，且无高温、高湿和强烈侵蚀性环境的房屋，以及中小型仓库、农业用温室、商业售货棚等的屋盖。

三铰拱屋架的特点是杆件受力合理，斜梁的腹杆长度短，一般为 0.6～0.8m，对杆件受力截面选择非常有利，并能够充分利用普通圆钢和小角钢。

棱形屋架属于采用圆钢或小角钢的轻型钢屋架。这种屋架适用于屋面坡度 1/12～1/8，跨度 12～15m，柱距 3～6m 的中小型工业与民用建筑。

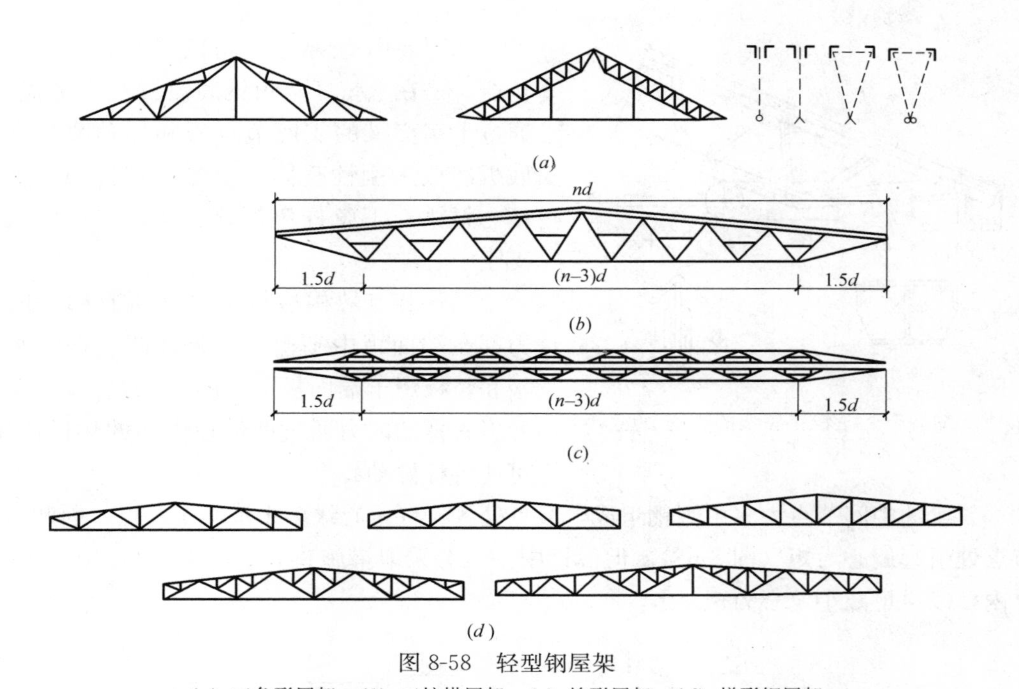

图 8-58　轻型钢屋架

（a）三角形屋架；（b）三铰拱屋架；（c）梭形屋架；（d）梯形钢屋架

梯形屋架跨度一般为 15～30m，柱距 6～12m，通常以铰接支承于混凝土柱顶。

8.4.3　檩条

檩条宜优先采用实腹式构件，也可采用空腹式或格构式构件。

实腹式檩条包括普通型钢和冷弯薄壁型钢两种，如图 8-59 所示。

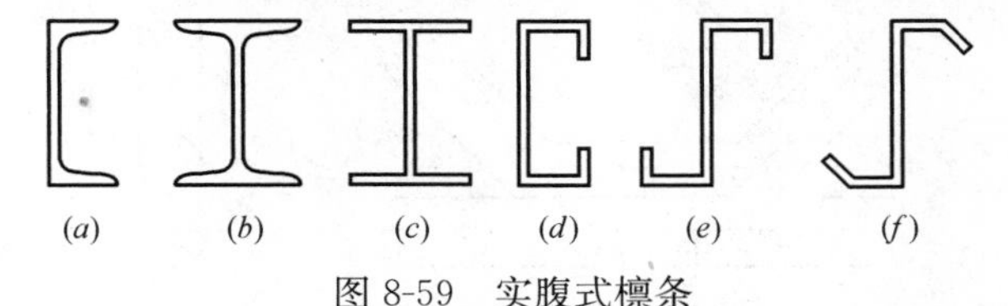

图 8-59　实腹式檩条

（a）、（b）、（c）普通型钢檩条；（d）、（e）、（f）冷弯薄壁型钢檩条

空腹式檩条（图 8-60）由角钢的上、下弦和缀板焊接组成，其主要特点是用钢量少，能合理利用小角钢和薄钢板，因缀板间距较密，拼装和焊接工作量较大。

当跨度及荷载较大采用实腹式檩条不经济时，可采用桁架式檩条。其跨度通常为 6～12m，一般分为平面桁架式和空间桁架式。

图 8-60　空腹式檩条

8.4.4　轻型钢屋架的节点构造

1. 圆钢、小角钢轻型屋架

（1）三角拱屋架

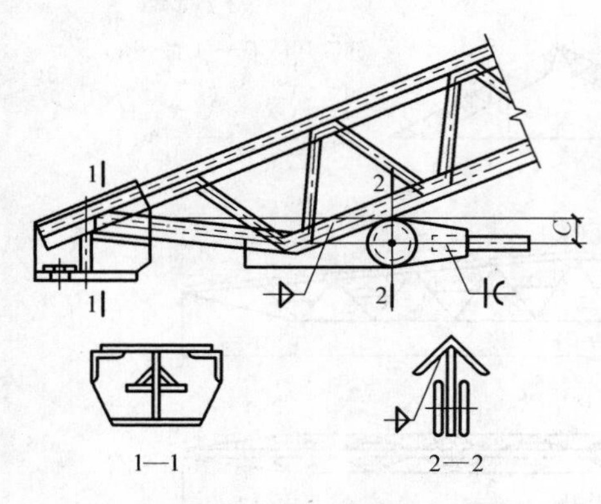

图 8-61　三铰拱屋架的支座节点

如图 8-61 所示，三角拱屋架支座节点的构造，是在上弦杆两角钢间设置一水平盖板，通过十字交叉的支座节点板和加劲肋与支座底板连成一刚性整体，使之可靠传力。拱拉杆与斜梁在下弦杆弯折处连接，位置略低于支座中心。

屋脊节点的构造做法是使所有构件的内力都在端面板中平衡，上弦杆两角钢的水平板和竖板焊于端面板上（图 8-62）。节点左右两斜腹杆的内力通过两端板中间的垫板传递，可使各杆件轴心受力。

斜梁的中间节点大多由圆钢组成，节点处各杆件重心线多未汇交于一点，因此会在节点处引起偏心力矩（图 8-63）。但设计中一般会采取措施将 e_1、e_2 控制在 10～20mm 以内，以尽量减小偏心力矩。

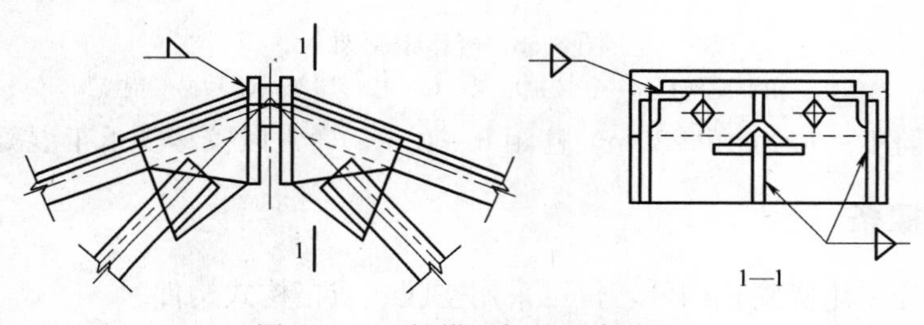

图 8-62　三铰拱屋架的屋脊节点

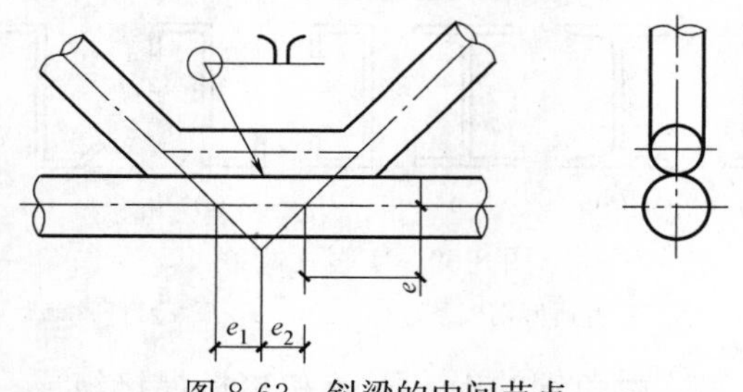

图 8-63　斜梁的中间节点

（2）梭形屋架

梭形屋架的上弦由角钢组成，下弦和腹杆由圆钢组成，节点构造与三铰拱屋架类似。

（3）单角钢杆件的节点构造

单角钢杆件的节点构造如图 8-64 所示。

2. 薄壁型钢屋架的节点构造

薄壁型钢屋架一般不采用节点板，杆件间直接焊接在一起。设计、施工时应避免杆件轴线汇交点产生偏心，并保证节点具有足够强度和刚度。

图 8-65～图 8-68 是常用的方管屋架的节点构造。

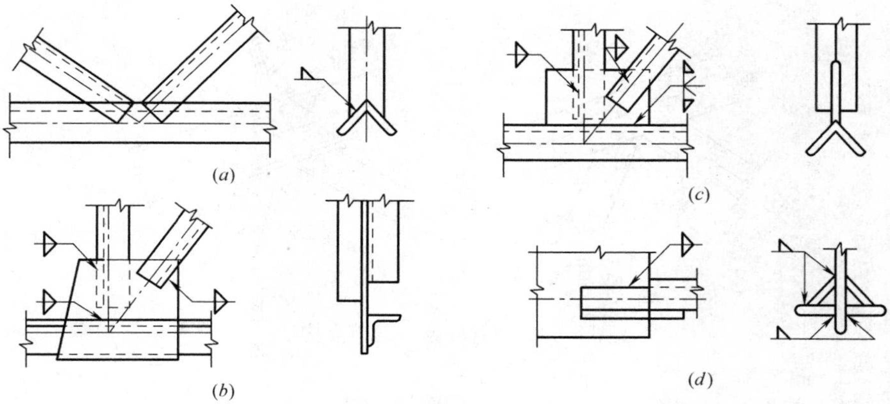

(*a*)　(*b*)　(*c*)　(*d*)

图 8-64　单角钢杆件的连接节点

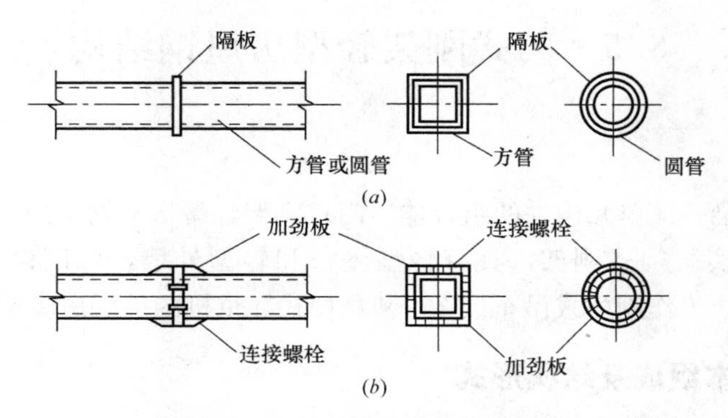

图 8-65　方管或圆管截面的对接接头

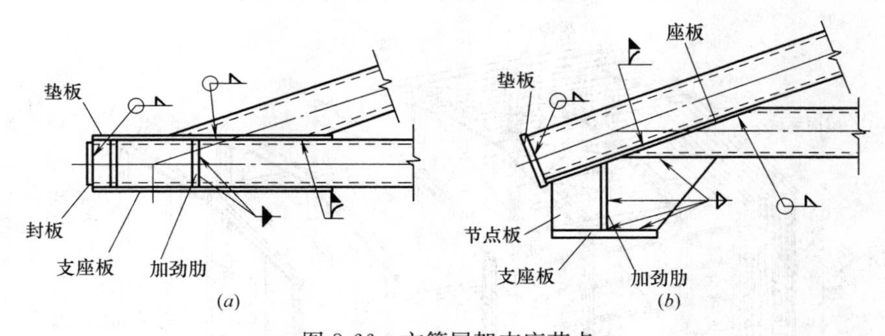

图 8-66　方管屋架支座节点

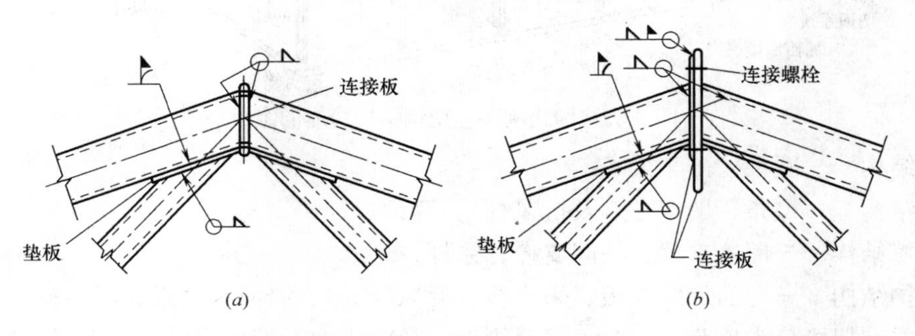

图 8-67　方管屋架屋脊节点

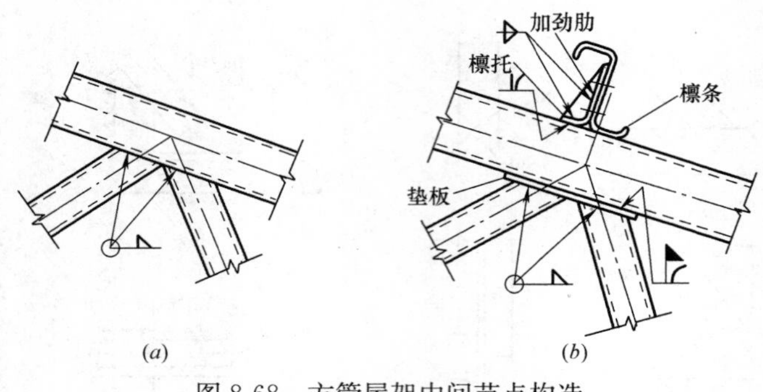

图 8-68 方管屋架中间节点构造

8.5 门式刚架轻型房屋钢结构

刚架结构是梁、柱单元构件的组合体。门式刚架轻型房屋钢结构，专指主要承重结构为单跨或多跨实腹门式刚架，具有轻型屋盖和轻型外墙，可以设置起重量不大于200kN 的中、轻级工作制桥式吊车或 30kN 悬挂式起重机的单层房屋钢结构。

8.5.1 基本组成及结构形式

如图 8-69 所示，门式刚架轻型钢结构房屋的组成可分成以下四大部分：

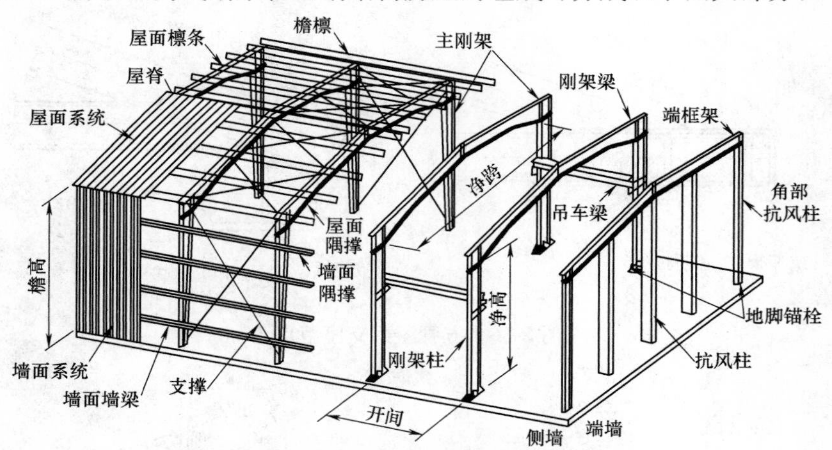

图 8-69 门式刚架轻型钢结构房屋的组成

主结构——刚架、吊车梁；

次结构——檩条、墙架柱（及抗风柱）、墙梁；

支撑结构——屋盖支撑、柱间支撑、系杆；

围护结构——屋面（屋面板、采光板、通风器等）、墙面（墙板、门、窗）。

门式刚架可分为单跨、双跨、多跨刚架以及带挑檐、带毗屋刚架等形式，屋盖可做成单坡或双坡（图 8-70）。根据通风、采光的需要，门式刚架厂房可设置通风口、采光带和天窗架等。

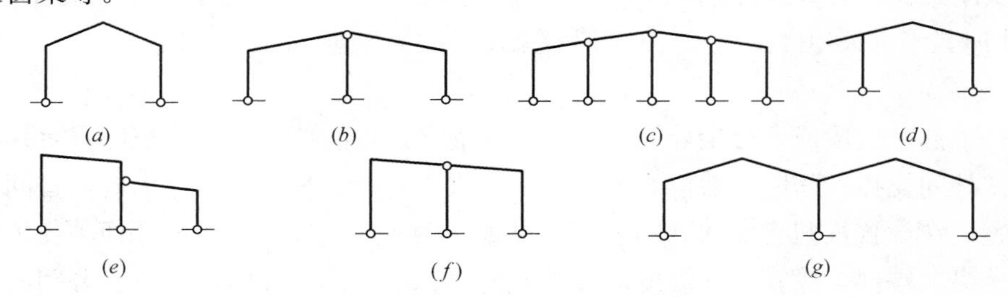

图 8-70　门式刚架的形式

(a) 单跨双坡；(b) 双跨双坡；(c) 四跨双坡；(d) 单跨双坡带挑檐；
(e) 双跨单坡（毗屋）；(f) 双跨单坡；(g) 双跨四坡

门式刚架构件体系，还可以分为实腹式和格构式；按截面形式，可分为等截面和变截面；按结构选材，可分为普通型钢、薄壁型钢、钢管或钢板焊成的。

门式刚架梁、柱可以采用变截面或等截面的实腹焊接工字形截面或轧制 H 形截面。设有吊车时，柱宜采用等截面构件。变截面构件通常改变腹板的高度而做成楔形，必要时也可以改变腹板厚度。结构构件在运输单元内一般不改变翼缘截面，必要时可改变翼缘厚度，邻接的运输单元可采用不同的翼缘截面。

门式刚架的横梁与柱为刚接。柱脚与基础宜采用铰接，通常为平板支座，设一对或两对地脚螺栓，但当用于工业厂房且有桥式吊车时，宜采用刚接。多跨刚架中间柱与刚架斜梁的连接，可以采用铰接。

在门式刚架轻型房屋钢结构体系中，屋盖应采用压型钢板屋面板和冷弯薄壁型钢檩条，主刚架可采用变截面实腹刚架，外墙宜采用压型钢板墙板和冷弯薄壁型钢墙梁，也可采用砌体外墙或底部为砌体、上部为轻质材料的外墙。主刚架斜梁下翼缘和刚架柱内翼缘的平面外稳定性，由与檩条或墙梁相连接的隅撑来保证。主刚架间的交叉支撑可采用张紧的圆钢。

门式刚架轻型房屋屋面坡度宜取 1/20～1/8，多雨水地区宜取其中较大值。

山墙处可设置由斜梁、抗风柱和墙架组成的山墙墙架，或直接采用门式刚架。

8.5.2　结构布置

1. 柱网

门式刚架的跨度宜为 9～36m，以 3m 为模数。边柱的截面高度不相等时，其外侧要对齐。门式刚架的间距宜为 6m，也可采用 7.5m 或 9m，最大可用 12m。跨度较小时可用 4.5m。

门式刚架的高度宜为 4.5～9m，必要时可适当加大。

2. 变形缝

纵向温度区段长度不大于 300m，横向温度区段长度不大于 150m。当需要设置伸缩缝时，可在搭接檩条的螺栓连接处采用长圆孔并使该处屋面板在构造上允许胀缩，或者设置双柱。

3. 墙梁

门式刚架轻型房屋钢结构的侧墙，在采用压型钢板作围护面时，墙梁宜布置在刚架柱的外侧，其间距随墙板板型及规格而定。

门式刚架轻型房屋钢结构的外墙，在抗震设防烈度不高于 6 度时可采用砌体；当为 7 度、8 度时，不宜采用嵌砌砌体；9 度时宜采用与柱柔性连接的轻质墙板。

4. 支撑

在每个温度区段或者分期建设的区段中，应分别设置能独立构成空间稳定结构的支撑体系。柱间支撑的间距一般取 30～40m，不大于 60m。房屋高度较大时，柱间支撑要分层设置。在设置柱间支撑的开间应同时设置屋盖横向支撑，以组成几何不变体系。

屋盖横向端部支撑宜设在温度区段端部的第二个开间，此时，在第一开间的相应位置宜设置刚性系杆。刚架转折处（如柱顶和屋脊）也应设置刚性系杆。

支撑宜采用张紧的十字交叉圆钢，用特制的连接件与梁柱腹板相连。圆钢端部都应有丝扣，校正定位后将拉条张紧固定。

5. 隅撑

当实腹式刚架斜梁的下翼缘受压时，必须在受压翼缘的两侧布置隅撑（端部仅布置在一侧）作为斜梁的侧向支承，隅撑的另一端连接在檩条上（图8-71）。

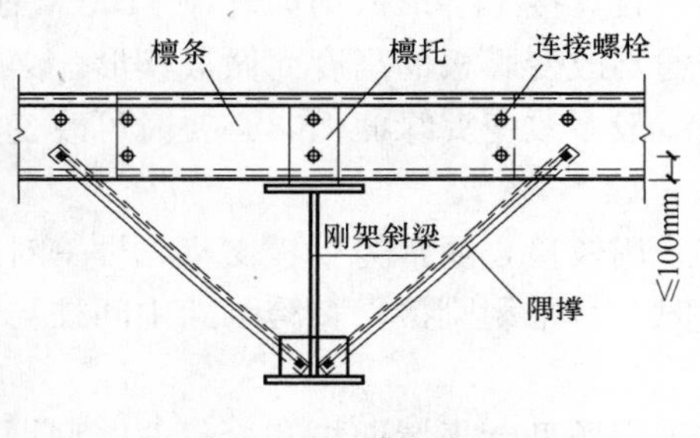

图 8-71　隅撑连接

8.5.3　节点构造

1. 横梁与柱连接节点

门式刚架横梁与柱的连接，可采用端板竖放、端板平放、端板斜放三种形式（图 8-72）。主刚架构件的连接宜采用高强螺栓，可采用承压型或摩擦型连接。螺栓直径通常采用 M16～M24。端板连接螺栓应成对对称布置。螺栓中心至翼缘板表面的距离不宜小于 35mm，螺栓端距不应小于螺栓孔径的 2 倍。

2. 横梁拼接

门式刚架横梁的拼接形式如图 8-73 所示。

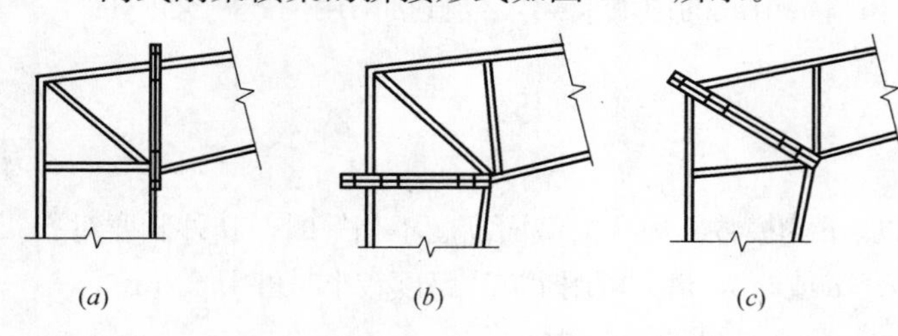

图 8-72　刚架横梁与柱的连接

(*a*) 端板竖放；(*b*) 端板平放；(*c*) 端板斜放

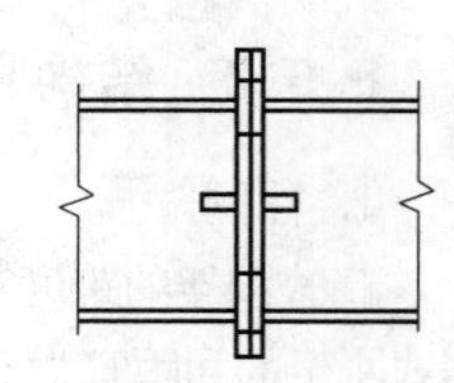

图 8-73　横梁的拼接

3. 柱脚

门式刚架轻型房屋钢结构的柱脚，宜采用平板式铰接柱脚（图 8-74*a*、*b*），必要时也可采用刚性柱脚（图 8-74*c*、*d*）。

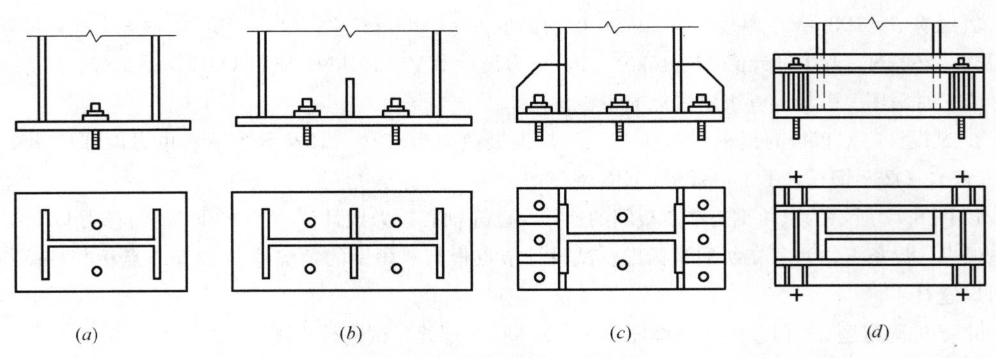

图 8-74　门式刚架的柱脚形式

(a) 一对螺栓的铰接柱脚；(b) 两对锚栓铰接柱脚；(c) 带加劲肋的刚性柱脚；(d) 带靴梁的刚性柱脚

除此之外，尚有一种插入式刚性柱脚，即将钢柱直接插入混凝土内用二次浇筑层固定，构造简单，节约钢材且安全可靠，可用于大跨度、有吊车的厂房。

思　考　题

1. 手工电弧焊、自动或半自动焊的原理是什么？各有何特点？
2. 对接焊缝的截面形式有哪些？有哪些主要构造要求？
3. 角焊缝的截面形式有哪些？角焊缝有何特点？
4. 角焊缝的构造要求有哪些？
5. 角焊缝的受力特点是什么？
6. 什么叫焊接应力与焊接变形？减小焊接应力和焊接变形的措施有哪些？
7. 螺栓连接中螺栓的排列方式有哪些？螺栓排列应考虑哪些问题？
8. 受剪螺栓连接的破坏形式有哪些？
9. 高强度螺栓连接的受力机理是什么？与普通螺栓连接有何区别？
10. 何谓受压构件整体失稳？如何保证实腹式轴心受压构件的整体稳定？
11. 何谓受压构件局部失稳？如何保证实腹式轴心受压构件的局部稳定？
12. 保证梁的整体稳定和局部稳定的措施有哪些？
13. 轻钢屋盖的特点是什么？轻钢屋盖的屋面、屋架、檩条各有哪些种类？

习　　题

1. 试设计−500×10 钢板的对接焊缝（图 8-75）。已知钢板承受轴心拉力设计值 N＝820kN，采用 Q235 钢材，E43 型焊条，手工电弧焊，施焊时不用引弧板，焊缝质量三级。

2. 验算图 8-76 所示由三块钢板焊成的工字形截面梁的对接焊缝强度。已知工字形截面尺寸

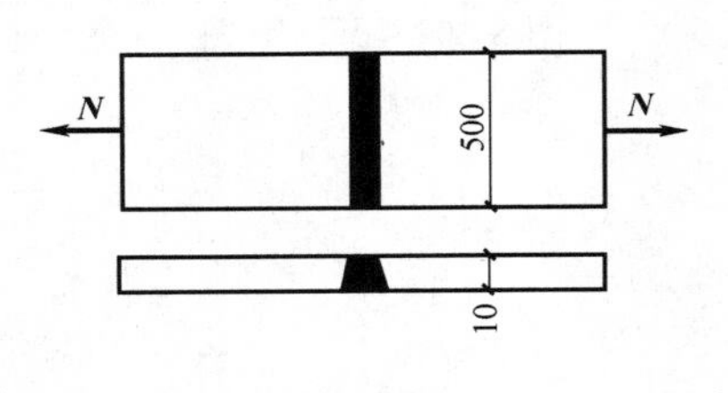

图 8-75　习题 1 图

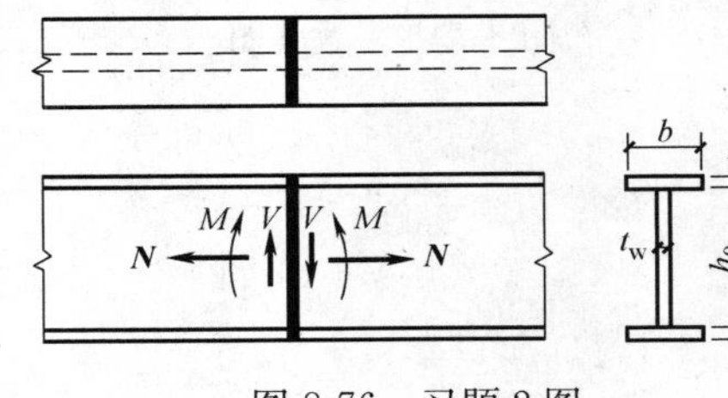

图 8-76　习题 2 图

为：翼缘宽 $b=100\text{mm}$，厚度 $t=12\text{mm}$；腹板高度 $h_0=200\text{mm}$，厚度 $t_w=8\text{mm}$。截面上作用的轴心拉力 $N=260\text{kN}$，弯矩设计值 $M=45\text{kN}\cdot\text{m}$，剪力设计值 $V=245\text{kN}$。钢材 Q345，手工焊，焊条 E50 型，施工时采用引弧板，三级质量标准。

3. 试设计一双盖板的钢板对接接头。已知钢板截面为-360×12，承受轴心拉力设计值 900 kN（静荷载），Q235 钢材，手工电弧焊，E43 型焊条。

4. 图 8-77 所示的双角钢与节点板间的连接。已知轴心拉力设计值 $N=400\text{kN}$，钢材为 Q235，手工电弧焊，焊条 E43 型，二级质量标准。试设计节点板与双角钢的角焊缝 A 以及节点板与柱侧板间的角焊缝 B。

5. 条件同习题 3，但改用普通螺栓连接，M20C 级螺栓。试进行连接计算。

6. 图 8-78 所示普通螺栓连接，钢材采用 Q235。试确定此连接所能承受的最大轴心拉力设计值。

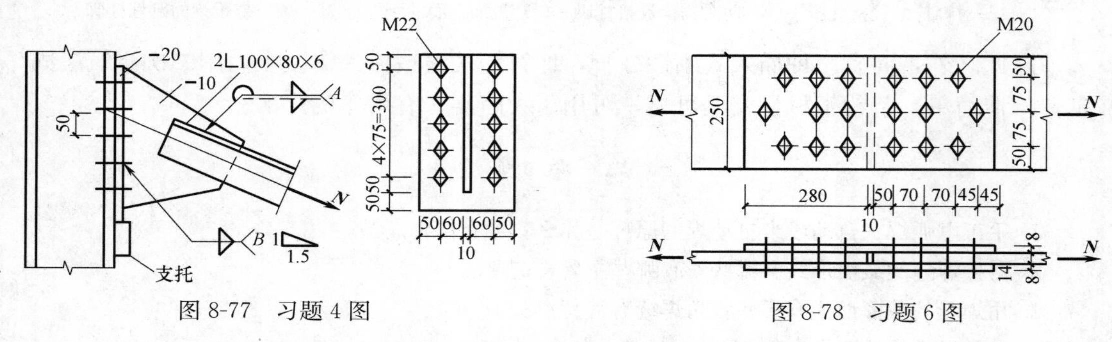

图 8-77　习题 4 图　　图 8-78　习题 6 图

7. 试对图 8-77 所示连接端板与柱侧翼的 C 级螺栓连接进行强度验算。已知钢材采用 Q235，螺栓为 M22，轴心拉力设计值 $N=400\text{kN}$。

8. 试设计用高强螺栓摩擦型连接的钢板拼接连接。采用双盖板，钢板截面为340mm×20mm，盖板采用两块 300mm×10mm 的钢板。钢材 Q345，螺栓 8.8 级，M22，采用喷砂处理，承受轴心拉力设计值 $N=180\text{kN}$。

9. 计算图 8-79 所示屋架下弦杆件所能承受的最大拉力 N，并验算其长细比是否满足要求。下弦截面为 2∟110×10 的双角钢，有 2 个安装螺栓，螺栓孔径为 21.5mm，钢材为 Q235 钢。

10. 图 8-80 所示工字形轴心受压柱，承受轴心压力设计值 $N=800\text{kN}$，两端铰接，柱高 45m，材料为 Q235 钢，翼缘火焰切割以后又经过刨边。试验其强度、刚度和稳定性。

图 8-79　习题 9 图　　图 8-80　习题 10 图

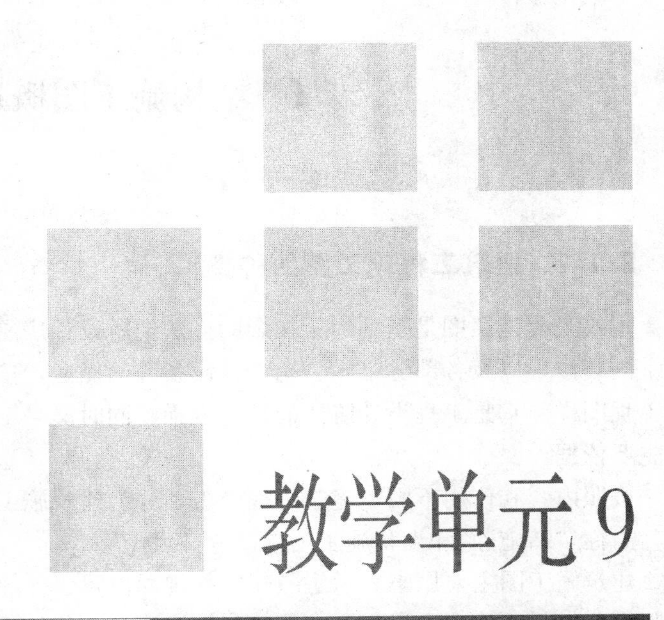

教学单元 9

结构施工图

【教学目标】通过本单元教学，使学生理解结构施工图的基本内容及制图规定；具有识读砌体结构、混凝土结构和钢结构施工图的能力。

9.1 结构施工图概述

9.1.1 建筑工程施工图的种类

建筑工程施工图是指利用正投影的方法把所设计房屋的大小、外部形状、内部布置和室内装修，以及各部分结构、构造、设备等的做法，按照建筑制图国家标准规定绘制的工程图样。它是工程设计阶段的最终成果，同时又是工程施工、监理和计算工程造价的主要依据。

按照内容和作用不同，建筑工程施工图分为建筑施工图（简称“建施”）、结构施工图（简称“结施”）和设备施工图（简称“设施”）。

建筑施工图主要用来表示房屋建筑的规划位置、外部造型、内部各房间的布置、内外装修、材料、构造及施工要求等。建筑施工图一般包括建筑设计总说明、建筑总平面图、平面图、立面图、剖面图及详图等。其中建筑总平面图也称总图，用以表达建筑物的地理位置和周围环境。

结构施工图主要用以表示房屋骨架系统的结构类型、构件布置、构件种类、数量、构件的内部构造和外部形状、大小，以及构件间的连接构造。结构施工图一般包括结构设计说明、结构布置图和结构详图三部分。

设备施工图主要表达房屋给水排水、供电照明、采暖通风、空调、燃气等设备的布置和施工要求等。它主要包括各种设备的布置平面图、系统图和施工要求等内容。该类图纸可按工种不同再分成给水排水施工图（简称水施图）、采暖通风与空调施工图（简称暖施图）、电气设备施工图（简称电施图）等。

建筑工程施工图的一般编排顺序是：图纸目录、设计总说明、建筑总平面图、建筑施工图、结构施工图、给水排水施工图、暖通施工图和电气施工图。各专业图纸应按图纸内容的主次关系、逻辑关系有序排列。一般排列顺序是：基本图在前，详图在后；总体图在前，局部图在后；主要部分在前，次要部分在后；布置图在前，构件图在后。

9.1.2 结构施工图的基本内容

结构施工图是结构设计的最终成果，也是进行构件制作、安装、计算工程量和编制施工进度计划的依据。

1. 结构设计说明

结构设计说明是结构施工图的纲领性文件。它以文字说明为主，主要表述以下内容：

（1）工程概况，如建设地点、结构形式、抗震设防烈度、结构设计使用年限、混凝土结构抗震等级、砌体结构质量控制等级等；

（2）设计依据，如业主所提供的设计任务书及工程概况，设计所依据的标准、规范、规程等；

（3）材料选用及要求，如混凝土的强度等级、钢筋的级别，砌体结构中块材和砌筑砂浆的强度等级，钢结构中所选用的结构用钢材的情况及焊条的要求和螺栓的要求等；

（4）上部结构的构造要求，如混凝土保护层厚度、钢筋的锚固、钢筋的接头，钢结构焊缝的要求等；

（5）地基基础的情况，如地质情况，不良地基的处理方法和要求，对地基持力层的要求，基础的形式，地基承载力特征值或桩基的单桩承载力设计值以及地基基础的施工要求等；

（6）施工要求，如对施工顺序、方法、质量标准的要求，与其他工种配合施工方面的要求等；

（7）选用的标准图集；

（8）其他必要的说明。

2. 基础图

基础图是建筑物正负零标高以下的结构图。它是施工放线、开挖基槽（坑）、基础施工、计算基础工程量的依据。

基础图一般包括基础平面图和基础详图。桩基础还包括桩位平面图，工业建筑还包括设备基础布置图。

3. 楼、屋盖结构平面布置图

楼、屋盖结构平面布置图是房屋承重结构的整体布置图，主要表示结构构件的位置、数量、型号及相互关系。主要用作预制楼（屋）盖梁、板安装，现浇楼（屋）盖现场支模、钢筋绑扎、浇筑混凝土的依据。

结构平面布置图包括：

（1）楼层结构平面布置图，工业建筑还包括柱网、吊车梁、柱间支撑布置图；

（2）屋顶结构平面布置图，工业建筑还包括屋面板、天沟、屋架、屋面支撑系统布置图。

4. 结构详图

结构详图包括梁、板、柱等构件详图，楼梯详图，屋架详图，模板、支撑、预埋件详图以及构件标准图等。主要用作构件制作、安装的依据。

9.1.3 建筑结构制图规定

建筑结构施工图应采用正投影法绘制，并应遵守《制图统一标准》和《结构制图标准》的规定。

1. 图线

结构施工图的图线应符合表9-1的规定。

线型 **表 9-1**

名称		线型	线宽	一般用途
实线	粗		b	螺栓、主钢筋线、结构平面图中的单线结构构件线、钢木支撑及系杆线，图名下横线、剖切线
	中		$0.5b$	结构平面图及详图中剖到或可见的墙身轮廓线、基础轮廓线、钢、木结构轮廓线、箍筋线、板钢筋线
	细		$0.25b$	可见的钢筋混凝土构件的轮廓线、尺寸线、标注引出线，标高符号，索引符号
虚线	粗		b	不可见的钢筋、螺栓线，结构平面图中的不可见的单线结构构件线及钢、木支撑线
	中		$0.5b$	结构平面图中的不可见构件、墙身轮廓线及钢、木结构轮廓线
	细		$0.25b$	基础平面图中的管沟轮廓线、不可见的钢筋混凝土构件轮廓线
单点点划线	粗		b	柱间支撑、垂直支撑、设备基础轴线图中的中心线
	细		$0.25b$	定位轴线、对称线、中心线
双点点划线	粗		b	预应力钢筋线
	细		$0.25b$	原有结构轮廓线
折断线			$0.25b$	断开界线
波浪线			$0.25b$	断开界线

2. 构件代号

结构构件的名称应用代号来表示。构件的代号用汉语拼音表示，常用的构件代号见表 9-2。

构件代号 **表 9-2**

序号	名称	代号	序号	名称	代号	序号	名称	代号
1	板	B	19	圈梁	QL	37	承台	CT
2	屋面板	WB	20	过梁	GL	38	设备基础	SJ
3	空心板	KB	21	连系梁	LL	39	桩	ZH
4	槽形板	CB	22	基础梁	JL	40	挡土墙	DQ
5	折板	ZB	23	楼梯梁	TL	41	地沟	DG
6	密肋板	MB	24	框架梁	KL	42	柱间支撑	ZC
7	楼梯板	TB	25	框支梁	KZL	43	垂直支撑	CC
8	盖板或沟盖板	GB	26	屋面框架梁	WKL	44	水平支撑	SC
9	挡雨板或檐口板	YB	27	檩条	LT	45	梯	T
10	吊车安全走道板	DB	28	屋架	WJ	46	雨篷	YP
11	墙板	QB	29	托架	TJ	47	阳台	YT
12	天沟板	TGB	30	天窗架	CJ	48	梁垫	LD
13	梁	L	31	框架	KJ	49	预埋件	M-
14	屋面梁	WL	32	刚架	GJ	50	天窗端壁	TD
15	吊车梁	DL	33	支架	ZJ	51	钢筋网	W
16	单轨吊车梁	DDL	34	柱	Z	52	钢筋骨架	G
17	轨道连接	DGL	35	框架柱	KZ	53	基础	J
18	车挡	CD	36	构造柱	GZ	54	暗柱	AZ

3. 钢筋的画法

钢筋的画法应符合表 9-3～表 9-5 的规定。

钢筋接头的表示 表 9-3

序号	名称	图例	说明
1	无弯钩的钢筋搭接		
2	带半圆弯钩钢筋的搭接		
3	带直钩的钢筋搭接		
4	花篮螺丝钢筋接头	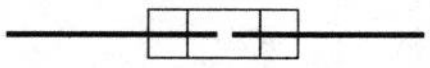	
5	机械连接的钢筋接头		用文字说明连接方式

钢筋的画法 表 9-4

序号	说明	图例
1	在结构平面图中配置双层钢筋时，底层钢筋的弯钩向上或向左，顶层钢筋的弯钩向下或向右	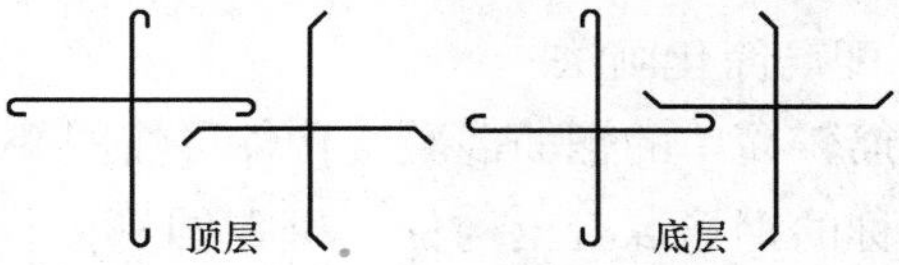 顶层 底层
2	钢筋混凝土墙体双层配筋时，在钢筋立面图中，远面钢筋的弯钩应向上或向左，而近面钢筋弯钩向下或向右（JM 近面；YM 远面）	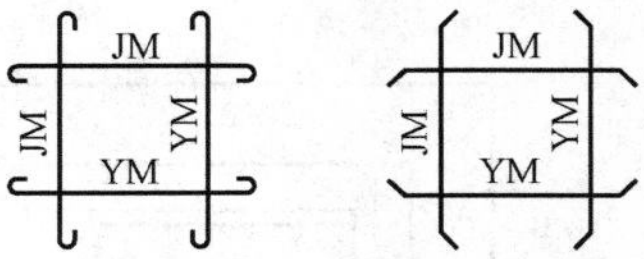 JM YM JM YM JM YM JM YM
3	每组相同的钢筋、箍筋或环筋，可用一根粗实线表示，同时用一两端带斜短画线的横穿细线，表示其余钢筋的起止范围	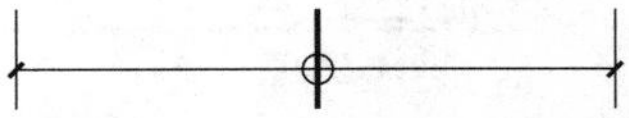

预应力钢筋的表示 表 9-5

序号	名称	图例
1	预应力钢筋或钢绞线	
2	张拉端锚具	
3	固定端锚具	
4	可连接件	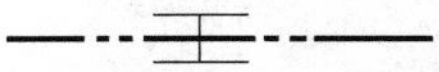
5	固定连接件	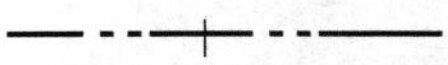
6	后张法预应力钢筋断面 无粘结预应力钢筋断面	

续表

序号	名　称	图　例
7	单根预应力钢筋断面	╋
8	锚具的端视图	⊕

4. 比例

绘制结构施工图时应根据图样的用途和被绘物体的复杂程度选用表 9-6 中的常用比例，特殊情况下也可选用可用比例。

结构施工图的比例　　**表 9-6**

图　名	常用比例	可用比例
结构平面布置图及基础平面图	1∶50,1∶100,1∶200	1∶150
圈梁平面图、管沟平面图等	1∶200,1∶500	1∶300
详图	1∶10,1∶20,1∶50	1∶5,1∶25,1∶30,1∶40

5. 配筋简化画法

配筋较简单的钢筋混凝土构件可按图 9-1（*a*）、（*b*）所示绘制配筋平面图。

对称的钢筋混凝土构件，可在同一图样中的一半表示模板图，另一半表示配筋图（图 9-1*c*）。

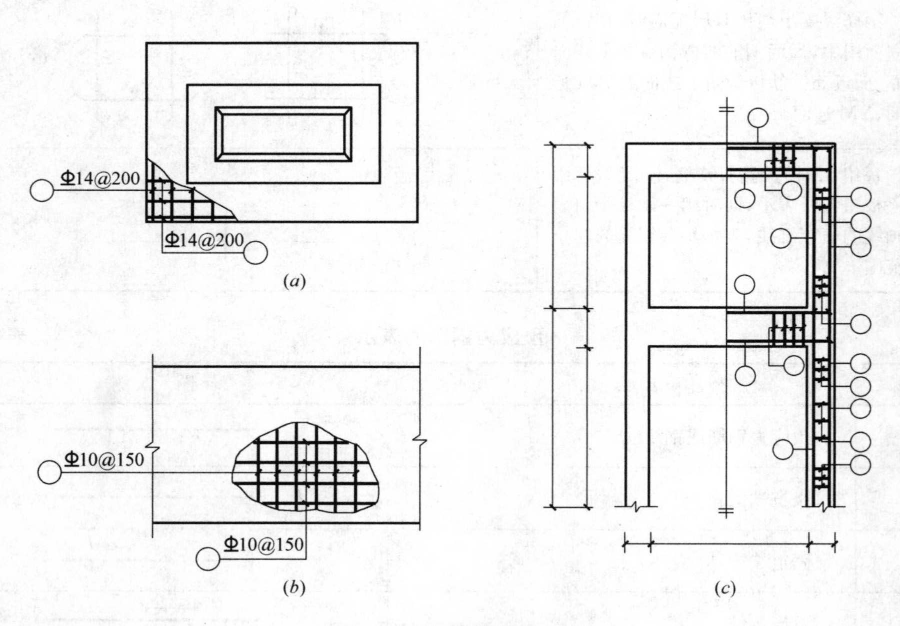

图 9-1　配筋简化画法

9.1.4　结构施工图的识读方法与步骤

结构施工图的识读方法是从上往下、从左往右、由外向内、由大到小、由粗到细、先整体后局部，图样与说明对照，建施、结施、设施对照。

结构施工图的识读步骤一般如下：

1. 读图纸目录

了解本套图包括哪些图纸，并按图纸目录检查图纸是否齐全，图纸编号与图名是否符合。另外还要根据结构设计说明准备好相应的标准图集与相关资料。

2. 读结构设计说明

了解工程概况、设计依据、主要材料要求、标准图或通用图的使用、构造要求及施工注意事项等。

3. 读基础图

（1）查阅建筑图，核对所有的轴线是否和基础一一对应，了解是否有的墙下无基础而用基础梁替代，基础的形式有无变化，有无设备基础。

（2）对照基础的平面和剖面，了解基底标高和基础顶面标高有无变化，有变化时是如何处理的。如果有设备基础，还应了解设备基础与设备标高的相对关系。

（3）了解基础中预留洞和预埋件的平面位置、标高、数量，必要时应与需要这些预留洞和预埋件的工种进行核对，落实其相互配合的操作方法。

（4）了解基础的形式和做法。

（5）了解各个部位的尺寸和配筋。

4. 读结构布置图

（1）了解结构的类型，了解主要构件的平面位置与标高，并与建筑图结合了解各构件的位置和标高的对应情况。因为设计时，结构的布置必须满足建筑上使用功能的要求，所以结构布置图与建筑施工图存在对应的关系，比如，墙上有洞口时就设有过梁，对于非砖混结构，建筑上有墙的部位墙下就设有梁。

（2）结合剖面图、标准图和详图对主要构件进行分类，了解它们的相同之处和不同点。

（3）了解各构件节点构造与预埋件的相同之处和不同点。

（4）了解整个平面内，洞口、预埋件的做法与相关专业的连接要求。

（5）了解各主要构件的细部要求和做法。

（6）了解其他构件的细部要求和做法。

5. 读结构详图

（1）核对结构平面图上，构件的位置、标高、数量是否与详图相吻合，有无标高、位置和尺寸的矛盾。

（2）了解构件与主要构件的连接方法，看能否保证其位置或标高，是否存在与其他构件相抵触的情况。

（3）了解构件中配件或钢筋的细部情况，掌握其主要内容。

（4）了解各种构件的尺寸、布置和配筋情况，楼梯情况等。

6. 读标准图集

为加快设计、施工进度，提高质量，降低成本，经常直接采用标准图集。结构构件标准图集也属于结构详图的一部分。

我国编制的标准图集，按其编制的单位和适用范围的情况可分为四类：

(1) 经国家批准的标准图集，供全国范围内使用。全国通用的标准图集，通常采用代号“G”或“结”表示结构标准构件类图集；用“J”或“建”表示建筑标准配件类图集。

(2) 大区（如西南地区、华北地区等）协作领导小组经大区各省市自治区标办主任会议通过的协作标准设计，在大区范围内使用。

(3) 经各省、市、自治区等地方批准的通用标准图集，供本地区使用。

(4) 各设计单位编制的图集，供本单位设计的工程使用。

标准图集的查阅方法如下：

(1) 根据施工图中注明的标准图集名称、编号及编制单位，查找相应的图集；

(2) 阅读标准图集的总说明，了解编制该图集的设计依据、使用范围、施工要求及注意事项等；

(3) 了解本图集编号和表示方法，一般标准图集都用代号表示，代号表明构件、配件的类别、规格及大小；

(4) 根据图集目录及构件、配件代号在本图集内查找所需详图。

7. 结构施工图汇总

经过以上几个循环的阅读，已经对结构图有了一定的了解，但还应有针对性地从设计说明到结构平面至构件详图相互对应，尤其是对结构说明和结构平面以及构件详图同时提到的内容，要逐一核对，查看其是否相互一致，最后还应和各个工种有关人员核对与其相关部分，如洞口、预埋件的位置、标高、数量以及规格，并协调配合的方法。

9.2 砌体结构施工图

9.2.1 砌体结构施工图的组成

砌体结构施工图一般由结构设计说明、基础施工图、结构平面图和结构详图组成。

基础施工图（包括基础平面图、基础详图）一般表示基础的平面位置和宽度，承重墙的位置和截面尺寸，构造柱的平面位置，基础、圈梁、管沟的详细做法，以及其他工种对基础的要求等。

结构平面图包括地下室结构平面图、标准层结构平面图、屋顶结构平面图。其主要内容一般包括：梁、板、构造柱、圈梁、过梁、阳台、雨篷、楼梯、预留洞的平面位置，以及板的布置或配筋。

结构详图一般包括：楼梯、雨篷结构详图以及梁、板等构件详图。

9.2.2　基础施工图

（一）砌体结构施工图的图示要点

砌体结构常采用无筋扩展基础（包括砖基础、毛石基础、混凝土基础等）、扩展基础（柱下钢筋混凝土独立基础、墙下钢筋混凝土条形基础），当地基土较软弱时也常采用筏形基础。

基础施工图一般由基础平面和基础详图组成。

1. 基础平面图

基础平面图是假想在室内地面（正负零）处用水平剖切面剖切房屋，并将基础四周土层移开，向下投影而形成的图样。

基础平面图主要包括以下内容：

（1）图名、比例。

（2）定位轴线及外部尺寸。纵横定位轴线及其编号必须与建筑平面图一致。外部尺寸一般只标注两道，即开间、进深等各定位轴线间的尺寸和首尾轴线间的总尺寸。

（3）基础的平面布置和内部尺寸，即基础墙、基础梁、柱、基础底面的形状、尺寸及其与轴线的关系。基础大放脚台阶线和垫层边线，由于线条太多，一般只画出基础下部最外边（垫层）的轮廓线。被剖切的墙身（或柱）用粗实线表示，基础底宽用细实线表示。

（4）以虚线表示暖气、电缆等沟道的路线位置，对穿墙管洞应标明其尺寸、位置及洞底标高。

（5）基础剖面图的剖切线及其编号，对基础梁、柱等注写基础代号，以便查找详图。

条形基础平面图如图 9-2 所示。

2. 基础详图

不同类型的基础，其详图的表示方法有所不同。如条形基础的详图一般为基础的垂直剖面图；独立基础的详图一般应包括平面图和剖面图。

基础详图的主要内容如下：

（1）图名、比例。

（2）基础剖面图中轴线及其编号，若为通用剖面图，则轴线圆圈内可不编号。

（3）基础剖面的形状及详细尺寸。被剖切的墙身用粗实线表示。

（4）室内地面及基础底面的标高，外墙基础还需注明室外地坪之相对标高，如有沟槽者尚应标明其构造关系。

（5）钢筋混凝土基础应标注钢筋直径、间距及钢筋编号。现浇基础尚应标注预留插筋、搭接长度与位置及箍筋加密等。对桩基础应表示承台、配筋及桩尖埋深等。

（6）防潮层的位置及做法，垫层材料等。

条形基础详图如图 9-2 所示。

图 9-3 为某钢筋混凝土独立基础施工图。图 9-4 为某钢筋混凝土柱下条形基础的施工图。图 9-5 为某钢筋混凝土筏形基础平面图。

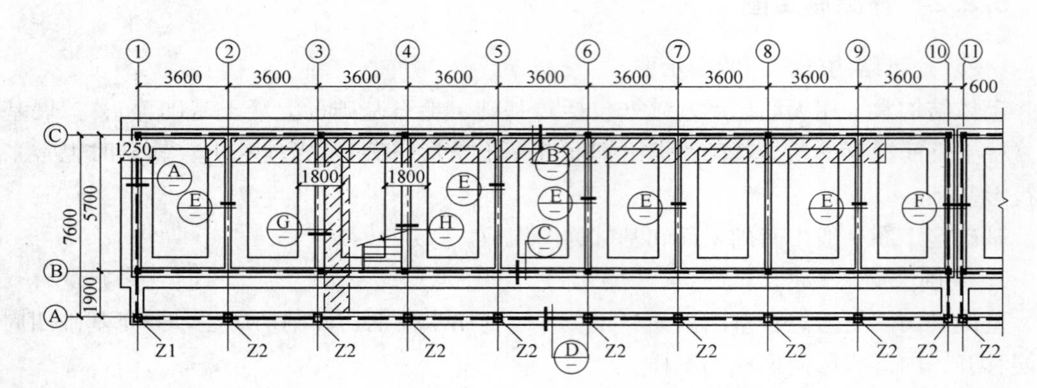
基础平面图
基底做2m三七灰土垫层，垫层每边扩出基础边缘1.4m，灰土压实系数≥0.95
基坑开挖后马上进行钎探，探深2m探距1.2m沿基础呈梅花形布点
基础采用大开挖施工，施工应符合现行施工验收规范
基础垫层混凝土C10基础混凝土C30基础砌体采用M10水泥砂浆砌MU10砖

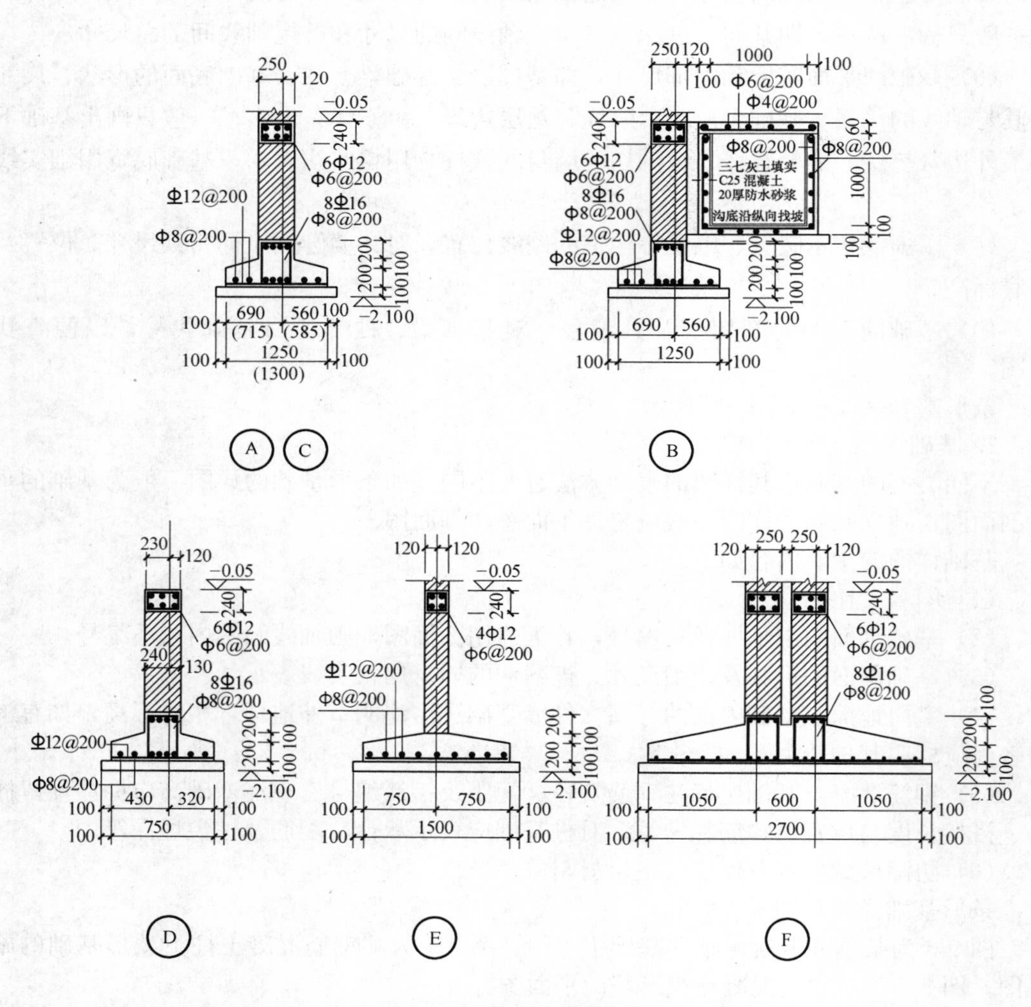
三七灰土填实
C25 混凝土
20厚防水砂浆
沟底沿纵向找坡

图 9-2　基础施工图示例

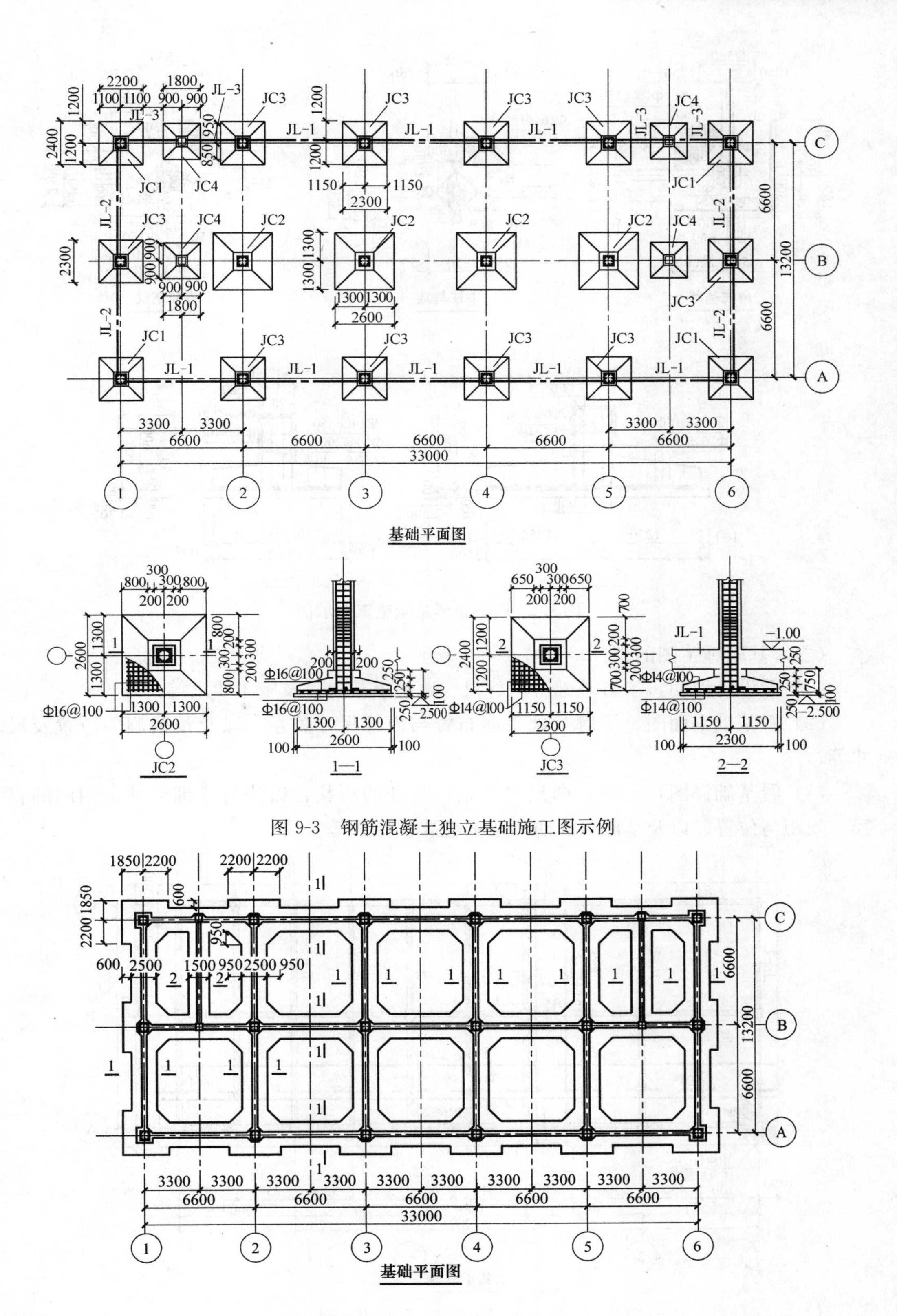

图 9-3　钢筋混凝土独立基础施工图示例

角柱基础　　中柱基础　　边柱基础

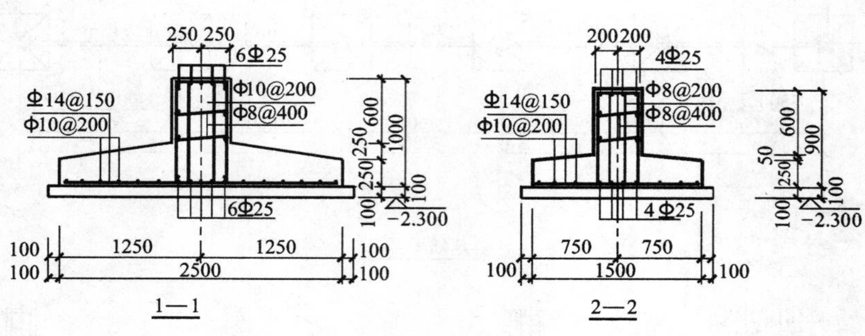

图 9-4　柱下条形基础施工图示例

（二）基础施工图的识读

（1）看设计说明，了解基础所用材料、地基承载力以及施工要求等；

（2）看基础平面图，了解基础平面布置与内部尺寸关系，以及预留洞的位置及尺寸等；

（3）看基础详图，了解竖向尺寸关系，基础的形状、做法与详细尺寸，钢筋的直径、间距与位置，以及地圈梁、防潮层的位置、做法等。

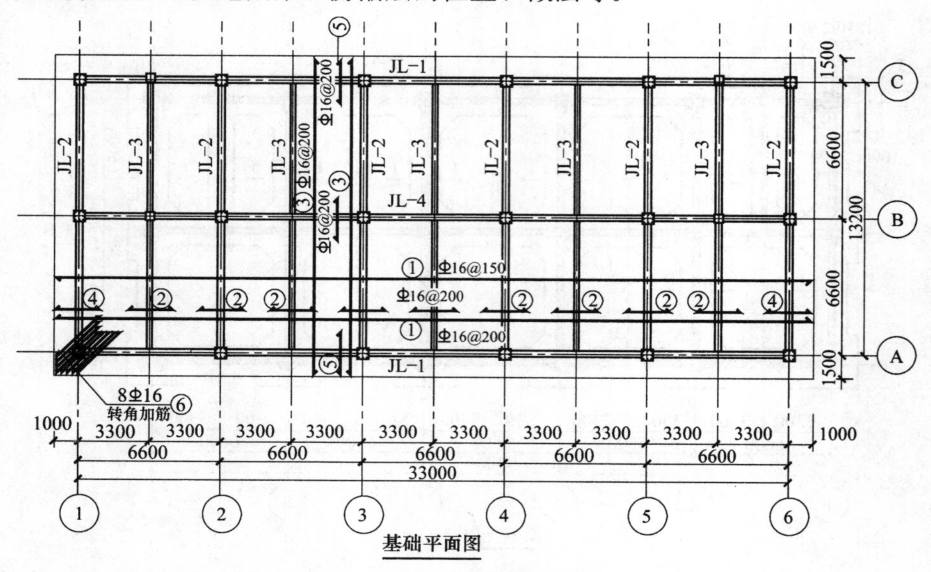

图 9-5　筏形基础平面图示例

9.2.3　结构平面图

1. 结构平面图的形成

结构平面图是假想用一个紧贴楼面的水平面剖切后所得的水平投影图，主要用于表示各层楼（屋）面中的梁、板、柱、墙等承重构件的平面布置情况，现浇板还应表示板的配筋情况，预制板则应表示板的类型、排列、数量等。

根据建筑图的布局，结构平面图可以拆分为地下室结构平面、一层结构平面、标准层结构平面和屋顶结构平面。当每层的构件都相同时，一般归类为标准层结构平面；当每层的构件均有不同时，则必须分别表示每层的结构平面。结构平面一般是以某层的楼盖命名，比如一层结构平面是以一层楼盖命名，也可以按楼盖结构标高命名，如一层楼盖结构层标高为 3.55m 时，可命名为 3.55m 结构平面。

图 9-6 为某住宅结构平面布置图示例。

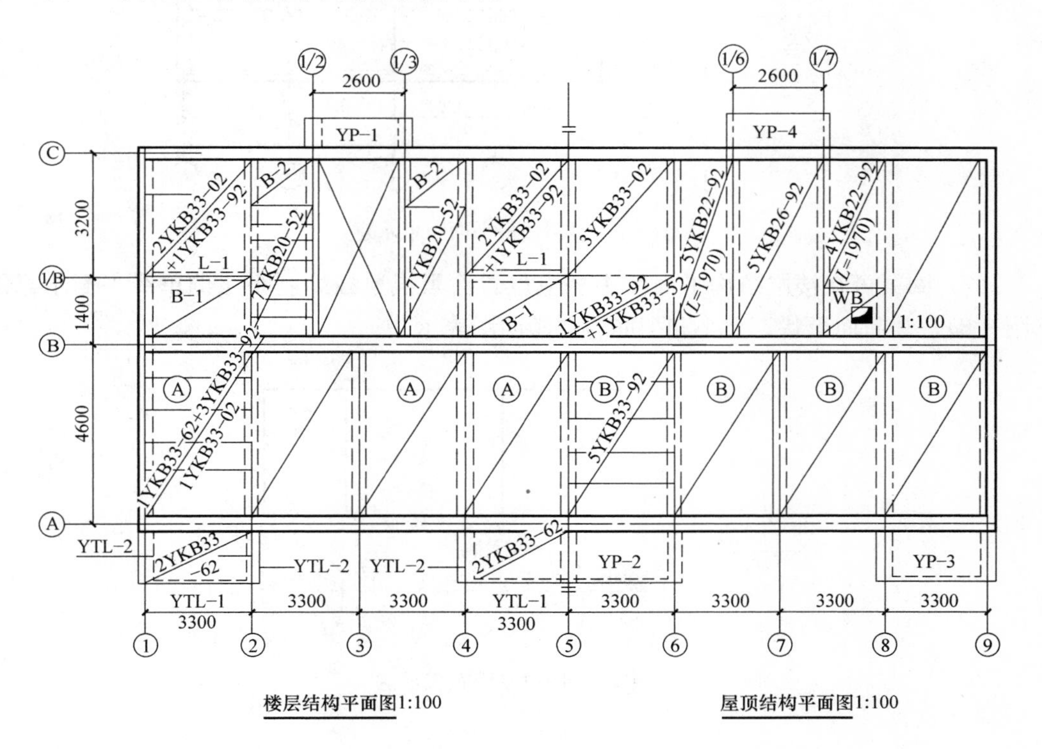

图 9-6　结构平面布置图示例

2. 结构平面图的图示要点

（1）轴线网及轴线间距尺寸必须与建筑平面图相一致。外部尺寸一般只标注定位轴线的间隔尺寸和总尺寸。

（2）标注墙、柱、梁等构件的位置、编号、定位尺寸等。可见墙体轮廓线用中实线，不可见墙体轮廓线用中虚线；剖切到的钢筋混凝土柱可涂黑表示，并分别标注代号 Z1、Z2 等；可见梁轮廓线用中实线，不可见梁用中虚线表示其轮廓，也可在梁的中心位置用粗实线表示可见梁，用粗虚线表示不可见梁，并在旁侧标注梁的构件代号。

（3）楼层的标高为结构标高，即建筑标高减去构件装饰面层后的标高。

（4）当各层楼面结构布置情况相同时，只需用一个楼层结构平面图表示，但应注明合用各层的层数。

（5）钢筋混凝土楼板的轮廓线用细实线表示，板内钢筋用粗实线表示。

（6）对装配式楼（屋）盖，需标明预制板的数量、代号和编号以及板的铺设方向等（图 9-7）。

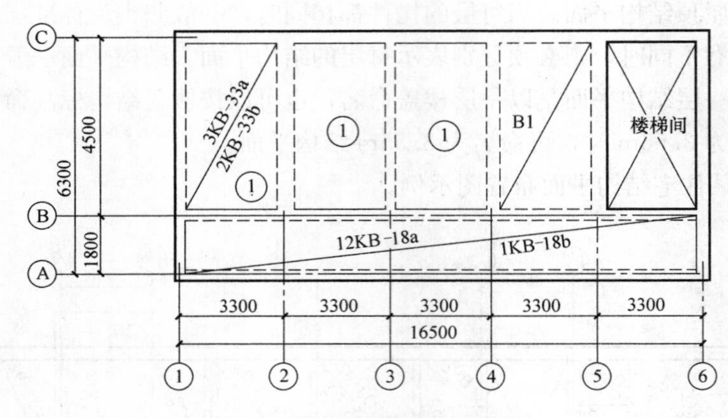

图 9-7　预制楼板平面布置示意

（7）圈梁可在楼层结构平面图中相应位置涂黑或单独绘制小比例单线平面示意图（图 9-8），其断面形状、大小和配筋通过断面图表示。

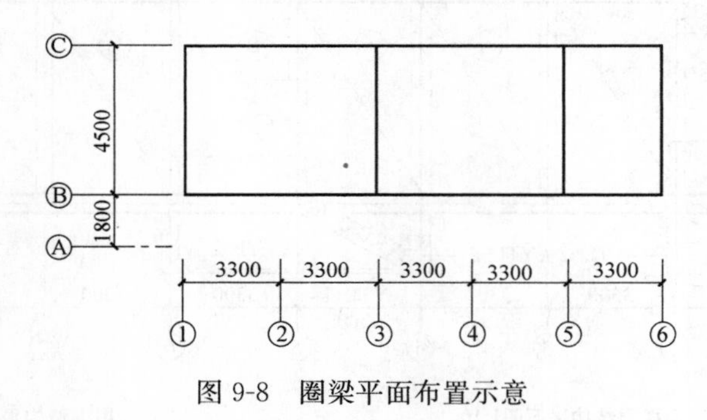

图 9-8　圈梁平面布置示意

9.2.4　结构详图

1. 钢筋混凝土构件图

钢筋混凝土构件图包括模板图、配筋图和钢筋表，但有时没有模板图和钢筋表。

模板图主要表达构件的外部形状、几何尺寸和预埋件代号及位置。若构件形状简单，模板图可与配筋图画在一起。

配筋图主要表达构件内部的钢筋位置、形状、规格和数量。一般用立面图和剖面图表示。绘制钢筋混凝土构件配筋图时，假想混凝土是透明体，使包含在混凝土中的钢筋

“可见”。为了突出钢筋，构件外轮廓线用细实线表示，而主筋用粗实线表示，箍筋用中实线表示，钢筋的截面用小黑圆点涂黑表示。

钢筋表的设置是为了方便统计材料和识图。其内容一般包括构件名称、数量以及钢筋编号、规格、形状、尺寸、根数、重量等。

钢筋的标注有下面两种方式：

（1）标注钢筋的直径和根数

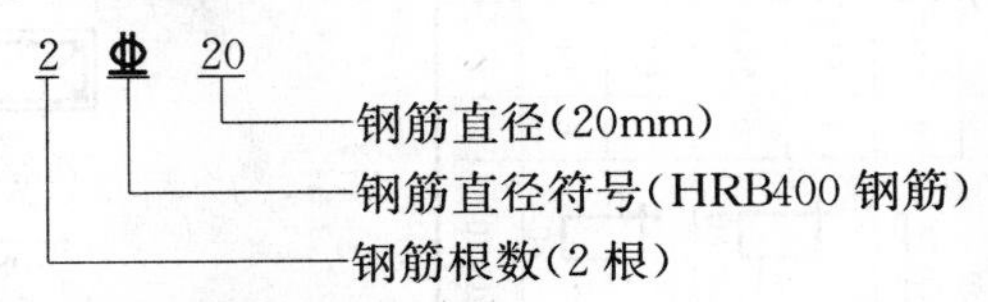

（2）标注钢筋的直径和相邻钢筋中心距

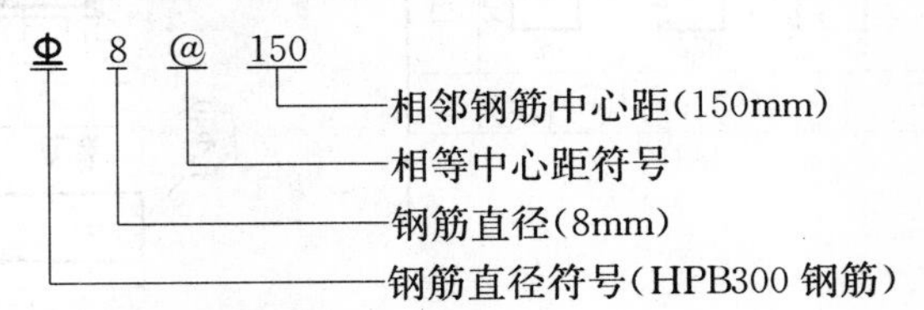

图 9-9 为装配式楼梯预制斜梁配筋图。

2. 楼梯结构施工图

楼梯结构施工图包括楼梯结构平面图、楼梯结构剖面图和构件详图。

（1）楼梯结构平面图

根据楼梯梁、板、柱的布置变化，楼梯结构平面图包括底层楼梯结构平面图、中间层楼梯结构平面图和顶层楼梯结构平面图。当中间几层的结构布置和构件类型完全相同时，只用一个标准层楼梯结构平面图表示。

在各楼梯结构平面图中，主要反映出楼梯梁、板的平面布置，轴线位置与轴线尺寸，构件代号与编号，细部尺寸及结构标高，同时确定纵剖面图位置。当楼梯结构平面图比例较大时，还可直接绘制出休息平台板的配筋。

楼梯结构平面图中的轴线编号与建筑施工图一致，并标注轴线的间隔尺寸。

钢筋混凝土楼梯的可见轮廓线用细实线表示，不可见轮廓线用细虚线表示，剖切到的砖墙轮廓线用中实线表示，剖切到的钢筋混凝土柱用涂黑表示，钢筋用粗实线表示，钢筋截面用小黑点表示。

（2）楼梯结构剖面图

楼梯结构剖面图是根据楼梯平面图中剖面位置绘出的楼梯剖面模板图。楼梯结构剖面图主要反映楼梯间承重构件梁、板、柱的竖向布置，构造和连接情况；平台板和楼层的标高以及各构件的细部尺寸。

（3）楼梯构件详图

楼梯构件详图包括斜梁、平台梁、梯段板、平台板的配筋图，其表示方法与钢筋混凝土构件施工图表示方法相同。当楼梯结构剖面图比例较大时，也可直接在楼梯结构剖面图上表示梯段板的配筋。

图 9-10 为钢筋混凝土现浇板式楼梯配筋图实例。

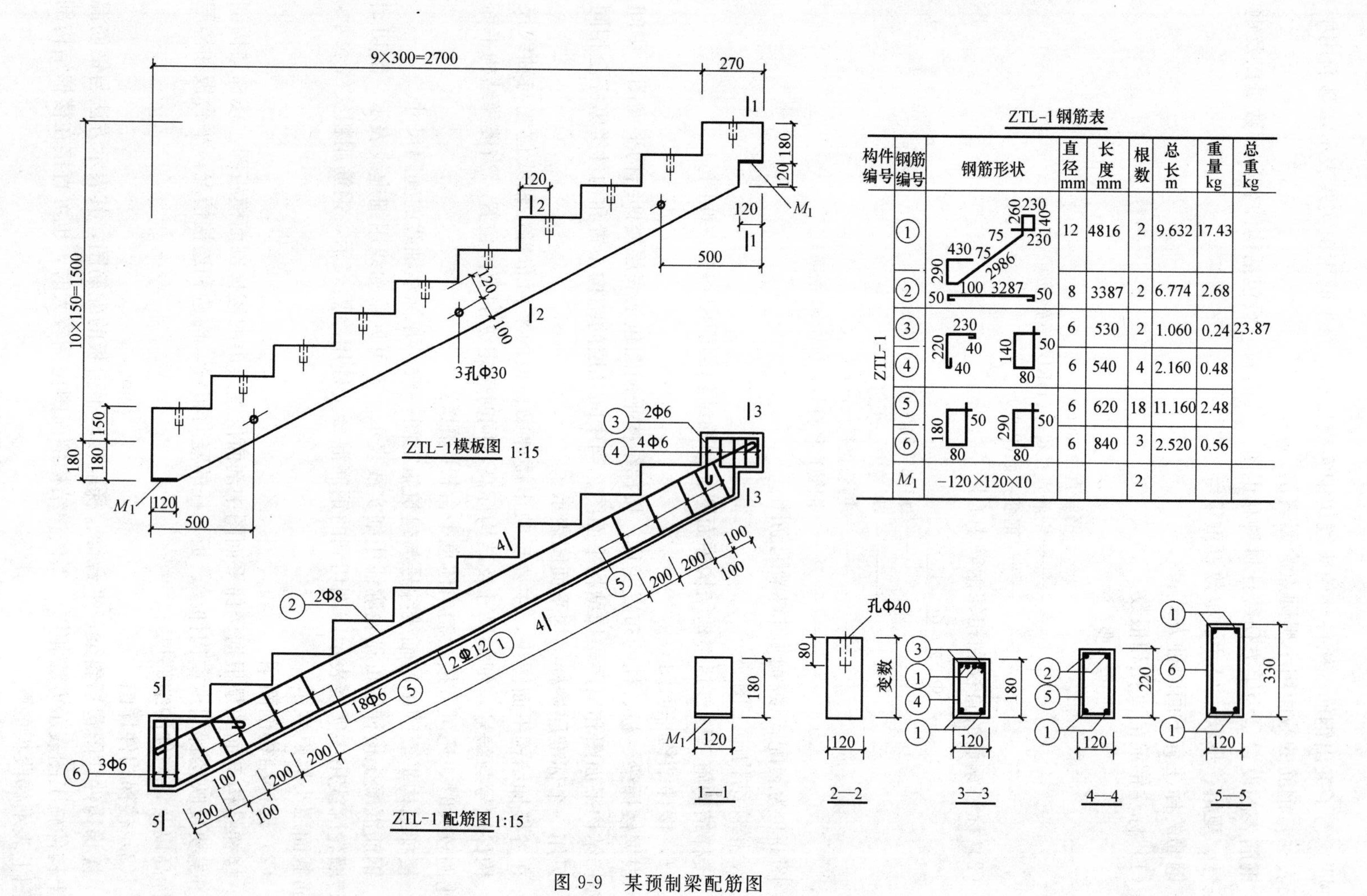

ZTL-1钢筋表

构件编号	钢筋编号	钢筋形状	直径 mm	长度 mm	根数	总长 m	重量 kg	总重 kg
ZTL-1	①		12	4816	2	9.632	17.43	23.87
	②		8	3387	2	6.774	2.68	
	③		6	530	2	1.060	0.24	
	④		6	540	4	2.160	0.48	
	⑤		6	620	18	11.160	2.48	
	⑥		6	840	3	2.520	0.56	
	M_1	−120×120×10			2			

图 9-9　某预制梁配筋图

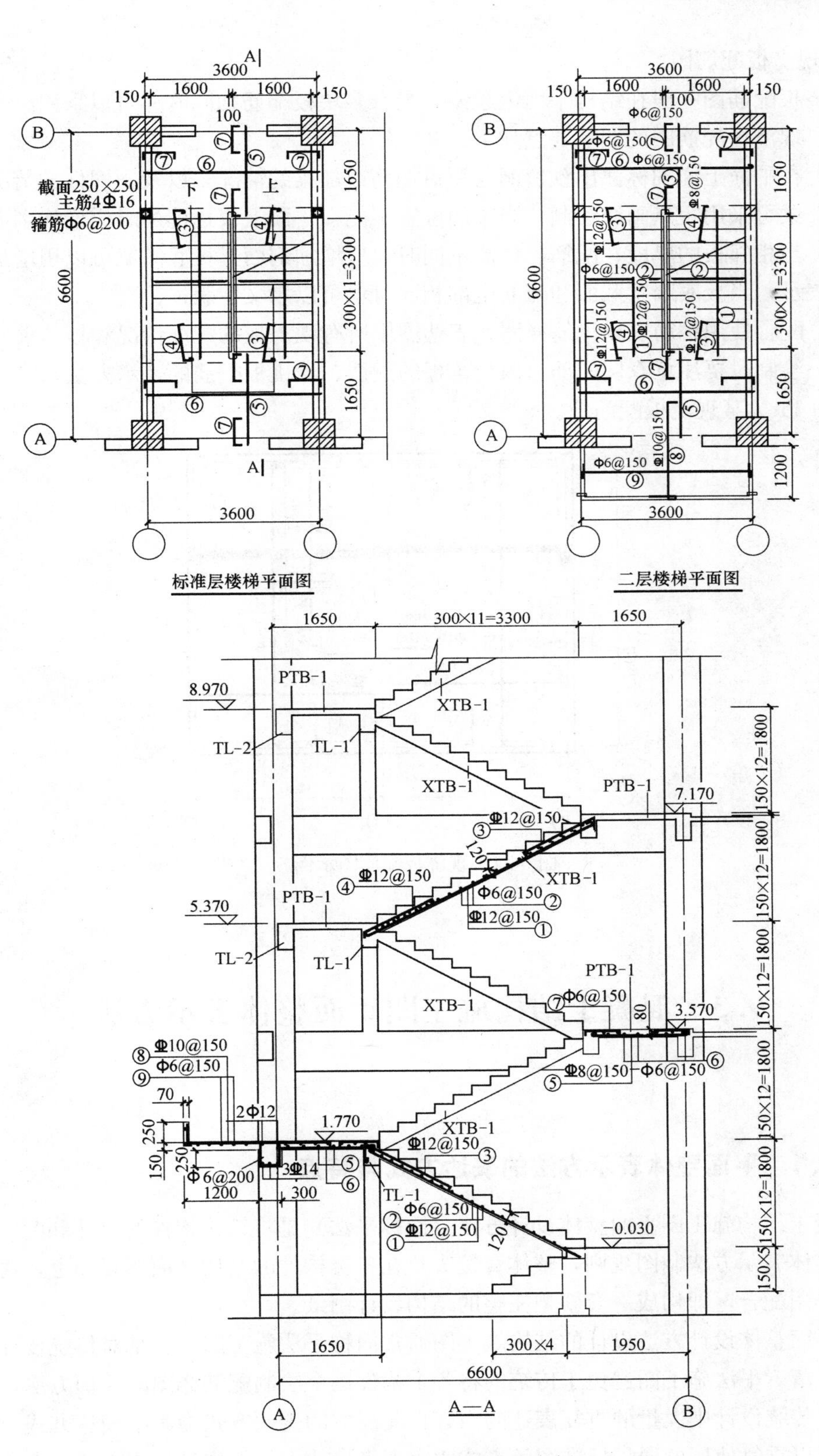

图 9-10 板式楼梯配筋图实例

3. 现浇板配筋图

现浇板配筋图一般在结构平面上绘制，当有多块板配筋相同时亦可以采用编号的方法代替。现浇板配筋图的图示要点如下：

（1）在平面上详细标注出预留洞与洞口加筋或加梁的情况，以及预埋件的情况。

（2）梁可采用粗点画线绘制，当梁的位置不能在平面上表达清楚时应增加剖面。

（3）当相邻板的厚度、配筋、标高不同时，应增加剖面。板底圈梁可以用增加剖面的方法表示，当板底圈梁截面和配筋全部相同时也可以用文字表述。

（4）配合使用钢筋表或钢筋简图，表达图中所有现浇板的配筋情况和板的尺寸。

（5）绘制时要注意双层配筋、内折角板的配筋、悬挑板配筋的表示方法。

图 9-11 为某现浇板配筋图。

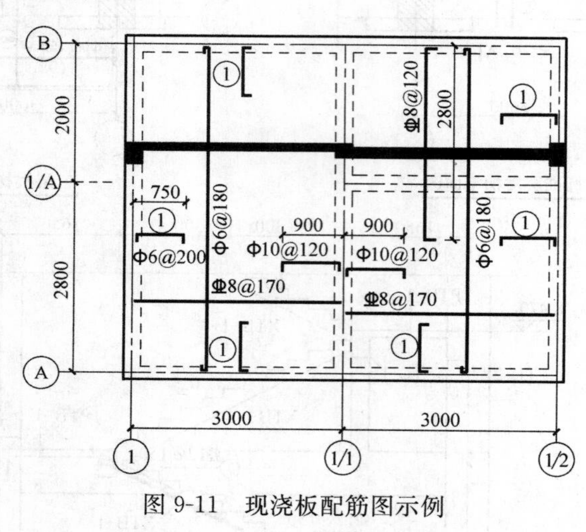

图 9-11 现浇板配筋图示例

9.3 混凝土结构施工图平面整体表示方法

9.3.1 平面整体表示方法的表达方式与特点

混凝土结构施工图平面整体设计方法（简称平法）是将结构构件的尺寸和配筋，按照平面整体表示方法制图规则，整体直接表达在各类构件的结构平面布置图上，再与标准构造详图配合，即构成一套新型完整的结构设计图纸。

按平面整体设计方法设计的结构施工图通常简称平法施工图，它是对传统设计表达方法的变革。平法施工图避免了传统的将各个构件逐个绘制配筋详图的繁琐方法，大大地减少了传统设计中大量的重复表达的内容，变离散的表达方式为集中表达方式，并将内容以可以重复使用的通用标准图的方式固定下来，从而使结构设计更方便、表达更准确、更全面，便于设计修改，提高设计效率，也使施工图看图、记忆和查阅更加方便，且由于表达的顺序与施工一致，因此更方便施工与管理。图 9-12 为用传统表达方式和用平法表达方式表示的某框架梁结构施工图对比。

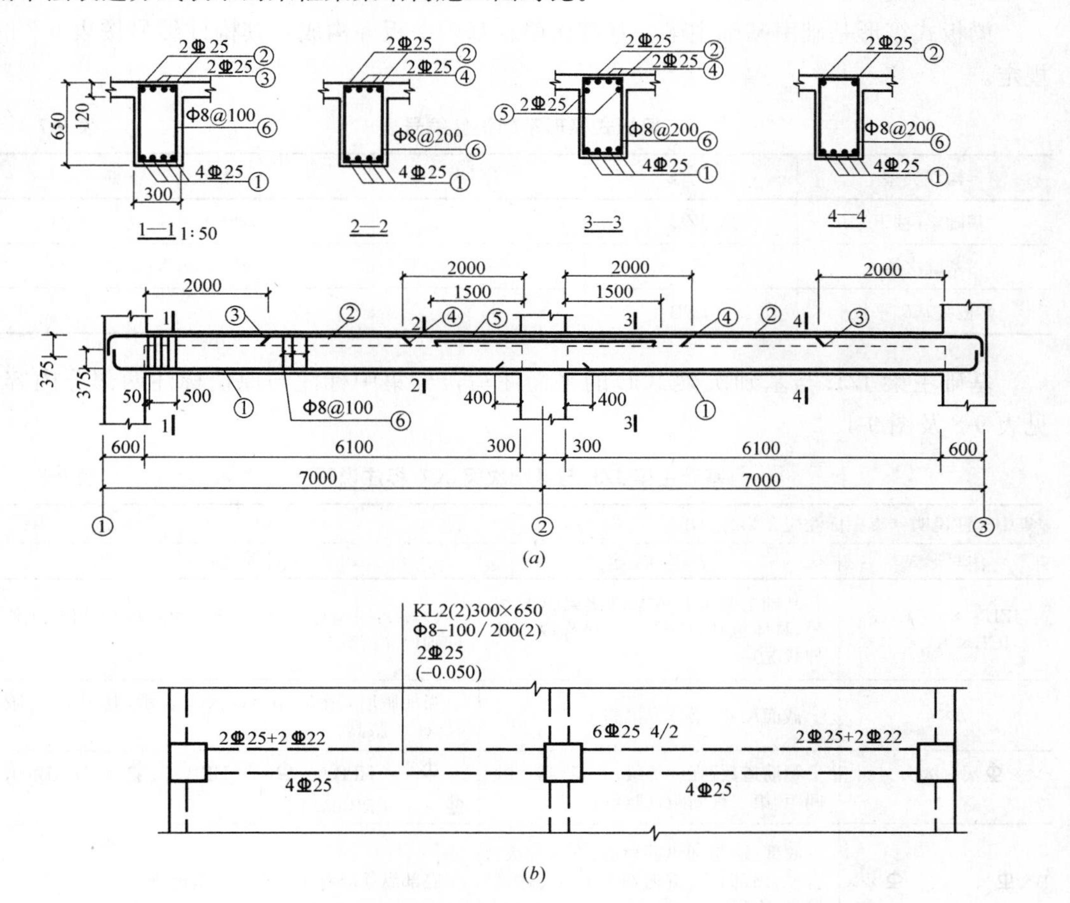

图 9-12 传统表达方式与平法表达方式的对比

(a) 传统表达方式；(b) 平法表达方式（采用平面注写方式）

我国关于混凝土结构平法施工图的国家建筑标准设计图集为《混凝土结构施工图平面整体表示方法制图规则和构造详图》G101 系列图集，现行版本为：

（1）11 G101-1（现浇混凝土框架、剪力墙、梁、板结构），本书简称《G101-1 图集》；

（2）11 G101-2（现浇混凝土板式楼梯），本书简称《G101-2 图集》；

（3）11 G101-3（独立基础、条形基础、筏形基础及桩基础），本书简称《G101-3 图集》。

9.3.2 平法施工图的制图规则

1. 筏形基础

筏形基础又称筏片基础、筏板基础、满堂红基础，其形式有梁板式和平板式两种类型。梁板式又可细分为交梁式和梁式，板式也可以细分为板顶加礅或板底加礅式。

(1) 梁板式筏形基础

梁板式筏形基础平法施工图，系在基础平面布置图上采用平面注写方式进行表达。

梁板式筏形基础由基础主梁、基础次梁、基础平板等构成，其构件编号按表 9-7 的规定。

梁板式筏形基础构件编号表　　表 9-7

构件类型	代号	序号	跨数及有否外伸
基础梁(柱下)	JZL	××	(××)或(××A)或(××B)
基础次梁	JCL	××	(××)或(××A)或(××B)
梁板筏基础平板	LPB	××	

基础主梁 JZL 与基础次梁 JCL 的平面注写，分集中标注与原位标注两部分内容，见表 9-8 及图 9-13。

基础主梁 JZL 与基础次梁 JCL 标注说明　　表 9-8

集中标注说明:(集中标注应在第跨引出)		
注写形式	表达内容	附加说明
JZL××(×B)或 JCL××(×B)	基础主梁 JZL 或基础次梁 JCL 编号,具体包括:代号、序号(跨数及外伸状况)	(×A):一端有外伸;(×B):两端均有外伸;无外伸则仅注跨数(×)
$b \times h$	截面尺寸,梁宽×梁高	当加腋时,用 $b \times h$ $Yc_1 \times c_2$ 表示,其中 c_1 为腋长,c_2 为腋高
××Φ××@×××/×××(×)	箍筋道数、强度等级、直径、第一种间距/第二种间距,(肢数)	Φ——HPB300,Φ——HRB335,Φ——HRB400,Φ[R]——RRB400,下同
B×Φ××;T×Φ××	底部(B)贯通纵筋根数、强度等级、直径;顶部(T)贯通纵筋根数、强度等级、直径	底部纵筋应有 1/2 至 1/3 贯通全跨
G×Φ××	梁侧面纵向构造钢筋根数、强度等级、直径	为梁两个侧面构造纵筋的总根数
(×.×××)	梁底面相对于基准标高的高差	高者前加＋号、低者前加－号,无高差不注
原位标注(含贯通筋)的说明:		
注写形式	表达内容	附加说明
×Φ×× ×/×	基础主梁柱下与基础次梁支座区域底部纵筋根数,强度等级、直径,以及用"/"分隔的各排筋根数	为该区域底部包括贯通筋与非贯通筋在内的全部纵筋
×Φ××	附加箍筋总根数(两侧均分)、强度等级、直径	在主次梁相交处的主梁上引出
其他原位标注	某部位与集中标注不同的内容	一经原位标注,原位标注取值优先

注:相同的基础主梁或次梁只标注一根，其他仅注编号。有关标注的其他规定详见制图规则。在基础梁相交处位于同一层面的纵筋相交叉时，设计应注明何梁纵筋在下，何梁纵筋在上。

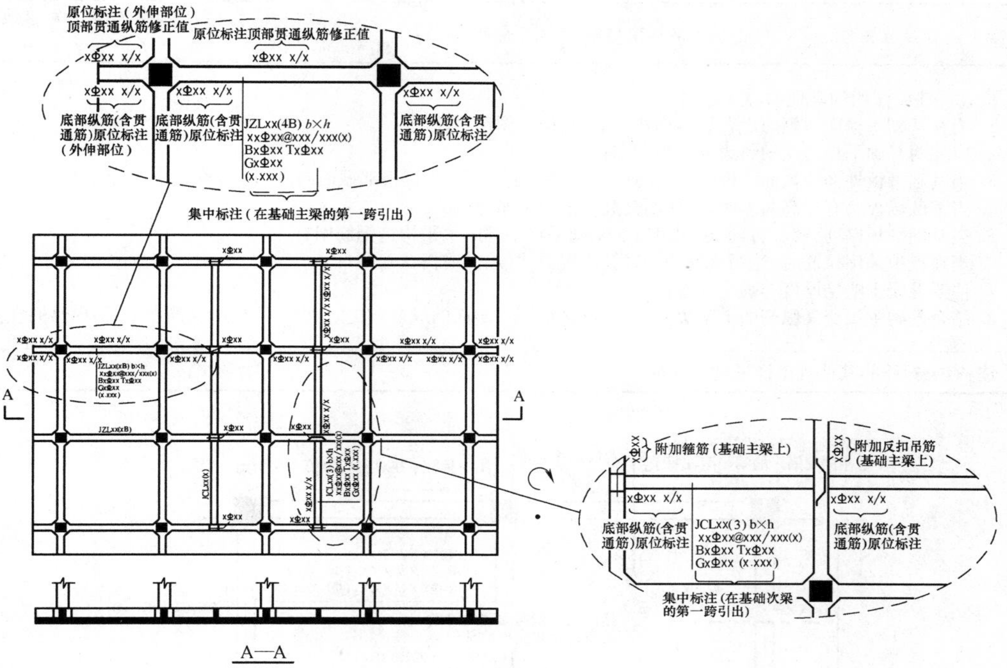

图 9-13 基础主梁 JZL 与基础次梁 JCL 标注图示

梁板式筏形基础平板 LPB 的平面注写，分板底部与顶部贯通纵筋的集中标注与板底部附加贯通纵筋的原位标注包括两部分内容，见表 9-9 及图 9-14。

梁板式筏形基础平板 LPB 标注说明 **表 9-9**

集中标注说明:(集中标注应在双向均为第一跨引出)		
注写形式	表达内容	附加说明
LPB××	基础平板编号,包括代号和序号	为梁板式基础的基础平板
h=××××	基础平板厚度	
X:BΦ××@×××; TΦ××@×××;(×.×A.×B) Y:BΦ××@×××; TΦ××@×××;(×.×A.×B)	X 向底部与顶部贯通纵筋强度等级、直径、间距,(总长度:跨数及有无外伸) Y 向底部与顶部贯通纵筋强度等级、直径、间距,(总长度:跨数及有无外伸)	底部纵筋应有 1/3 至 1/2 贯通全跨,注意与非贯通纵筋组合设置的具体要求,详见制图规则。顶部纵筋应全跨贯通。用“B”引导底部贯通纵筋,用“T”引导顶部贯通纵筋。(×A):一端有外伸;(×B):两端均有外伸;无外伸则仅注跨数(×)。图面从左至右为 X 向,从下至上为 Y 向
板底部附加非贯通筋的原位标注说明:(原位标注应在基础梁下相同配筋跨的第一跨下注写)		
注写形式	表达内容	附加说明
 ⊗ Φ××@×××(×·×A·×B) ×××× 基础梁	底部附加非贯通纵筋编号、强度等级、直径、间距,(相同配筋横向布置的跨数及有否布置到外伸部位);自梁中心线分别向两边跨内的延伸长度值	当向两侧对称延伸时,可只在一侧注延伸长度值。外伸部位一侧的延伸长度与方式按标准构造,设计不注。相同非贯通纵筋可只注写一处,其他仅在中粗虚线上注写编号。与贯通纵筋组合设置时的具体要求详见相应制图规则

续表

修正内容原位注写	某部位与集中标注不同的内容	一经原位注写，原位标注的修正内容取值优先

应在图注中注明的其他内容：

1. 当在基础平板周边侧面设置纵向构造钢筋时，应在图注中注明；
2. 应注明基础平板边缘的封边方式与配筋；
3. 当基础平板外伸变截面高度时，注明外伸部位的 h_1/h_2，h_1 为板根部截面高度，h_2 为板尽端截面高度；
4. 当某区域板底有标高高差时，应注明其高差值与分布范围；
5. 当基础平板厚度＞2m 时，应注明设置在基础平板中部的水平构造钢筋网；
6. 当在板中采用拉筋时，注明接筋的配置及布置方式（双向或梅花双向）；
7. 注明混凝土垫层厚度与强度等级；
8. 结合基础主梁交叉纵筋的上下关系，当基础平板同一层面的纵筋相交时，应注明何向纵筋在下，何向纵筋在上

注：有关标注的其他规定详见制图规则

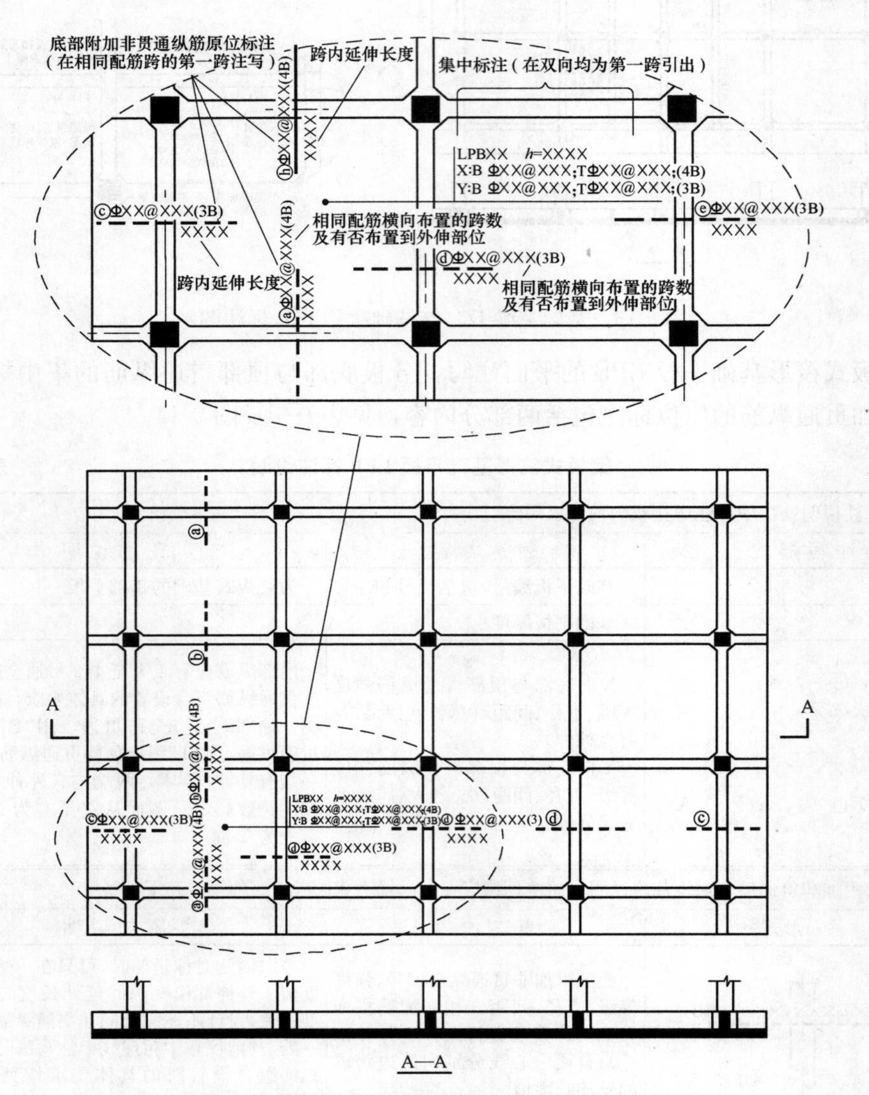

图 9-14　梁板式筏形基础平板 LPB 标注图示

(2) 平板式筏形基础

平板式筏形基础的平法施工图，系在基础平面布置图上采用平面注写方式表达。

平板式筏形基础由柱下板带、跨中板带组成，其构件编号按表 9-10 的规定。

平板式筏形基础构件编号 **表 9-10**

构件类型	代号	序号	跨数及有否外伸
柱下板带	ZXB	××	(××)或(××A)或(××B)
跨中板带	KZB	××	(××)或(××A)或(××B)
平板式筏形基础平板	BPB	××	

柱下板带 ZXB 与跨中板带 KZB 的平面注写，分板带底部与顶部贯通纵筋的集中标注与板带底部附加非贯通纵筋的原位标注两部分内容，见表 9-11 及图9-15。

平板式筏形基础柱下板带 ZXB 与跨中板带 KZB 标注说明 **表 9-11**

集中标注说明:(集中标注应在第一跨引出)		
注写形式	表达内容	附加说明
ZXB××(×B)或KZB××(×B)	柱下板带或跨中板带编号，具体包括:代号、序号、(跨数及外伸状况)	(×A):一端外伸;(×B)两端均有外伸;无外伸则仅注跨数(×)
b=××××	板带宽度(在图注中应注明板厚)	板带宽度取值与设置部位应符合规范要求
B Φ××@×××; T Φ××@×××	底部贯通纵筋强度等级、直径、间距;顶部贯通纵筋强度等级、直径、间距	底部纵筋应有 1/2 至 1/3 贯通全跨，注意与非贯通纵筋组合设置的具体要求，详见制图规则
板底部附加非贯通纵筋原位标注说明:		
注写形式	表达内容	附加说明
ⓧΦ××@××× ×××× 柱下板带: ⓧΦ××@××× ×××× 跨中板带: ⓧΦ××@××× ××××	底部非贯通纵筋编号、强度等级、直径、间距;自柱中线分别向两边跨内的延伸长度值	同一板带中其他相同非贯通纵筋可仅在中粗虚线上注写编号。向两侧对称延伸时，可只在一侧注延伸长度值。向外伸部位的延伸长度与方式按标准构造，设计不注。与贯通纵筋组合设置时的具体要求详见相应制图规则
修正内容原位注写	某部位与集中标注不同的内容	一经原位注写，原位标注的修正内容取值优先
应在图注中注明的其他内容: 1. 注明板厚。当有不同板厚时，分别注明板厚值及其各自的分布范围; 2. 当在基础平板周边侧面设置纵向构造钢筋时，应在图注中注明; 3. 应注明基础平板边缘的封边方式与配筋; 4. 当基础平板外伸变截面高度时，注明外伸部位的 h_1/h_2，h_1 为板根部截面高度，h_2 为板尽端截面高度; 5. 当某区域板底有标高高差时，应注明其高差值与分布范围; 6. 当基础平板厚度>2m 时，应注明设置在基础平板中部的水平构造钢筋网; 7. 当在板中设置拉筋时，注明接筋的配置及设置方式(双向或梅花双向); 8. 当在基础平板外伸阳角部位设置放射筋时，注明放射筋的配置及设置方式; 9. 注明混凝土垫层厚度与强度等级; 10. 当基础平板同一层面的纵筋相交叉时，应注明何向纵筋在下，何向纵筋在上		

注:相同的柱下或跨中板带只标注一条，其他仅注编号。有关标注的其他规定详见制图规则

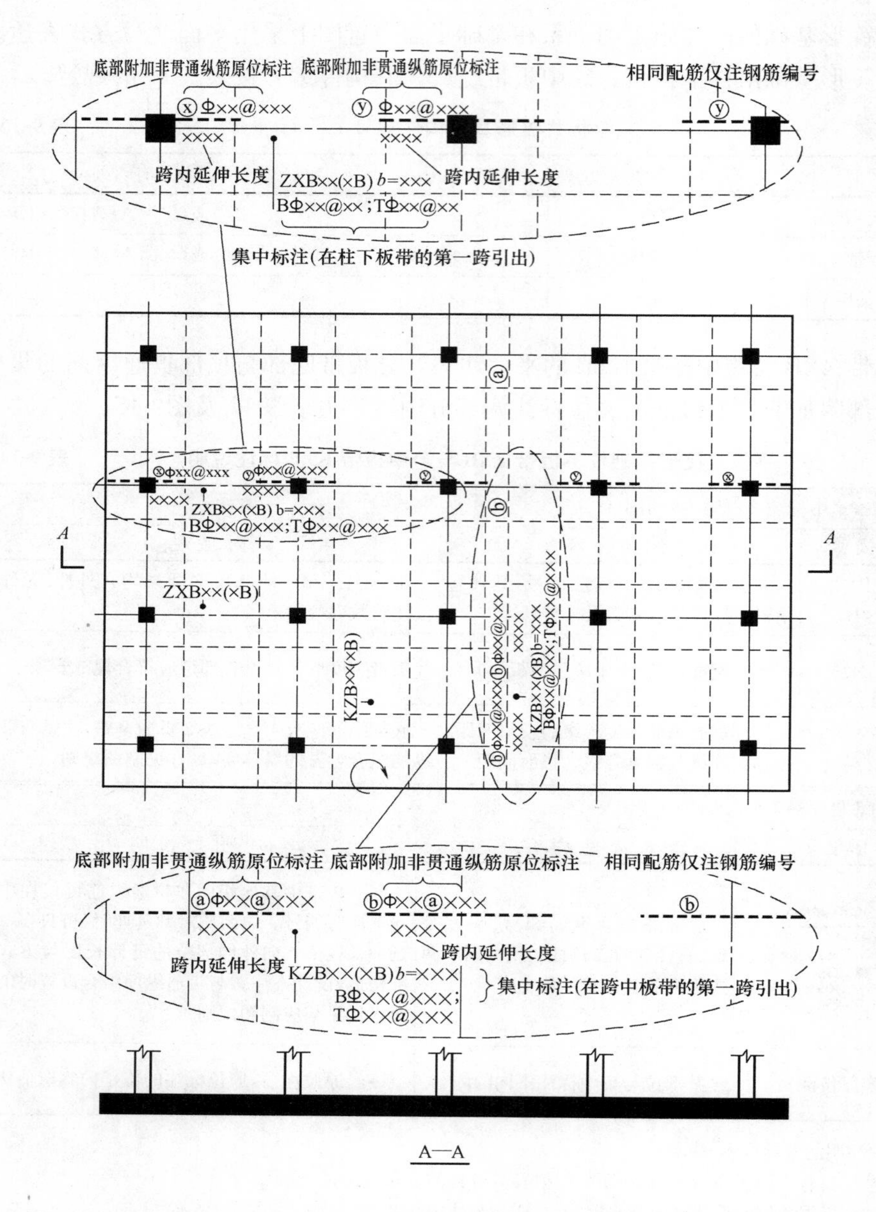

图 9-15 平板式筏形基础柱下板带 ZXB 与跨中板带 KZB 标注图示

平板式筏形基础平板 BPB 的平面注写，分板底部与顶部贯通纵筋的集中标注与板底部附加非贯通纵筋的原位标注两部分内容，见表 9-12 及图 9-16 所示。

2. 独立基础

独立基础平法施工图，有平面注写与截面注写两种表达方式。

(1) 独立基础的平面注写方式

独立基础的平面注写方式，分为集中标注和原位标注两部分内容。

平板式筏形基础平板 BPB 标注说明　　　　表 9-12

集中标注说明：(集中标注应在双向均为第一跨引出)		
注写形式	表达内容	附加说明
BPB××	基础平板编号，包括代号和序号	为平板式基础的基础平板
h=××××	基础平板厚度	
X：BΦ××@×××； TΦ××@×××；(×.×A.×B) Y：BΦ××@×××； TΦ××@×××；(×.×A.×B)	X 向底部与顶部贯通纵筋强度等级、直径、间距，(总长度：跨数及有无外伸) Y 向底部与顶部贯通纵筋强度等级、直径、间距，(总长度：跨数及有无外伸)	底部纵筋应有 1/3 至 1/2 贯通全跨，注意与非贯通纵筋组合设置的具体要求，详见制图规则。顶部纵筋应全跨贯通。用“B”引导底部贯通纵筋，用“T”引导顶部贯通纵筋。(×A)：一端有外伸；(×B)：两端均有外伸；无外伸则仅注跨数(×)。图面从左至右为 X 向，从下至上为 Y 向
板底部附加非贯通筋的原位标注说明：(原位标注应在基础梁下相同配筋跨的第一跨下注写)		
注写形式	表达内容	附加说明
ⓧΦ××@×××(×·×A·×B) ×××× 柱中线	底部附加非贯通纵筋编号、强度等级、直径、间距，(相同配筋横向布置的跨数及有否布置到外伸部位)；自梁中心线分别向两边跨内的延伸长度值	当向两侧对称延伸时，可只在一侧注延伸长度值。外伸部位一侧的延伸长度与方式按标准构造，设计不注。相同非贯通纵筋可只注写一处，其他仅在中粗虚线上注写编号。与贯通纵筋组合设置时的具体要求详见相应制图规则
修正内容原位注写	某部位与集中标注不同的内容	一经原位注写，原位标注的修正内容取值优先

应在图注中注明的其他内容：
1. 当在基础平板周边侧面设置纵向构造钢筋时，应在图注中注明；
2. 应注明基础平板边缘的封边方式与配筋；
3. 当基础平板外伸变截面高度时，注明外伸部位的 h_1/h_2，h_1 为板根部截面高度，h_2 为板尽端截面高度；
4. 当某区域板底有标高高差时，应注明其高差值与分布范围；
5. 当基础平板厚度＞2m 时，应注明设置在基础平板中部的水平构造钢筋网；
6. 当在板中设置拉筋时，注明拉筋的配置及设置方式(双向或梅花双向)；
7. 当在基础平板外伸阳角部位设置放射筋时，注明放射筋的配置及设置方式；
8. 注明混凝土垫层厚度与强度等级；
9. 当基础平板同一层面的纵筋相交叉时，应注明何向纵筋在下，何向纵筋在上

注：有关标注的其他规定详见制图规则

1）集中标注

集中标注，系在基础平面图上集中引注：基础编号、截面竖向尺寸、配筋三项必注内容，以及基础底面标高（与基础底面基准标高不同时）和必要的文字注解两项选注内容。

① 基础编号：独立基础编号按表 9-13 的规定。

② 竖向截面尺寸：

阶形截面普通独立基础竖向尺寸的标注形式为 $h_1/h_2/h_3$（图 9-17）。例如，独立基础 DJ_J××的竖向尺寸注写为 300/300/400 时，表示 h_1＝300、h_2＝300、h_3＝400，基础底板总厚度为 1000。

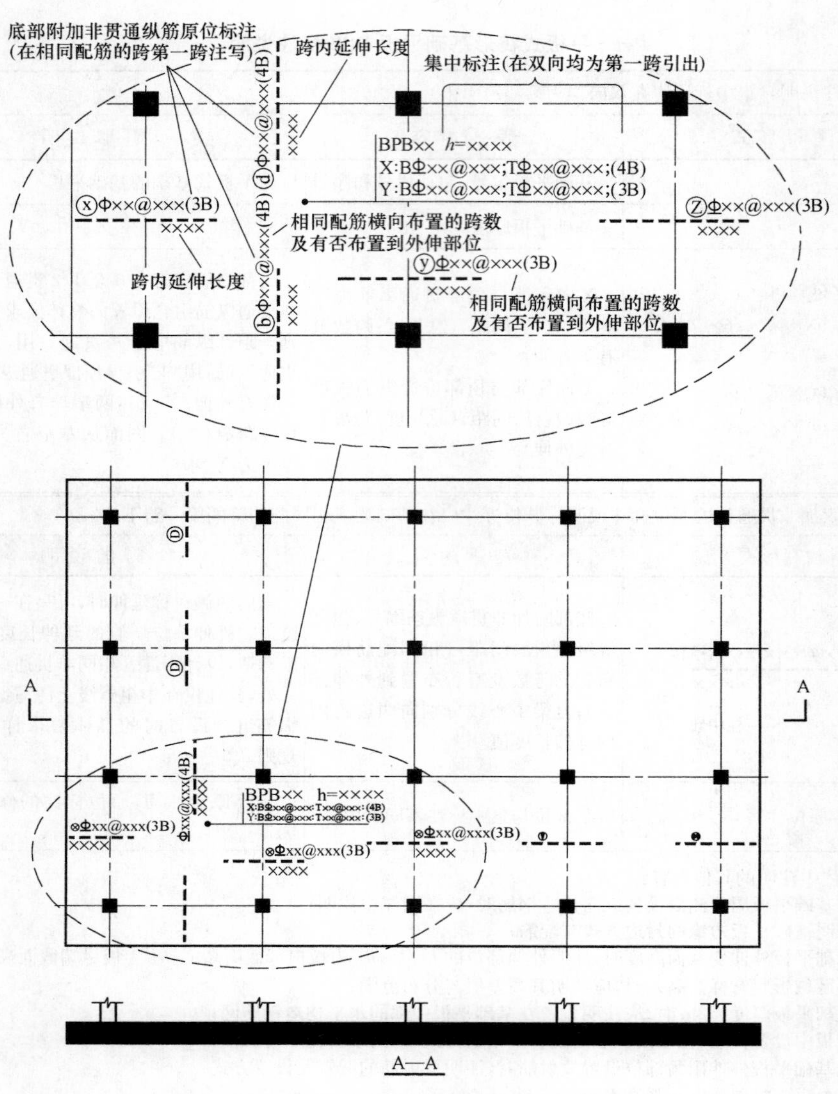

图 9-16　平板式筏形基础平板 BPB 标注图示

独立基础编号　　表 9-13

类型	基础底板截面形状	代号	序号
普通独立基础	阶形	DJ_J	××
	坡形	DJ_P	××
杯形独立基础	阶形	BJ_J	××
	坡形	BJ_P	××

阶形截面杯口独立基础竖向尺寸分两组，一组表达杯口内，另一组表达杯口外，两组尺寸以“,”号分隔，注写形式为 a_0/a_1，$h_1/h_2/$，……（图 9-18）。

③ 配筋：图 9-19 为独立基础底板底部双向配筋示意。图中 B：XΦ16@150，YΦ16@200；表示基础底板底部配置 HRB335 钢筋，X 向直径为Φ16，分布间距 150mm；Y 向直径为Φ16，分布间距 200mm。

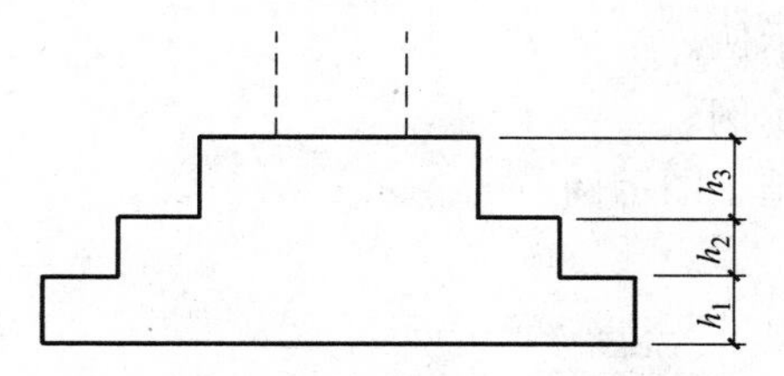

图 9-17　阶形截面普通独立基础竖向尺寸

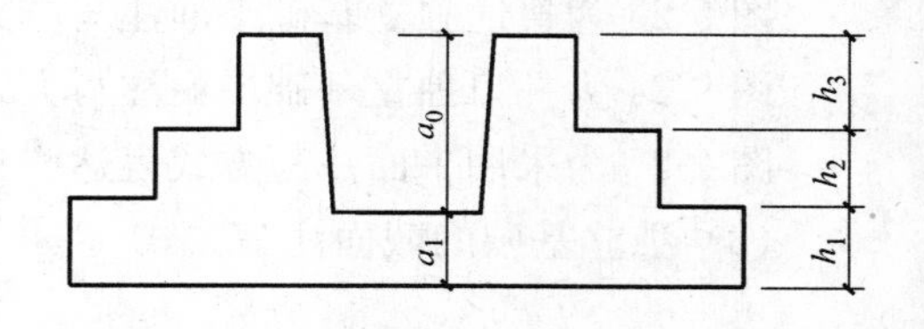

图 9-18　阶形截面杯口独立基础竖向尺寸

图 9-20 为单杯口独立基础顶部焊接钢筋网示意。图中 Sn2Φ14，表示杯口顶部每边配置 2 根 HRB335 直径为 14mm 的焊接钢筋网。

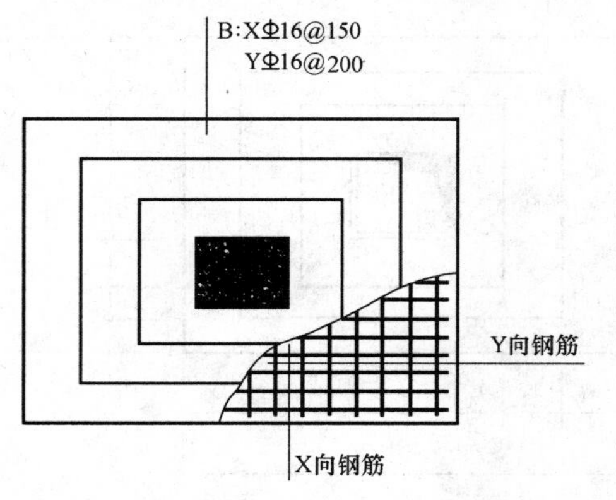

图 9-19　独立基础底板底部双向配筋示意

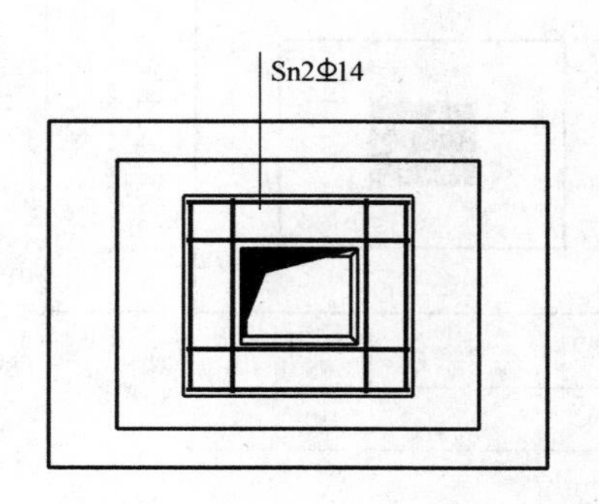

图 9-20　单杯口独立基础顶部焊接钢筋网示意

图 9-21 为高杯口独立基础杯壁配筋示意。图中 O：4Φ20/Φ16@220/Φ16@200 表示高杯口独立基础的杯壁外侧和短柱配置 HRB400 竖向钢筋和 HPB300 箍筋，其竖向钢筋为：4Φ20 角筋、Φ16@220 长边中部筋和Φ16@200 短边中部筋；Φ10@150/300 表示箍筋直径为Φ10，杯口范围间距 150mm，短柱范围间距 300mm。

2）原位标注

钢筋混凝土和素混凝土独立基础的原位标注，系在基础平面布置图上标注独立基础的平面尺寸。

图 9-22 为阶形截面普通独立基础原位标注。其中，x、y 为普通独立基础两向边长，x_c、y_c 为柱截面尺寸，x_i、y_i 为阶宽或坡形平面尺寸。

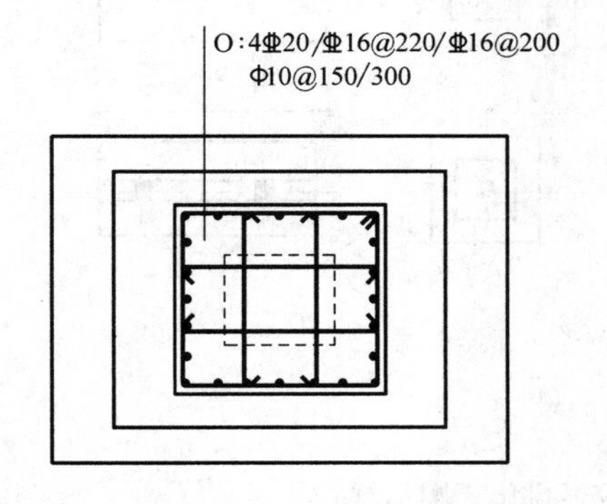

图 9-21　高杯口独立基础杯壁配筋示意

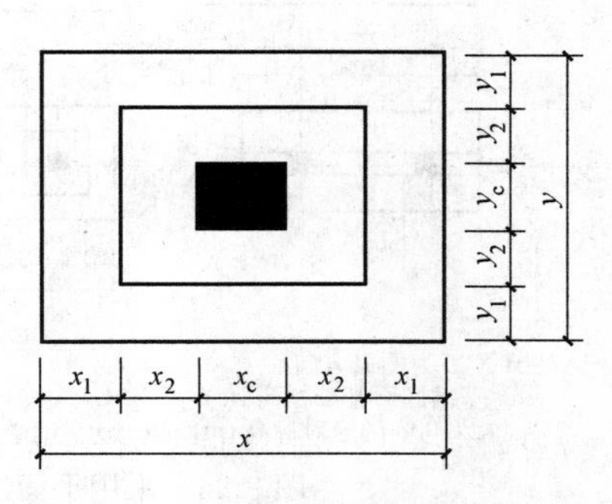

图 9-22　阶形截面普通独立基础原位标注

图 9-23 为普通独立基础平面注写方式施工图示例。

图 9-24 为杯口独立基础平面注写方式施工图示例。

图 9-25 为采用平面注写方式表达的独立基础施工图示例。

（2）独立基础的截面注写方式

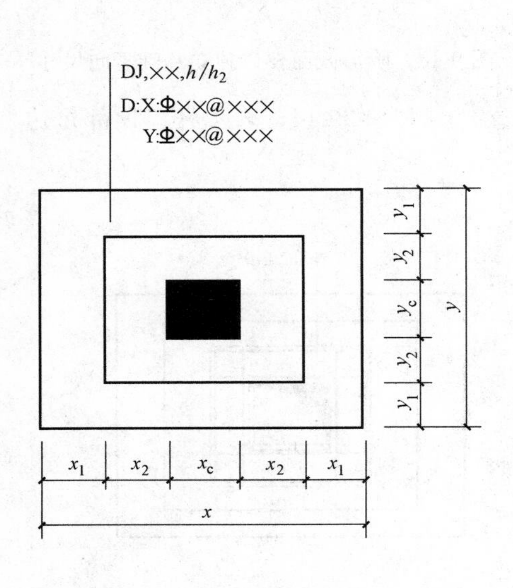

图 9-23　普通独立基础平面注写方式施工图示意

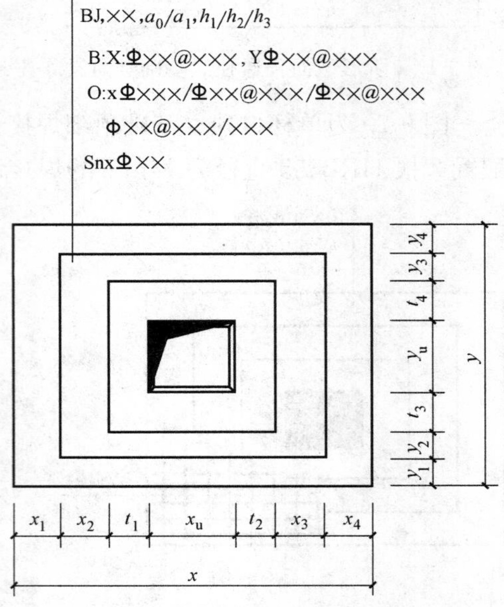

图 9-24　杯口独立基础平面注写方式施工图示意

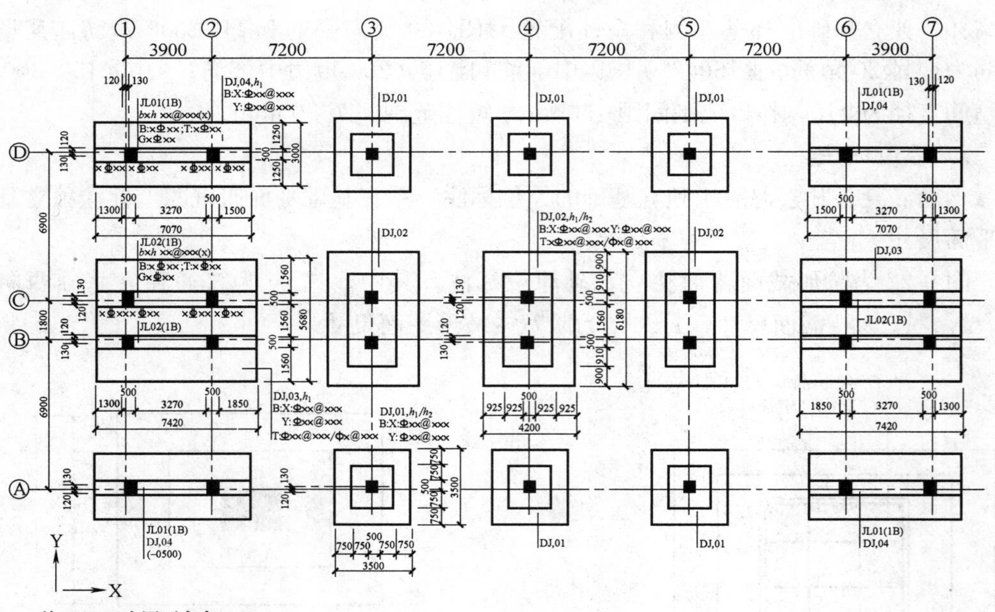

注：1.X、Y 为图面方向；

2. 基础底面基准标高 (m)：−×.×××；

±0.000 的绝对标高 (m)：×××.×××。

图 9-25　采用平面注写方式表达的独立基础施工图示意

独立基础的截面注写方式，可分为截面标注和列表注写（结合截面示意图）两种表达方式。

3. 条形基础

条形基础的平法施工图有平面注写和截面注写两种表达方式。

条形基础编号分为基础梁、基础圈梁编号和条形基础底板编号，按表 9-14 的规定。

条形基础梁及底板编号　　表 9-14

类型		代号	序号	跨数及有否外伸
基础梁		JL	XX	(XX)端部无外伸 (XXA)一端有外伸 (XXB)两端有外伸
条形基础底板	坡形	TJB_P	XX	
	阶形	TJB_J	XX	

注：条形基础通常采用坡形截面或单阶形截面。

（1）基础梁的平面注写方式

基础梁 JL 的平面注写方式，分集中注写和原位标注两部分内容。

基础梁的集中标注内容为：基础梁编号、截面尺寸、配筋三项必注内容，以及当基础梁底面标高（与基础底面基准标高不同时）和必要的文字注解两项选注内容。

例：11Φ14@150/250（4），表示配置两种 HPB300 箍筋，直径均为 14mm，从梁两端起向跨内按间距 150mm 设置 11 道，梁其余部位的间距为 250mm，均为 4 肢箍。

例：9Φ16@100/9Φ16@150/Φ16@200（6），表示配置三种 HRB400 箍筋，直径均为 16mm，从梁两端起向跨内按间距 100mm 设置 9 道，再按间距 150mm 设置 9 道，梁其余部位的间距为 200mm，均为 6 肢箍。

（2）条形基础底板的平面注写方式

条形基础底板 TJB_P、TJB_J 的平面注写方式，分集中标注和原位标注两部分内容。

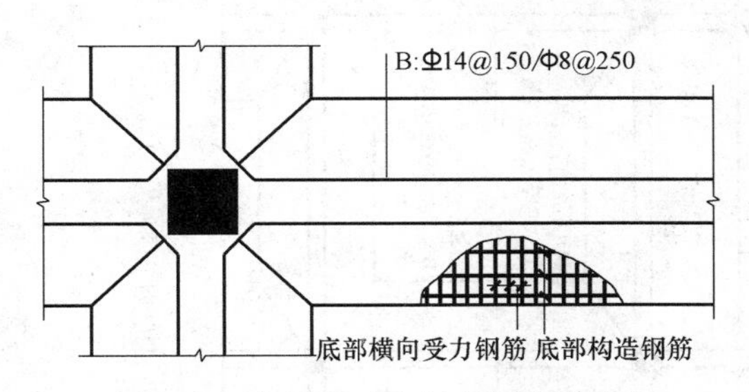

图 9-26　条形基础底板底部配筋示意

条形基础底板的集中标注内容为：条形基础底板编号、截面竖向尺寸、配筋三项必注内容，以及条形基础底板底面标高（与基础底面基准标高不同时标注）和必要的文字注解两项选注内容。

如图 9-26 中，B：Φ14@150/Φ8@250，表示条形基础底板底部配置 HRB335 横向受力钢筋，直径为 14mm，分布间距 150mm；配置 HPB300 构造钢筋，直径为 8mm，分布间距 250mm。

图 9-27 为条形基础平面注写方式设计施工图示意。

（3）条形基础的截面注写方式

条形基础的截面注写方式，可分为截面标注和列表注写（结合截面示意图）两种表达方式。

采用截面注写方式，应在基础平面图布置图上对所有条形基础进行编号，编号方式见表 9-14。

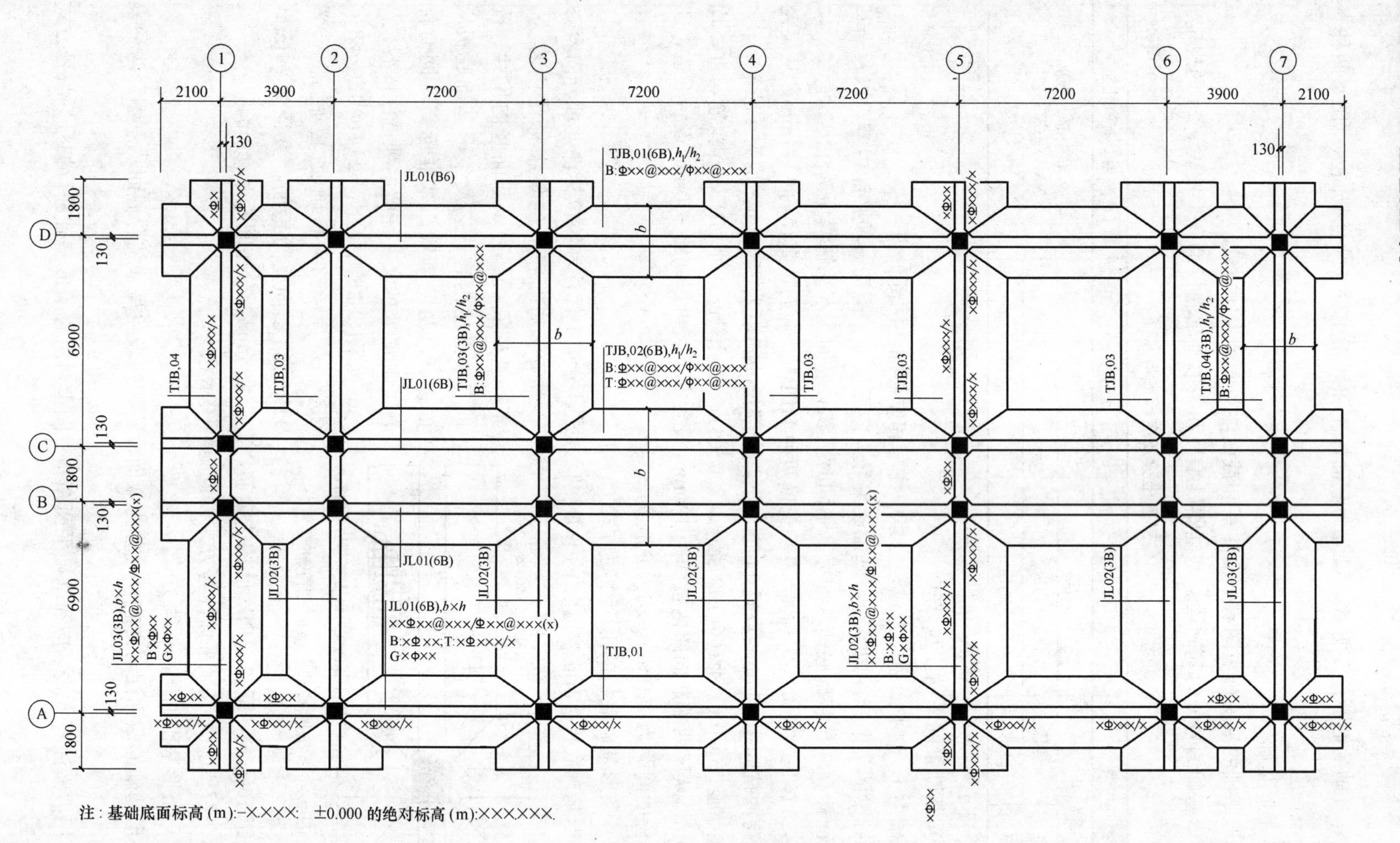

注：基础底面标高(m):-×.×××; ±0.000 的绝对标高(m):×××.×××.

图 9-27 条形基础平面注写施工图

1）截面标注

对条形基础进行截面标注的内容和形式，与传统“单构件正投影表示方法”基本相同。对于基础平面布置图上已原位标注清楚的该条形基础梁和条形基础底板的水平尺寸，截面图上可以不再标注。

2）列表注写

对多个条形基础可采用列表注写（结合截面示意图）的方式集中表达。表中内容为条形基础截面的几何数据和配筋，截面示意图上应标注与表中栏目相对应的代号。

基础梁列表集中注写内容和列表格式见表 9-15。当设计为两种箍筋时，箍筋注写为第一种箍筋/第二种箍筋，第一种箍筋为梁端部箍筋，注写内容包括箍筋的箍数、钢筋级别、直径与肢数。

基础梁几何尺寸和配筋表　　表 9-15

基础梁编号/截面号	几何尺寸		配筋	
	$b \times h$	加腋 $c_1 \times c_2$	底部贯通纵筋＋非贯通纵筋，顶部贯通纵筋	第一种箍筋/第二种箍筋

注：表中栏目可根据具体情况增加，如增加基础梁地面标高等。

条形基础底板列表集中注写内容和列表格式见表 9-16。

基础底板几何尺寸和配筋表　　表 9-16

基础底板编号/截面号	几何尺寸			底部配筋	
	b	b_i	h_1/h_2	横向受力钢筋	纵向构造钢筋

注：1. 表中栏目可根据具体情况增加，如增加上部配筋、基础底板地面标高（与基础底板地面基准标高不一致时）等；
2. b、b_i 为水平尺寸，h_1/h_2 为竖向尺寸。

4. 桩基承台

桩基承台分为独立承台和承台梁，编号按表 9-17、表 9-18 的规定。

独立承台编号　　表 9-17

类型	独立承台截面形状	代号	序号	说明
独立承台	坡形	CT_J	××	单阶截面即为平板式独立平台
	阶形	CT_P	××	

注：杯口独立承台代号可为 BCT_J 和 BCT_P，设计注写方式可参照杯口独立基础，施工详图应由设计者提供。

承台梁编号　　表 9-18

类型	代号	序号	跨数及有否悬挑
承台梁	CTL	××	(××)端部无外伸 (××A)一端有外伸 (××B)两端有外伸

（1）独立承台的平面注写方式

独立承台的平面注写方式，分为集中标注和原位标注两部分内容。

独立承台的集中标注，系在承台平面上集中引注：独立承台编号、截面竖向尺寸、配筋三项必注内容，以及承台板底面标高（与承台底面基准标高不同时）和必要的文字注解两项选注内容。

独立承台的原位标注，系在桩基承台平面布置图上标注独立承台的平面尺寸。

（2）承台梁的平面注写方式

承台梁CTL的平面注写方式，分集中标注和原位标注两部分内容。

承台梁的集中标注内容为：承台梁编号、截面尺寸、配筋三项必注内容，以及承台梁底面标高（与承台底面基准标高不同时标注）和必要的文字注解两项选注内容。

（3）桩基承台的截面注写方式

桩基承台的截面注写方式，可分为截面标注和列表注写（结合截面示意图）两种表达方式。

采用截面注写方式，应在桩基平面布置图上对所有桩基进行编号，见表9-17、表9-18。

桩基础承台的截面注写方式，可参照独立基础及条形基础的截面注写方式。

5. 基础连系梁

基础连系梁系指连接独立基础、条形基础或桩基承台的梁。

基础连系梁的平法施工图，系在基础平面布置图上采用平面注写方式表达，具体注写方式及内容与《G101-1图集》中非框架梁相同，但编号按表9-19的规定。

基础连系梁编号 表9-19

类　型	代　号	序　号	跨数、有否外伸或悬挑
基础连系梁	JLL	××	(××)端部无外伸或无悬挑 (××A)一端有外伸或有悬挑 (××B)两端有外伸或有悬挑

6. 柱

柱平法施工图有两种表示方法，一种是列表注写方式，另一种是截面注写方式。

（1）列表注写方式

列表注写方式就是在柱平面布置图上，分别在同一编号的柱中选择一个截面标注几何参数代号，然后在柱表中注写柱号、柱段起止标高、几何尺寸与配筋的具体数值，并配以各种柱截面形状及箍筋类型图的方式，来表达柱平法施工图。

1）柱表中注写内容及相应的规定：

① 柱编号。柱编号由类型代号和序号组成，见表9-20。

② 各段柱的起止标高。自柱根部往上以变截面位置或截面未变但配筋改变处为界分段注写。框架柱和框支柱的根部标高是指基础顶面标高；芯柱的根部标高是指根据结构实际需要而定的起始位置标高；梁上柱的根部标高是指梁顶面标高；剪力墙的根部标

高分两种：当柱纵筋锚固在墙顶部时，其根部标高为墙顶面标高；当柱与剪力墙重叠一层时，其根部标高为墙顶面往下一层的结构层楼面标高。

柱的编号　　表9-20

柱类型	代号	序号	柱类型	代号	序号	柱类型	代号	序号
框架柱	KZ	××	芯柱	XZ	××	剪力墙柱	QZ	××
框支柱	KZZ	××	梁上柱	LZ	××			

③ 几何尺寸。不仅要标明柱截面尺寸 $b \times h$（圆柱用直径数字前加 d 表示），而且还要标明柱截面与轴线的关系。

当柱的总高、分段截面尺寸和配筋均对应相同，仅仅截面与轴线的关系不同时，仍可将其编为同一柱号，另在图中注明截面与轴线的关系即可。

④ 柱纵筋。当柱纵筋直径相同，各边根数也相同时，将柱纵筋注写在“全部纵筋”一栏中，除此之外，柱纵筋分角筋、截面 b 边中部筋和 h 边中部筋三项分别注写（对称配筋的矩形截面柱，可仅注写一侧中部筋）。

⑤ 箍筋类型号和箍筋肢数。选择对应的箍筋类型号（在此之前要对绘制的箍筋分类图编号），在类型号后续注写箍筋肢数（注写在括号内）。

⑥ 柱箍筋。包括钢筋级别、直径与间距。当箍筋分为加密区和非加密区时，用斜线“/”区分柱端箍筋加密区与柱身非加密区长度范围内箍筋的不同间距。当箍筋沿柱高全高为一种间距时，则不使用“/”。当框架节点核心区内箍筋与柱箍筋设置不同时，在括号内注明核心区箍筋直径及间距。当圆柱采用螺旋箍筋时，需在箍筋前加“L”。例如：

Φ8@100，表示沿柱全高范围内箍筋为HPB300钢筋，直径8mm，间距100mm。

Φ8@100/200，表示柱箍筋为HPB300钢筋，直径8mm，加密区间距100mm，非加密区间距200mm。

Φ8@100/200（Φ10@100），表示柱中箍筋为HPB300钢筋，直径8mm，加密区间距100mm，非加密区间距200mm；框架节点核心区箍筋为HPB300钢筋，直径10mm，间距100mm。

LΦ8@100/200，表示柱箍筋为HPB300钢筋，螺旋箍筋，直径8mm，加密区间距100mm，非加密区间距200mm。

2）箍筋类型图以及箍筋复合的具体方式，须画在柱表的上部或图中的适当位置，并在其上标注与柱表中相对应的截面尺寸并编上类型号。

图9-28为柱列表注写方式示例。

（2）截面注写方式

柱截面注写方式，是在柱平面布置图的柱截面上，分别在同一编号的柱中选择一个截面，直接在该截面上注写截面尺寸和配筋具体数值。具体做法如下：

对所有柱编号，从相同编号的柱中选择一个截面，按另一种比例原位放大绘制柱截面配筋图，并在配筋图上依次注明编号、截面尺寸 $b \times h$、角筋或全部纵筋（当纵筋采

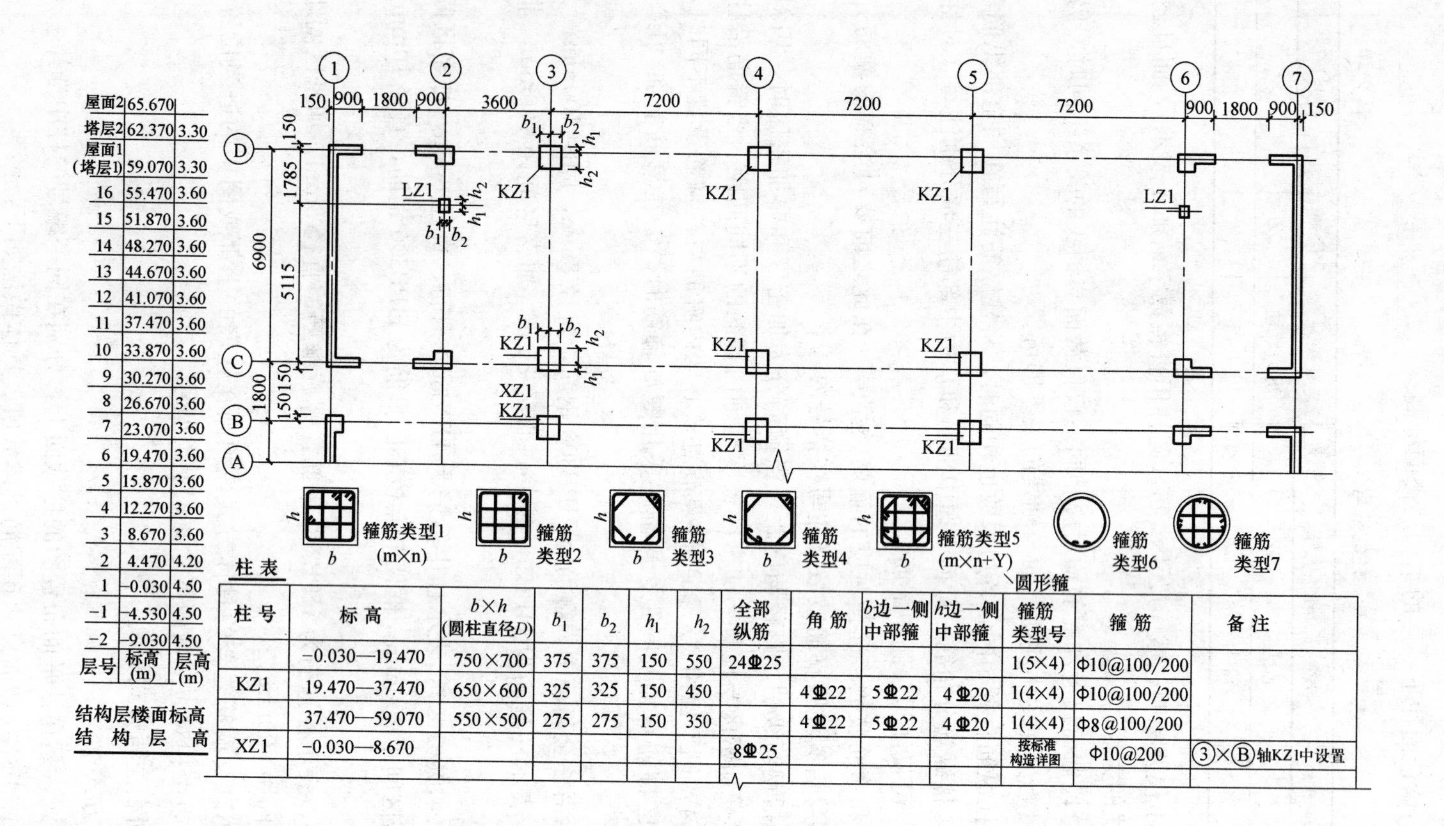

层号	标高(m)	层高(m)
屋面2	65.670	
塔层2	62.370	3.30
屋面1（塔层1）	59.070	3.30
16	55.470	3.60
15	51.870	3.60
14	48.270	3.60
13	44.670	3.60
12	41.070	3.60
11	37.470	3.60
10	33.870	3.60
9	30.270	3.60
8	26.670	3.60
7	23.070	3.60
6	19.470	3.60
5	15.870	3.60
4	12.270	3.60
3	8.670	3.60
2	4.470	4.20
1	-0.030	4.50
-1	-4.530	4.50
-2	-9.030	4.50

结构层楼面标高
结构层高

柱表

柱号	标高	$b\times h$（圆柱直径D）	b_1	b_2	h_1	h_2	全部纵筋	角筋	b边一侧中部箍	h边一侧中部箍	箍筋类型号	箍筋	备注
KZ1	-0.030—19.470	750×700	375	375	150	550	24Φ25				1(5×4)	Φ10@100/200	
	19.470—37.470	650×600	325	325	150	450		4Φ22	5Φ22	4Φ20	1(4×4)	Φ10@100/200	
	37.470—59.070	550×500	275	275	150	350		4Φ22	5Φ22	4Φ20	1(4×4)	Φ8@100/200	
XZ1	-0.030—8.670						8Φ25				按标准构造详图	Φ10@200	③×Ⓑ轴KZ1中设置

注：1. 如采用非对称配箍，需在柱表中增加相应栏目分别表示各边的中部箍。

2. 抗震设计箍筋对纵筋至少隔一拉一。

3. 类型1的箍筋肢数可有多种组合，右图为5×4的组合，其余类型为固定形式，在表中只注类型号即可。

图 9-28 柱列表注写方式示例

用一种直径且能够图示清楚时）及箍筋的具体数值。当纵筋采用两种直径时，须再注写截面各边中部筋的具体数值；对称配筋的矩形截面柱，可只在一侧注写中部筋。箍筋注写方式与梁箍筋注写方式相同。如图 9-29（*a*）所示。

图 9-29（*b*）为柱截面注写方式示例。

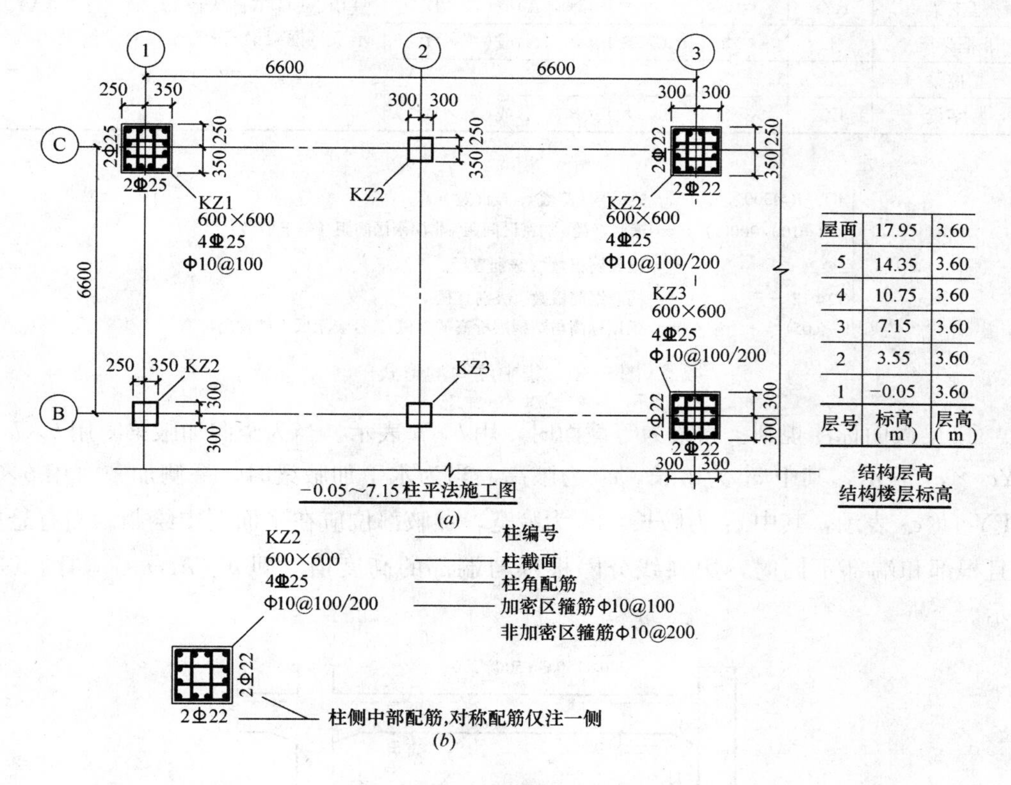

图 9-29 柱截面注写方式

（*a*）注写形式；（*b*）柱平法施工图（截图注写方式）示例

7. 梁

梁平法施工图是在梁平面布置图上采用平面注写方式或截面注写方式表达。

和柱相同，采用平法表示梁的施工图时，需要对梁进行分类与编号，其编号应符合表 9-21 的规定。

（1）平面注写方式

平面注写方式包括集中标柱与原位标注两部分。

集中标注——表达梁的通用数值；

原位标注——表达梁的特殊数值。

当集中的某项数值不适用于梁的某部位时，则将该项数原位标注，施工时原位标注取值优先。

1）集中标注

集中标注的形式如图 9-30 所示。

梁编号　　表 9-21

梁类型	代号	序号	跨数及是否带有悬挑	备　注
楼层框架梁	KL	××	(××)、(××A)或(××B)	(××A)为一端悬挑，(××B)为两端悬挑，悬挑不计入跨数。如 KL7(5A)表示 7 号框架梁，5 跨，一端有悬挑梁
屋面框架梁	WKL	××	(××)、(××A)或(××B)	
框支梁	KZL	××	(××)、(××A)或(××B)	
非框架梁	L	××	(××)、(××A)或(××B)	
悬挑梁	XL	××		
井字梁	JZL	××	(××)、(××A)或(××B)	

KL-1(3)300×600 —— 梁编号（跨数），截面宽×高。
Φ8@100/200(2) —— 箍筋直径、加密区间距/非加密区间距（箍筋肢数）。
2Φ25 —— 通长筋根数、级别直径。
G2Φ12 —— 构造钢筋根数、级别直径。
(−0.05) —— 梁顶标高与结构层标高的差值，负号表示低于结构层标高。

图 9-30　集中注写的形式

① 梁截面标注规则。当梁为等截面时，用 $b\times h$ 表示。当为竖向加腋梁时用 $b\times h$ GY$c_1\times c_2$ 表示，其中 c_1 为腋长，c_2 为腋高。当为水平加腋梁时，一侧加腋时用 $b\times h$ PY$c_1\times c_2$ 表示，其中 c_1 为腋长，c_2 为腋宽，加腋部位应在平面图中绘制。当有悬挑梁且根部和端部不同时，用斜线分隔根部与端部的高度值，即 $b\times h_1/h_2$。如图 9-31 所示。

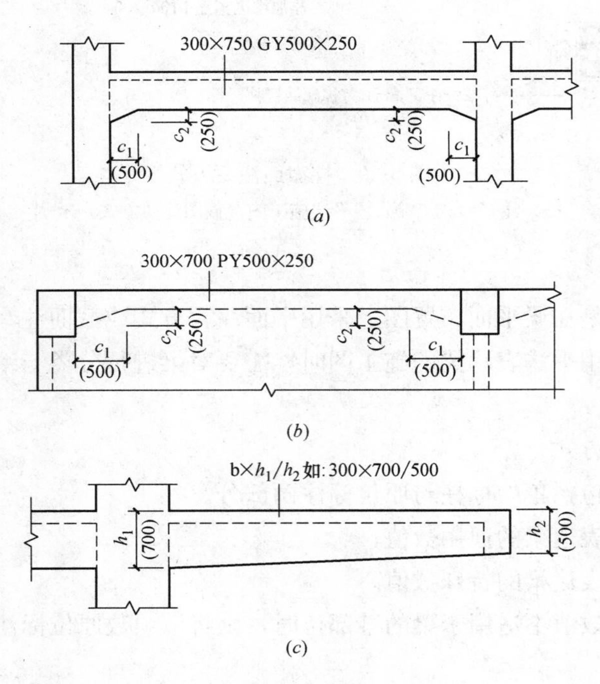

图 9-31　加腋梁

(*a*) 竖向加腋；(*b*) 水平加腋；(*c*) 悬挑梁不等高截面

② 箍筋的标注规则。梁箍筋标注内容包括钢筋级别、直径、加密区与非加密区间距及肢数。加密区与非加密区的不同间距及肢数，用斜线“/”分隔，肢数写在括号内；当加密区与非加密区的箍筋肢数相同时，则将肢数注写一次；如果无加密区则不需用斜线“/”。例如：

Φ8@100/200（4），表示梁箍筋采用HPB300钢筋，直径8mm，加密区间距100mm，非加密区间距200mm，全部为4肢箍。

Φ8@100（4）/150（2），表示梁箍筋采用HPB300钢筋，直径8mm；加密区间距100mm，四肢箍；非加密区间距150mm，双肢箍。

当抗震结构中的非框架梁、悬挑梁、井字梁，及非抗震结构中的各类梁采用不同的箍筋间距和肢数时，也用斜线“/”将其分隔开表示。注写时，先注写梁支座端部的箍筋，注写内容包括箍筋的箍数、钢筋级别、直径、间距及肢数；在斜线后注写梁跨中部分的箍筋，注写内容包括为箍筋间距及肢数。例如：

13Φ8@150/200（4），表示梁箍筋采用HPB300钢筋，直径8mm；梁的两端各有13个四肢箍，间距150mm；梁跨中箍筋的间距为200mm，四肢箍。

13Φ8@150（4）/150（2），表示梁箍筋采用HPB300钢筋，直径8mm；梁两端各有13个Φ8的四肢箍，间距150mm；梁跨中箍筋为双肢箍，间距为150mm。

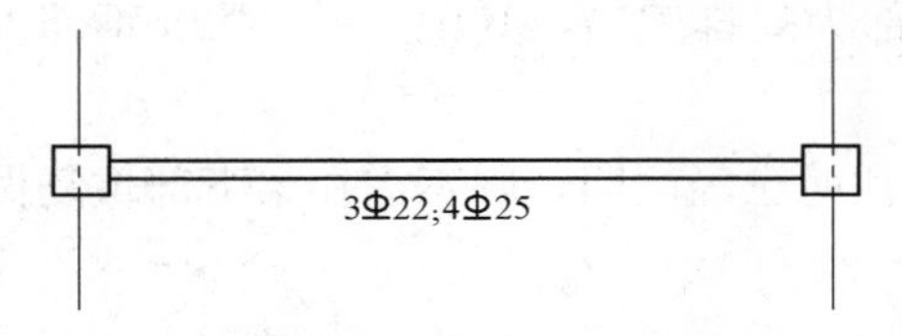

图9-32 上部、下部纵筋均为通长筋的表示

③ 梁上部通长钢筋或架立筋标注规则。在梁上部既有通长钢筋又有架立筋时，用“＋”号相连标注，并将角部纵筋写在“＋”号前面，架立筋写在“＋”号后面并加括号。若梁上部仅有架立筋而无通长钢筋，则全部写入括号内。例如2Φ22＋(2Φ12)，表示2Φ22为通长筋，2Φ12为架立钢筋。

当梁的上部纵向钢筋和下部纵向钢筋均为通长筋，且多数跨配筋相同时，此项可加注下部纵筋的配筋值。其方法是，用分号“;”将上部纵筋和下部纵筋隔开，上部纵筋写在“;”前面。当少数跨不同时，则将该项数值原位标注。图9-32表示梁上部为3Φ22通长筋，梁下部为4Φ25通长筋。

④ 梁侧钢筋的标注规则。梁侧钢筋分为梁侧纵向构造钢筋（即腰筋）和受扭纵筋。构造钢筋用大写字母G打头，接着标注梁两侧的总配筋量，且对称配置。例如G4Φ12，表示在梁的两侧各配2Φ12构造钢筋。受扭纵筋用N打头。例如N6Φ18，表示梁的两侧各配置3Φ18的纵向受扭钢筋。

⑤ 梁顶标高高差的标注规则。梁顶标高高差是指梁顶相对于结构层楼面标高的高差值，对于位于结构夹层的梁，则指相对于结构夹层楼面标高的高差。若梁顶与结构层存在高差时，则将高差值标入括号内，梁顶高于结构层时标为正值，反之为负值。当梁顶与相应的结构层标高一致时，则不标此项。例如（－0.05）表示梁顶低于结构层0.05m，（0.05）表示梁顶高于结构层0.05m。

2）原位标注

① 梁支座上部纵筋标注规则。该部位标注包括梁上部的所有纵筋，即包括通长筋在内。

当梁上部纵筋不止一排时用斜线“/”将各排纵筋从上至下分开 。如 6Φ25（4/2），表示共有钢筋 6Φ25，上一排 4Φ25，下排 2Φ25。

当同排纵筋有两种直径时，用加号“+”将两种规格的纵筋相连表示，并将角部钢筋写在“+”号前面。例如 2Φ25+2Φ22 表示共有 4 根钢筋，2Φ25 放在角部，2Φ22 放在中部。

当梁中间支座两边的上部纵筋不同时，须在支座两边分别标注；当梁中间支座两边的上部纵筋相同时，可仅在支座一边标注，另一边可省略标注。

② 梁下部纵向钢筋标注规则。当梁下部纵向钢筋多于一排时，用“/”号将各排纵向钢筋自上而下分开。当同排纵筋有两种直径时，用“+”号相连，角筋写在“+”前面。当梁下部纵向钢筋不全部伸入支座时，将梁支座下部纵筋减少的数量写在括号内。

例如梁下部注写为 6Φ25（2/4）表示梁下部纵向钢筋为两排，上排为 2Φ25，下排为 4Φ25，全部钢筋伸入支座。

例如梁下部注写为 6Φ25 2（2)/4 表示梁下部为双排配筋，其中上排 2Φ25 不伸入支座，下排 4Φ25 全部伸入支座。

当梁上部和下部均为通长钢筋，而在集中标注时已经注明，则不需在梁下部重复做原位标注。

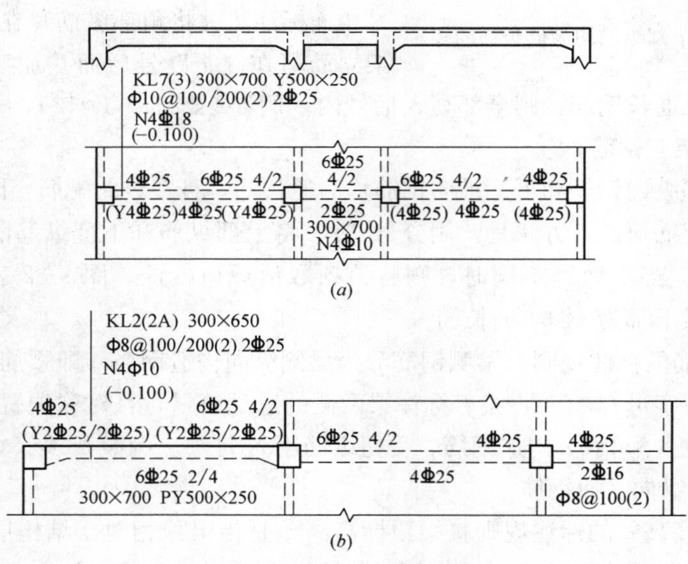

图 9-33　梁设置加腋时平面注写方式示例

（a）竖向加腋；（b）水平加腋

③ 附加箍筋或吊筋标注规则。附加箍筋和吊筋的标注，将其直接画在平面图的主梁上，用引出线标注总配筋值（附加箍筋的肢数注在括号内），如图 9-34。当多数附加箍筋和吊筋相同时，可在梁平法施工图上统一注明，少数与统一注明值不同时，再原位

引注。

④ 当在梁上集中标注的内容不适用于某跨时，则采用原位标注的方法标注此跨内容，施工时原位标注优先采用。

（2）梁的截面注写方式

梁的截面注写方式是在分标准层绘制的梁平面布置图上，分别在不同编号的梁中各选择一根梁用剖面号引出配筋图，并在剖面上注写截面尺寸和配筋的具体数值的方式。这种表达方式适用于表达异形截面梁的尺寸与配筋，或平面图上梁距较密的情况，如图 9-34 所示。

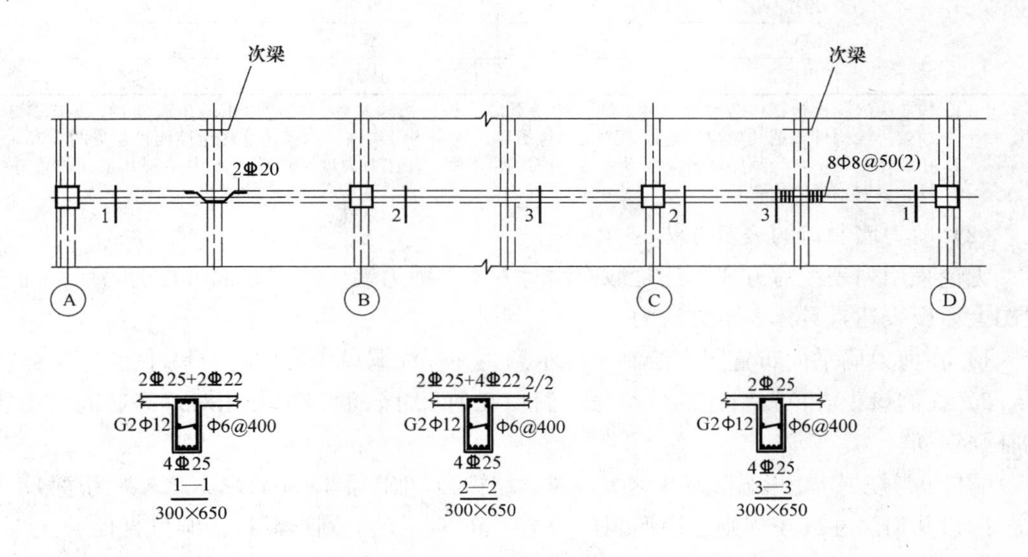

图 9-34　梁附加箍筋和吊筋的标注及截面注写方式

截面注写方式可以单独使用，也可以与平面注写方式结合使用。当然当梁距较密时也可以将较密的部分按比例放大采用平面注写方式。

8. 剪力墙

剪力墙的平法表示与柱子的平法表示类似，也分为截面注写方式和列表注写方式，采用这两种表示方法均在平面布置图上进行。当剪力墙比较复杂或采用截面注写方式时应按标准层分别绘制剪力墙的平面布置图，并应注明各结构层的楼面标高、结构层高及相应的结构层号，以及上部结构嵌固部位位置，对于轴线未居中的剪力墙（包括端柱）应标注其偏心定位尺寸。

（1）构件的编号

剪力墙构件的编号规则见表 9-22。

剪力墙按剪力墙柱、剪力墙身、剪力墙梁（分别简称墙柱、墙身、墙梁）三类构件分别编号，墙柱、墙梁的编号规则见表 9-22。

墙身的编号，由墙身代号、序号及墙身所布置的水平与竖向分布钢筋的排数组成，其形式为 Q××（×排），其中××为序号。

剪力墙构件编号　　　　表 9-22

构件类型		代　号	序　号
墙柱	约束边缘构件	YBZ	××
	构造边缘构件	GBZ	××
	非边缘暗柱	AZ	××
	扶壁柱	FBZ	××
墙梁	连梁	LL	××
	连梁(对角暗撑配筋)	LL(JC)	××
	连梁(交叉斜筋配筋)	LL(JG)	××
	连梁(集中对角斜筋配筋)	LL(DX)	××
	暗梁	AL	××
	边框梁	BKL	××

注：1. 构造边缘构件包括构造边缘暗柱、构造边缘翼墙、构造边缘端柱、构造边缘转角墙四种，见图 5-34。约束边缘构件包括约束边缘暗柱、约束边缘翼墙、约束边缘端柱、约束边缘转角墙四种，见图 5-35；
2. 在具体工程中，当某些墙身需要设置暗梁或边框梁时，宜在剪力墙平法施工图中绘制其平面位置并编号，以明确具体位置。

(2) 剪力墙洞口的表示方法

无论采用列表注写方式，还是截面注写方式，剪力墙上的洞口都可在剪力墙平面布置图上原位表达，具体表示方法为：

1) 在剪力墙平面布置图上绘制洞口示意，并标注洞口中心的定位尺寸。

2) 在洞口中心位置引注洞口编号、洞口几何尺寸、洞口中心相对标高、洞口每边的补强钢筋。

洞口编号规则，矩形洞口为JD××（××为序号)，圆形洞口为 YD××（××为序号)。

洞口几何尺寸标注规则：矩形洞口为宽×高（$b\times h$)；圆形洞口为洞口直径 D。

洞口中心相对标高是指相对于结构层楼（地）面标高的洞口中心高度。洞口中心高于楼（地）面时为正值，低于结构层楼（地）面时为负值。

洞口每边的补强钢筋按以下规则表示：

当矩形洞口的宽、高均不大于 800mm 时，注写洞口每边补强钢筋的具体数值，但如果按《11G101 图集》的标准构造详图设置补强钢筋时可不标注。当洞口宽度、高度方向补强钢筋不一致时，分别注写洞宽、洞高方向的补强钢筋，用“/”分隔。例如：JD2　400×300＋3.10　3Φ16，表示 2 号矩形洞口，宽 400mm，高 300mm，洞口至本结构层楼面 3.10m，洞口四边每边补强钢筋为 3Φ16。JD2　400×300＋3.10，表示 2 号矩形洞口，宽 400mm，高 300mm，洞口至本结构层楼面 3.10m，洞口四边每边补强钢筋按标准构造详图配置。

当矩形洞口的宽度或圆形洞口的直径＞800mm 时，在洞口上、下需设置补强暗梁，此时应注写暗梁的纵筋与箍筋的具体数值（标准构造详图中补强暗梁的梁高一律定为 400mm，若梁高不是 400mm 应另行标注)；圆形洞口还应注明环向加强筋的具体数值；当洞口上、下为剪力墙的连梁时此项免标；洞口竖向两侧按边缘构件配筋，也不在此项表达。例如：JD5　1800×2100＋1.80　6Φ20Φ8@150，表示 5 号矩形洞口，洞宽 1800mm，洞高 2100mm，洞口中心距本层结构层楼面 1.8m，洞口上、下设补强暗梁，补强暗梁梁高400mm，暗梁的纵筋为6Φ20，箍筋为Φ8@150。YD5 1800＋1.80 6Φ20 Φ8@150 2Φ18，表示5号圆形洞口，直径1800mm，洞口中心距本层结构层楼面1.8m，洞口上、下设补强暗梁，补强暗梁梁高400mm，暗梁的纵筋为6Φ20，箍筋为Φ8@150，环向加强钢筋2Φ18。

当圆形洞口设置在墙身或暗梁、边框梁位置，且直径$D \leqslant 300$mm时，需注写圆洞上下左右四边的补强钢筋数值。

当圆形洞口直径300mm$<D \leqslant$800mm时，其加强钢筋按照圆外切正六边形的边长方向布置，此时，注写六边形中一边的补墙钢筋的具体数值。例如：YD3 400＋1.00 2Φ14表示3号圆形洞口，直径为400mm，洞中心距结构层1m，洞口加强钢筋呈外切正六边形布置，每一边为2Φ14。

（3）截面注写方式

剪力墙平法施工图的截面注写方式，是在分标准层绘制的剪力墙平面布置图上，以直接在墙柱、墙身、墙梁上注写截面尺寸和配筋具体数值的方法来表达。

具体方法是：选用适当比例原位放大绘制剪力墙平面布置图和墙柱配筋截面图，然后对所有墙柱、墙身、墙梁进行编号，再分别从相同编号的墙柱、墙身、墙梁中选择一根墙柱、一道墙身、一根墙梁进行注写，注写内容及顺序如下：墙柱，注写几何尺寸、全部纵筋及箍筋的具体数值；墙身，注写墙身编号、墙身厚度、水平分布筋、竖向分布筋和拉筋的具体数值；墙梁，注写墙梁编号、墙梁截面尺寸$b \times h$、墙梁箍筋、上部纵筋、下部纵筋和墙梁顶面标高高差的具体数值。其中，墙梁顶面标高高差是指相对于墙梁所在结构层楼面标高的高差值，墙梁顶面高于墙梁所在结构层楼面时为正值，反之为负值，无高差时不标注。

图9-35为截面注写方式示例。

（4）列表注写方式

列表注写方式，是分别在剪力墙柱表、剪力墙身表、剪力墙梁表中，对应于剪力墙平面布置图上的编号，用绘制截面配筋图并注写几何尺寸与配筋具体数值的方式来表达。

1）剪力墙柱表中表达的内容及注写方式

① 墙柱编号，该墙柱的截面配筋图，墙柱几何尺寸；

② 各段墙柱的起止标高。自墙根（一般为基础顶面标高）往上以变截面位置或截面未变但配筋改变处为界分段标注；

③ 各段墙柱的纵向钢筋和箍筋。纵向钢筋注写总配筋值，墙柱箍筋的注写方式与柱箍筋相同。

2）剪力墙身表中表达的内容及注写方式

① 墙身编号；

② 各段墙身起止标高。注写方式同墙柱；

③ 水平分布钢筋、竖向分布钢筋和拉筋的具体数值。注写数值为一排水平分布钢筋和竖向分布钢筋的规格与间距，设置排数在墙身编号中表达。拉筋应注明布置方式——双向或梅花双向。

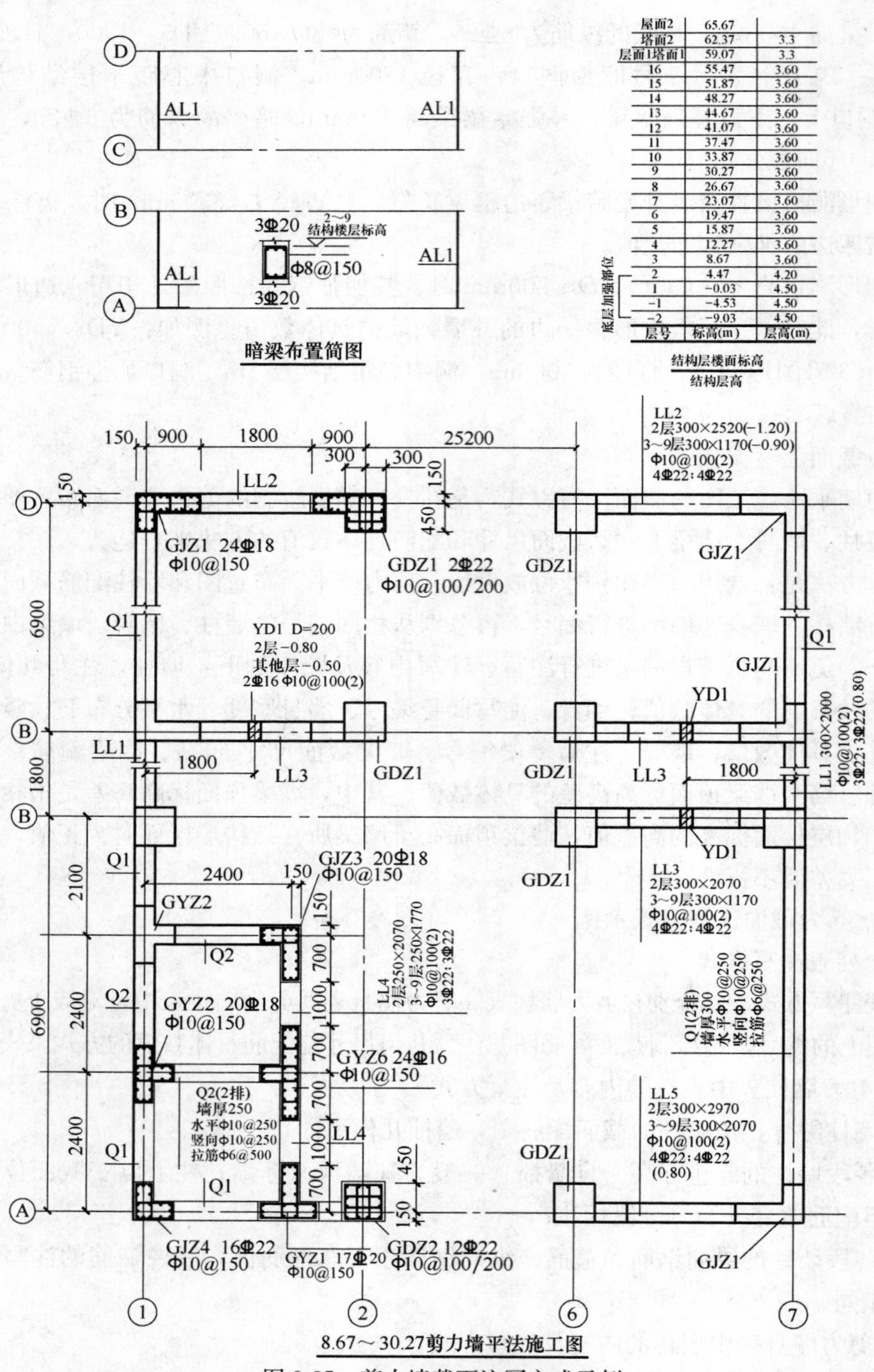

层号	标高(m)	层高(m)
屋面2	65.67	
塔面2	62.37	3.3
层面1塔面1	59.07	3.3
16	55.47	3.60
15	51.87	3.60
14	48.27	3.60
13	44.67	3.60
12	41.07	3.60
11	37.47	3.60
10	33.87	3.60
9	30.27	3.60
8	26.67	3.60
7	23.07	3.60
6	19.47	3.60
5	15.87	3.60
4	12.27	3.60
3	8.67	3.60
2	4.47	4.20
1	−0.03	4.50
−1	−4.53	4.50
−2	−9.03	4.50

图 9-35 剪力墙截面注写方式示例

3）剪力墙梁表中表达的内容及注写方式

① 墙梁编号；

② 墙梁所在楼层号；

③ 墙梁顶面标高高差。注写方式同墙柱；

④ 墙梁截面尺寸 $b\times h$，上部纵筋、下部纵筋和箍筋的具体数值。

列表注写方式示例如图 9-36 所示。

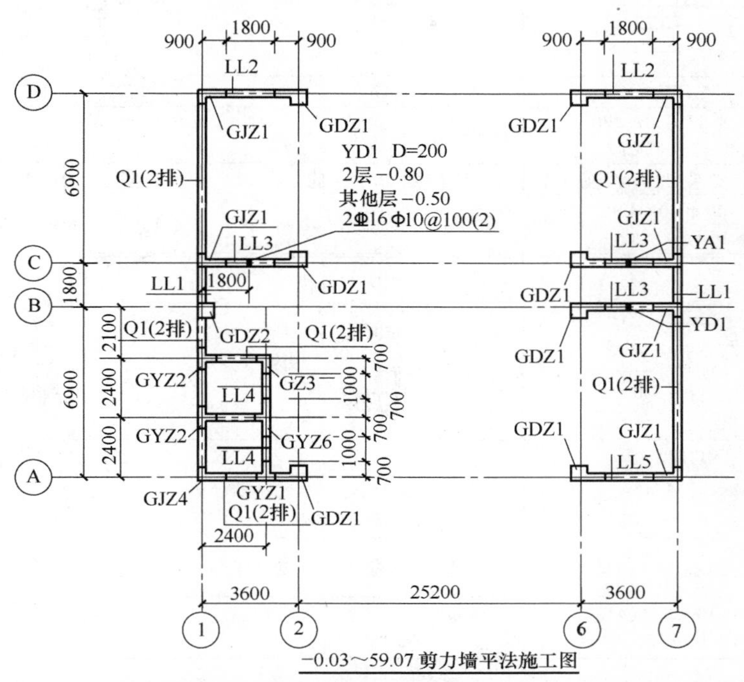

−0.03～59.07 剪力墙平法施工图

剪力墙梁表						
编号	所在楼层号	梁顶相对标高高差	梁截面（$b\times h$）	上部纵筋	下部纵筋	箍筋
LL1	2～9	0.80	300×2000	4Φ22	4Φ22	Φ10@100(2)
	10～16	0.80	250×2000	4Φ20	4Φ20	Φ10@100(2)
	屋面 1		250×1200	4Φ20	4Φ20	Φ10@100(2)
LL2	3	−1.20	300×2520	4Φ22	4Φ22	Φ10@150(2)
	4	−0.90	300×2070	4Φ22	4Φ22	Φ10@150(2)
	5～9	−0.90	300×1770	4Φ22	4Φ22	Φ10@150(2)
	10～屋面 1	−0.90	250×1770	3Φ22	3Φ22	Φ10@150(2)
LL3	2		300×2070	4Φ22	4Φ22	Φ10@100(2)
	3		300×1770	4Φ22	4Φ22	Φ10@100(2)
	4～9		300×1170	4Φ22	4Φ22	Φ10@100(2)
	10～屋面 1		250×1170	3Φ22	3Φ22	Φ10@100(2)
LL4	2		250×2070	3Φ20	3Φ20	Φ10@120(2)
	3		250×1770	3Φ20	3Φ20	Φ10@120(2)
	4～屋面 1		250×1170	3Φ20	3Φ20	Φ10@120(2)

剪力墙身表					
编号	标高	墙厚	水平分布筋	垂直分布筋	拉筋
Q1(2 排)	−0.3～32.70	300	Φ12@250	Φ12@250	Φ6@500
	32.70～59.07	250	Φ10@250	Φ10@250	Φ6@500
Q2(2 排)	−0.3～32.70	250	Φ10@250	Φ10@250	Φ6@500
	32.70～59.07	200	Φ10@250	Φ10@250	Φ6@500

截面	1200 (250) 300 600 600	600 600	1050 300 (250) 300 (250) 未注明的尺寸按标准构造详图
编号	GDZ1	GDZ2	GJZ1
标高	−0.3～8.67,8.67～30.27 (30.27～59.07)	−0.3～8.67,8.67～59.07	−0.3～8.67,8.67～30.27 (30.27～59.07)
纵筋	22Φ22　22Φ22　(22Φ18)	12Φ25　12Φ22	24Φ20　24Φ18　(24Φ18)
箍筋	ϕ10@100 ϕ10@100/200 (ϕ10@100/200)	ϕ10@100　ϕ10@100/200	ϕ10@100 ϕ10@150 (ϕ10@150)
截面	(200) 250 825 (800) 250	未注明的尺寸按标准构造详图 (250) 300 300 (250)	未注明的尺寸按标准构造详图 (200) 250 (250) 300
编号	GJZ3	GJZ4	GYZ2
标高	−0.3～8.67,8.67～30.27 (30.27～59.07)	−0.3～8.67,8.67～30.27 (30.27～59.07)	−0.3～8.67,8.67～30.27 (30.27～59.07)
纵筋	20Φ20 20Φ18 (20Φ18)	16Φ22 16Φ22 (16Φ20)	20Φ20 20Φ18 (24Φ18)
箍筋	ϕ10@100 ϕ10@150 (ϕ10@150)	ϕ10@150 ϕ10@150 (ϕ10@200)	ϕ10@100 ϕ10@150 (ϕ10@150)

图 9-36　剪力墙列表注写方式示例

9. 现浇混凝土楼盖板

现浇混凝土楼盖板平法施工图，系在楼面板和屋面板布置图上，采用平面注写的方式表达。

(1) 有梁楼盖板

板平面注写主要包括：板块集中标注和板支座原位标注。

1) 板块集中标注

板块集中标注的内容为：板块编号、板厚、贯通纵筋、当板面标高不同时的标高高差。

板块编号按表 9-23 的规定。

板块编号　　**表 9-23**

板类型	代号	序号
楼面板	LB	××
屋面板	WB	××
延伸纯悬挑板	YXB	××
悬挑板	XB	××

注：延伸悬挑板的上部受力钢筋应与相邻跨内板的上部纵筋连通配置。

板厚注写为 h=×××（为垂直于板面的厚度）；当悬挑板的端部改变截面厚度时，用斜线分隔根部与端部的高度值，注写为 h=×××/×××。

贯通纵筋按板块的下部和上部分别注写，以 B 代表下部、T 代表上部，B&T 代表下部与上部；X 向贯通纵筋以 X 打头，Y 向贯通纵筋以 Y 打头，两向贯通纵筋配置相同时以 X&Y 打头。在某些板内配置构造钢筋时，X 向构造钢筋以 X_C 打头标注，Y 向以 Y_C 打头注写。当贯通钢筋采用两种规格钢筋“隔一布一”方式时，表达为 ϕ××/××@×××。

板面标高高差，系指相对于结构层楼面标高的高差，将其注写在括号内，无高差时不标注。

例如　LB5　h=110

　　B：X⏀12@120；Y⏀10@110

表示 5 号楼面板，板厚 110mm，板下部配置贯通纵筋 X 向为⏀12@120，Y 向为⏀10@110，板上部未配置贯通纵筋。

XB5　h=110/70

　　B：X_C&Y_C⏀10@200

表示 5 号悬挑板，根部厚 110mm，端部厚 70mm，板下部双向均配置构造钢筋⏀10@200。

2）板支座原位标注

板支座原位标注的内容为：板支座上部非贯通纵筋和悬挑板上部受力钢筋。

如图 9-37 所示，图中以一段适宜长度、垂直于板支座的中粗实线代表支座上部非贯通纵筋，线段上方注写钢筋编号、配筋值及横向连续布置的跨数（注写在括号内，当为一跨时可不注），以及是否横向布置到梁的悬挑端。板支座上部非贯通筋自支座中线向跨内的延伸长度，注写在线段的下方。若中间支座上部非贯通纵筋向支座两侧对称延伸时，可仅在支座一侧线段下方标注延伸长度，如图 9-37（*a*）；若为向支座两侧非对称延伸时，应分别在支座两侧线段下方注写延伸长度，如图 9-37（*b*）；贯通全跨或延伸至全悬挑一侧的长度值不注，只注明非贯通筋另一侧的延伸长度值，如图 9-37（*c*）、（*d*）。

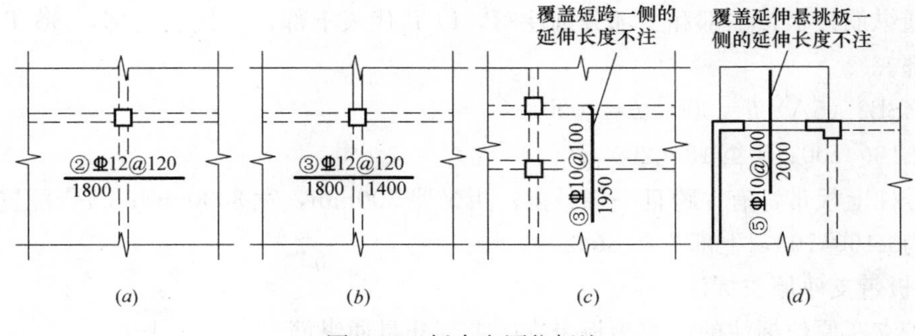

图 9-37　板支座原位标注

图 9-38 为楼面板平法施工图示例。

（2）无梁楼盖板

板平面注写主要包括：板带集中标注和板带支座原位标注。

1）板带集中标注

板带集中标注的内容为：板带编号、板带厚度及板带宽度和贯通纵筋。

板带编号按表 9-24 的规定。

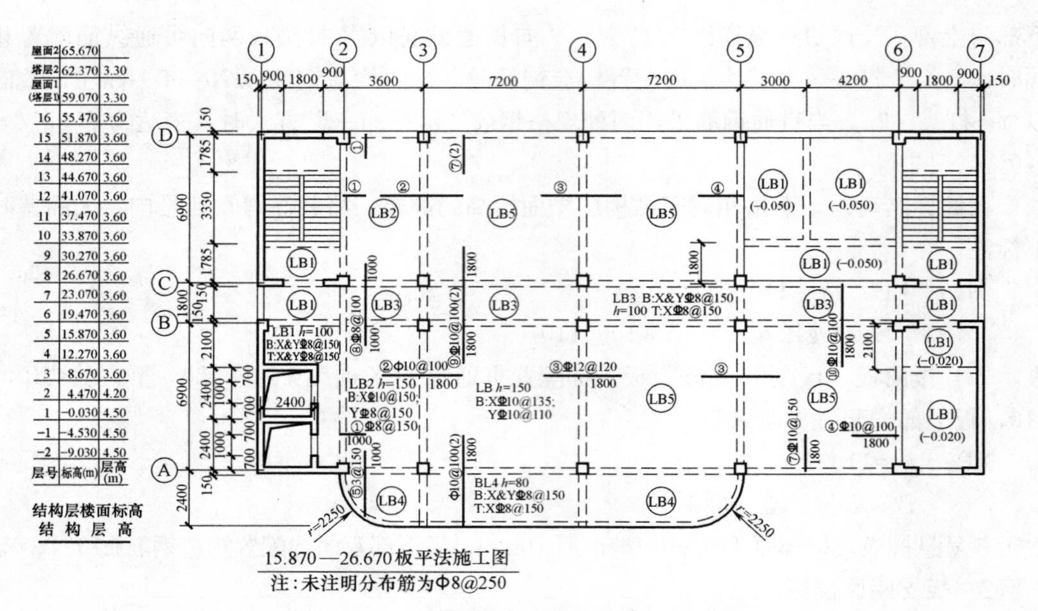

图 9-38 现浇混凝土楼面板平法施工图示例

板带编号 **表 9-24**

板带类型	代 号	序 号	跨数及有无悬挑
柱上板带	ZSB	××	(××)、(××A)或(×× B)
跨中板带	KZB	××	(××)、(×× A)或(×× B)

注：1. 跨数按柱网轴线计算，两相邻柱轴线之间为一跨；
2.（××A）为一端有悬挑，（××B）为两端有悬挑，悬挑不计入跨数。

板带厚度注写形式为 h＝xxx，板带宽度注写形式为 b＝xxx。当楼盖厚度和板带宽度已在图中注明时，此项可以不注。

贯通纵筋按板带下部和上部分别注写，以 B 代表下部，T 代表上部，B&T 代表下部和上部。

如 ZSB2（5A）h＝300 b＝3000

B Φ 16@100；T Φ 18@200

表示 2 号柱上板带，有 5 跨且一端悬挑；板带厚 300mm，宽 3000mm；板带配置贯通纵筋下部为Φ16@100，上部为Φ18@200。

2）板带支座原位标注

板带支座原位标注的内容为板带支座上部非贯通纵筋。

如图 9-39 所示，图中以一段与板带同向的中粗实线段表示板带支座上部非贯通纵筋，线段上注写钢筋编号、配筋值及在线段的下方注写自支座中线向两侧跨内的延伸长度。若为向两侧对称延伸时，可仅在一侧线段下方标注延伸长度。不同部位的板带支座上部非贯通纵筋相同时，可以只在一个部位注写，其余则在代表非贯通筋的线段上注写编号。

图 9-39 为无梁楼盖柱上板带 ZSB 与跨中板带 KZB 标注图示。

（3）楼板相关构造

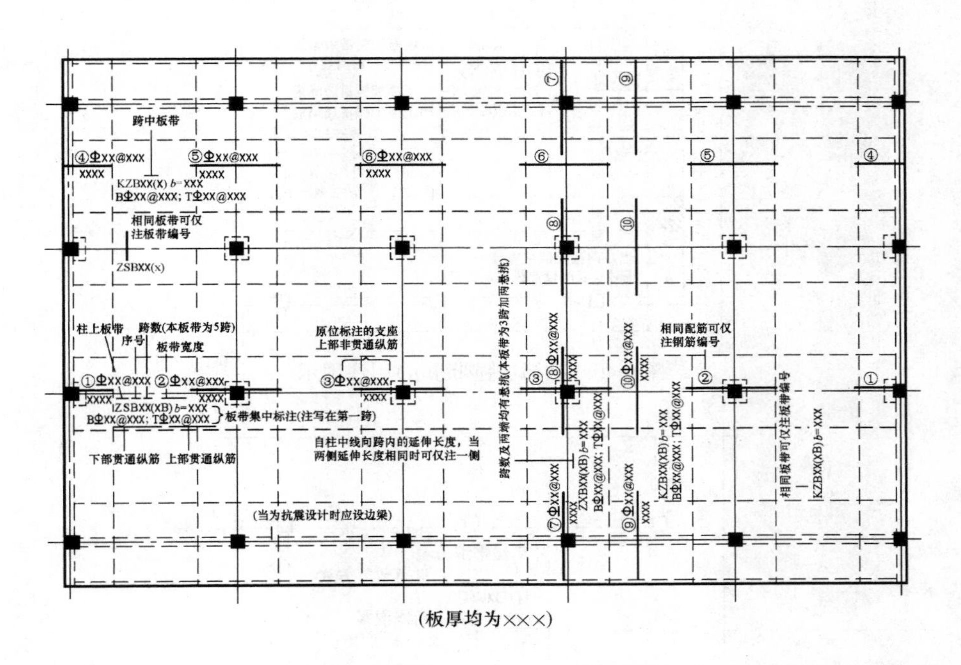

图 9-39 无梁楼盖柱上板带 ZSB 与跨中板带 KZB 标注图示

楼板相关构造类型与编号按表 9-25 规定。

楼板相关构造类型与编号 **表 9-25**

构造类型	代号	序号	说明
纵筋加强带	JQD	××	以单向加强纵筋取代原位置配筋
后浇带	HJD	××	与墙或梁后浇带贯通，有不同的留筋方式
柱帽	ZMx	××	适用于无梁楼盖
局部升降板	SJB	××	板厚及配筋与所在板相同，构造升降高≤300
板加腋	JY	××	腋高与腋宽可选注
板开洞	BD	××	最大边长或直径＜1m；加强筋长度有全跨贯通和自洞边锚固两种翻边高度≤300
板翻边	FB	××	翻边高度≤300
板挑檐	TY	××	对应板端钢筋构造，不含竖檐内容
角部加强筋	Crs	××	以上部双向非贯通加强钢筋取代原位置的非贯通配筋
悬挑阴角附加筋	Cis	××	板悬挑阴角斜放射附加筋
悬挑阳角放射筋	Ces	××	板悬挑阳角上部放射筋
抗冲切箍筋	Rh	××	通常用于无柱帽无梁楼盖的柱顶
抗冲切弯起筋	Rb	××	通常用于无柱帽无梁楼盖的柱顶

楼板相关构造在板平法施工图上采用直接引注方式表达。

图 9-40 所示为纵筋加强带 JQD 引注图示。

图 9-41 所示为后浇带引注图示（贯通留筋方式）。

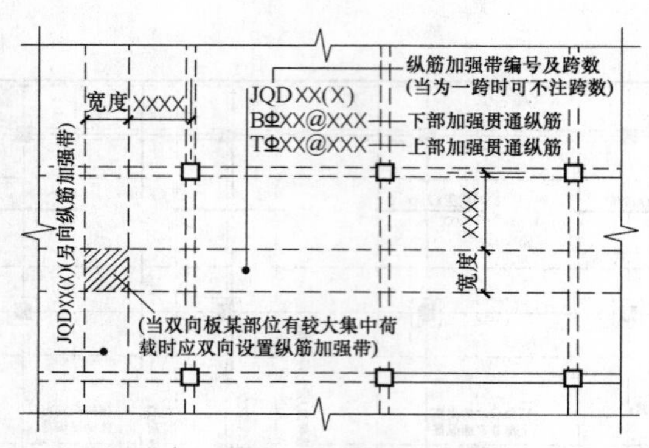

图 9-40 纵筋加强带 JQD 引注图示

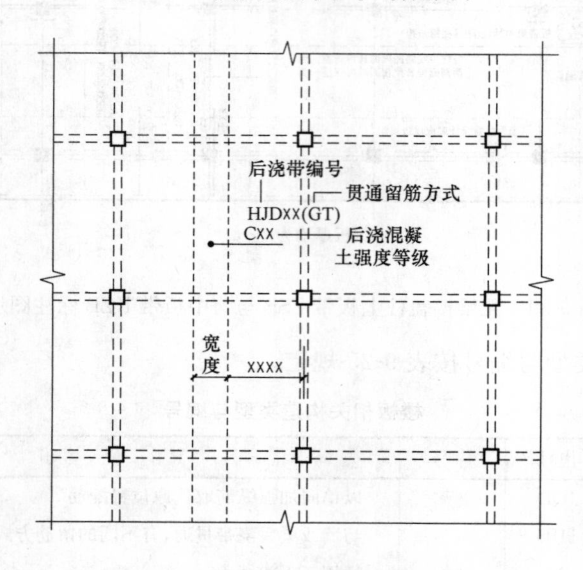

图 9-41 后浇带 HJD 引注图示

10. 现浇混凝土板式楼梯

现浇混凝土板式楼梯由梯板、平台板、梯梁、梯柱等构件组成，以下只介绍梯板平法施工图的表示方法，平台板、梯梁、梯柱的表达方式与前述板、梁、柱相同。

现浇混凝土板式楼梯平法施工图有平面注写、剖面注写和列表注写三种表达方式。

(1) 梯段板的类型

《G101-2 图集》包含 11 种类型的楼梯，梯板类型代号依次为 AT、BT、CT、DT、ET、FT、GT、HT、ATa、ATb、ATc，其中 Ata、ATb、ATc 用于抗震结构，其余用于非抗震结构。AT、BT、CT 型梯段板的形状及支座位置如图 9-42 所示，其余参见《G101-2 图集》。

(2) 平面注写方式

平面注写方式，是在楼梯平面布置图上注写截面尺寸和配筋具体数值的方式来表达楼梯施工图。包括集中标注和外围标注。

1) 集中标注

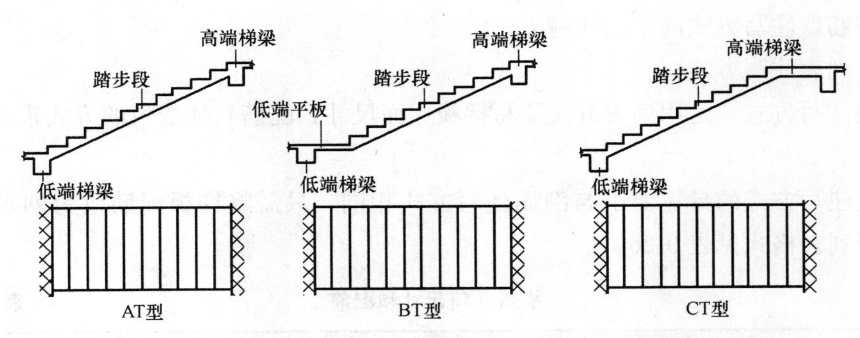

图 9-42　AT、BT、CT 型楼梯段板的形状及支座位置

集中标注的内容及注写方式如下：

① 梯板类型代号与序号，如 AT××；

② 梯板厚度，注写为 h=×××。当为带平板的梯板，且梯段板厚度与平板厚度不同时，可在梯段板厚度后面括号内以字母 P 打头注写平板厚度。例如 h=100(P=120)，表示梯段板厚 100mm，梯板平板段厚 110mm。

③ 踏步段总高度和踏步级数，二者间以"/"分隔；

④ 梯板支座上部纵筋和下部纵筋，二者间以"；"分隔；

⑤ 梯板分布筋，以 F 打头注写分布钢筋具体数值。该项可以在图中统一说明，此处不注。

例如　AT3，h=100

1800/12

Φ10@200；Φ12@150

FΦ8@250

表示 3 号 AT 型楼梯，梯板厚 100mm，踏步段高度 1800mm，12 步，上部纵筋为Φ10@200，下部纵筋为Φ12@150，梯板分布筋为Φ8@250。

2）外围标注

楼梯外围标注的内容包括楼梯间的平面尺寸、楼层结构标高、层间结构标高、楼梯的上下方向、梯板的平面几何尺寸，以及平台板、梯梁、梯柱的配筋。

（3）剖面注写方式

剖面注写方式需在楼梯平法施工图中绘制楼梯平面布置图和剖面图，注写方式分平面注写、剖面注写两部分。

楼梯平面布置图注写内容，包括楼梯间的平面尺寸、楼层结构标高、层间结构标高、楼梯的上下方向、梯板的平面几何尺寸、梯板类型及编号，以及平台板、梯梁、梯柱的配筋等。

楼梯剖面图注写内容，包括梯板集中标注、梯梁梯柱编号、梯板水平及竖向尺寸、楼层结构标高、层间结构标高等。

梯板集中标注内容有四项：①梯板类型及编号，如 AT××；②梯板厚度，注写形式同平面注写；③梯板配筋，注明梯板上部纵筋和下部纵筋，二者间以"；"分隔；④

梯板分布筋，注写方式同平面注写方式。

（4）列表注写方式

列表注写方式，是用列表方式注写梯板截面尺寸、配筋具体数值的方式来表达楼梯施工图。

列表注写方式的具体要求与剖面注写方式相同，只需将梯板配筋改为列表注写即可。梯板列表格式见表 9-26。

梯板几何尺寸和配筋　　表 9-26

梯板编号	踏步段总高度/踏步级数	板厚 h	上部纵向钢筋	下部纵向钢筋	分布筋

各种类型楼梯的平面注写方式如图 9-43 所示。图 9-44 为楼梯设计示例。

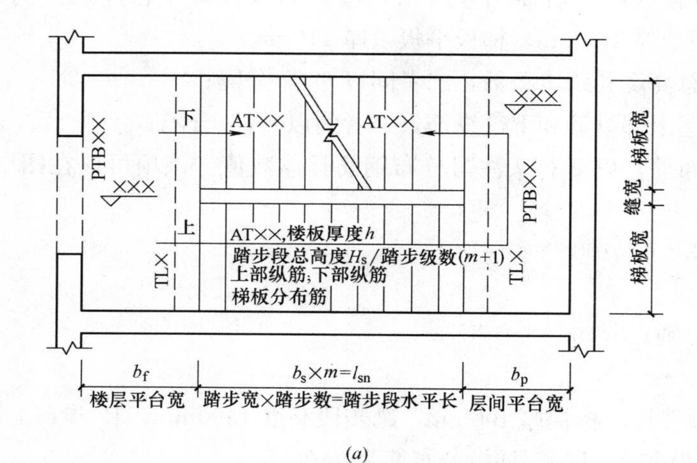

(*a*)

(*b*)

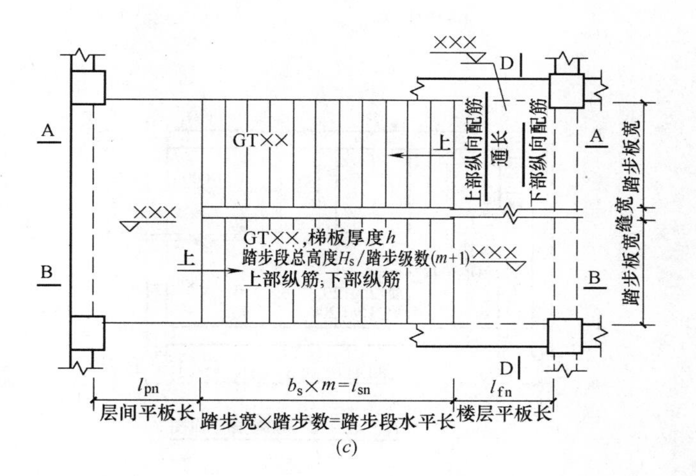

(c)

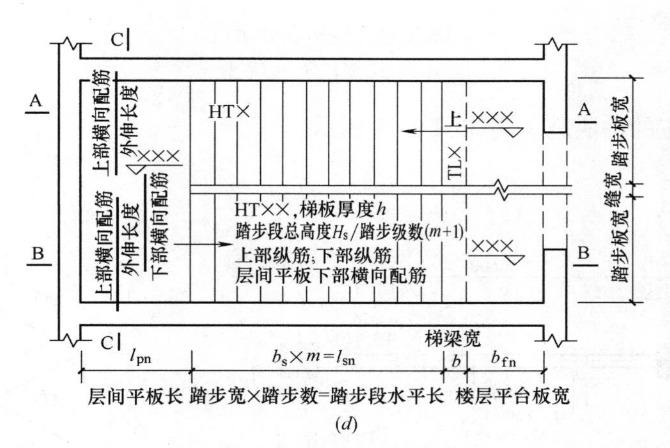

(d)

图 9-43　楼梯平面注写方式

(a) AT 型；(b) FT 型；(c) GT 型；(d) HT 型

注：BT、CT、DT、ET、ATa、ATb、ATc 型楼梯注写方式同 AT 型楼梯，只需采用相应梯板代号即可。

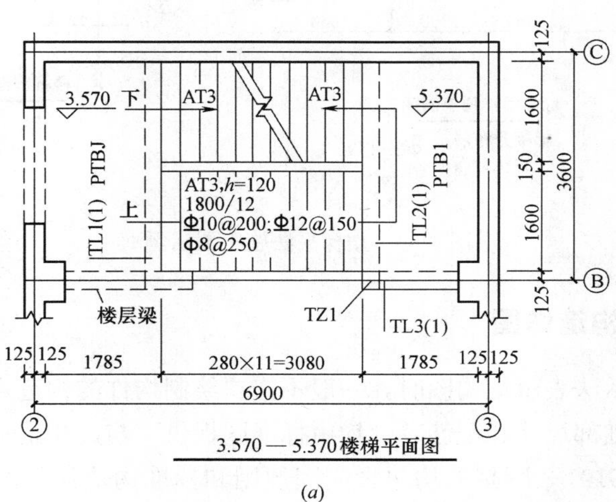

(a)

18.000— 21.800楼梯平面图

(b)

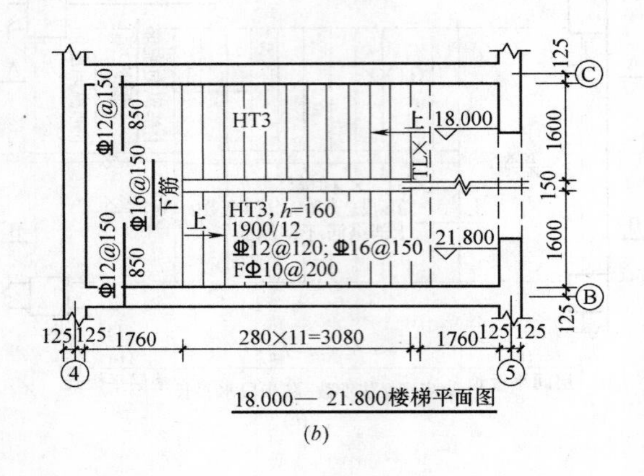

图 9-44　楼梯设计示例

(a) AT 型；(b) HT 型

图 9-10 对应的平法施工图如图 9-45 所示。

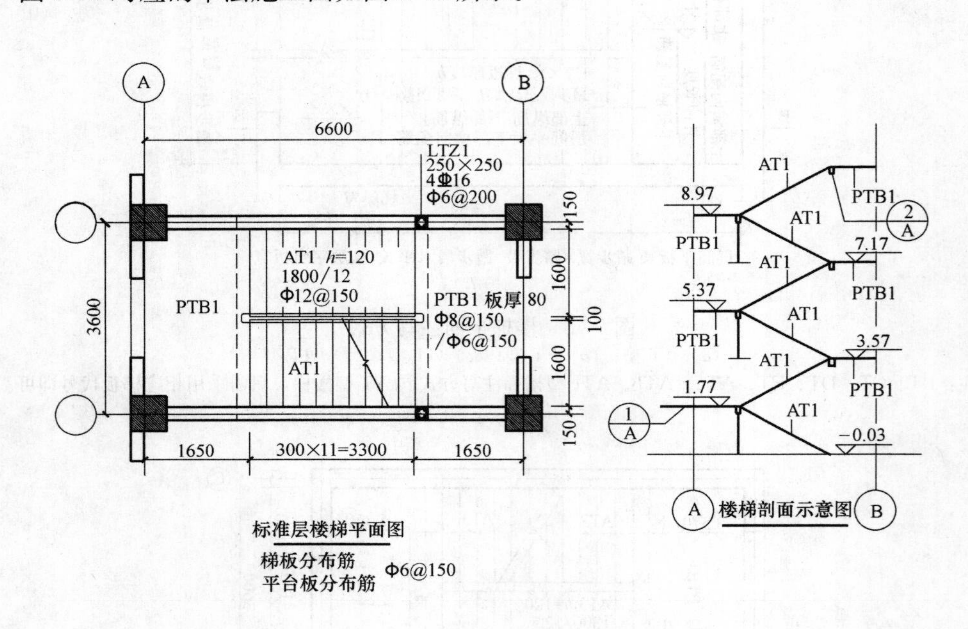

图 9-45　楼梯平法施工图示例

9.3.3　标准构造详图

用平面整体表示法表示结构图时，一般不需要绘制构件的构造详图，诸如梁钢筋的截断位置、楼梯各细部尺寸和配筋等，均由标准图提供。与此相适应，《G101-1 图集》、《G101-2 图集》、《G101-3 图集》均包含制图规则和标准构造详图两部分，应用时根据条件对照标准构造详图确定即可。图 9-46 为《G101-1 图集》中三、四级抗震等级楼层框架梁纵向钢筋构造，图 9-47 为《G101-2 图集》中 AT 型楼梯板配筋构造详图。其他标准构造分别见《G101-1 图集》、《G101-2 图集》、《G101-3 图集》。

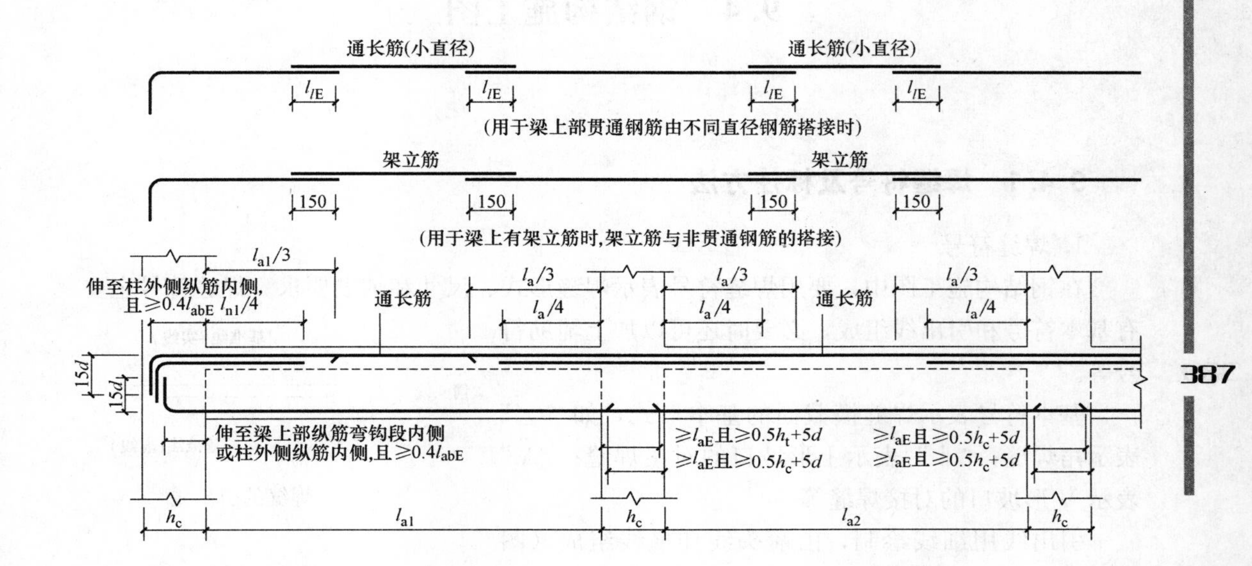

图 9-46　抗震楼层框架梁纵向钢筋构造

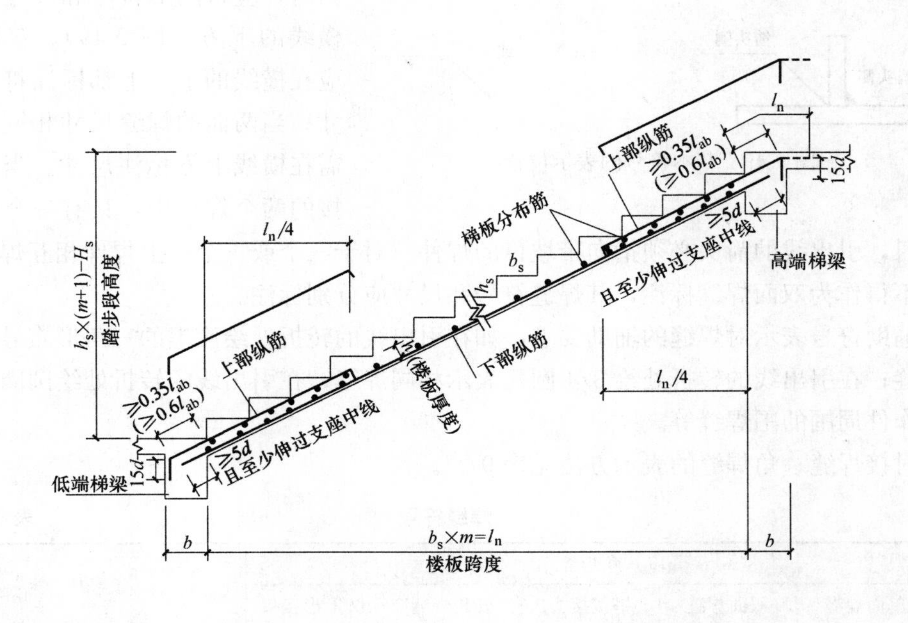

图 9-47　AT 型楼梯板钢筋构造

9.4 钢结构施工图

9.4.1 焊缝符号及标注方法

1. 焊缝符号

在钢结构施工图中，要用焊缝符号表示焊缝形式、尺寸和辅助要求。焊缝符号主要有基本符号和引出线组成，必要时还可以加上辅助符号等。

基本符号表示焊缝横截面的基本形式，如“⊿”表示角焊缝；“‖”表示Ⅰ形坡口的对接焊缝；“V”表示V形坡口的对接焊缝等。

基准线(实线)
箭头线
基准线(虚线)

图 9-48 焊缝的引出线

引出线用细线绘制，由箭头线和横线组成（图 9-48）。当箭头指向焊缝的一面时，应将图形符号和尺寸标注在横线的上方；当箭头指向焊缝所在的另一面时，应将图形符号和尺寸标注在横线的下方（图 9-49）。双面焊缝应在横线的上、下都标注符号和尺寸；当两面的焊缝尺寸相同时，只需在横线上方标注尺寸。当相互焊接的两个焊件中，只有一个焊件带坡口时，引出线的箭头必须指向带坡口的焊件。对于三个或三个以上焊件相互焊接的焊缝，不得作为双面焊缝标注，其焊缝符号和尺寸应分别标注。

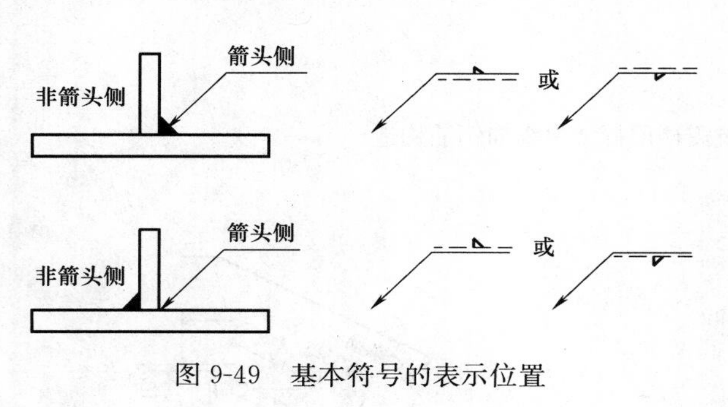

图 9-49 基本符号的表示位置

辅助符号表示对焊缝的辅助要求，如在引出线的转折处绘涂黑的三角形旗号表示现场焊缝；在引出线的转折处绘 3/4 圆弧表示相同焊缝；在引出线的转折处绘圆圈表示环绕工作件周围的围焊缝等。

对接焊缝、角焊缝的表示方法见表 9-27。

焊缝符号 表 9-27

焊缝形式	角焊缝					塞焊缝
	单面焊缝	双面焊缝	搭接接头	安装焊缝	双T形接头	

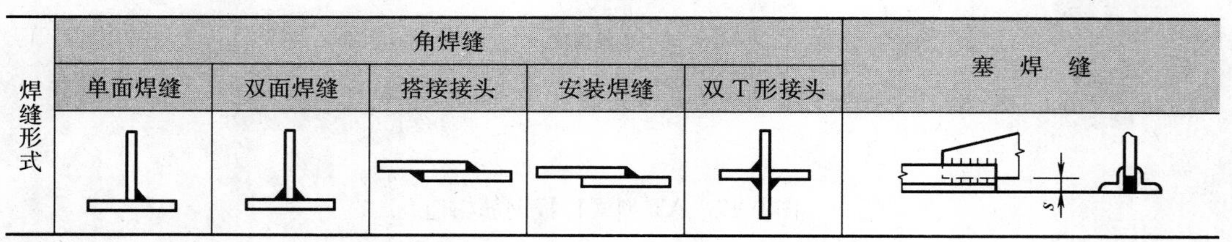

续表

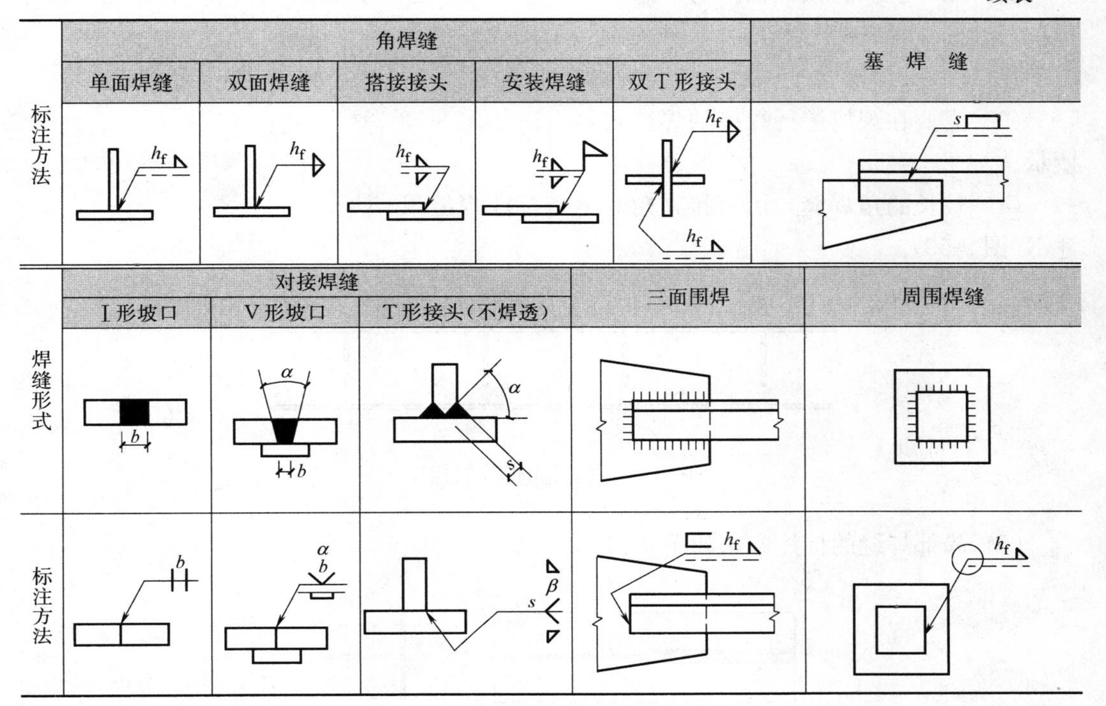

2. 焊缝的标注方法

(1) 当焊缝分布不规则时，在标注焊缝符号的同时，宜在焊缝处加中粗实线（表示可见焊缝）或加细栅线（表示不可见焊缝），如图 9-50 所示。

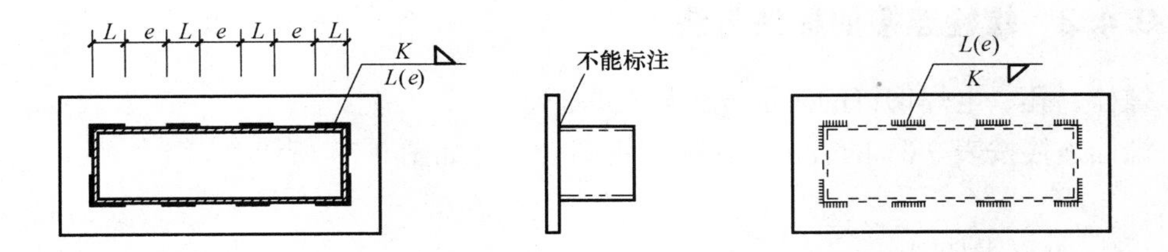

图 9-50 不规则焊缝的标注

(2) 在同一张图上，当焊缝的形式、断面尺寸和辅助要求均相同时，可只选择一处标注焊缝的符号和尺寸，并加注“相同焊缝符号”，相同焊缝符号为 3/4 圆弧，绘在引出线的转折处（图 9-51*a*、*b*）。

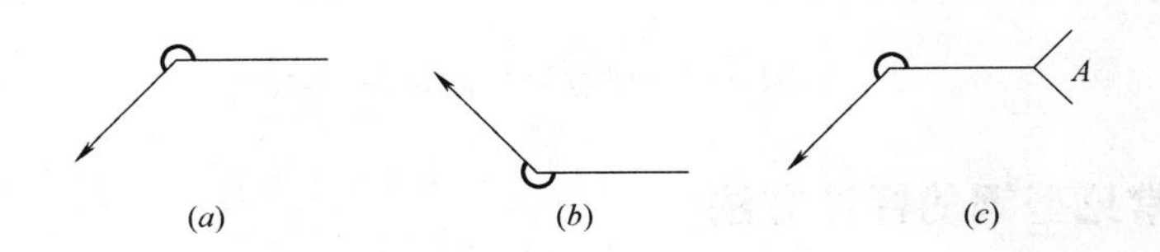

图 9-51 相同焊缝符号

同一张图上当有数种相同的焊缝时，可将焊缝分类编号标注。在同一类焊缝中，可选择一处标注焊缝符号和尺寸。分类编号采用大写的拉丁字母（图 9-51c）。

（3）需要在现场进行焊接的焊缝表示方法如图 9-52 所示。

图 9-52　现场焊缝的标注

（4）较长的角焊缝，可直接在角焊缝旁标注焊缝尺寸 K(图 9-53)。

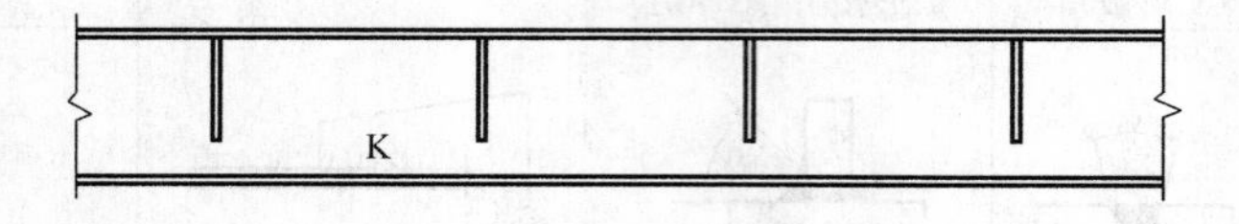

图 9-53　较长角焊缝的标注

（5）局部焊缝的标注方法如图 9-54 所示。

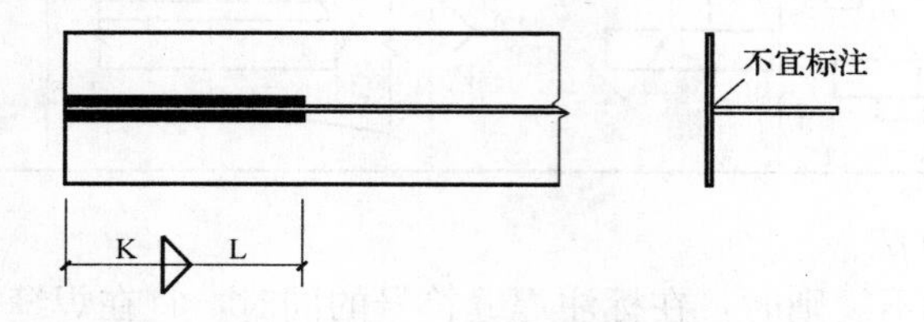

图 9-54　局部焊缝标注方法

9.4.2　螺栓连接的标注方法

螺栓、孔、电焊铆钉的表示方法见表 9-28。

螺栓连接按表 9-28 的表示方法用三视图表示，如图 9-55 所示。

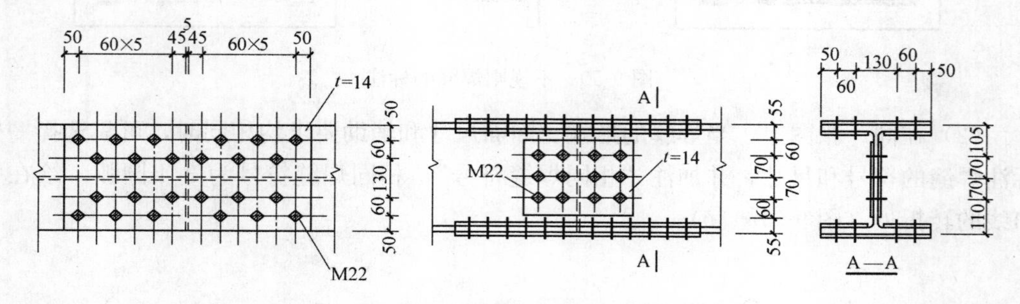

图 9-55　螺栓连接的标注

9.4.3　常见型钢的标注方法

常见型钢的标注方法见表 9-29。

螺栓、孔、电焊铆钉的表示方法 表 9-28

序号	名称	图例	说明
1	永久螺栓	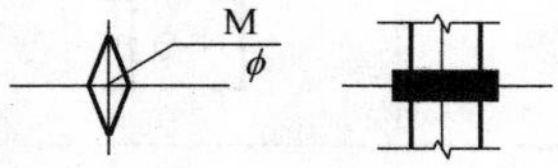 M ϕ	1. 细"+"线表示定位线 2. M 表示螺栓型号 3. ϕ 表示螺栓孔直径 4. d 表示膨胀螺栓、电焊铆钉直径 5. 采用引出线标注螺栓时，横线上标注螺栓规格，横线下标注螺栓孔直径
2	高强螺栓	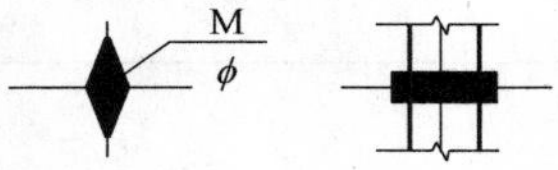 M ϕ	
3	安装螺栓	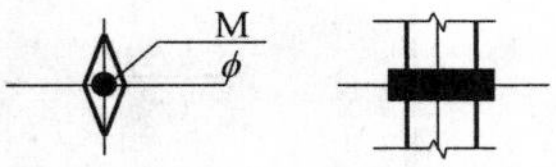 M ϕ	
4	胀锚螺栓	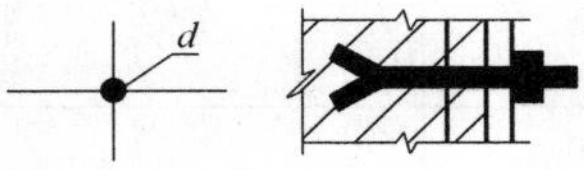 d	
5	圆形螺栓孔	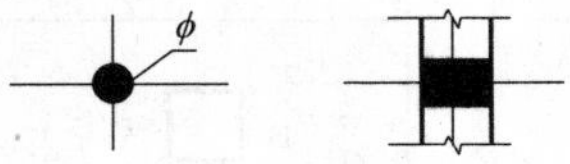 ϕ	
6	长圆形螺栓孔	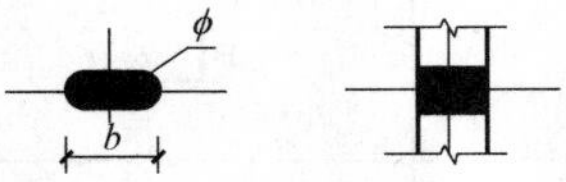 ϕ b	
7	电焊铆钉	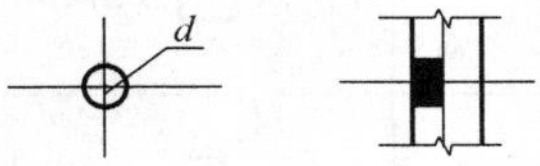 d	

常见型钢的标注方法 表 9-29

序号	名称	截面	标注	说明
1	等边角钢	L	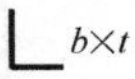 L $b\times t$	b 为肢宽 t 为肢厚
2	不等边角钢	 B L	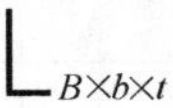 L $B\times b\times t$	B 为长肢宽 b 为短肢宽 t 为肢厚
3	工字钢	 I	 I N Q I N	轻型工字钢加注 Q 字 N 工字钢的型号

续表

序号	名称	截面	标注	说　明
4	槽钢	[	[N Q [N	轻型槽钢加注 Q 字　N 槽钢的型号
5	方钢	b	□b	
6	扁钢	b	$-b\times t$	
7	钢板		$\frac{-b\times t}{l}$	$\frac{宽\times厚}{板长}$
8	圆钢		ϕd	
9	钢管		$DN\times\times$ $d\times t$	内径 外径×壁厚
10	薄壁方钢管		B □ $b\times t$	薄壁型钢加注 B 字，t 为壁厚
11	薄壁等肢角钢		B∟ $b\times t$	
12	薄壁等肢卷边角钢	a	B $b\times a\times t$	
13	薄壁槽钢	h	B[$h\times b\times t$	
14	薄壁卷边槽钢	a	B $h\times b\times a\times t$	
15	薄壁卷边Z形钢	h a	B $h\times b\times a\times t$	
16	T形钢	⊤	TW×× TM×× TN××	TW 为宽翼缘 T 形钢 TM 为中翼缘 T 形钢 TN 为窄翼缘 T 形钢
17	H形钢	H	HW×× HM×× HN××	HW 为宽翼缘 H 形钢 HM 为中翼缘 H 形钢 HN 为窄翼缘 H 形钢

续表

序号	名称	截面	标注	说　明
18	起重机钢轨		QU××	详细说明产品规格型号
19	轻轨及钢轨		××kg/m 钢轨	

9.4.4 压型钢板的表示方法

压型钢板的截面形状如图 9-56 所示。压型钢板用 YX　H-S-B 表示，其含义如下：

YX——压、型的汉语拼音字母；

H——压型钢板的波高；

S——压型钢板的波距；

B——压型钢板的有效覆盖宽度。

例如 YX130-300-600 表示压型钢板的波高为 130mm，波距为 300mm，有效覆盖宽度为 600mm。

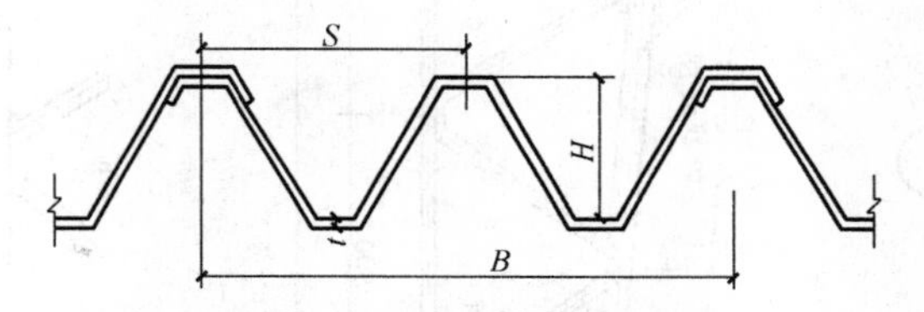

图 9-56　压型钢板的截面形状

9.4.5 钢结构施工图的组成与图示方法

不同钢结构房屋的结构施工图的组成不尽相同，但一般可归纳为结构平面图、结构剖面图和结构详图。结构详图包括安装节点图、屋架详图、檩条详图、支撑详图等。

结构平面图主要表示屋架、檩条、屋面板、吊车梁、支撑等构件平面位置和编号。

安装节点图主要包括屋架与支座的连接节点详图、檩条与屋架连接节点详图、支撑与屋架和檩条连接节点详图、檩条之间的连接详图，以及拉杆与檩条、屋架连接的节点详图。

屋架详图的内容主要有：屋架的几何尺寸及内力；屋架的上弦平面图、下弦平面图、屋架的立面和剖面图；屋架支座的剖面和屋架各个节点详图；材料表与说明。图 9-57 为某梭形轻型钢屋架施工图。

檩条详图由檩条的平面、立面以及各个变化不同部位的剖面和材料表与说明组成。

支撑详图包括支撑的立面、平面和与支撑连接的构件以及材料表与说明。

图 9-58～图 9-61 为某门式刚架房屋结构施工图（部分）。

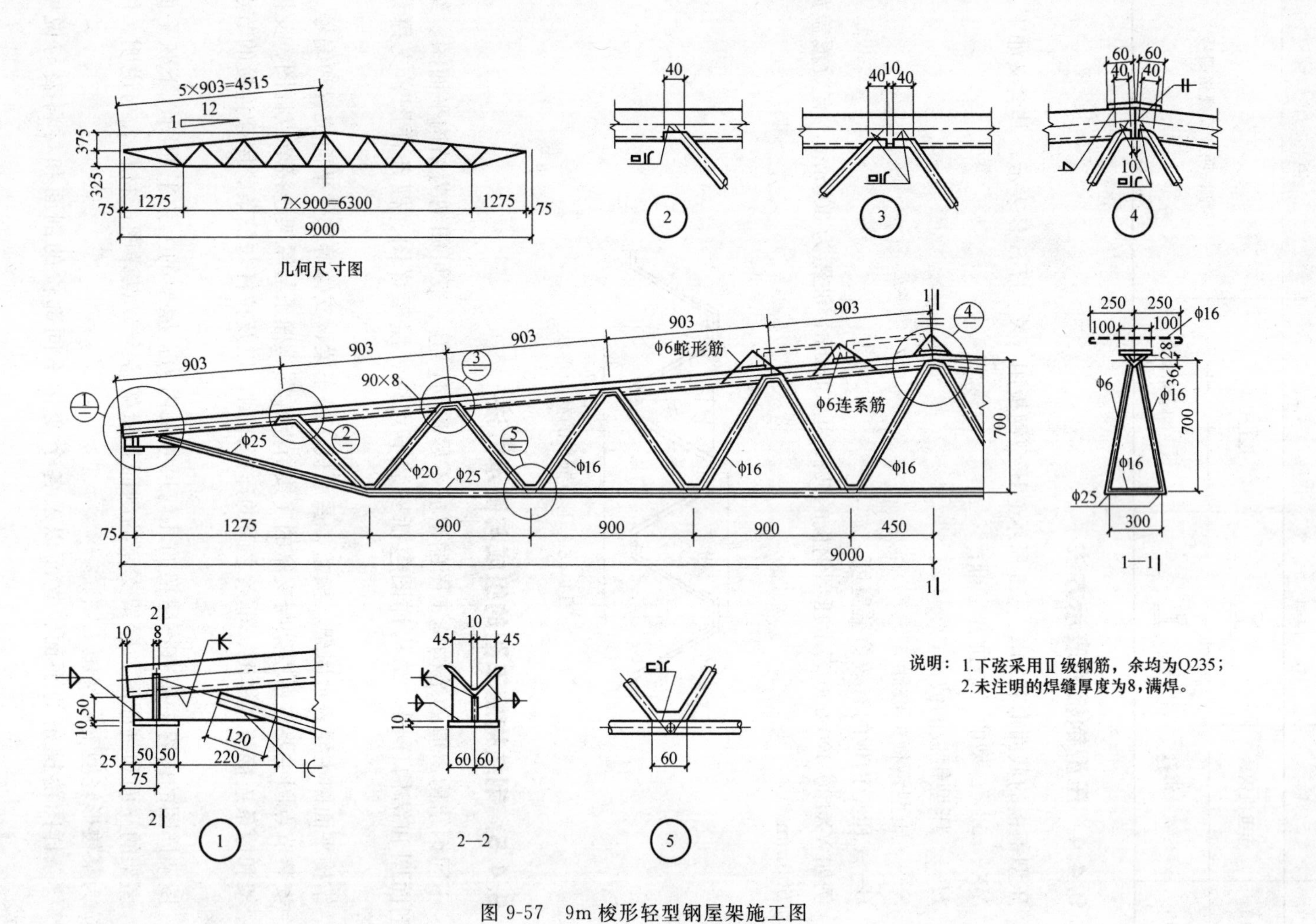

图 9-57　9m 梭形轻型钢屋架施工图

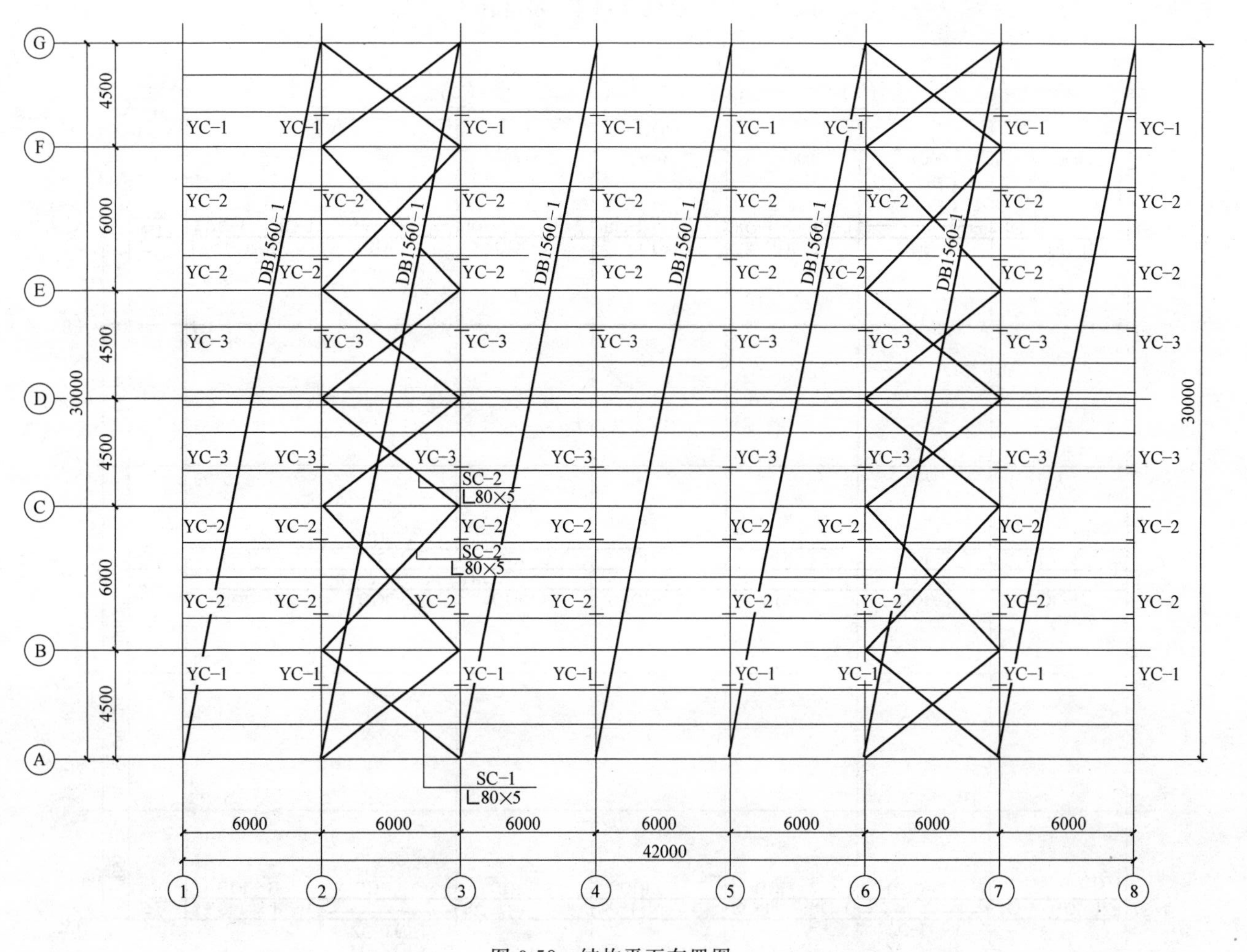

图 9-58　结构平面布置图

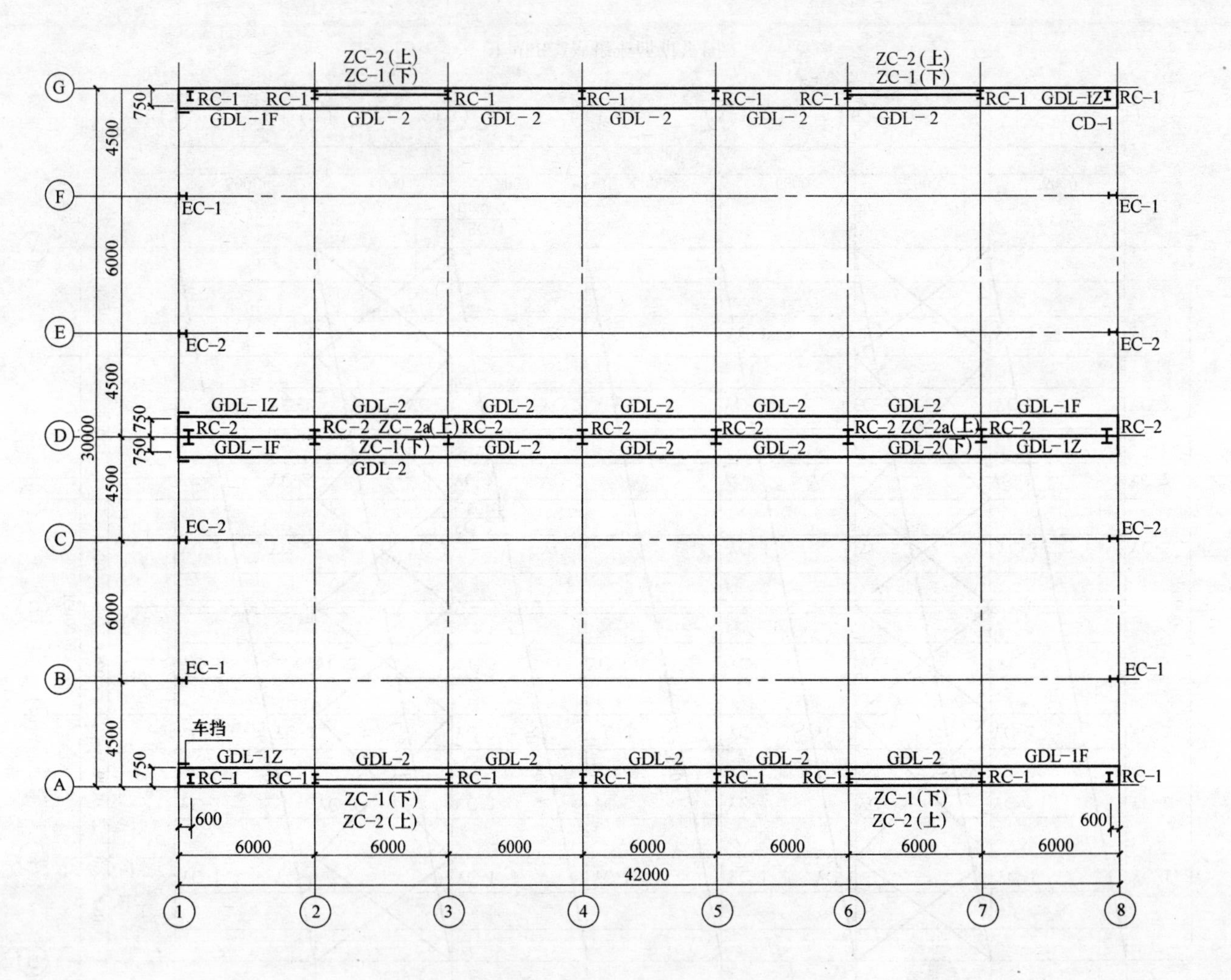

图 9-59 屋面板、水平支撑及隅撑平面布置图

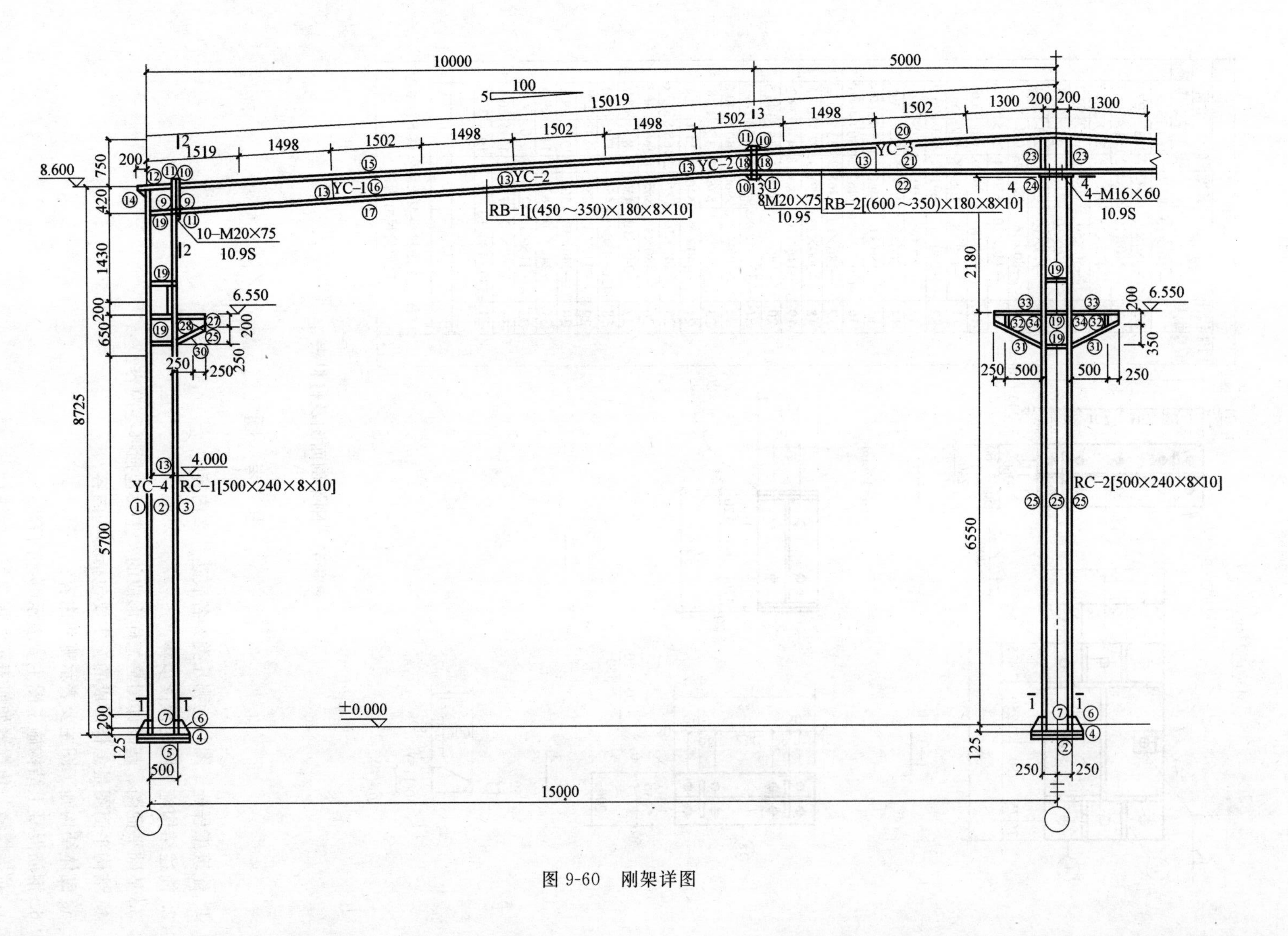
10000
5000
15019
1519
1498
1502
1300
200
8.600
750
420
1430
650
8725
5700
125
500
15000
2180
6550
250
350
6.550
4.000
±0.000
YC-1
YC-2
YC-3
YC-4
RB-1[(450~350)×180×8×10]
RB-2[(600~350)×180×8×10]
RC-1[500×240×8×10]
RC-2[500×240×8×10]
10-M20×75
10.9S
8M20×75
10.95
4-M16×60
10.9S

图 9-60　刚架详图

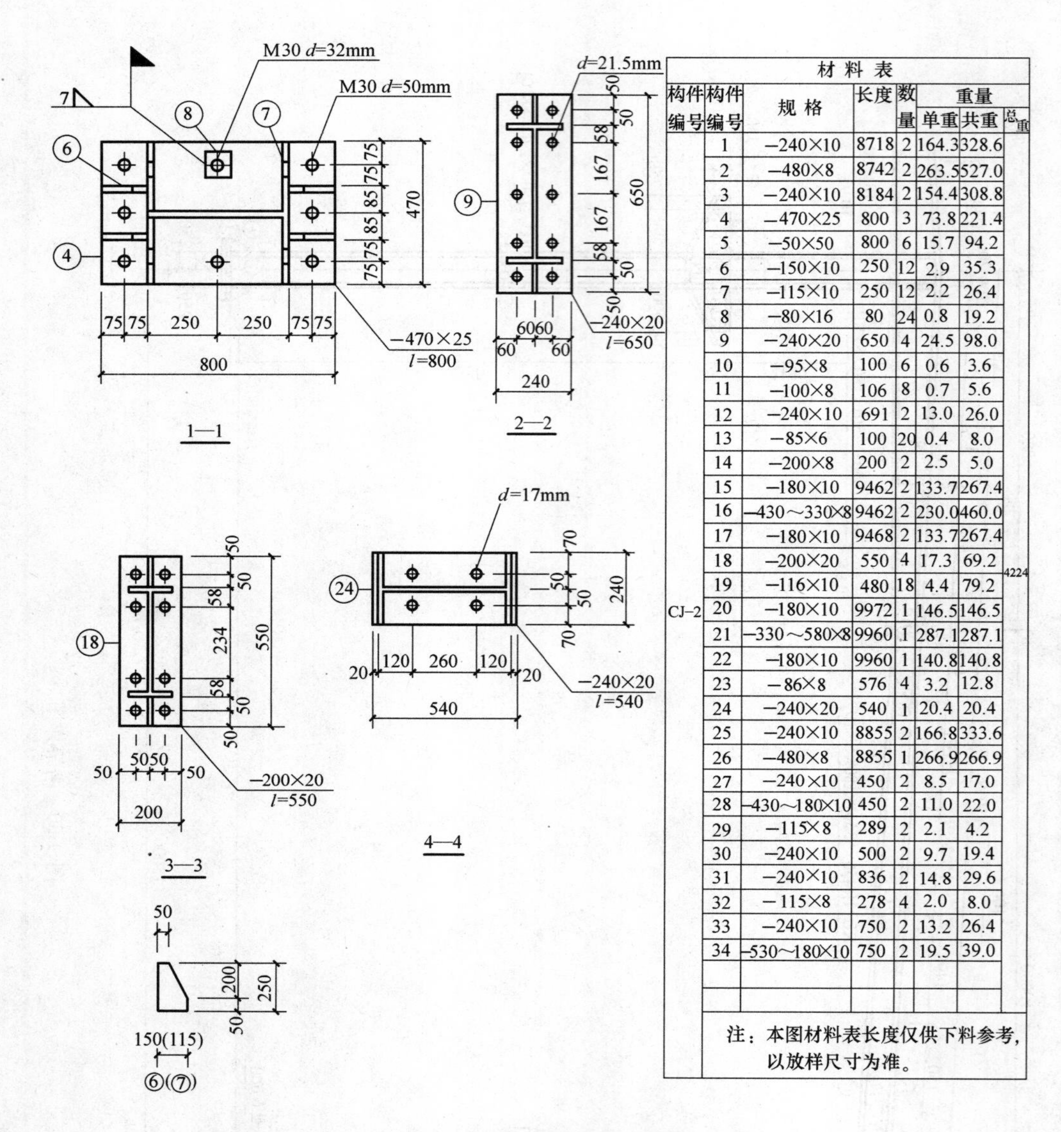

材料表							
构件编号	构件编号	规格	长度	数量	重量 单重	重量 共重	总重
	1	−240×10	8718	2	164.3	328.6	
	2	−480×8	8742	2	263.5	527.0	
	3	−240×10	8184	2	154.4	308.8	
	4	−470×25	800	3	73.8	221.4	
	5	−50×50	800	6	15.7	94.2	
	6	−150×10	250	12	2.9	35.3	
	7	−115×10	250	12	2.2	26.4	
	8	−80×16	80	24	0.8	19.2	
	9	−240×20	650	4	24.5	98.0	
	10	−95×8	100	6	0.6	3.6	
	11	−100×8	106	8	0.7	5.6	
	12	−240×10	691	2	13.0	26.0	
	13	−85×6	100	20	0.4	8.0	
	14	−200×8	200	2	2.5	5.0	
	15	−180×10	9462	2	133.7	267.4	
	16	−430～330×8	9462	2	230.0	460.0	
	17	−180×10	9468	2	133.7	267.4	
	18	−200×20	550	4	17.3	69.2	4224
	19	−116×10	480	18	4.4	79.2	
CJ−2	20	−180×10	9972	1	146.5	146.5	
	21	−330～580×8	9960	1	287.1	287.1	
	22	−180×10	9960	1	140.8	140.8	
	23	−86×8	576	4	3.2	12.8	
	24	−240×20	540	1	20.4	20.4	
	25	−240×10	8855	2	166.8	333.6	
	26	−480×8	8855	1	266.9	266.9	
	27	−240×10	450	2	8.5	17.0	
	28	−430～180×10	450	2	11.0	22.0	
	29	−115×8	289	2	2.1	4.2	
	30	−240×10	500	2	9.7	19.4	
	31	−240×10	836	2	14.8	29.6	
	32	−115×8	278	4	2.0	8.0	
	33	−240×10	750	2	13.2	26.4	
	34	−530～180×10	750	2	19.5	39.0	
	注：本图材料表长度仅供下料参考，以放样尺寸为准。						

图 9-61 刚架剖面图及材料表

思 考 题

1. 建筑工程施工图分为哪几类？各表达什么内容？
2. 简述结构施工图的识读步骤。
3. 基础平面图、基础详图是怎样形成的？主要包括哪些内容？
4. 结构平面图是怎样形成的？主要包括哪些内容？
5. 砌体结构施工图主要表示哪些内容？
6. 钢筋混凝土结构施工图主要表示哪些内容？
7. 对接焊缝、角焊缝如何表示？焊缝怎么标注？
8. 请结合当地实际工程，识读钢筋混凝土结构、砌体结构施工图。

附录 1 常用型钢表

普通工字钢 附表 1-1

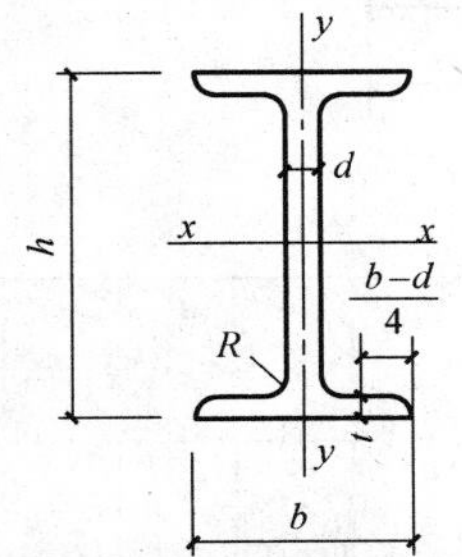

符号：h——高度；
b——翼缘宽度；
d——腹板厚；
t——翼缘平均厚度；
I——惯性矩；
W——截面抵抗矩；
i——回转半径；
S_x——半截面的面积矩。
长度：型号 10～18，
长 5～19m；
型号 20～63，
长 6～19m。

型号	尺寸(mm)					截面积 (cm^2)	质量 (kg/m)	x—x 轴				y—y 轴		
	h	b	d	t	R			I_x (cm^4)	W_x (cm^3)	i_x (cm)	I_x/S_x (cm)	I_y (cm^4)	W_y (cm^3)	i_y (cm)
10	100	68	4.5	7.6	6.5	14.3	11.2	245	49	4.14	8.59	33	9.7	1.52
12.6	126	74	5.0	8.4	7.0	18.1	14.2	488	77	5.19	16.8	47	12.7	1.61
14	140	80	5.5	9.1	7.5	21.5	16.9	712	102	5.79	12.0	64	16.1	1.73
16	160	88	6.0	9.9	8.0	26.1	20.5	1130	141	6.58	13.8	93	21.2	1.89
18	180	94	6.5	10.7	8.5	30.6	24.1	1660	185	7.36	15.4	122	26.0	2.00
20a	200	100	7.0	11.4	9.0	35.5	27.9	2370	237	8.15	17.2	158	31.5	2.12
b	200	102	9.0	11.4	9.0	39.5	31.1	2500	250	7.96	16.9	169	33.1	2.06
22a	220	110	7.5	12.3	9.5	42.0	33.0	3400	309	8.99	18.9	225	40.9	2.31
b	220	112	9.5	12.3	9.5	46.4	36.4	3570	325	8.78	18.7	239	42.7	2.27
25a	250	116	8.0	13.0	10.0	48.5	38.1	5020	402	10.18	21.6	280	48.3	2.40
b	250	118	10.0	13.0	10.0	53.5	42.0	5280	423	9.94	21.3	309	52.4	2.40
28a	280	122	8.5	13.7	10.5	65.4	43.4	7110	508	11.3	24.6	345	56.6	2.49
b	280	124	10.0	13.7	10.5	61.0	47.9	7480	534	11.1	24.2	379	61.2	2.49
a	320	130	9.5	15.0	11.5	67.0	52.7	11080	692	12.8	27.5	460	70.8	2.62
32b	320	132	11.5	15.0	11.5	73.4	57.7	11620	726	12.6	27.1	502	76.0	2.61
c	320	134	13.5	15.0	11.5	79.9	62.8	12170	760	12.3	26.8	544	81.2	2.61
a	360	136	10.0	15.8	12.0	76.3	59.9	15760	875	14.4	30.7	552	81.2	2.69
36b	360	138	12.0	15.8	12.0	83.5	65.6	16530	919	14.1	30.3	582	84.3	2.64
c	360	140	14.0	15.8	12.0	90.7	71.2	17310	962	13.8	29.9	612	87.4	2.60
a	400	142	10.5	16.5	12.5	86.1	67.6	21720	1090	15.9	34.1	660	93.2	2.77
40b	400	144	12.5	16.5	12.5	94.1	73.8	22780	1140	15.6	33.6	692	96.2	2.71
c	400	146	14.5	16.5	12.5	102	80.1	23850	1190	15.2	33.2	727	99.6	2.65
a	450	150	11.5	18.0	13.5	102	80.4	32240	1430	17.7	38.6	855	114	2.89
45b	450	152	13.5	18.0	13.5	111	87.4	33760	1500	17.4	38.0	894	118	2.84
c	450	154	15.5	18.0	13.5	120	94.5	35280	1570	17.1	37.6	938	122	2.79
a	500	158	12.0	20	14	119	93.6	46470	1860	19.7	42.8	1120	142	3.07
50b	500	160	14.0	20	14	129	101	4560	1940	19.4	42.4	1170	146	3.01
c	500	162	16.0	20	14	139	109	50640	2080	19.0	41.8	1220	151	2.96
a	560	166	12.5	21	14.5	135	106	65590	2342	22.0	47.7	1370	165	3.18
56b	560	168	14.5	21	14.5	146	115	68510	2447	21.6	47.2	1487	174	3.16
c	560	170	16.5	21	14.5	158	124	71440	2551	21.3	46.7	1558	183	3.16
a	630	176	13.0	22	15	155	122	93920	2981	24.6	54.2	1701	193	3.31
63b	630	178	15.0	22	15	167	131	98080	3164	24.2	53.5	1812	204	3.29
c	630	180	17.0	22	15	180	141	102250	3298	23.8	52.9	1925	214	3.27

普通槽钢 附表 1-2

符号：同普通工字钢

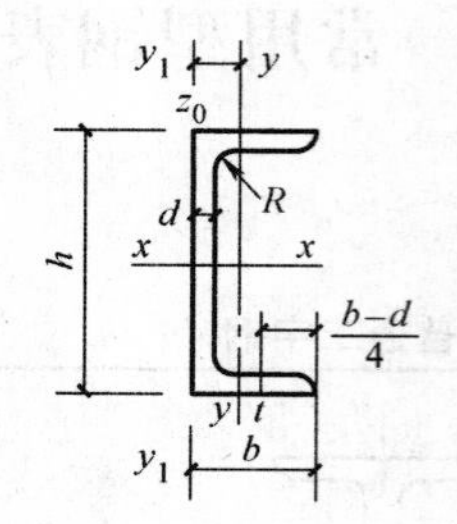

长度：型号 5～8，长 5～12m；
型号 10～18，长 5～19m；
型号 20～40，长 6～19m。

型号	尺寸(mm)					截面积 (cm^2)	质量 (kg/m)	x—x 轴			y—y 轴			y_1—y_1 轴	z_0 (cm)
	h	b	d	t	R			I_x (cm^4)	W_x (cm^3)	i_x (cm)	I_y (cm^4)	W_y (cm^3)	i_y (cm)	I_{y1} (cm^4)	
5	50	37	4.5	7.0	7.0	6.9	5.4	26	10.4	1.94	8.3	3.55	1.10	20.9	1.35
6.3	63	40	4.8	7.5	7.5	8.4	6.6	51	16.1	2.45	11.9	4.50	1.18	28.4	1.36
8	80	43	5.0	8.0	8.0	10.2	8.0	101	25.3	3.15	16.6	5.79	1.27	37.4	1.43
10	100	48	5.3	8.5	8.5	12.7	10.0	198	39.7	3.95	25.6	7.8	1.41	55	1.52
12.6	126	53	5.5	9.0	9.0	15.7	12.4	391	62.1	4.95	38.0	10.2	1.57	77	1.59
14a	140	58	6.0	9.5	9.5	18.5	14.5	564	80.5	5.52	53.2	13.0	1.70	107	1.71
b	140	60	8.0	9.5	9.5	21.3	16.7	609	87.1	5.35	61.1	14.1	1.69	121	1.67
16a	160	63	6.5	10.0	10.0	21.9	17.2	866	108	6.28	73.3	16.3	1.83	144	1.80
b	160	65	8.5	10.0	10.0	25.1	19.7	934	117	6.10	83.4	17.5	1.82	161	1.75
18a	180	68	7.0	7.0	10.5	25.7	20.2	1273	141	7.04	98.6	20.0	1.96	190	1.88
b	180	70	9.0	10.5	10.5	29.3	23.0	1370	152	6.84	111	21.5	1.95	210	1.84
20a	200	73	7.0	11.0	11.0	28.8	22.6	1780	178	7.86	128	24.2	2.11	244	2.01
b	200	75	9.0	11.0	11.0	32.8	25.8	1914	191	7.64	144	25.9	2.09	268	1.95
22a	220	77	7.0	11.5	11.5	31.8	25.0	2394	218	8.67	158	28.2	2.23	298	2.10
b	220	79	9.0	11.5	11.5	36.2	28.4	2571	234	8.42	176	30.0	2.21	326	2.03
a	250	78	7.0	12.0	12.0	34.9	27.5	3370	270	9.82	175	30.5	2.24	322	2.07
25b	250	80	9.0	12.0	12.0	39.9	31.4	3530	282	9.40	190	32.7	2.22	353	1.98
c	250	82	11.0	12.0	12.0	44.9	35.3	3696	295	9.07	218	35.9	2.21	384	1.92
a	280	82	7.5	12.5	12.5	40.0	31.4	4765	340	10.9	218	35.7	2.33	388	2.10
28b	280	84	9.5	12.5	12.5	45.6	35.8	5130	366	10.6	242	37.9	2.30	428	2.02
c	280	86	11.5	12.5	12.5	51.2	40.2	5495	393	10.3	268	40.3	2.29	463	1.95
a	320	88	8.0	14.0	14.0	48.7	38.2	7598	475	12.5	305	46.5	2.50	552	2.24
32b	320	90	10.0	14.0	14.0	55.1	43.2	8144	509	12.1	336	49.2	2.47	593	2.16
c	320	92	12.0	14.0	14.0	61.5	48.3	8690	543	11.9	374	52.6	2.47	643	2.09
a	360	96	9.0	16.0	16.0	60.9	47.8	11870	660	14.0	455	63.5	2.73	818	2.44
36b	360	98	11.0	16.0	16.0	68.1	53.4	12650	703	13.6	497	66.8	2.70	880	2.37
c	360	100	13.0	16.0	16.0	75.3	59.1	13430	746	13.4	536	70.0	2.67	948	2.34
a	400	100	10.5	18.0	18.0	75.0	58.9	17580	879	15.3	592	78.8	2.81	1068	2.49
46b	400	102	12.5	18.0	18.0	83.0	65.2	18640	932	15.0	640	82.5	2.78	1136	2.44
c	400	104	14.5	18.0	18.0	91.0	71.5	19710	986	14.7	688	86.2	2.75	1221	2.42

等肢角钢 附表 1-3

角钢型号		单角钢 圆角 R	重心距 z_0	截面积	质量	惯性矩 I_x	截面抵抗矩 W_x^{max}	W_x^{min}	回转半径 i_x	i_{x0}	i_{y0}	双角钢 i_y，当 a 为下列数值 6mm	8mm	10mm	12mm
		mm		cm^2	kg/m	cm^4	cm^3		cm			cm			
∟20×	3	3.5	6.0	1.13	0.89	0.4	0.67	0.29	0.59	0.75	0.39	1.08	1.16	1.25	1.34
	4	3.5	6.4	1.46	1.14	0.5	0.78	0.36	0.58	0.73	0.38	1.11	1.19	1.28	1.37
∟25×	3	3.5	7.3	1.43	1.12	0.81	1.12	0.46	0.76	0.95	0.49	1.28	1.36	1.44	1.53
	4	3.5	7.6	1.86	1.46	1.03	1.36	0.59	0.74	0.93	0.48	1.30	1.38	1.46	1.55
∟30×	3	4.5	8.5	1.7	1.37	1.46	1.72	0.68	0.91	1.15	0.59	1.47	1.55	1.63	1.71
	4	4.5	8.9	2.28	1.79	1.84	2.05	0.87	0.90	1.13	0.58	1.49	1.57	1.66	1.74
∟36×	3	4.5	10.0	2.11	1.65	2.58	2.58	0.99	1.11	1.39	0.71	1.71	1.75	1.86	1.95
	4	4.5	10.4	2.76	2.16	3.29	3.16	1.28	1.09	1.38	0.70	1.73	1.81	1.89	1.97
	5	4.5	10.7	3.38	2.65	3.95	3.70	1.56	1.08	1.36	0.70	1.74	1.82	1.91	1.99
∟40×	3	5	10.9	2.36	1.85	3.59	3.3	1.23	1.23	1.55	0.79	1.85	1.93	2.01	2.09
	4	5	11.3	3.09	2.42	4.60	4.07	1.60	1.22	1.54	0.79	1.88	1.96	2.04	2.12
	5	5	11.7	3.79	2.98	5.53	4.73	1.96	1.21	1.52	0.78	1.90	1.98	2.06	2.14
∟45×	3	5	12.2	2.66	2.09	5.17	4.24	1.58	1.40	1.76	0.90	2.06	2.14	2.21	2.20
	4	5	12.6	3.49	2.74	6.65	5.28	2.05	1.38	1.74	0.89	2.08	2.16	2.24	2.32
	5	5	13.0	4.29	3.37	8.04	6.19	2.51	1.37	1.72	0.88	2.11	2.18	2.26	2.34
	6	5	13.3	5.08	3.98	9.33	7.0	2.95	1.36	1.70	0.88	2.12	2.20	2.28	2.36
∟50×	3	5.5	13.4	2.27	2.33	7.18	5.36	1.96	1.55	1.96	1.00	2.26	2.33	2.41	2.49
	4	5.5	13.8	3.90	3.06	9.26	6.71	2.56	1.54	1.94	0.99	2.28	2.35	2.43	2.51
	5	5.5	14.2	4.80	3.77	11.21	7.89	3.13	1.53	1.92	0.98	2.30	2.38	2.45	2.53
	6	5.5	14.6	5.69	4.46	13.05	8.94	3.68	1.52	1.91	0.98	2.32	2.40	2.48	2.56
∟56×	3	6	14.8	3.34	2.62	10.2	6.89	2.48	1.75	2.20	1.13	2.49	2.57	2.64	2.71
	4	6	15.3	4.39	3.45	13.2	8.63	3.24	1.73	2.18	1.11	2.52	2.59	2.67	2.75
	5	6	15.7	5.41	4.25	16.0	10.2	3.97	1.72	2.17	1.10	2.54	2.62	2.69	2.77
	8	6	16.8	8.37	6.57	23.6	14.0	6.03	1.68	2.11	1.09	2.60	2.67	2.75	2.83
∟63×	4	7	17.0	4.98	3.91	19.0	11.2	4.13	1.96	2.46	1.26	2.80	2.87	2.94	3.02
	5	7	17.4	6.14	4.82	23.2	13.3	5.08	1.94	2.45	1.25	2.82	2.89	2.97	3.04
	6	7	17.8	7.29	5.72	27.1	15.2	6.0	1.93	2.43	1.24	2.84	2.91	2.99	3.06
	8	7	18.5	9.51	7.47	34.5	18.6	7.75	1.90	2.40	1.23	2.87	2.95	3.02	3.10
	10	7	19.3	11.66	9.15	41.1	21.3	9.39	1.88	2.36	1.22	2.91	2.99	3.07	3.15
∟70×	4	8	18.6	5.57	4.37	26.4	14.2	5.14	2.18	2.74	1.40	3.07	3.14	3.21	3.28
	5	8	19.1	6.87	5.40	32.2	16.8	6.32	2.16	2.73	1.39	3.09	3.17	3.24	3.31
	6	8	19.5	8.16	6.41	37.8	19.4	7.48	2.15	2.71	1.38	3.11	3.19	3.26	3.34
	7	8	19.9	9.42	7.40	43.1	21.6	8.59	2.14	2.69	1.38	3.13	3.21	3.28	3.36
	8	8	20.3	10.7	8.37	48.2	23.8	9.68	2.12	2.68	1.37	3.15	3.23	3.30	3.38
∟75×	5	9	20.4	7.38	5.82	40.0	19.6	7.32	2.33	2.92	1.50	3.30	3.37	3.45	3.52
	6	9	20.7	8.80	6.90	47.0	22.7	8.64	2.31	2.90	1.49	3.31	3.38	3.46	3.53
	7	9	21.1	10.2	7.98	53.0	25.4	9.93	2.30	2.89	1.48	3.33	3.40	3.48	3.55
	8	9	21.5	11.5	9.03	60.0	27.9	11.2	2.28	2.88	1.47	3.35	3.42	3.50	3.57
	10	9	22.2	14.1	11.1	72.0	32.4	13.6	2.26	2.84	1.46	3.38	3.46	3.53	3.61
	5	9	21.5	7.91	6.21	48.8	22.7	8.34	2.48	3.13	1.60	3.49	3.56	3.63	3.71
	6	9	21.9	9.40	7.38	57.3	26.1	9.87	2.47	3.11	1.59	3.51	3.58	3.65	3.72

续表

角钢型号		单角钢										双角钢			
		圆角 R	重心距 z_0	截面积	质量	惯性矩 I_x	截面抵抗矩		回转半径			i_y，当 a 为下列数值			
							W_x^{max}	W_x^{min}	i_x	i_{x0}	i_{y0}	6mm	8mm	10mm	12mm
		mm		cm^2	kg/m	cm^4	cm^3		cm			cm			
∟80×	7	9	22.3	10.9	8.52	65.6	29.4	11.4	2.46	3.10	1.58	3.53	3.60	3.67	3.75
	8	9	22.7	12.3	9.66	73.5	32.4	12.8	2.44	3.08	1.57	3.55	3.62	3.69	3.77
	10	9	23.5	15.1	11.9	88.4	37.6	15.6	2.42	3.04	1.56	3.59	3.66	3.74	3.81
∟90×	6	10	24.4	10.6	8.35	82.8	33.9	12.6	2.79	3.51	1.80	3.91	3.98	4.05	4.13
	7	10	24.8	12.3	9.66	94.8	38.2	14.5	2.78	3.50	1.78	3.93	4.00	4.07	4.15
	8	10	25.2	13.9	10.9	106	42.1	16.4	2.76	3.48	1.78	3.95	4.02	4.09	4.17
	10	10	25.9	17.2	13.5	129	49.7	20.1	2.74	3.45	1.76	3.98	4.05	4.13	4.20
	12	10	26.7	0.3	15.9	149	56.0	23.0	2.71	3.41	1.75	4.02	4.10	4.17	4.25
∟100×	6	12	26.7	11.9	9.37	115	43.1	15.7	3.10	3.90	2.00	4.30	4.37	4.44	4.51
	7	12	27.1	13.8	10.8	132	48.6	18.1	3.09	3.89	1.99	4.31	4.39	4.46	4.53
	8	12	27.6	15.6	12.3	148	53.7	20.5	3.08	3.88	1.98	4.34	4.41	4.48	4.56
	10	12	28.4	19.3	15.1	179	63.2	25.1	3.05	3.84	1.96	4.38	4.45	4.52	4.60
	12	12	29.1	22.8	17.9	209	71.9	29.5	3.03	3.81	1.95	4.41	4.49	4.56	4.63
	14	12	29.9	26.3	20.6	236	79.1	33.7	3.00	3.77	1.94	4.45	4.53	4.60	4.68
	16	12	30.6	29.6	23.3	262	89.6	37.8	2.98	3.74	1.94	4.49	4.56	4.64	4.72
∟110×	7	12	29.6	15.2	11.9	177	59.9	22.0	3.41	4.30	2.20	4.72	4.79	4.86	4.92
	8	12	30.1	17.2	13.5	199	64.7	25.0	3.40	4.28	2.19	4.75	4.82	4.89	4.96
	10	12	30.9	21.3	16.7	242	78.4	30.6	3.38	4.25	2.17	4.78	4.86	4.93	5.00
	12	12	32.6	25.2	19.8	283	89.4	36.0	3.35	4.22	2.15	4.81	4.89	4.96	5.03
	14	12	31.4	29.1	22.8	321	99.2	41.3	3.32	4.18	2.14	4.85	4.93	5.00	5.07
∟125×	8	14	33.7	19.7	15.5	297	88.1	32.5	3.88	4.88	2.50	5.34	5.41	5.48	5.55
	10	14	34.5	24.4	19.1	362	105	40.0	3.85	4.85	2.49	5.38	5.45	5.52	5.59
	12	14	35.3	28.9	22.7	423	120	41.2	3.83	4.82	2.46	5.41	5.48	5.56	5.63
	14	14	36.1	33.4	26.2	482	133	54.2	3.80	4.78	2.45	5.45	5.52	5.60	5.67
∟140×	10	14	38.2	27.4	21.5	515	135	50.6	4.34	5.46	2.78	5.98	6.05	6.12	6.19
	12	14	39.0	32.5	25.5	604	155	59.8	4.31	5.43	2.76	6.02	6.09	6.16	6.23
	14	14	39.8	37.6	29.5	689	173	68.7	4.28	5.40	2.75	6.05	6.12	6.20	6.27
	16	14	40.6	42.5	33.4	770	190	77.5	4.26	5.36	2.74	6.09	6.16	6.24	6.31
∟160×	10	16	43.1	31.5	24.7	779	180	66.7	4.98	6.27	3.20	6.78	6.85	6.92	6.99
	12	16	43.9	37.4	29.4	917	208	79.0	4.95	6.24	3.18	6.82	6.89	6.96	7.02
	14	16	44.7	43.3	34.0	1048	234	90.9	4.92	6.20	3.16	6.85	6.92	6.99	6.07
	16	16	45.5	49.1	38.5	1175	258	103	4.89	6.17	3.14	6.89	6.96	703	7.10
∟180×	12	16	48.9	42.2	33.2	1321	271	101	5.59	7.05	3.58	7.63	7.70	7.77	7.84
	14	16	49.7	48.9	38.4	1514	305	116	5.56	7.02	3.56	7.66	7.73	7.81	7.87
	16	16	50.5	55.5	43.5	1701	338	131	5.54	6.98	3.55	7.70	7.77	7.84	7.91
	18	16	51.3	62.0	48.6	1875	365	146	5.50	6.94	3.51	7.73	7.80	7.87	7.94
∟200×	14	18	54.6	54.6	42.9	2104	387	145	6.20	7.82	3.98	8.47	8.53	8.60	8.67
	16	18	55.4	62.0	48.7	2366	428	164	6.18	7.79	3.96	8.50	8.57	8.04	8.71
	18	18	56.2	69.3	54.4	2621	467	182	6.15	7.75	3.94	8.54	7.61	8.67	8.75
	20	18	56.9	76.5	60.1	2867	503	200	6.12	7.72	3.93	8.56	8.64	8.71	8.78
	24	18	58.7	90.7	71.2	3338	570	236	6.07	7.64	3.90	8.65	8.73	8.80	8.87

不等肢角钢 附表 1-4

角钢型号	单角钢										双角钢							
	圆角 R	重心距		截面积	质量	惯性矩		回转半径			i_{y1}，当 a 为下列数				i_{y2}，当 a 为下列数			
		z_x	z_y			I_x	I_y	i_x	i_y	i_{y0}	6mm	8mm	10mm	12mm	6mm	8mm	10mm	12mm
	mm			cm^2	kg/m	cm^4		cm			cm				cm			
∟25×16×3	3.5	4.2	8.6	1.16	0.91	2.00	0.70	0.44	0.78	0.34	0.84	0.93	1.02	1.11	1.40	1.48	1.57	1.65
4	3.5	4.6	9.0	1.50	1.18	0.27	0.88	0.43	0.77	0.34	0.87	0.96	1.05	1.14	1.42	1.51	1.60	1.68
∟32×20×3	3.5	4.9	10.8	1.49	1.17	0.46	1.53	0.55	1.01	0.43	0.97	1.05	1.14	1.22	1.71	1.79	1.88	1.96
4	3.5	5.3	11.2	1.94	1.52	0.57	1.93	0.54	1.00	0.42	0.99	1.08	1.16	1.25	1.74	1.82	1.90	1.99
∟40×25×3	4	5.9	13.2	1.89	1.48	0.93	3.03	0.70	1.28	0.54	1.13	1.21	1.30	1.38	2.06	2.14	2.22	2.31
4	4	6.3	13.7	1.47	1.94	1.18	3.93	0.69	1.26	0.54	1.16	1.24	1.32	1.41	2.09	2.17	2.26	2.34
∟45×28×3	5	6.4	14.7	2.15	1.69	1.34	4.45	0.79	1.44	0.61	1.23	1.31	1.39	1.47	2.28	2.36	2.44	2.52
4	5	6.8	15.1	2.81	2.20	1.70	4.69	0.78	1.42	0.60	1.25	1.33	1.41	1.50	2.30	2.38	2.49	2.55
∟50×32×3	5.5	7.3	16.0	2.43	1.91	2.02	6.24	0.91	1.60	0.70	1.38	1.45	1.53	1.61	2.49	2.56	2.64	2.72
4	5.5	7.7	16.5	3.18	2.49	2.58	8.02	0.90	1.59	0.69	1.40	1.48	1.56	1.64	2.52	2.59	2.67	2.75
3	6	8.0	17.8	2.74	2.15	2.92	8.88	1.03	1.80	0.79	1.51	1.58	1.66	1.74	2.75	2.83	2.90	2.98
∟56×36×4	6	8.5	18.5	3.59	2.82	3.76	11.4	1.02	1.79	0.79	1.54	1.62	1.69	1.77	2.77	2.85	2.93	3.01
5	6	8.8	18.7	4.41	3.47	4.49	13.9	1.01	1.77	0.78	1.55	1.63	1.71	1.79	2.80	2.87	2.96	3.04
4	7	9.2	20.4	4.06	3.18	5.23	16.5	1.14	2.02	0.88	1.67	1.74	1.82	1.90	3.09	3.16	3.24	3.32
5	7	9.5	20.8	4.99	3.92	6.31	20.0	1.12	2.00	0.87	1.68	1.76	1.83	1.9	3.11	3.19	3.27	3.35
∟63×40×6	7	9.9	21.2	5.91	4.64	7.29	23.4	1.11	1.98	0.86	1.70	1.78	1.86	1.94	3.13	3.21	3.29	3.37
7	7	10.3	21.5	6.80	5.34	8.24	26.5	1.10	1.96	0.86	1.73	1.80	1.88	1.97	3.15	3.23	3.30	3.39

续表

角钢型号		圆角 R	重心距 z_x	重心距 z_y	截面积	质量	惯性矩 I_x	惯性矩 I_y	回转半径 i_x	回转半径 i_y	回转半径 i_{y0}	i_{y1},当 a 为下列数 6mm	8mm	10mm	12mm	i_{y2},当 a 为下列数 6mm	8mm	10mm	12mm
		mm	mm	mm	cm^2	kg/m	cm^4	cm^4	cm	cm	cm	cm	cm	cm	cm	cm	cm	cm	cm
∟70×45×	4	7.5	10.2	22.4	4.55	3.57	7.55	23.2	1.29	2.26	0.98	1.84	1.92	1.99	2.07	3.40	3.48	3.56	3.62
	5	7.5	10.6	22.8	5.61	4.40	9.13	27.9	1.28	2.23	0.98	1.86	1.94	2.01	2.09	3.41	3.49	3.57	3.64
	6	7.5	10.9	23.2	6.65	5.22	10.6	32.5	1.26	2.21	0.98	1.88	1.95	2.03	2.11	3.43	3.51	3.58	3.66
	7	7.5	11.3	23.6	7.66	6.01	12.0	37.2	1.25	2.20	0.97	1.90	1.98	2.06	2.14	3.45	3.53	3.61	3.69
∟75×50×	5	8	11.7	24.0	6.12	4.81	12.6	34.9	1.44	2.39	1.10	2.05	2.13	2.20	2.28	3.60	3.68	3.76	3.83
	6	8	12.1	24.4	7.26	5.70	14.7	41.1	1.42	2.38	1.08	2.07	2.15	2.22	2.30	3.63	3.71	3.78	3.86
	8	8	12.9	25.2	9.47	7.43	18.5	52.4	1.40	2.35	1.07	2.12	2.19	2.27	2.35	3.67	3.75	3.83	3.91
	10	8	13.6	26.0	11.6	9.10	22.0	62.7	1.38	2.33	1.06	2.16	2.23	2.31	2.40	3.72	3.80	3.88	3.98
∟80×50×	5	8	11.4	26.0	6.37	5.00	12.8	42.0	1.42	2.56	1.10	2.02	2.09	2.17	2.24	3.87	3.95	4.02	4.10
	6	8	11.8	26.5	7.56	5.93	14.9	49.5	1.41	2.55	1.08	2.04	2.12	2.19	2.27	3.90	3.98	4.06	4.14
	7	8	12.1	26.9	8.72	6.86	17.0	56.2	1.39	2.54	1.08	2.06	2.13	2.21	2.28	3.92	4.00	4.08	4.15
	8	8	12.5	27.3	9.87	7.74	18.8	62.8	1.38	2.52	1.07	2.08	2.15	2.23	2.31	3.94	4.02	4.10	4.18
∟90×55×	5	9	12.5	29.1	7.21	5.66	18.3	60.4	1.59	2.90	1.23	2.22	2.29	2.37	2.44	4.32	4.40	4.47	4.55
	6	9	12.9	29.5	8.56	6.72	21.4	71.0	1.58	2.88	1.23	2.24	2.32	2.39	2.46	4.34	4.42	4.49	4.57
	7	9	13.3	30.0	9.83	7.76	24.4	81.0	1.57	2.86	1.22	2.26	2.34	2.41	2.49	4.37	4.45	4.52	4.60
	8	9	13.6	30.4	11.2	8.78	27.1	91.0	1.56	2.85	1.21	2.28	2.35	2.43	2.50	4.39	4.47	4.55	4.62

续表

角钢型号		单角钢										双角钢							
		圆角 R	重心距		截面积	质量	惯性矩		回转半径			i_{y1}，当 a 为下列数				i_{y2}，当 a 为下列数			
			z_x	z_y			I_x	I_y	i_x	i_y	i_{y0}	6mm	8mm	10mm	12mm	6mm	8mm	10mm	12mm
		mm			cm^2	kg/m	cm^4		cm			cm				cm			
∟100×63×	6	10	14.3	32.4	9.62	7.55	30.9	99.1	1.79	3.21	1.38	2.49	2.56	2.63	2.71	4.78	4.85	4.93	5.00
	7	10	14.7	32.8	11.1	8.72	35.8	113	1.78	3.20	1.38	2.51	2.58	2.66	2.73	4.80	4.87	4.95	5.03
	8	10	15.0	33.2	12.6	9.88	39.4	127	1.77	3.18	1.37	2.52	2.60	2.67	2.75	4.82	4.89	4.97	5.05
	10	10	15.8	34.0	15.5	12.1	47.1	154	1.74	3.15	1.35	2.57	2.64	2.72	2.79	4.86	4.94	5.02	5.09
∟100×80×	6	10	19.7	29.5	10.6	8.35	61.2	107	2.40	3.17	1.72	3.30	3.37	3.44	3.52	4.54	4.61	4.69	4.76
	7	10	20.1	30.0	12.3	9.66	70.1	123	2.39	3.16	1.72	3.32	3.39	3.46	3.54	4.57	4.64	4.71	4.79
	8	10	20.5	30.4	13.9	10.9	78.6	138	2.37	3.14	1.71	3.34	3.41	3.48	3.56	4.59	4.66	4.47	4.81
	10	10	21.3	31.2	17.2	13.5	94.6	167	2.35	3.12	1.69	3.38	3.45	3.53	3.60	4.63	4.70	4.78	4.85
∟110×70×	6	10	15.7	35.3	10.6	8.35	42.9	133	2.01	3.54	1.54	2.74	2.81	2.88	2.97	5.22	5.29	5.36	5.44
	7	10	16.1	35.7	12.3	9.66	49.0	153	2.00	3.53	1.53	2.76	2.83	2.90	2.98	5.24	5.31	5.39	5.46
	8	10	16.5	36.2	13.9	10.9	54.9	172	1.98	3.51	1.53	2.78	2.85	2.93	3.00	5.26	5.34	5.41	5.49
	10	10	17.2	37.0	17.2	13.5	65.9	208	1.9	3.48	1.51	2.81	2.89	2.96	3.04	5.30	5.38	5.46	5.53
∟125×80×	7	11	18.0	40.1	14.1	11.1	74.4	228	2.30	4.02	1.76	3.11	3.18	3.26	3.32	5.89	5.97	6.04	6.12
	8	11	18.4	40.6	16.0	12.6	83.5	257	2.28	4.01	1.75	3.13	3.20	3.27	3.34	5.92	6.00	6.07	6.15
	10	11	19.2	41.4	19.7	15.5	101	312	2.26	3.98	1.74	3.17	3.24	3.31	3.38	5.96	6.04	6.11	6.19
	12	11	20.0	42.2	23.4	18.3	117	364	2.24	3.95	1.72	3.21	3.28	3.35	3.43	6.00	6.08	6.15	6.23

续表

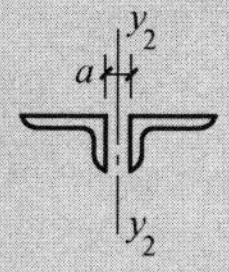

角钢型号		圆角 R	重心距 z_x	重心距 z_y	截面积	质量	惯性矩 I_x	惯性矩 I_y	回转半径 i_x	回转半径 i_y	回转半径 i_{y0}	i_{y1}，当 a 为下列数 6mm	8mm	10mm	12mm	i_{y2}，当 a 为下列数 6mm	8mm	10mm	12mm
			mm	mm	cm²	kg/m	cm⁴	cm⁴	cm	cm	cm	cm	cm	cm	cm	cm	cm	cm	cm
∟140×90×	8	12	20.4	45.0	18.0	14.2	121	366	2.59	4.50	1.98	3.49	3.56	3.63	3.70	6.58	6.65	6.72	6.79
	10	12	21.2	45.8	22.3	17.5	146	445	2.56	4.47	1.96	3.52	3.59	3.66	3.74	6.62	6.69	6.77	6.84
	12	12	21.9	46.6	26.4	20.7	170	522	2.54	4.44	1.95	3.55	3.62	3.70	3.77	6.66	6.74	6.81	6.89
	14	12	22.7	47.4	30.5	23.9	192	594	2.51	4.42	1.94	3.59	3.67	3.74	3.81	6.70	6.78	6.85	9.93
∟160×100×	10	13	22.8	52.4	25.3	19.9	205	669	2.85	5.14	2.19	3.84	3.91	3.98	4.05	7.56	7.63	7.70	7.78
	12	13	23.6	53.2	30.1	23.6	239	785	2.82	5.11	2.17	3.88	3.95	4.02	4.09	7.60	7.67	7.75	7.82
	14	13	24.3	54.0	34.7	27.2	271	896	2.80	5.08	2.16	3.91	3.98	4.05	4.12	7.64	7.71	7.79	7.86
	16	13	25.1	54.8	39.3	30.8	302	1003	2.77	5.05	2.16	3.95	4.02	4.09	4.17	7.68	7.75	7.83	7.91
∟180×110×	10	14	24.4	58.9	28.4	22.3	278	956	3.13	5.80	2.42	4.16	4.23	4.29	4.36	8.47	8.56	8.63	8.71
	12	14	25.2	59.8	33.7	26.5	325	1125	3.10	5.78	2.40	4.19	4.26	4.33	4.40	8.53	8.61	8.68	8.76
	14	14	25.9	60.6	39.0	30.6	370	1287	3.08	5.75	2.39	4.22	4.29	4.36	4.43	8.57	8.65	8.72	8.80
	16	14	26.7	61.4	44.1	34.6	412	1443	3.06	5.72	2.38	4.26	4.33	4.40	4.47	8.61	8.69	8.76	8.84
∟200×125×	12	14	28.3	65.4	37.9	29.8	483	1571	3.57	6.44	2.74	4.75	4.81	4.88	4.96	9.39	9.47	9.54	9.61
	14	14	29.1	66.2	43.9	34.4	551	1801	3.54	6.41	2.73	4.78	4.85	4.92	4.99	9.43	9.50	9.58	9.65
	16	14	29.9	67.0	49.7	39.0	615	2023	3.52	6.38	2.71	4.82	4.89	4.96	5.03	9.47	9.54	9.62	9.69
	18	14	30.6	67.8	55.5	43.6	677	2233	3.49	3.33	2.75	4.55	4.92	4.99	5.07	9.51	9.58	9.66	9.74

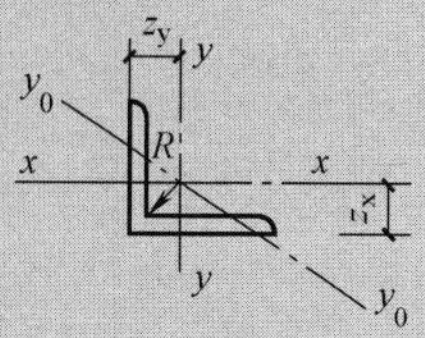

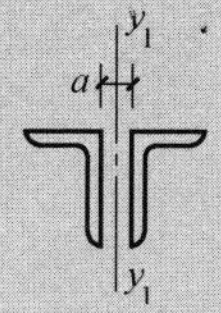

附录 2 等截面、等跨连续梁在常用荷载作用下的内力系数

1. 在均布荷载及三角形荷载作用下：

$$M=\text{表中系数}\times gl_0^2\text{（或表中系数}\times ql_0^2\text{）}$$

$$V=\text{表中系数}\times gl_0\text{（或表中系数}\times ql_0\text{）}$$

2. 在集中荷载作用下：

$$M=\text{表中系数}\times Gl_0^2\text{（或表中系数}\times Ql_0^2\text{）}$$

$$V=\text{表中系数}\times Gl_0\text{（或表中系数}\times Ql_0\text{）}$$

3. 内力正负号的规定：

M——使截面上部受压、下部受拉为正；

V——对邻近截面所产生的力矩沿顺时针方向者为正。

两跨梁 **附表 2-1**

荷载图	跨内最大弯矩		支座弯矩	剪力		
	M_1	M_2	M_B	V_A	V_{Bl} V_{Br}	V_C
q; A, B, C; l_0, l_0	0.070	0.070	−0.125	0.375	−0.625 0.625	−0.375
q; M_1, M_2	0.098	—	−0.063	0.437	−0.563 0.063	0.063
G, G	0.156	0.156	−0.188	0.312	−0.688 0.688	−0.312
Q	0.203	—	−0.094	0.406	−0.594 0.094	0.094
Q, Q, Q, Q	0.222	0.222	−0.333	0.667	−1.333 1.333	−0.667
Q, Q	0.278	—	−0.167	0.833	−1.167 0.167	0.167

注：三跨梁、四跨梁、五跨梁内力系数表见本书课件。

附录3　某礼堂工程施工图

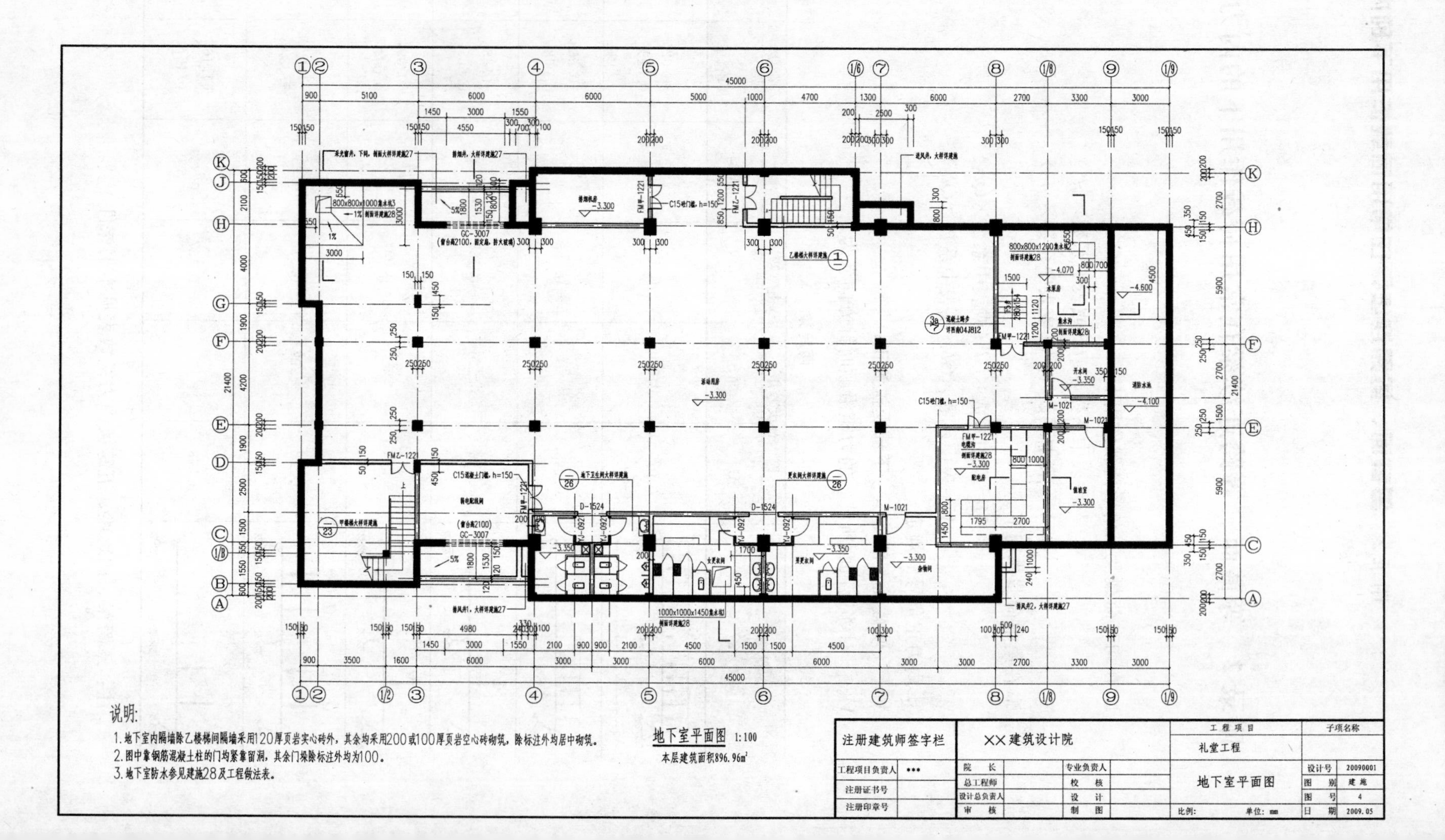

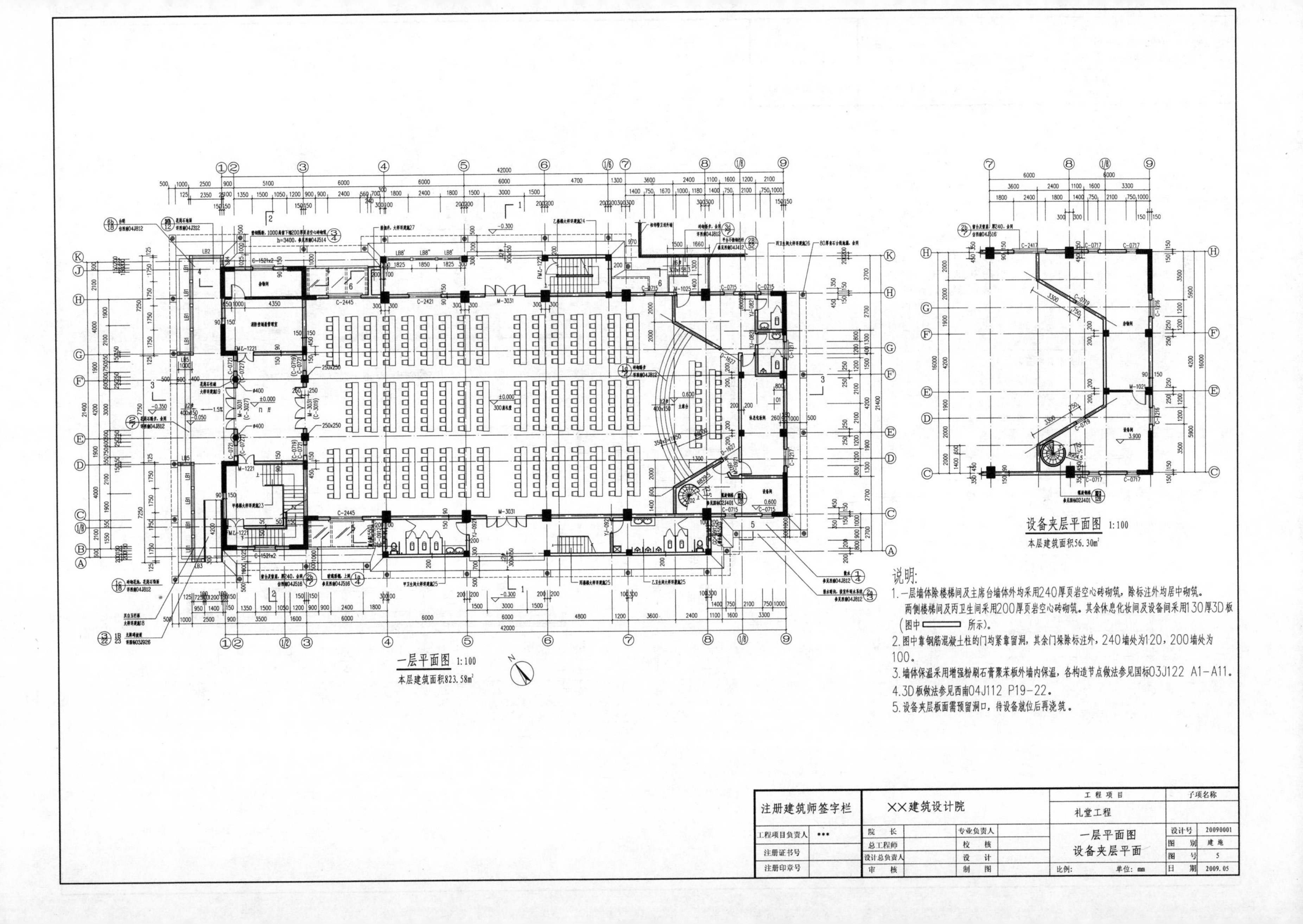

一层平面图 1:100

本层建筑面积823.58m²

设备夹层平面图 1:100

本层建筑面积56.30m²

说明:

1. 一层墙体除楼梯间及主席台墙体外均采用240厚页岩空心砖砌筑，除标注外均居中砌筑。两侧楼梯间及丙卫生间采用200厚页岩空心砖砌筑。其余休息化妆间及设备间采用130厚3D板（图中 ▭ 所示）。
2. 图中靠钢筋混凝土柱的门均紧靠留洞，其余门垛除标注外，240墙处为120，200墙处为100。
3. 墙体保温采用增强粉刷石膏聚苯板外墙内保温，各构造节点做法参见国标03J122 A1-A11。
4. 3D板做法参见西南04J112 P19-22。
5. 设备夹层板面需预留洞口，待设备就位后再浇筑。

注册建筑师签字栏		XX建筑设计院				工程项目	子项名称	
						礼堂工程		
工程项目负责人	***	院长		专业负责人		一层平面图 设备夹层平面	设计号	20090001
注册证书号		总工程师		校核			图别	建施
		设计总负责人		设计			图号	5
注册印章号		审核		制图		比例: 单位: mm	日期	2009.05

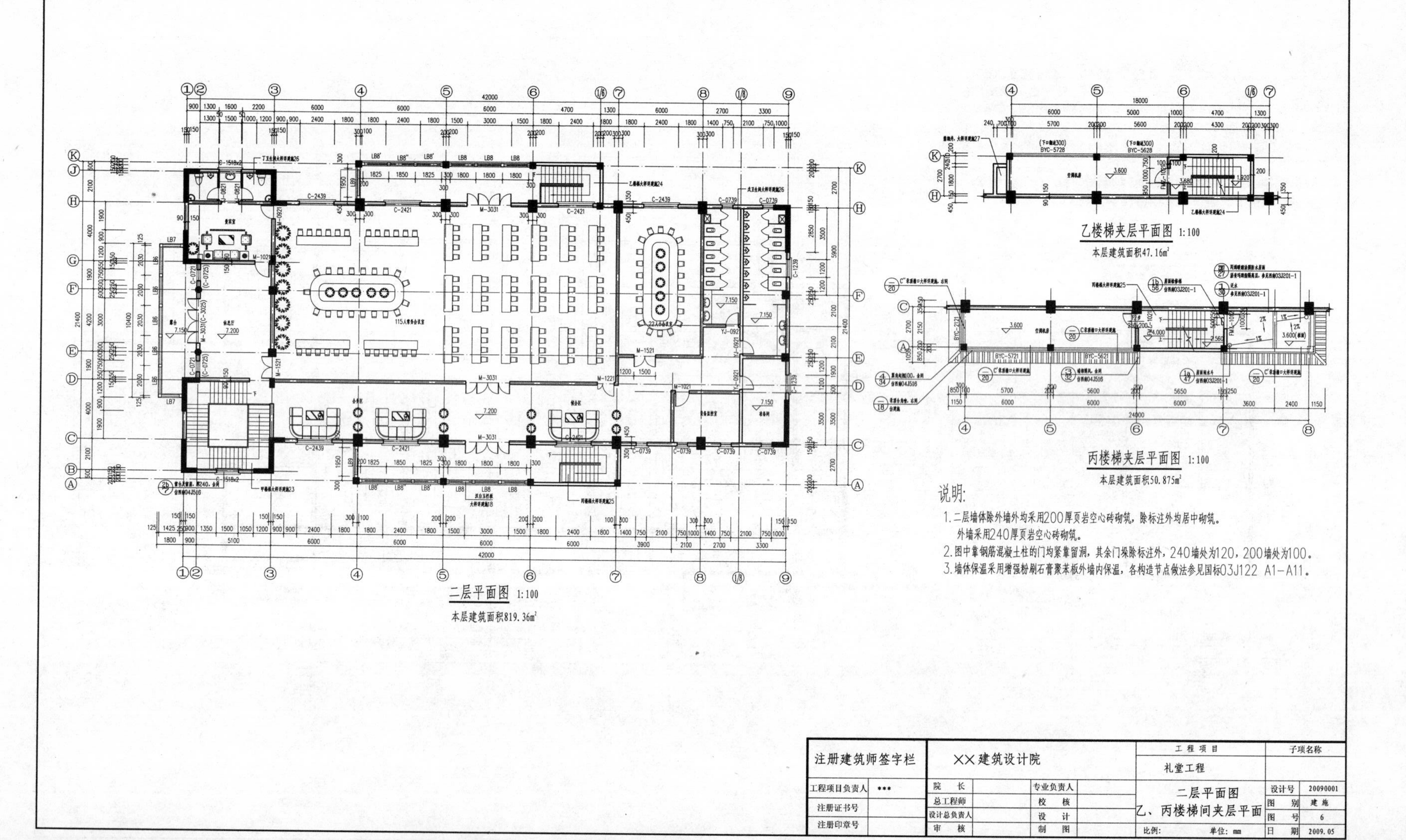
二层平面图 1:100
本层建筑面积819.36m²
乙楼梯夹层平面图 1:100
本层建筑面积47.16m²
丙楼梯夹层平面图 1:100
本层建筑面积50.875m²
说明:
1.二层墙体除外墙外均采用200厚页岩空心砖砌筑，除标注外均居中砌筑。
外墙采用240厚页岩空心砖砌筑。
2.图中靠钢筋混凝土柱的门均紧靠留洞，其余门垛除标注外，240墙处为120，200墙处为100。
3.墙体保温采用增强粉刷石膏聚苯板外墙内保温，各构造节点做法参见国标03J122 A1-A11。
注册建筑师签字栏
工程项目负责人 ***
注册证书号
注册印章号
XX建筑设计院
院长
总工程师
设计总负责人
审核
专业负责人
校核
设计
制图
工程项目
礼堂工程
二层平面图
乙、丙楼梯间夹层平面
比例:
单位: mm
子项名称
设计号 20090001
图别 建施
图号 6
日期 2009.05

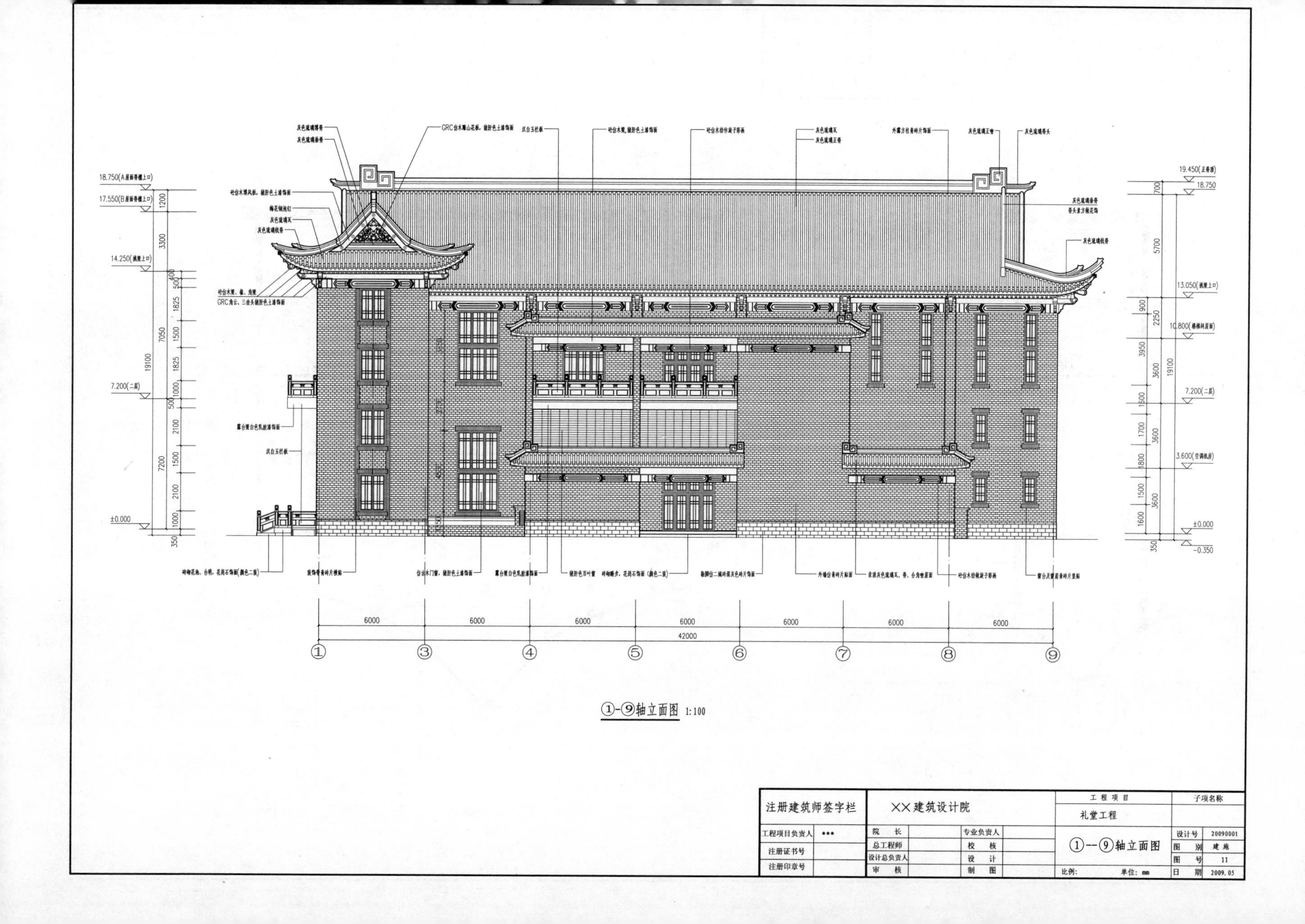

18.750(A屋面脊檩上口)
17.550(B屋面脊檩上口)
14.250(挑檐上口)
7.200(二层)
±0.000
19.450(正脊顶)
18.750
13.050(挑檐上口)
10.800(楼梯间屋面)
7.200(二层)
3.600(空调机房)
±0.000
-0.350
1200
3300
7050
7200
19100
5700
2250
3600
350
700
900
3950
1600
1500
1700
1800
1825
2100
1000
500
400
6000
42000
①
③
④
⑤
⑥
⑦
⑧
⑨
注册建筑师签字栏
工程项目负责人
注册证书号
注册印章号
XX建筑设计院
院长
总工程师
设计总负责人
审核
专业负责人
校核
设计
制图
工程项目
礼堂工程
子项名称
①--⑨轴立面图
设计号 20090001
图别 建施
图号 11
比例:
单位: mm
日期 2009.05

①-⑨轴立面图 1:100

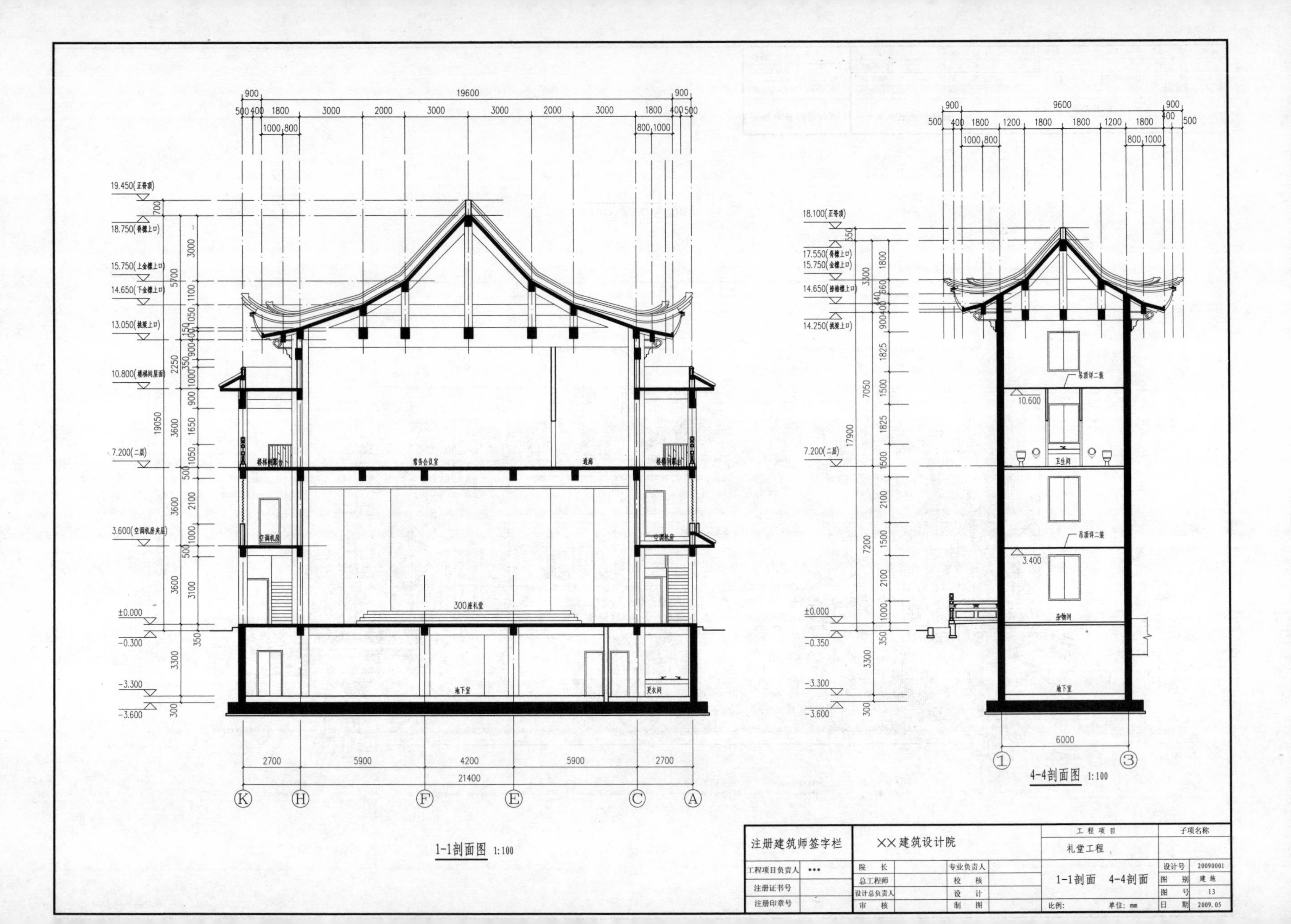

1-1剖面图 1:100

4-4剖面图 1:100

结 构 设 计 总 说 明

一、工程概况：

1. 工程地点：本工程位于**市**路四段168号；

   工程分区：无；

   主要功能：用于满足相关会议。

2. 本工程采用钢筋混凝土框架结构：建筑总长度45.000m，宽21.400m，高18.750m，地上四层(每层均有局部夹层)，地下一层，一层层高7.2m，二层层高6.4m，以上为台古槽口及屋面，主框架梁最大跨度16.000m(16m跨框架采用部分预应力)。

二、设计依据：

1. 主体结构设计使用年限：50年。
2. 自然条件：

   基本风压：0.3kN/m²；基本雪压：0.2kN/m²；抗震设防烈度：7度。
3. 基础设计根据×××工程勘察总公司二00九年三月提供的×××礼堂修复工程的《岩土工程勘察报告(直接详勘DB2009007)》。
4. 建设单位提出的与结构有关的符合有关标准、法规的书面要求。
5. 初步设计的审查、批复文件。
6. 执行的主要法规和采用的主要标准：

   《建筑结构制图标准》 (GB/T50105-2010)

   《建筑结构可靠度统一标准》 (GB50068-2001)

   《建筑工程抗震设防分类标准》 (GB50223-2008)

   《建筑结构荷载规范》(2006年版) (GB50009-2001)

   《建筑抗震设计规范》 (GB50011-2010)

   《混凝土结构设计规范》 (GB50010-2010)

   《建筑地基基础设计规范》 (GB50007-2002)

   《砌体结构设计规范》 (GB50003-2001)

三、图纸说明：

1. 单位：标高(m)、其余尺寸(mm)。
2. 本工程设计±0.000标高对应的绝对高程为500.420，室内外高差0.350m。
3. 采用图集名称见"采用图集目录"。
4. 常用构件代码及编号说明详"采用图集目录"中各图集。

四、建筑分类等级：

1. 建筑结构安全等级：二级。
2. 地基基础设计等级等级：丙级。
3. 建筑抗震设防类别：乙类(建设方使用要求功能重要)。
4. 钢筋混凝土框架抗震等级：二级(剪力墙部分抗震等级为一级)。
5. 建筑耐火等级：地下室一级，地上二级。
6. 混凝土构件的环境类别：

混凝土结构的环境类别

环境类别		条件
一		室内正常环境
二	a	室内潮湿环境，非严寒和非寒冷地区的露天环境，与无侵蚀性的水或土壤直接接触的环境

五、主要荷载取值：

1. 永久荷载(常用材料自重)：

钢筋混凝土	25.00kN/m³
玻璃瓦	≤1.1kN/m²
屋面找平层粉刷(20厚水泥砂浆)	0.40kN/m²
屋面找平层粉刷(35细石混凝土)	0.88kN/m²
楼面粉刷	≤1.20kN/m²
板底粉刷	0.50kN/m²
页岩实心砖	≤19.00kN/m³
3D板	≤1.00kN/m²
外墙粉刷(包括内粉刷)	0.78kN/m²
内墙粉刷(双面)	0.76kN/m²

2. 楼屋面均布活荷载标准值(kN/m²)：

   礼堂：3.0　会议室：2.0　卫生间：2.5

   走廊、楼梯、阳台：3.5　屋面：0.50
3. 风荷载：

   a. 地面粗糙度：B类；　b. 体型系数：1.3；　c. 风振系数：1.0。
4. 地震作用：

   a. 设计基本地震加速度：0.10g；　b. 设计地震分组：第三组；

   c. 场地类别：Ⅱ类；　d. 场地特征周期：0.45s；

   e. 结构阻尼比：0.05；　f. 水平地震影响系数最大值(多遇)：0.08。

六、设计计算程序：

结构整体分析：多、高层建筑结构空间有限元分析与设计软件SATWE(2005年版)。

七、主要结构材料：

1. 混凝土强度等级：(除图中注明者除外)

名 称	位 置	等 级
独立柱基、墙下条基		C30
板(含防水板)		C30
柱(含梁上柱)、墙		C40
梁		C40
楼 梯		C30
构造柱		C25

结构混凝土耐久性的基本要求

环境类别		最大水灰比	最小水泥用量 kg/m³	最大氯粒子含量 %	最大含碱量 kg/m³
一		0.65	225	1.0	不限制
二	a	0.60	250	0.3	3.0

注：1. 氯粒子含量指占水泥用量的百分率；
2. 当使用非碱性活性骨料时，对混凝土中的碱含量可不作限制；
3. 素混凝土构件的最小水泥用量不应小于表中数值减25kg/m³。

2. 砌块强度等级：(除图中注明者除外)

名 称	位 置	等 级
烧结页岩实心砖	外围护墙	MU10
页岩空心砖	内隔墙	MU3.0

3. 砌筑砂浆强度等级：(除图中注明者除外)

名 称	位 置	等 级
混合砂浆	±0.000以上	M5.0
水泥砂浆	±0.000以下	M5.0

4. 砌体结构施工质量控制等级：B级。
5. 钢筋：HPB300(Φ)，HRB400(Φ)。
6. 预埋铁件：HPB235号钢。
7. 焊条：E43(焊HPB235)，E50(焊HRB335)。

八、基础工程：

1. 根据××工程勘察总公司二00九年三月提供的《岩土工程勘察报告》。本场地开阔，交通方便，工程场地地貌单一，地层结构较简单，场地及地基稳定性好，无不良地质作用，适宜修建。
2. 各主要土层物理力学指标设计建议值：

土层名称	天然重度 γ(kN/m³)	压缩模量 Es(MPa)	变形模量 Eo(MPa)	内聚力 C(kPa)	内摩擦角 φ(°)	承载力特征值 f_{ak}(kPa)
杂填土(素填土)	17.5					
可塑粉质粘土土	18.9	6.1		17.83	24.17	135
稍密卵石	21.0		16.0	0	30	300
中密卵石	24.0		50.0	0	34	650

3. 基础形式：钢筋混凝土柱下独立基础，墙下条基加防水板；　基础持力层：稍密卵石层。
4. 基坑：场地地下水位埋深较深，基坑开挖时可不考虑地下水的影响。

九、钢筋混凝土工程：

1. 受力钢筋的混凝土最小保护层厚度按图集11G101-1(以下简称图集)，现浇板的保护层厚度与钢筋混凝土墙相同，其中上部钢筋的弯钩保护层应按板厚减一个保护层厚计，地面以下的室内部分及地面以上混凝土结构的环境类别为一类，地面以下与水土接触一侧的混凝土结构的环境类别为二a类，底板(及基础)水、土面受力钢筋保护层厚度40mm，其余混凝土保护层最小厚度按此原则采用。
2. 梁、柱受拉钢筋的抗震锚固长度 LaE详图集。
3. 板、梁、柱受力钢筋的搭接：

   (1) 板中钢筋的绑扎搭接接头位置应互相错开，位于同一连接区段内的受拉钢筋搭接接头的面积百分率不宜大于25%；

   (2) 梁中钢筋接头优先采用机械连接，也可采用绑扎搭接接头或焊接接头，接头位置应相互错开，位于同一连接区段内的受拉钢筋搭接接头的面积百分率不宜大于25%，机械连接和焊接连接接头不应大于50%，其中绑扎接头连接区段的长度为1.3倍搭接长度，机械连接和焊接连接接头连接区段的长度为35d；

   (3) 柱中纵向钢筋接头有关构造要求详图集；

   (4) 钢筋绑扎搭接接头的搭接长度在满足 $L_{lE}=\zeta L_{aE}$ 的情况下，且不应小于300。搭接长度 L_l 范围内箍筋直径不应小于搭接钢筋较大直径的0.25倍，间距不应大于搭接钢筋较小直径的5倍且不应大于100。当钢筋为受压钢筋时且直径大于25时，应在搭接接头两个端面外100范围内各设两个箍筋。钢筋搭接长度修正系数详图集。
4. 现浇钢筋混凝土梁、板，当跨度≥4m时应按跨度的1.5/1000起拱。各混凝土构件强度等级达到100%方可拆底模。
5. 楼面洞口按建施及其它(水、电、暖通等)相关专业相应位置及尺寸设置，严禁事后凿孔影响工程质量。楼板开洞及洞边加强钢筋构造详图集。
6. 对于外露的现浇钢筋混凝土女儿墙、挂板、栏板、檐口等构件，当其水平直线长度超过12m时，应按附图一设置伸缩缝，伸缩缝间距≤12m。

十、砌体工程：

1. 填充墙平面位置详建施，有关构造按图集西南05G701(四)采用按8度设防构造执行并满足下列要求)：

   (1) 围护墙：页岩实心砖，厚度240，墙重(含墙面贴砖抹灰)≤5.30kN/m²；

   (2) 内隔墙：页岩空心砖。
2. 砌体填充墙与框架柱连接措施详西南05G701(四)第31页至32页各节点大样，填充墙门窗洞口与柱边距离<300mm时，可按附图二做成现浇墙垛。填充墙与梁板的连接措施详西南05G701(四)第35页各节点大样。填充墙转角处转角处水平拉结措施详西南05G701(四)第29页各节点大样。
3. 门窗过梁选用03G322-2图集中的0级荷载。当门窗洞与柱(混凝土墙)边距离<250mm时，应从柱中预埋过梁钢筋，过梁改为现浇，浇灌前应将柱面打成槽齿状。
4. 构造柱设置：

   构造柱设置原则：1、内外墙交接处和外墙转折处；2、当墙长或者相邻横墙之间的距离大于2倍墙高时，在墙中设置构造柱，间距不大于2.5m；3、洞口大于2.1m时，洞口两侧设构造柱；4、墙端无柱时，墙端设置构造柱；5、窗洞大于3m时，窗裙墙中设置构造柱，间距不大于2.5m；6、相邻横墙或框架柱的间距大于5米时，墙段内增设构造柱，间距不大于2.5m；构造柱截面不小于墙宽?40mm，纵筋4Φ12，锚入梁或板内500mm，箍筋Φ6.5@200，上下端600范围内箍筋加密至100，构造柱与墙体的拉结同框架柱。
5. 女儿墙上构造柱及压顶的设置：无。
6. 阳台拦板构造柱的设置：无。
7. 高度>4m的填充墙半层高处或门，窗上口及外墙普通窗窗台尚沿设通长C25现浇带，截面为墙厚X120mm，纵筋4Φ10，箍筋Φ6.5@200，纵筋锚入两端柱、钢筋混凝土墙。
8. 构造柱位置除结施已有标注外，尚应参照建施各层平面设置。
9. 本工程所有构造柱纵筋均应在楼盖施工时预留，加密区范围为柱上下600mm和纵筋搭接区域。
10. 洞口大于1.5m时，在洞口两侧设置钢筋混凝土边框，按图集西南05G701(四)第28页构造。

十一、其他：

1. 填充墙及隔墙上的门窗上口需设过梁者，按照03G322-2图集中0级荷载设置，对于柱(剪力墙)边的过梁，均改为现浇，除梁顶面配筋改为同梁底面配筋外，其他全同原过梁，施工柱(剪力墙)时应在过梁处由柱(剪力墙)内预留出钢筋。
2. 施工时应注意门窗洞口的高度。当洞顶离结构梁(板)底的距离小于过梁高度时，过梁与结构梁(板)浇成整体，如附图三。
3. 所有外露铁件均应涂红丹二度，油漆二度。
4. 悬挑梁附加钢筋如附图四所示。
5. 预应力框架梁部分要求详结施21。
6. 其他未尽事宜应按国家现行施工验收规范、规程执行。

现制图纸目录

序号	图纸内容	图号	图纸规格
1	结构设计总说明	结施1	A1
2	地下室基础平面布置图	结施2	A2
3	地下室基础大样图	结施3	A2+
4	柱、墙平面布置图	结施4	A2
5	柱、墙配筋图	结施5	A2+
6	一层梁配筋图	结施6	A2+
7	一层板配筋图	结施7	A2+
8	H=3.600m梁配筋图	结施8	A2
9	H=3.600m板配筋图	结施9	A2
10	二层梁配筋图	结施10	A2
11	二层板配筋图	结施11	A2
12	H=10.800m梁配筋图	结施12	A2
13	H=10.800m板配筋图	结施13	A2
14	H=13.600m梁配筋图 H=14.250m梁配筋图	结施14	A2+
15	坡屋面梁、板配筋图	结施15	A2+
16	坡屋面大样图	结施16	A2
17	甲楼梯详图	结施17	A2+
18	乙楼梯详图	结施18	A2
19	丙楼梯详图	结施19	A2
20	预应力框架梁详图一	结施20	A2
21	预应力框架梁详图二	结施21	A2

采用图集目录

序号	图集名称	图集号	备注
1	混凝土结构施工图平面整体表示方法制图规则和构造详图	11G101-1	
		11G101-2	
		11G101-3	
2	框架轻质填充墙构造图集	西南05G701(四)	
3	钢筋混凝土过梁	03G322-2	

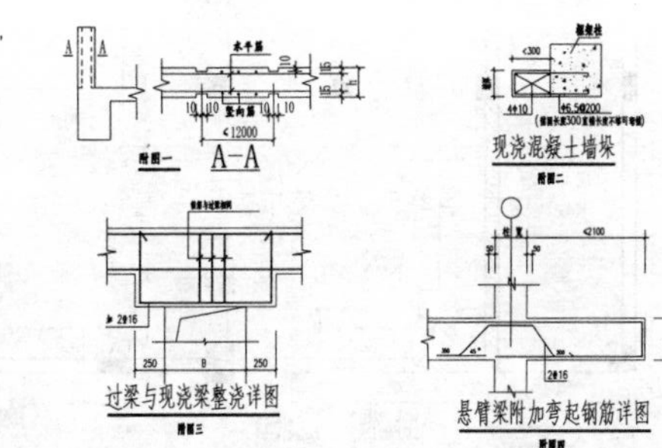

注册结构工程师签字栏		××建筑设计院				工程项目	子项名称
						礼堂工程	
注册工程师		院长		专业负责人		结构设计总说明	设计号 2009-15
注册证书号		总工程师		校核			图别 结施
注册印章号		设计总负责人		设计			图号 1
		审核		制图		比例　单位	日期 2009.05

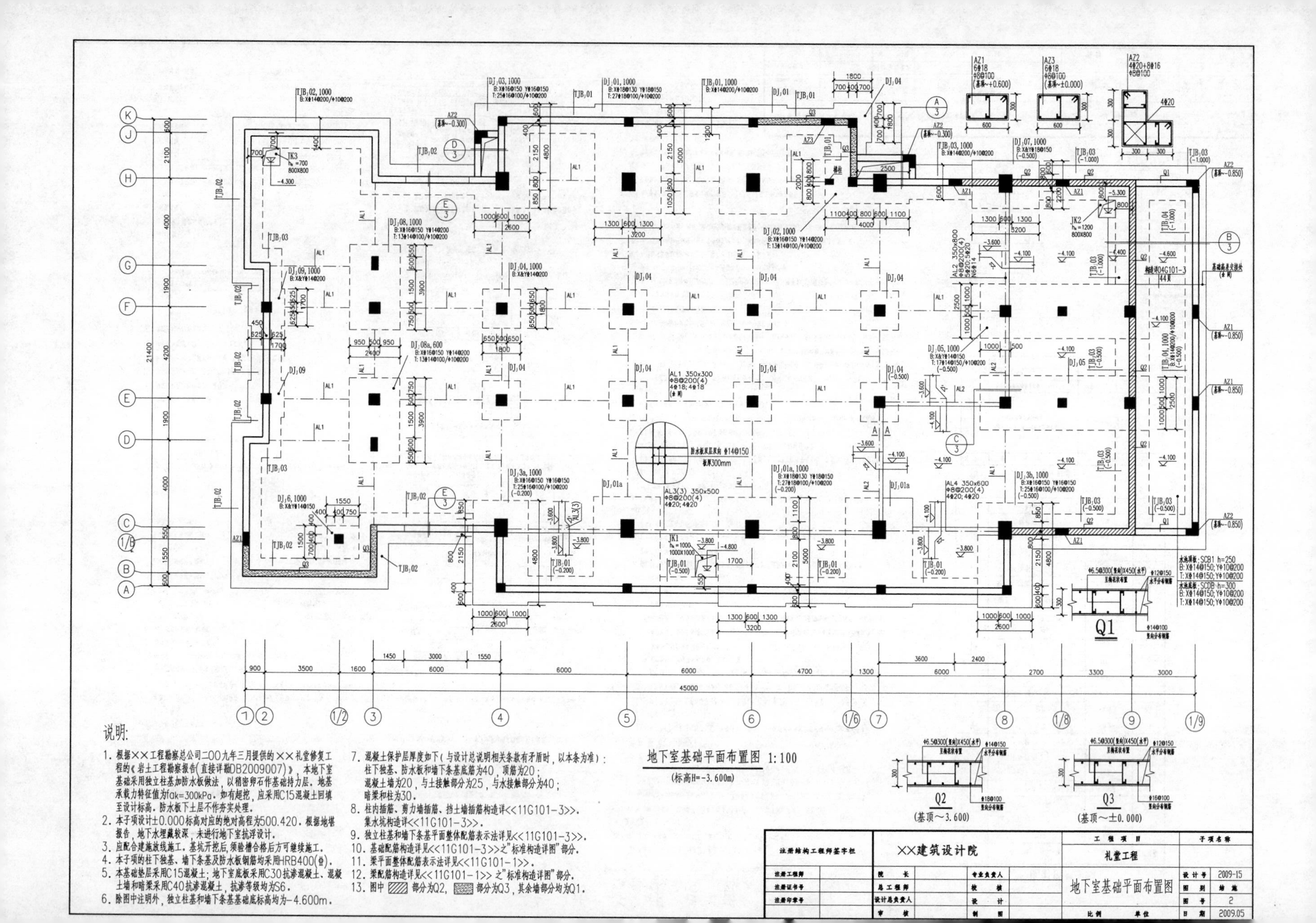

地下室基础平面布置图 1:100
(标高H=-3.600m)
说明:
1. 根据××工程勘察总公司二OO九年三月提供的××礼堂修复工程的《岩土工程勘察报告(直接详勘DB2009007)》，本地下室基础采用独立柱基加防水板做法，以稍密卵石作基础持力层。地基承载力特征值为fak=300kPa。如有超挖，应采用C15混凝土回填至设计标高。防水板下土层不作夯实处理。
2. 本子项设计±0.000标高对应的绝对高程为500.420。根据地勘报告，地下水埋藏较深，未进行地下室抗浮设计。
3. 应配合建施放线施工。基坑开挖后，须验槽合格后方可继续施工。
4. 本子项的柱下独基、墙下条基及防水板钢筋均采用HRB400(⌀)。
5. 本基础垫层采用C15混凝土；地下室底板采用C30抗渗混凝土，混凝土墙和暗梁采用C40抗渗混凝土，抗渗等级均为S6。
6. 除图中注明外，独立柱基和墙下条基基础底标高均为-4.600m。
7. 混凝土保护层厚度如下（与设计总说明相关条款有矛盾时，以本条为准）：柱下独基、防水板和墙下条基底筋为40，顶筋为20；混凝土墙为20，与土接触部分为25，与水接触部分为40；暗梁和柱为30。
8. 柱内插筋、剪力墙插筋、挡土墙插筋构造详<<11G101-3>>。
集水坑构造详<<11G101-3>>。
9. 独立柱基和墙下条基平面整体配筋表示法详见<<11G101-3>>。
10. 基础配筋构造详见<<11G101-3>>之"标准构造详图"部分。
11. 梁平面整体配筋表示法详见<<11G101-1>>。
12. 梁配筋构造详见<<11G101-1>>之"标准构造详图"部分。
13. 图中 部分为Q2， 部分为Q3，其余墙部分均为Q1。
Q1
Q2
(基顶~-3.600)
Q3
(基顶~±0.000)
注册结构工程师签字栏
注册工程师
注册证书号
注册印章号
××建筑设计院
院长
总工程师
设计总负责人
审核
专业负责人
校核
设计
制图
工程项目
礼堂工程
子项名称
地下室基础平面布置图
设计号 2009-15
图别 结施
图号 2
日期 2009.05
比例
单位

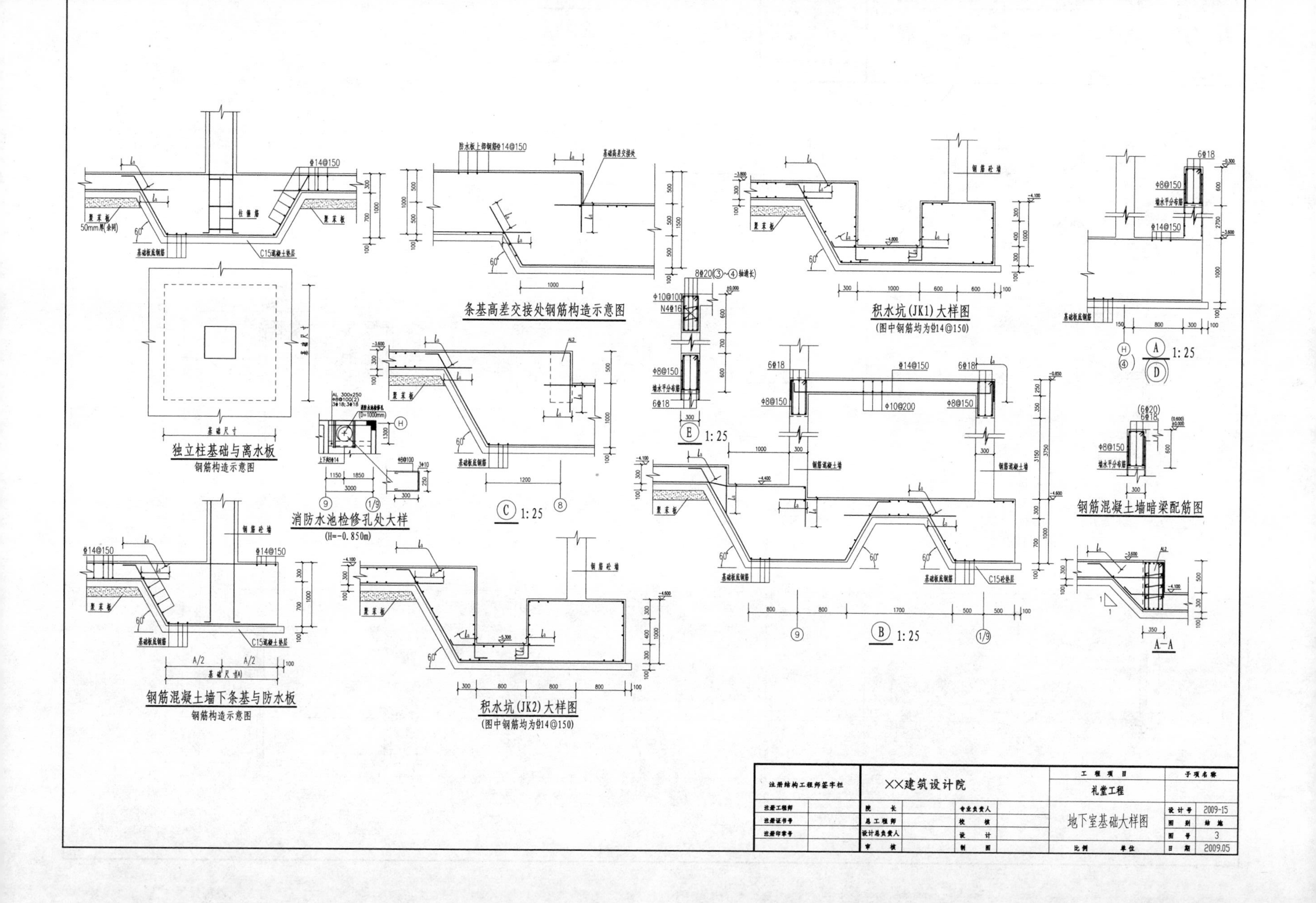
独立柱基础与离水板
钢筋构造示意图
条基高差交接处钢筋构造示意图
积水坑(JK1)大样图
(图中钢筋均为Φ14@150)
A/D 1:25
E 1:25
C 1:25
B 1:25
消防水池检修孔处大样
(H=-0.850m)
钢筋混凝土墙暗梁配筋图
A—A
钢筋混凝土墙下条基与防水板
钢筋构造示意图
积水坑(JK2)大样图
(图中钢筋均为Φ14@150)
注册结构工程师签字栏
注册工程师
注册证书号
注册印章号
××建筑设计院
院长
总工程师
设计总负责人
审核
专业负责人
校核
设计
制图
工程项目
礼堂工程
子项名称
地下室基础大样图
比例
单位
设计号 2009-15
图别 结施
图号 3
日期 2009.05

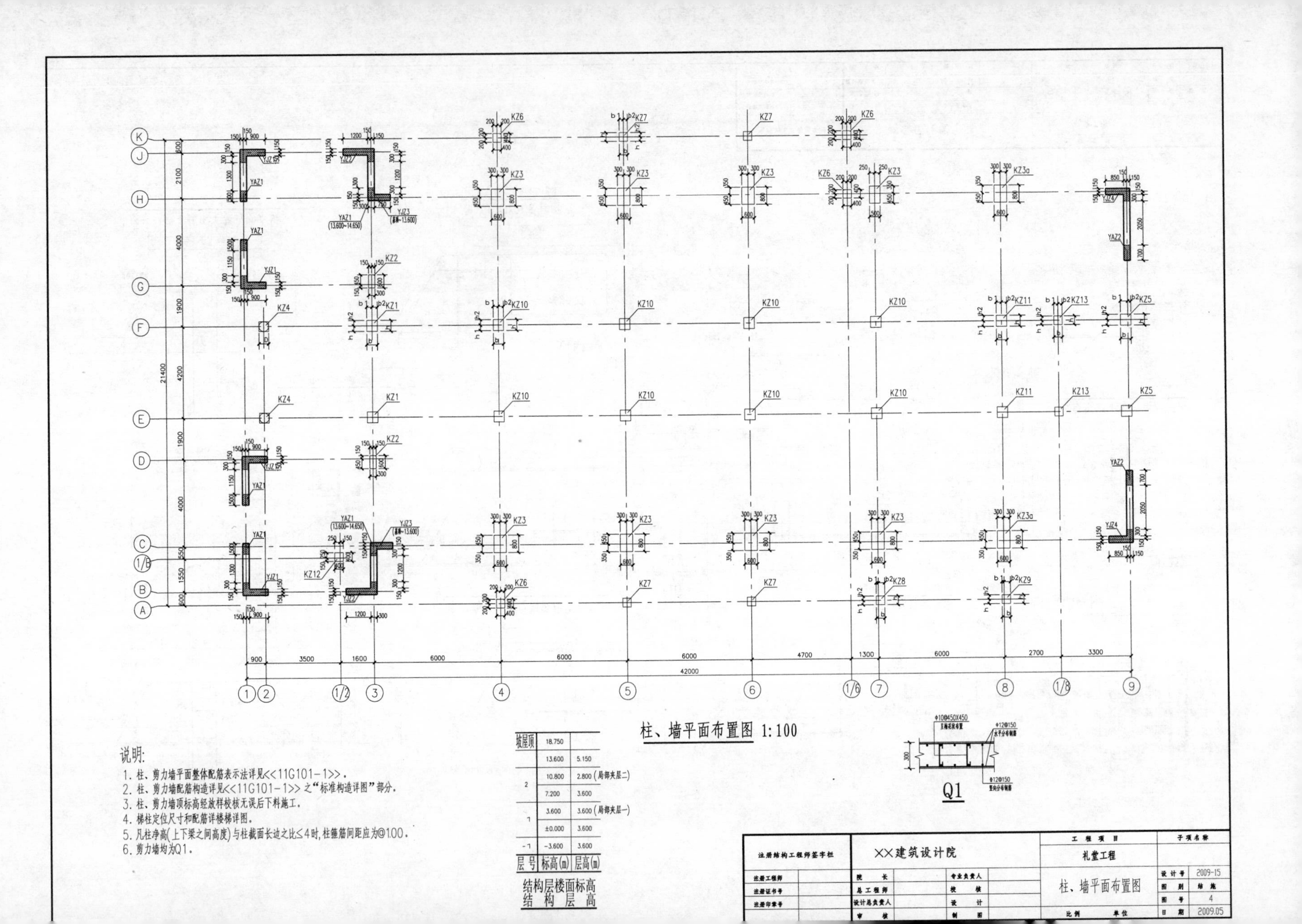
柱、墙平面布置图 1:100
说明:
1. 柱、剪力墙平面整体配筋表示法详见<<11G101-1>>.
2. 柱、剪力墙配筋构造详见<<11G101-1>>之“标准构造详图”部分.
3. 柱、剪力墙顶标高经放样校核无误后下料施工.
4. 梯柱定位尺寸和配筋详楼梯详图.
5. 凡柱净高(上下梁之间高度)与柱截面长边之比≤4时,柱箍筋间距应为@100.
6. 剪力墙均为Q1.
坡屋顶 18.750
13.600 5.150
2 10.800 2.800 (局部夹层二)
7.200 3.600
1 3.600 3.600 (局部夹层一)
±0.000 3.600
-1 -3.600 3.600
层号 标高(m) 层高(m)
结构层楼面标高
结构层高
Q1
注册结构工程师签字栏
XX建筑设计院
工程项目
礼堂工程
子项名称
柱、墙平面布置图
设计号 2009-15
图别 结施
图号 4
日期 2009.05

柱 配 筋 表

箍筋类型1.(mxn)　箍筋类型2.

柱号	标 高	bxh (圆柱直径D)	b1	b2	h1	h2	主筋 角筋	主筋 b边一侧中部筋	主筋 h边一侧中部筋	主筋 箍筋类型号	箍 筋	备注
KZ1	基 顶 - ±0.000	500x500	/	/	/	/	4Φ25	2Φ25	2Φ25	1(4x4)	Φ10@100	
	±0.000 - 7.200	500x500	/	/	/	/	4Φ25	2Φ22	2Φ22	1(4x4)	Φ10@100	
	7.200 - 12.950	500x500	/	/	/	/	4Φ25	2Φ22	2Φ22	1(4x4)	Φ10@100/200	
	12.950 - 坡屋顶	500x500	/	/	/	/	4Φ22	2Φ20	2Φ20	1(4x4)	Φ10@100	
KZ2	基 顶 - ±0.000	300x600	详柱平面布置图				4Φ25	1Φ20	2Φ25	1(3x4)	Φ10@100	
	±0.000 - 7.200	300x600	详柱平面布置图				4Φ22	1Φ18	2Φ22	1(3x4)	Φ10@100	
	7.200 - 12.950	300x600	详柱平面布置图				4Φ22	1Φ18	2Φ22	1(3x4)	Φ10@100/200	
	12.950 - 坡屋顶	300x600	详柱平面布置图				4Φ22	1Φ18	2Φ22	1(3x4)	Φ10@100	
KZ3	基 顶 - ±0.000	600x800	详柱平面布置图				4Φ28	5Φ28	3Φ25	1(5x5)	Φ12@100	
	±0.000 - 7.200	600x800	详柱平面布置图				4Φ28	5Φ25	3Φ22	1(5x5)	Φ12@100	
	7.200 - 坡屋顶	600x800	详柱平面布置图				4Φ28	5Φ32	3Φ22	1(5x5)	Φ12@100	
KZ3a	基 顶 - 0.600	600x800	详柱平面布置图				4Φ28	5Φ28	3Φ25	1(5x5)	Φ12@100	
	0.600 - 7.200	600x800	详柱平面布置图				4Φ28	5Φ25	3Φ22	1(5x5)	Φ12@100	
	7.200 - 坡屋顶	600x800	详柱平面布置图				4Φ32	5Φ32	3Φ22	1(5x5)	Φ12@100	
KZ4	基 顶 - ±0.000	450x450	/	/	/	/	4Φ20	2Φ18	2Φ18	1(4x4)	Φ10@100	
	±0.000 - 7.200	450	/	/	/	/	全部纵筋 8Φ18			2	Φ10@100	
KZ5	基 顶 - 0.600	500x500	350	150	250	250	4Φ25	2Φ25	2Φ25	1(4x4)	Φ10@100	
	0.600 - 7.200	500x500	350	150	250	250	4Φ25	2Φ22	2Φ22	1(4x4)	Φ10@100	
	7.200 - 坡屋顶	500x500	350	150	250	250	4Φ25	2Φ22	2Φ22	1(4x4)	Φ10@100/200	
KZ6	基 顶 - ±0.000	400x400	详柱平面布置图				4Φ22	2Φ22	2Φ22	1(4x4)	Φ10@100	
	±0.000 - 11.400	400x400	详柱平面布置图				4Φ20	2Φ20	2Φ20	1(4x4)	Φ10@100	
KZ7	基 顶 - ±0.000	400x400	/	/	/	/	4Φ22	2Φ22	2Φ22	1(4x4)	Φ10@100	
	±0.000 - 11.400	400x400	/	/	/	/	4Φ20	2Φ20	2Φ20	1(4x4)	Φ10@100/200	
KZ8	基 顶 - ±0.000	400x400	100	300	200	200	4Φ22	2Φ22	2Φ22	1(4x4)	Φ10@100	
	±0.000 - 11.400	400x400	100	300	200	200	4Φ20	2Φ20	2Φ20	1(4x4)	Φ10@100	
KZ9	基 顶 - ±0.000	400x400	100	300	200	200	4Φ22	2Φ22	2Φ22	1(4x4)	Φ10@100	
	±0.000 - 4.200	400x400	100	300	200	200	4Φ20	2Φ20	2Φ20	1(4x4)	Φ10@100	
KZ10	基 顶 - ±0.000	500x500	/	/	/	/	4Φ20	2Φ20	2Φ20	1(4x4)	Φ10@100	
KZ11	基 顶 - ±0.000	500x500	/	/	/	/	4Φ22	2Φ22	2Φ22	1(4x4)	Φ10@100	
KZ12	基 顶 - ±0.000	400x400	详柱平面布置图				4Φ20	2Φ20	2Φ20	1(4x4)	Φ10@100	
KZ13	基 顶 - 0.600	400x400	/	/	/	/	4Φ25	2Φ25	2Φ25	1(4x4)	Φ10@100	
	0.600 - 3.900	400x400	/	/	/	/	4Φ25	2Φ22	2Φ22	1(4x4)	Φ10@100	
	3.900 - 7.200	400x400	/	/	/	/	4Φ25	2Φ22	2Φ25	1(4x4)	Φ10@100	

说明:表中"/"表示柱中心与纵横两轴线交点重合。

剪 力 墙 柱 表

截面				
编号	YAZ1	YAZ2	YJZ1	YJZ2
标高	基顶~坡屋顶	基顶~坡屋顶	基顶~坡屋顶	基顶~坡屋顶
纵筋	12Φ20	16Φ20	30Φ20	36Φ20
箍筋	Φ12@100	Φ12@100	Φ12@100	Φ12@100
截面				
编号	YJZ3	YJZ4		
标高	基顶~坡屋顶	基顶~坡屋顶		
纵筋	28Φ20	30Φ25		
箍筋	Φ12@100	Φ12@100		

层号	标高(m)	层高(m)
坡屋顶	18.750	
	13.600	5.150
2	10.800	2.800 (局部夹层二)
	7.200	3.600
1	3.600	3.600 (局部夹层一)
	±0.000	3.600
-1	-3.600	3.600

结构层楼面标高
结构层高

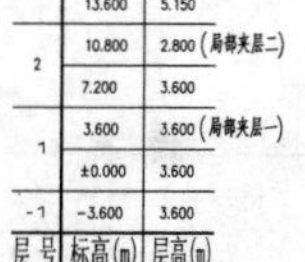

Q1

注册结构工程师签字栏	××建筑设计院			工程项目	子项名称
				礼堂工程	
注册工程师	院长	专业负责人		柱、墙配筋图	设计号 2009-15
注册证书号	总工程师	校核			图别 结施
注册印章号	设计总负责人	设计			图号 5
	审核	制图		比例　单位	日期 2009.05

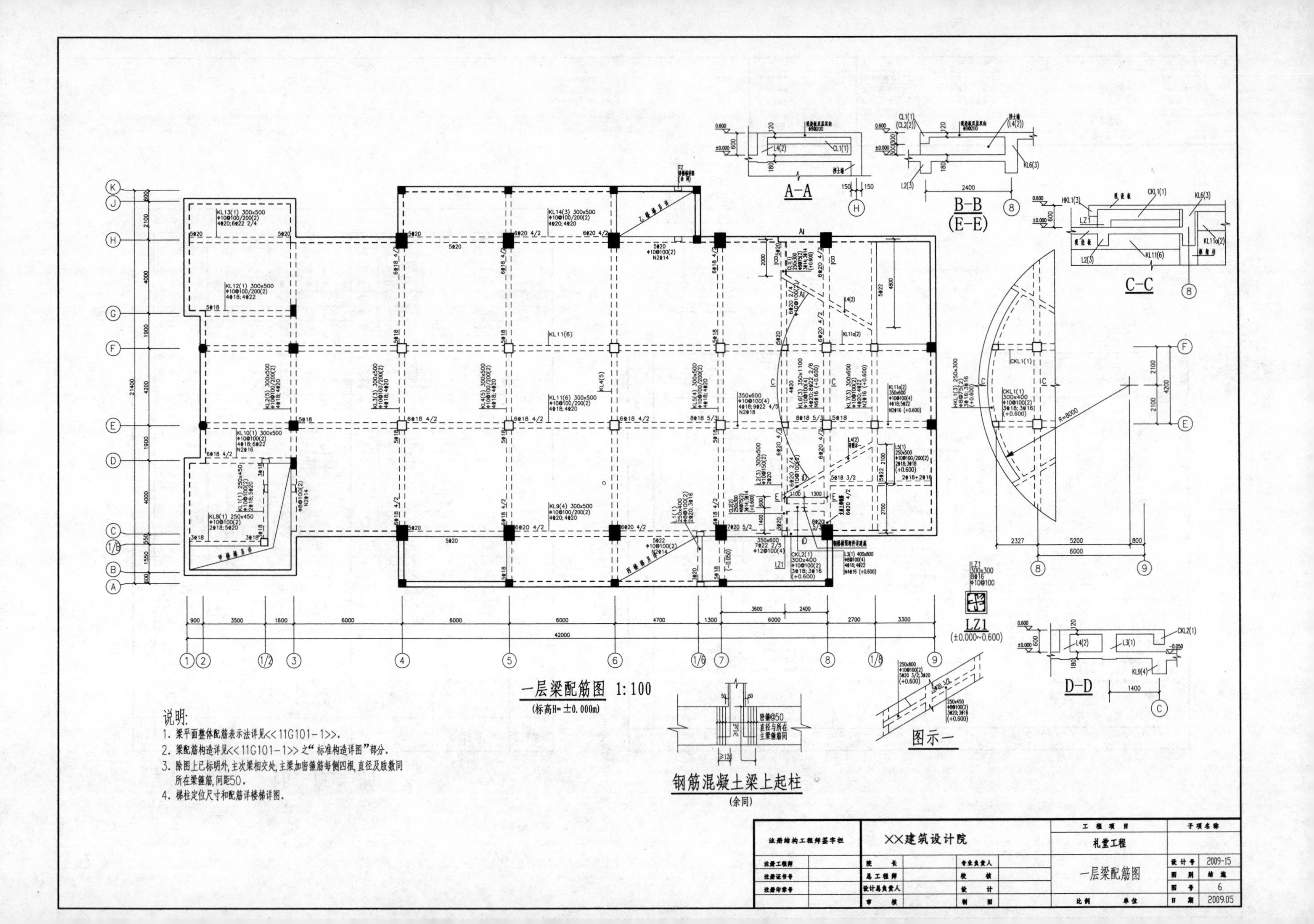
一层梁配筋图 1:100
(标高H=±0.000m)
说明:
1. 梁平面整体配筋表示法详见<<11G101-1>>.
2. 梁配筋构造详见<<11G101-1>>之"标准构造详图"部分.
3. 除图上已标明外,主次梁相交处,主梁加密箍筋每侧四根,直径及肢数同所在梁箍筋,间距50.
4. 梯柱定位尺寸和配筋详楼梯详图.
钢筋混凝土梁上起柱
(余同)
图示一
A-A
B-B
(E-E)
C-C
D-D
LZ1
(±0.000~0.600)
注册结构工程师签字栏
XX建筑设计院
工程项目
礼堂工程
子项名称
一层梁配筋图
设计号 2009-15
图别 结施
图号 6
日期 2009.05

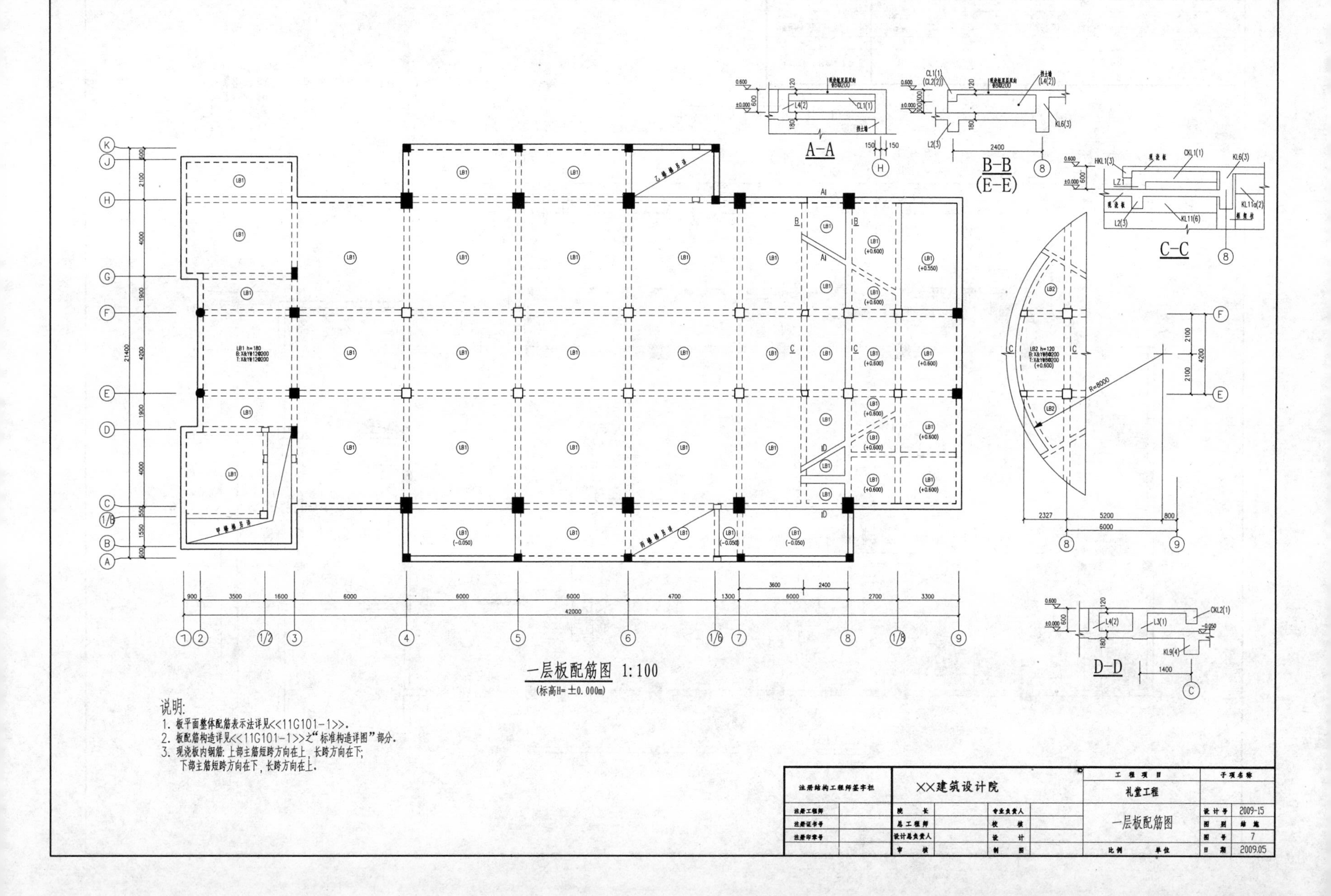
A-A
B-B
(E-E)
C-C
D-D
LB1 h=180
B: X&Y⌀12@200
T: X&Y⌀12@200
LB2 h=120
B: X&Y⌀8@200
T: X&Y⌀8@200
(+0.600)
R=8000
21400
42000
一层板配筋图 1:100
(标高H=±0.000m)
说明:
1. 板平面整体配筋表示法详见<<11G101-1>>.
2. 板配筋构造详见<<11G101-1>>之"标准构造详图"部分.
3. 现浇板内钢筋: 上部主筋短跨方向在上, 长跨方向在下;
下部主筋短跨方向在下, 长跨方向在上.
注册结构工程师签字栏
注册工程师
注册证书号
注册印章号
××建筑设计院
院长
总工程师
设计总负责人
审核
专业负责人
校核
设计
制图
工程项目
礼堂工程
子项名称
一层板配筋图
设计号 2009-15
图别 结施
图号 7
日期 2009.05
比例
单位

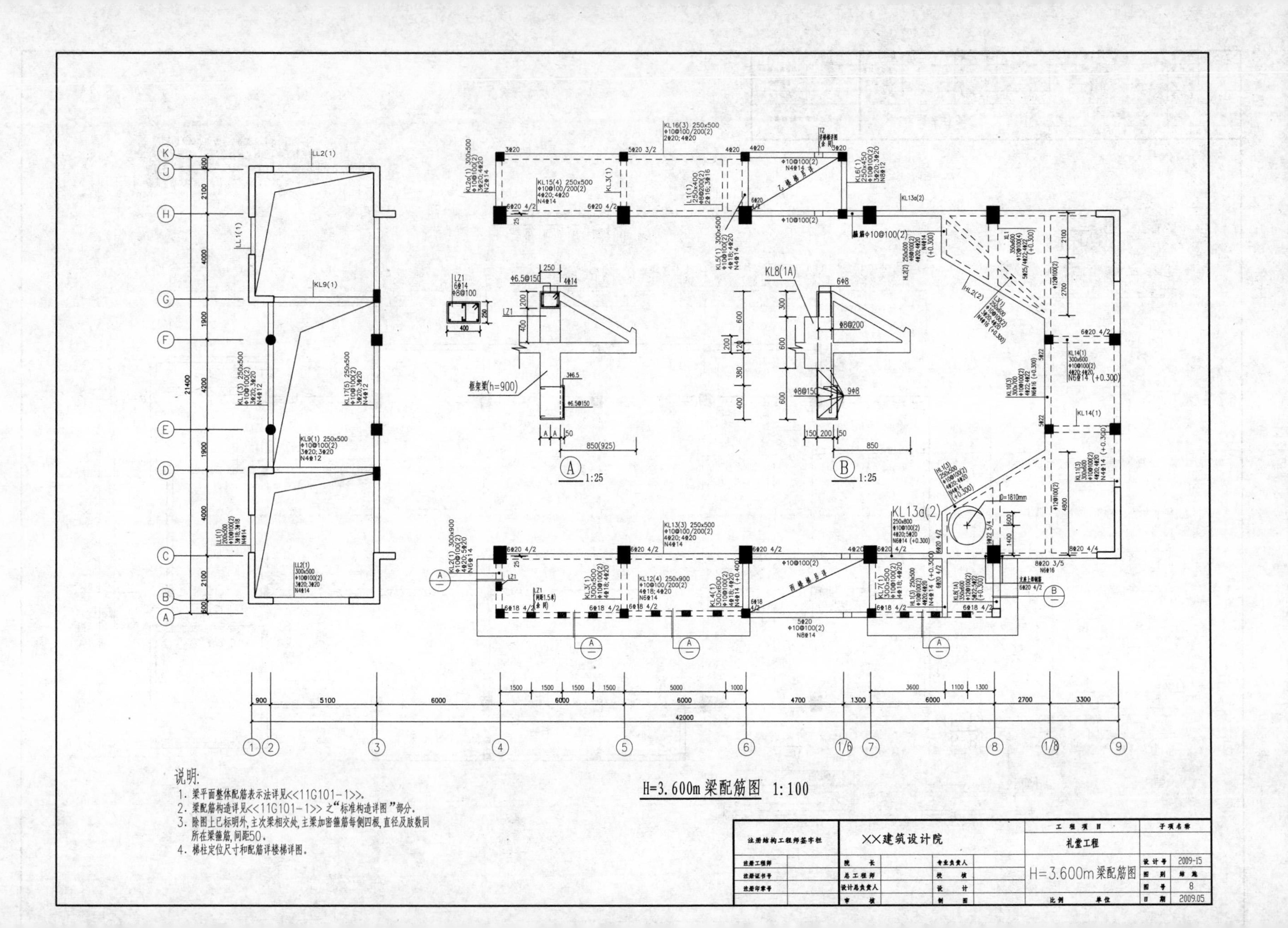
H=3.600m梁配筋图 1:100
说明:
1. 梁平面整体配筋表示法详见<<11G101-1>>。
2. 梁配筋构造详见<<11G101-1>>之"标准构造详图"部分。
3. 除图上已标明外,主次梁相交处,主梁加密箍筋每侧四根,直径及肢数同所在梁箍筋,间距50。
4. 梯柱定位尺寸和配筋详楼梯详图。
A 1:25
B 1:25
框架梁(h=900)
KL8(1A)
KL13a(2)
LZ1
42000
21400
注册结构工程师签字栏
注册工程师
注册证书号
注册印章号
××建筑设计院
院长
总工程师
设计总负责人
审核
专业负责人
校核
设计
制图
工程项目
礼堂工程
子项名称
H=3.600m梁配筋图
比例
单位
设计号 2009-15
图别 结施
图号 8
日期 2009.05

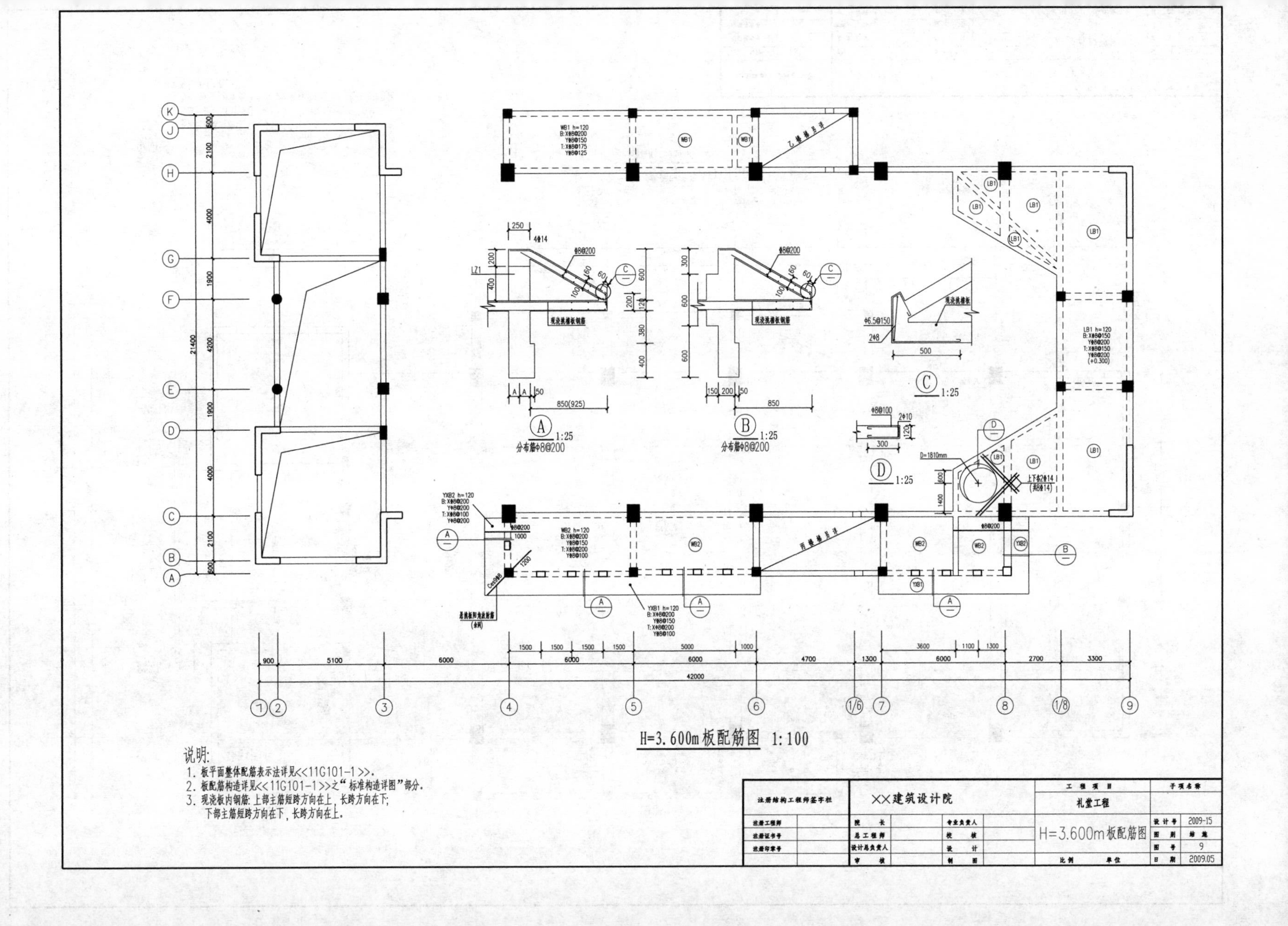

H=3.600m板配筋图 1:100
说明:
1. 板平面整体配筋表示法详见<<11G101-1>>.
2. 板配筋构造详见<<11G101-1>>之“标准构造详图”部分.
3. 现浇板内钢筋:上部主筋短跨方向在上，长跨方向在下;
下部主筋短跨方向在下，长跨方向在上.
WB1 h=120
B:X⌀8@200
Y⌀8@150
T:X⌀8@175
Y⌀8@125
WB2 h=120
B:X⌀8@200
Y⌀8@150
T:X⌀8@200
Y⌀8@100
YXB1 h=120
B:X⌀8@200
Y⌀8@150
T:X⌀8@200
Y⌀8@100
YXB2 h=120
B:X⌀8@200
Y⌀8@200
T:X⌀8@100
Y⌀8@200
LB1 h=120
B:X⌀8@150
Y⌀8@200
T:X⌀8@150
Y⌀8@200
(+0.300)
乙楼梯另详
丙楼梯另详
现浇挑檐板钢筋
现浇挑檐板
A 1:25
分布筋⌀8@200
B 1:25
分布筋⌀8@200
C 1:25
D 1:25
D=1810mm
上下各2⌀14
42000
21400
××建筑设计院
工程项目
礼堂工程
子项名称
注册结构工程师签字栏
注册工程师
注册证书号
注册印章号
院长
总工程师
设计总负责人
审核
专业负责人
校核
设计
制图
H=3.600m板配筋图
比例
单位
设计号 2009-15
图别 结施
图号 9
日期 2009.05

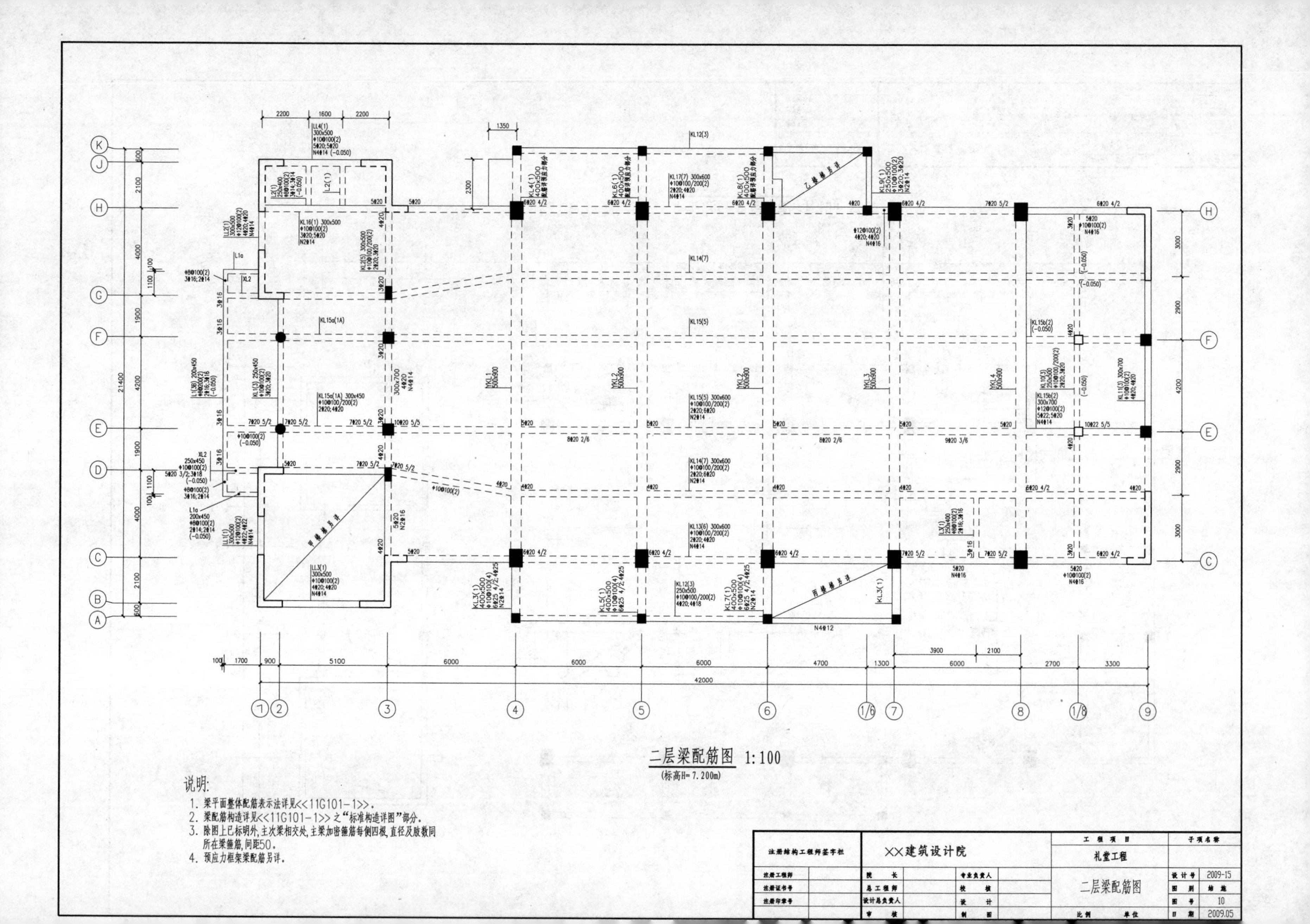
二层梁配筋图 1:100
(标高H=7.200m)
说明:
1. 梁平面整体配筋表示法详见<<11G101-1>>。
2. 梁配筋构造详见<<11G101-1>>之"标准构造详图"部分。
3. 除图上已标明外，主次梁相交处，主梁加密箍筋每侧四根，直径及肢数同所在梁箍筋，间距50。
4. 预应力框架梁配筋另详。
注册结构工程师签字栏
注册工程师
注册证书号
注册印章号
XX建筑设计院
院长
总工程师
设计总负责人
审核
专业负责人
校核
设计
制图
工程项目
礼堂工程
二层梁配筋图
比例
单位
子项名称
设计号 2009-15
图别 结施
图号 10
日期 2009.05

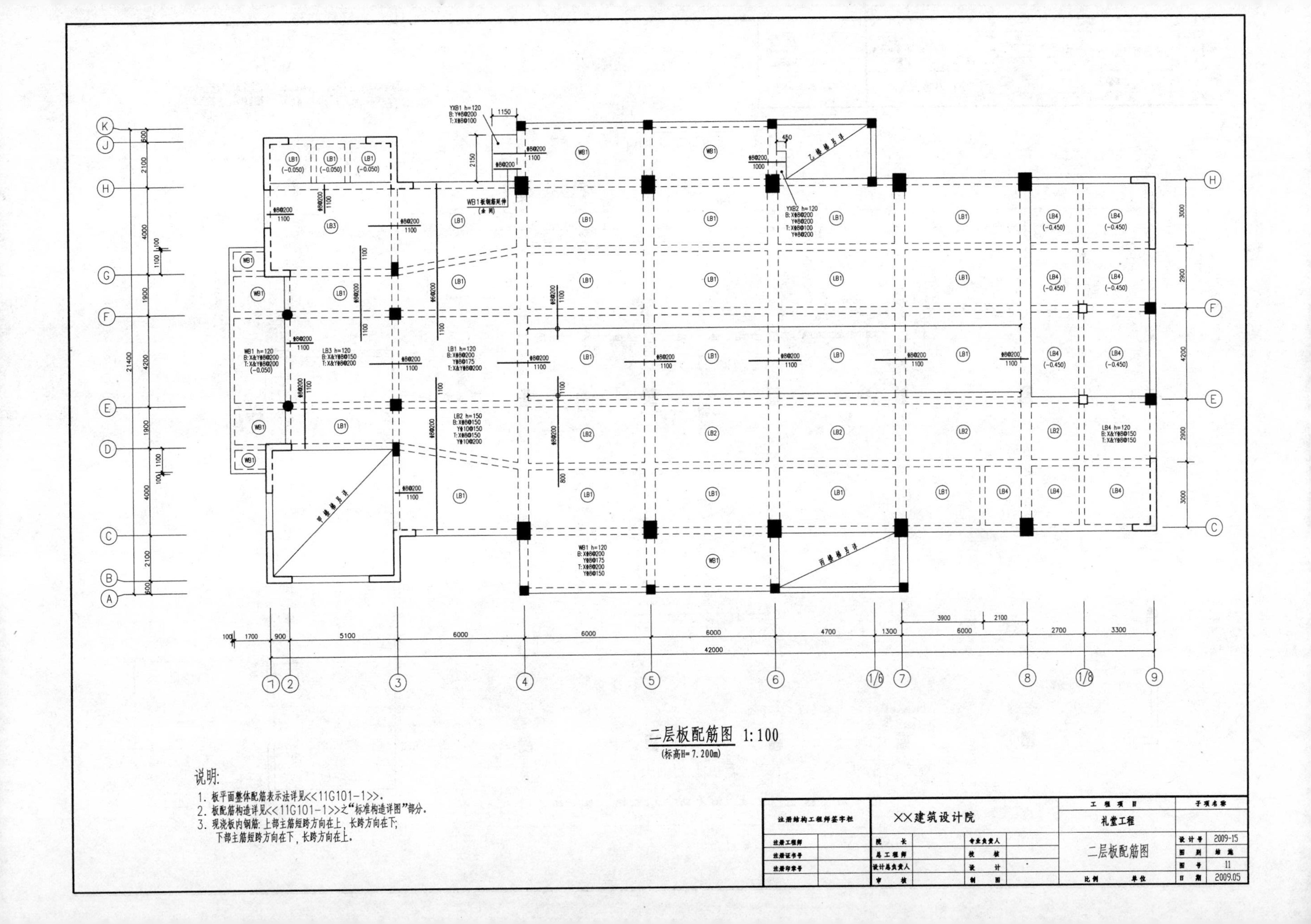

二层板配筋图 1:100
(标高H=7.200m)
说明:
1. 板平面整体配筋表示法详见<<11G101-1>>.
2. 板配筋构造详见<<11G101-1>>之"标准构造详图"部分.
3. 现浇板内钢筋: 上部主筋短跨方向在上, 长跨方向在下;
下部主筋短跨方向在下, 长跨方向在上.
注册结构工程师签字栏
XX建筑设计院
工程项目
礼堂工程
子项名称
二层板配筋图
设计号 2009-15
图别 结施
图号 11
日期 2009.05

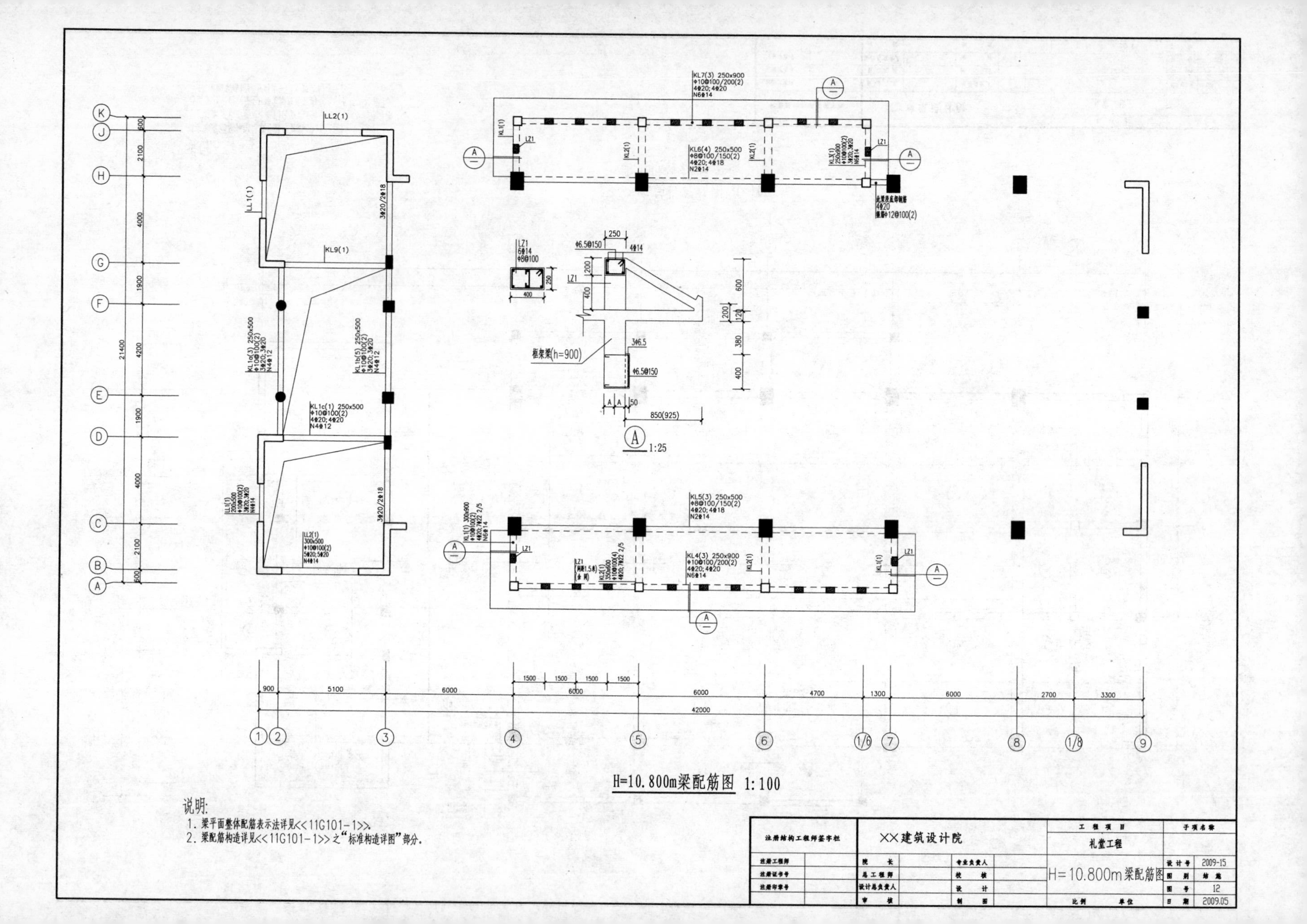

KL7(3) 250x900
KL6(4) 250x500
KL5(3) 250x500
KL4(3) 250x900
KL1c(1) 250x500
KL1b(5) 250x500
KL1a(3) 250x500
KL9(1)
LL1(1)
LL2(1)
LZ1
框架梁(h=900)
A 1:25
H=10.800m梁配筋图 1:100
说明:
1. 梁平面整体配筋表示法详见<<11G101-1>>。
2. 梁配筋构造详见<<11G101-1>>之“标准构造详图”部分。
注册结构工程师签字栏
XX建筑设计院
工程项目
礼堂工程
H=10.800m梁配筋图
设计号 2009-15
图别 结施
图号 12
日期 2009.05

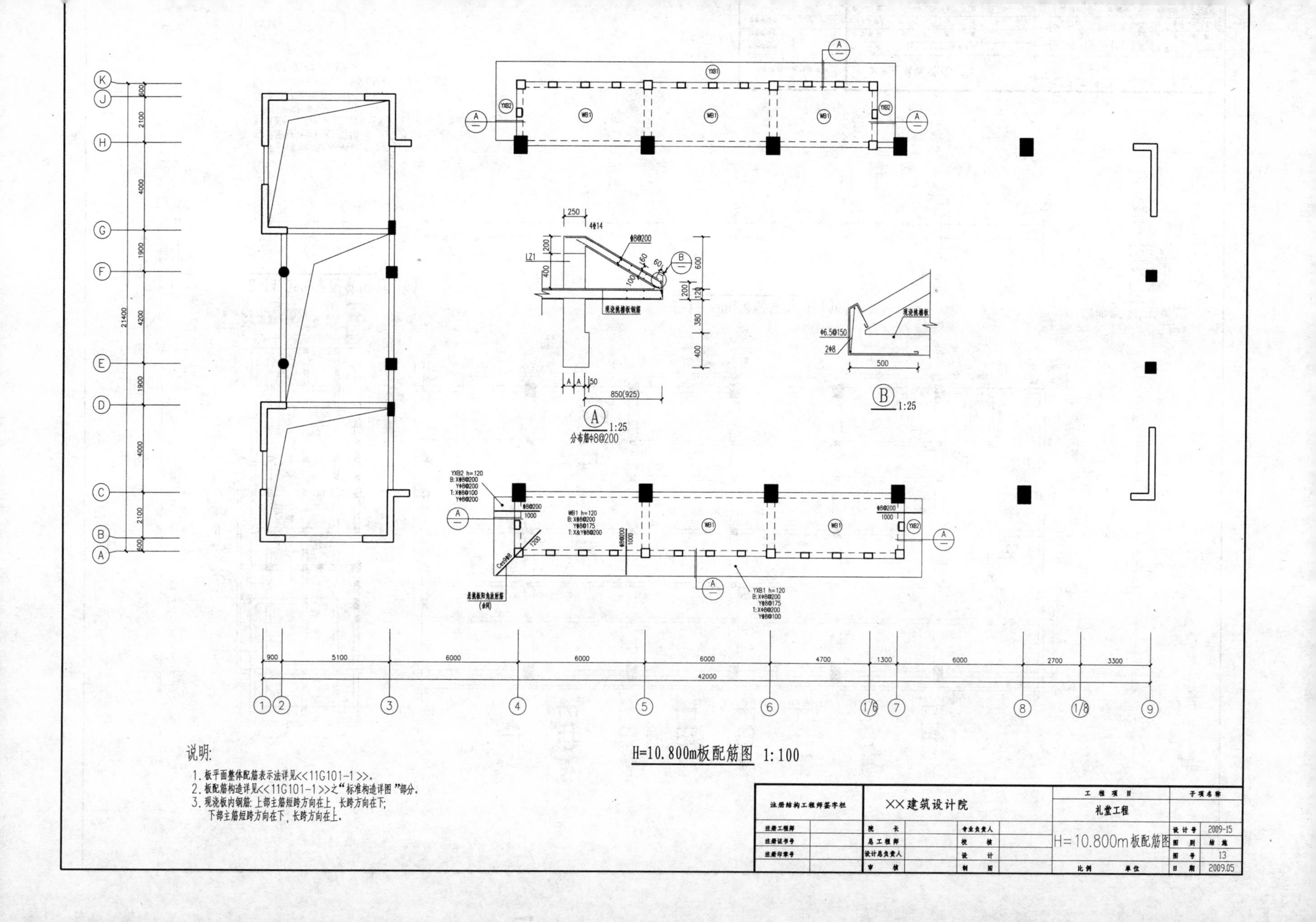
H=10.800m板配筋图 1:100
A 1:25
分布筋Φ8@200
B 1:25
YXB1 h=120
YXB2 h=120
WB1 h=120
说明:
1. 板平面整体配筋表示法详见<<11G101-1>>。
2. 板配筋构造详见<<11G101-1>>之"标准构造详图"部分。
3. 现浇板内钢筋：上部主筋短跨方向在上，长跨方向在下；
下部主筋短跨方向在下，长跨方向在上。
××建筑设计院
工程项目
礼堂工程
H=10.800m板配筋图
设计号 2009-15
图别 结施
图号 13
日期 2009.05

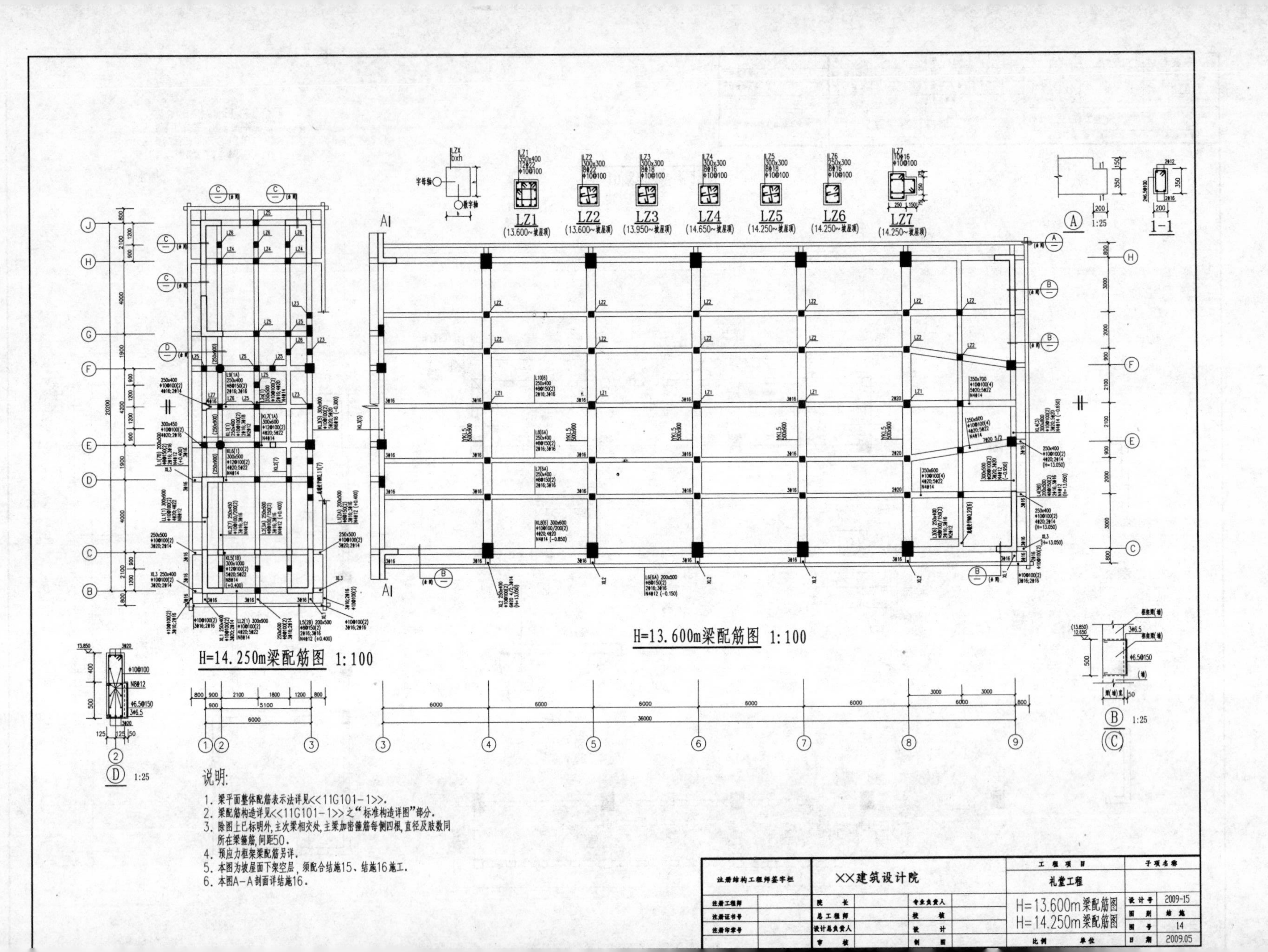

LZ1
(13.600~坡屋顶)
LZ2
(13.600~坡屋顶)
LZ3
(13.950~坡屋顶)
LZ4
(14.650~坡屋顶)
LZ5
(14.250~坡屋顶)
LZ6
(14.250~坡屋顶)
LZ7
(14.250~坡屋顶)
1-1
H=14.250m梁配筋图 1:100
H=13.600m梁配筋图 1:100
说明:
1. 梁平面整体配筋表示法详见<<11G101-1>>.
2. 梁配筋构造详见<<11G101-1>>之"标准构造详图"部分.
3. 除图上已标明外,主次梁相交处,主梁加密箍筋每侧四根,直径及肢数同所在梁箍筋,间距50.
4. 预应力框架梁配筋另详.
5. 本图为坡屋面下架空层,须配合结施15、结施16施工.
6. 本图A-A剖面详结施16.
注册结构工程师签字栏
注册工程师
注册证书号
注册印章号
XX建筑设计院
院长
总工程师
设计总负责人
审核
专业负责人
校核
设计
制图
工程项目
礼堂工程
H=13.600m梁配筋图
H=14.250m梁配筋图
比例
单位
子项名称
设计号 2009-15
图别 结施
图号 14
日期 2009.05

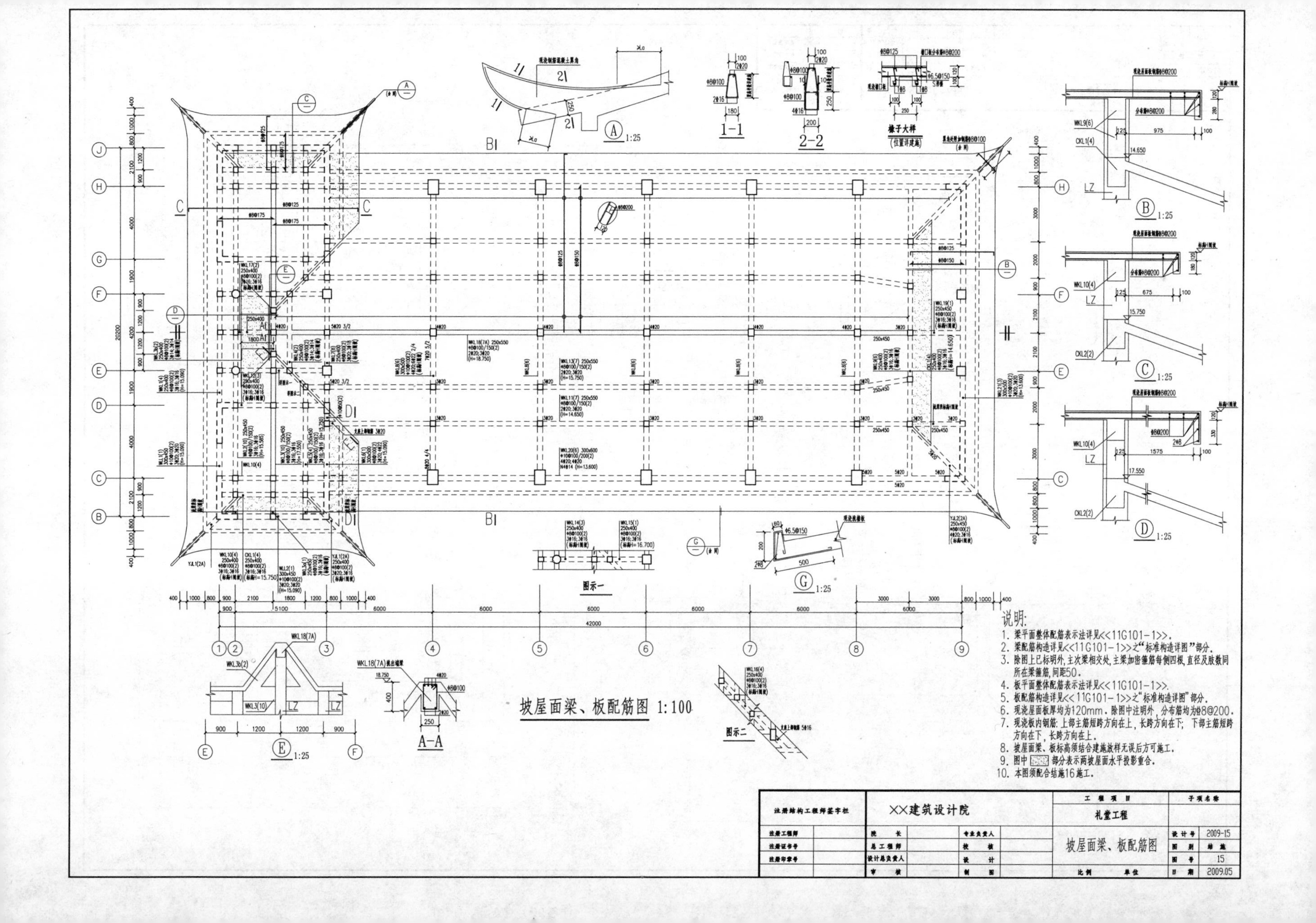
坡屋面梁、板配筋图 1:100
A 1:25
1-1
2-2
椽子大样
(位置详建施)
B 1:25
C 1:25
D 1:25
E 1:25
G 1:25
A-A
图示一
图示二
说明:
1. 梁平面整体配筋表示法详见<<11G101-1>>.
2. 梁配筋构造详见<<11G101-1>>之"标准构造详图"部分.
3. 除图上已标明外,主次梁相交处,主梁加密箍筋每侧四根,直径及肢数同所在梁箍筋,间距50.
4. 板平面整体配筋表示法详见<<11G101-1>>.
5. 板配筋构造详见<<11G101-1>>之"标准构造详图"部分.
6. 现浇屋面板厚均为120mm.除图中注明外,分布筋均为φ8@200.
7. 现浇板内钢筋:上部主筋短跨方向在上,长跨方向在下;下部主筋短跨方向在下,长跨方向在上.
8. 坡屋面梁、板标高须结合建施放样无误后方可施工.
9. 图中 部分表示两坡屋面水平投影重合.
10. 本图须配合结施16施工.
注册结构工程师签字栏
注册工程师
注册证书号
注册印章号
XX建筑设计院
院长
总工程师
设计总负责人
审核
专业负责人
校核
设计
制图
工程项目
札堂工程
坡屋面梁、板配筋图
比例
单位
子项名称
设计号 2009-15
图别 结施
图号 15
日期 2009.05

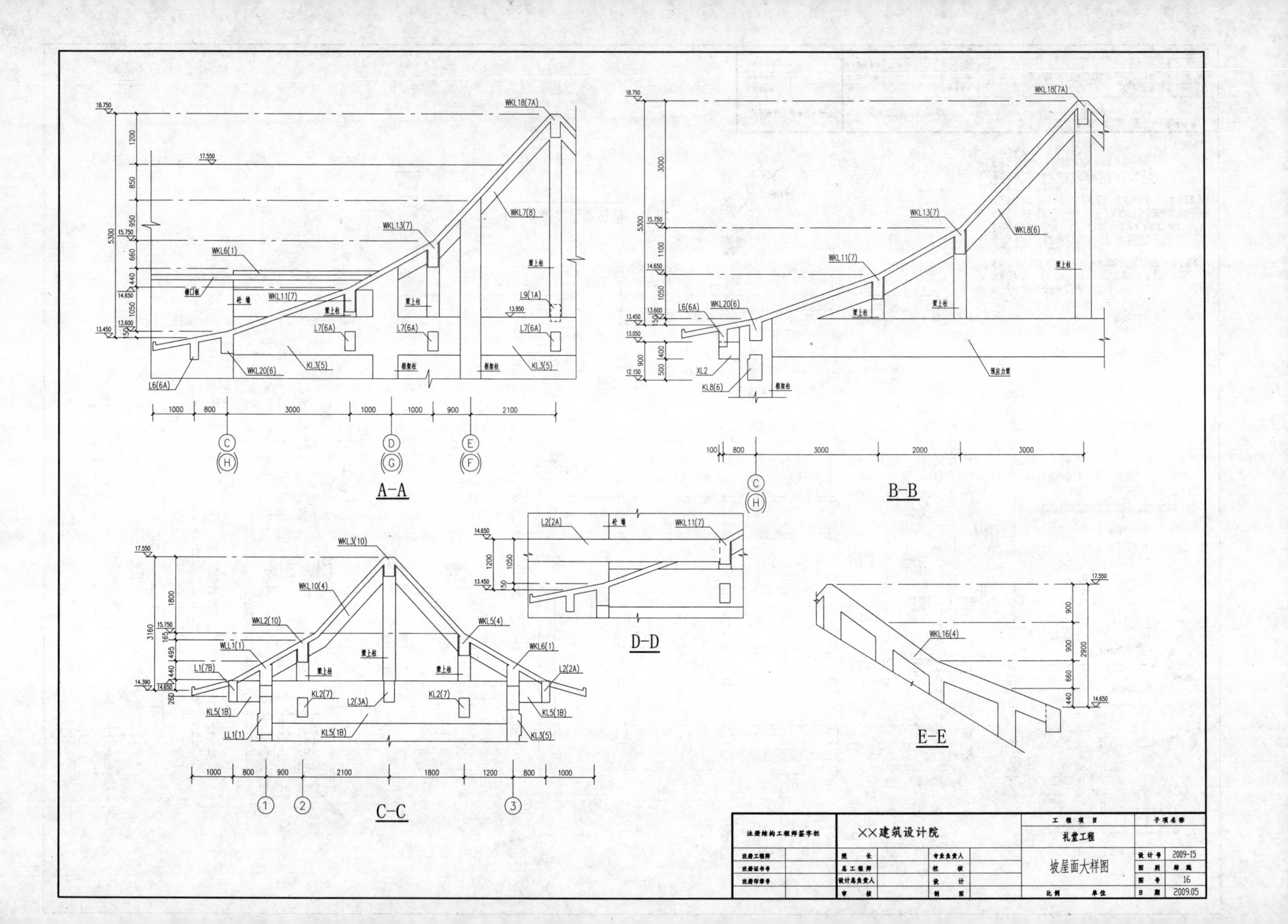
A-A
B-B
C-C
D-D
E-E
WKL18(7A)
WKL7(8)
WKL13(7)
WKL6(1)
WKL11(7)
WKL20(6)
L6(6A)
L7(6A)
L9(1A)
KL3(5)
WKL8(6)
XL2
KL8(6)
预应力梁
梁上柱
框架柱
砼墙
WKL3(10)
WKL10(4)
WKL2(10)
WL1(1)
L1(7B)
KL5(1B)
LL1(1)
KL2(7)
L2(3A)
WKL5(4)
WKL6(1)
L2(2A)
KL3(5)
WKL16(4)
××建筑设计院
注册结构工程师签字栏
工程项目
礼堂工程
子项名称
坡屋面大样图
设计号 2009-15
图别 结施
图号 16
日期 2009.05

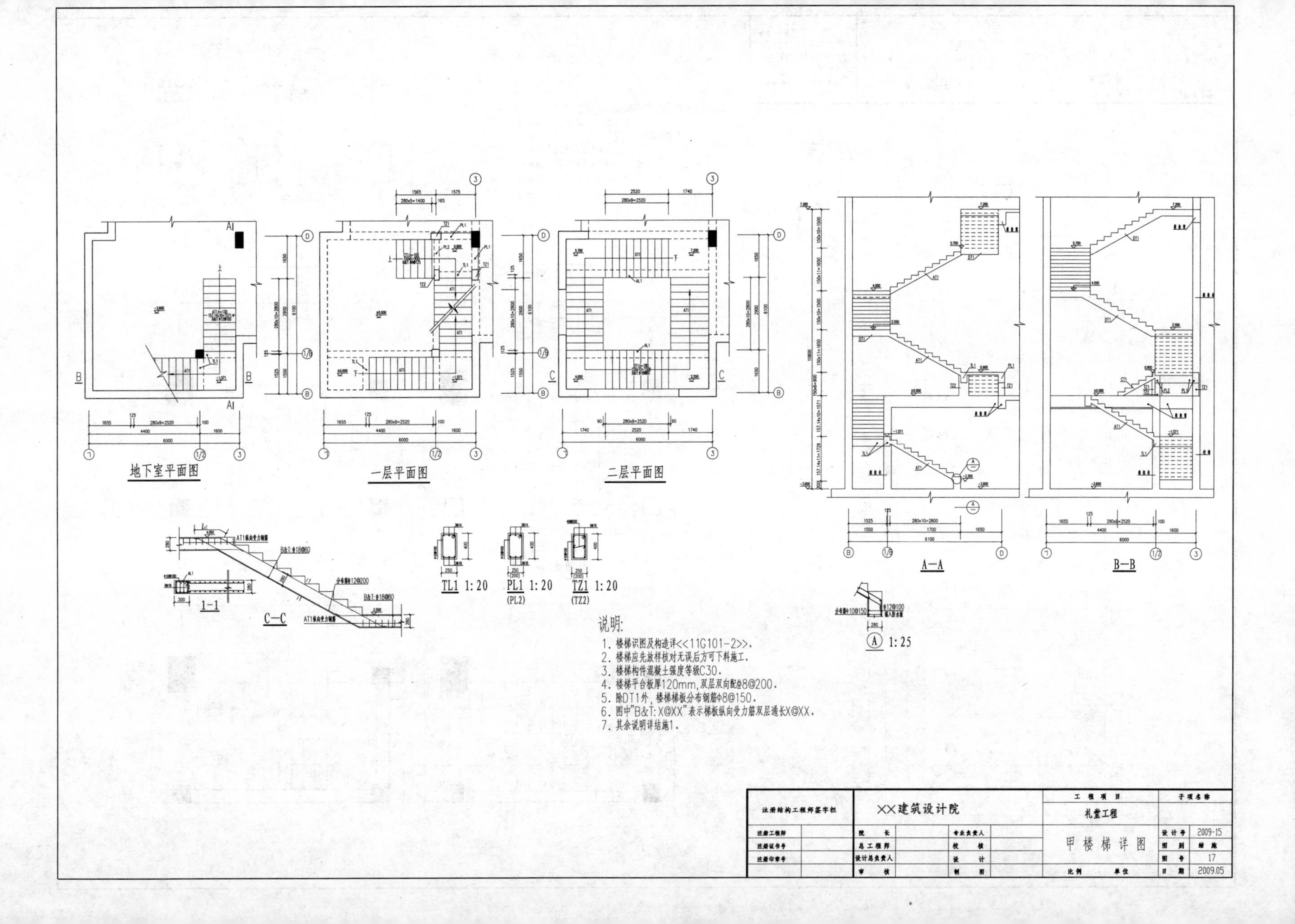

说明:

1. 楼梯识图及构造详<<11G101-2>>.
2. 楼梯应先放样核对无误后方可下料施工.
3. 楼梯构件混凝土强度等级C30.
4. 楼梯平台板厚120mm,双层双向配Φ8@200.
5. 除DT1外,楼梯梯板分布钢筋Φ8@150.
6. 图中"B&T:X@XX"表示梯板纵向受力筋双层通长X@XX.
7. 其余说明详结施1.

注册结构工程师签字栏		XX建筑设计院				工程项目	子项名称	
注册工程师		院长		专业负责人		礼堂工程	设计号	2009-15
注册证书号		总工程师		校核		甲楼梯详图	图别	结施
注册印章号		设计总负责人		设计			图号	17
		审核		制图		比例 单位	日期	2009.05

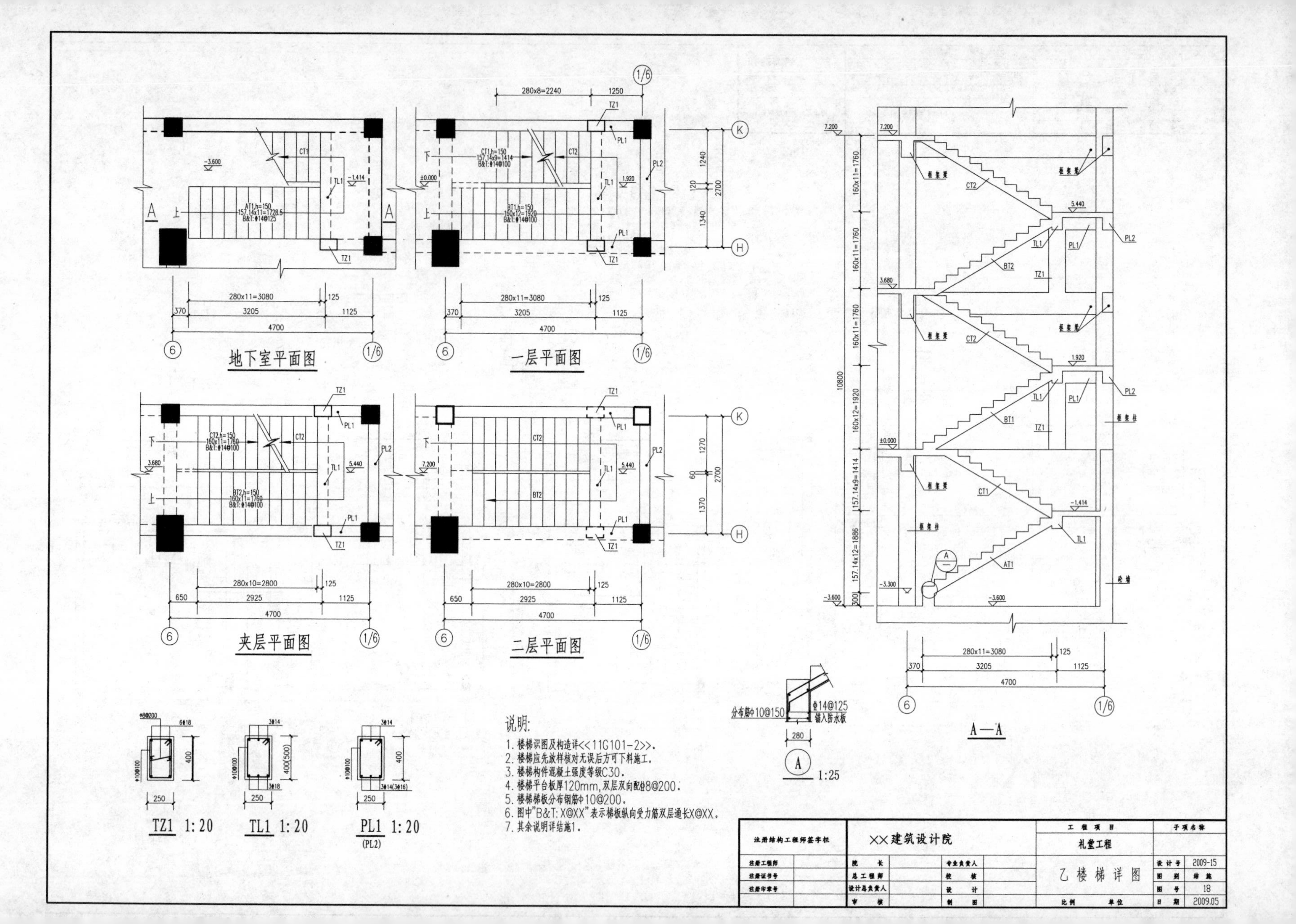

地下室平面图
一层平面图
夹层平面图
二层平面图
A—A
A 1:25
分布筋Φ10@150
Φ14@125
锚入防水板
280
TZ1 1:20
TL1 1:20
PL1 1:20
(PL2)
AT1,h=150
157.14x11=1728.5
B&T:Φ14@125
CT1,h=150
157.14x9=1414
B&T:Φ14@100
BT1,h=150
160x12=1920
B&T:Φ14@100
CT2,h=150
160x11=1760
B&T:Φ14@100
BT2,h=150
160x11=1760
B&T:Φ14@100
280x11=3080
280x8=2240
280x10=2800
4700
3205
2925
1125
125
370
650
1250
2700
1240
1340
1270
1370
10800
160x11=1760
160x12=1920
157.14x9=1414
157.14x12=1886
说明:
1. 楼梯识图及构造详<<11G101-2>>.
2. 楼梯应先放样核对无误后方可下料施工.
3. 楼梯构件混凝土强度等级C30.
4. 楼梯平台板厚120mm,双层双向配Φ8@200.
5. 楼梯梯板分布钢筋Φ10@200.
6. 图中"B&T:X@XX"表示梯板纵向受力筋双层通长X@XX.
7. 其余说明详结施1.
注册结构工程师签字栏
XX建筑设计院
工程项目
礼堂工程
子项名称
乙楼梯详图
设计号 2009-15
图别 结施
图号 18
日期 2009.05

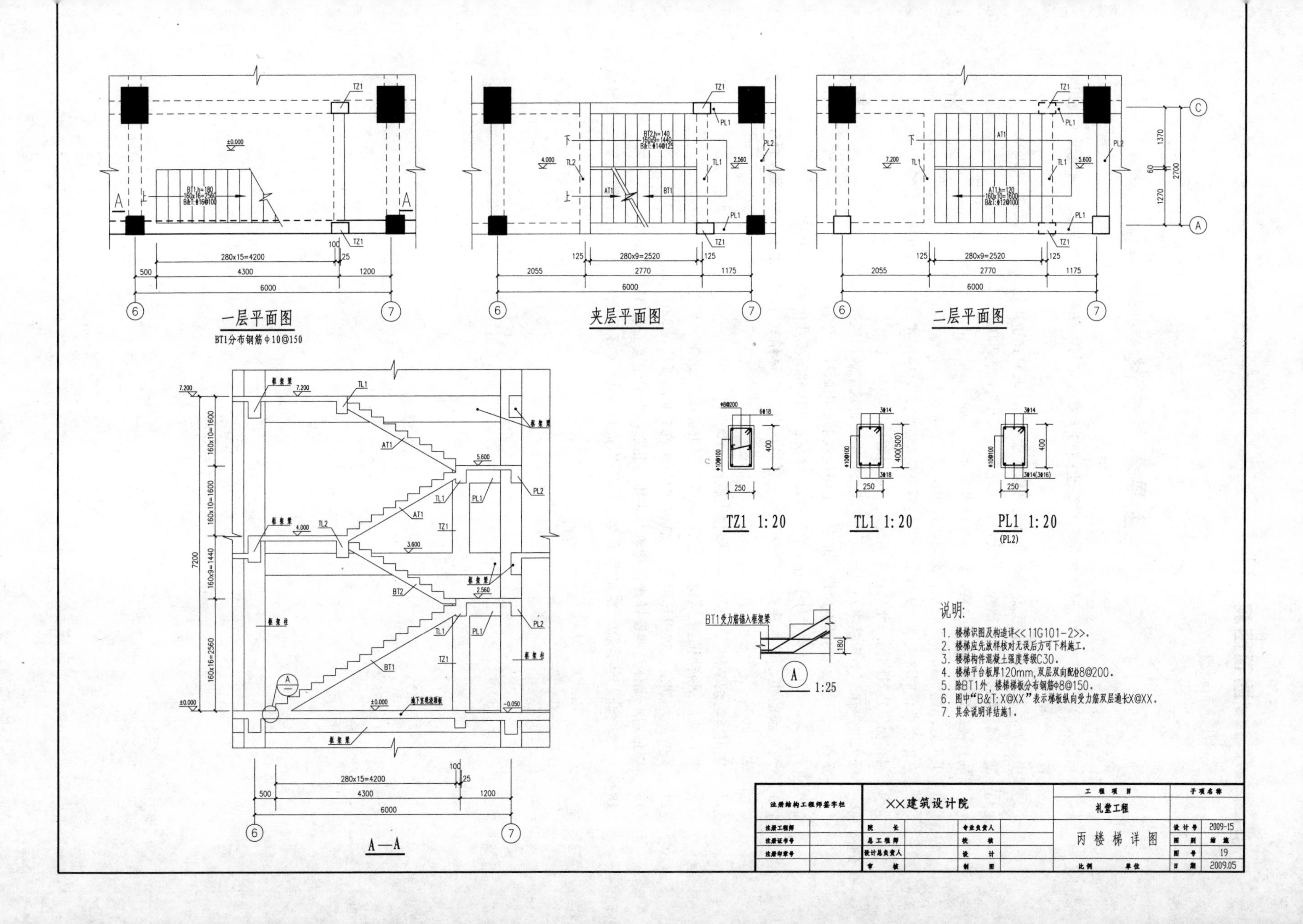
一层平面图
BT1分布钢筋φ10@150
BT1,h=180
160x16=2560
B&T:φ16@100
±0.000
280x15=4200
500
4300
1200
6000
夹层平面图
BT2,h=140
160x9=1440
B&T:φ14@125
4.000
2.560
280x9=2520
125
2055
2770
1175
二层平面图
AT1,h=120
160x10=1600
B&T:φ12@100
7.200
5.600
1370
60
1270
2700
TZ1
TL1
TL2
PL1
PL2
AT1
BT1
BT2
3.600
-0.050
160x10=1600
160x9=1440
160x16=2560
7200
框架梁
框架柱
地下室现浇顶板
A—A
TZ1 1:20
TL1 1:20
PL1 1:20
(PL2)
250
400
400(500)
3Φ14
3Φ18
6Φ18
3Φ14(3Φ16)
φ10@100
φ8@200
BT1受力筋锚入框架梁
180
1:25
说明:
1. 楼梯识图及构造详<<11G101-2>>.
2. 楼梯应先放样核对无误后方可下料施工.
3. 楼梯构件混凝土强度等级C30.
4. 楼梯平台板厚120mm,双层双向配φ8@200.
5. 除BT1外,楼梯梯板分布钢筋φ8@150.
6. 图中“B&T:X@XX”表示梯板纵向受力筋双层通长X@XX.
7. 其余说明详结施1.
注册结构工程师签字栏
注册工程师
注册证书号
注册印章号
XX建筑设计院
院长
总工程师
设计总负责人
审核
专业负责人
校核
设计
制图
工程项目
礼堂工程
子项名称
丙楼梯详图
比例
单位
设计号 2009-15
图别 结施
图号 19
日期 2009.05

主要参考文献

[1] 东南大学，天津大学，同济大学．混凝土结构学习辅导与习题精解．北京：中国建筑工业出版社，2006.
[2] 中国有色工程设计研究总院．混凝土结构构造手册．北京：中国建筑工业出版社，2003.
[3] 胡兴福．建筑力学与结构．武汉：武汉理工大学出版社，2004.
[4] 胡兴福．建筑结构．北京：高等教育出版社，2005.
[5] 丁天庭．建筑结构．北京：高等教育出版社，2003.
[6] 东南大学，同济大学，天津大学．混凝土结构．北京：中国建筑工业出版社，2002.
[7] 胡兴福．建筑结构．北京：中国建筑工业出版社，2007.
[8] 杨太生．建筑结构基本知识与识图．北京：中国建筑工业出版社，2004.
[9] 宁占海．建筑结构基本原理．北京：中国建筑工业出版社，1994.
[10] 苑振芳．砌体结构设计手册（第三版）．北京：中国建筑工业出版社，2002.
[11] 图集编绘组．工程建设分项设计施工系列图集—砌体结构工程．北京：中国建材工业出版社，2004.
[12] 董卫华．钢结构．北京：高等教育出版社，2003.
[13] 罗向荣．钢筋混凝土结构．北京：高等教育出版社，2003.
[14] 龚思新．建筑抗震设计手册．北京：中国建筑工业出版社，2001.
[15] 唐岱新．砌体结构设计规范理解与应用．北京：中国建筑工业出版社，2002.
[16] 《钢结构设计手册》编辑委员会．钢结构设计手册（第三版）．北京：中国建筑工业出版社，2004.